WFT

Werkstoff-Forschung und -Technik
Herausgegeben von B. Ilschner
Band 9

Hans-Jürgen Christ

Wechselverformung von Metallen

Zyklisches Spannungs-Dehnungs-Verhalten und Mikrostruktur

Mit 229 Abbildungen

Springer-Verlag
Berlin Heidelberg NewYork
London Paris Tokyo
Hong Kong Barcelona Budapest

Dr.-Ing. habil. Hans-Jürgen Christ
Oberingenieur, Institut für Werkstoffwissenschaften,
Lehrstuhl 1, Universität Erlangen-Nürnberg
Dr. rer. nat. Bernhard Ilschner
Professor, Laboratoire de Métallurgie Mécanique,
École Polytechnique Fédérale de Lausanne/Schweiz

ISBN 978-3-540-53962-9 ISBN 978-3-642-52345-8 (eBook)
DOI 10.1007/978-3-642-52345-8

CIP-Titelaufnahme der Deutschen Bibliothek
Christ, Hans-Jürgen
Wechselverformung von Metallen; Christ, Hans-Jürgen.
Berlin; Heidelberg; New York; London; Pairs; Tokyo;
Hong Kong; Barcelona; Budapest: Springer 1991
(Werkstoff-Forschung und -Technik; Bd. 9)

Satz: Reproduktionsfertige Vorlage vom Autor

62/3020-543210 – Gedruckt auf säurefreiem Papier

Geleitwort des Herausgebers

Die Beanspruchung von Bauteilen durch periodisch wechselnde Lasten und die dadurch verursachte Werkstoffschädigung sind ein klassisches Thema der Materialwissenschaften. Es ist gekennzeichnet durch seine große praktische Bedeutung für die Lebensdauerabschätzung derart beanspruchter Strukturen sowie durch die Komplexität der zusammenwirkenden Prozesse: Gleitung, Rißkeimbildung sowie die dadurch verursachten Veränderungen von Oberflächentopologie und Mikrogefüge.

Wechselverformung erweist sich daher seit den grundlegenden Untersuchungen von Wöhler und von Bauschinger als eine ständige Herausforderung an den Wissenschaftler, der die Grundelemente des Werkstoffverhaltens unter zyklischer Belastung analysiert und auf dem Weg über physikalisch begründbare Modelle beherrschen will. Das zunehmende Bewußtsein für Begriffe wie Schädigung und Lebensdauer sowie die dank rechnergestützter Meßtechnik und Elektronenmikroskopie schnell voranschreitende Experimentierkunst haben in den letzten 20 Jahren die Bedeutung dieses Forschungsgebietes — und zugleich die Fülle der Ergebnisse — sehr stark anwachsen lassen. Leider stellt sich der Umfang der weit verstreuten Orginalliteratur dem Bemühen des interessierten Wissenschaftlers bzw. des Anwenders entgegen, sich einen Überblick, ein Grundverständnis zu verschaffen.

Es ist das große Verdienst des Autors dieses Buches, dem Leser einen sehr gut fundierten Einblick gerade über die *neuen* Aspekte des Zusammenhanges zwischen Mikrostruktur und zyklischem Spannungs-Dehnungs-Verhalten zu vermitteln. Herausgeber und Verlag wünschen diesem aus einer Habilitationsschrift hervorgegangenen Werk eines aktiven jungen Hochschullehrers die Resonanz in der Fachwelt und bei den Studierenden, die seinem hohen Informationswert und seiner Aktualität entspricht.

Lausanne, im Februar 1991 — B. Ilschner

Vorwort

Metalle und Legierungen werden in der technischen Praxis als Konstruktionswerkstoffe für Bauteile eingesetzt, die im Betrieb eine Wechselbeanspruchung erfahren. Als Folge dieser Beanspruchung laufen mikrostrukturelle Vorgänge und Veränderungen ab, die sich makroskopisch gleichsam in integraler Weise im Wechselverformungsverhalten äußern und letztendlich das Versagen des Bauteils verursachen können. Für den sicheren Betrieb ist somit die Kenntnis des Wechselverformungsverhaltens unerläßlich. Eine Betrachtungsweise unter Einbeziehung der Mikrostruktur dient dabei nicht nur zur Vertiefung des Verständnisses der metallphysikalischen Grundlagen der stattfindenden Prozesse, sondern hat darüber hinaus das wichtige Ziel, ausgehend von einfachen Laborexperimenten auf das Verformungsverhalten unter den meist komplexen Bedingungen des technischen Einsatzes schließen zu können.

Das vorliegende Buch stellt den Versuch dar, das zyklische Spannungs-Dehnungs-Verhalten metallischer Werkstoffe auf der Grundlage der mikrostrukturellen Vorgänge in wissenschaftlicher und gleichzeitig lehrbuchartiger Form zu behandeln. Die ersten drei Kapitel tragen dem Lehrbuchcharakter Rechnung, indem zunächst (Kapitel 1) eine Einordnung und Verknüpfung der Thematik mit dem Generalthema Metallermüdung und dem für die technische Anwendung wichtigen Gebiet der Lebensdauervorhersage bei zyklischer Beanspruchung erfolgt, anschließend anhand von Definitionen und Beispielen gebräuchliche Begriffe und Darstellungsarten erläutert werden (Kapitel 2) und die Spannungs-Dehnungs-Hysteresekurve unter dem Gesichtspunkt der Form und deren Beeinflussung beleuchtet wird (Kapitel 3).

Der Gedanke, das Verformungsverhalten eines Werkstoffes mit Hilfe eines einfachen Verbundmodelles zu beschreiben, wird in Kapitel 4 in einer statistischen Behandlungsweise für zwei Modellvorstellungen mathematisch ausformuliert. Eine mikrostrukturelle Begründung für den Verbundgedanken wird in Kapitel 6 gegeben, nachdem die wesentlichen Erkenntnisse zum Zusammenhang von zyklischer Verformung und Versetzungsstruktur in Kapitel 5 zusammenfassend dargestellt wurden. Kapitel 7 behandelt die Fragestellung, inwieweit eine Abhängigkeit von der mechanischen Vorgeschichte das zyklische Verformungsverhalten beeinflußt.

In Kapitel 8 und Kapitel 9 wird auf einige experimentelle Besonderheiten eingegangen. Dies erfolgt deshalb relativ spät, weil deren Erfordernis eine Konsequenz der vorangegangenen Überlegungen darstellt. Der Incremental Step Test als Prüfverfahren wird detailliert behandelt, da er in den späteren Kapiteln insbesondere als einfaches Simulationsverfahren für eine Betriebsbeanspruchung bei variabler Amplitude Anwendung findet.

In den Kapiteln 10–13 wird das zyklische Verformungsverhalten verschiedener, nach Gleitcharakter und Gefüge abgestufter Metalle und Legierungen dargestellt und ausgehend von mikrostrukturellen Beobachtungen charakterisiert und klassifiziert. Eine zusammenfassende Bewertung des sinnvollen Anwendungsbereiches des Incremental Step Tests findet sich in Kapitel 14. Als abschließendes Beispiel für eine Einsatzmöglichkeit von Vielkörpermodellen wird in Kapitel 15 die technisch wichtige Berechnung des Spannungs-Dehnungs-Pfades bei beliebigem Beanspruchungsverlauf erläutert.

Das vorliegende Buch erhebt keinen Anspruch auf Vollständigkeit; die Vielschichtigkeit des behandelten Themengebietes verbietet allein schon aus didaktischen Gründen eine komplette Darstellung des Literaturkenntnisstandes. Insbesondere in den Kapiteln 10–13 erfolgt ganz bewußt eine Einschränkung auf eine begrenzte Anzahl von Werkstoffen, die allerdings aufgrund der von ihnen gezeigten zyklischen Verformungseigenschaften als Modellwerkstoffe technisch relevante Werkstoffgruppen repräsentieren. Da die in der Literatur berichteten Meßergebnisse unter unterschiedlichen Versuchsbedingungen gewonnen wurden — was einen quantitativen Vergleich schwierig macht — und die zur Überprüfung und Anwendung der entwickelten Modellvorstellungen (Kapitel 4) notwendigen Daten meist nicht wiedergegeben werden, wird der Schwerpunkt auf eigene experimentelle Beobachtungen gelegt, die in bezüglich des Themas dieses Buches gezielt duchgeführten Untersuchungen ermittelt wurden.

Viele der wiedergegebenen Meßergebnisse wurden im Rahmen verschiedener Arbeiten am Lehrstuhl I des Instituts für Werkstoffwissenschaften der Universität Erlangen-Nürnberg gewonnen. Den beteiligten Personen sei für den tatkräftigen und freudigen Einsatz herzlich gedankt. Besonderer Dank gilt den in den Bildunterschriften namentlich erwähnten Personen für die Bereitstellung und Überlassung von Ergebnissen.

Ohne die Unterstützung durch qualifiziertes technisches Personal wäre die Durchführung der Untersuchungen nicht möglich gewesen. Stellvertretend für viele, die jederzeit bereitwillig und einsatzfreudig mit Rat und Tat zur Verfügung standen, seien an dieser Stelle Herr Eckert und Herr Puppel genannt.

Die Anregung zu diesem Buch geht auf Herrn Prof. Dr. H. Mughrabi zurück, dem ich für jede nur denkbare Unterstützung zu Dank verpflichtet bin. Durch die intensive Zusammenarbeit der letzten Jahre sind viele seiner Ideen mit meinen eigenen Überlegungen untrennbar verschmolzen und spiegeln sich — bewußt oder unbewußt — an vielen Stellen des Buches wider. Ich bin sehr stolz darauf, Herrn Prof. Mughrabi meinen Mentor nennen zu dürfen.

Im Zusammenhang mit der Erstellung des Manuskriptes gilt mein besonderer Dank den Damen Frau Weiß und Frau Lutz für die sorgfältige und geduldige Anfertigung der Zeichnungen, sowie Frau Teichmann für die souveräne Abwicklung der fotographischen Arbeiten. Meiner Frau danke ich nicht nur dafür, daß sie das Eintippen des Textes mit Bravour erledigt hat, sondern besonders auch für die moralische Rückenstärkung während der *harten Phase* der Niederschrift.

Die Untersuchungen wurden durch Mittel der Deutschen Forschungsgemeinschaft und der Stiftung Volkswagenwerk gefördert. Beiden Institutionen sei für die finanzielle Unterstützung herzlich gedankt.

Erlangen, im November 1990 Hans-Jürgen Christ

Inhaltsverzeichnis

Kapitel 1

Zur Bedeutung des zyklischen Spannungs-Dehnungs-Verhaltens

1.1 Zyklisches Spannungs-Dehnungs-Verhalten und Ermüdung

Wenn man an die Festigkeit eines Werkstoffes denkt, so wird man in der Regel zunächst stillschweigend von einer einsinnigen Belastung ausgehen und die Belastbarkeit durch eine ingenieurmäßige Größe wie die 0,2%-Dehngrenze $R_{p0,2}$ charakterisieren. Nahezu alle in der Technik eingesetzten Bauteile werden aber nicht nur einsinnig oder statisch belastet, sondern unterliegen einer wechselnden mechanischen Belastung. Bereits seit mehr als 150 Jahren ist bekannt [1], daß metallische Werkstoffe bei einer Schwingbeanspruchung eine geringere Festigkeit aufweisen können als bei statischer Belastung. Die Ursache dafür sind durch die Wechsellast hervorgerufene kleine mikrostrukturelle Veränderungen, die sich aber über viele Belastungszyklen akkumulieren und sich makroskopisch auf die Festigkeitseigenschaften des Werkstoffes auswirken.

Ein sehr drastisches Beispiel für eine zyklische Entfestigung, d.h. eine Herabsetzung der Festigkeit bei zyklischer Belastung (siehe auch Abschnitt 2.1), liefern die unlegierten Stähle im normalisierten Zustand. Bei einem Versuch mit konstanter Schwingbreite der Spannung $\Delta\sigma$ erfolgt durch eine dynamische Lüdersbandausbreitung (siehe Abschnitt 10.2) eine starke plastische Verformung, obwohl die Spannung immer niedriger als die untere Streckgrenze R_{eL} bleibt.

Bereits 1843 wurde für die durch Wechselverformung herabgesetzte Festigkeit im Englischen der Begriff "fatigue" geprägt [2], der durch seine Anlehnung an eine jedem sicherlich gut bekannte menschliche Eigenschaft fast zur Nachsichtigkeit verleitet. Die wörtliche deutsche Übersetzung "Ermüdung", die sich als Überbegriff für die Disziplin der Materialkunde eingebürgert hat, die sich mit dem Werkstoffverhalten bei Schwingbeanspruchung beschäftigt, taucht aber im

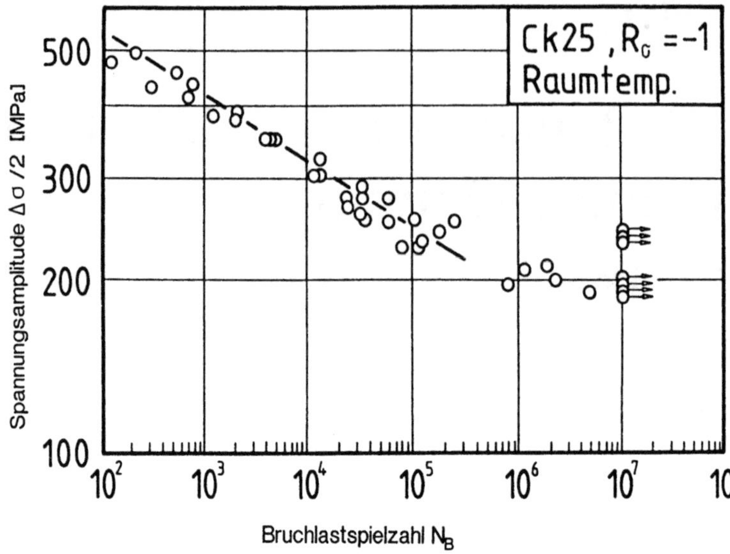

Abb. 1.1: Beispiel für ein Wöhlerdiagramm (Ck 25) (nach [4], übernommen aus [5])

Alltagsleben meist immer im direkten Zusammenhang mit dem Versagen eines Bauteiles auf, was im günstigeren Fall "nur" mit dem kostspieligen Ausfall einer technischen Anlage verknüpft ist. Der Ermüdungsbruch stellt eigentlich nur das — wenngleich spektakuläre — Ende einer Reihe komplexer Ereignisse dar, die — im Gegensatz zur einsinnigen Verformung — makroskopisch nahezu unbemerkbar im Mikrogefüge eine allmähliche Schädigung des Bauteils hervorrufen.

Zur Vermeidung des Bauteilversagens aufgrund eines Ermüdungsbruches wurden bereits ab 1858 von A. Z. Wöhler [3] die nach ihm benannten und heute noch häufig als Auslegungskriterium benutzten Wöhlerdiagramme entwickelt (siehe Abb. 1.1, $R_\sigma = -1$ bedeutet Spannungsbelastung symmetrisch in Zug und Druck).

Wöhler untersuchte die Ermüdungsfestigkeit von Eisenbahnwagenachsen, die einer Biegewechselbelastung unterworfen sind. Dazu ermittelte er in Biegewechselversuchen die Anzahl der Zyklenzahlen bis zum Bruch N_B bei verschiedenen, vorgegebenen Spannungsamplituden $\Delta\sigma/2$. Aus der Auftragung von $\Delta\sigma/2$ gegen N_B (siehe Abb. 1.1) bestimmte er die Spannungsamplitude, die der Werkstoff beliebig oft ertragen kann, ohne daß ein Ermüdungsbruch erfolgt (Dauerfestigkeit bzw. Wechselfestigkeit).

Aus der Tatsache, daß ein Werkstoff bei einer Spannungsamplitude, die deutlich unter der Streckgrenze liegt, nach einer endlichen Anzahl von Schwingspielen versagt (Zeitfestigkeit), wurde lange Zeit der Schluß gezogen, daß die Ursachen für die Ermüdung nicht plastische, sondern rein elastische Verformungen sind. Dies drückt sich auch in dem von O. H. Basquin [6] formulierten Zusammenhang zwischen der Spannungsamplitude $\Delta\sigma/2$ und der Bruchlastspielzahl aus:

$$\frac{\Delta\sigma}{2} = \text{konst.}\ (N_B)^b \qquad (1.1)$$

b: werkstoffspezifische Konstante. Dies ermöglichte etwa 50 Jahre nach den grundlegenden Arbeiten von Wöhler eine Auslegung von Bauteilen im Bereich der Zeitfestigkeit.

Einen wesentlichen Fortschritt gegenüber dieser aus dem Wöhlerdiagramm resultierenden Betrachtungsweise lieferten Manson [7] und Coffin [8], die praktisch gleichzeitig und unabhängig voneinander erkannten, daß die Lebensdauer eines Werkstoffes bei zyklischer Belastung mit der Amplitude der plastischen Dehnung $\Delta\epsilon_{pl}/2$ verknüpft ist.

$$(N_B)^c \frac{\Delta\epsilon_{pl}}{2} = \text{konst.} \tag{1.2}$$

c ist dabei ein Werkstoffparameter, der in der doppellogarithmischen Auftragung von $\Delta\epsilon_{pl}/2$ gegen N_B die Steigung der Geraden bestimmt (typischerweise liegt c im Bereich 0,5...0,6).

Die Beziehung (1.2) drückt aus, daß die Ermüdungsschädigung durch die während der wiederholten Beanspruchung ablaufenden plastischen Verformung erfolgt. Diese plastische Verformung wird im Gegensatz zur "Makroplastizität" bei einsinniger Verformung als "mikroplastische" Verformung bezeichnet. Lange Zeit herrschte die Meinung vor, daß das Coffin-Manson-Gesetz (1.2) nur im sogenannten Low-Cycle Fatigue-Bereich ($N_B < 5 \cdot 10^4$ Zyklen) gilt. Erst 1974 konnten Lukáš, Klesnil und Polák [9] durch eine verfeinerte Dehnungsmessung Versuche bei sehr kleinen Schwingbreiten der plastischen Dehnung $\Delta\epsilon_{pl}$ (High-Cycle Fatigue) an verschiedenen Metallen und Legierungen durchführen, die zeigten, daß die Lebensdauer auch in diesem Bereich durch die Coffin-Manson-Beziehung beschrieben werden kann.

Bis heute ist der Zusammenhang von Lebensdauer und Amplitude der plastischen Verformung in zahllosen Arbeiten bestätigt worden. Plastische Dehnungsamplitude und Spannungsamplitude sind zwar untrennbar miteinander verknüpft, man kann aber z.B. durch Versuche bei unterschiedlicher Temperatur zeigen (z.B. [10]), daß gleiches $\Delta\epsilon_{pl}/2$ bei verschiedenen Temperaturen zu etwa gleichen N_B-Werten führt, während sich die zugehörigen $\Delta\sigma/2$-Werte deutlich unterscheiden[1]. Voraussetzung ist natürlich, daß sich der Mechanismus der durch die plastische Verformung hervorgerufenen Schädigung nicht ändert, wozu evtl. bereits eine Änderung der Korngröße ausreicht (z.B. [11]).

Grundsätzlich ist bei der Verwendung und Interpretation von Lebensdauerdarstellungen aufgrund der möglichen sehr starken experimentell und werkstoffseitig bedingten Einflüsse große Vorsicht angebracht. Folgt man der Terminologie von Macherauch und Mayr [12], so sind als zentrale Einflußgruppen zu betrachten:

- der Werkstoffzustand (z.B. Korngröße, Textur, Ausscheidungszustand, ...)
- der Beanspruchungszustand (z.B. Art der Belastungsamplitude, Zyklenform, Mittellast, Frequenz, ...)
- der Bearbeitungszustand (z.B. Oberflächengüte, Eigenspannungen, ...)

[1] Für jede Temperatur ergibt sich eine eigene Linie im Wöhlerdiagramm; in der Coffin-Manson-Auftragung liegen die Punkte auf einer gemeinsamen Geraden.

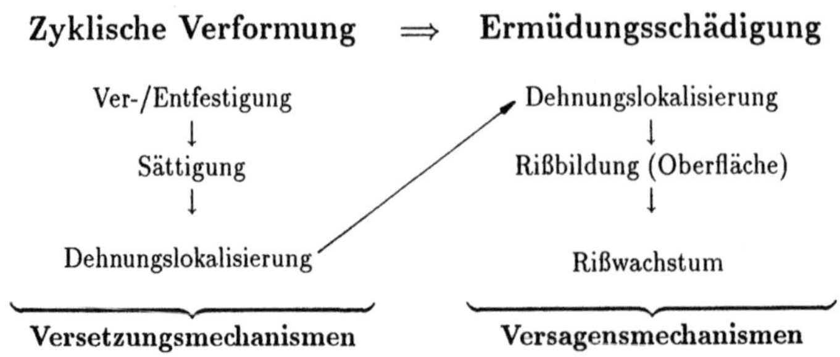

Abb. 1.2: Zyklische Verformung und Ermüdungsschädigung; nach Mughrabi [13]

- der Umgebungszustand (z.B. Luft, Vakuum, korrosive Medien, ...).

Aus der Sicht der Grundlagenforschung ist deshalb aus der Zielsetzung heraus, einen systematischen Einblick in die zugrundeliegenden Mechanismen zu erhalten, eine Beschränkung auf definierte und einfache Bedingungen unerläßlich. Bei denen im Rahmen dieses Buches (insbesondere in den Kapiteln 10–13) wiedergegebenen experimentellen Ergebnissen wird dem Rechnung getragen, indem

- die Versuche bei symmetrischer Zug-Druck-Belastung durchgeführt werden (Mittelspannung $\sigma_m \approx 0$),
- die Werkstoffgefügezustände definiert und reproduzierbar eingestellt wurden,
- als Standardzustand der Oberfläche der (elektro-)polierte Zustand benutzt wurde,
- die Versuche unter definierter Atmosphäre (Luft bzw. Vakuum) und Temperatur durchgeführt wurden.

Nun beschäftigt sich dieses Buch nur am Rande mit Fragen der Lebensdauer; vielmehr steht, wie der Untertitel verdeutlicht, das zyklische Spannungs-Dehnungs-Verhalten im Vordergrund. Darunter ist der Teilaspekt der Ermüdung zu verstehen, der sich mit der mechanischen und mikrostrukturellen Antwort eines Werkstoffes auf eine Schwingbeanspruchung auseinandersetzt, ohne dabei auf die meist lokalisiert auftretende Ermüdungsschädigung, die letztlich zum Versagen führt, Rücksicht zu nehmen.

In Abb. 1.2[2] wird versucht, eine Trennung der Vorgänge, die letztendlich zum Ermüdungsbruch führen, gemäß ihrem zeitlichen Ablauf in "globale" Ereignisse, die das gesamte Werkstoffvolumen betreffen und das zyklische Spannungs-Dehnungs-Verhalten kennzeichnen, und in lokalisierte Ereignisse, die unter den Begriff Ermüdungsschädigung zusammengefaßt werden, durchzuführen. Bild Abb. 1.2 versteht sich dabei als Schemabild ohne Anspruch auf generelle Gültigkeit, insbesondere was die exakte zeitliche Abfolge der Einzeleffekte betrifft[3].

Die zeitliche Zweiteilung in zyklisches Spannungs-Dehnungs-Verhalten und Ermüdungsschädigung mag den Verdacht hervorrufen, daß die Beschäftigung mit dem zyklischen Spannungs-Dehnungs-Verhalten zwar möglicherweise aus akademischer Sicht interessant, aber vom ingenieurmäßigen Standpunkt aus, der ja

[2]Die einzelnen Begriffe werden in Abschnitt 2.1 näher erläutert.

[3]So kann beispielsweise eine Lokalisierung der Dehnung bereits vor dem Erreichen der zyklischen Sättigung erfolgen.

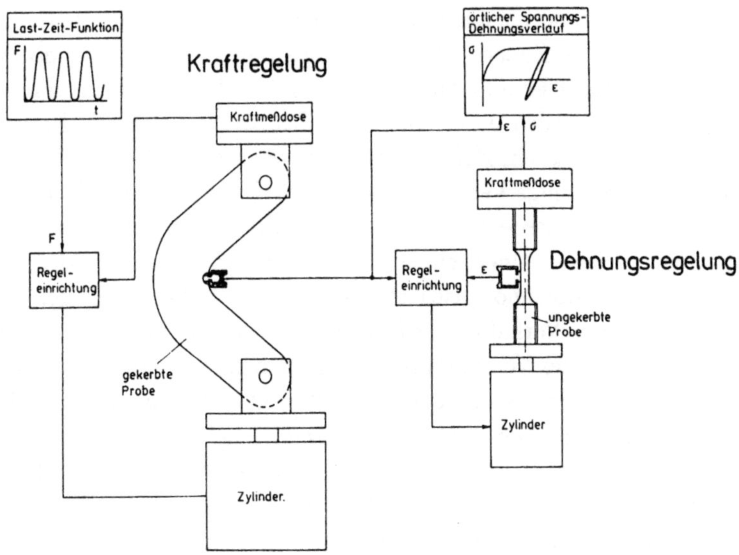

Abb. 1.3: Schematische Darstellung der Versuchsführung bei der Begleitprobenmethode; nach Hanschmann [15]

primär auf die sichere Auslegung eines in einer technischen Anlage benutzten Bauteils abzielt, wenig ergiebig ist. Die Beschäftigung mit den unzähligen Methoden der Lebensdauervorhersage, sowohl bei konstanter Amplitude der Beanspruchung als auch bei der dem praktischen Einsatz des Bauteils nahen Belastung mit variierender Amplitude, zeigt aber, daß nahezu alle Verfahren als werkstoffspezifische Basis das zyklische Spannungs-Dehnungs-Verhalten, meist in der Form des Zusammenhanges von Spannungsamplitude und Amplitude der plastischen Dehnung (zyklische Spannungs-Dehnungskurve, vgl. Abschnitt 2.1), enthalten. Dies drückt sich sehr anschaulich in der ingenieurmäßigen Methodik der experimentellen Kerbsimulationsmethode aus, die als Erweiterung der "Begleitprobenmethode" [14] verstanden werden kann (Abb. 1.3).

Bei der Begleitprobenmethode wird vorausgesetzt, daß die Lebensdauer eines mit einer Kerbe versehenen Bauteils gleich ist mit der einer ungekerbten Probe, wenn im Bauteilkerbgrund und in der Meßlänge der Probe der gleiche Dehnungsablauf erzeugt wird. Man mißt den durch den im praktischen Einsatz vorliegenden Lastverlauf erzeugten Dehnungsverlauf und überträgt ihn auf die Probe. Für eine routinemäßige ingenieurmäßige Anwendung ist die Begleitprobenmethode zu aufwendig, da der gesamte Versuch simultan sowohl am Bauteil als auch an der ungekerbten Probe durchgeführt werden muß. Aus diesem Grund wird bei der experimentellen Kerbsimulationsmethode der linke Teil der Abb. 1.3 durch einen Rechner ersetzt, der aus dem vorgegebenen Belastungsverlauf rechnerisch die Bauteilkerbdehnung ermittelt und diese als Sollwert an die Prüfmaschine übergibt. Eine wichtige Voraussetzung für die Durchführbarkeit dieses Verfahrens ist die Kenntnis des Zusammenhanges von Dehnungs- und Spannungsschwingbreite, wobei unterstellt wird, daß dieser in gleicher Form sowohl für den Kerbgrund als auch für die ungekerbte Probe gültig ist.

Der Untertitel des Buches "Zyklisches Spannungs-Dehnungs-Verhalten und Mikrostruktur" deutet bereits darauf hin, daß der Mikrostruktur besondere Beachtung geschenkt werden wird. Dabei ist das *und* im Untertitel nicht als ein Wort zu verstehen, das ein Nebeneinander ausdrückt; vielmehr wird das zyklische Spannungs-Dehnungs-Verhalten *auf der Basis* der Mikrostruktur untersucht und interpretiert. Die Bedeutung der mikrostrukturellen Betrachtungsweise der Ermüdung ist in vielen Übersichtsartikeln dargelegt worden (z.B. [13, 16, 17, 18]). Eine rein phänomenologisch makroskopische Behandlung des zyklischen Spannungs-Dehnungs-Verhaltens (z.B. [19]) muß wissenschaftlich unbefriedigend bleiben, da ein vertieftes Verständnis der Ermüdungsphänomene und somit letztendlich auch eine erfolgversprechende, gezielte Entwicklung ermüdungsbeständiger Metalle und Legierungen nur bei Kenntnis der zugrundeliegenden mikrostrukturellen Vorgänge möglich ist. Bereits der im Coffin-Manson-Gesetz (1.2) dargelegte Zusammenhang von plastischer Dehnungsamplitude und Bruchzyklenzahl weist auf die wichtige Rolle der Versetzungen als Träger der plastischen Verformung und damit auf die Versetzungsstruktur als Teil der Mikrostruktur eines Werkstoffes hin. Dabei liefert gerade die Versetzungsanordnung eine Möglichkeit im Werkstoff Eigenspannungen aufzubauen, was die Grundlage für die im Kapitel 4 ausgeführten Vielkomponentenmodelle zur mathematischen Beschreibung des zyklischen Spannungs-Dehnungs-Verhaltens darstellt (siehe Kapitel 15).

In den folgenden Abschnitten (Abschnitt 1.2 bis Abschnitt 1.4) wird anhand von drei Methoden der Lebensdauervorhersage bei zyklischer Belastung exemplarisch der Zusammenhang von zyklischem Verformungsverhalten und Lebensdauer dargestellt. Dies erscheint nicht nur notwendig, um die Bedeutung der Kenntnis des zyklischen Spannungs-Dehnungs-Verhaltens aus ingenieurmäßiger Betrachtungsweise zu illustrieren. Darüber hinaus stellen die Lebensdauerprognosemethoden oftmals bestimmte Bedingungen an das zyklische Verformungsverhalten des betrachteten Werkstoffes. Inwieweit diese Bedingungen erfüllt werden und wie sich diese in der Mikrostruktur des Werkstoffes widerspiegeln, wird in den späteren Kapiteln behandelt.

1.2 Empirische Lebensdauervorhersage

Versucht man, die bisher formulierten Prognosemethoden in Gruppen einzuteilen, so kann nach Danzer [5] folgende Untergliederung vorgenommen werden:

- Empirische Methoden
- Physikalische Modelle
- Bruchmechanische Methoden
- Schädigungsmechanische Modelle

Die empirischen Methoden der Lebensdauerprognose verwenden Schadensparameter, die aufgrund von Korrelationen mit Versuchsergebnissen definiert werden.

Dabei wird angenommen, daß zwischen diesen Parametern und der Anzahl der Zyklen bis zum Versagen ein eindeutiger Zusammenhang besteht.

Ein leicht verständliches Verfahren aus dieser Gruppe wurde 1970 von R. W. Landgraf [20], ausgehend von Überlegungen von Morrow [21], vorgestellt. Es dient in der ursprünglichen Form zur Abschätzung der Lebensdauer bei zyklischer Belastung mit konstanter Amplitude. Die Zielsetzung war eine Lebensdauerprognose auf der Basis experimentell möglichst einfach bestimmbarer Größen.

Ausgangspunkt der Berechnung ist die Beschreibung der zyklischen Spannungs-Dehnungskurve mit Hilfe eines Potenzgesetzes nach Morrow [21]

$$\frac{\Delta\sigma}{2} = k' \left(\frac{\Delta\epsilon_{pl}}{2}\right)^{n'} \tag{1.3}$$

in analoger Weise, wie dies die sogenannte Ludwik-Hollomon-Beziehung für einsinnige Verformung tut:

$$\sigma = k\ (\epsilon_{pl})^{n} \tag{1.4}$$

Dabei ist:			
	k	:	einsinniger Festigkeitskoeffizient
	k'	:	zyklischer Festigkeitskoeffizient
	n	:	einsinniger Verfestigungskoeffizient
	n'	:	zyklischer Verfestigungskoeffizient

Der Beobachtung, daß sich Metalle im allgemeinen bei Beanspruchung mit zyklischer plastischer Dehnung anders verhalten als unter zyklischer Spannung, bei der keine Makroplastizität auftritt, wurde Rechnung getragen, indem der sogenannte "Ermüdungswiderstand" aus zwei Anteilen zusammengesetzt betrachtet wird: dem Widerstand gegenüber zyklischer Spannung (stress resistance) und gegenüber der plastischen Dehnung (plastic strain resistance).

Der Ermüdungswiderstand gegen zyklische Spannung kann durch die Beziehung

$$\frac{\Delta\sigma}{2} = \sigma'_B\ (2N_B)^{b} \tag{1.5}$$

beschrieben werden. (1.5) entspricht dem Basquin-Gesetz (1.1). σ'_B ist der sogenannte Ermüdungsfestigkeitskoeffizient, der, wie zahlreiche Untersuchungen zeigen, in guter Näherung durch die einsinnige Bruchspannung σ_B ersetzt werden kann. b wird als Ermüdungsfestigkeitsexponent bezeichnet. Morrow [21] konnte mit Hilfe von Betrachtungen zur plastischen Verformungsenergie bei zyklischer Belastung zeigen, daß der Ermüdungsfestigkeitsexponent b mit dem zyklischen Verfestigungskoeffizienten n' über

$$b = -\frac{n'}{1+5n'} \tag{1.6}$$

verknüpft ist.

Der Anteil des Ermüdungswiderstandes, der die plastische Dehnung betrifft, wird mit Hilfe der Coffin-Manson-Beziehung (1.2) in der Schreibweise

$$\frac{\Delta\epsilon_{pl}}{2} = \epsilon'_B\ (2N_B)^{c'} \tag{1.7}$$

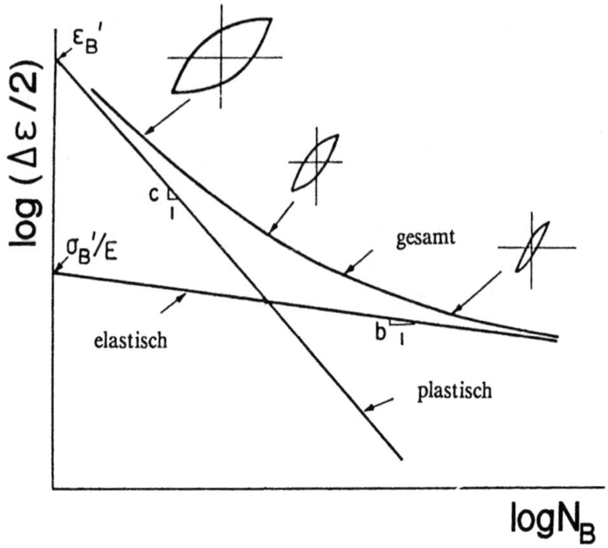

Abb. 1.4: Schematische Darstellung des Zusammenhanges von elastischer, plastischer und Gesamtdehnungsamplitude und Ermüdungslebensdauer; nach Landgraf [20]

abgeschätzt. ϵ'_B ist der Ermüdungsduktilitätskoeffizient, c' der Ermüdungsduktilitätsexponent.

Für viele Werkstoffe kann ϵ'_B wieder durch die einsinnige Bruchdehnung ϵ_B abgeschätzt werden. Für den Ermüdungsduktilitätskoeffizienten fand Morrow [21] einen Zusammenhang mit dem zyklischen Verfestigungskoeffizient n'.

$$c' = -\frac{1}{1+5n'} \tag{1.8}$$

b, c' und n' sind somit miteinander verknüpft.

$$n' = \frac{b}{c'} \tag{1.9}$$

Der Ermüdungswiderstand gegenüber einer vorgegebenen Gesamtdehnungsamplitude $\Delta\epsilon/2$ ergibt sich additiv aus den die zyklische Spannung und die zyklische plastische Dehnung betreffenden Anteilen.

$$\begin{aligned} \frac{\Delta\epsilon}{2} &= \frac{\Delta\sigma}{2E} + \frac{\Delta\epsilon_{pl}}{2} \\ &= \frac{\sigma'_B}{E}(2N_B)^b + \epsilon'_B(2N_B)^{c'} \end{aligned} \tag{1.10}$$

In der doppellogarithmischen Auftragung von $\Delta\epsilon/2$ gegen die Zyklenzahl bis zum Bruch N_B, Abb. 1.4, wird der Gesamtverlauf durch zwei asymptotische Geraden dargestellt, die die beiden Summanden in (1.10) repräsentieren.

Unter Berücksichtigung der oben aufgeführten Näherungen ergibt sich schließlich:

$$\frac{\Delta\epsilon}{2} = \frac{\sigma_B}{E}(2N_B)^{-\frac{n'}{1+5n'}} + \epsilon_B(2N_B)^{-\frac{1}{1+5n'}} \tag{1.11}$$

Diese empirische Lebensdauerabschätzung erfordert somit neben den leicht mit Hilfe eines Zugversuches zu bestimmenden Größen σ_B und ϵ_B den zyklischen Verfestigungsexponenten n', also letztlich die Kenntnis der zyklischen Spannungs-Dehnungskurve, die mit Hilfe eines Potenzgesetzes (1.3) beschreibbar sein muß. Die mikrostrukturellen Vorgänge werden durch eine einzige Größe, n', berücksichtigt.

1.3 Rißausbreitungsgesetz nach Tomkins

1968 veröffentlichte B. Tomkins [22] ein Rißausbreitungsmodell, das insbesondere deshalb Aufsehen erregte, weil es relativ leicht verständlich ist und einige bis dahin nur rein empirische beobachtete Gesetzmäßigkeiten auf eine physikalische Basis stellen konnte. Aus der Sicht der in Abschnitt 1.2 dargelegten Klassifizierung der Prognosemethoden ist das Tomkinsche Modell in die Rubrik *Physikalische Modelle* einzuordnen.

In Abb. 1.5 ist der Grundgedanke der benutzten Vorstellung zur Ermüdungsrißausbreitung dargestellt. Während des Zughalbzyklus erfolgt ein plastisches Fließen in jeweils zwei nebeneinanderliegenden Scherbändern, die sich im Winkel von etwa ±45° ausgehend von der Rißspitze in den Werkstoff erstrecken. Wenn mit zunehmender Belastung im Zug die Dehngrenze erreicht wird, bildet sich durch eine Scherdekohäsion entlang der inneren Ecken der Fließbänder eine neue Rißoberfläche, da dort der Gradient der Scherdehnung maximal ist. Bei Lastumkehr und Belastung im Druckbereich wird die Richtung des plastischen Fließens geändert und der Riß schließt (ohne daß es zu einer Verschweißung der Rißufer kommt).

Tomkins beschreibt das Verhältnis der Länge der Fließbänder D zur Rißlänge a in der Näherung nach Dugdale [23] mit dem Ausdruck:

$$\frac{D}{a} = \frac{\pi^2}{8}\left(\frac{\sigma}{2\overline{S}}\right)^2 \left[1 + \frac{\pi^2}{8}\left(\frac{\sigma}{2\overline{S}}\right)^2\right] \tag{1.12}$$

$\overline{S}$ ist eine gemittelte, über die Fließbandlänge D wirksame Spannung. Die Rißverlängerung δ wird über die Beziehung

$$\delta = \epsilon_{pl} D \tag{1.13}$$

mit der plastischen Dehnung verknüpft.

Ausgehend von diesen beiden Gleichungen (1.12 und 1.13) kann das Rißausbreitungsmodell auf verschiedene Belastungssituationen angewandt werden. Für den Fall der Ermüdung oberhalb der Dauerfestigkeit wird dazu anstelle von σ in (1.12) $\Delta\sigma$ und anstelle von ϵ_{pl} in (1.13) $\Delta\epsilon_{pl}$ eingesetzt. Die Kombination von (1.12) und (1.13) führt dann auf:

$$\frac{\mathrm{d}a}{\mathrm{d}N} = \Delta\epsilon_{pl} D$$

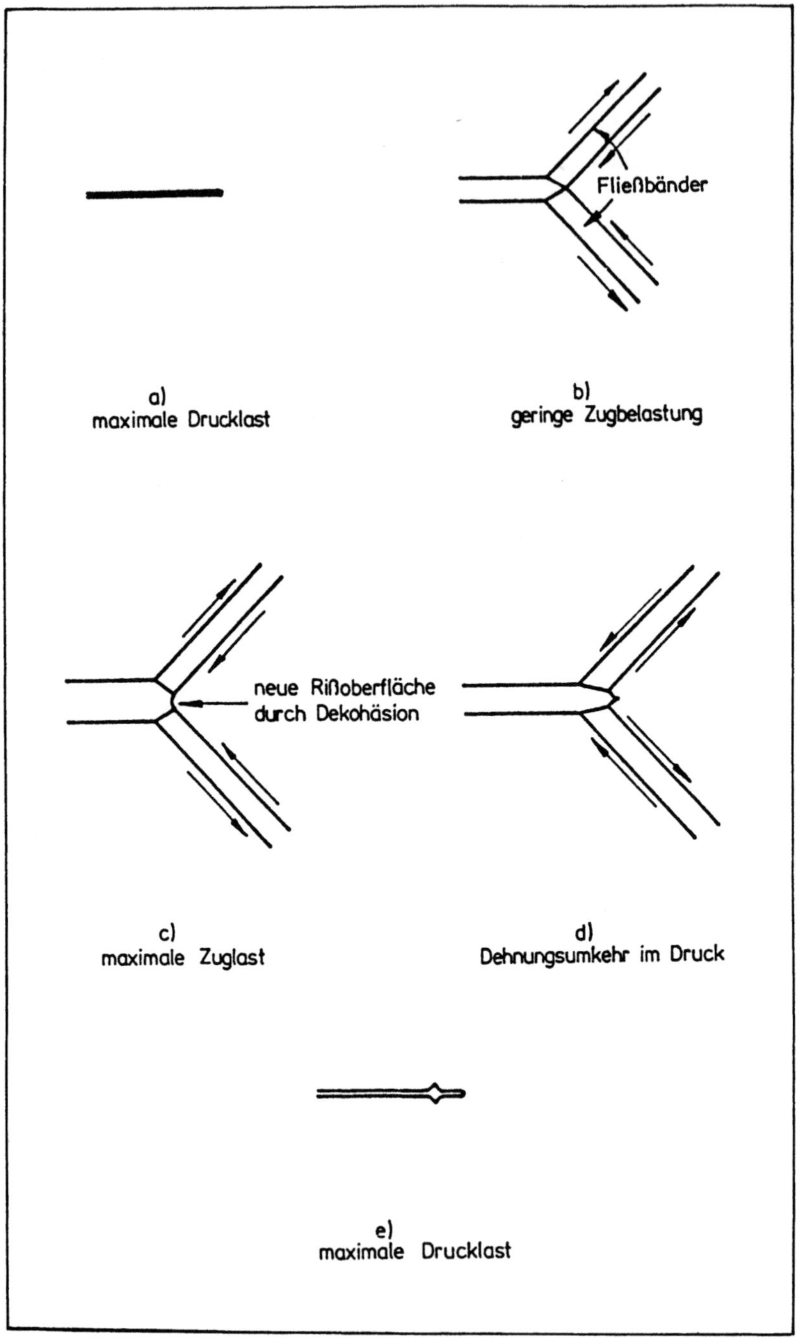

Abb. 1.5: Ermüdungsrißfortschritt in einem Metall; nach Tomkins [22]

$$= \frac{\pi^2}{32}\frac{\Delta\epsilon_{pl}\Delta\sigma^2}{(2\overline{S})^2}\left[1+\frac{\pi^2}{32}\left(\frac{\Delta\sigma}{2\overline{S}}\right)^2\right] \tag{1.14}$$

Im Zusammenhang mit dem zyklischen Spannungs-Dehnung-Verhalten sei an dieser Stelle darauf hingewiesen, daß die Rißausbreitungsgeschwindigkeit von der Schwingbreite der Spannung $\Delta\sigma$ *und* der Schwingbreite der plastischen Dehnung $\Delta\epsilon_{pl}$ bestimmt wird.

Legt man zur Beschreibung der zyklischen Spannungs-Dehnungskurve den in (1.3) wiedergegebenen Potenzansatz zugrunde, so läßt sich nach Integration des Rißausbreitungsgesetzes zwischen einer Ausgangsrißlänge a_0 und einer Rißlänge beim Bruch a_B (1.14) in das Coffin-Manson-Gesetz (1.2) überführen. Damit wird bewiesen, daß der empirische Zusammenhang von plastischer Dehnungsamplitude und Ermüdungslebensdauer auf der Basis der Ermüdungsrißausbreitung physikalisch begründbar ist.

Tomkins konnte weiterhin zeigen, daß unter gewissen Voraussetzungen, auf die hier nicht weiter eingegangen werden soll, sein Modell zu dem zur Beschreibung der Ermüdungsrißausbreitung häufig benutzten Paris-Gesetz [24] führt.

$$\frac{\mathrm{d}a}{\mathrm{d}N} = C\,\Delta K^m \tag{1.15}$$

Dabei ist ΔK die Schwingbreite des Spannungsintensitätsfaktors[4], m und C Werkstoffkonstanten.

1.4 Elastisch-plastische Bruchmechanik

Bruchmechanische Methoden zur Lebensdauerprognose gehen von der Beschreibung des Wachstums eines Risses bis zu einer kritischen Größe aus (meist "technischer Anriß" mit ca. 0,2–1 mm Länge). Dabei wird der Werkstoff kontinuumsmechanisch behandelt, die Mikrostruktur also höchstens indirekt durch eine Anpassung der Rechnung an die gemessene Lebensdauer berücksichtigt.

Das Beanspruchungsfeld in unmittelbarer Umgebung der Rißspitze ist für die Größe des Rißwachstums je Belastungszyklus maßgeblich. Im einfachsten Fall, dem rein elastischen Werkstoffverhalten, wird das Beanspruchungsfeld durch den Spannungsintensitätsfaktor K bestimmt (eine ausführliche Beschreibung dieser Größe findet sich in den Lehrbüchern der Bruchmechanik, z.B. [25, 26]). Die Schwingbreite des Spannungsintensitätsfaktors ΔK bestimmt die Rißausbreitung nach dem Paris-Gesetz (1.15) [24]. Der Zusammenhang zwischen $\mathrm{d}a/\mathrm{d}N$ und ΔK wurde zunächst rein empirisch gefunden, ist aber, wie in Abschnitt 1.3 dargestellt, physikalisch nachvollziehbar.

[4] ΔK wird üblicherweise definiert als $\Delta K = K_{max} - K_{min}$ für $K_{min} \geq 0$ und $\Delta K = K_{max}$ für $K_{min} < 0$

Der Anwendbarkeit der linear elastischen Bruchmechanik sind durch das Auftreten größerer plastischer Verformungen vor der Rißspitze enge Grenzen gesetzt, da dann der Spannungsintensitätsfaktor K seine Bedeutung als Rißspitzenparameter verliert. Bei einer elastisch-plastischen Beanspruchung muß er deshalb gegen eine adäquate Ersatzgröße ausgetauscht werden. In der Literatur werden zahlreiche Rißspitzenparameter bei elastisch-plastischer Beanspruchung vorgeschlagen. Neuere Arbeiten (z.B. [27, 28, 29, 30, 31, 32, 33]) dokumentieren, daß von diesen das J-Integral nach Hutchinson, Rice und Rosengren [34, 35] — gerade was die Übertragung auf zyklische Verformung betrifft — am erfolgversprechendsten ist.

Das J-Integral ist für monotone Belastung und nichtlinear elastisches Materialverhalten definiert als

$$J = \oint_s \left(W\mathrm{d}y - T\frac{\partial \boldsymbol{u}}{\partial x}\mathrm{d}s\right) \tag{1.16}$$

$$\text{mit} \quad W = \int_0^{\epsilon_{ij}} \sigma_{ij}\mathrm{d}\epsilon_{ij}$$

Dabei bedeuten:

x, y	:	Koordinaten
s	:	Integrationsweg um die Rißspitze
ϵ_{ij}	:	Dehnungstensor
σ_{ij}	:	Spannungstensor
$\boldsymbol{u}$	:	Verschiebungsvektor
$T = \sigma_{ij} \cdot \boldsymbol{n}_j$	:	mit $\boldsymbol{n}_j$ als Normalenvektor auf dem Integrationsweg

J entspricht unter dieser Voraussetzung (nichtlinear elastisches Materialverhalten) der für die Rißausbreitung notwendigen Energie pro Rißfläche. Bei elastisch-plastischem Verhalten ist J ein Maß für das Verzerrungsfeld um die Rißspitze und bezieht seine Berechtigung aus der Unabhängigkeit des J-Integralwertes vom Integrationsweg. Für den rein elastischen Fall kann J in den Spannungsintensitätsfaktor überführt werden:

$$K = \begin{cases} \sqrt{EJ} & \text{für den ebenen Spannungszustand} \\ \sqrt{\frac{E}{1-\nu^2}J} & \text{für den ebenen Dehnungszustand} \end{cases} \tag{1.17}$$

Dadurch ergibt sich die bestechende Möglichkeit, den Rißfortschritt sowohl bei elastischem als auch bei elastisch-plastischem Verhalten des Werkstoffes mit demselben Parameter J zu berechnen.

Zur Beschreibung des *Ermüdungsrißwachstums* wurde von Dowling und Begley [36] die Größe ΔJ eingeführt. Diese darf nicht als Differenz zweier J-Werte aufgefaßt werden, wozu die Bezeichnungsweise verleiten könnte. Wüthrich [37, 38] konnte nachweisen, daß die Ermüdungsrißausbreitung durch das wegunabhängige Integral beschrieben werden kann, das man erhält, wenn man die in

Gleichung (1.16) auftretenden absoluten Spannungs-, Dehnungs- und Verschiebungsgrößen durch Werte ersetzt, die auf den unteren Umkehrpunkt der Last bezogen und deshalb mit $\Delta\sigma_{ij}$, $\Delta\epsilon_{ij}$ und Δu_i bezeichnet werden. Zur besseren Unterscheidung gegenüber dem J-Integral wird die resultierende Größe Z-Integral genannt. Im Zusammenhang mit dem zyklischen Spannungs-Dehnungs-Verhalten sei betont, daß die Wegunabhängigkeit des Z-Integrals nur dann erfüllt ist (und Z eine sinnvolle Größe zur Beschreibung des Rißspitzenfeldes ist), wenn abgesehen von der kleinen Prozeßzone vor der Rißspitze ein *eindeutiger* Zusammenhang zwischen Spannung und Dehnung, jeweils bezogen auf den unteren Umkehrpunkt, existiert[5]. Dies stellt eine relativ harte Bedingung für das zyklische Spannungs-Dehnungs-Verhalten dar.

Die Lebensdauerabschätzung auf der Basis des Z-Integrales erfolgt durch Integration des Rißausbreitungsgesetzes

$$\frac{\mathrm{d}a}{\mathrm{d}N} = C' {Z_{eff}}^{m'} \tag{1.18}$$

zwischen der vorzugebenden Anfangsrißlänge a_0 und der Endrißlänge a_B. C' und m' sind Werkstoffkennwerte. Der Index eff drückt aus, daß nur ein Teil von Z zu Rißverlängerung beiträgt. Z_{eff} wird in der Regel näherungsweise aus der Hysteresekurve[6] (meist entweder graphisch oder mit Hilfe einer mathematischen Beschreibung analog zu (1.3)) ermittelt (siehe z.B. [27, 31, 33]).

Trotz der oben genannten Einschränkung kann das Z-Integral zur Lebensdauerprognose sowohl bei Raumtemperatur [27, 31, 32, 33] als auch bei höherer Temperatur [28, 29, 30] benutzt werden. Dies ist sicherlich nicht zuletzt auf die Tatsache zurückzuführen, daß technische Werkstoffe aufgrund von Gefügeheterogenitäten meist im Ausgangszustand bereits rißbehaftet sind. Setzt man also formal die Zyklenzahl bis zum Bruch N_B additiv aus der für die Rißbildung erforderlichen Zyklenzahl N_{RB} und aus N_{RW}, während der Rißausbreitung erfolgt, zusammen,

$$N_B = N_{RB} + N_{BW} \tag{1.19}$$

so kann in vielen Fällen $N_{RB} \approx 0$ gesetzt werden.

Auf die bezüglich des zyklischen Spannnungs-Dehnungs-Verhaltens gemachten Einschränkungen und ihre Verknüpfung mit der Mikrostruktur wird in den folgenden Kapiteln Bezug genommen. Zunächst sollen aber in Kapitel 2 die immer wieder auftauchenden Begriffe und Darstellungen, die zur Beschreibung des zyklischen Spannungs-Dehnungs-Verhaltens gebräuchlich sind, zusammenhängend erläutert werden, sowie einige typische Verhaltensweisen von Metallen und Legierungen bei zyklischer Verformung phänomenologisch vorgestellt werden.

[5] Anders ausgedrückt heißt das, daß die ansteigenden Äste der bei verschiedenen Amplituden ermittelten Spannungs-Dehnungs-Hysteresekurven nach Verschiebung in einen gemeinsamen Lastumkehrpunkt (im Druck) deckungsgleich sein müssen.

[6] siehe Abschnitt 2.1: Auftragung der Spannung gegen die Dehnung für einen Beanspruchungszyklus

Kapitel 2

Begriffe, Definitionen und gebräuliche Darstellungen

Häufig wird das Verständnis für Zusammenhänge für einen "Fachfremden" deshalb unnötig erschwert, weil er nicht über das Handwerkszeug einer wissenschaftlichen Disziplin in Form der benutzten Terminologie verfügt. Dabei ist die Verwendung fachspezifischer Begriffe meist weniger als Schutz vor dem geistigen Zutritt von Außenstehenden gedacht, sondern eher als Möglichkeit prägnanter und zeitsparender Ausdrucksweise. Leider verleitet die alltägliche Benutzung von Fachbegriffen zu einer Selbstverständlichkeit, die eine objektive Beurteilung, was eine nicht mit dieser Materie vertraute Person verstehen bzw. nicht verstehen kann, erschwert. Um dieser Gefahr zu begegnen, werden im Abschnitt 2.1 zunächst die üblicherweise für die graphische Auftragung von experimentellen Ergebnissen zum zyklischen Spannungs-Dehnungs-Verhalten benutzten Darstellungen zusammenhängend behandelt. Im Abschnitt 2.2 folgt dann eine phänomenologische Betrachtung typischer Verhaltensweisen bei zyklischer Beanspruchung, die später auf der Basis der mathematisch formulierten Modellvorstellungen interpretiert werden.

2.1 Darstellung der Meßdaten

Das Verhalten eines realen Werkstoffes ist zwar in bezug auf eine Reihe wichtiger Gesichtspunkte durch theoretische Betrachtungen qualitativ oder halbquantitativ beschreibbar, eine quantitativ exakte Vorhersage des gesamten Materialverhaltens unter komplexen Bedingungen wird es aber nie geben. Die Beschäftigung mit Werkstoffen führt selbst bei überschaubaren Verhältnissen immer wieder zu Überraschungen, die verdeutlichen, daß die experimentelle Untersuchung auch in Zukunft die Basis für eine sichere Materialbeherrschung sein wird.

Bei der Untersuchung des zyklischen Spannungs-Dehnungs-Verhaltens (auf ausgewählte experimentelle Details wird im Kapitel 8 eingegangen) wird der Ex-

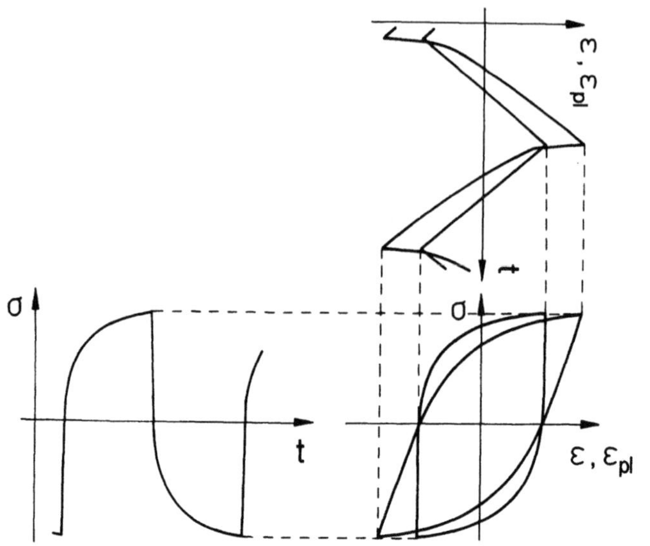

Abb. 2.1: Mechanische Hysteresis, zusammengesetzt aus dem zeitlichen Verlauf von σ und ϵ (bzw. ϵ_{pl})

perimentator mit dem Problem konfrontiert, daß innerhalb kurzer Zeit große Datenmengen produziert werden. Die modernen Methoden der digitalen Meßdatenerfassung liefern zwar die Möglichkeit der schnellen Registrierung, so daß keine Information verlorengehen muß, führen aber dadurch andererseits dazu, daß die Auswertezeit gegenüber der Versuchszeit ansteigt. Für eine sinnvolle Datenreduktion sind geeignete graphische Darstellungen unerläßlich, die charakteristische Merkmale des Werkstoffverhaltens rasch erfassen lassen.

2.1.1 Die Spannungs-Dehnungs-Hysteresekurve

Das gebräuchlichste Verfahren zur experimentellen Untersuchung des Werkstoffverhaltens bei zyklischer Belastung im Labor ist der Wechselverformungsversuch mit konstanter Amplitude der Spannung $\Delta\sigma/2$, der Gesamtdehnung $\Delta\epsilon/2$ oder der plastischen Dehnung $\Delta\epsilon_{pl}/2$. Die erstgenannte Versuchsführung wird primär zur Erstellung von Wöhlerkurven (Abb. 1.1) benutzt. Seit der Entdeckung des Coffin-Manson-Gesetzes (1.2) haben sich zunehmend Versuche mit konstanter plastischer Dehnungamplitude durchgesetzt.

Bei der zyklischen Verformung beobachtet man — im Gegensatz zur einsinnigen Verformung — keinen eindeutigen Zusammenhang von Spannung σ und Dehnung ϵ sondern eine Spannungs-Dehnungs-Hysteresekurve. In Abb. 2.1 ist gezeigt, wie sich diese aus dem zeitlichen Verlauf von Spannung σ und Dehnung ϵ (bzw. der plastischen Dehnung ϵ_{pl}) durch Auftragung von σ über ϵ (bzw. ϵ_{pl}) ergibt. Bei dem betrachteten Beispiel handelt es sich, wie man leicht erkennt, um einen Wechselverformungsversuch, bei dem durch die Prüfmaschine der Probe ein dreiecksförmiger Verlauf der plastischen Dehnung ϵ_{pl} aufgezwungen wurde

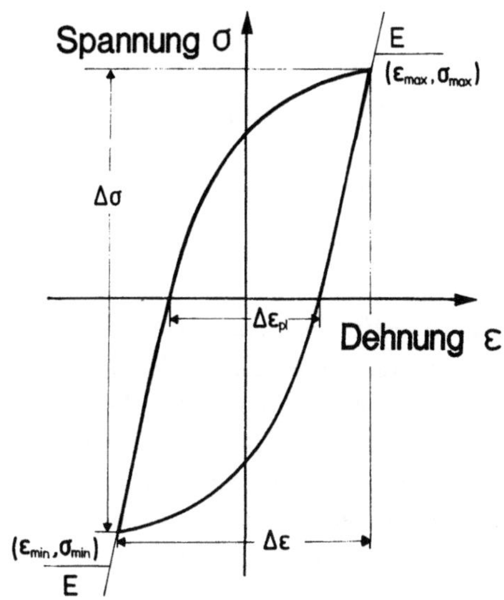

Abb. 2.2: Primäre Kenngrößen der Hysteresekurve

(Näheres im Kapitel 8).

Gesamtdehnung ϵ und plastische Dehnung ϵ_{pl} sind nach dem Hookeschen Gesetz über die Spannung σ in eindeutiger Weise miteinander verknüpft.

$$\begin{aligned} \epsilon &= \epsilon_{pl} + \epsilon_{el} \\ &= \epsilon_{pl} + \frac{\sigma}{E} \end{aligned} \tag{2.1}$$

Damit sind die in Abb. 2.1 dargestellten Hysteresekurven äquivalent und leicht ineinander umrechenbar. Die Auftragung gegen ϵ_{pl} ist insbesondere dann von Vorteil, wenn der elastische Dehnungsanteil groß ist und deshalb die Hysteresekurve in der Darstellung σ gegen ϵ eher einer elastischen Linie gleicht.

Die Hystereseschleife hängt prinzipiell natürlich vom Werkstoff, aber auch von der Versuchsführung (z.B. Frequenz, Regelart, Sollwertverlauf) und der mechanischen Vorgeschichte (z.B. Zugvorverformung) der untersuchten Probe ab. Sie gibt in integraler Form das mikroskopische Verformungsgeschehen bei zyklischer Beanspruchung wieder. In Kapitel 4 wird gezeigt, wie auf der Grundlage der Vielkomponentenmodelle die Form der Hystereseschleife mit mikrostrukturellen Größen zusammenhängt.

Aus der Hysteresekurve können einige charakteristische Größen *direkt* entnommen werden, die man deshalb als *primäre* Hystereseninformationen bezeichnen könnte. Diese sind in Abb. 2.2 dargestellt. Die Entlastung nach dem Lastumkehrpunkt im Zug, der die Koordinaten ϵ_{max}, σ_{max} für maximale Dehnung und Spannung besitzt, erfolgt mit einer Tangentensteigung, die den Elastizitätsmodul E wiedergibt. Das gilt ebenso für die Druckentlastung nach Durchlaufen des Minimalpunktes $(\epsilon_{min}, \sigma_{min})$ im Zyklus[1]. Die Spannungsschwingbreite $\Delta\sigma$ ergibt

[1]Zeitabhängige Verformungsprozesse, wie beispielsweise die bei hohen Temperaturen überlagerten Kriechvorgänge, werden bei dieser Betrachtung außer Acht gelassen.

sich aus:

$$\Delta\sigma = \sigma_{max} - \sigma_{min} \tag{2.2}$$

Für die Dehnungsschwingbreite gilt analog:

$$\Delta\epsilon = \epsilon_{max} - \epsilon_{min} \tag{2.3}$$

Die Amplituden von Spannung und Dehnung bestimmen sich als halbe Schwingbreiten.

Die Schwingbreite der plastischen Dehnung $\Delta\epsilon_{pl}$ entspricht der Differenz der Nulldurchgänge der Spannung. Aufgrund der Beziehung (2.1) müssen sich die Hysteresekurven der Auftragung von σ gegen ϵ und σ gegen ϵ_{pl} an diesen Stellen schneiden (siehe Abb. 2.1). Da nach Lastumkehr im Zug bereits vor dem Erreichen des Spannungsnullwertes eine plastische Rückverformung — oftmals auch als reversible plastische Dehnung bezeichnete, was bereits in sich ein Widerspruch ist — einsetzen kann[2], ist $\Delta\epsilon_{pl}/2$ nicht aus $\Delta\sigma/2$ und $\Delta\epsilon/2$ berechenbar:

$$\frac{\Delta\epsilon_{pl}}{2} \leq \frac{\Delta\epsilon}{2} - \frac{\Delta\sigma}{2E} \tag{2.4}$$

Das oben dargelegte Ermittlungsverfahren zur Bestimmung von $\Delta\epsilon_{pl}$ entspricht der Definition der plastischen Dehnung als irreversible Verformung bei $\sigma = 0$. Die in Abb. 2.2 dargestellte mechanische Hysteresis ergibt sich aufgrund einer symmetrischen Versuchsführung mit einer Mittelspannung $\sigma_m = ((\sigma_{max} + \sigma_{min})/2) \approx 0$ bzw. einer Mitteldehnung $\epsilon_m = ((\epsilon_{max} + \epsilon_{min})/2) \approx 0$ (siehe auch [39]).

Aufgrund der Sprünge in der Hysteresensteigung in den Lastumkehrpunkten erfordert eine digitale Meßdatenerfassung mit zeitlich äquidistanter Registrierung erfahrungsgemäß mindestens ca. 150 Datenpunkte pro Meßgröße (σ, ϵ, ϵ_{pl}) und Zyklus, um die "Eckpunkte" mit ausreichender Genauigkeit zu treffen. Bedenkt man, daß bei kleinen Werten von $\Delta\epsilon_{pl}/2$ schnell Zyklenzahlen bis zum Bruch von $N_B > 10^6$ erreicht werden können, dann ist unmittelbar die gewaltige Menge an Meßwerten ersichtlich. In der Regel wird man deshalb nicht sämtliche Hysteresekurven erfassen, sondern sich auf die Registrierung von (je nach Versuchsführung) $\Delta\sigma/2$, $\Delta\epsilon/2$ oder $\Delta\epsilon_{pl}/2$ in Abhängigkeit von der Lastspielzahl beschränken.

[2] Meist ist die Rückverformung so gering, daß in guter Näherung die Ungleichung (2.4) als Gleichung benutzt werden kann.

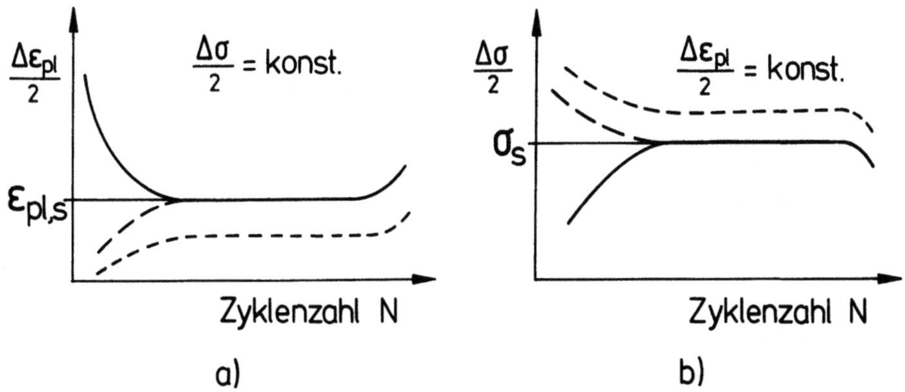

Abb. 2.3: Schematische Darstellung von Wechselverformungskurven für eine Versuchsführung mit a) $\Delta\sigma/2 = $ konst., b) $\Delta\epsilon_{pl}/2 = $ konst.

2.1.2 Die Wechselverformungskurve

In Abb. 2.3 sind schematisch zwei Wechselverformungskurven dargestellt. Im Falle einer Versuchsführung mittels konstant vorgegebener Amplitude der Spannung wird die "Werkstoffantwort" in Form des Verlaufes der plastischen Dehnungsamplitude mit der Zyklenzahl N registriert. Bei konstant gehaltener plastischer Dehnungsamplitude wird man entsprechend $\Delta\sigma/2$ gegen N auftragen[3].

Da Versuche mit unterschiedlicher Beanspruchungsamplitude zu stark unterschiedlichen Zyklenzahlen führen, wird, um mehrere Wechselverformungskurven in einem Diagramm besser vergleichen zu können, entweder die Zyklenzahl logarithmisch dargestellt, oder anstelle von N die sogenannte kumulative plastische Dehnung

$$\epsilon_{pl,kum} = 2N\Delta\epsilon_{pl} \tag{2.5}$$

aufgetragen. Diese entspricht der aufsummierten (kumulierten) plastischen Verformung, die die Probe während der zyklischen Verformung erfährt, und übertrifft die bei einsinniger Beanspruchung ertragbare Dehnung um Größenordnungen (typische Werte: $\epsilon_{pl,kum} \approx 100$ (= 10000%); $\epsilon_B \approx 50\%$).

Für viele metallische Werkstoffe hat die Wechselverformungskurve den in Abb. 2.3 dargestellten Verlauf, der eine Einteilung in drei Bereiche zuläßt. Zu Beginn der zyklischen Verformung wird eine Ver- oder Entfestigung beobachtet, die auch als *Wechselver- oder -entfestigung* bezeichnet wird (z.B. [39]). Bei $\Delta\sigma/2 = $ konst. (Teilbild a) äußert sich die Wechselentfestigung in einer Zunahme von $\Delta\epsilon_{pl}/2$, bei $\Delta\epsilon_{pl}/2 = $ konst. (Teilbild b) in einer Abnahme von $\Delta\sigma/2$ (gestrichelte Linien). Umgekehrt nimmt bei einer Wechselverfestigung $\Delta\epsilon_{pl}/2$ ab (bei $\Delta\sigma/2 = $ konst.) und $\Delta\sigma/2$ zu (bei $\Delta\epsilon_{pl}/2 = $ konst.). Ob ein Werkstoff ent- oder verfestigt, wird meist durch die mechanische Vorgeschichte (weichgeglühter Zustand → Verfestigung, massive Vorverformung → Entfestigung) bestimmt. Aber auch verformungsbedingte Gefügeveränderungen können zu beiden Vorgängen führen.

[3]Bei $\Delta\epsilon/2 = $ konst. kann sowohl die Darstellung a) oder b) benutzt werden, da in erster Näherung (2.4) als Gleichung eine Umrechnung zwischen $\Delta\sigma/2$ und $\Delta\epsilon_{pl}/2$ ermöglicht.

Nach diesem Angangsbereich schließt sich häufig ein zweiter Bereich an, in dem $\Delta\epsilon_{pl}/2$ (bei ersten Fall), bzw. $\Delta\sigma/2$ (im zweiten Fall) näherungsweise konstant bleibt. Die zyklische Verformung erfolgt *quasi-stationär*; die Vorsilbe *quasi* ist deshalb notwendig, weil die Amplitude konstant ist, während sich der Werkstoff aber ständig entlang einer Hysteresekurve zyklisch verformt. Dieser Bereich wird als *zyklischer Sättigungsbereich* bezeichnet. Die mit ihm verknüpften Amplituden der plastischen Dehnung bzw. der Spannung werden mit den Symbolen $\epsilon_{pl,S}$ und σ_S beschrieben. Der zyklische Sättigungsbereich erstreckt sich oft über den größten Teil der Werkstofflebensdauer. Aus diesem Grund werden bei Lebensdauerbetrachtungen meist ausschließlich $\epsilon_{pl,S}$ und σ_S zugrundegelegt, d.h., der Übergangsbereich wird vernachlässigt[4].

Der dritte Bereich ist gekennzeichnet durch den Fortschritt eines Ermüdungsrisses und führt zum Bruch. Da in diesem Bereich die Größe des Risses gegenüber der Probendimension nicht mehr vernachlässigbar ist, sind die dort ermittelten Größen für $\Delta\epsilon_{pl}/2$ bzw. $\Delta\sigma/2$ nicht mehr physikalisch sinnvoll.

Hat der Werkstoff eine mechanische Vorgeschichte erfahren, so ist nicht ohne weiteres gewährleistet, daß er nach dem Übergangsbereich ein Sättigungsverhalten zeigt, das mit dem des vor der zyklischen Beanspruchung unverformten Zustandes übereinstimmt. Dies ist in Abb. 2.3 durch die gestrichelten Verläufe angedeutet. Sie demonstrieren ein *vorgeschichteabhängiges* Verhalten im Gegensatz zu den gestrichelten Kurven, die nach einem Übergangsbereich auf denselben Sättigungszustand führen (*vorgeschichteunabhängiges Verhalten*). Die Problematik der Vorgeschichteabhängigkeit wird näher in Kapitel 7 behandelt.

2.1.3 Die zyklische Spannungs-Dehnungskurve

Die zyklische Spannungs-Dehnungskurve ist ein weiterer logischer Schritt in der Reduktion der Meßdaten. Diese Auftragungsart geht zurück auf den Vorschlag von JoDean Morrow [21], in Analogie zur Spannungs-Dehnungskurve bei einsinniger Verformung das zyklische Spannungs-Dehnungs-Verhalten durch Darstellung der den zyklischen Sättigungszustand charakterisierenden Amplitude der Spannung gegen die zugehörige Amplitude der plastischen Dehnung zu kennzeichnen. Das bedeutet definitionsgemäß, daß bei Versuchen mit $\Delta\sigma/2 =$ konst. (Abb. 2.3, Teilbild a) $\epsilon_{pl,S}$ als Plateauwert in der Wechselverformungskurve bestimmt und gegen $\Delta\sigma/2$ aufgetragen wird; bei Versuchen mit $\Delta\epsilon_{pl}/2 =$ konst. (Abb. 2.3, Teilbild b) wird ganz analog σ_S ermittelt und ergibt mit $\Delta\epsilon_{pl}/2$ *einen* Punkt der zyklischen Spannungs-Dehnungskurve (im weiteren als ZSD-Kurve bezeichnet). Um eine komplette ZSD-Kurve zu erhalten, sind somit viele Wechselverformungsversuche mit unterschiedlicher, innerhalb eines Versuches aber konstant gehaltener Amplitude von ϵ_{pl} (bzw. ϵ) oder σ notwendig. Es sei nochmals betont, daß eine ZSD-Kurve Punkte wiedergibt, die jeweils den Sättigungszustand repräsentieren.

[4]Werkstoffe, die ohne Übergangsbereich sofort zyklische Sättigung aufweisen, sind extrem selten. Sie werden als *zyklisch neutral* bezeichnet.

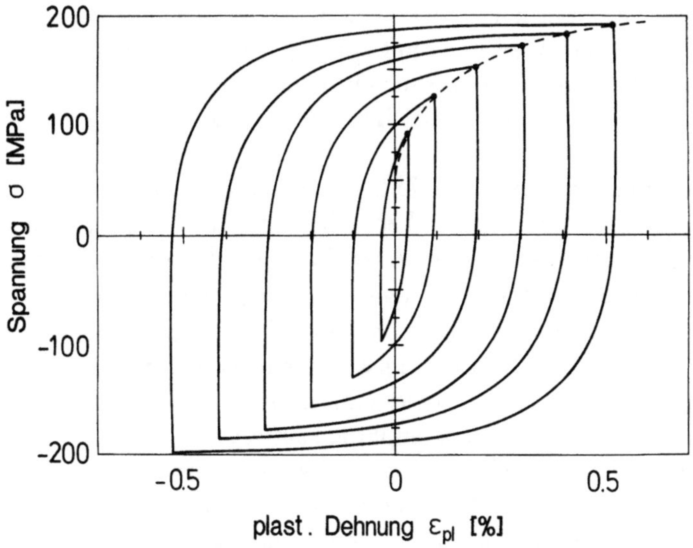

Abb. 2.4: Zusammenhang zwischen zyklischer Spannungs-Dehnungskurve und Hysteresekurven der zyklischen Sättigung (gemessen an Kupfer)

Da im allgemeinen jede Belastungsamplitude zu einem bezüglich der Mikrostruktur (insbesondere der Versetzungsstruktur) spezifischen Sättigungszustand führt, verbindet die ZSD-Kurve unterschiedliche mikrostrukturelle Zustände.

In Abb. 2.4 wird anschaulich der Zusammenhang von Hysterese- und ZSD-Kurve dargelegt. Im allgemeinen ist im Sättigungszustand nicht nur die Amplitude der Werkstoffantwort (z.B. σ_S bei $\Delta\epsilon_{pl}/2$ = konst.) konstant, sondern die gesamte Hysteresekurve nimmt eine stationäre Form und Größe an (Sättigungshysterese). Trägt man die aus mehreren Versuchen ermittelten Sättigungshystereseschleifen in ein gemeinsames Diagramm ein, so kann die ZSD-Kurve durch das Verbinden der Eckpunkte (gestrichelt eingezeichnet in Abb. 2.4) gewonnen werden[5].

Wie bereits in den Abschnitten 1.2–1.4 ausführlich dargelegt wurde, spielt die ZSD-Kurve nicht nur bei der Charakterisierung des zyklischen Spannungs-Dehnungs-Verhaltens eine wichtige Rolle, sondern wird nahezu bei allen Methoden der Lebensdauervorhersage benutzt. Sehr häufig erfolgt dabei — einem Vorschlag von Morrow [21] folgend — eine angenäherte mathematische Beschreibung über ein Potenzgesetz (siehe auch (1.3)).

$$\sigma_S = k' {\epsilon_{pl,S}}^{n'} \tag{2.6}$$

Aus der Feststellung heraus, daß sich der Sättigungszustand entlang der ZSD-Kurve verändert, folgt direkt die Problematik der Anwendung der ZSD-Kurve bei der Lebensdauervorhersage. Eine Betriebsbelastung eines Bauteiles erfolgt

[5]Genaugenommen müßte zwischen den Zug- und Drucklastumkehrpunkten gemittelt werden.

in der Regel nicht mit konstanter sondern mit variierender Amplitude der Beanspruchung. Selbst Werkstoffe mit vorgeschichteunabhängigem Verhalten bei zyklischer Verformung benötigen zur Einstellung des mit einer vorgegebenen Belastungsamplitude verknüpften Sättigungszustandes viele Zyklen bei dieser Amplitude.

Neben der bisher behandelten ZSD-Kurve werden in der Literatur — nicht zuletzt wegen dem zuletzt angesprochenen Gesichtspunkt — auch anders definierte ZSD-Kurven benutzt. Eine kleine Auswahl liefert die folgende Aufzählung:

Betriebs-ZSD-Kurve (service cyclic stress strain curve)
Dieser Begriff wurde von Polák und Klesnil [40] geprägt und beschreibt die Kurve, die man bei zyklischer Belastung mit variabler Amplitude nach Einstellung eines Sättigungszustandes erhält, wenn man die Spannungsamplitude gegen die plastische Dehnungsamplitude aufträgt.

Zwischen-ZSD-Kurve (intermediate cyclic stress strain curve)
Bei Werkstoffen, die bei Belastung mit konstanter Beanspruchungsamplitude keine Sättigung aufweisen, wird die ZSD-Kurve aus den $\Delta\sigma/2$-$\Delta\epsilon_{pl}/2$-Wertepaaren bei $N = N_B/2$ ermittelt. Da das Ausmaß der bis $N_B/2$ erfolgten plastischen Verformung sehr unterschiedlich sein kann, sollte nach Polák , Klesnil und Lukáš [41] alternativ die Entnahme der Wertepaare aus den Wechselverformungskurven (Abb. 2.3) bei einer vorgegebenen kumulativen plastischen Dehnung von z.B. $\epsilon_{pl,kum} = 1$ erfolgen, was zur Zwischen-ZSD-Kurve führt.

Sekundäre ZSD-Kurve (secondary cyclic stress strain curve)
Wird nach Einstellung eines Sättigungszustandes die Belastungsamplitude stark erniedrigt und anschließend stufenweise bis zum Ausgangswert erhöht, so erhält man nach Blochwitz und Kahle [42] die sekundäre ZSD-Kurve aus den $\Delta\sigma/2$-$\Delta\epsilon_{pl}/2$-Wertepaaren der Stufen. Bei reinen Metallen (z.B. Ni [42] und Cu [43, 44]) ist dies die ZSD-Kurve bei annähernd konstanter Versetzungsstruktur, bei Legierungen mit verformungsbedingten Gefügeveränderungen (z.B. [45]) kann darüber hinaus in erster Näherung der Ausscheidungszustand als konstant betrachtet werden.

Wahre ZSD-Kurve (true cyclic stress strain curve)
Wenn die zyklische Verformung (wie z.B. im Plateaubereich der ZSD-Kurve von einkristallinen kubisch flächenzentrierten (kfz) Metallen; näheres in Kapitel 5) durch ein einfaches Zweikomponentenmodell beschrieben werden kann, ist es unter gewissen Annahmen möglich, aus der ZSD-Kurve des Verbundes und der sekundären ZSD-Kurve die wahre ZSD-Kurve der Einzelkomponenten zu ermitteln. Mit dieser Methodik haben z.B. Blochwitz und Kahle [42] die wahre ZSD-Kurve der persistenten Gleitbänder (siehe Kapitel 5) zu ermitteln versucht.

Für die Auswahl eines Werkstoffes für ein Bauteil, das einer Wechselbelastung ausgesetzt ist, spielt die ZSD-Kurve im direkten Vergleich mit der monotonen Spannungs-Dehnungskurve eine wichtige Rolle. Trägt man beide Kurven in ein gemeinsames Diagramm ein (Ordinate: σ_S bzw. σ; Abszisse: $\epsilon_{pl,S}$ bzw. ϵ_{pl})[6],

[6] Ein Beispiel für diese Darstellung wird in Abschnitt 10.2 gegeben

so bezeichnet man den Werkstoff als *zyklisch entfestigend*, wenn die ZSD-Kurve unterhalb der einsinnigen Spannungs-Dehnungskurve liegt, bzw. als *zyklisch verfestigend*, wenn die ZSD-Kurve über der Spannungs-Dehnungskurve der einsinnigen Verformung verläuft.

Ob eine zyklische Ver- oder Entfestigung stattfindet, ist aufgrund der Komplexität der möglichen mikrostrukturellen Vorgänge nicht exakt vorhersehbar. In der Literatur werden zur groben Abschätzung einfache Faustregeln angeboten (siehe [21, 46, 20]):
Eine zyklische Entfestigung ist zu erwarten, wenn der einsinnige Verfestigungskoeffizient n groß ($n \geq 0,15$) und/oder das Verhältnis von Zugfestigkeit R_m zu 0,2%-Dehngrenze $R_{p0,2}$ größer 1,4 ist. Umgekehrt muß mit einer Entfestigung bei $n \leq 0,1$ und/oder $(R_m/R_{p0,2}) < 1,2$ gerechnet werden.

2.1.4 Wöhlerdiagramme

In der ingenieurmäßigen Betrachtungsweise stellt das Wöhlerdiagramm (Abb. 1.1) immer noch die wichtigste Darstellungsart zur überschlägigen Lebensdauerabschätzung schwingend beanspruchter Teile dar. Neben der Standardauftragungsart von $\Delta\sigma/2$ gegen $\log N_B$ werden auch Darstellungen der Form $\Delta\epsilon/2$ gegen $\log N_B$ (teils sogar $\Delta\epsilon_{pl}/2$ gegen $\log N_B$[7]) unter dem Begriff "Dehnungs-Wöhlerdiagramme" benutzt werden.

Für die Schadensakkumulation bei Belastung mit veränderlicher Amplitude wurde bereits 1924 von Palmgren [47], Langer [48] und Miner [49] die lineare Teilschadensregel, kurz Miner-Regel, vorgeschlagen.

$$\sum_j \frac{N_i}{N_{B,i}} = 1 \tag{2.7}$$

Dabei ist: N_i : Anzahl der Zyklen bei der Amplitude $(\Delta\sigma/2)_i$
$N_{B,i}$: Bruchlastspielzahl bei der Amplitude $(\Delta\sigma/2)_i$

Nach (2.7) erfolgt der Bruch bei einer zyklischen Beanspruchung mit unterschiedlichen Spannungsamplituden $\Delta\sigma/2$ dann, wenn die Summe der auf die jeweilige Bruchlastspielzahl bezogenen Zyklenzahlen den Wert 1 erreicht. Im Gegensatz zu der oft in der Literatur geäußerten Behauptung, daß dieses einfache Gesetz der linearen Schadensakkumulationsrechnung den Einfluß der Reihenfolge der Beanspruchung auf die Schädigung nicht berücksichtigt, ist die Miner-Regel, wie z.B. in [50, 51] gezeigt, unter gewissen Voraussetzungen in der Lage, eine "nichtlineare Schädigung", die z.B. von der Vorschädigung abhängt, richtig zu beschreiben[8]. Voraussetzung ist allerdings, daß sich ein die Ermüdungsschädigung vollständig beschreibender Kennwert finden läßt, dessen Änderung bei zunehmender Schwingspielzahl eine eindeutige Funktion vom Verhältnis bereits aufgebrachter zu auf

[7] Diese Auftragungsart wird meist nach dem Coffin-Manson-Gesetz (1.2) als Coffin-Manson-Darstellung bezeichnet.

[8] So kann beispielsweise eine Lebensdauerprognose auf der Basis des Paris-Gesetzes (1.15) direkt in die Miner-Regel überführt werden, wie z.B. in [33] gezeigt wird.

dem Belastungshorizont ertragbarer Schwingspiele $N_i/N_{B,i}$ ist (die Änderung verläuft auf allen Spannungshorizonten affin). Weiterhin muß die für das "Schädigungswachstum" maßgebliche Größe identifiziert werden (z.B. $\Delta\sigma/2$, $\Delta\epsilon_{pl}/2$ oder Kombinationen daraus), die als Schädigungsparameter bezeichnet wird. Eine Darstellung des Schädigungsparameters gegen den Logarithmus der Bruchlastspielzahl $\log N_B$, als Voraussetzung für die Durchführung der linearen Schadensakkumulationsrechnung, wird als *Schädigungsparameterwöhlerlinie* bezeichnet.

Der relative breite Gültigkeitsbereich der Miner-Regel und ihre einfache mathematische Form sind sicherlich die entscheidenden Gründe dafür, warum die Beziehung (2.7) auch heute noch vorwiegend benutzt wird.

2.2 Zum Spannungs-Dehnungs-Verlauf

In den folgenden Abschnitten werden einige Effekte aufgeführt, die häufig bei der experimentellen Untersuchung des zyklischen Spannungs-Dehnungs-Verhaltens beobachtbar sind und die zugehörigen Begriffe angegeben. Die Betrachtung erfolgt hier rein phänomenologisch, also ohne auf die zugrundeliegenden Mechanismen einzugehen. Der Zusammenhang mit den in Kapitel 4 vorgestellten Vielkörpermodellen und der Werkstoffmikrostruktur wird Gegenstand späterer Kapitel sein. Eine Wiedergabe dieser grundlegenden Phänomene kann als erster Prüfstein für die Eignung von Modellvorstellungen erachtet werden.

2.2.1 Transiente Vorgänge

Wechselverfestigung / Wechselentfestigung

Das Phänomen der Wechselver- oder Wechselentfestigung wurde bereits in Abschnitt 2.1 im Zusammenhang mit dem ersten Bereich der Wechselverformungskurve erläutert. In den Teilbildern a und b der Abb. 2.5 sind beide Vorgänge anhand der zeitlichen Verläufe von Dehnung und Spannung und der Beeinflussung der Hysteresekurve dargestellt. Es wird von einer dehnungsgeregelten Versuchsführung bei dreiecksförmigem Dehnungsverlauf mit konstanter Amplitude ausgegangen.

Eine Wechselverfestigung führt zu einem Anstieg der Spannungsamplitude (Teilbild a), was zu einer Vergrößerung der Hysteresekurve bei konstanter Breite führt. Entsprechend wird bei $\Delta\sigma/2$ = konst. die Dehnungsamplitude abnehmen, die Hysteresekurve also bei konstanter Höhe schmäler werden. Die zyklische Entfestigung, die häufig bei vorverformten Werkstoffen auftritt, äußert sich bei $\Delta\epsilon/2$ = konst. (Teilbild b) in einer abnehmenden Spannungsamplitude und Verkleinerung der Hystereseschleife, bzw. bei einer Versuchsführung mit $\Delta\sigma/2$ = konst. in einer Zunahme von $\Delta\epsilon_{pl}/2$ und Verbreiterung der Hysteresekurve.

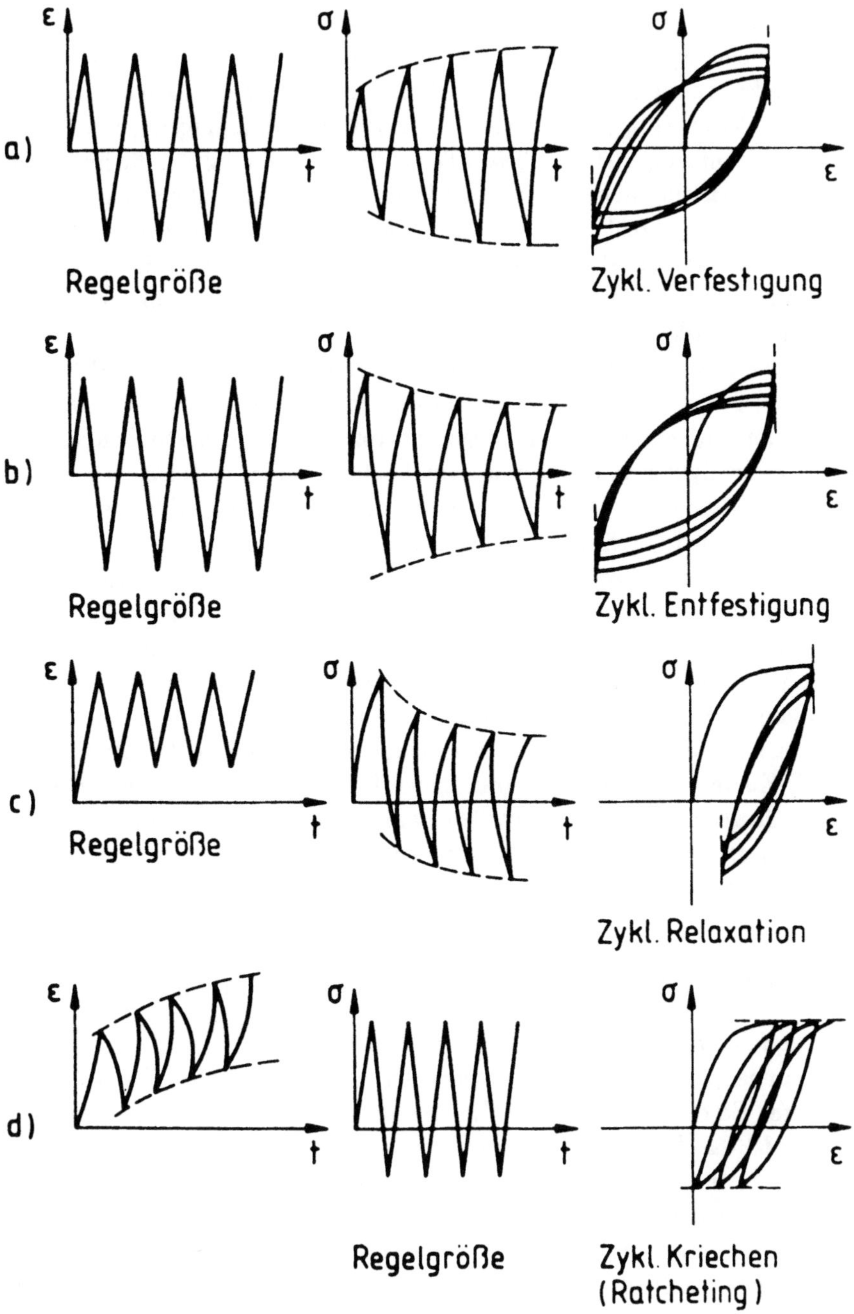

Abb. 2.5: Transiente Vorgänge bei der zyklischen Verformung; mit freundlicher Genehmigung aus [27]

Zyklisches Kriechen und Mittelspannungsrelaxation
Typisch für eine asymmetrische Wechselverformung sind zyklische Kriechprozesse bzw. Mittelspannungsrelaxation. Beide Vorgänge sind schematisch in den Teilbildern c und d von Abb. 2.5 dargestellt. Herrscht im dehnungsgeregelten Versuch eine Mitteldehung ϵ_m, so führt diese zu einer Mittelspannung σ_m, die im Lauf der zyklischen Belastung abgebaut werden kann. In der Darstellung der Spannung über der Dehnung macht sich dieser Vorgang der*Mittelspannungsrelaxation* in einem mehr oder weniger starken Absinken der Hysteresekurve in Richtung $\sigma_m = 0$ bemerkbar. Die Relaxationsgeschwindigkeit kann durch die Größe $\mathrm{d}\sigma_m/\mathrm{d}N$ gekennzeichnet werden.

Liegt bei spannungsgeregelter Versuchsführung (Teilbild d) eine Mittelspannung $\sigma_m \neq 0$ vor, so kann dies zum *zyklischen Kriechen* führen. Es wird eine Mitteldehnung ϵ_m aufgebaut, die ausgehend von einem rein elastischen Startwert σ_m/E mit der Zyklenzahl zunimmt. Anschaulich ist dies in der σ-ϵ-Darstellung durch ein "Weglaufen" der Hysteresekurve erkennbar. Die zyklische Kriechgeschwindigkeit wird durch $\mathrm{d}\epsilon_m/\mathrm{d}N$ beschrieben.

Die transienten Vorgänge werden bei der Beschreibung des zyklischen Spannungs-Dehnungs-Verhaltens meist nicht berücksichtigt. Dies liegt nicht zuletzt daran, daß sie sehr stark vom Werkstoff, der Versuchsführung und der mechanischen Vorgeschichte abhängen. Ein allgemein anwendbarer Formalismus zur Behandlung transienter Vorgänge ist nicht bekannt, so daß auch in Werkstoffdatenbanken nur das stabilisierte zyklische Spannungs-Dehnungs-Verhalten in Form von ZSD-Kurven und Wöhlerdiagrammen erfaßt wird. In den in den folgenden Kapiteln dargestellten experimentellen Ergebnissen wird dem Rechnung getragen, indem zwar das transiente Verhalten mitbetrachtet, das Hauptaugenmerk aber auf den quasistationären Zustand gelegt wird.

2.2.2 Materialerinnerung und weitere Phänomene

Materialerinnerungsvermögen
Ein Phänomen, welches den Außenstehenden vielleicht zunächst überrascht, sich bei näherer Betrachtung aber als Hinweis auf die mikrostrukturellen Vorgänge entpuppt, ist das *Materialerinnerungsvermögen.*

Wird, wie in Abb. 2.6 dargestellt, ein Werkstoff im Zugversuch bis in den plastischen Bereich hinein verformt (Punkt B), so wird eine nachfolgende Entlastung nach C zunächst elastisch erfolgen, bis eine plastische Rückverformung einsetzt. Dabei stellt die Tatsache, ob C mit einer Zug- oder Druckspannung verknüpft ist, nicht das entscheidende Kriterium für das Auftreten plastischer Deformation dar. Bereits vor mehr als 100 Jahren konnte Bauschinger nachweisen [53], daß die Elastizitätsgrenze nach plastischer Verformung in einer Richtung bei der Beanspruchung in die entgegengesetzte Richtung erniedrigt ist; ein Effekt der auch heute noch den Namen Bauschinger-Effekt trägt[9]. Der Materialerin-

[9]Eine Würdigung von J. Bauschinger und eine zusammenfassend Darstellung der Originalarbeit findet sich in [54].

in umgekehrter Richtung zu einem Zyklus kombiniert; es werden nur ganze Zyklen gezählt. So wird z.B. der Bereich, der sich von 13 bis 18 in Abb. 2.12 erstreckt mit dem Bereich (gestrichelt) zu einem Zyklus kombiniert, der bei 18 beginnt und kurz vor 25 endet.

Die Rain-Flow-Methode
Die Rain-Flow-Methode [61] ist sicherlich die am häufigsten benutzte und erfolgreichste Zyklenzählmethode. Die Bezeichnung entspringt der anschaulichen Betrachtungsweise, sich den Dehnungs-Zeit-Verlauf als eine Serie von Pagoda-Dächern vorzustellen, entlang denen Regen nach unten fließt. Dieser Regenwasserfluß gehorcht verschiedenen Regeln, was zur Festlegung von Zyklen und (in Erweiterung zur Range-Pair-Methode) von Halbzyklen führt.

Der Regenfluß beginnt von oben nach unten an der Innenseite jedes Lastumkehrpunktes. Das Wasser kann von oben nach unten entlang eines Daches fließen, aber auch senkrecht nach unten von einem Dach zum anderen fallen. Der Regenfluß wird dann gestoppt, wenn das Wasser, welches an einem Minimum entsprungen ist, gegenüber einem Minimum angekommen ist, das kleiner als das Ausgangsminimum ist. In Abb. 2.12 muß beispielsweise das Wasser, das von 1 ausgeht, gegenüber dem Punkt 9 anhalten, da das Minimum bei 9 kleiner ist als das bei 1. Ist die Quelle ein Maximum, dann stoppt der Regenfluß gegenüber einem Maximum, welches größer als das Startmaximum ist. Weiterhin muß das Wasser anhalten, wenn es auf Regen von einem darüberliegenden Dach trifft. Der in Abb. 2.12 von 10 ausgehende Wasserfluß trifft auf der Strecke zwischen 11 und 13 auf einen Wasserstrom von oben und muß somit stoppen.

Diese Regeln werden auf den Dehnungsverlauf angewandt. Als Halbzyklus wird der Verlauf zwischen dem größten Maximum und dem kleinsten Minimum (Punkt 8 und 25 in Abb. 2.12) gezählt. Falls, wie in Abb. 2.12 dargestellt, das größte Maximum vor dem kleinsten Minimum auftritt, wird als nächster Halbzyklus der Verlauf zwischen dem kleinsten Minimum vor dem größten Maximum und diesem gezählt (Punkt 1 und 8). Die Zählung erfolgt sinngemäß weiter bis zum Beginn des Dehnungsverlaufes. Als nächstes werden die Halbzyklen erfaßt die dem kleinsten Minimum folgen. Ein Halbzyklus wird zwischen dem kleinsten Minimum und dem größten Maximum, das diesem folgt, gezählt, ...

Alle anderen Dehnbereiche sind Unterbrechungen dieser Halbzyklen oder Unterbrechungen von Unterbrechungen, usw.; sie treten immer in Paaren gleicher Größe auf und bilden somit komplette Zyklen.

Die Anwendung dieser Regeln stellen sicher, daß die Rain-Flow-Methode dem Materialerinnerungsvermögen völlig Rechnung trägt, wie man sich leicht anhand eines Spannungs-Dehnungs- und dem zugehörigen Dehnungs-Zeit-Verlauf klar machen kann. Die Rain-Flow-Methode ist damit im Vergleich zum Strain-Range-Verfahren etwas näher beim realen Verhalten eines Werkstoffes angesiedelt. Die Unterschiede sind aber relativ geringfügig und lassen sich bei einem Dehnungsverlauf, der oftmals wiederholt wird, sogar ganz eliminieren, wenn das Zählverfahren beim größten Maximum oder kleinsten Minimum gestartet wird. Die Anwendung der Rain-Flow-Methode in Kombination mit der linearen Schadensakkumulationsrechnung auf der Basis von Coffin-Manson-Darstellungen kann zu guten Lebensdauerprognosen führen (siehe z.B. [40, 62]).

Beispiel für die Anwendung
So unübersichtlich die beschriebenen Zyklenzählverfahren im ersten Moment erscheinen mögen, so einfach sind sie in ein Rechnerprogramm umsetzbar, das dann die Auswertung problemlos und evtl. simultan zur zyklischen Belastung übernehmen kann. Man braucht dazu nur zwei eindimensionale Felder im Rechnerspeicher und einfache Regeln, wie die Positionen in diesen Feldern mit den Dehnungswerten der Lastumkehrpunkte besetzt werden. Das eine Feld habe die Bezeichnung ZF (für Zugfeld) und werde mit den Werten aus der Lastumkehrung von Zug nach Druck ($d\sigma/d\epsilon > 0 \rightarrow d\sigma/d\epsilon < 0$) belegt, das andere heiße DF und werde mit den Minimalwerten hervorgerufen durch die Lastumkehrung von Druck nach Zug ($d\sigma/d\epsilon < 0 \rightarrow d\sigma/d\epsilon > 0$) belegt.

Die Regeln zur Besetzung der Felder, die im Folgenden durch ein Beispiel erläutert werden sollen, lauten (nach [63], ähnlich wie die Darstellung in [64]):

1. Solange kein Eintrag in beiden Feldern vorliegt, erfolgt die Verformung entlang der monotonen Spannungs-Dehnungskurve.
2. Wenn eine Lastumkehrung auf der einsinnigen Spannungs-Dehnungskurve bei einer Dehnung erfolgt, die betragsmäßig größer ist als alle bisherigen, dann wird deren positiver Wert als erster Eintrag im ZF und der negative Wert als erster Eintrag im DF gespeichert.
3. Erfolgt eine Lastumkehr zwischen diesen Grenzen, so wird der Dehnungswert als nächster Eintrag im entsprechenden Feld abgelegt (also Zugumkehrpunkte im ZF und Druckumkehrpunkte im DF)
4. Während sich der Spannungs-Dehnungs-Punkt in Zugrichtung bewegt, muß der letzte Eintrag im ZF ständig danach überprüft werden, ob er von der aktuellen Dehnung erreicht wird. Analoges gilt für eine Verformung in Druckrichtung. Sobald die Dehnung den letzten Eintrag im ZF (bzw. DF) erreicht hat, werden die letzten Einträge im ZF *und* DF gelöscht. Die Vorschriften für das Löschen des Eintrages geben die Regeln 4a bis 4c wieder.
   - a Falls die erreichte Grenze nicht einziger Eintrag im Feld ist, wurde eine Hysteresekurve geschlossen (und wird gezählt). Die letzten Einträge im ZF und DF bestimmen die Grenzen dieser Hysteresekurve. Die Werte werden gelöscht (die Hysteresekurve wird vergessen).
   - b Falls die erreichte Grenze der einzige Eintrag im Feld ist und im anderen Feld liegen zwei Einträge vor, wurde eine Hysteresekurve geschlossen und die Verformung läuft entlang der einsinnigen Spannungs-Dehnungskurve. Die Felder werden komplett gelöscht.
   - c Falls die erreichte Grenze der einzige Eintrag im Feld ist und im anderen Feld nur ein Eintrag existiert, wurde *keine* Hysteresekurve geschlossen, sondern die einsinnige Spannungs-Dehnungskurve erreicht. Die weitere Verformung verläuft entlang dieser Kurve. Alle Eintragungen in den Feldern werden gelöscht. Der erfolgte Halbzyklus kann gezählt werden[13].

[13] Bei den meisten Anwendungen wird auf das Zählen von Halbzyklen verzichtet.

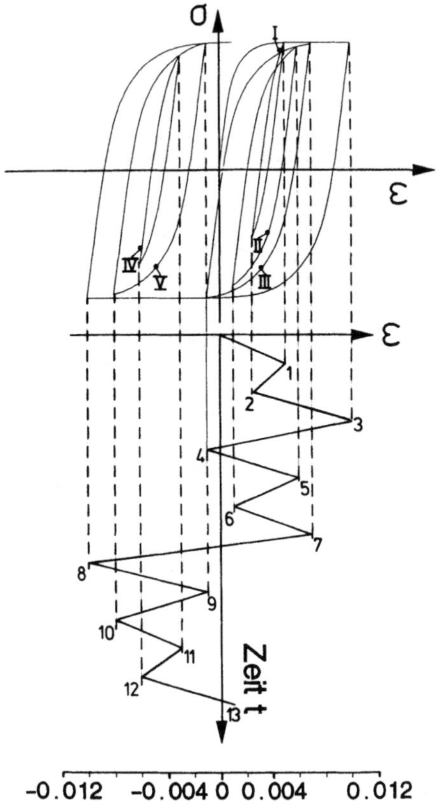

Abb. 2.13: Beispiel für die Anwendung der rechnergestützten Zyklenzählmethode

Zur Veranschaulichung wird in Abb. 2.13 das oben beschriebene Verfahren benutzt. Das Auffüllen der Felder wird in Tabelle 2.1 verdeutlicht. Bei Erreichen von Punkt 1 werden nach Regel 2 die Werte -0,5 und 0,5 an die erste Stelle der Felder eingetragen. Da Punkt 2 mit $\epsilon_{min} = 0,25$ größer als -0,5 ist, wird 0,25 nach Regel 3 als Minimum an der zweiten Stelle im DF eingeschrieben. Auf dem Weg von 2 nach 3 wird der Eintrag im ZF erreicht, damit wird die erste geschlossene Hysteresekurve (I) gefunden. Nach Regel 4b müssen sämtliche Einträge gelöscht werden. Dies ist in Tabelle 2.1 durch die horizontale Linie angedeutet. Nach Erreichen von Punkt 3 werden gemäß Regel 2 die ersten Feldpositionen neu besetzt ...

Daß das Verfahren auch ineinandergeschachtelte Hysteresekurven richtig erkennt, ist zwischen Punkt 8 und 13 nachvollziehbar. Die Umkehrdehnungen 9 bis 12 werden in die Felder geschrieben, da sie jeweils betragsmäßig kleiner sind als die vorangegangenen Einträge (Regel 3). Erst wenn auf dem Weg von 12 nach 13 das Maximum bei 11 überschritten wird, wird die Hystereseschleife IV erkannt. Bei Überschreitung des Wertes von Punkt 9 wird schließlich Hysteresekurve V gezählt.

Weitere Beispiele für die Anwendung des oben beschriebenen Verfahrens oder

Tabelle 2.1: **Eintragung der Dehnungswerte der Lastumkehrungen aus Abb. 2.13 gemäß Regeln 1–4**

DF		ZF
Dehnungsminimum ϵ_{min}[%]		Dehnungsmaximum ϵ_{max}[%]
-0,50	1	+0,50
+0,25		
-1,00		+1,00
-0,10	2	+0,60
+0,10	3	+0,70
-0,99	5	-0,10
-0,80		-0,30
-0,60	4	+0,10

vergleichbarer Methoden finden sich in [62, 15, 33, 31, 58].

Kapitel 3

Zur Form der Hysteresekurve

3.1 Hysteresenformparameter

In Abschnitt 2.1.1 wurde bereits darauf hingewiesen, daß die mechanische Hysteresekurve die Antwort eines Werkstoffes auf eine zyklische Belastung wiedergibt und damit als integrale Darstellung der das zyklische Verformungsverhalten bestimmenden mikrostrukturellen Vorgänge betrachtet werden kann. Die Notwendigkeit der übersichtlichen und vergleichbaren Darstellung des zyklischen Verformungsverhaltens führt auf die in den Abschnitten 2.1.2–2.1.4 eingeführten Diagrammtypen. Diese sind aber immer mit einem Verlust an Information verbunden, da sie aus den Hysteresekurven eines Wechselverformungsversuches nur einzelne, ausgewählte Punkte übernehmen. So wird z.B. in der zyklischen Spannungs-Dehnungskurve nur der Sättigungszustand betrachtet und dieser wiederum nur durch ein Wertepaar $(\sigma_S, \epsilon_{pl,S})$ gekennzeichnet (Abb. 2.4).

Es ist deshalb verständlich, daß aus der Zielsetzung heraus, die mikroskopischen Verformungsvorgänge bereits mit Hilfe der Hysteresenschleife zu erkennen, Parameter definiert werden, die versuchen, die Form der Hysteresekurve zu beschreiben und damit — über die primären Kenngrößen hinaus — Informationen herauszufiltern.

Als erste Schritte in diese Richtung können Vorschläge betrachtet werden, die darauf abzielen, den Spannungs-Dehnungs-Verlauf einer Hysteresekurve durch Auftragung gegen geeignete Koordinaten besser charakterisierbar bzw. vergleichbar zu machen. So schlugen Feltner und Morrow 1961 vor [65], nur den ansteigenden Ast zu betrachten und diesen unter Verwendung der relativen Koordinaten σ_r und $\epsilon_{pl,r}$ (vergl. (2.8 und 2.10)) doppellogarithmisch aufzutragen. Damit kann leicht festgestellt werden, ob sich der Spannungs-Dehnungs-Verlauf durch ein Potenzgesetz beschreiben läßt, so daß unter der Annahme der Gültigkeit des 1:2-Gesetzes auch die zyklische Spannungs-Dehnungskurve durch einen entsprechenden Ansatz gemäß (1.3) dargestellt werden könnte. Ein Beispiel für die Anwendung und die metallphysikalische Interpretation findet sich in [66, 67].

Da ein Vergleich der Hysteresenform durch z.T. sehr unterschiedliche Schwing-

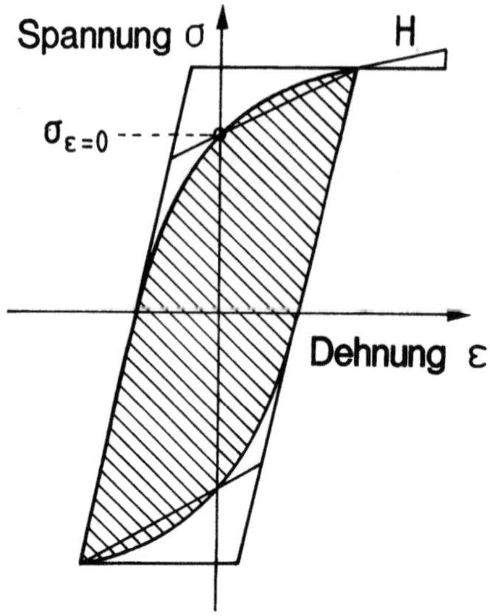

Abb. 3.1: Zur Definition des Hysteresenflächenverhältnisses V_H und des Verfestigungskoeffizienten H

breiten von Spannung und/oder plastischer Dehnung schwierig ist, benutzte Wadsworth [68] eine Auftragung der ansteigenden Äste in *normierten* relativen Koordinaten $\sigma_r/\Delta\sigma$ und $\epsilon_{pl,r}/\Delta\epsilon_{pl}$. Dies ermöglicht (z.B. [69]), unterschiedlich große Hysteresekurven, wie sie während der Wechselverfestigung bei $\Delta\epsilon/2$ = konst. entstehen, bezüglich ihrer Gestalt zu vergleichen.

3.1.1 Das Hysteresenflächenverhältnis V_H und der Verfestigungskoeffizient H

Das Hysteresenflächenverhältnis V_H wurde von Schützner [70] als Energieparameter eingeführt. Es ermittelt sich aus dem Verhältnis der durch die Hysteresekurve umschriebenen Fläche (pro Zyklus geleistete mechanische Arbeit bezogen auf eine Volumeneinheit des Werkstoffes) und der Fläche des umschreibenden Parallelogrammes (Arbeit pro Volumeneinheit für ein Material, das sich ideal elastisch-plastisch verhält).

$$V_H = \frac{\oint \sigma d\epsilon}{\Delta\sigma\Delta\epsilon_{pl}} \tag{3.1}$$

In Abb. 3.1 ist zur Verdeutlichung die Hysteresenfläche schraffiert gezeichnet und das umschreibende Parallelogramm eingetragen. Durch V_H können die Details der Hysteresenform natürlich nicht wiedergegeben werden. So läßt sich sehr einfach zeigen, daß der Spannungs-Dehnungs-Verlauf zwischen den Eckpunkten der Hysteresekurve in sehr unterschiedlicher Form gezeichnet werden kann, ohne daß dies einen Einfluß auf den V_H-Wert hat. Andererseits beschreibt V_H die Veränderungen im Verformungsvorgang gut, die z.B. von einer spitzen zu einer flach zulaufenden, eckigen Hystereseschleife führen.

V_H hängt mit der Steigung der Spannungs-Dehnungskurve am Zuglastumkehrpunkt zusammen. Diese Größe wird in diesem Zusammenhang als Verfestigungskoeffizient H bezeichnet (siehe Abb. 3.1)

$$H = \left(\frac{\mathrm{d}\sigma}{\mathrm{d}\epsilon}\right)_{\sigma=\sigma_{max}} \tag{3.2}$$

Aus Abb. 3.1 wird ersichtlich, daß ein großer Wert von H zu einem kleinen Wert von V_H und umgekehrt führen sollte.

Die Bestimmung von V_H erfordert die Messung der Hysteresenfläche. Dies ist — manuell durch Planimetrieren ausgeführt — recht mühselig und bei der automatischen Auswertung der Hysteresekurven mit Hilfe eines Rechners mit einer großen Streuung verknüpft. Aus diesen Gründen wurde vorgeschlagen [71], das Verhältnis der Spannung bei $\epsilon = 0$ zur Maximalspannung als Formparameter zu benutzen. In Abb. 3.1 ist $\sigma_{\epsilon=0}$ eingezeichnet. Man kann direkt erkennen, daß in guter Näherung gilt:

$$V_H \approx \frac{\sigma_{\epsilon=0}\,\Delta\epsilon_{pl}}{\sigma_{max}\,\Delta\epsilon_{pl}} = \frac{\sigma_{\epsilon=0}}{\sigma_{max}} \tag{3.3}$$

Seit 1978 Mughrabi [72] gezeigt hat, daß durch die Bildung von sogenannten persistenten Gleitbändern (nähere Erläuterung in Kapitel 5) die Form der Hysteresekurve von Kupfereinkristallen in charakteristischer Art verändert wird und die Veränderung mit Hilfe des Parameters V_H beschrieben werden kann, wurde V_H in sehr vielen Arbeiten zur Beschreibung der Gestalt der Hysteresekurve benutzt (z.B. [71, 73, 74, 75, 76, 77]). Es zeigte sich dabei, daß insbesondere bei der zyklischen Verformung von Einkristallen aufgrund des dort vorliegenden — im Vergleich zu vielkristallinem Material — direkteren Zusammenhanges von Verformungsmechanismus und Hysteresengestalt, Erkenntnisse aufgrund des Verlaufes von V_H mit der Zyklenzahl N gewonnen werden konnten, die bei bloßer Betrachtung der Wechselverformungskurve kaum ermittelbar gewesen wären.

Abbildung 3.2 zeigt zur Verdeutlichung eine Darstellung von V_H, H und der Schubspannungsamplitude τ_a gegen N, wie sie bei der Wechselverformung eines Kupfereinkristalls bei einer plastischen Scherdehnungsamplitude $\gamma_{ap} = 4.0 \cdot 10^{-3}$ ermittelt wurde (aus [77]). Während der anfänglichen starken Verfestigung (Anstieg von τ_a) nimmt V_H kontinuierlich ab; die Hysteresekurve wird spitzer. Entsprechend nimmt der Verfestigungskoeffizient H zu. Bereits bevor τ_a einen für die Existenz von persistenten Gleitbändern charakteristischen Sättigungswert von ca. 28 MPa erreicht, durchläuft V_H ein Minimum bzw. H ein Maximum. Dem Minimum in V_H kann das Einsetzen der persistenten Gleitbandbildung zugeordnet werden (siehe auch [75, 71, 78]) und so die Bildungsspannung als τ_a an dieser Stelle ermittelt werden. Die persistenten Gleitbänder führen zu einem starken Anstieg in V_H. Mit zunehmender Zyklenzahl erfolgt schließlich ein allmählicher Abfall in V_H, der auf eine sekundäre Verfestigung (siehe auch Kapitel 5) zurückgeführt wird [74].

Gerade dieser letztgenannte Vorgang verdeutlicht die sinnvolle Anwendbarkeit von V_H: Das leichte Absinken von V_H ist insbesondere bei *viel*kristallinem

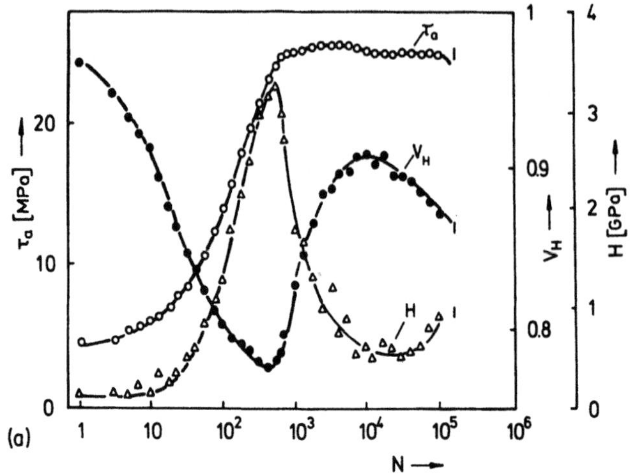

Abb. 3.2: Veränderung der Schubspannungsamplitude τ_a und der Hysteresenparameter V_H und H mit N für einkristallines Kupfer (nach Polák et al. [77])

Kupfer nach [76] ein wesentlich sensiblerer Indikator für sekundäre Verfestigung als der Anstieg der Spannungsamplitude $\Delta\sigma/2$, der erst wesentlich später in erkennbarem Umfang erfolgt.

3.1.2 Die Bauschinger-Parameter

Der Bauschinger-Effekt [53] wurde bereits in Abschnitt 2.2.2 erwähnt. In Abb. 3.3 ist der Grundgedanke nochmals graphisch dargestellt.

Wird ein mechanisch nicht vorbehandelter Werkstoff zunächst zugverformt, so führt dies bei Überschreiten einer Spannung σ_{fZ} zu einer plastischen Verformung. Nach einer Dehnung ϵ_{pl} wird schließlich die Spannung σ_{max} erreicht. Eine Entlastung und anschließende Druckbelastung führt bereits bei Unterschreiten einer Spannung σ_{fD} zu einer plastischen Deformation, wobei σ_{fD} betragsmäßig kleiner als σ_{fZ} ist (Bauschinger-Effekt). Erniedrigt man die Spannung weiter bis $-\sigma_{max}$, so führt dies zu einer plastischen Dehnung β bezogen auf den Lastumkehrpunkt. Die Punktspiegelung der bei negativen Spannungen verlaufenden Kurve am Nulldurchgang der Spannung führt auf den gestrichelt eingezeichneten Verlauf und zeigt, daß die kumulative Dehnung $\epsilon_{pl} + \beta$ ist.

Zur Beschreibung des Bauschinger-Effektes wurden eine ganze Reihe verschiedenartiger Parameter vorgeschlagen (u.a. von Cottrell [80], Dieter [81], Woolley [82] und Buckley und Entwistle [83]); für die Übertragung auf zyklische Versuchsführung sind insbesondere die von Abel und Muir [79, 84] eingeführten Größen von Bedeutung.

Aus Abb. 3.3 kann direkt der sogenannte Bauschinger-Spannungsparameter β_σ bestimmt werden:

$$\beta_\sigma = \frac{\sigma_{max} + \sigma_{fD}}{\sigma_{max}} \tag{3.4}$$

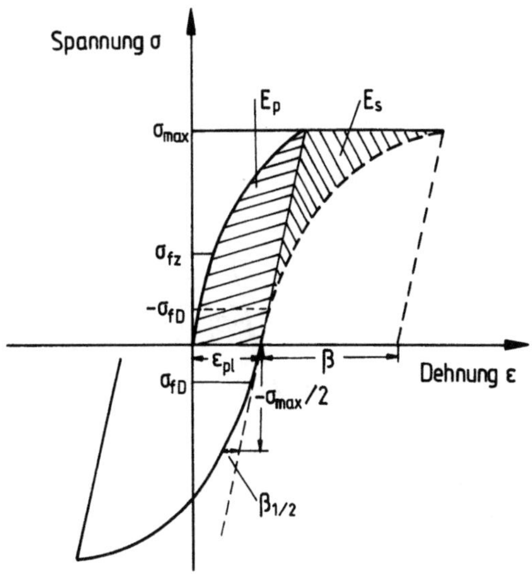

Abb. 3.3: Der Bauschinger-Effekt und die Bauschinger-Parameter; nach Abel und Muir [79]

Dieser ist gemäß seiner Definition direkt auf die Hysteresekurve anwendbar, wobei aber die altbekannte Problematik der Bestimmung der Fließspannung über eine Abweichung vom elastischen Verhalten zu großen Streuungen führen kann.

In ähnlicher Weise wird der Bauschinger-Dehnungsparameter als Quotient der plastischen Vorverformung ϵ_{pl} zur Verformung β definiert, die bei betragsmäßig gleicher aber entgegengesetzt gerichteter Spannung σ_{max} erhalten wird.

$$\beta_\epsilon = \frac{\epsilon_{pl}}{\beta} \tag{3.5}$$

Die Anwendung von (3.5) auf Wechselverformung ist natürlich sinnlos, da β bei Auftreten von geschlossenen Hysteresekurven immer $2\epsilon_{max}$ sein muß. In Anlehnung an den Parameter β_ϵ wurde deshalb von Stoltz und Pelloux [85] die Größe $\beta_{1/2}$ eingeführt, die den Betrag der relativen plastischen Dehnung angibt, bestimmt bei einer Spannung von $-\sigma_{max}/2$ (d.h. im Druckbereich). $\beta_{1/2}$ ist in Abb. 3.3 eingezeichnet.

Der dritte Parameter ist der Bauschinger-Energieparameter β_E. Er ermittelt sich aus den Verhältnissen E_s und E_p (siehe Abb. 3.3):

$$\beta_E = \frac{E_s}{E_p} \tag{3.6}$$

E_p ist die für die plastische Verformung im Zug benötigte Energie. Würde die der kumulativen Dehnung entsprechende Gesamtdehnung $\epsilon_{pl} + \beta$ bei einsinniger Belastung erreicht werden, so wäre die dazu notwendige Energie in erster Näherung gleich E_p und der Fläche des durch β und σ_{max} aufgespannten Parallelogrammes. Da eine Umkehr der Belastungsrichtung mit einem um E_s kleineren Energieaufwand zur gleichen kumulativen Dehnung führt, kann E_s als Energie interpretiert

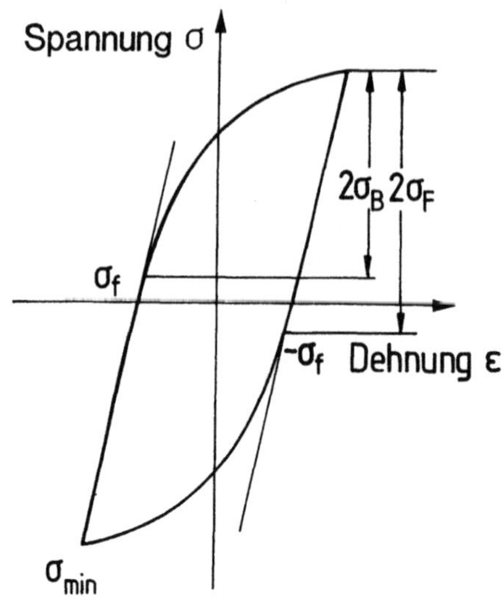

Abb. 3.4: Ermittlung von Rückspannung σ_B und Reibungsspannung σ_F aus der Hysteresekurve; nach Kuhlmann-Wilsdorf und Laird [87]

werden, die bei der Zugverformung als mechanische Energie gespeichert wird und bei der Verformung in entgegengesetzter Richtung wieder frei wird.

Bei Vorliegen einer Hysteresekurve entspricht E_p der oberen Hysteresenhälfte. E_s ergänzt diese Fläche zu dem oberhalb der Spannungsachse liegenden Teil des aus $\Delta\epsilon_{pl}$ und $\Delta\sigma$ bestimmten Parallelogrammes. Damit ist sofort klar, daß zwischen β_E und V_H ein Zusammenhang der Form

$$V_H = \frac{E_p}{E_p + E_s} = \frac{1}{1 + \beta_E} \tag{3.7}$$

besteht, so daß beide Größen gleiche Aussagen liefern (z.B. [86]).

3.1.3 Rückspannung und Reibungsspannung in der Hysteresekurve

Während die bisher behandelten Parameter ausschließlich die Hysteresenform beschreiben, ohne einen direkten Bezug zu den mikroskopischen Vorgängen herzustellen, setzen die Größen Rückspannung σ_B und Reibungsspannung σ_F bereits gewisse Modellvorstellungen zur plastischen Verformung voraus.

Die Methodik σ_B und σ_F aus der Hysteresekurve direkt zu entnehmen, geht auf Cottrell [80] zurück und wurde von D. Kuhlmann-Wilsdorf und C. Laird aufgegriffen [87]. Anwendung fand dieses Verfahren u.a. bei der Untersuchung von reinen Metallen (z.B. [87, 88]), ausscheidungsfreien Legierungen (z.B. [89]) und Legierungen mit schneidbaren Ausscheidungsteilchen (z.B. [90, 45]).

In Abb. 3.4 ist die Methodik dargestellt. Es wird vorausgesetzt, daß die Hysteresekurve "reversibel" ist, was in diesem Zusammenhang bedeutet, daß das

Verhalten der Versetzungen und die Verteilung innerer Spannungen und Dehnungen an Punkten gleicher Dehnung aber aufeinanderfolgender Zyklen unverändert ist. Weiterhin sollen die Vorgänge im Druck- und im Zughalbzyklus bis auf das veränderte Vorzeichen identisch sein. Die geringen Unterschiede z.B. im Betrag der Umkehrspannung im Zug und Druck werden vernachlässigt. Beginnt man die Betrachtung bei σ_{min}, dann führt die Belastung mit $d\sigma/dt > 0$ bei σ_f zum Einsetzen einer plastischen Verformung. Diese rührt daher, daß σ_f von der aus dem vorangegangenen Halbzyklus stammenden Rückspannung σ_B unterstützt wird, so daß die Summe aus σ_B und σ_f ausreicht, die der Versetzungsbewegung entgegengerichtete Reibungsspannung σ_F zu überwinden.

$$\sigma_f = \sigma_F - \sigma_B \tag{3.8}$$

Bei der weiteren Verformung bis σ_{max} wird die Rückspannung abgebaut und mit umgekehrtem Vorzeichen wieder aufgebaut. Dies ist deshalb erforderlich, weil nach Lastumkehr im Zug die Rückspannung die äußere Spannung in gleicher Weise wie beim Zughalbzyklus unterstützen muß, damit bei $-\sigma_f$ eine plastische Druckverformung einsetzen kann. Bei σ_{max} muß somit gelten:

$$\sigma_{max} = \sigma_F + \sigma_B \tag{3.9}$$

Aus der Kombination von (3.8) und (3.9) folgt:

$$\sigma_F = \frac{\sigma_{max} + \sigma_f}{2} \tag{3.10}$$

und

$$\sigma_B = \frac{\sigma_{max} - \sigma_f}{2} \tag{3.11}$$

Die bestechend einfache Ermittlung von σ_B und σ_F aus der Hysteresekurve sollte nicht darüber hinwegtäuschen, daß die metallphysikalische Interpretation dieser Größen sehr schwierig ist. Selbst bei der Anwendung der Methodik auf einfachste Versuchsbedingungen (z.B. einkristallines Kupfer in Einfachgleitung, z.B. [87]) gibt die Reibungsspannung σ_F nicht die Größe wieder, die man für eine isoliert vorliegende Versetzung bei einsinniger Verformung erwartet. Grund dafür ist die für die zyklische Verformung charakteristische komplexe Versetzungsanordnung, die es unmöglich macht, eine saubere Trennung zwischen Rück- und Reibungsspannung durchzuführen. Die oben dargestellte Betrachtungsweise impliziert darüber hinaus ein homogenes Materialverhalten und trägt somit dem im Kapitel 4 mathematisch behandelten Verbundcharakter nicht Rechnung.

3.2 Veränderung der Hysteresenform

Eine Anwendung der im letzten Abschnitt dargestellten Hysteresenformparameter mit der Zielsetzung, Informationen über mikroskopische Verformungsmechanismen zu erhalten, ist sicherlich nur dann sinnvoll, wenn die Gestalt der Hysteresekurve nicht durch andere Einflüsse verändert wird. In den späteren Kapiteln wird eine Beschreibung des zyklischen Spannungs-Dehnungs-Verhaltens auf der Basis von Vielkomponentenmodellen behandelt. Die Überprüfung der Anwendbarkeit der Modellvorstellungen und die Ermittlung der physikalisch relevanten Größen erfordern eine Analyse der mechanischen Hysteresekurve. Bereits kleine Störungen in der Form können dabei zu unsinnigen Ergebnissen führen.

Unter der Überschrift "Unusual Fatigue Behaviors" beschreibt Sandor [19] einige Beobachtungen phänomenologisch, die sich in der Hysteresengestalt äußern. Aus der Sicht der Hysteresenformanalyse sehr störend, aber praktisch immer vorhanden und in Strenge nicht vermeidbar, ist das Auftreten zeitabhängiger plastischer Verformung[1]. In extremen Fällen (d.h. hohe Temperatur und/oder langsame Versuchsfrequenz) führt dies zu Hysteresekurven mit "abgerundeten Spitzen" und evtl. einem Spannungsmaximum, das vor dem Dehnungsmaximum erreicht wird (im Druck entsprechend). Ursache hierfür ist bei dehnungskontrollierter Versuchsführung eine Spannungsrelaxation. Im spannungskontrollierten Versuch findet eine Kriechverformung statt, die auch dann noch zu einer Vergrößerung der Dehnung führen kann, wenn die Maximalspannung bereits überschritten ist. Da eine Trennung von zeitabhängiger und zeitunabhängiger plastischer Verformung kaum möglich ist, erscheint in diesen Fällen eine Analyse der Hysteresengestalt unter dem Gesichtspunkt der Klärung zugrundeliegender Verformungsprozesse wenig sinnvoll.

Bei den in den folgenden Abschnitten dargestellten Beispielen für Effekte, die die Hysteresenform beeinflussen, handelt es sich um eher überraschende Phänomene, an die man vermutlich im Zusammenhang mit der Wechselverformung nicht ohne weiteres denken würde. Sie führen zu einer Veränderung auch der Sättigungshysterese, sind also nicht transienter Natur.

3.2.1 Nichtlineares elastisches Verhalten

Theoretischer Hintergrund und formale Beschreibung

Die Grundlage für eine allgemeine Theorie des elastischen Verhaltens von Festkörpern ist die Atomabstands-Potentialkurve, die die potentielle Energie eines Atoms als Funktion des Abstandes zum Nachbaratom beschreibt.

Eine exakte Berechnung der in Abb. 3.5 dargestellten Kurve — z.B. mit Hilfe der Quantenmechanik — ist für Metalle höherer Ordnungszahl und erst recht für Legierungen nicht möglich. Die grundsätzlich asymmetrische Form ergibt sich aus der Überlagerung eines relativ langsam mit dem Atomabstand ansteigenden, anziehenden Energieterms und eines im Vergleich dazu wesentlich schneller abfallenden Repulsionsterms und ist qualitativ unabhängig vom Bindungstyp.

Die elastische Verformung eines Körpers führt zu einer geringen Auslenkung der Atome aus der Gleichgewichtslage. Selbst wenn der genaue Verlauf der Atomabstands-Potential-Kurve bekannt wäre, könnte daraus aufgrund des

[1] Daneben kann auch eine Versuchsunterbrechung einen starken Einfluß ausüben: Bereits eine Raumtemperaturauslagerung kann durch eine Erholung der Punktdefekte zu einer massiven Veränderung der Hysteresenform führen [91].

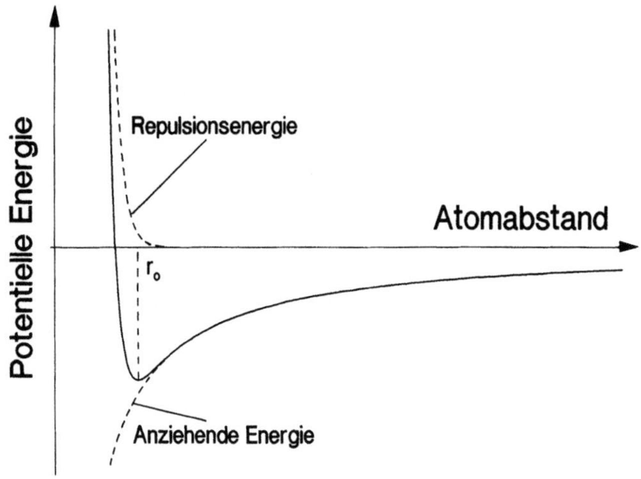

Abb. 3.5: Schematische Darstellung der Atomabstands-Potential-Kurve

komplexen Aufbaus eines realen Festkörpers mit mehreren Atomsorten, Gitterdefekten und nicht zuletzt der dreidimensionalen geometrischen Anordnung der Atome der Elastizitätsmodul E nicht berechnet werden. Man behilft sich in der Regel durch eine Beschreibung der Bindungsverhältnisse mit Hilfe eines effektiven Potentialverlaufes, der die gemittelten Verhältnisse wiedergibt und mit Hilfe eines Polynomes dargestellt wird:

$$U(r) = A_1(r - r_\circ)^2 + A_2(r - r_\circ)^3 + A_3(r - r_\circ)^4 \dots \tag{3.12}$$

$A_1 \dots A_3$: Konstanten
r : Atomabstand
$r_\circ$: Gleichgewichtsatomabstand
$U(r)$: Potentielle Energie

Der Grad des Polynoms bestimmt die Güte der Beschreibung. Wird der Verlauf für die Umgebung von $r = r_\circ$ durch eine Parabel angenähert, so folgt mit

$$\sigma = \frac{F}{A} \propto \frac{\mathrm{d}U(r)}{\mathrm{d}(r - r_\circ)} \tag{3.13}$$

A : Querschnittsfläche
F : Kraft
und

$$\epsilon_{el} = \frac{r - r_\circ}{r_\circ} \tag{3.14}$$

das Hookesche Gesetz

$$\sigma = E_\circ \epsilon_{el} \tag{3.15}$$

mit dem Elastizitätsmodul $E_\circ$ als Proportionalitätskonstante.

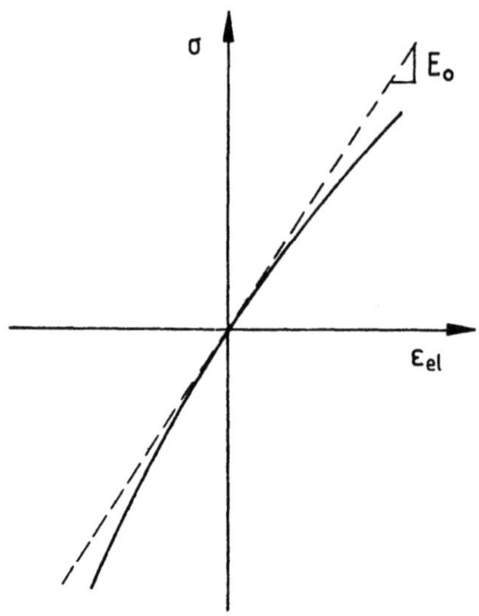

Abb. 3.6: Schematische Darstellung des elastischen Verhaltens gemäß (3.16)

Geht man in einer etwas realitätsnäheren Beschreibung von einem Polynom dritten Grades[2] für $U(r)$ aus, so folgt mit (3.13) und (3.14):

$$\sigma = E_o \epsilon_{el} + k_{el} {\epsilon_{el}}^2 \tag{3.16}$$

Der Spannungs-Dehnungs-Zusammenhang der elastischen Verformung läßt sich also bereits bei dieser einfachen Näherung des Potential-Atomabstands-Verlaufes nicht mehr allein durch *eine* Konstante beschreiben. Dieser Sachverhalt ist in Abb. 3.6 graphisch dargestellt. Da aufgrund des Kurvenverlaufes in Abb. 3.5 die Konstante k_{el} negativ sein muß, weicht die zu (3.16) gehörende Linie bei positiven Werten von ϵ_{el} in Richtung kleinerer Spannungswerte ab, liefert aber bei negativem ϵ_{el} betragsmäßig höhere Spannungen.

Um einen Zusammenhang zwischen den Größen E_o und k_{el} und den experimentell zugänglichen Werten herzustellen, definiert man den differenziellen E-Modul E_D und den integralen E-Modul E_S.

Für den differentiellen E-Modul (auch Tangenten-E-Modul genannt) gilt:

$$E_D(\sigma \text{ bzw. } \epsilon_{el}) = \frac{\mathrm{d}\sigma}{\mathrm{d}\epsilon_{el}} \tag{3.17}$$

Aus (3.16) folgt unmittelbar:

$$\lim_{\epsilon_{el} \to 0} E_D = E_o \tag{3.18}$$

[2] Auf eine Beschreibung der Potential-Atomabstands-Kurve mit einem Polynom vom Grade größer 3 wird verzichtet, da die daraus resultierenden Koeffizienten der Elastizität mit den z.Z. zur Verfügung stehenden experimentellen Mitteln nicht bestimmt werden können.

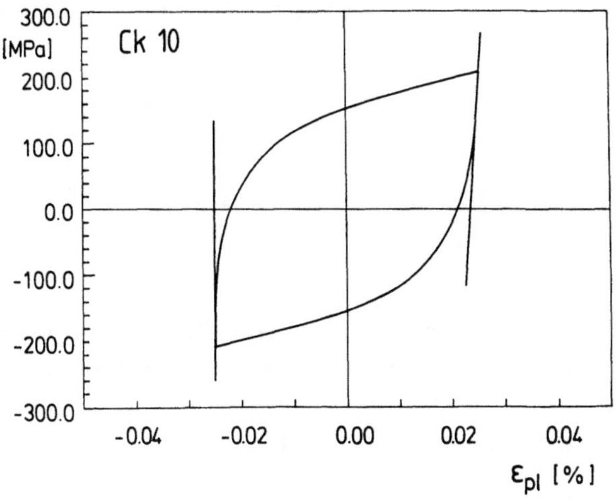

Abb. 3.7: Hysteresekurve von Ck 10 aus der Sättigung; Bei Zug- und Druckentlastung liegen unterschiedliche Tangentensteigungen vor

Eine elastische Dehnung ϵ_{el} kann gemäß (3.17) mit der Beziehung

$$\epsilon_{el}(\sigma) = \int_{\sigma=0}^{\sigma} \frac{1}{E_D(\sigma')} d\sigma' \tag{3.19}$$

ermittelt werden.

Der integrale E-Modul (oder auch Sekantenmodul) beschreibt in Analogie zum Hookeschen Gesetz den Zusammenhang von Spannung und elastischer Dehnung:

$$\sigma = E_S(\sigma \text{ bzw. } \epsilon_{el})\epsilon_{el} \tag{3.20}$$

Die Größen E_D und E_S sind mit k_{el} und $E_\circ$, wie man leicht zeigen kann, durch folgende Beziehungen verknüpft:

$$E_D(\sigma) = \sqrt{{E_\circ}^2 + 4k_{el}\sigma} \tag{3.21}$$

$$E_S(\sigma) = \frac{1}{2}(E_\circ + E_D(\sigma)) \tag{3.22}$$

Die Gleichungen (3.21) und (3.22) werden benutzt, um die Größen k_{el} und $E_\circ$ experimentell zu bestimmen. Es sei hier nochmals angemerkt, daß die beiden letztgenannten Parameter effektive Größen darstellen, die nicht mit theoretisch unabhängig ermittelten Werten verglichen werden können.

Abbildung 3.7 verdeutlicht, daß es sich bei dem bisher rein formal behandelten Effekt der nichtlinearen Elastizität nicht um ein auf hohe Dehnungen und große Spannungen beschränktes Phänomen handelt. Bereits ein relativ duktiler Werkstoff wie der unlegierte Stahl Ck 10 im normalisierten Zustand (Zusammensetzung und Wärmebehandlungszustand siehe Kapitel A im Anhang) zeigt verschiedene Tangentensteigungen nach der Lastumkehr im Zug und im Druck.

Tabelle 3.1: Werkstoffkennwerte des Zugversuches für drei Varianten des Stahles 100Cr6 (nach Sommer [92])

	$R_{p0,2}$[MPa]	R_m[MPa]	A [%]
100Cr6<u>B</u>	2190	2267	0,35
100Cr6<u>N</u>	1500	2168	0,77
100Cr6<u>M</u>	1338	2446	1,59

Selbst in reinen Metallen wie Kupfer oder Nickel ist ähnliches bei guter Auflösung der Dehnung beobachtbar. Dabei glückt der experimentelle Nachweis einer Elastizität höherer Ordnung leichter bei kleinen Werten von $\Delta\epsilon_{pl}$, da eine plastische Verformung diesen Effekt meist "überdeckt".

Der hochfeste Stahl 100Cr6
Als "Paradewerkstoff" nicht nur zum Nachweis der Existenz einer Elastizität höherer Ordnung sondern auch zu deren quantitativer experimenteller Bestimmung hat sich der hochfeste Stahl 100Cr6 erwiesen [92, 93]. Es handelt sich bei diesem Werkstoff um den weltweit wohl gebräuchlichsten Wälzlagerstahl[3]. In Tabelle 3.1 sind die 0,2%-Dehngrenze $R_{p0,2}$, die Zugfestigkeiten R_m und die Bruchdehnungen A für drei Varianten dieses Stahls (Zusammensetzung und Wärmebehandlungszustand siehe Anhang), die mit den Kennungen <u>B</u>, <u>N</u> und <u>M</u> bezeichnet werden, aufgelistet. Man erkennt unschwer die enorm hohe Festigkeit bei geringer Duktilität.

Die drei untersuchten Werkstoffvarianten unterscheiden sich auch im Wechselverformungsverhalten (siehe [92]), wobei dies z.T. auf den in den Varianten <u>N</u> und <u>M</u> im Gegensatz zu <u>B</u> vorhandenen Anteil an Restaustenit im Ausgangsgefüge zurückgeführt werden kann. Bei der Durchführung der Wechselverformungsversuche kommt es bei den austenithaltigen Stählen trotz einer symmetrischen, kraftkontrollierten Versuchsführung zu einer vergleichsweise großen plastischen Verformung, die mit einer irreversiblen Verlängerung der Probe verbunden ist. Abbildung 3.8 gibt ein Beispiel für diesen Effekt. Aufgetragen ist die Spannung gegen die um den spannungsproportionalen Dehnungsanteil reduzierte Gesamtdehnung $\epsilon - \sigma/E_o$. Benutzt wurde in dieser und den folgenden Auftragungen der Proportionalitätsfaktor zwischen Spannung und elastischer Dehnung, der zu einem vertikalen Verlauf der Hysteresekurve bei $\sigma = 0$ führt, d.h. gemäß (3.18) der Wert E_o.

Ursache für die Verschiebung des Dehnungsmittelpunktes mit der Zyklenzahl und für die große plastische Verformung in den ersten Lastspielen dürfte die Umwandlung des Restaustenits im Martensit sein. Tabelle 3.2 zeigt das Ergebnis einer röntgenographischen Restaustenitbestimmung[4], die an drei Proben nach

[3]Die im Wälzlager auftretenden Belastungen und die darauf zurückzuführenden Gefügeveränderungen werden z.B. in [94, 95] beschrieben.

[4]Für die Durchführung der Messungen am SKF Engineering & Research Centre, Nieuwegein (Niederlande) sei an dieser Stelle herzlich gedankt.

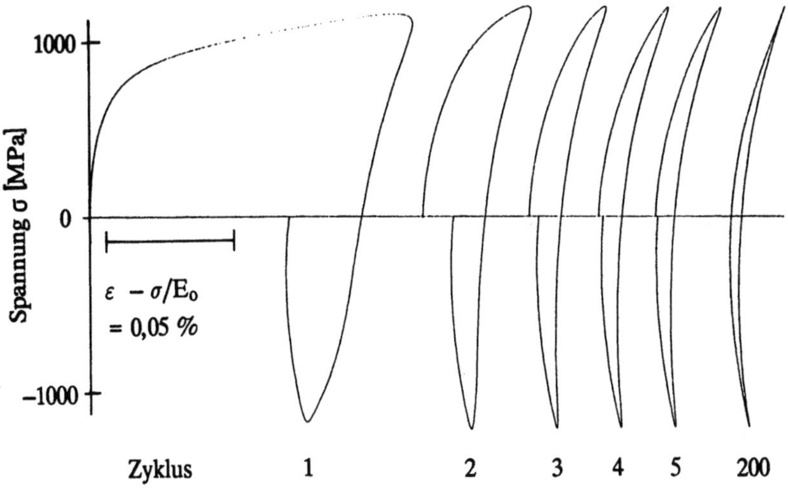

Abb. 3.8: Die ersten Zyklen bei der Verformung von 100Cr6N mit $\Delta\sigma/2 = 1200$ MPa; nach Sommer [92]

Tabelle 3.2: Restaustenitgehalt in Vol.% in Abhängigkeit von der Lastspielzahl, ermittelt bei $\Delta\sigma/2 = 1500$ MPa (nach Sommer [92])

	Zyklus				
Probe aus	0	1/4 [a]	1	50	N_B
100Cr6N	10,5	—	3,8	4,2	3,4 / 0[b]
100Cr6M	11,7	—	3,1	3,7	—
100Cr6M	11	10	—	—	—

[a] einmalige Druckbelastung
[b] gemessen in der Bruchfläche

verschiedenen Zyklenzahlen durchgeführt wurde. Der Restaustenitgehalt sinkt mit der Lastspielzahl sehr rasch ab. Er erreicht bereits nach nur einem Zyklus einen so niedrigen Wert, daß die weitere Veränderung unterhalb der experimentellen Nachweisgrenze liegt. Führt man eine einmalige Druckbelastung durch, so ergibt sich eine nur geringfügige Veränderung des Restaustenitgehaltes, was zeigt, daß die Umwandlung bevorzugt bei Zugbeanspruchung erfolgt. Mit der bei der Umwandlung von Austenit in Martensit verbundenen Volumenvergrößerung läßt sich zumindest ein Teil der irreversiblen Probenverlängerung erklären. Daneben könnte auch eine Umwandlungsplastizität eine Rolle spielen.

Bereits in Abb. 3.8 ist deutlich erkennbar, daß die Hysteresekurve im stabilisierten Zustand eine ungewöhnliche (Sichel-) Form aufweist. Dies ist aufgrund des hohen elastischen Dehnungsanteils nur dann deutlich beobachtbar, wenn die Darstellung in der Form σ gegen $\epsilon - \sigma/E_o$ erfolgt (Abb. 3.9).

Abbildung 3.10 zeigt eine bei etwas geringerer Spannungsschwingbreite registrierte Hysteresekurve in einer bezüglich der Dehnung $\epsilon - \sigma/E_o$ gespreizten

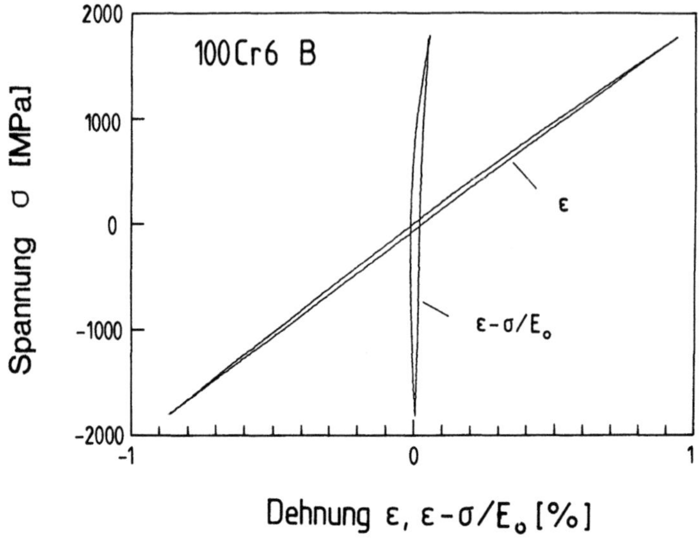

Abb. 3.9: Vergleich der Auftragungsarten σ gegen ϵ und σ gegen $\epsilon - \sigma/E_o$ für dieselbe Hysteresekurve von 100Cr6B; $\Delta\sigma/2 = 1800$ MPa, $N = 600$; nach Sommer [92]

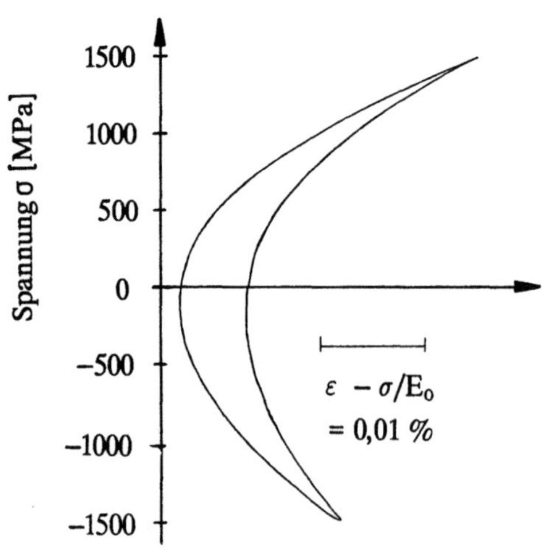

Abb. 3.10: Hysteresekurve von 100Cr6B bei $\Delta\sigma/2 = 1500$ MPa und $N = 1400$; nach Sommer [92]

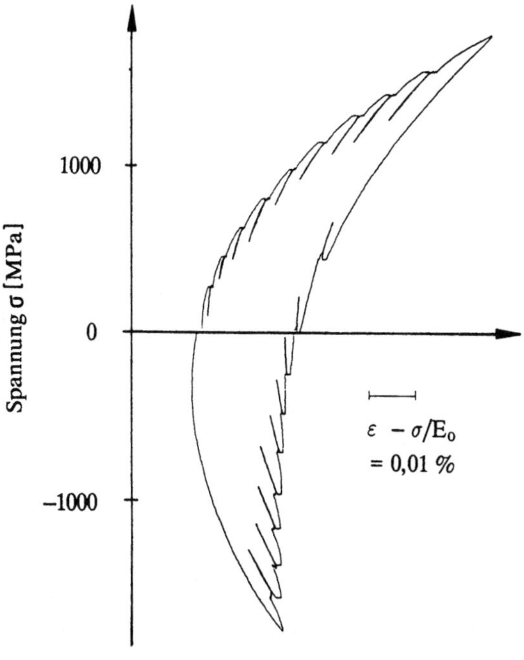

Abb. 3.11: Entlastungen innerhalb eines Zyklus; 100Cr6M, $\Delta\sigma/2 = 1800$ MPa; nach Sommer [92]

Darstellung. Versuche in verschiedenen Prüfsystemen unter Verwendung unterschiedlicher Dehnungs- und Kraftaufnehmersysteme zeigen zweifelsfrei, daß die Hysteresenform dem Werkstoff und nicht einer experimentellen Nichtlinearität zuzuordnen ist (eine detaillierte Betrachtung der experimentellen Fehlermöglichkeiten wird in [57] durchgeführt). Desweiteren erweist sich die Gestalt der Hysteresekurve nicht von der Versuchsfrequenz abhängig [92], so daß eine Beeinflussung durch zeitabhängige Verformungsvorgänge weitgehend ausgeschlossen werden kann.

Zur quantitativen Bestimmung der elastischen Konstanten höherer Ordnung bieten sich zwei Versuchstechniken an. Die erste Methode besteht darin, im Bereich der zyklischen Stabilität — um mikrostrukturellen Veränderungen während der Ermittlung möglichst vorzubeugen — innerhalb der Hysteresekurve Entlastungen durchzuführen, deren Größe klein genug gewählt werden muß, um einen plastischen Verformungsanteil weitgehend auszuschließen. Das Ergebnis dieser Vorgehensweise ist in Abb. 3.11 dargestellt. Die Tangentensteigungen der Entlastungslinien sind mit den Größen E_D und $E_\circ$, wie sich leicht zeigen läßt, durch folgende Beziehung verknüpft:

$$m = \frac{E_\circ E_D}{E_\circ - E_D} \tag{3.23}$$

Bei der zweiten Methode wird umgekehrt bei einer zyklischen Verformung mit

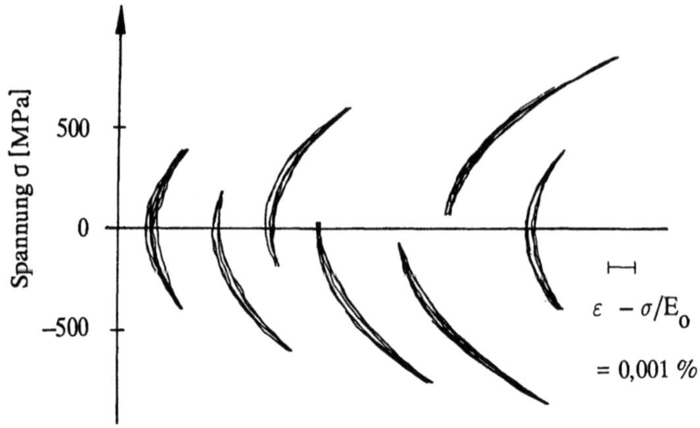

Abb. 3.12: Hysteresekurven für verschiedene Mittelspannungen σ_m bei $\Delta\sigma/2$ = 400 MPa, gemessen an 100Cr6B (nach Sommer [96])

relativ geringer Spannungsschwingbreite die Mittelspannung σ_m variiert. Aus der Tangentensteigung bei $\sigma = \sigma_m$ können so punktweise mit (3.23) die elastischen Konstanten ermittelt werden. Abb. 3.12 zeigt ein Beispiel für diese Versuchsführung. Die Hysteresekurven wurden zur besseren Auswertbarkeit für jede neue Mittelspannung nach rechts versetzt aufgezeichnet. Ist $\Delta\sigma/2$ ausreichend klein gewählt, so daß nahezu keine plastische Verformung im Spannungs-Dehnungs-Verlauf auftritt, so kann der Zusammenhang von Spannung und elastischer Dehnung durch Verschieben parallel zur x-Achse bis zur Überlappung der Kurven (siehe Abb. 3.12) dargestellt werden.

In Abb. 3.13 sind die mit Hilfe von (3.23) ermittelten Werte für den Tangenten-E-Modul gegen die Spannung σ aufgetragen. Beide Versuchstechniken (geringe Entlastungen: ausgefüllte Kreise; zyklische Verformung mit Mittelspannung: ausgefüllte Quadrate) führen im Rahmen der Streuung zu gleichen Ergebnissen. Die Veränderung von E_D im untersuchten Spannungsbereich umfaßt etwa 30 % des Mittelwertes, was verdeutlicht, daß die Nichtlinearität des elastischen Verhaltens nicht vernachlässigt werden darf[5].

In Tabelle 3.3 sind die mit Hilfe von (3.21) an die gemessenen Werte von E_D angepaßten elastischen Konstanten k_{el} und E_o aus (3.16) aufgelistet. Die in Abb. 3.13 eingezeichnete, leicht gekrümmte Linie stellt das Ergebnis dieser Anpassung dar. Die experimentellen Werte von E_D können im Rahmen der Meßgenauigkeit in guter Näherung mit dem Ansatz (3.16), der eine Erweiterung des linearen Hookeschen Gesetzes um einen quadratischen Term durchführt, beschrieben werden. Die in Tabelle 3.3 aufgeführten Werte verdeutlichen weiterhin, daß die drei Varianten des Stahles 100Cr6 bezüglich ihres elastischen Verhaltens

[5]Auch für die Auswertung des Zugversuches hat das nichtlinear elastische Verhalten unmittelbare Konsequenzen. Bestimmt man z.B. den Wert von $R_{p0,02}$ für 100Cr6B auf konventionelle Weise durch Parallelverschiebung der "elastischen Geraden" um eine Dehnung von 0,02%, so ergibt sich ein Schnittpunkt mit der σ-ϵ-Kurve bei ca. 1400 MPa. Wird im Gegensatz dazu berücksichtigt, daß die elastische Gerade in Wirklichkeit eine gekrümmte Kurve ist, so folgt für das "wahre" $R_{p0,02}$ ein Wert von ca. 1750 MPa.

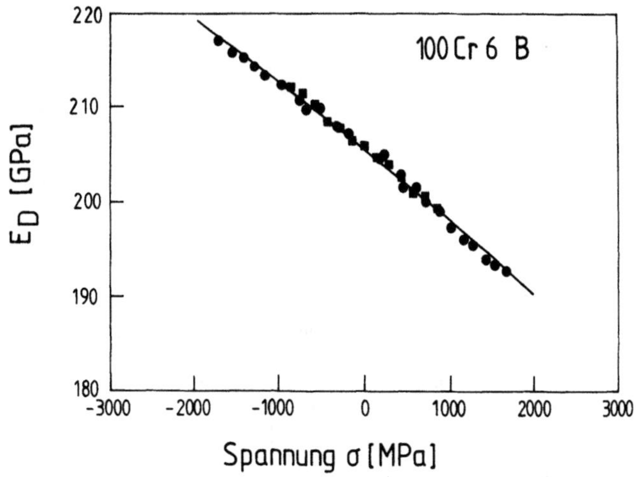

Abb. 3.13: Spannungsabhängigkeit des Tangenten-E-Moduls E_D für 100Cr6<u>B</u>; Meßpunkte aus Entlastungen (siehe Abb. 3.11) bzw. zyklischer Verformung mit Mittelspannung; nach Sommer [92]

Tabelle 3.3: Die Elastizitätskonstanten von 100Cr6 (nach Sommer [92])

Werkstoff	E_o [GPa]	k_{el} [GPa]
100Cr6<u>B</u>	205,4	-750
100Cr6<u>N</u>	203,7	-720
100Cr6<u>M</u>	202,9	-720

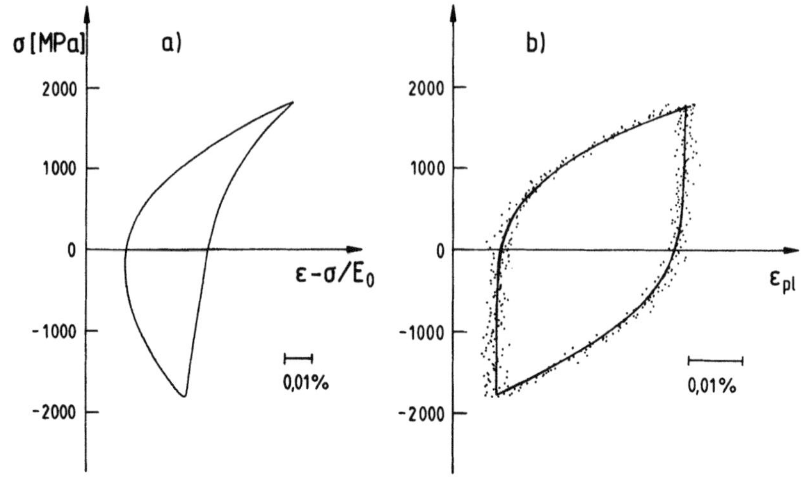

Abb. 3.14: Gemessene und rechnerisch korrigierte Hysteresekurve von 100Cr6B, $\Delta\sigma/2$= 1800 MPa; nach Sommer [92]

als gleich betrachtet werden können.

Eine unabhängige Prüfung auf Richtigkeit der so ermittelten Werte für k_{el} und E_o kann durch die Umrechnung einer Hysteresekurve aus der Darstellung σ gegen ϵ (oder $\epsilon - \sigma/E_o$) in die Auftragung σ gegen ϵ_{pl} durchgeführt werden. Die Bestimmung der zu jedem Punkt auf der Hysteresekurve gehörenden elastischen Dehnung erfolgt mit der aus (3.20–3.22) folgenden Beziehung:

$$\epsilon_{el} = \frac{2\sigma}{E_o + \sqrt{E_o{}^2 + 4k_{el}\sigma}} \tag{3.24}$$

In Abb. 3.14 ist eine Hysteresekurve, die an 100Cr6B bei $\Delta\sigma/2$= 1800 MPa ermittelt wurde im Teilbild a in der Form σ gegen $\epsilon - \sigma/E_o$ aufgetragen. Durch Anpassung der Konstanten E_o und k_{el} in (3.24) kann die sichelförmige Kurve in die übliche Hysteresenform überführt werden (Teilbild b). Die starke Streuung der Meßpunkte ergibt sich als Folge der Überlagerung der Streuungen von zwei Meßgrößen (σ und ϵ). Die zur Überführung der Hystereseschleife in die gewohnte Gestalt notwendigen Werte von k_{el} und E_o können relativ leicht bestimmt werden, da E_o primär die Neigung der Hysteresekurve bestimmt, während k_{el} die Parallelität der beiden Entlastungstangenten beeinflußt. Die Umrechnung glückt mit den Größen E_o = 206 GPa und k_{el} = −730 GPa in guter Übereinstimmung mit den in Tabelle 3.3 wiedergegebenen Werten.

Die Aluminiumlegierung AlZnMgCu0,5

Auch die in Kapitel 12 näher behandelte Aluminiumlegierung AlZnMgCu0,5 weist im Zustand hoher Festigkeit (siehe Anhang, Kapitel A) ein nichtlinear elastisches Verhalten in einem Ausmaß auf, das vor der Analyse der Hysteresenform eine Berechnung der wahren plastischen Dehnung erforderlich macht.

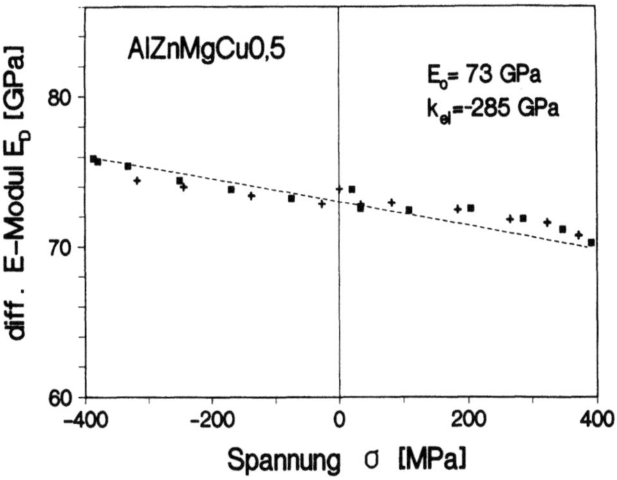

Abb. 3.15: Mittels geringer Entlastungen experimentell bestimmter differentieller E-Modul E_D von AlZnMgCu0,5 in Abhängigkeit von der Spannung σ; nach Lades [97]

In Abb. 3.15 sind die Werte für den differentiellen E-Modul E_D gegen die Spannung σ aufgetragen, wie sie mit Hilfe der in Abb. 3.11 illustrierten Technik der geringen Entlastungen bestimmt wurden. Die gestrichelt eingezeichnete Linie stellt das Ergebnis einer Anpassung der Meßwerte auf der Basis von (3.21) dar, die zu den elastischen Konstanten $E_o = 73$ GPa und $k_{el} = -285$ GPa führt.

Mit Hilfe dieser Werte ist eine Umrechnung der Hysteresekurven aus der der Messung direkt zugänglichen Form σ gegen ϵ oder σ gegen $\epsilon - \sigma/E_o$ in die für die weitere Betrachtung benutzte Darstellung σ gegen ϵ_{pl} möglich. Abb. 3.16 zeigt anhand eines Beispiels, daß ähnlich wie im Fall des Stahles 100Cr6 auf diese Weise eine übliche Hysteresenform gewonnen werden kann.

Die obigen Ausführungen sollen verdeutlichen, daß das Auftreten der Elastizität höherer Ordnung eigentlich als Normalfall betrachtet werden muß und nicht auf einem vorgetäuschten Effekt als Folge von lokaler Mikroplastizität, Reibung an Phasengrenzen oder Energieabsorption durch Zwillingsbildung etc. zurückgeführt werden kann (z.B. [98]). Ein Vergleich von Hysteresekurven auf der Basis relativer Koordinaten erfordert somit die Berücksichtigung der Nichtlinearität des elastischen Verhaltens, weil Punkte verschiedener Kurven, die gleichen relativen Spannungen zugeordnet sind, seit der Lastumkehr eine von der Lage des Lastumkehrpunktes abhängige, unterschiedliche (relative) elastische Dehnung erfahren haben. Dies gilt in gleicher Weise für die Anwendung von Hysteresenformparametern. Glücklicherweise ist bei vielen Metallen und Legierungen das Ausmaß der Nichtlinearität der Elastizität so gering, daß auf die experimentell aufwendige Bestimmung der elastischen Konstanten höherer Ordnung und die rechnerische Ermittlung von ϵ_{pl} verzichtet werden kann.

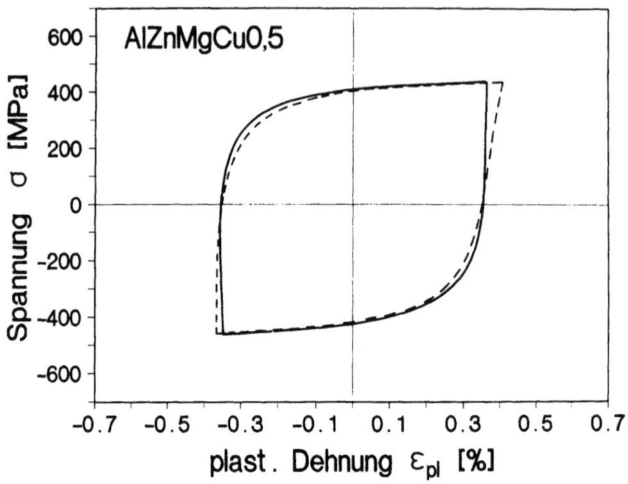

Abb. 3.16: Vergleich der Hysteresekurven vor (gestrichelt) und nach der Korrektur des nichtlinear elastischen Anteils

3.2.2 Thermoelastischer Effekt

Die bei der zyklischen Belastung zur Verformung der Probe aufgebrachte Energie wird zum größten Teil in Wärme umgesetzt. Dies führt zu einer Erwärmung der Probe, welche sehr empfindlich von den Versuchsbedingungen abhängt (z.B. Frequenz der Belastung, Wärmeableitungsmöglichkeiten u.v.m.). In den meisten Fällen hat dies aber keinen Einfluß auf die Form der Hysteresekurve in der Sättigung, weil sich eine in 1. Näherung konstante, stationäre Probentemperatur einstellt.

Ein Phänomen, das zu einer *im* Zyklus variierenden Temperatur führt, ist der *thermoelastische Effekt.* Er bewirkt eine Temperaturveränderung hervorgerufen durch eine elastische Verformung (bzw. Spannung). Unter adiabatischen Versuchsbedingungen liegt die Größe des thermoelastitischen Effektes bei ca. 0,001 K/MPa [99, 100].

In Abb. 3.17 sind die mit Hilfe sehr dünner Thermoelemente, die mit einem Klebstreifen auf der Mitte der Meßlänge einer Probe aus 100Cr6N befestigt wurden [96], gemessenen Temperaturverläufe für eine zyklische Verformung mit 0,1 Hz (oberes Bild) und 5 Hz (unteres Bild) dargestellt. Als Spannungsamplitude $\Delta\sigma/2$ wurde 600 MPa benutzt, was beim betrachteten Werkstoff zu nahezu keiner plastischen Verformung führt[6]. Die Schwingbreite der Temperatur beträgt im oberen Bild etwa 1 K. Bei niedriger Frequenz (0,1 Hz) ist die zyklische Veränderung der Temperatur T deutlich erkennbar. Der thermoelastische Effekt läuft gegenphasig zur Beanspruchung und führt bei Zugbelastung zu einer Erniedrigung von T, bei Druckbelastung zu einer Temperaturerhöhung. Bei höheren Frequenzen sollte die Temperaturänderung wegen des langsamen Temperaturausgleichs zwischen Probe und Umgebung noch ausgeprägter sein, ist

[6] Für die Anregung zu diesen Messungen und die Hilfe bei der Durchführung wird Herrn A. P. Voskamp vom SKF Engineering & Reseach Centre, Nieuwegein herzlich gedankt.

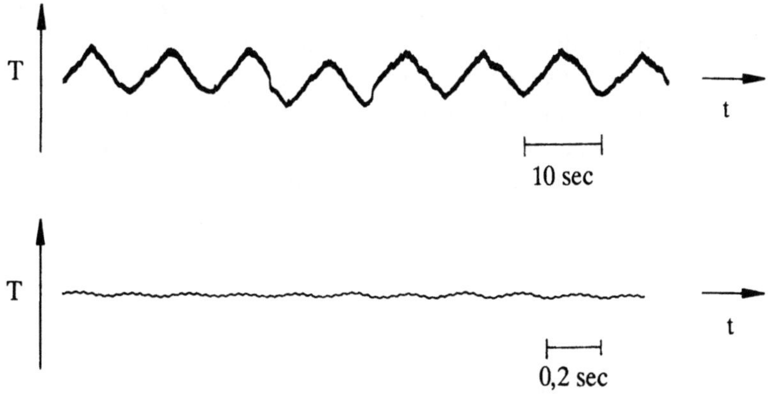

Abb. 3.17: Temperatur-Zeit-Verlauf bei zyklischer Verformung von 100Cr6N mit $\Delta\sigma/2 =$ 600 MPa; oberes Bild: 0,1 Hz, unteres Bild: 5 Hz; nach Sommer [96]

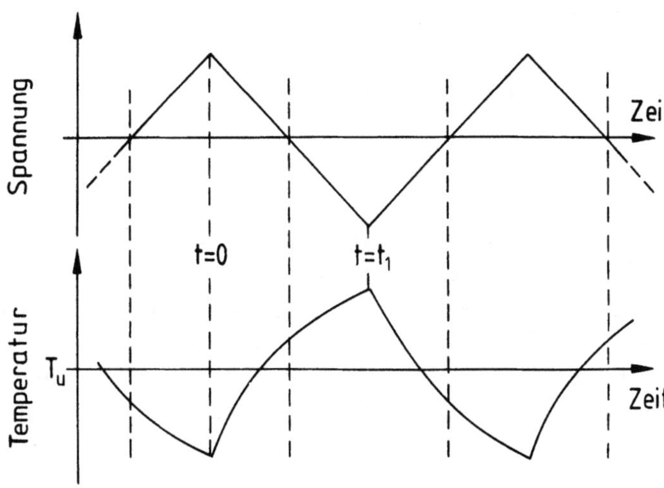

Abb. 3.18: Schematische Darstellung des Spannungs- und Temperaturverlaufes bei nichtadiabatischen Bedingungen

aber aufgrund der Trägheit des Wärmeübergangs von Probe zu Thermoelement nur schwer nachweisbar.

Der thermoelastische Effekt kann im wesentlichen zu zwei Einflüssen auf die Hysteresenform führen. Betrachtet man zunächst eine schnelle elastische Wechselverformung, so wird sich, da ein Temperaturausgleich nicht möglich ist, zu jeder Spannung die zugehörige Temperatur einstellen. Dies führt im Druck (hohe Temperatur) zu einer thermischen Ausdehnung und im Zug (niedrige Temperatur) zu einer thermischen Kontraktion der Probe. Somit ist bei dieser adiabatischen Versuchsführung ein im Vergleich zum isothermen Versuch etwas höherer effektiver Elastizitätsmodul zu erwarten. Eine Überschlagsrechnung für 100Cr6 liefert eine Abweichung in E_o von ca. 0,3 %, was die Vernachlässigbarkeit im Vergleich zur Nichtlinearität des elastischen Verhaltens verdeutlicht.

Problematischer scheint die Möglichkeit der Erzeugung einer mechanischen Hysteresekurve durch den zyklischen Temperaturverlauf zu sein:
Geht man von einer Versuchsfrequenz aus, bei der zwar ein Temperaturausgleich zwischen Probe und Umgebung stattfindet, dieser aber zu langsam erfolgt, als daß eine stationäre Temperatur eingestellt werden könnte, so kann der in Abb. 3.18 schematisch dargestellte Temperatur-Zeit-Verlauf erwartet werden. Er ist eine Folge der Kopplung des thermoelastischen Effektes, der zu einer zur Spannungsänderung proportionalen Temperaturänderung führt

$$\frac{\mathrm{d}T}{\mathrm{d}t} = C_1 \propto \frac{\mathrm{d}\sigma}{\mathrm{d}t} \tag{3.25}$$

und dem gegenläufigen Temperaturausgleich

$$\frac{\mathrm{d}T}{\mathrm{d}t} = -C_2(T - T_u) \tag{3.26}$$

Die Lösungen der Differenzialgleichungen (3.25 und 3.26) führt auf [101]:

$$T(t) - T_u = \frac{C_1}{C_2}\left(1 - \frac{2\mathrm{e}^{-C_2 t}}{1 + \mathrm{e}^{-C_2 t_1}}\right) \tag{3.27}$$

Dabei ist: T_u : Umgebungstemperatur
C_1, C_2 : Konstante
t_1 : die halbe Zyklusdauer (siehe Abb. 3.18)

Der in Abb. 3.18 dargestellte $T(t)$-Verlauf weist bei den Nulldurchgängen der Spannung einen gegenüber der Umgebungstemperatur erhöhten ($\mathrm{d}\sigma/\mathrm{d}t < 0$) bzw. erniedrigten ($\mathrm{d}\sigma/\mathrm{d}t > 0$) Wert auf. Dies kann zur Vortäuschung einer plastischen Dehnungsschwingbreite führen, die tatsächlich eine Differenz in der Wärmeausdehnung ist. Für 100Cr6$\underline{\text{B}}$ bei $\Delta\sigma/2 = 400$ MPa liegt der dadurch verursachte Wert von $\Delta\epsilon_{pl}$ bei ca. $0,3 \cdot 10^{-5}$, was der Größenordnung der plastischen Verformung entspricht.

Bei duktileren Werkstoffen kann der thermoelastische Effekt vernachlässigt werden. Es sei aber angemerkt, daß die plastische Verformung innerhalb eines Lastspiels auch zu einer zyklischen Temperaturvariation führen kann, die ähnliche Phänomene hervorrufen kann.

3.2.3 Magnetoelastischer Effekt

Durch mechanische Spannungen kann es in ferromagnetischen Substanzen zu Magnetisierungsänderungen kommen, die ihrerseits die mechanischen und elastischen Größen beeinflussen. So stellt sich z.B. die Magnetisierungsrichtung der Weisschen Bezirke unter Zug so ein, daß die damit verbundene *Magnetostriktion* die Dehnung noch vergrößert (umgekehrtes gilt im Druck).

Daß dieser Effekt tatsächlich zu einer beobachtbaren Veränderung der Hysteresenform führt, ist in Abb. 3.19 gezeigt. Die bei $\Delta\epsilon_{pl} \approx 6 \cdot 10^{-5}$ ermittelte Hysteresekurve von α-Fe (entkohlt, C-Gehalt ≤ 1 Gew.-ppm) weist nach den

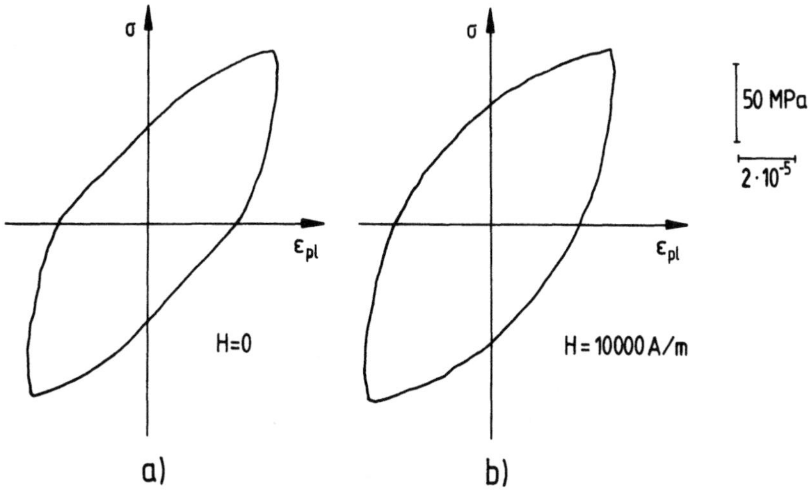

Abb. 3.19: Mechanische Hysteresekurve von α-Fe ohne (linkes Teilbild) und mit (rechtes Teilbild) überlagertem Magnetfeld; aus Sommer [101]

Spannungsnulldurchgängen ungewöhnliche Wendepunkte auf. Diese können damit erklärt werden, daß beim Vorzeichenwechsel der Spannung durch den magnetoelastischen Effekt eine Dehnung erzeugt wird, die für $\sigma > 0$ eine Verschiebung nach rechts, für $\sigma < 0$ eine Verschiebung nach links bewirkt. Die Wendepunkte können dadurch vermieden werden, daß man durch Aufzwingen einer Magnetisierungsrichtung durch ein äußeres Magnetfeld eine Ummagnetisierung während des Durchlaufens der Hysteresekurve ausschließt[7]. Die im rechten Teilbild von Abb. 3.19 dargestellte Hystereseschleife wurde nach Einschalten des Stromes durch eine um die Probe gelegte Spule erhalten.

3.2.4 Abhängigkeit der Fließspannung von der Dehngeschwindigkeit

Ähnlich wie die bisher beschriebenen, die Form der mechanischen Hysteresekurve verändernden Phänomene, ist der Einfluß der Dehngeschwindigkeit auf die Fließspannung von grundsätzlicher Natur, d.h., er tritt *immer* auf. Ob er allerdings bei der Analyse der Hysteresekurve beachtet werden muß oder vernachlässigt werden kann, hängt in starkem Maße vom untersuchten Werkstoff und nicht zuletzt von den Versuchsbedingungen ab und kann durch einfache Vergleichsversuche leicht ermittelt werden.

Ein extremes Beispiel für ein dehngeschwindigkeitsabhängiges Verformungsverhalten (und damit für eine dehngeschwindigkeitsabhängige Fließspannung) stellen die reinen kubisch raumzentrierten (krz) Metalle dar. Nach [102] kann die Fließspannung τ_f in einen thermischen Anteil τ^* und einen athermischen

[7] Allerdings ist zu beachten, daß ein Einfluß der Versuchsparameter, insbesondere der Temperatur und der Dehngeschwindigkeit, auf das Ausmaß der Magnetostriktion bzw. der zu ihrer Verhinderung notwendigen Feldstärke existiert.

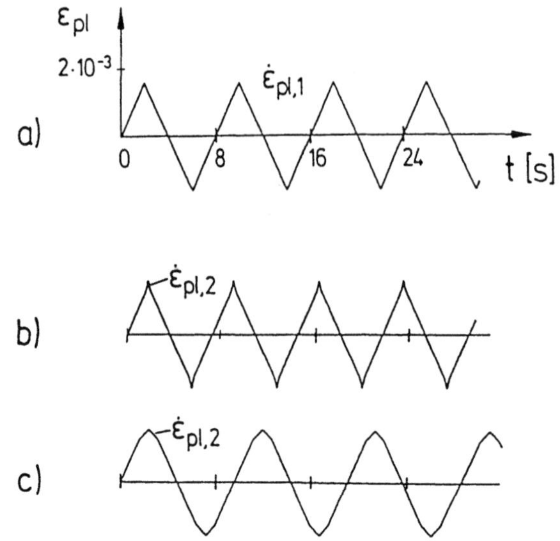

Abb. 3.20: Verlauf der plastischen Dehnung ϵ_{pl} mit der Zeit bei $\dot{\epsilon}_{pl}$-Wechsel innerhalb des Zyklus; nach Mughrabi [103]

Anteil τ_G zerlegt werden.

$$\tau_f = \tau_G + \tau^*(\dot{\epsilon}_{pl}, T) \tag{3.28}$$

τ^* wird in krz Metallen weitgehend durch die Gitterreibungsspannung der Schraubenversetzungen hervorgerufen — im Gegensatz zu den kfz Metallen, wo τ^* durch die Versetzungswechselwirkung und nicht durch die Reibungsspannung bestimmt wird. Der athermische Anteil τ_G wird üblicherweise als mit der Versetzungsdichte ρ über

$$\tau_G = \alpha G \mathrm{b} \sqrt{\rho} \tag{3.29}$$

verknüpft betrachtet. Dabei ist G der Schubmodul, b der Betrag des Burgersvektors und α eine geometrische Konstante ($\alpha \approx 0,1 \ldots 0,4$), die von der Versetzungsanordnung abhängt. Die Ursache für τ_G sind die elastischen Wechselwirkungen der Versetzungen während der Verformung.

Eine Veränderung von $\dot{\epsilon}_{pl}$ durch Veränderung der Belastungsfrequenz führt nicht nur zu einer Veränderung von τ^* sondern — aufgrund einer Beeinflussung der Versetzungsstruktur — auch zu einer Veränderung von τ_G. Darüber hinaus ist aus metallphysikalischer Sicht eine sinnvolle Versuchsführung nur durch Regelung der plastischen Dehnung bei dreiecksförmigem Sollwertverlauf zu erreichen, weil diese zu einem (betragsmäßig) konstantem $\dot{\epsilon}_{pl}$ führt[8]. Bei allen anderen Regelarten verändert sich $\dot{\epsilon}_{pl}$ innerhalb des Lastspiels.

Ein schönes Beispiel, wie drastisch sich die Fließspannung durch Wechsel der plastischen Dehngeschwindigkeit verändern kann, gibt Mughrabi in [103, 104]. Ausgehend von dem in Abb. 3.20a dargestellten Verlauf der plastischen Dehnung mit der Zeit, werden *innerhalb* der Zyklen $\dot{\epsilon}_{pl}$-Wechsel durchgeführt. Dazu

[8] Auf diese Versuchstechnik wird in Kapitel 8 näher eingegangen.

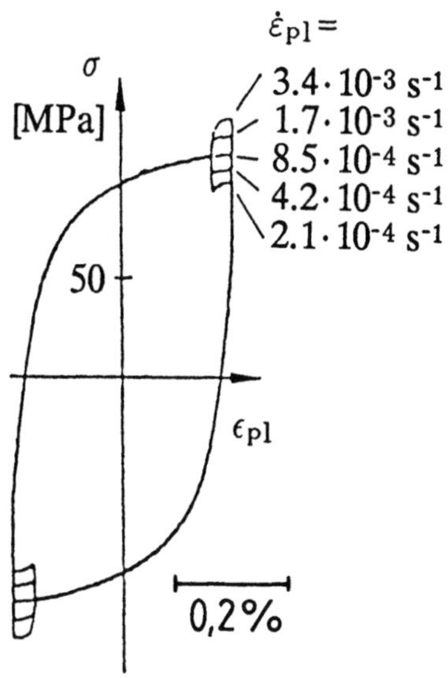

Abb. 3.21: Hysteresekurven mit $\dot{\epsilon}_{pl}$-Wechseln, gemessen an hochreinem vielkristallinem α-Eisen; nach Mughrabi [104]

wird die Anstiegsgeschwindigkeit des Sollwertverlaufes kurz vor Erreichen der Umkehrpunkte erhöht (Teilbild b) oder erniedrigt (Teilbild c). Man erhält somit eine auf den Bereich der Lastumkehrpunkte begrenzte plastische Dehngeschwindigkeit $\dot{\epsilon}_{pl,2}$ während im übrigen Zyklus weiterhin $\dot{\epsilon}_{pl,1}$ eingehalten wird.

Die Veränderung in der Hysteresekurve ist Abb. 3.21 zu entnehmen. Der Anstieg von $\dot{\epsilon}_{pl}$ führt zu einer starken Zunahme der Spannung, ein Abfall von $\dot{\epsilon}_{pl}$ umgekehrt zu einer Abnahme. Die Hysteresenform im restlichen Zyklus wird durch die kurzzeitige Veränderung von $\dot{\epsilon}_{pl}$ in der Umgebung der Lastumkehrpunkte nicht beeinflußt (d.h., die Versetzungsstruktur ist konstant): Es kann somit die Abhängigkeit von τ^* von $\dot{\epsilon}_{pl}$ (und T) ohne gleichzeitige Veränderung von τ_G untersucht werden [105].

Dieses Beispiel soll den möglichen Einfluß der Dehngeschwindigkeit verdeutlichen. Aufgrund des verwendeten Werkstoffes (α-Fe in hochreiner Form) gibt es aber einen extremen Fall wieder. Bei den meisten technischen Werkstoffen ist zwar die Fließspannung (bzw. die zyklische Sättigungsspannung) von $\dot{\epsilon}_{pl}$ abhängig, die Beeinflussung ist aber sehr viel geringer und oft im üblicherweise untersuchten Frequenzbereich (0,1...20 Hz) sogar vernachlässigbar.

Kapitel 4

Vielkomponentenmodelle

Idealerweise sollte ein mathematischer Formalismus zur Beschreibung des Verformungsverhaltens von Werkstoffen von der Betrachtung der mikroskopischen Vorgänge, also in Strenge auf der Basis atomarer Prozesse, erfolgen. Daß diese Wunschvorstellung nur in ganz wenigen einfachen Fällen zum Erfolg führen kann, ist verständlich, wenn man die Komplexität und Vielzahl der zumeist auch noch gekoppelt auftretenden Mechanismen berücksichtigt. Wenn nicht einmal das elastische Werkstoffverhalten auf atomarer Basis vorausberechenbar ist, wie sollte es die doch wesentlich schlechter formal erfaßbare plastische Verformung sein.

Ein anderer möglicher Ausgangspunkt für die Entwicklung eines mathematischen Formalismus stellen mathematische Theorien zur Plastizität dar, die in der Tat, insbesondere bei der Auslegung von Bauteilen, die ja meist einer dreidimensionalen Beanspruchung unterliegen, benutzt werden. Den Vorwurf, den man gegenüber dieser Betrachtungsweise erheben muß, ist der fehlende Bezug zur Mikrostruktur des Werkstoffes.

Die Beschreibung des Verformungsverhaltens mit Hilfe von Vielkomponentenmodellen stellt eine Art Mittelweg zwischen den beiden genannten Extremfällen dar. Die Attraktivität solcher Modelle besteht darin, daß sie einerseits erlauben das Spannungs-Dehnungs-Verhalten makroskopisch in realistischer oder wenigstens realitätsnaher Weise wiederzugeben, andererseits *kann* ein Zusammenhang mit der Mikrostruktur hergestellt werden. Dabei sind solche meist in Form rheologischer Ersatzschaltbilder dargestellten Beschreibungen bereits ab den zwanziger Jahren dieses Jahrhunderts entwickelt worden. Durch die in den letzten ca. 15 Jahren gewonnenen Erkenntnissen auf dem Gebiet der mikrostrukturellen Vorgänge bei der plastischen Verformung haben sie eine vorher eher spekulativ unterstellte physikalische Basis erhalten (siehe Kapitel 5), die zu einer Art Renaissance geführt hat.

Aus der Sicht der Rheologie sollte die Beschreibung des Verformungsverhaltens mit mechanischen Modellen erfolgen, die aus einer möglichst geringen Anzahl von Elementen[1] bestehen. Die ist sicherlich auch sinnvoll, wenn es darum

[1]Als Vielelementemodell soll jedes Modell, bestehend aus mehr als drei rheologischen Elementen, betrachtet werden. Ein Vielkomponentenmodell ist aus mindestens zwei Komponen-

geht, grundsätzliche Aussagen z.B. zum Einfluß der Korngröße [106] oder von Eigenspannungen [107] zu erhalten oder zu veranschaulichen. Bei der Beschreibung der Verformungskinetik, also der Zeitabhängigkeit der Verformung, wird, um der Schwierigkeit der Anpassung zu entgehen, meist ein Drei-Elemente-Modell benutzt (z.B. [108]) und lieber dafür zumindest einem Element ein komplexes Verhalten zugeschrieben. Genaue Analysen des mechanischen Verhaltens von Werkstoffen (z.B. [109]) zeigen aber, daß oftmals zur bloßen Erklärung der beobachteten Phänomene auf den Verbundgedanken und damit auf Vielkomponentenmodelle zurückgegriffen werden muß.

Da die plastischen Vorgänge auch in einem makroskopisch homogen beanspruchten Volumenbereich in Verteilung und Größe als statistische Erscheinung mit entsprechender Bandbreite der mikroskopischen Werkstoffeigenschaften und nicht als Reaktion eines Kontinuums anzusehen sind[2], erscheint es berechtigt, die statistische Betrachtungsweise in die Modellvorstellung einzubeziehen. Die Anordnung und das Verhalten der Einzelelemente muß aber so einfach sein, daß eine eindeutige Anpassung der Modellparameter möglich ist.

4.1 Das Masing-Modell (Parallelschaltung)

4.1.1 Die Modellvorstellung

Bereits 1923 entwickelte G. Masing sein nach ihm benanntes Modell, das trotz seiner brillianten Einfachheit sehr viele Charakteristika des Verformungsverhaltens von Metallen und Legierungen wiederzugeben in der Lage ist [111, 112]. Mit der Zielsetzung, Widersprüche und Unklarheiten in einer 1921 von E. Heyn [113] veröffentlichten Theorie der "verborgenen elastischen Spannungen" auszuräumen, konnte er zeigen, daß der Grundgedanke von Heyn, den 1886 entdeckten Bauschinger-Effekt [53] mit Hilfe innerer Spannungen zu erklären, "berechtigt und fruchtbar" ist. Etwa zur gleichen Zeit entwickelte L. Prandtl [114] eine Modellvorstellung, in der er die plastische Verformung von Metallen auf Korngrenzengleitung zurückführte. Diese Vorstellung ist zwar aus heutiger Sicht nicht mehr haltbar, die Prandtlschen Überlegungen lassen sich aber formal völlig identisch zum Masing-Modell behandeln.

Masing [111] nimmt an, daß ein quasi-isotropes Metall aus einer Reihe von Volumenelementen mit verschiedenen Streckgrenzen besteht[3], wobei die Streckgrenzen dieser Elemente zum Teil weit oberhalb der meßbaren Streckgrenze des

ten (Elementen) aufgebaut, die ihrerseits aber aus mehreren rheologischen Elementen bestehen können.

[2]Dies kann bereits durch eine ortsauflösende Temperaturmessung nachgewiesen werden [110].

[3]Die Berechtigung dieser Annahme leitet er aus den verschiedenen Orientierungen der Körner ab, was bei unterschiedlichen Spannungen zur plastischen Verformung führt. In Kapitel 6 wird gezeigt, daß diese Begründung allein nicht ausreichend ist.

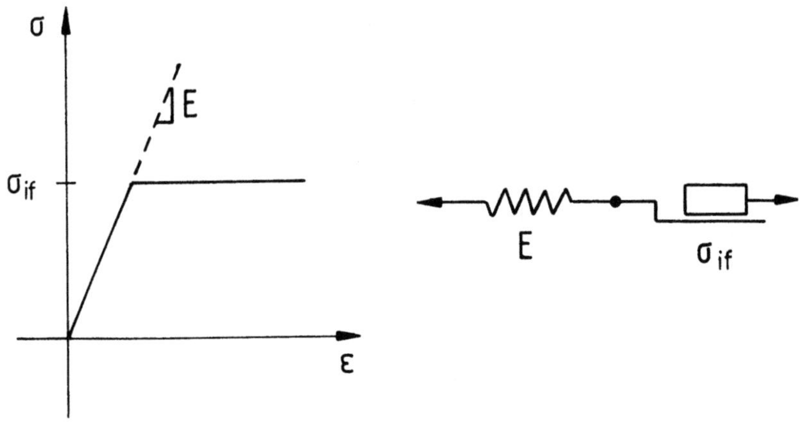

Abb. 4.1: Ideal elastisch-plastisches Verhalten des Einzelelementes im Masingmodell

gesamten Metallkörpers liegen. Der Einfachheit halber soll sich jedes Element i ideal elastisch-plastisch verhalten, d.h., es verforme sich bis zur Streckgrenze σ_{if} linear elastisch und oberhalb von σ_{if} ideal plastisch, ohne eine Verfestigung zu erfahren (siehe Abb. 4.1). Weiterhin wird angenommen, daß der Elastizitätsmodul E für alle Elemente derselbe ist.

Das rheologische Ersatzmodell für das Einzelelement ist auf der rechten Seite von Abb. 4.1 gezeichnet. Es besteht aus den beiden Grundelementen Feder (oder Hooke-Modell) und Riegel (auch als De-Saint-Venant-Körper oder Trockenreibungselement bezeichnet), die hintereinandergeschaltet sind[4].

Die Feder dient zur Beschreibung des elastischen Verhaltens. Sie liefert zu jeder Spannung[5] σ eine dazu proportionale Dehnung ϵ, die Proportionalitätskonstante ist der E-Modul E. Zeitliche Abhängigkeiten existieren nicht.

Der Riegel dient als Sinnbild des De-Saint-Venant-Körpers zur Beschreibung idealer Plastizität. Die Spannung erreicht höchstens eine konstante Fließgrenze σ_{if}, bei der die plastische Verformung *beginnt* und *stattfindet*. Der De-Saint-Venant-Körper wird als inkompressibel angesehen, d.h., eine Spannung führt zu keiner elastischen Deformation, ist also durch Dehnungsmessung allein nicht bestimmbar.

Die Einzelelemente werden im Masing-Modell parallel (siehe Abb. 4.2) geschaltet, d.h., sie erfahren alle dieselbe Dehnung ϵ und liefern aufgrund ihrer Spannungs-Dehnungs-Charakteristik eine Spannung σ_i, die zur Gesamtspannung σ des Körpers beiträgt. Nimmt man im einfachsten Fall, wie in der Originalarbeit von Masing [111], eine begrenzte Anzahl n von Elementen an (Masing benutzte zur Veranschaulichung seines Modelles $n = 10$), die gleichmäßig zu σ beitragen (anschaulich: jedes Element hat den gleichen Anteil an der Querschnittsfläche

---

[4]Da eine zeitabhängige plastische Verformung nicht behandelt wird, ist kein Dämpfer vorhanden. Die Reihenschaltung von Feder und Riegel wird oft auch als Prandtl-Modell bezeichnet (z.B. [115]).

[5]Im Hinblick auf die spätere Beschreibung des Spannungs-Dehnungs-Verhaltens werden die Größen σ und ϵ benutzt und nicht wie sonst üblich Kraft F und Verlängerung Δl.

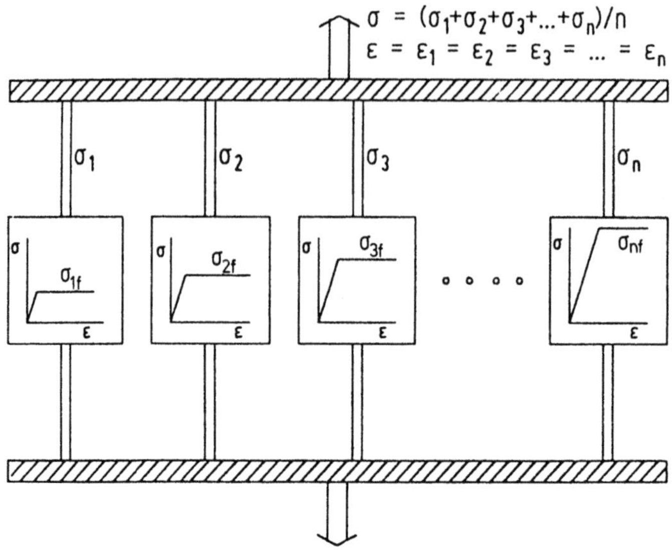

Abb. 4.2: Masing-Modell, bestehend aus parallel geschalteten ideal elastisch-plastischen Elementen (nach Heitmann [31])

des Körpers), so gilt neben

$$\epsilon = \epsilon_1 = \epsilon_2 = \ldots = \epsilon_n \tag{4.1}$$

für die Gesamtspannung σ:

$$\sigma = \frac{\sigma_1 + \sigma_2 + \ldots + \sigma_n}{n} \tag{4.2}$$

Bevor im nächsten Abschnitt die wesentlichen Aussagen des Masing-Modells durch eine Betrachtung des Verhaltens eines nur aus zwei Elementen aufgebauten Verbundes illustriert werden, sind hier nochmals die wichtigsten Vereinfachungen in der Modellvorstellung aufgeführt:

- Jedes Element verhält sich ideal elastisch-plastisch.
- Jedes Element besitzt denselben E-Modul.
- Die Elemente werden parallel verformt.

Bereits Masing erkannte [111], daß diese Annahmen "sicher nicht den tatsächlichen Verhältnissen" entsprechen. Ein Vergleich mit den mikroskopischen Beobachtungen zur Wechselverformung in den folgenden Kapiteln wird zeigen, ob und unter welchen Bedingungen die Vereinfachungen tragbar sind.

4.1.2 Die wesentlichen Aussagen verdeutlicht am Zweikomponentenmodell

Bereits bei der Betrachtung eines Masing-Körpers, der aus nur zwei Elementen aufgebaut ist, können viele der grundsätzlichen Aussagen des Modells gewonnen werden, die bei der statistischen Behandlung (siehe Abschnitt 4.1.3) Gefahr laufen, im mathematischen Formalismus unterzugehen.

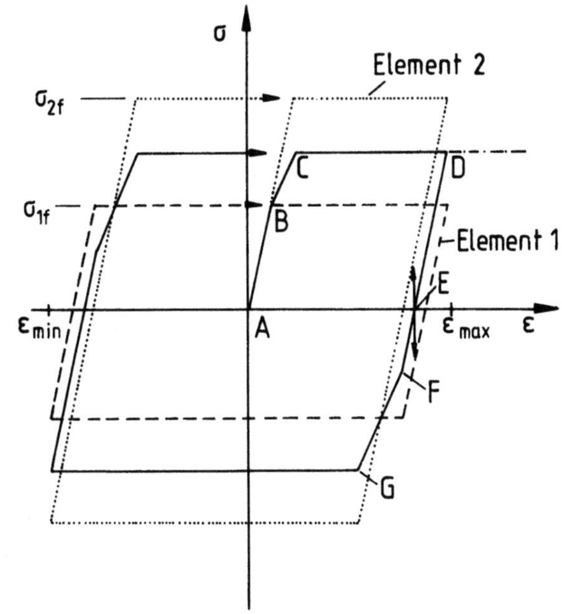

Abb. 4.3: Spannungs-Dehnungs-Verlauf des Masing-Modells für einen aus zwei Elementen aufgebauten Körper

In Abb. 4.3 ist der Zusammenhang von Spannung und Dehnung, wie er sich im Masing-Modell bei zwei Elementen ergibt, dargestellt. Es wird davon ausgegangen, daß das Element 1 eine niedrige Streckgrenze σ_{1f} besitzt, während das Element 2 eine Streckgrenze $\sigma_{2f} > \sigma_{1f}$ haben möge. Der Spannungs-Dehnungs-Verlauf für einen kompletten Zyklus zwischen den Grenzen der Dehnung ϵ_{max} und ϵ_{min} ist für beide Elemente gestrichelt bzw. gepunktet, für den Gesamtkörper als durchgezogene Linie eingezeichnet. Da bei der Parallelschaltung gemäß (4.1) jedes Element die gleiche Dehnung wie der Gesamtkörper erfährt, läßt sich das Verhalten des Körpers direkt graphisch aus den σ-ϵ-Verläufen der Einzelelemente ermitteln. Der Einfachheit halber wurde in Abb. 4.3 vorausgesetzt, daß die Querschnittsflächenanteile der beiden Elemente je 50 % sind, so daß zu jedem ϵ die Spannung σ als $(\sigma_1 + \sigma_2)/2$ abgelesen werden kann.

Geht man von einem plastisch unverformten Zustand im Punkt A aus, so erfolgt bei einer Belastung in Zugrichtung solange eine elastische Verformung, bis das "schwächste" Element seine Streckgrenze erreicht ($\sigma = \sigma_{1f}$ bei Punkt B). Der weitere Anstieg besitzt die Steigung $E/2$, da Element 1 keinen Beitrag zu einer Spannungserhöhung liefert. Sobald die Streckgrenze des "stärksten" Elementes bei Punkt C erreicht ist, verformt sich der Körper ideal plastisch.

Eine Umkehr der Belastungsrichtung in D führt zunächst zu einer rein elastischen Entlastung, bis bei F die plastische Verformung des schwächsten Elementes einsetzt. Man kann aus Abb. 4.3 leicht entnehmen, daß eine plastische Rückverformung genau dann beginnt, wenn seit dem Umkehrpunkt (D) die Spannung betragsmäßig um den doppelten Wert der Streckgrenze des schwächsten

Elementes abgenommen hat (die Strecke $\overline{DF}$ ist genau doppelt so lang wie $\overline{AB}$). Wenn z.B. durch zusätzlich harte Elemente die Spannung soweit ansteigt, daß $\sigma > 2\sigma_{1f}$ gilt, setzt die plastische Rückverformung also bereits im Zug ($\sigma > 0$) ein.

Weiterhin verdeutlicht Abb. 4.3, daß im makroskopisch spannungsfreien Zustand (Punkt E) innere Spannungen (oder Eigenspannungen) vorliegen, die letztlich die Ursache für den Bauschinger-Effekt sind. Die bei E vorhandenen Druckspannungen führen dazu, daß bereits bei F die makroskopische Druckstreckgrenze (Stauchgrenze) erreicht wird, die somit betragsmäßig niedriger als die ursprüngliche Zugstreckgrenze (bei B) sein *muß*. Bei einer Wiederbelastung von E nach D führt die Eigenspannung zur "Werkstofferinnerung" an die Vorverformung bei D; die Zugstreckgrenze wurde im Vergleich zur Erstbelastungskurve erhöht.

Eine von F ausgehende, kontinuierlich erhöhte Druckbelastung liefert schließlich ab G ideal plastische Druckverformung. Die Steigung zwischen F und G ist wiederum $E/2$ und damit identisch mit der zwischen B und C. Die Länge der Strecke zwischen F und G ist genau zweimal so groß wie zwischen B und C. Dies zusammen mit den obigen Anmerkungen zum Beginn der plastischen Rückverformung zeigt, daß die einsinnige Spannungs-Dehnungskurve identisch mit dem um einen Maßstabsfaktor 1/2 verkleinerten Hysteresenast (in relativen Koordinaten) ist. Darüber hinaus ist im Modell die zyklische Spannungs-Dehnungskurve mit der einsinnigen gleichzusetzen, da eine zyklische Sättigung bereits nach dem ersten Viertelzyklus (Punkt D) erfolgt und der Umkehrpunkt D für Wechselbelastung mit unterschiedlichen Werten von $\Delta\epsilon/2$ immer auf der monotonen Kurve (ABCD...) liegt.
Die wesentlichen Konsequenzen des Masing-Modells[6] sind somit:

- Durch eine plastische Verformung im Zug wird die Streckgrenze erhöht, wenn die Entlastung elastisch erfolgt.
- Die Druckstreckgrenze (Stauchgrenze) wird durch eine vorangegangene plastische Verformung im Zug (betragsmäßig) erniedrigt (Bauschinger-Effekt).
- Die Differenz von Streck- und Stauchgrenze ändert sich durch eine plastische Verformung nicht.
- Das Materialerinnerungsvermögen ist im Modell enthalten; Ursache sind Eigenspannungen.
- Das 1:2-Gesetz wird erfüllt : Zyklische und monotone Spannungs-Dehnungskurven sind identisch und können aus dem Hysteresenast in relativen Koordinaten durch Multiplikation mit dem Maßstabsfaktor 1/2 erhalten werden.

[6] Diese gelten auch, wie leicht gezeigt werden kann, für mehr als zwei Elemente. Auf den exakten mathematischen Beweis der einzelnen Aussagen wird z.T. bei der statistischen Behandlung verzichtet.

4.1.3 Statistische Behandlung des Masing-Modells

Eine Anwendung und Prüfung der von Masing entwickelten Modellvorstellung zur Beschreibung des Hystereseverhaltens bei plastischer Verformung setzt eine mathematische Formulierung voraus, die es ermöglicht, die Modellparameter aus experimentell zugänglichen Größen zu erhalten. Masing selbst [111] behandelte sein Modell in graphischer Weise mit Hilfe der damals üblichen Methode der analytischen Geometrie, ausgehend von einer endlichen Zahl von Elementen (Masing spricht von Elementgruppen). Wie die folgenden Ausführungen zeigen werden, ist es aber vom Verfahren her eleganter und für die Anwendung zur Beschreibung des zyklischen Spannungs-Dehnungs-Verhaltens ergiebiger, von einer unendlichen Zahl von Elementen auszugehen und das Modell statistisch zu behandeln (siehe auch [116, 117, 118, 119, 120]).

Betrachten wir zunächst die Spannungs-Dehnungs-Relation eines Elementes. Diese läßt sich aufgrund der Annahme ideal elastisch-plastischen Verhaltens (siehe dazu Abb. 4.1) durch folgende Beziehungen beschreiben:

$$\sigma_i = \begin{cases} E\epsilon & \text{für } |\epsilon E| \le \sigma_{if} \\ \sigma_{if} & \text{für } \epsilon E > \sigma_{if} \\ -\sigma_{if} & \text{für } \epsilon E < -\sigma_{if} \end{cases} \tag{4.3}$$

Das Element i verformt sich rein elastisch, solange $|\epsilon E|$ kleiner als die Streckgrenze σ_{if} ist. Bei Überschreiten von σ_{if} im Zug oder Unterschreiten von $-\sigma_{if}$ im Druck erfolgt eine verfestigungsfreie plastische Verformung. Die Streckgrenzen im Zug und Druck werden als betragsmäßig identisch vorausgesetzt.

Die Verteilung der Elemente wird mit Hilfe einer Wahrscheinlichkeitsdichtefunktion $f_p(\sigma_{if})$ beschrieben. Diese liege in normierter Form vor, so daß gilt:

$$\int_0^\infty f_p(\sigma_{if})\, d\sigma_{if} = 1 \tag{4.4}$$

$f_p(\sigma_{if})$ gibt die Wahrscheinlichkeit an, ein Element mit der Streckgrenze σ_{if} zu finden. Der Anteil der Elemente, die eine Fließspannung zwischen σ'_{if} und $\sigma'_{if}+d\sigma_{if}$ besitzen, beträgt $f_p(\sigma'_{if})d\sigma_{if}$. Anschaulich gibt damit $f_p(\sigma_{if})$ den Querschnittsflächenanteil der Elemente eines Intervalles wieder, wenn man $f_p(\sigma_{if})$ mit der Intervallgröße $d\sigma_{if}$ multipliziert.

Mit Hilfe der Beziehungen (4.3) und der *Streckgrenzenverteilungsfunktion* $f_p(\sigma_{if})$ kann zunächst die Spannungs-Dehnungskurve der einsinnigen Verformung berechnet werden. In Abb. 4.4 sind zur Verdeutlichung die Elementspannungen σ_i gegen die Fließgrenzen σ_{if} aufgetragen.

Wird ausgehend vom unverformten Zustand die Dehnung ϵ erhöht, so werden alle Elemente mit $\sigma_{if} \le E\epsilon$ eine Spannung von $\sigma = \sigma_{if}$ aufweisen, was dem linearen Anstieg in Abb. 4.4 entspricht. Die Elemente, deren Streckgrenzen aber größer als $E\epsilon$ sind, werden nur elastisch verformt und liefern somit ein σ_i von $E\epsilon$.

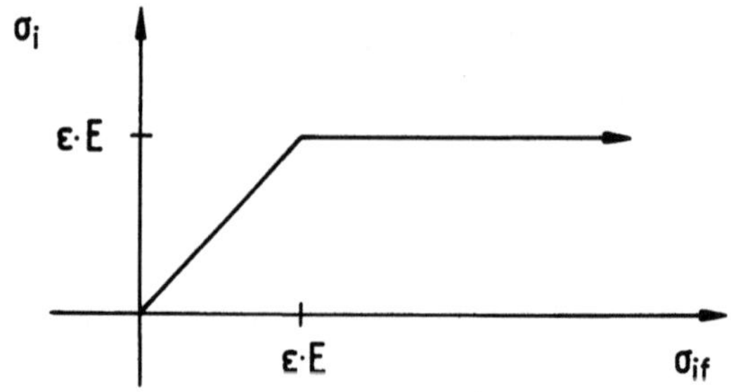

Abb. 4.4: Zusammenhang von Elementspannung σ_i und Elementstreckgrenze σ_{if} bei einsinniger Verformung

Die Gesamtspannung σ des Verbundes ergibt sich aus:

$$\begin{aligned}\sigma &= \int_0^\infty \sigma_i f_p(\sigma_{if})\,\mathrm{d}\sigma_{if} \\ &= \int_0^{E\epsilon} \sigma_{if} f_p(\sigma_{if})\,\mathrm{d}\sigma_{if} + E\epsilon \int_{E\epsilon}^\infty f_p(\sigma_{if})\,\mathrm{d}\sigma_{if} \\ &= \int_0^{E\epsilon} \sigma_{if} f_p(\sigma_{if})\,\mathrm{d}\sigma_{if} + \epsilon E - \epsilon E \int_0^{E\epsilon} f_p(\sigma_{if})\,\mathrm{d}\sigma_{if} \qquad (4.5)\end{aligned}$$

Diese Beziehung kann mit Hilfe der ersten und zweiten Stammfunktion von $f_p(\sigma_{if})$ umformuliert werden.
Mit

$$F_p(x) = \int_0^x f_p(x')\,\mathrm{d}x' \qquad (4.6)$$

und

$$\begin{aligned}G_p(x) &= \int_0^x F_p(x')\,\mathrm{d}x' \qquad (4.7) \\ &= x\int_0^x f_p(x')\,\mathrm{d}x' - \int_0^x x' f_p(x')\,\mathrm{d}x'\end{aligned}$$

folgt aus (4.5):

$$\sigma = E\epsilon - G_p(E\epsilon) \qquad (4.8)$$

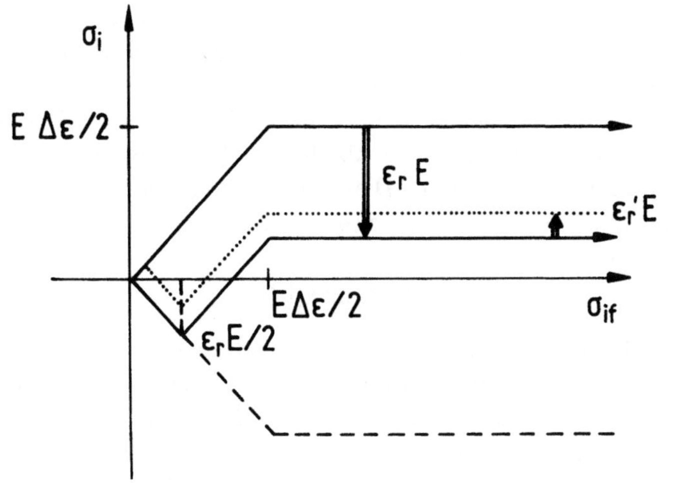

Abb. 4.5: Zusammenhang von lokaler Spannung σ_i und Fließgrenze σ_{if} nach Lastumkehr (in Anlehnung an Polák et al. [118])

Die Beschreibung des **zyklischen Verformungsverhaltens** erfolgt auf der Basis relativer Koordinaten σ_r, ϵ_r, die für den Zughalbzyklus $\mathrm{d}\sigma/\mathrm{d}t > 0$ als

$$\sigma_r = \sigma + \frac{\Delta\sigma}{2} \qquad \epsilon_r = \epsilon + \frac{\Delta\epsilon}{2} \tag{4.9}$$

und für den Druckhalbzyklus $\mathrm{d}\sigma/\mathrm{d}t < 0$ als

$$\sigma_r = \frac{\Delta\sigma}{2} - \sigma \qquad \epsilon_r = \frac{\Delta\epsilon}{2} - \epsilon \tag{4.10}$$

definiert werden. Die Vorgehensweise ist in Abb. 4.5 erläutert.

Eine Umkehr der Belastungsrichtung ausgehend von der bei einsinniger Verformung erreichten Dehnung $\Delta\epsilon/2$ führt dazu, daß alle Elemente eine relative Dehnung ϵ_r erfahren. Diese führt für die Elemente, deren Streckgrenze größer als $\epsilon_r E/2$ ist, zu einer relativen elastischen Verformung. Elemente, für die gilt $\sigma_{if} < \epsilon_r E/2$, werden plastisch verformt, sobald diese Spannung σ_{if} erreicht ist. In Abb. 4.5 drückt sich dies in einer parallelen Verschiebung der nach einsinniger Verformung vorliegenden Kurve um $\epsilon_r E$ aus. In dem Bereich, wo dadurch der Verlauf bei σ_i-Werten kleiner σ_{if} liegen würde, muß allerdings die Kurve durch $\sigma_i = \sigma_{if}$ ersetzt werden.

Es ergibt sich somit:

$$\sigma_r = 2 \int_0^{\frac{\epsilon_r E}{2}} \sigma_{if} f_p(\sigma_{if})\,\mathrm{d}\sigma_{if} + \epsilon_r E \int_{\frac{\epsilon_r \cdot E}{2}}^{\infty} f_p(\sigma_{if})\,\mathrm{d}\sigma_{if}, \tag{4.11}$$

woraus mit Hilfe von (4.7) folgt:

$$\sigma_r = \epsilon_r E - 2G_p\left(\frac{\epsilon_r E}{2}\right) \tag{4.12}$$

In Abb. 4.5 ist zusätzlich gepunktet der $\sigma_i(\sigma_{if})$-Verlauf eingezeichnet, der sich bei erneuter Zugbeanspruchung mit ϵ_r' nach ϵ_r ergeben würde. Die Verwendung der relativen Koordinaten gestattet es, die zugehörige relative Spannung σ_r' mit (4.11) bzw. (4.12) zu ermitteln, wenn ϵ_r durch ϵ_r' ersetzt wird. Der Verlauf von σ_r mit ϵ_r ist also eindeutig, was in Abschnitt 1.4 im Zusammenhang mit dem Z-Integral gefordert worden war. Dies gilt allerdings nur solange, wie sich die Dehnung innerhalb der durch den maximalen Betrag der Dehnung vorgegebenen Grenzen bewegt:

$$|\epsilon| \leq \max(|\epsilon|) \tag{4.13}$$

Sobald diese Grenzen erreicht werden, "springt" der σ-ϵ-Verlauf auf die monotone Kurve (4.8) über. Entsprechendes gilt für die Übergänge im Zusammenhang mit dem Materialerinnerungsvermögen höherer Ordnung, wie man anhand von Abb. 4.5 leicht nachvollziehen kann.

Das 1:2-Gesetz folgt aus dem Vergleich der Beziehungen (4.8) und (4.12). Substituiert man ϵ in (4.8) durch $\epsilon_r/2$, so ergeben sich Werte für σ, die genau halb so groß sind, wie die entsprechenden Werte von σ_r in (4.12).

$$\sigma = \frac{1}{2}\sigma_r \qquad \text{für} \qquad \epsilon = \frac{\epsilon_r}{2} \tag{4.14}$$

Für die Beschreibung des zyklischen Spannungs-Dehnungs-Verhaltens mit Hilfe des Masing-Modells ist — neben dem leicht bestimmbaren E-Modul — die Streckgrenzenverteilungsfunktion $f_p(\sigma_{if})$ erforderlich. Diese kann aus der Hysteresekurve ermittelt werden:

Aus (4.12) folgt:

$$\frac{\mathrm{d}\sigma_r}{\mathrm{d}\epsilon_r} = E\left[1 - F_p\left(\frac{\epsilon_r E}{2}\right)\right]$$

Aufgelöst auf $F_p(\epsilon_r E/2)$ ergibt sich:

$$F_p\left(\frac{\epsilon_r E}{2}\right) = 1 - \frac{1}{E}\frac{\mathrm{d}\sigma_r}{\mathrm{d}\epsilon_r} \tag{4.15}$$

Dabei ist $F_p(\epsilon_r E/2)$ der Anteil der Elemente, deren Streckgrenze kleiner als $\epsilon_r E/2$ ist.

Erneutes Differenzieren ergibt der Zusammenhang zwischen Streckgrenzenverteilungsfunktion und Krümmung der Hysteresekurve:

$$\boxed{f_p\left(\frac{\epsilon_r E}{2}\right) = -\frac{2}{E^2}\frac{\mathrm{d}^2\sigma_r}{\mathrm{d}{\epsilon_r}^2}} \tag{4.16}$$

Die für die Modellanpassung notwendige Verteilungsfunktion der Fließgrenzen kann somit durch zweifaches Differenzieren eines Astes der Hysteresekurve gewonnen werden.

4.2 Das Serienschaltungsmodell

Eines der wesentlichen Vereinfachungen des Masing-Modells ist die Kopplung der Elemente durch eine Reihenschaltung, was sicherlich eine sehr einschränkende Voraussetzung darstellt. Ein Körper, der aus Elementen unterschiedlicher Streckgrenzen aufgebaut ist, wird diese normalerweise bei der Verformung sowohl in Reihe als auch in Serie belasten, wird also letztlich immer eine Kombination beider idealisierter Anordnungsmöglichkeiten aufweisen. Theorien zur Beschreibung der Elastizität von Vielkristallen zeigen, daß bereits hier durch die Kopplung der Körner aufgrund der Kompatibilität der Verformung die mathematische Beschreibung sehr aufwendig und nur in vereinzelten einfachen Fällen möglich ist. Ein Versuch in dieser Richtung soll deshalb hier nicht unternommen werden.

Es ist aber wichtig festzustellen, ob der Erfolg des Masing-Modells bei der Beschreibung der Phänomene der zyklischen Verformung auf die Parallelanordnung der Elemente zurückzuführen ist und ob deshalb bei der Kombination der Elemente in einer Serienschaltung eine Abweichung vom "ideal zyklischen Spannungs-Dehnungs-Verhalten"[7] erwartet werden muß. In den folgenden Abschnitten wird deshalb ein einfaches Modell auf der Basis der Serienschaltung behandelt und gezeigt, daß dieses letztlich auf die gleichen Ergebnisse wie das Masing-Modell führt.

4.2.1 Die Modellvorstellung

Bei der Hintereinanderschaltung von Elementen herrscht in jedem Element die gleiche Spannung

$$\sigma_1 = \sigma_2 = \ldots = \sigma_n = \sigma, \tag{4.17}$$

während die lokale Dehnung ϵ_i durch das Spannungs-Dehnungs-Verhalten des betrachteten Elementes individuell bestimmt wird.

Würde man in Analogie zum Masing-Modell von Elementen mit ideal elastisch-plastischem Verhalten und unterschiedlicher Streckgrenze σ_{if} ausgehen, so würde eine Belastung ausschließlich zur plastischen Verformung des schwächsten Elementes führen. Die Spannung könnte nicht über die Fließgrenze dieses Elementes ansteigen und das gesamte Spannungs-Dehnungs-Verhalten entspräche dem dieses Elementes. Damit ist diese Modellvorstellung nicht geeignet, reale Verformungsvorgänge sinnvoll zu beschreiben.

Das gegenüber dem ideal elastisch-plastischen Verhalten nächst kompliziertere (aber immer noch sehr einfache) Verformungsverhalten für das Einzelelement ist der elastisch linear-plastische Spannungs-Dehnungs-Zusammenhang. In Abb. 4.6 ist der Zusammenhang von Spannung und Dehnung für diesen Fall dargestellt. Das rheologische Ersatzbild besteht aus einer Kombination eines Riegels

[7] Unter dem "ideal zyklischen Spannungs-Dehnungs-Verhalten" soll in Anlehnung an [57] ein dem Masing-Modell entsprechendes Verhalten verstanden werden.

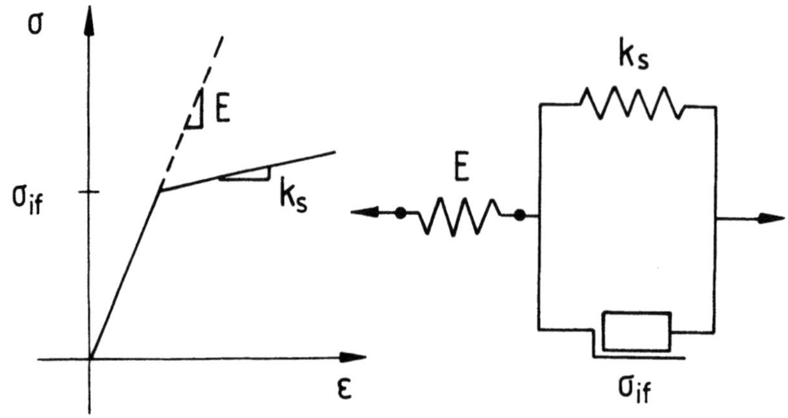

Abb. 4.6: Spannungs-Dehnungs-Verlauf und rheologisches Ersatzbild bei elastisch linear-plastischem Verhalten

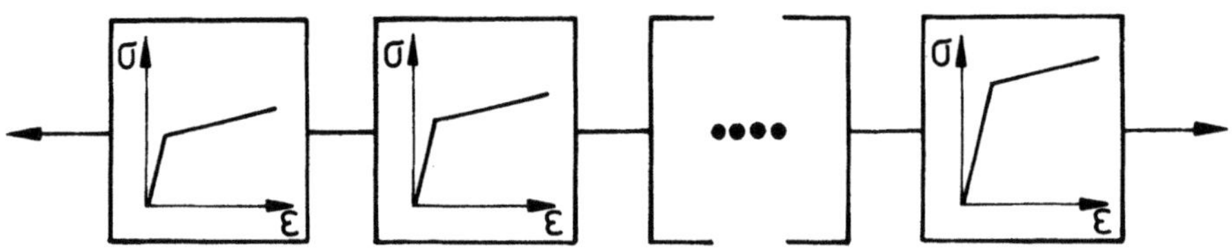

Abb. 4.7: Serienschaltung von Elementen mit elastisch linear-plastischem Verformungsverhalten

und zwei Federn. Die in Reihe zum Riegel geschaltete Feder bewirkt eine "Verfestigung" bei der plastischen Verformung, so daß in diesem Teil der Kurve σ ansteigt. Die Steigung wird durch eine Konstante k_s beschrieben und sei wie der E-Modul E für alle Elemente gleich groß. Die zweite Feder repräsentiert das rein elastische Verhalten.

Abbildung 4.7 zeigt die Hintereinanderschaltung der Elemente unterschiedlicher Streckgrenze. Die die Elastizität beschreibenden Federn aller Elemente können in *einer* großen Feder zusammengefaßt werden, die zu jeder Spannung $\epsilon_{el} = \sigma/E$ liefert. Zur Vereinfachung der Darstellung wird im Folgenden dieser elastische Verformungsanteil getrennt behandelt.

In Abb. 4.8 ist das Veformungsverhalten eines Körpers dargestellt, der einen Zyklus ausgehend vom unverformten Zustand zwischen den Spannungen σ_{max} und σ_{min} belastet wurde. Der Körper besteht aus zwei in Serie geschalteten Elementen, die sich linear-plastisch verformen (der elastische Dehnungsanteil wurde weggelassen). Da jedes Element die Gesamtspannung des Körpers erfährt, kann ausgehend vom betrachteten Wert für σ die Gesamtdehnung ϵ aus den Dehnungsanteilen ϵ_i der Elemente ermittelt werden. In Abb. 4.8 ist vorausgesetzt, daß jedes Element den gleichen Längenanteil besitzt, so daß $\epsilon = (\epsilon_1 + \epsilon_2)/2$ gilt.

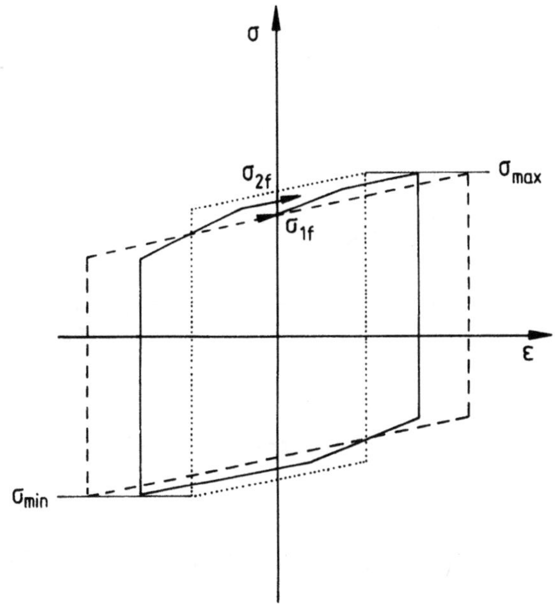

Abb. 4.8: Das Spannungs-Dehnungs-Verhalten eines Körpers bestehend aus zwei linear-plastischen Elementen

Auf eine detaillierte Diskussion von Abb. 4.8 soll hier verzichtet werden. Überprüft man die auf Seite 68 aufgelisteten Konsequenzen aus dem Masing-Modell auf ihre Übertragbarkeit auf das einfache Serienschaltungsmodell, so wird deutlich, daß beide Vorstellungen trotz sehr unterschiedlicher Betrachtungsweisen zu den gleichen Ergebnissen führen.

4.2.2 Statistische Behandlung des Serienschaltungsmodells

In analoger Weise wie in Abschnitt 4.1.3 kann das beschriebene einfache Serienschaltungsmodell statistisch behandelt werden, was letztlich wiederum auf einen analytischen Zusammenhang von Hystersekurve und Streckgrenzenverteilungsfunktion führt. Da in diesem Modell jedes Element den gesamten Querschnitt der Meßlänge der betrachteten fiktiven Probe umfaßt, erfolgt die Behandlung auf der Basis von Spannungen anstelle von Kräften. Weiterhin wird der elastische Dehnungsanteil der Einzelelemente in $\epsilon_{el} = \sigma/E$ zusammengefaßt und zu ϵ_{pl} des Körpers addiert (i.a.W.: Die Elemente verhalten sich linear-plastisch; die elastische Verformung wird in *einem* Hookeschen Körper erzeugt).

Da aufgrund der Hintereinanderschaltung alle Elemente die gleiche Spannung

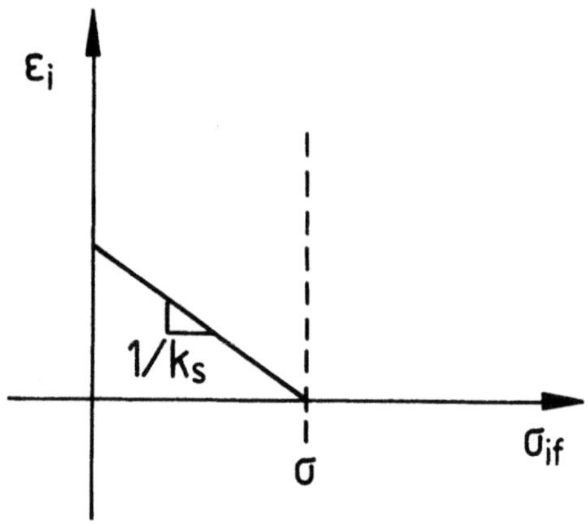

Abb. 4.9: Zusammenhang von Elementdehnung ϵ_i und Streckgrenze σ_{if} bei einsinniger Verformung

erfahren, ist eine Darstellung der Elementdehnung ϵ_i als Funktion von σ günstig:

$$\epsilon_i = \begin{cases} 0 & \text{für } |\sigma| \leq \sigma_{if} \\ \frac{\sigma - \sigma_{if}}{k_s} & \text{für } \sigma > \sigma_{if} \\ \frac{\sigma_{if} + \sigma}{k_s} & \text{für } \sigma < -\sigma_{if} \end{cases} \tag{4.18}$$

Dies entspricht dem in Abb. 4.6 dargestellten Elementverhalten ohne den elastischen Anteil der in Serie geschalteten Feder und unter der Annahme, daß die Streckgrenze im Druck betragsmäßig gleich der Streckgrenze im Zug σ_{if} ist.

Die Verteilung der Elemente wird durch eine normierte Wahrscheinlichkeitsdichtefunktion $f_s(\sigma_{if})$ beschrieben, für die gilt:

$$\int_0^\infty f_s(\sigma_{if})\,\mathrm{d}\sigma_{if} = 1 \tag{4.19}$$

Anschaulich gibt diese Funktion nicht wie im Masing-Modell die Flächenanteile, die mit den Elementen unterschiedlicher Streckgrenze verknüpft sind, sondern deren Längenanteile wieder. Die Wahrscheinlichkeit von Elementen mit Streckgrenzen im Intervall $\sigma'_{if} \dots \sigma'_{if} + \mathrm{d}\sigma_{if}$ entspricht deren Anteil an der fiktiven Meßlänge und ist $f_s(\sigma'_{if})\mathrm{d}\sigma_{if}$.

Als nächstes kann aus den Beziehungen (4.18) und (4.19) das einsinnige Spannungs-Dehnungs-Verhalten des Verbundes abgeleitet werden. Eine einfache Graphik, die die Vorgehensweise verdeutlicht, ist Abb. 4.9.

Wird ausgehend vom unverformten Zustand die Spannung erhöht, so erfahren all diejenigen Elemente eine plastische Verformung, deren Streckgrenze σ_{if} kleiner ist als σ. Die Größe dieser Deformation beträgt nach (4.18) $(\sigma - \sigma_{if})/k_s$.

Unter Einbeziehung der elastischen Verformung als additiven Term gilt somit:

$$
\begin{aligned}
\epsilon &= \frac{\sigma}{E} + \int_0^\infty \epsilon_i f_s(\sigma_{if})\,\mathrm{d}\sigma_{if} \\
&= \frac{\sigma}{E} + 0 \cdot \int_\sigma^\infty f_s(\sigma_{if})\,\mathrm{d}\sigma_{if} + \int_0^\sigma \frac{\sigma - \sigma_{if}}{k_s} f_s(\sigma_{if})\,\mathrm{d}\sigma_{if} \\
&= \frac{\sigma}{E} + \frac{1}{k_s}\left(\sigma \int_0^\sigma f_s(\sigma_{if})\,\mathrm{d}\sigma_{if} - \int_0^\sigma \sigma_{if} f_p(\sigma_{if})\,\mathrm{d}\sigma_{if}\right) \qquad (4.20)
\end{aligned}
$$

Mit Hilfe der ersten und zweiten Stammfunktion der Streckgrenzenverteilungsfunktion

$$F_s(x) = \int_0^x f_s(x')\,\mathrm{d}x' \qquad (4.21)$$

und

$$
\begin{aligned}
G_s(x) &= \int_0^x F_s(x')\,\mathrm{d}x' \qquad (4.22) \\
&= x \int_0^x f_s(x')\,\mathrm{d}x' - \int_0^x x' f_s(x')\,\mathrm{d}x'
\end{aligned}
$$

folgt aus (4.20):

$$\epsilon = \frac{\sigma}{E} + \frac{1}{k_s} G_s(\sigma) \qquad (4.23)$$

Zur Beschreibung des **zyklischen Verformungsverhaltens** ist es wieder zweckmäßig, relative Koordinaten (4.9 und 4.10) zu benutzen. Die Vorgehensweise verdeutlicht Abb. 4.10.

Eine Entlastung um σ_r führt dazu, daß alle Elemente, für die

$$\sigma_r > 2\sigma_{if} \qquad (4.24)$$

gilt, plastisch verformt werden. Das Ausmaß der relativen (plastischen) Dehnung $\epsilon_{i,r}$ in diesen Elementen ist $(2/k_s)(\sigma_r/2 - \sigma_{if})$. Die Gesamtdehnung ϵ_r errechnet sich somit als:

$$\epsilon_r = \frac{\sigma_r}{E} + \int_0^{\frac{\sigma_r}{2}} f_s(\sigma_{if}) \frac{2}{k_s}\left(\frac{\sigma_r}{2} - \sigma_{if}\right)\,\mathrm{d}\sigma_{if} \qquad (4.25)$$

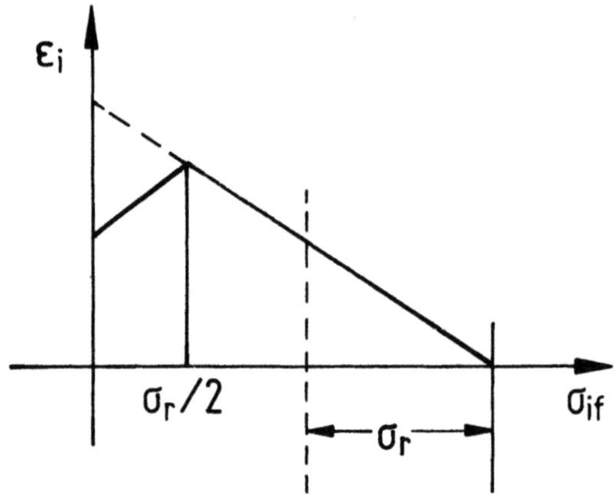

Abb. 4.10: Zusammenhang von lokaler Dehnung ϵ_i und Streckgrenze σ_{if} nach Lastumkehr

$$= \frac{\sigma_r}{E} + \frac{2}{k_s}\left(\frac{\sigma_r}{2}\int_0^{\frac{\sigma_r}{2}} f_s(\sigma_{if})\,\mathrm{d}\sigma_{if} - \int_0^{\frac{\sigma_r}{2}} f_s(\sigma_{if})\sigma_{if}\,\mathrm{d}\sigma_{if}\right)$$

Mit (4.22) folgt sofort:

$$\epsilon_r = \frac{\sigma_r}{E} + \frac{2}{k_s}G_s\left(\frac{\sigma_r}{2}\right) \tag{4.26}$$

Der Zusammenhang von einsinniger und zyklischer Spannungs-Dehnungskurve wird auch hier sofort klar, wenn im (4.23) σ durch $\sigma_r/2$ ersetzt wird.

$$\epsilon\left(\frac{\sigma_r}{2}\right) = \frac{\sigma_r}{2E} + \frac{1}{k_s}G_s\left(\frac{\sigma_r}{2}\right) = \frac{1}{2}\epsilon_r(\sigma_r) \tag{4.27}$$

Das Serienschaltungsmodell erfüllt somit das 1:2-Gesetz.

Abbildung 4.11 soll die Bedeutung des relativen Koordinatensystems σ_r, ϵ_r illustrieren. Dazu wird in einem Gedankenexperiment der Modellkörper mit einer relativen Spannung $\sigma_r' = \sigma_r''$ in Zugrichtung belastet. Im Teilbild a erfolgt die Belastung ausgehend vom Zustand $\sigma = 0$, der nach Durchlaufen eines Zughalbzyklus erreicht worden ist. Im Teilbild b ist der Ausgangspunkt eine Belastung mit $-\Delta\sigma/2$, wobei es keine Rolle spielt, ob dieser direkt vom unverformten Zustand aus oder mit Hilfe eines 3/4-Zyklus eingestellt worden ist. In relativen Koordinaten führt die Belastung mit σ_r' bzw. σ_r'' zu gleicher relativer Dehnung ϵ_r, wie aus dem Vergleich der schraffierten Flächen ersichtlich ist. Der Zusammenhang von σ_r und ϵ_r kann mit Hilfe von (4.26) berechnet werden. Abbildung 4.11 verdeutlicht aber auch, daß der Gültigkeitsbereich der analytischen Beschreibung von der mechanischen Vorgeschichte abhängt. So kann im Fall a Gleichung (4.26) nur bis $\sigma_r' = \Delta\sigma/2$ benutzt werden, im Fall b gilt (4.26) bis $\sigma_r'' = \Delta\sigma$. Eine analytische Darstellung des Spannungs-Dehnungs-Zusammenhanges ist unter Berücksichtigung des Materialerinnerungsvermögens zwar prinzipiell möglich, wird aber aufgrund des erforderlichen (ggf. mehrmaligen) Wechsels des Ursprungs

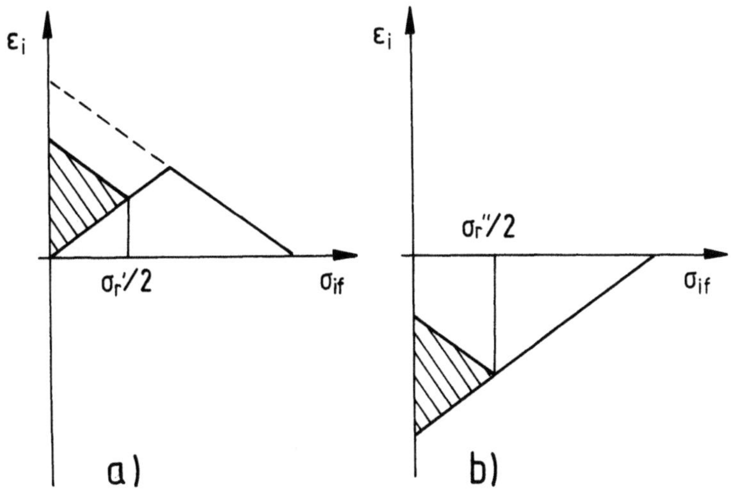

Abb. 4.11: Zur Bedeutung der relativen Koordinaten bei der Serienschaltung

im relativen Koordinatensystem schnell unübersichtlich. In Kapitel 15 wird deshalb ein praktikablerer Weg aufgezeigt.

Die in Abschnitt 2.2.2 erwähnte Möglichkeit der zyklischen Normalisierung zur Einstellung eines eigenspannungsfreien Zustandes kann sowohl im Masing- als auch im Serienschaltungsmodell leicht verstanden werden. In Abb. 4.12 ist das Spannungs-Dehnungs-Verhalten jeweils für ein Einzelelement des Masing-Körpers (Teilbild a) bzw. des Serienschaltungskörpers (Teilbild b) dargestellt. Durch eine abnehmende Amplitude der Spannung bzw. der Dehnung kann der Zustand vor der ersten Verformung eingestellt werden. Damit alle Elemente des Verbundes den Nullpunkt erreichen, muß die Beanspruchungsamplitude in Strenge in infinitesimal kleinen Schritten reduziert werden. Die bei erneuter Belastung beobachtete Neubelastungskurve sollte aufgrund der Modellvorstellungen mit der Erstbelastungskurve identisch sein.

Der Zusammenhang von Streckgrenzenverteilungsfunktion $f_s(\sigma_{if})$ und Hysteresekurve folgt durch zweimaliges Differenzieren.

$$f_s\left(\frac{\sigma_r}{2}\right) = 2k_s \frac{\mathrm{d}^2\epsilon_r}{\mathrm{d}{\sigma_r}^2} \tag{4.28}$$

Der Anteil der Elemente, die eine Streckgrenze kleiner $\sigma_r/2$ besitzen, ergibt sich mit Hilfe der 1.Ableitung von (4.26) zu:

$$F_s\left(\frac{\sigma_r}{2}\right) = k_s\left(\frac{\mathrm{d}\epsilon_r}{\mathrm{d}\sigma_r} - \frac{1}{E}\right) \tag{4.29}$$

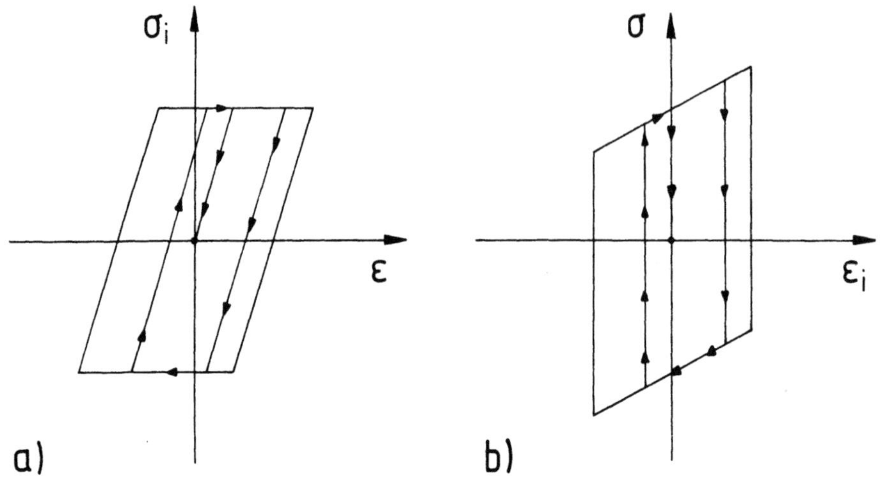

Abb. 4.12: Schematische Darstellung zur zyklischen Normalisierung

4.2.3 Vergleich von Parallel- und Serienschaltung

Das sicherlich überraschenste Ergebnis der Behandlung dieses einfachen Serienschaltungsmodells ist die Feststellung, daß es alle aus dem Masing-Modell ableitbaren wichtigen Konsequenzen für das Verformungsverhalten wiederzugeben in der Lage ist. Dies eröffnet die Möglichkeit der Wahl zwischen beiden Modellvorstellungen, wenn es um die Berechnung des Wechselverformungsverhaltens z.B. bei Zufallsbelastung geht. Welcher von beiden Betrachtungsweisen der Vorzug zu geben ist, wird sicherlich von zwei Gesichtspunkten bestimmt, nämlich von der Nähe zur Physik der Verformung — ein Aspekt, der in Kapitel 6 behandelt wird — und von der Handhabbarkeit der Methode, was in Kapitel 15 betrachtet wird.

Reale Werkstoffe können nur in den einfachsten Fällen als reine Serien- oder Parallelschaltungen betrachtet werden. Bereits der Kornverband eines Vielkristalls stellt eine Kombination aus beiden Idealfällen dar. Die Tatsache, daß beide Vorstellungen aber letztlich zu gleichen Ergebnissen führen, zeigt, daß auch die Kombination — zumindest die lineare Kombination — die gemeinsamen Eigenschaften aufweisen sollte. Dies ist umgekehrt wieder ein Argument dafür, bei der Beschreibung des Werkstoffverhaltens von einer der beiden Betrachtungsweisen auszugehen und die durch die Kombination entstehende Unanschaulichkeit und Komplexität in der mathematischen Behandlung zu meiden.

Bei der statistischen Beschreibung des Serienschaltungsmodells wird ein gegenüber dem Masing-Modell zusätzlicher Parameter, k_s, benötigt, der allerdings einfach experimentell bestimmbar ist und damit bei der vergleichenden Bewertung beider Betrachtungsweisen keine Rolle spielt. Mit

$$\begin{aligned}
\lim_{\sigma_r\to\infty} \epsilon_r &= \lim_{\sigma_r\to\infty} \left(\frac{\sigma_r}{E} + \frac{2}{k_s} \int_0^{\frac{\sigma_x}{2}} \int_0^{\frac{\sigma_x}{2}} f_s(\sigma_{if})\, \mathrm{d}\sigma_{if} \right) \\
&= \lim_{\sigma_r\to\infty} \frac{\sigma_r}{E} + \lim_{\sigma_r\to\infty} \frac{2}{k_s} \int_0^{\frac{\sigma_x}{2}} 1\, \mathrm{d}\sigma_{if} \\
&= \lim_{\sigma_r\to\infty} \left[\sigma_r \left(\frac{1}{E} + \frac{1}{k_s} \right) \right] \qquad (4.30)
\end{aligned}$$

folgt

$$\lim_{\sigma_r\to\infty} \frac{\mathrm{d}\sigma_r}{\mathrm{d}\epsilon_r} = \frac{E k_s}{E + k_s} \approx k_s \qquad (4.31)$$

bzw.

$$\lim_{\sigma_r\to\infty} \frac{\mathrm{d}\sigma_r}{\mathrm{d}\epsilon_{pl,r}} = k_s \qquad (4.32)$$

k_s kann somit aus der Tangentensteigung von Hysteresenästen für große Dehnungen ermittelt werden.

Das Masing-Modell wird in der Literatur häufig im Zusammenhang mit der "kinematischen Verfestigung" erwähnt. Unter der Voraussetzung einer zeitunabhängigen Plastizität kann der Beginn des Fließens durch eine Funktion $FB(\boldsymbol{\sigma})$ beschrieben werden, wobei $\boldsymbol{\sigma}$ der Spannungstensor ist. Die Veränderung der Fließfunktion (oder Fließortkurve) bei plastischer Verformung kann eine Kombination aus gleichmäßiger Vergrößerung, einer Translation und einer Formänderung sein. Unter Vernachlässigung des zuletzt genannten Effektes läßt sich schreiben (nach [121]):

$$F(\boldsymbol{\sigma} - \boldsymbol{\chi}) - h(\lambda) = 0 \qquad (4.33)$$

$\boldsymbol{\chi}$ ist ein Tensor, der die Translation (kinematische Verfestigung) charakterisiert. h ist ein Maß für die gleichmäßige Vergrößerung (isotrope Verfestigung).

Beide behandelten, eindimensionalen Vielkörpermodelle führen auf eine kinematische Verfestigung, da (innerhalb der durch die maximale Beanspruchung vorgegebenen Grenzen) nach an verschiedenen Punkten der Hysteresekurve erfolgter Lastumkehr bis zum Auftreten einer bestimmten plastischen Verformung die gleiche relative Spannung aufgebracht werden muß. Die Fließfunktion erfährt somit eine Translationsbewegung während der zyklischen Belastung.

4.3 Erweiterungen

Die behandelten Vielkörpermodelle basieren auf einer ganzen Reihe von zum Teil sehr einschränkenden Voraussetzungen. Diese sind für eine überschaubare mathematische Behandlung notwendig und führen dazu, daß die werkstoffspezifische

Anpassung in relativ einfacher und analytischer Weise mit Hilfe der Hysteresekurve durchgeführt werden kann. Auf mögliche Erweiterungen wird in diesem Abschnitt hingewiesen, auf eine mathematische Darstellung wird aber verzichtet, da diese keine grundsätzlich neuen Erkenntnisse liefern würde.

Bei den im Rahmen der Verbundmodelle bisher behandelten Spannungen handelt es sich in der Schreibweise von (3.28) strenggenommen nur um den athermischen Spannungsanteil. Es wurde also stillschweigend vorausgesetzt, daß der temperatur- und dehngeschwindigkeitsabhängige Anteil vernachlässigbar ist, was in erster Näherung für viele Werkstoffe technischer Reinheit zutrifft. In [118, 122] wurde eine Erweiterung des Masing-Modells insofern durchgeführt, als zusätzlich zum athermischen Fließspannungsanteil ein quasi-thermischer miteinbezogen wurde. Das "quasi" in quasi-thermisch ist deshalb hinzuzufügen, weil dieser Fließspannungsanteil σ^*_{if} in Form einer elastischen Näherung als ein für jedes Element konstanter und gleicher Zusatz zu σ_{if} behandelt wird. Für die Streckgrenzenverteilungsfunktion $f_p(\sigma_{if})$ bedeutet das letztlich nichts anderes als eine Verschiebung um σ^*_{if} entlang der Spannungsachse nach rechts. Wird $f_p(\sigma_{if}+\sigma^*_{if})$ zur Berechnung des Spannungs-Dehnungs-Verlaufes aus einer Hysteresekurve ermittelt, so liefert eine Trennung von thermischem und athermischem Fließspannungsanteil keine Verbesserung, solange der erstgenannte elastisch behandelt wird. In Kapitel 10 wird gezeigt, daß unterschiedliche Versetzungsstrukturen ebenfalls zu einer Verschiebung der Streckgrenzenverteilungsfunktion führen, so daß die Interpretation dieser Verschiebungsspannung als thermischer Fließspannungsanteil [123] sehr problematisch ist.

Bei der Anwendung des Masing-Modells zur Beschreibung der Ergebnisse von Relaxationsmessungen [124, 125, 122] ist die Trennung von thermischer und athermischer Fließspannung sinnvoll, da eine plastische Verformung eines Elementes auch im Spannungsintervall $\sigma_{if} < |\sigma_i| < \sigma_{if} + \sigma^*_{if}$ erfolgen kann. Eine Berechnung der Relaxationsrate ist aber nur möglich, wenn z.B. auf der Basis der Johnston-Gilman-Beziehung[8] [127] eine Verknüpfung von Dehngeschwindigkeit und thermischer Spannung erfolgt.

Die in den Vielkörpermodellen benutzte Beschreibung des Spannungs-Dehnungs-Verlaufes der Einzelelemente (ideal elastisch-plastisch bzw. elastisch linear-plastisch) steht im Widerspruch zu den Erkenntnissen der Metallphysik. Eine der Realität mehr entsprechende Näherung z.B. auf der Basis der Verteilungsfunktion der Versetzungssegmentlängen (z.B. [128, 129, 130, 131, 132, 133]) würde sicherlich zu einer Verbesserung der Modelle führen, erlaubt aber keine statistisch-analytische Behandlung mehr. Damit entfiele auch die leichte Anpassung mit Hilfe der Hysteresekurve.

Unter dem Gesichtspunkt der Bauteilbelastung und -dimensionierung ist eine Übertragung der Modellvorstellungen ins Dreidimensionale (z.B. [117]) erforderlich. Da dies im Zusammenhang mit dem zyklischen Spannungs-Dehnungs-Verhalten nur zu einer unnötigen Erschwerung führt, wird dieser Gesichtspunkt

[8] Diese Beziehung wird oftmals als Ausgangspunkt für die Berechnung der Hysteresekurve unter der Voraussetzung einer homogenen plastischen Verformung benutzt (z.B. [126]).

hier nicht weiter verfolgt. Dasselbe gilt für die modellmäßige Berechnung von Kerbgrundbeanspruchungen (z.B. [63, 15]).

Die Eigenart des Werkstoffes drückt sich in beiden Modellvorstellungen in der Streckgrenzenverteilungsfunktion $f_p(\sigma_{if})$ bzw. $f_s(\sigma_{if})$ aus. Im Bereich der zyklischen Sättigung bei Belastung mit konstanter Amplitude können diese Funktionen in erster Näherung als konstant betrachtet werden. Inwieweit dies auch bei variabler Amplitude gilt, wird in den Kapiteln 10–14 behandelt. Prinzipiell ist es natürlich möglich, auch transiente Vorgänge mit Hilfe der Modelle zu beschreiben, wenn man eine geeignete Veränderung der Streckgrenzenverteilungsfunktion zugrundelegt.

In der Literatur wird das zyklische Verformungsverhalten bei Zufallsbelastung meist auf der Basis der Serienschaltung weniger Elemente behandelt. Die Elemente werden einzeln angepaßt, indem die Eckpunkte des σ-ϵ-Polygonzuges des Modellkörpers auf einen Hysteresenast gelegt werden (z.B. [134]). Eine Verfestigung oder Entfestigung kann dann durch Veränderung der σ_{if}-Werte und/oder von k_s simuliert, eine Mittelspannungsrelaxation durch eine Abhängigkeit von k_s von $|\sigma|$ berücksichtigt werden.

4.4 Elastische Verzerrungsenergie

Bereits Heyn [113] erkannte, daß die Ursache für den Bauschinger-Effekt die "verborgenen elastischen Spannungen" sind. Mit ihnen hat ein Werkstoff die Möglichkeit ein mechanisches Gedächtnis zu entwickeln; sie sind damit Grundlage des Materialerinnerungsvermögens. In den folgenden Abschnitten wird die elastische Verzerrungsenergie pro Volumeneinheit unter Last und im lastfreien Zustand für die Modellkörper ermittelt. Im ersten Abschnitt wird dazu ein graphisches Verfahren nach [57] abgeleitet, welches zeigt, daß beide Modellvorstellungen identische Ergebnisse liefern, wenn gleiche Hysteresekurven vorausgesetzt werden. Anschließend erfolgt eine quantitative Berechnung und ein Vergleich mit einem sich homogen verformenden (d.h. eigenspannungsfreien) Körper.

4.4.1 Graphische Bestimmung der elastischen Verzerrungsenergie

Zunächst muß ermittelt werden, welche Energie als elastische Energie pro Volumeneinheit bei der Neubelastung eines Werkstoffes gespeichert wird. Dies kann auf der Basis eines Vergleiches mit der geschlossenen Hysteresekurve und der innerhalb eines Beanspruchungszyklus geleisteten plastischen Verformungsarbeit durchgeführt werden.

Bei Umlaufen einer geschlossenen Hysteresekurve sind End- und Ausgangszustand identisch. Die geleistete Verformungsarbeit entspricht der umschrie-

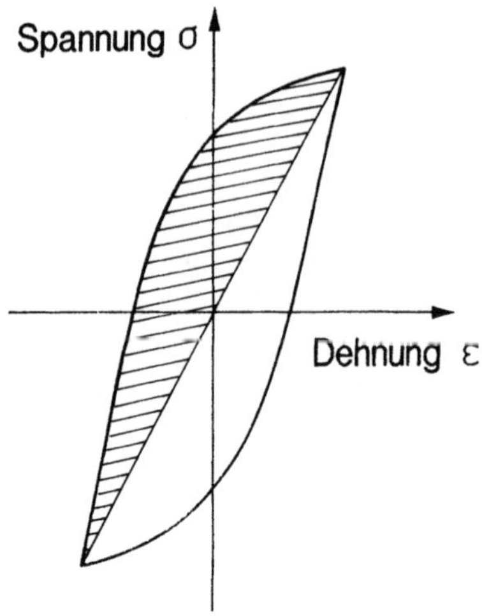

Abb. 4.13: Die plastische Verformungsarbeit pro Halbzyklus

benen Fläche $\oint \sigma(\epsilon)d\epsilon$. Da modellgemäß ausgehend vom Zuglastumkehrpunkt während des Druckhalbzyklus die gleiche Verformungsarbeit geleistet wird wie im Zughalbzyklus, muß die plastische Verformungsarbeit für einen Halbzyklus bei kongruenten Hysteresenästen identisch sein mit der Fläche zwischen dem σ-ϵ-Verlauf und der Verbindungslinie zwischen den Extremwerten. Dies ist in Abb. 4.13 als schraffierte Fläche dargestellt.

Die Neubelastungskurve (oder auch die Erstbelastungskurve) ist nach dem 1:2-Gesetz gleich dem mit dem Maßstabsfaktor 1/2 multiplizierten Hysteresenast. Damit muß die Fläche innerhalb einer Hysteresekurve mit den Eckpunkten $(\epsilon_{max}, \sigma_{max})$ und $(\epsilon_{min}, \sigma_{min})$ genau achtmal so groß sein wie die Fläche zwischen Erstbelastungskurve von (0, 0) bis $((\epsilon_{max} - \epsilon_{min})/2, (\sigma_{max} - \sigma_{min})/2)$ und der geraden Verbindungslinie zwischen diesen Punkten. Es gilt somit:

$$\oint \sigma(\epsilon)_{Hyst.}\, d\epsilon = 8 \int\limits_0^{\frac{\epsilon_{max}-\epsilon_{min}}{2}} \sigma(\epsilon)_{Neuk.}\, d\epsilon - 4\left[\left(\frac{\sigma_{max} - \sigma_{min}}{2}\right)\left(\frac{\epsilon_{max} - \epsilon_{min}}{2}\right)\right] \qquad (4.34)$$

Die Modellvorstellung besagt nun, daß während der Neubelastung, ausgehend vom eigenspannungsfreien Zustand, durch Betätigung des wie auch immer gearteten Verformungsmechanismus zum Erreichen des Zustandes $((\epsilon_{max} - \epsilon_{min})/2$, $(\sigma_{max} - \sigma_{min})/2)$ genau ein Viertel der plastischen Verformungsarbeit der geschlossenen Hysteresekurve benötigt wird. Dies ergibt sich aus der Betätigung der Elemente des Verbundes bei der Neubelastung in der gleichen Reihenfolge wie nach Lastumkehr. Die plastische Verformung jedes Elementes (anschaulich: der vom Riegel zurückgelegte Weg) ist entlang der Neubelastungskurve von (0, 0) bis $((\epsilon_{max} - \epsilon_{min})/2, (\sigma_{max} - \sigma_{min})/2)$ genau halb so groß wie entlang der Hysteresekurve von $(\epsilon_{min}, \sigma_{min})$ bis $(\epsilon_{max}, \sigma_{max})$ oder umgekehrt.

Damit folgt[9] mit $\left(E^{pl,\sigma}_{het,mikro}\right)_{Neuk.}$ als die plastische Verformungsarbeit (pro Volumeneinheit) bei Neubelastung unter anliegender Spannung, wie sie sich bei heterogener Verformung (Verbundkörper) aus mikroskopischer Betrachtungsweise ergibt, für die Koordinaten $((\epsilon_{max} - \epsilon_{min})/2, (\sigma_{max} - \sigma_{min})/2)$:

$$\left(E^{pl,\sigma}_{het,mikro}\right)_{Neuk.} = 2 \int_0^{\frac{\epsilon_{max}-\epsilon_{min}}{2}} \sigma(\epsilon)_{Neuk.}\, d\epsilon - \left(\frac{\sigma_{max} - \sigma_{min}}{2}\right)\left(\frac{\epsilon_{max} - \epsilon_{min}}{2}\right) \tag{4.35}$$

Da nun die Gesamtenergie der Fläche unter der Neukurve entspricht, muß für die elastische Energie gelten:

$$\left(E^{el,\sigma}_{het,mikro}\right)_{Neuk.} = \int_0^{\frac{\epsilon_{max}-\epsilon_{min}}{2}} \sigma(\epsilon)_{Neuk.}\, d\epsilon - \left(E^{pl,\sigma}_{het,mikro}\right)_{Neuk.} \tag{4.36}$$

Einsetzen von (4.35) in (4.36) und partielle Integration führt auf:

$$\left(E^{el,\sigma}_{het,mikro}\right)_{Neuk.} = \int_0^{\frac{\sigma_{max}-\sigma_{min}}{2}} \epsilon(\sigma)_{Neuk.}\, d\sigma \tag{4.37}$$

In Abb. 4.14 ist die Fläche eingetragen, die der bei der Neubelastung vom Verbundkörper aufgenommenen elastischen Energie entspricht.

Im zweiten Schritt kann nun die *Änderung* der elastischen Energie während des Hystereseumlaufs berechnet werden. (4.37) beschreibt aufgrund der Modellvorstellungen nicht nur die gespeicherte Energie entlang der Neukurve sondern gleichzeitig auch am Lastumkehrpunkt einer Hysteresekurve, da dieser durch die Neubelastung erreicht werden kann.

Zur Ermittlung der Änderung der elastischen Energie entlang der Hysteresekurve wird ausgehend vom Lastumkehrpunkt $(\epsilon_{max}, \sigma_{max})$ die Spannung bzw. Dehnung auf σ_u bzw. ϵ_u erniedrigt. Da eine erneute Belastung auf ϵ_{max}, σ_{max} zu einem zur Entlastung kongruenten Hysteresenast führt (also eine geschlossene Hysteresekurve liefert), können die eingangs dargestellten Überlegungen (siehe Abb. 4.13) zur Berechnung der plastischen Verformungsarbeit pro Halbzyklus benutzt werden. Die bei Entlastung auf (ϵ_u, σ_u) eingebrachte plastische Energie läßt sich somit aus der Fläche zwischen dem σ-ϵ-Verlauf und der Verbindungslinie zwischen $(\epsilon_{max}, \sigma_{max})$ und (ϵ_u, σ_u) ermitteln:

$$\Delta E^{pl,\sigma}_{het,mikro}(\sigma_{max} \rightarrow \sigma_u) = \int_{\epsilon_{max}}^{\epsilon_u} \sigma(\epsilon)_{Hyst.}\, d\epsilon - \int_{\epsilon_{max}}^{\epsilon_u} \tilde{\sigma}\, d\epsilon \tag{4.38}$$

[9]Die Bezeichnung der Energiegrößen erfolgt in Anlehnung an [135]

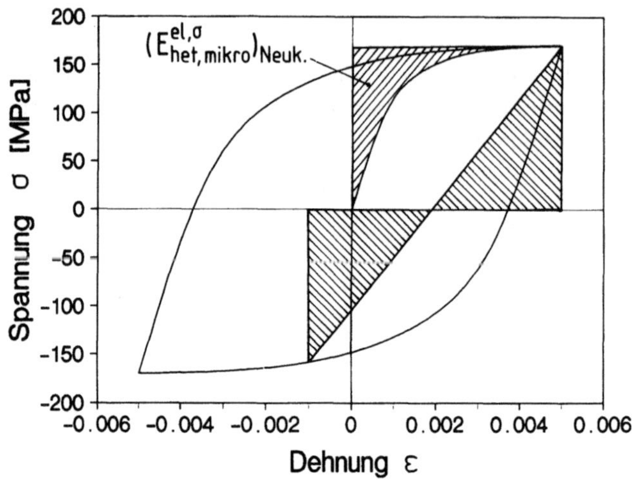

Abb. 4.14: Graphische Bestimmung der elastischen Energie bei Neubelastung und entlang einer Hysteresekurve

$$\text{mit} \qquad \tilde{\sigma} = \sigma_{max} + \frac{\sigma_{max} - \sigma_u}{\epsilon_{max} - \epsilon_u}(\epsilon - \epsilon_{max}) \tag{4.39}$$

Die Änderung der elastischen Energie ist die Differenz der Gesamtenergieänderung $\int_{\epsilon_{max}}^{\epsilon_u} \sigma(\epsilon)_{Hyst.}\, d\epsilon$ und $\Delta E^{pl,\sigma}_{het,mikro}$:

$$\Delta E^{el,\sigma}_{het,mikro}(\sigma_{max} \rightarrow \sigma_u) = \int_{\epsilon_{max}}^{\epsilon_u} \tilde{\sigma}\, d\epsilon \tag{4.40}$$

Im speziellen Fall einer symmetrischen Hysteresekurve ($\sigma_{min} = -\sigma_{max}$, $\epsilon_{min} = -\epsilon_{max}$) gilt damit für einen Punkt (ϵ, σ) auf dem fallenden Hysteresenast:

$$E^{el,\sigma}_{het,mikro}(\epsilon) = \int_0^{\sigma_{max}} \epsilon(\sigma)_{Neuk.}\, d\sigma + \int_{\epsilon_{max}}^{\epsilon} \tilde{\sigma}(\epsilon')\, d\epsilon' \tag{4.41}$$

Dieser Zusammenhang ist in Abb. 4.14 verdeutlicht. Die mit dem Punkt bei $\epsilon = -0,1\%$ im Druck auf der Hysteresekurve verknüpfte elastische Energie entspricht der Summe der schraffierten Flächen.

Es ist leicht zu verstehen, daß die elastische Energie eines Punktes auf dem ansteigenden Ast der Hysteresekurve identisch sein muß mit der des zum Ursprung punktsymmetrischen Punktes auf dem abfallenden Ast. Dies ergibt sich sofort aus der Anwendung obiger Vorgehensweise auf eine Neubelastung in Druckrichtung mit anschließender Zugverformung.

Die bisher betrachtete elastische Energie setzt sich aus dem Anteil, der von der wirkenden äußeren Spannung herrührt, und dem Anteil aufgrund der Eigenspannungen zusammen. Die sogenannte *gespeicherte elastische Energie*, also diejenige, die nach Entlastung auf $\sigma = 0$ als Folge der Eigenspannungen übrigbleibt, kann leicht durch Anwendung von (4.41) auf den Spannungs-Dehnungs-Verlauf der Entlastung bis $\sigma = 0$ ermittelt werden.

Es ist bemerkenswert, daß die obige Betrachtung sowohl für das Masing-Modell als auch für die Serienschaltung gilt. Das heißt in anderen Worten, daß die plastische, elastische und gespeicherte elastische Energie in beiden Betrachtungsweisen gleich sind, wenn die Hysteresekurven als identisch vorausgesetzt werden.

4.4.2 Berechnung der elastischen Verzerrungsenergie

Die elastische Verzerrungsenergie kann auf der Basis der Streckgrenzenverteilungsfunktion $f_p(\sigma_{if})$ bzw. $f_s(\sigma_{if})$ in einfacher Weise berechnet werden.

Zunächst sei das Masing-Modell behandelt. Im rheologischen Ersatzmodell wird die elastische Energie als potentielle Energie der Hookeschen Körper der Einzelelemente versinnbildlicht. Geht man vom unverformten Zustand als Bezugszustand aus, so kann die elastische Energie des Gesamtkörpers aus den elastischen Energien der Einzelelemente berechnet werden. Für ein Element gilt:

$$E_i^{el,\sigma} = \frac{1}{2E}{\sigma_i}^2 \tag{4.42}$$

Daraus ergibt sich unter Benutzung der Streckgrenzenverteilungsfunktion $f_p(\sigma_{if})$ für die elastische Energie des Gesamtkörpers:

$$E^{el,\sigma}_{het,mikro} = \int\limits_0^\infty \frac{1}{2E}\,{\sigma_i}^2 f_p(\sigma_{if})\,\mathrm{d}\sigma_{if} \tag{4.43}$$

Entlang der Neubelastungskurve folgt damit:

$$\left(E^{el,\sigma}_{het,mikro}\right)_{Neuk.} = \int\limits_0^{\epsilon E} \frac{{\sigma_{if}}^2}{2E} f_p(\sigma_{if})\,\mathrm{d}\sigma_{if} + \frac{\epsilon^2 E}{2}\int\limits_{\epsilon E}^\infty f_p(\sigma_{if})\,\mathrm{d}\sigma_{if} \tag{4.44}$$

Bei Lastumkehr gilt entsprechend für die auf den Umkehrpunkt bezogene Änderung der elastischen Energie:

$$\Delta E^{el,\sigma}_{het,mikro} = \frac{1}{E}\int\limits_0^{\frac{\epsilon_r E}{2}} {\sigma_{if}}^2 f_p(\sigma_{if})\,\mathrm{d}\sigma_{if} + \frac{{\epsilon_r}^2 E}{2}\int\limits_{\frac{\epsilon_r E}{2}}^\infty f_p(\sigma_{if})\,\mathrm{d}\sigma_{if} \tag{4.45}$$

Ganz analog zu dieser Betrachtung kann im Serienschaltungsmodell die elastische Energie eines linear plastischen Elementes durch die Dehnung der Feder beschrieben werden.

$$E_i^{el,\sigma} = \frac{k_s {\epsilon_i}^2}{2} \tag{4.46}$$

Für die elastische Energie des Körpers gilt dann:

$$E^{el,\sigma}_{het,mikro} = \int_0^\infty k_s \frac{\epsilon_i^2}{2} f_s(\sigma_{if})\, \mathrm{d}\sigma_{if} + \frac{\sigma^2}{2E}, \tag{4.47}$$

was entsprechend der Vorgehensweise in Abschnitt 4.4.1 weiterbehandelt werden kann.

In Abb. 4.15 ist das Ergebnis einer Berechnung mit dem Masing-Modell auf der Basis einer Streckgrenzenverteilungsfunktion, die aus einer Hysteresekurve von vielkristallinem Kupfer ermittelt wurde, dargestellt. Teilbild a zeigt die elastische Verzerrungsenergie als Funktion der plastischen Dehnung entlang der Neubelastungskurve und beim Durchlaufen einer Hystereseschleife. In Teilbild b ist die jeweilige Spannung auf der Abszisse aufgetragen. Bemerkenswert ist, daß das Minimum in der elastischen Verzerrungsenergie in der Darstellung gegen ϵ_{pl} kurz nach der Lastumkehr auftritt, aber (Teilbild b) eine Vorzeichenveränderung der Spannung erforderlich macht.

Die nach Entlastung auf $\sigma = 0$ vorhandene gespeicherte elastische Energie ist in Abb. 4.16 als Funktion der bleibenden Dehnung dargestellt. Ein Vergleich der Zahlenwerte in Abb. 4.16 und Abb. 4.15 zeigt, daß die gespeicherte elastische Energie $E^{el}_{het,mikro}$ nur einen Teil der gesamten elastischen Energie unter Last darstellt. (Auftragungen der Eigenspannungen gegen ϵ_{pl} finden sich z.B. in [119, 120]).

Abbildung 4.16 zeigt ein Charakteristikum der Betrachtung eines Festkörpers als Verbund von Elementen unterschiedlicher Verformbarkeit, da ein Werkstoff, der homogen deformiert wird, nach der Entlastung keine elastische Energie mehr enthält. Die der Abb. 4.16 entsprechende Darstellung für dieses Werkstoffverhalten muß eine horizontale Linie bei Null zeigen.

Die Frage wie die zu Abb. 4.15 analoge Darstellung für den homogenen Körper aussehen sollte, kann mit Hilfe einer Übertragung der von Mughrabi [135] am Zweikomponentenmodell durchgeführten Betrachtung beantwortet werden[10]. Dabei werden Werkstoffe mit homogenem und heterogenem Verformungsverhalten und *gleicher Versetzungsdichte* ρ (homogen oder heterogen verteilt) verglichen. Weiterhin wird angenommen, daß die lokalen Fließspannungen mit der Versetzungsdichte über das bekannte Gesetz

$$\sigma_{if} = \text{konst.}\ Gb\sqrt{\rho_i} \tag{4.48}$$

verknüpft sind[11]. Die Proportionalitätskonstante sei in erster Näherung unabhängig von der Versetzungsanordnung und ρ_i. (4.48) gelte auch für die makroskopische Fließspannung im Falle des Werkstoffes mit homogener Versetzungsverteilung. Unter der Voraussetzung der Parallelschaltung von n Elementen mit

[10] Eine Modifikation des von Mughrabi vorgestellten *Zwei-Parameter-Modells* [135] wird von Nabarro [136] mit der Zielsetzung, eine Temperaturabhängigkeit einzubeziehen, vorgeschlagen.

[11] Ursache für die Streckgrenzenverteilungsfunktion ist also die lokale Schwankung der Versetzungsdichte. Der homogene Vergleichszustand verhält sich ideal elastisch-plastisch, da ρ konstant ist.

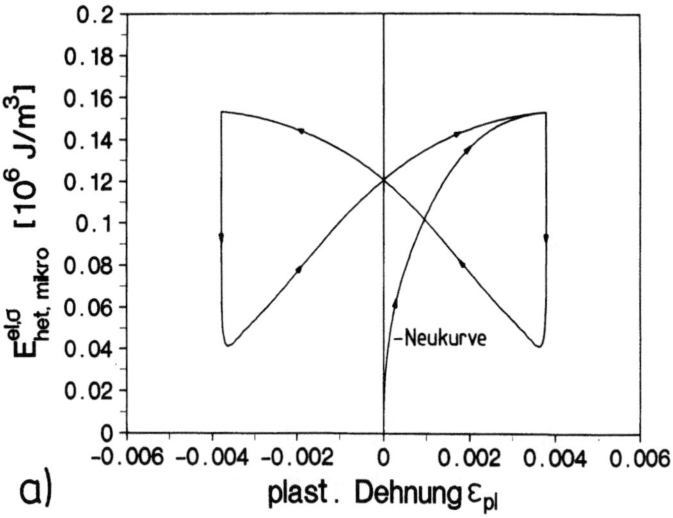

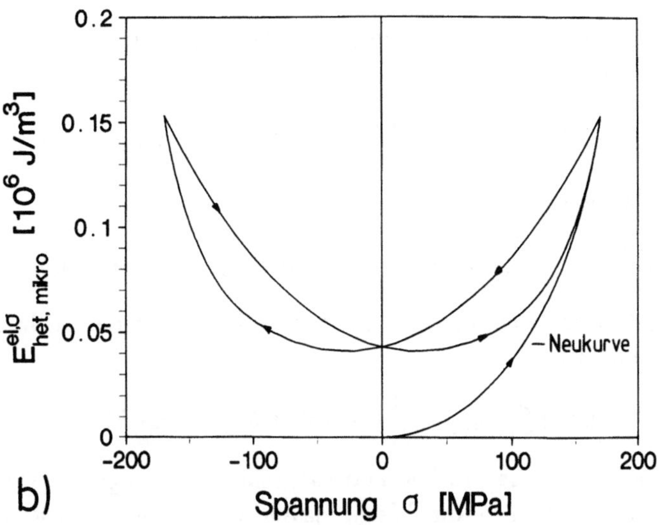

Abb. 4.15: Darstellung der elastischen Verzerrungsenergie im Vielkörpermodell bei Neubelastung und entlang einer Hysteresekurve gegen die plastische Dehnung (Teilbild a) und die Spannung (Teilbild b)

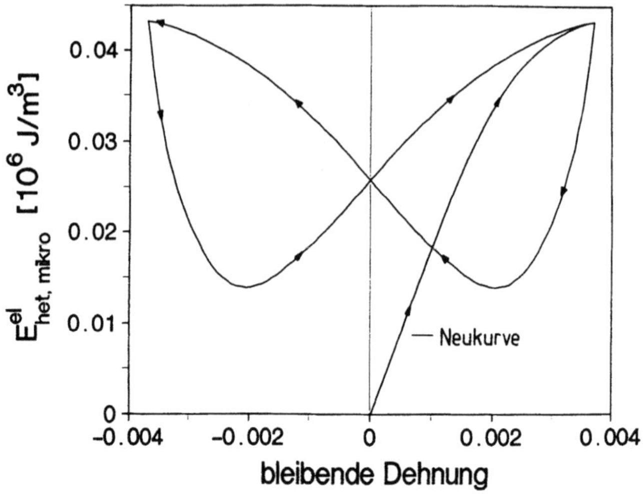

Abb. 4.16: Gespeicherte elastische Energie im Vielkörpermodell als Funktion der Dehnung nach Entlastung

den Flächenanteilen $f_1, f_2, \ldots, f_n$ und einer so hohen Dehnung, daß alle Elemente plastisch verformt werden, gilt:

$$\lim_{\epsilon \to \infty} E^{el,\sigma}_{het,mikro} = \frac{1}{2E}\left(f_1\sigma_{1f}{}^2 + f_2\sigma_{2f}{}^2 + \ldots + f_n\sigma_{nf}{}^2\right) \tag{4.49}$$

Mit (4.48) folgt daraus sofort:

$$\lim_{\epsilon \to \infty} E^{el,\sigma}_{het,mikro} = \frac{1}{2E}\,(\text{konst. } Gb)^2\,(f_1\rho_1 + f_2\rho_2 + \ldots + f_n\rho_n) \tag{4.50}$$

Da die mittlere Versetzungsdichte ρ aus dem rechten Klammerausdruck berechnet werden kann, gilt:

$$\lim_{\epsilon \to \infty} E^{el,\sigma}_{het,mikro} = \frac{1}{2E}\,(\text{konst. } Gb)^2\rho = \lim_{\epsilon \to \infty} E^{el,\sigma}_{hom} \tag{4.51}$$

Die unter hohen Dehnungen vorliegende elastische Verzerrungsenergie ist bei gleicher Versetzungsdichte also unabhängig davon, ob sich der Werkstoff homogen oder heterogen plastisch verformt. Es sollte aber beachtet werden, daß die elastische Verzerrungsenergie nur einen Teil der gesamten elastischen Energie unter Last darstellt. Ein weiterer Teil stammt von den Verzerrungsfeldern der Versetzungen und ist sicherlich von deren Verteilung und Anordnung abhängig.

Die Beziehung (4.51) besagt nicht, daß Abb. 4.15 gleichermaßen für den sich homogen als auch für den sich heterogen verformenden Werkstoff gilt. Vielmehr sind die Grenzwerte der elastischen Verzerrungsenergie für die Dehnungen identisch, bei denen die Fließgrenze (homogene Verformung) bzw. alle Fließgrenzen (heterogene Verformung) überschritten werden. Für den homogenen Werkstoff ist der Verlauf zwischen diesen Grenzen aufgrund der Beziehung

$$E^{el,\sigma}_{hom} = \frac{1}{2E}\sigma_{hom}{}^2 \tag{4.52}$$

und des voraussetzungsgemäß ideal elastisch-plastischen Verhaltens leicht ableitbar.

Der Beginn der plastischen Verformung des gesamten Körpers erfolgt bei heterogenem Verformungsverhalten früher:
Wenn mit σ_{het} bzw. σ_{hom} die Spannung bezeichnet wird, bei der die Spannungs-Dehnungskurve waagrecht verläuft (alle Elemente verformen sich plastisch mit σ_{if}), und σ_{if} als $\sigma_{het} + \Delta\sigma_{if}$ dargestellt wird, so folgt:

$$\begin{aligned}
\lim_{\epsilon\to\infty} E^{el,\sigma}_{het,mikro} &= \frac{1}{2E}(f_1(\sigma_{het} + \Delta\sigma_{1f})^2 + f_2(\sigma_{het} + \Delta\sigma_{2f})^2 + \dots \\
&\quad + f_n(\sigma_{het} + \Delta\sigma_{nf})^2) \\
&= \frac{1}{2E}\underbrace{(f_1\sigma_{het}{}^2 + f_2\sigma_{het}{}^2 + \dots + f_n\sigma_{het}{}^2)}_{=\sigma_{het}{}^2} \\
&\quad + \frac{1}{E}\underbrace{(f_1\Delta\sigma_{1f} + f_2\Delta\sigma_{2f} + \dots + f_n\Delta\sigma_{nf})}_{=0} \\
&\quad + \frac{1}{2E}(f_1\Delta\sigma_{1f}{}^2 + f_2\Delta\sigma_{2f}{}^2 + \dots + f_n\Delta\sigma_{nf}{}^2) \qquad (4.53) \\
&= \frac{1}{2E}\left(\sigma_{het}{}^2 + f_1\Delta\sigma_{1f}{}^2 + \dots + f_n\Delta\sigma_{nf}{}^2\right) \\
&= \lim_{\epsilon\to\infty} E^{el,\sigma}_{hom} = \frac{1}{2E}\,\sigma_{hom}{}^2
\end{aligned}$$

Der zweite Summand in (4.53) muß Null sein, weil sich die Eigenspannungen gegenseitig kompensieren müssen (Prinzip von Albenga [137]). Damit die Beziehung erfüllt sein kann, muß gelten:

$$\sigma_{hom} \geq \sigma_{het} \qquad (4.54)$$

Durch eine heterogene Anordnung der Versetzungen wird somit die Spannung, die nötig ist, um den Körper vollständig plastisch zu verformen, gegenüber der homogenen Anordnung reduziert. Inwieweit dieser "Trick" der Natur, plastische Verformungsenergie zu sparen, tatsächlich benutzt wird, ist Gegenstand der nächsten Kapitel.

Kapitel 5

Die Versetzungsstruktur bei zyklischer Verformung

Nach der z.T. doch sehr formalen Beschreibungsweise von Metallen und Legierungen als Vielkomponentensysteme im letzten Kapitel sollen die grundsätzlichen Ergebnisse der Untersuchungen zu der sich bei der zyklischen Verformung einstellenden Versetzungsstruktur dargestellt werden. Dieses Gebiet ist so komplex und, wie z.B. die Anzahl der dazu vorliegenden Veröffentlichungen zeigt, so umfangreich, daß eine sinnvolle Beschränkung Not tut.

Die in diesem Kapitel wiedergegebenen Erkenntnisse beziehen sich auf eine Belastung mit konstanter Amplitude (meist die Amplitude der plastischen Dehnung); auf den Aspekt des Einflusses einer mechanischen Vorbehandlung (zyklisch oder monoton) wird in Kapitel 7 eingegangen. Desweiteren sollen aus Gründen einer geschlossenen Darstellungsmöglichkeit einphasige Metalle und Legierungen im Vordergrund stehen. Eine Erweiterung auf teilchengehärtete Legierungen erfolgt in Kapitel 12 im Zusammenhang mit einer dort ausführlich behandelten Aluminiumlegierung.

In diesem Kapitel wird versucht, die versetzungsstrukturellen Vorgänge möglichst anschaulich und zusammenhängend ohne Rücksichtnahme auf wissenschaftliche Detailverliebtheit zu beschreiben (weitergehende Behandlungen einzelner Aspekte finden sich z.B. in [18, 16, 13]). Vom Leser werden dabei keine tieferen Kenntnisse zur Versetzungstheorie vorausgesetzt. Die Stoffauswahl erfolgt nicht zuletzt unter dem Gesichtspunkt der in Kapitel 6 behandelten mikrostrukturellen Begründung für eine Beschreibung des zyklischen Spannungs-Dehnungs-Verhaltens mit Hilfe von Vielkörpermodellen.

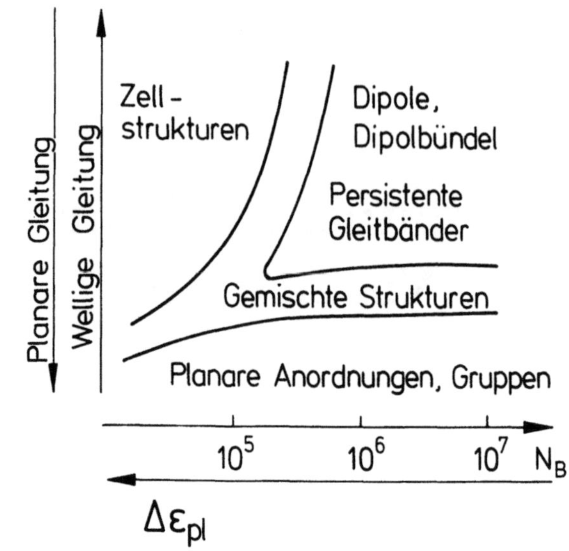

Abb. 5.1: Versetzungsanordnung wechselverformter kfz Metalle in Abhängigkeit von Gleitcharakter und Bruchzyklenzahl (bzw. $\Delta\epsilon_{pl}$); nach Feltner und Laird [138] und Lukáš und Klesnil [139]

5.1 Versetzungsstruktur der zyklischen Sättigung

5.1.1 Gleitcharakter, Beanspruchungsamplitude und Versetzungsanordnung

Abbildung 5.1 kann gleichzeitig als Zusammenfassung der Ergebnisse dieses Kapitels und als Startpunkt für die Behandlung betrachtet werden. Wechselverformte Metalle und einphasige Legierungen weisen im Sättigungszustand eine Versetzungsanordnung auf, die quasi-stationär ist und von der Belastungsamplitude abhängt. Letztere kann durch den Wert der plastischen Dehnungsschwingbreite $\Delta\epsilon_{pl}$ oder durch die damit verknüpfte Zyklenzahl bis zum Bruch N_B gekennzeichnet werden. Der Zusammenhang von Versetzungsanordnung und Belastungsamplitude ist an kfz Metallen und Substitutionsmischkristallen eingehend untersucht worden. Auf die Besonderheiten im Zusammenhang mit Metallen der krz Struktur wird in Abschnitt 5.4 hingewiesen.

Um in Form einer "Landkarte" für verschiedene Metalle und Legierungen die beobachtete Versetzungsordnung gegen $\Delta\epsilon_{pl}$ bzw. N_B auftragen zu können, muß diejenige Werkstoffkenngröße bekannt sein, welche einen eindeutigen Zusammenhang zwischen dem Werkstoff und der Versetzungsstruktur bei gegebenen Bedingungen herstellt. In früher benutzten Darstellungen wird diese Eigenschaft der Stapelfehlerenergie γ_{SF} zugeschrieben, weil man deren Größe als bestimmend für die Möglichkeit der Versetzungsquergleitung erachtete (siehe Abschnitt 5.1.2). In neueren Arbeiten wird als werkstoffspezifische Größe allgemeiner der sogenannte *Gleitcharakter* benutzt. Darunter versteht man die Tendenz eines Werkstoffes zur Ausbildung dreidimensionaler Versetzungsstrukturen. Der Gleitcharakter wird nicht allein von der Stapelfehlerenergie bestimmt, sondern hängt in Legierungen stark von Nahordnungs- oder Nahentmischungsvorgängen ab (siehe Abschnitt 5.1.2).

Die in Abb. 5.1 gezeigte, schematische Darstellung des Zusammenhanges von Versetzungsanordnung, Beanspruchungsamplitude und Gleitcharakter wurde 1968 von Feltner und Laird [138] vorgestellt, die eine dreidimensionale Auftragung mit der homologen Temperatur T/T_m als dritte Achse benutzten (T_m: Schmelztemperatur). Da der untersuchte Temperaturbereich aber sehr klein war ($T/T_m < 0,25$), kann in diesem schmalen Intervall der Einfluß von T vernachlässigt werden[1].

Das auch von Lukáš und Klesnil [139] später quantitativ bestätigte Diagramm nimmt eine grobe Einteilung der Werkstoffe in solche mit welliger Gleitung und solche mit planarer Gleitung vor.

Bei Metallen und Legierungen, die planaren Gleitcharakter aufweisen, liegen die Versetzungen in Gruppen an ihre Gleitebene gebunden vor (planare Versetzungsanordnung). Die Tendenz zur Einfachgleitung geht erst bei sehr hohen Beanspruchungsamplituden verloren. Typischer Vertreter dieser Gruppe von Werkstoffen sind Messing oder Cu-Al-Legierungen, die in Abschnitt 5.3 behandelt werden.

Für Metalle und Legierungen mit welligem Gleitcharakter hängt die Versetzungsanordnung sehr viel stärker von der Belastungsamplitude ab. Bei niedriger Beanspruchung findet man Versetzungsdipolanordnungen, die im wesentlichen durch Einfachgleitung entstehen. Die Versetzungen bilden *Bündel*, bei etwas höherer Amplitude *Adern*, die durch relativ versetzungsfreie Bereiche getrennt sind. In dieser sogenannten *Matrixstruktur* können sich *persistente Gleitbänder* ausbilden. Bei höheren Amplituden entstehen durch Mehrfachgleitung *Labyrinth-* oder *Zellstrukturen*.

Eine genaue Abgrenzung der Bereiche der verschiedenen Versetzungsanordnungen ist bei Vielkristallen nicht möglich, da aufgrund der unterschiedlichen Kornorientierungen und der erforderlichen Verformungskompatibilität lokal unterschiedliche Belastungszustände vorliegen. Bei Einkristallen hingegen, können die Existenzbereiche einzelner Typen von Versetzungsanordnungen klar getrennt werden. Da die aus der Vielzahl der in den letzten Jahrzehnten an Einkristallen durchgeführten Untersuchungen gewonnenen Ergebnisse bei der Interpretation des Wechselverformungsverhaltens von Vielkristallen sehr hilfreich sind, wird in

[1]Shirai und Weertman [140] schlagen zur Darstellung des Einflusses der Temperatur eine Auftragung der Versetzungsstruktur für vorgegebene Beanspruchungsamplitude gegen T/T_m (Abszisse) und der Zyklenzahl (Ordinate) vor. Es wird (für Kupfer) davon ausgegangen, daß bei hohen Temperaturen keine persistenten Gleitbänder existieren können, da die Matrixstruktur, in der sich die persistenten Gleitbänder bilden, aufgrund der stattfindenden Erholungsvorgänge durch eine Zellstruktur ersetzt wird. Der vermutete Grenzwert von $T = 525$ K ist aber nach [141, 142] zu niedrig. Eine analoge Darstellung für Aluminium findet sich in [143].

Abschnitt 5.2.1 die zyklische Spannungs-Dehnungs-Kurve von Einkristallen mit welligem Gleitverhalten auf der Basis der Mikrostruktur diskutiert. Als Modellwerkstoff in der Gruppe der Metalle und Legierungen mit welligem Gleitcharakter dient in vielen Untersuchungen Kupfer, sowohl in ein- als auch vielkristalliner Form.

5.1.2 Einfluß von Stapelfehlerenergie und Nahordnung auf den Gleitcharakter

Die frühen Untersuchungen zum Einfluß der Beanspruchungsamplitude auf die Versetzungsanordnung des Sättigungszustandes Ende der 60er und Anfang der 70er Jahre wurden nahezu ausschließlich an Kupfer, Cu-Al-Legierungen und α-Messing (Cu-Zn) durchgeführt (vgl. [144, 145, 139, 69, 146, 138]). Kupfer besitzt mit ca. 40 mJm^{-2} (z.B. [147]) einen mittleren Wert der Stapelfehlerenergie, der mit zunehmender Legierungskonzentration abfällt. Da α-Messing und die Cu-Al-Legierungen mit höherem Aluminiumgehalt einen planaren Gleitcharakter aufweisen, lag es nahe, die Stapelfehlerenergie als bestimmende Werkstoffkenngröße für die dreidimensionale Anordnungsmöglichkeit der Versetzungen anzusehen. Dieser Betrachtungsweise liegt der im Folgenden geschilderte Zusammenhang zwischen Stapelfehlerenergie und Quergleitvermögen von Schraubenversetzungen zugrunde.

In der kfz Struktur erfolgt die Abgleitung auf den $\{111\}$-Ebenen (Gleitebenen) in die $\langle 110\rangle$-Richtungen (Gleitrichtungen). Eine Versetzungsbewegung führt somit zu einer Verschiebung zweier $\{111\}$-Atomlagen in $\langle 110\rangle$-Richtung. Die dreidimensionale Anordnung der Atome in der kfz Struktur entsteht anschaulich durch ein Aufeinanderstapeln von $\{111\}$-Ebenen mit der Stapelfolge ABCABC..., d.h., in jeder dritten Ebene liegen die Atome wieder in gleicher Position.

In Abb. 5.2 ist die Anordnung der Atome in der $\{111\}$-Ebene gezeigt. Die von den Atomen der nächsten und übernächsten Ebene zu besetzenden Positionen sind mit B und C gekennzeichnet. Eine Abgleitung aufgrund einer über A hinweglaufenden Versetzung mit dem Burgersvektor $\boldsymbol{b}_1 = \langle 110\rangle$ führt dazu, daß die Atome der Ebene B wieder in B-Positionen gelangen. Die Atomanordnungen vor und hinter der Versetzung sind somit nicht unterscheidbar. Anhand Abb. 5.2 ist allerdings auch leicht erkennbar, daß die Abgleitung auf diesem Weg höhere Spannungen benötigt, als wenn die B-Atome entlang der Täler zwischen den A-Atomen über die C-Position in die endgültige B-Position bewegt werden würden. Diese Zick-Zack-Bewegung der Atome kann dadurch erreicht werden, daß die Versetzung mit dem Burgersvektor $\boldsymbol{b}_1$ in zwei Partialversetzungen (Shockley-Partialversetzungen) mit den Burgersvektoren $\boldsymbol{b}_2$ und $\boldsymbol{b}_3$ gemäß der Reaktion:

$$\boldsymbol{b}_1 \longrightarrow \boldsymbol{b}_2 + \boldsymbol{b}_3 \tag{5.1}$$

$$\frac{1}{2}\langle 110\rangle \longrightarrow \frac{1}{6}\langle 211\rangle + \frac{1}{6}\langle 12\bar{1}\rangle \tag{5.2}$$

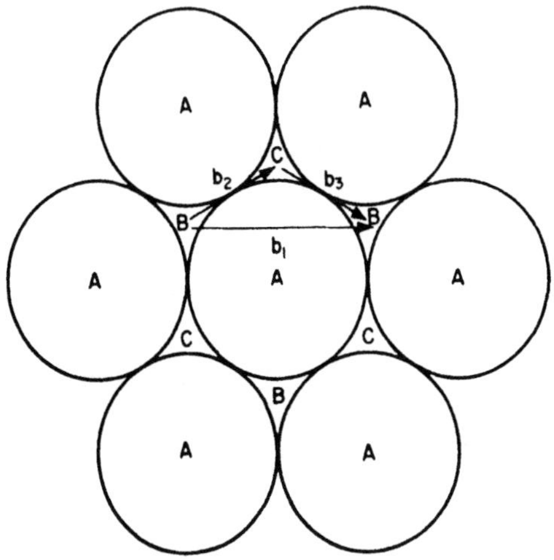

Abb. 5.2: Ausschnitt aus einer {111}-Ebene der kfz Struktur mit den Positionen der Atome der darüberliegenden Ebenen (nach Cottrell [80])

aufspaltet. Da die elastische Energie pro Einheitslänge einer Versetzung proportional zu Gb^2 ist, führt diese Aufspaltung zu einer Energieeinsparung ($b_1{}^2 < b_2{}^2 + b_3{}^2$).

Die Partialversetzungen stoßen sich aufgrund ihrer elastischen Wechselwirkung ab. Diese Abstoßung führt aber nicht dazu, daß die Partialversetzungen beliebig weit auseinanderlaufen, da die abstoßende Kraft durch die Stapelfehlerenergie kompensiert wird. Die beiden Partialversetzungen begrenzen auf beiden Seiten das Gebiet, in dem sich die Atome der ursprünglichen B-Ebene in C-Positionen befinden. In diesem Bereich liegt also ein Stapelfehler vor; die Stapelfolge ...ABCABCA... hat sich in ...ABCACABC... geändert. Die vier mittleren {111}-Ebenen gehorchen der Stapelfolge der hexagonalen Struktur. Da diese für das kfz Gitter eine Störung darstellt, ist sie mit erhöhter Energie verbunden, die bezogen auf die Fläche als Stapelfehlerenergie bezeichnet wird.

Die Bewegung einer in zwei Partialversetzungen aufgespaltenen Versetzung entlang einer Gleitebene führt somit an einer bestimmten Stelle mit dem Passieren der ersten Partialversetzung zur Bildung eines Stapelfehlers, der beim Vorbeilaufen der zweiten Partialversetzung wieder verschwindet. Die Aufspaltungsweite d kann aus dem Kräftegleichgewicht von elastischer Abstoßung der Partialversetzungen und Stapelfehlerenergie (=Kraft pro Versetzungslänge) berechnet werden.

$$d = \frac{Gb^2}{4\pi\gamma_{SF}} \tag{5.3}$$

(5.3) stellt die Grundlage für die experimentelle Bestimmung der Stapelfehlerenergie dar. Durch die in den letzten 10 Jahren zur Anwendung gebrachten Methoden der "weak-beam Technik" und der hochauflösenden Transmissionselektronenmikroskopie konnten die Stapelfehlerenergien vieler Metalle und Legierungen über die Aufspaltungsweite d ermittelt werden (siehe z.B. [147]). Die

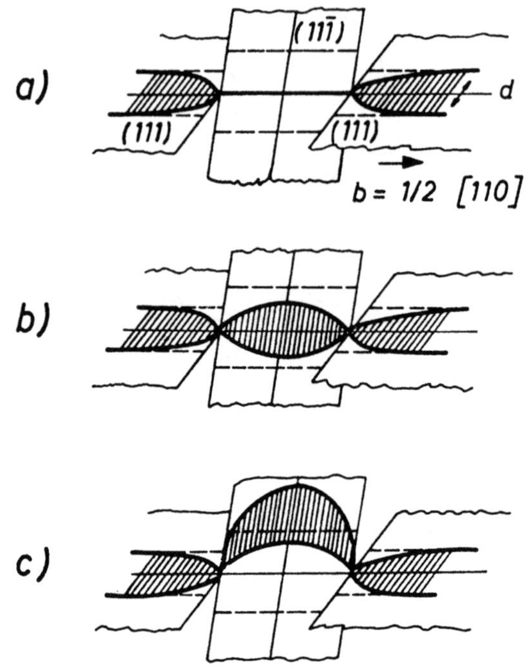

Abb. 5.3: Schematische Darstellung der Quergleitung bei Versetzungsaufspaltung; aus Munz, Schalbe und Mayr [151] nach Seeger [152]

Werte von γ_{SF} sind sehr stark von der Legierungszusammensetzung abhängig [148, 149] und steigen in fast allen kfz Metallen und Legierungen mit der Temperatur an [150].

Der Zusammenhang von Versetzungsaufspaltung und Bildung einer räumlichen Versetzungsstruktur wird durch die schematische Darstellung in Abb. 5.3 hergestellt. Damit sich Versetzungen dreidimensional anordnen können, müssen sie in der Lage sein, ihre Gleitebenen zu verlassen. Schraubenversetzungen können dies im Rahmen konservativer Versetzungsbewegung durch Quergleiten bewerkstelligen. Die Versetzungsaufspaltung ist aber, wenn man von der Aufspaltungsweite absieht, unabhängig vom Charakter der Versetzung (Stufen-, Schrauben-, gemischte Versetzung). Die Partialversetzungen besitzen einen Burgersvektor, der nur in *einer* $\{111\}$-Ebene liegt; eine einzelne Shockley-Versetzung kann somit nicht quergleiten.

Die Quergleitung setzt voraus, daß die beiden Partialversetzungen zu einer vollständigen Versetzung rekombinieren (Teilbild a von Abb. 5.3), die dann in einer Quergleitebene erneut aufspalten (Teilbild b) und sich aufgrund einer Schubspannung in dieser Ebene bewegen kann (Teilbild c). Es leuchtet ein, daß für die Rekombination Kraft aufgewandt werden muß und der Quergleitvorgang umso leichter erfolgen sollte, je geringer die Aufspaltungsweite ist. Die Ausbildung einer räumlichen Versetzungsanordnung ist umso leichter möglich, je größer die Stapelfehlerenergie ist (und umgekehrt).

Die oben dargelegte Argumentationskette führt auf die bestechende Möglichkeit, den Gleitcharakter eines Metalles oder einer Legierung mit Hilfe der Größe γ_{SF} quantitativ zu charakterisieren. Vergleicht man aber die Welligkeit oder Planarität der Gleitung mit den Werten der Stapelfehlerenergie für verschiedene einphasige Werkstoffe in systematischer Weise [154], so stellt man fest, daß γ_{SF} höchstens bei reinen Metallen mit der sich einstellenden Versetzungsanordnung verknüpft sein kann.

Hong und Laird [153] betrachten deshalb in einem halbquantitativen Modell die Rolle der Versetzungsreibungsspannung und der Struktur des Stapelfehlers zur Erklärung des Einflusses des Legierungsgehaltes auf den Gleitcharakter eines Metalles. Der Grundgedanke, eine Behinderung der Zusammenlagerung von Partialversetzungen durch Reibungseffekte als Ursache für planare Gleitung zu betrachten, führt auf eine mathematische Beziehung, die ausdrückt, daß neben einer niedrigen Stapelfehlerenergie auch ein großer atomarer Fehlpassungsparameter, ein großer Schubmodul und eine hohe Konzentration an gelösten Fremdatomen eine Planarität der Gleitung begünstigen.

Nach Gerold und Karnthaler [154] ist allerdings für das Gleitverhalten von Legierungen wesentlich bedeutender, ob eine Nahordnung (bzw. -entmischung) vorliegt oder nicht:
Alle in [154] betrachteten Metalle und Legierungen (zum größten Teil aus [155] übernommen) mit welligem Gleitverhalten lassen sich in die Klasse "nahordnungsfrei" einreihen, während bei den Legierungen mit planarer Versetzungsstruktur eine Nahordnung nachweisbar[2] ist.

Die Betrachtungsweise, daß das Vorliegen einer Nahordnung (oder Nahentmischung) für eine planare Versetzungsstruktur verantwortlich ist, wird außerdem durch das Verhalten teilchengehärteter Legierungen gestützt. Dort ergibt sich das Verformungsverhalten als Konsequenz der Wechselwirkung von Versetzungen und Teilchen, die als Hindernisse wirken. Die Art der Wechselwirkung wird durch das vorliegende Matrix/Teilchensystem bestimmt. So werden z.B. in Cu-Co-Legierungen Teilchen aus reinem Kobalt gebildet, die keine Ordnung (oder Nahordnung) aufweisen. Aufgrund einer gegenüber der Matrix etwas geringeren Gitterkonstante entsteht ein Kohärenzspannungsfeld, das die Wechselwirkung mit den Versetzungen bestimmt. In zyklischen Verformungsversuchen bilden sich persistente Gleitbänder, die zwar im Vergleich zu denen reiner Metalle geringe Dicke (ca. 50 nm) besitzen, aber dennoch eine dreidimensionale Struktur aufweisen [156]. Innerhalb dieser Bänder werden die Ausscheidungsteilchen durch das ständige Abscheren aufgrund der Hin- und Herbewegung von Versetzungen aufgelöst.

Ein anderer Typ von härtenden Teilchen liegt beispielsweise in Ni-Al- oder Al-Li-Legierungen vor. In diesen Systemen werden geordnete Phasen vom Cu_3Au-Typ ausgeschieden. Die Wechselwirkung von Versetzungen und Teilchen wird

[2] Es sollte angemerkt werden, daß der Nachweis von Nahordnungsvorgängen z.B. durch diffuse Neutronenstreuung sehr aufwendig ist und bisher relativ wenige Legierungssysteme untersucht wurden.

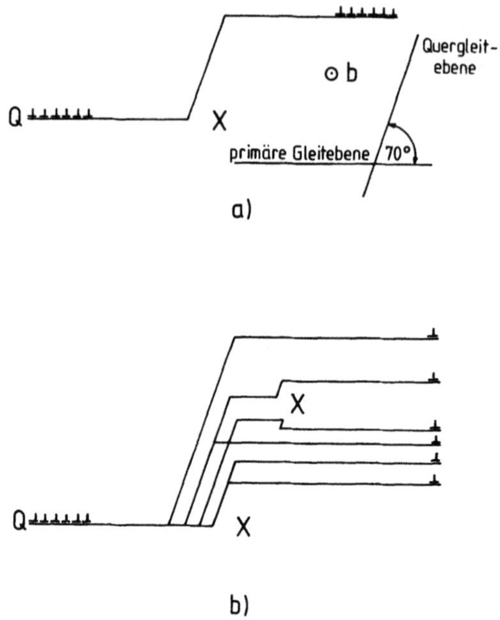

Abb. 5.4: Schematische Darstellung des Quergleitprozesses mehrerer Versetzungen um ein Hindernis bei a) planarem und b) welligem Gleitverhalten; nach Gerold und Karnthaler [154]

durch die Ordnung bestimmt. Da eine einzelne schneidende Versetzung die geordnete Atomstruktur zerstört und zu einer Antiphasengrenze führt, erfolgt die plastische Verformung mit Hilfe von Versetzungspaaren, wobei die jeweils zweite Versetzung den geordneten Zustand wiederherstellt. Bei der Abscherung wird die in der Gleitebene liegende Fläche des Teilchens reduziert, so daß es zu einer allmählichen Entfestigung kommt. Im Wechselverformungsversuch findet man ausschließlich planare Gleitung, die zur vollständigen Abscherung der Teilchen führen kann.

Diese Ergebnisse weisen auf den entscheidenden Einfluß der Nahordnung in Legierungen auf das Gleitverhalten hin, der folgendermaßen skizziert werden kann:
Wenn die erste Versetzung in einer nahgeordneten Legierung entlang ihrer Gleitebene durch das Kristallgitter läuft, wird durch die stattfindende Abscherung die Nahordnung zerstört. Nachfolgende Versetzungen sind nicht in der Lage, den ursprünglichen Zustand wiederherzustellen, da die Ordnung keine Periodizität mit einem ganzzahligen Vielfachen des Burgersvektors aufweist. Da die Nahordnung energetisch günstig ist, ist für die Bewegung der ersten Versetzung die größte Spannung (lokal) erforderlich. Diese kann durch den Aufstau von Versetzungen in der Gleitebene erzeugt werden. Ist die Nahordnung erst einmal zerstört, dann können die von einer Versetzungsquelle emittierten Versetzungen relativ leicht auf derselben Ebene laufen. Dies führt zu einer Lokalisierung der Versetzungsbewegung auf einzelne Gleitebenen.

Planare Versetzungsanordnung bedeutet aufgrund dieser Vorstellungsweise nicht, daß Quergleitung nicht oder nur selten stattfindet. Vielmehr ist, wie in Abb. 5.4 dargestellt, der Verlauf der Quergleitung ein anderer. Während, z.B. infolge eines Hindernisses, im Falle der welligen Gleitung die Versetzungen unabhängig voneinander quergleiten und verschiedene neue Gleitebenen aufsuchen (Teilbild b), erfolgt dieser Vorgang bei Vorliegen einer Nahordnung für viele Versetzungen in identischer und gekoppelter Art und Weise (Teilbild a). Die Entfestigung durch die Zerstörung der Nahordnung durch die erste Versetzung findet sowohl in der primären als auch in der Quergleitebene statt. Als Folge davon werden alle bei Q entstehenden Versetzungen entlang desselben Weges laufen.

In den folgenden Abschnitten werden die typischen Versetzungsstrukturen der Wechselverformung in Metallen und Legierungen aufgegliedert nach Gleitcharakter (wellig oder planar) und Gitterstruktur (kfz oder krz) behandelt.

5.2 kfz Metalle mit welligem Gleitcharakter

In Abschnitt 5.1.1 wurden die Bezeichnungen für charakteristische Versetzungsanordnungen im Sättigungszustand kfz Metalle und Legierungen erwähnt. Im Folgenden sollen diese Strukturen und die Bedingungen, unter denen sie sich einstellen können, näher beschrieben werden.

Die meisten Untersuchungen zu Werkstoffen mit welligem Gleitverhalten beschäftigen sich mit dem Modellwerkstoff Kupfer. Dies sollte nicht als gravierende Einschränkung der Allgemeingültigkeit der gewonnenen Ergebnisse betrachtet werden, wie vergleichende Untersuchungen z.B. an Ni oder austenitischen Stählen zeigen. Sehr viele wichtige Erkenntnisse konnten an Einkristallen gewonnen werden, da diese sich durch einfache und exakt zu definierende Bedingungen bezüglich der Gleitgeometrie und der Spannungsverhältnisse auszeichnen. Die Übertragung dieser Ergebnisse auf Vielkristalle hat sich oft als Schlüssel zum Verständnis der unter komplexeren Bedingungen stattfindenden Vorgänge erwiesen.

5.2.1 Zyklische Spannungs-Dehnungskurve von Einkristallen

Versetzungsstruktur in der Sättigung

Die Versetzungsstruktur, die im Sättigungszustand in für Einfachgleitung orientierten Kupfereinkristallen vorliegt, läßt sich auf der Basis der zyklischen Spannungs-Dehnungskurve Abb. 5.5 diskutieren. Diese zeigt drei Bereiche, die mit Bereich A, B, und C bezeichnet werden. Bei sehr kleinen Amplituden der plastischen Scherung ($\gamma_{ap} < 6 \cdot 10^{-5}$) nimmt die Schubspannungsamplitude der Sättigung τ_S mit steigendem γ_{ap} zu. Im Bereich B mit $6 \cdot 10^{-5} < \gamma_{ap} < 7{,}5 \cdot 10^{-3}$

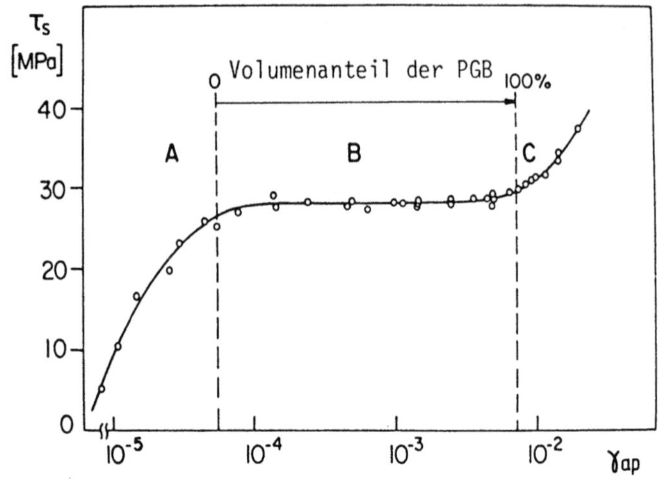

Abb. 5.5: Zyklische Spannungs-Dehnungskurve für einkristallines Kupfer in einer Orientierung für Einfachgleitung; nach Mughrabi [72]

bleibt τ_S nahezu konstant, es liegt ein Plateau in der zyklischen Spannungs-Dehnungskurve vor. An diesen Plateaubereich schließt sich ein weiterer Anstieg von τ_S mit γ_{ap} an (Bereich C).

Die Gestalt der zyklischen Spannungs-Dehnungskurve ist relativ unempfindlich gegenüber der Orientierung des Einkristalls. Für die meisten Orientierungen können τ_S-Werte gefunden werden, die mit dem Verlauf in Abb. 5.5 in Einklang sind. Nur wenn die Belastungsrichtung so vorgegeben wird, daß zwei oder mehr Gleitsysteme gleichwertig sind, ergibt sich ein grundsätzlich anderes Verhalten (z.B. [157, 158, 159]). Da sich die Körner in Vielkristallen ähnlich verhalten wie Einkristalle, die für Einfachgleitung orientiert sind [159], wird die Vielfachgleitungsorientierung nicht weiter behandelt.

Bereich A. Bei kleinen Werten von γ_{ap} lagern sich die Versetzungen zu Bündeln oder Flecken zusammen. Die Bündel bestehen aus Versetzungsdipolen, die ihrerseits aus primären Versetzungen (Versetzungen des Hauptgleitsystems) aufgebaut sind. Mit zunehmender Scheramplitude steigt der Volumenanteil der Bündel, die eine längliche, zylinderförmige Gestalt annehmen.

Abb. 5.6 zeigt diese Versetzungsanordnung in einer dreidimensionalen Darstellung. Die Deckfläche (111) verdeutlicht die Lage der Versetzungen in der Gleitebene, die Seitenfläche $(1\bar{2}1)$ steht senkrecht zur Gleitebene und enthält den primären Burgersvektor $\boldsymbol{b}_p$ $[\bar{1}01]$.

Der Anteil der Schraubenversetzungen in den Bündeln ist gering. Mit zunehmender Sättigungsspannung τ_S erhöht sich der von den Bündeln eingenommene Volumenanteil bis auf einen Wert von ca. 50% beim Übergang zum Bereich B; aus den Bündeln werden sogenannte Adern. Diese Adern liegen durch relativ versetzungsfreie Bereiche getrennt vor. In der Gleitebene stellen sich diese Bereiche wie Kanäle dar, die mit wellenförmigem Verlauf ungefähr senkrecht zum Burgersvektor ausgerichtet sind.

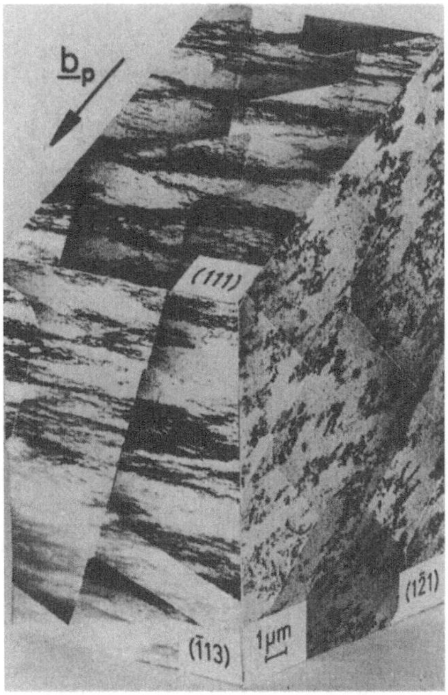

Abb. 5.6: Dreidimensionale Darstellung der Versetzungsstruktur im Bereich A bei $\gamma_{ap} = 2,6 \cdot 10^{-5}$; aus Laird, Charsley und Mughrabi [160]

Bereich B. Überschreitet die plastische Scherdehnungsamplitude γ_{ap} den Grenzwert $6 \cdot 10^{-5}$, so liegen im Sättigungszustand persistente Gleitbänder (PGB) vor. Der Volumenanteil der PGB steigt von 0 bei $\gamma_{ap} = 6 \cdot 10^{-5}$ bis ca. 100% bei $\gamma_{ap} = 7,5 \cdot 10^{-2}$ an. PGB sind Bereiche lokalisierter Gleitung, in denen die plastische Verformung wesentlich größer ist als die Gesamtverformung des Kristalls. Die lokalen mittleren Scheramplituden von PGB und der umgebenden Matrix (Bündel-Ader-Struktur) können aus Abb. 5.5 als Grenzwerte des Plateaubereiches abgelesen werden. Damit wird ersichtlich, daß PGB etwa 100mal stärker plastisch verformt werden als die Matrix.

Die heterogene Verformung im Plateaubereich kann in erster Näherung mit Hilfe der Mischungsregel von Winter [161] beschrieben werden.

$$\gamma_{ap} = f_{PGB}\, \gamma_{ap,PGB} + (1 - f_{PGB})\, \gamma_{ap}^{(M)} \tag{5.4}$$

f_{PGB} ist der Volumenbruchteil von PGB, $\gamma_{ap,PGB}$ die plastische Scheramplitude im PGB und $\gamma_{ap}^{(M)}$ die plastische Dehnungsamplitude der Matrix. $\gamma_{ap,PGB}$ ist ein Mittelwert, da die lokale Abgleitamplitude einzelner PGB in einem weiten Bereich variieren kann, wie z.B. direkte interferometrische Oberflächenuntersuchungen zeigen [162], und auch innerhalb eines PGB nicht konstant ist.

Abbildung 5.7 zeigt die für PGB charakteristische Leiterstruktur in der Ebene $(1\bar{2}1)$, senkrecht zur Gleitebene und parallel zum Burgersvektor. Die "Sprossen" dieser Leitern sind Wände bestehend aus Stufenversetzungen (bzw. Stufenverset-

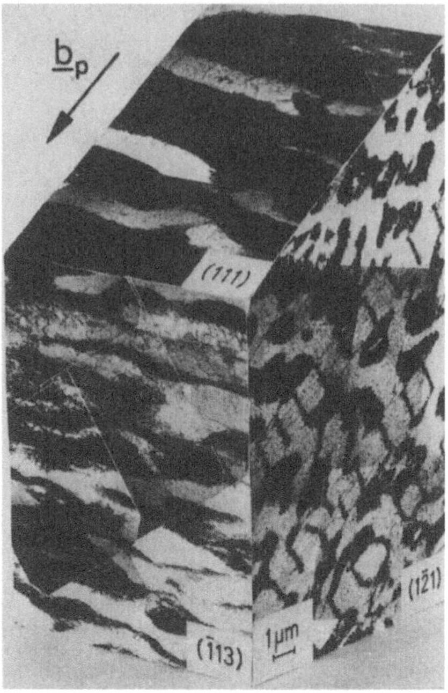

Abb. 5.7: Dreidimensionale Darstellung der Versetzungsstruktur im Bereich B bei $\gamma_{ap} = 1,5 \cdot 10^{-3}$; aus Mughrabi et al. [163]

zungsdipolen). Zwischen den Sprossen liegen relativ versetzungsarme Bereiche vor.

Die PGB sind eingebettet in eine Matrix, deren Versetzungsstruktur von der Scheramplitude abhängig ist. Ackermann et al. [164] schlagen deshalb vor, den Plateaubereich B in zwei Teilbereiche, die in Anlehnung an die Bereiche I und II der einsinnigen Verformung (z.B. [128]) als Bereiche I' und II' bezeichnet werden. Die Grenze zwischen I' nach II' liegt etwa bei $\gamma_{ap} \approx 2 \cdot 10^{-3}$. Abbildung 5.7 zeigt somit die Verhältnisse im Bereich I'. Dort sind die PGB in die Bündel-Ader-Struktur eingebettet, in denen wie in den PGB selbst Einfachgleitung vorherrscht. Mit zunehmender Scheramplitude gewinnt sekundäre Gleitung an Bedeutung, was sich im Bereich II' durch eine Versetzungsanordnung in der Matrix äußert, die an eine Labyrinthstruktur erinnert (z.B. in Abb. 5.12 unten gezeigt) und aus Versetzungen zweier Gleitsysteme aufgebaut ist (z.B. [165]).

Die Plateauschubspannungsamplitude im Bereich B wird für Kupfereinkristalle mit $\tau_S = 28$ MPa angegeben. Bei anderen Metallen, bei denen ein Plateau gefunden wird, beträgt in diesem Bereich τ_S/G etwa $6,5 \cdot 10^{-4}$. Es sei darauf hingewiesen, daß τ_S von der Versuchsführung und damit von der Matrixstruktur, aus der sich die PGB bilden, abhängt [166, 167]. Der hier angegebene Zahlenwert ist für Versuche mit γ_{ap} = konst. gültig.

Die PGB verformen sich im Bereich B bei konstanter Spannungsamplitude. Eine Erhöhung von γ_{ap} führt zu einer Zunahme des Volumenanteils der PGB (siehe (5.4)), die mit einer kurzzeitigen Erhöhung der Schubspannungsamplitude verbunden ist, bis τ_S erneut eingestellt wird. Die Bildung der PGB deutet auf eine Instabilität der Matrixstruktur bei Werten von $\gamma_{ap} > 6 \cdot 10^{-5}$ hin.

Eine Arbeit von Blochwitz und Veit [75] an Nickeleinkristallen, läßt die Entstehung von PGB unter einem etwas anderen Licht erscheinen. Die Autoren konnten zeigen, daß nach Sättigung im Bereich B, anschließender Reduzierung von γ_{ap} in den Bereich A und stufenweiser Erhöhung von γ_{ap} bis fast zum ursprünglichen Wert eine sekundäre zyklische Spannungs-Dehnungskurve (vgl. Abschnitt 2.1.3) entsteht, die unterhalb der Plateauspannung verläuft. Daraus läßt sich schließen, daß sowohl der Matrixstruktur als auch den PGB "wahre" zyklische Spannungs-Dehnungskurven zugeordnet werden können, die kein Plateau aufweisen. Das Plateau in der zyklischen Spannungs-Dehnungskurve des Einkristalls ist eine Folge der mit zunehmendem $\gamma_{ap}^{(M)}$ der Matrix abnehmenden Bildungsspannung der PGB τ_n (siehe auch Abschnitt 3.1.1) [72]. Während der Verfestigung innerhalb der anfänglichen Zyklen erreicht die Matrix einen Wert von τ_a, der die Bildungsspannung von PGB überschreitet. Dadurch werden PGB entstehen, die, da sie weicher als die Matrix sind, die Scheramplitude der Matrix reduzieren. Da mit abnehmendem $\gamma_{ap}^{(M)}$ eine Zunahme der Bildungsspannung τ_n verknüpft ist, muß eine weitere Verfestigung der Matrix erfolgen, um den Anteil der PGB zu erhöhen. Der Sättigungszustand ist dann erreicht, wenn die Matrix gesättigt und τ_n gleich der Sättigungsspannungsamplitude ist. Aufgrund des Zusammenhanges sowohl von τ_n als auch von τ_a mit $\gamma_{ap}^{(M)}$ ist dies nur genau für ein $\gamma_{ap}^{(M)}$ erfüllbar, nämlich am Schnittpunkt der zyklischen Spannungs-Dehnungskurve der Matrix und des $\tau_n\left(\gamma_{ap}^{(M)}\right)$-Verlaufes. Der resultierende τ_S-Wert (28 MPa im Falle von Kupfer) führt aufgrund der zyklischen Spannungs-Dehnungskurve der PGB zu einer lokalen (mittleren) plastischen Scheramplitude von $7,5 \cdot 10^{-2}$ im PGB.

Die relativ einfache und regelmäßige Anordnung der Versetzungen im PGB ermöglicht die Untersuchung und detaillierte Charakterisierung der im stationären Zustand ablaufenden Vorgänge. Dabei steht insbesondere die Frage im Vordergrund, wie die hohe plastische Scherung in den PGB bewerkstelligt werden kann.

Durch eine rechnerische Abschätzung der Versetzungsmultiplikations- und -annihilationsvorgänge in den PGB [168, 169] und mit Hilfe von *in situ* Wechselverformungsexperimenten im Transmissionselektronenmikroskop [170, 171] konnte gezeigt werden, daß in den PGB sowohl die Wände (Leitern) als auch die versetzungsarmen Kanäle plastisch verformt werden. Dies erfolgt durch Ausbauchen von Stufenversetzungen aus den Wänden, Durchlaufen der Kanäle und (teilweises) Eindringen in die gegenüberliegende Wand. Dadurch werden Schraubenversetzungen zwischen den Wänden ausgezogen (siehe Abb. 5.8, Teilbild b), die entlang der Kanäle laufen können und somit auch die Länge der Stufenversetzungsanteile vergrößern. Sich begegnende Schraubenversetzungen in den Kanälen können sich annihilieren, wenn ihr Abstand kleiner als der sogenannte Annihilationsabstand ist. Die Stufenversetzungen werden in die Wände einge-

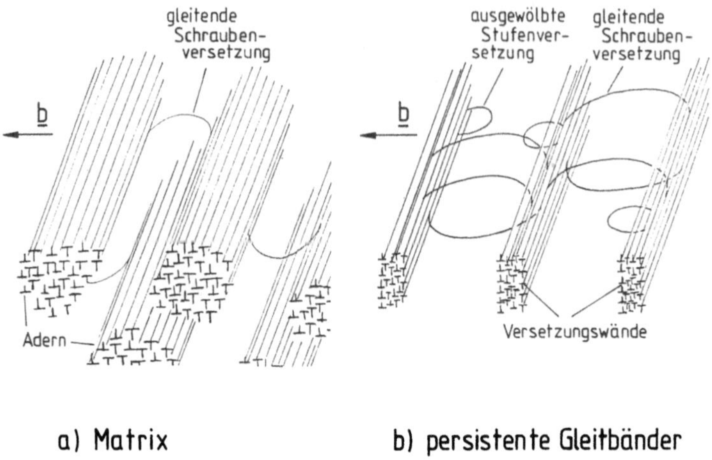

Abb. 5.8: Schematische Darstellung der Versetzungsanordnung in der Matrix (a) und in einem PGB (b), nach Mughrabi [172]

baut und dort teilweise annihiliert. Insgesamt ergibt sich somit ein hochdynamischer Prozeß von Versetzungsbildung und -vernichtung, der — wie eine grobe Abschätzung zeigt — dazu führt, daß ca. alle 50 Zyklen alle Versetzungen durch neue ersetzt werden [173]. Ein "Standbild" der Kanäle würde nur etwa ein Zehntel aller pro Zyklus produzierten Schraubenversetzungen zeigen [174].

In der Bündel-Ader-Struktur der Matrix ist die lokale plastische Verformung gering. Sie kann dadurch erzeugt werden, daß die zwischen den Bündeln aufgespannten Schraubenversetzungen "quasi-reversibel" hin- und hergleiten. Aufgrund der hohen Versetzungsdichte in den Bündeln, reicht eine elastische Polarisation oder höchstens eine Flip-Flop-Bewegung der Dipole [129, 175] aus (d.h., die beiden Stufenversetzungen unterschiedlichen Vorzeichens wechseln von der einen stabilen 45°-Position in die andere), um die Kompatibilität der Verformung zu gewährleisten.

Die Bedeutung der PGB bei der zyklischen Verformung ist eine Folge der hohen plastischen Dehnungen und äußert sich unmittelbar in der Rolle als Rißinitiator (einen Überblick gibt [17]). Die Bezeichnung "persistentes Gleitband", die auf Thompson et al. [176] zurückgeht, bezog sich ursprünglich auf die mit der oben beschriebenen speziellen Versetzungsstruktur verknüpften Oberflächenerscheinung, nämlich ausgeprägte Gleitbänder parallel zur primären Gleitebene verlaufend, die etwa 1 bis 2 μm breit sind und eine rauhe Oberflächenstruktur aufweisen. Das Attribut "persistent" wurde deshalb vergeben, weil die Bänder auf einer abpolierten Oberfläche bei weiterer zyklischer Verformung wieder erscheinen.

Der Zusammenhang von Ermüdungsschädigung und Oberflächenerscheinung des PGBs konnte von Thompson et al. [176] in einem häufig wiederholten Experiment (z.B. [177]) nachgewiesen werden. Durch elektrolytisches Abpolieren der Oberfläche kann die Lebensdauer einer Probe erhöht werden; wiederholtes

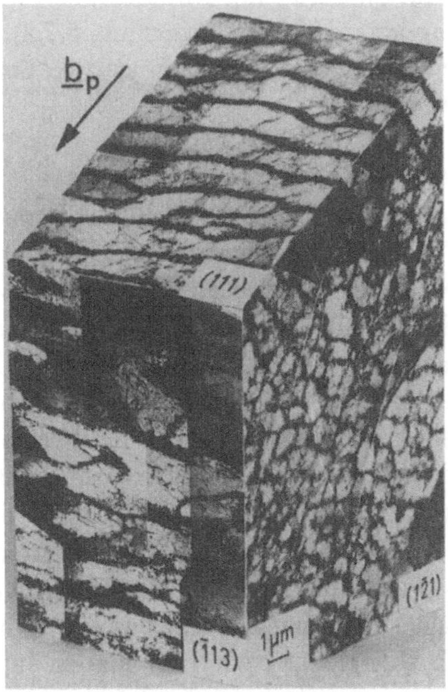

Abb. 5.9: Dreidimensionale Darstellung der Versetzungsanordnung im Bereich C bei $\gamma_{ap} = 1,45 \cdot 10^{-2}$; nach Laird, Charsley und Mughrabi [160]

Abpolieren führt praktisch zu unendlicher Lebensdauer.

In Einkristallen erfolgt die Rißbildung an den Extrusionen (z.B. [177, 178, 179, 180, 181, 182, 44, 183, 184]), die vermutlich primär aufgrund der durch die Versetzungsannihilationsprozesse in den PGB hervorgerufenen hohen Fehlstellenkonzentrationen entstehen [173, 91]. In Vielkristallen können bei kleinen Dehnungsamplituden Risse in den Oberflächenkörnern durch eine Wechselwirkung von PGB mit Korngrenzen (z.B. [185, 186, 187, 188, 189, 190, 191, 192]) oder Zwillingsgrenzen [52] gebildet werden.

Bereich C. Wenn die plastische Scheramplitude größer als $7,5 \cdot 10^{-3}$ ist, gewinnt die sekundäre Gleitung zunehmend an Bedeutung, was zu einer Zellstruktur führt. Abbildung 5.9 gibt einen Eindruck von der entstehenden Versetzungsanordnung.

Es bilden sich längliche Zellen aus, deren Geometrie in der Gleitebene an die Wandstruktur der PGB erinnert. Die typische Leiterstruktur der PGB ist nicht mehr beobachtbar. Neben den primären Versetzungen sind in den Wänden auch sekundäre Versetzungen vorhanden, was zu der Bezeichnungsweise *sekundäre Wände* geführt hat [193]. Die langgestreckte Form der Zellen in Abb. 5.9 ist nur eine Erscheinungsform; daneben findet man auch häufig gleichachsige Zellen.

Die Verformung erfolgt aus makroskopischer Sicht homogen, eine Gleitlokalisierung wird nicht beobachtet. Die Zellstrukturen, die bei hohen Beanspruchungsamplituden gebildet werden, sind sehr stabil und in ihrer Dimension mit der Sättigungsspannung verknüpft (vgl. Abschnitt 5.2.2). Die im letzten Abschnitt angesprochene Labyrinthstruktur kann als zweidimensionale Form einer Zellstruktur betrachtet werden.

Entwicklung der Versetzungsstruktur

Die obigen Ausführungen behandeln den Zustand der Versetzungsstruktur in der zyklischen Sättigung. Es wurde vorausgesetzt, daß der Kupfereinkristall solange bei vorgegebener Amplitude der plastischen Dehnung wechselverformt wurde, bis sich ein quasi-stationärer Zustand eingestellt hat. Sehr systematische Untersuchungen zur *Entwicklung* der Versetzungsstruktur mit der Lastspielzahl wurden u.a. von Hancock und Grosskreutz [194] bei einer Beanspruchungsamplitude im Bereich C und von Basinski, Basinski und Howie [195] bei niedrigeren γ_{ap}-Werten durchgeführt, wobei im Grundsatz gleiche Ergebnisse erzielt wurden.

Bereits nach wenigen Zyklen liegen die Versetzungen heterogen verteilt im Werkstoff vor. Es bilden sich Bündel, die in etwa senkrecht zur Richtung des primären Burgersvektors orientiert sind. Die Versetzungen dieser Bündel sind in überwiegender Mehrzahl Stufenversetzungen, was darauf hinweist, daß Schraubenversetzungen durch Quergleitung zur Annihilation in der Lage sind. Die vorhandenen Stufenversetzungen treten unter Bildung von Dipolen und Multipolen über große Bereiche ihrer Länge in Wechselwirkung. Bei großen Werten von γ_{ap} [194] entsteht bereits nach ca. 100 Zyklen eine Versetzungsanordnung, die an eine Zellstruktur erinnert, mit erkennbaren Anteilen von Versetzungen mit sekundärem Burgersvektor.

Hancock und Grosskreutz [194] schließen aufgrund ihrer Beobachtungen, daß die Bildung der Bündel eine Folge des gegenseitigen Einfangens von primären Stufenversetzungen ist. Die Bündel stellen Hindernisse für die weitere Versetzungsbewegung dar und erniedrigen kontinuierlich den mittleren Gleitweg der Versetzungen. Mit fortschreitender Verfestigung entwickelt sich die Versetzungsstruktur auch senkrecht zur primären Gleitebene und bildet z.B. bei hohen Beanspruchungsamplituden eine Zellstruktur.

Diese knappe Darstellung der Entwicklung der Versetzungsstruktur verdeutlicht, daß es in Metallen und Legierungen eine sehr ausgeprägte Tendenz gibt, eine heterogene Versetzungsanordnung aufzubauen[3]. Man spricht in diesem Zusammenhang auch von der *Bifurkation* der ursprünglich homogen verteilten Versetzungen in Bereiche hoher und niedriger Versetzungsdichte. Der augenblickliche Stand der Wissenschaft kann keine eindeutige Erklärung für dieses Verhalten liefern, obwohl z.B. mit aufwendiger Computersimulation (z.B. [196]) versucht wird, die experimentellen Beobachtungen nachzuvollziehen[4].

---

[3]Ähnliches Verhalten wurde auch bei einsinniger Beanspruchung beobachtet (z.B. [128]).

[4]In einer Reihe von Arbeiten zu diesem Thema werden die resultierenden Versetzungsstrukturen unter dem Gesichtspunkt der "Low Energy Dislocation Structures" (LEDS) behandelt (z.B. [197, 165, 160]). Bei den Computerberechnungen dient meist ein mathematischer Formalismus als Grundlage, der aus der von Cahn und Hillert zur spinodalen Entmischung entwickelten Theorie bzw. deren Anwendung auf Zellstrukturen (nach Holt und Gittus) abgeleitet

Innere Körner:	lose Adern	Adern wenige PGB	Zellen
Oberflächen-Körner:	lose Adern	Adern und PGB	Zellen
$\frac{\Delta\epsilon_{pl}}{2}$ $\longrightarrow$	$\frac{\Delta\epsilon_{pl}}{2} = 2 \cdot 10^{-5}$ 0% PGB	$\frac{\Delta\epsilon_{pl}}{2} = 6 \cdot 10^{-4}$	

Abb. 5.10: Typen der Versetzungsstrukturen in Kupfervielkristallen; nach Lukáš und Kunz [205]

5.2.2 Versetzungsstruktur in Vielkristallen

Einen ersten Schritt in Richtung technischer Legierungen stellt der Übergang von Einkristallen auf Vielkristalle dar. Dabei steht im Vordergrund des Interesses die Frage, inwieweit die unter definierten Bedingungen an Einkristallen gewonnenen Erkenntnisse zu den grundlegenden Mechanismen der Wechselverformung auf Vielkristalle übertragen werden können (z.B. [199, 193, 200, 201, 202, 203, 204]).

Das Vorliegen von Körnern unterschiedlicher Orientierung, die zudem in einem festen Kornverband eingebettet sind und sich deshalb kompatibel verformen müssen, läßt sofort erkennen, daß die für die Versetzungsbewegung wirksame Spannung in einem Vielkristall ein breites Spektrum aufweisen wird. Deshalb wird auch nicht zu erwarten sein, daß nur *eine* der für die Bereiche A, B oder C der zyklischen Spannungs-Dehnungskurve des Einkristalls (siehe Abb. 5.5) charakteristische Versetzungsanordnung eingestellt wird. Abbildung 5.10 listet in schematischer Form die in vielkristallinem Kupfer gefundenen Strukturen in Abhängigkeit von der Amplitude der plastischen Dehnung $\Delta\epsilon_{pl}/2$ auf.

Zunächst fällt auf, daß zwischen inneren Körnern und Oberflächenkörnern unterschieden werden muß. PGB sind mit hoher lokaler plastischer Verformung ($\gamma_{ap} \approx 1\%$ bei Einkristallen) verknüpft und führen zur Entstehung von Extrusionen. Die Bildung von PGB wird deshalb in einem im Inneren des Werkstoffes "eingeklemmten" Korn unwahrscheinlicher sein als in einem Oberflächenkorn. Lange Zeit wurde vermutet, daß eine PGB-Existenz in inneren Körnern ganz unmöglich ist. In einer Reihe von Arbeiten konnten aber PGB im Werkstoffinneren nachgewiesen werden (z.B. [201, 205, 202, 206, 203, 141, 207, 199]), wobei allerdings ihr Anteil geringer ist als in den Oberflächenkörnern.

---

ist. Eine dritte Betrachtungsweise basiert auf der Theorie zur Selbstorganisation dissipativer Strukturen, die mit dem Namen Prigogine [198] eng verknüpft ist. Berücksichtigt man die hohe Dynamik der Versetzungsreaktionen, wie sie im Zusammenhang mit der plastischen Verformung der PGB beschrieben wurde, so erscheint die zuletzt genannte Behandlungsmethodik am vielversprechensten.

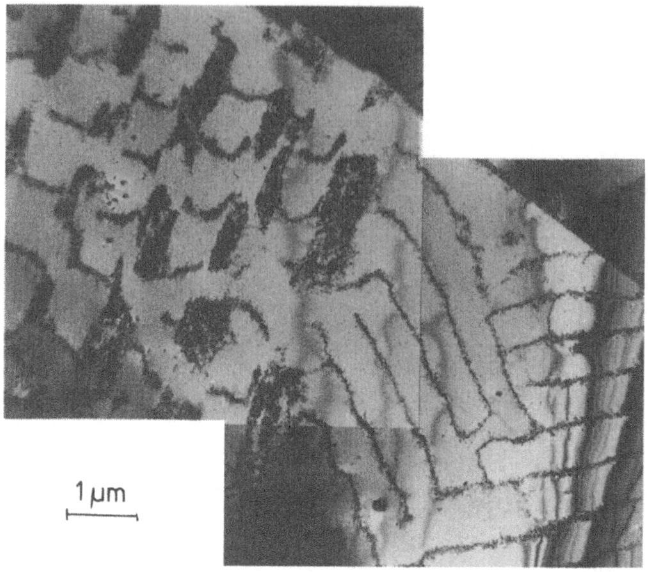

Abb. 5.11: Unterschiedliche Versetzungsanordnungen innerhalb eines Kornes; $\Delta\epsilon_{pl}/2 = 5 \cdot 10^{-4}, N \approx 10^5$ (aus Wittig-Link [203])

Die in Abb. 5.10 angegebenen Bereichsgrenzen liegen deutlich niedriger als die mit den Übergängen von A nach B und B nach C bei Einkristallen verknüpften Werte. Dies ist eine direkte Folge der notwendigen Kompatibilität der Verformung, die zu höheren (mittleren) Spannungen führt.

Nicht nur in verschiedenen Körnern können unterschiedliche Versetzungsanordnungen vorliegen. Abbildung 5.11 zeigt eine transmissionselektronenmikroskopische Aufnahme eines Kornes, in dem deutlich in der oberen Bildhälfte die Leiterstruktur der PGB eingebettet in eine Bündel-Ader-Matrix zu erkennen ist, während unten eine Art Labyrinthanordnung ausgebildet wurde.

Bei hohen Amplituden von ϵ_{pl} bilden sich vorwiegend Zellen mit gleichachsiger oder auch länglicher Gestalt. Daneben findet man aber auch zellartige Labyrinthstrukturen (Abb. 5.12), die durch die Helligkeitsunterschiede erkennen lassen, daß sie gegeneinander verkippt sind.

Die Antwort auf die Frage, ob die zyklischen Spannungs-Dehnungskurven von Vielkristallen und Einkristallen (in gewissen Bereichen) miteinander verknüpft sind, hängt sehr wesentlich davon ab, mit welchem Orientierungsfaktor M die Beanspruchungsgrößen ineinander umgerechnet werden:

$$\frac{\Delta\sigma}{2} = M\tau_a \tag{5.5}$$

$$\frac{\Delta\epsilon_{pl}}{2} = \frac{\gamma_{ap}}{M} \tag{5.6}$$

Der Taylorfaktor $M = 3,06$ unterstellt Vielfachgleitung in den einzelnen Körnern, während der Sachsfaktor $M = 2,24$ dann sinnvoll ist, wenn in den am höchsten

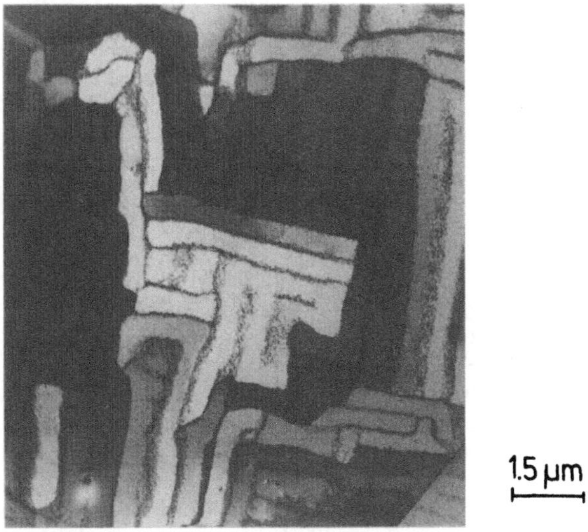

Abb. 5.12: Labyrinth/Zell-Struktur mit deutlicher Mißorientierung; $\Delta\epsilon_{pl}/2 = 2 \cdot 10^{-3}, N \approx 10^4$ (aus Wittig-Link [203])

belasteten Körnern Einfachgleitung vorliegt. Den Maximalwert für die lokal wirksame Schubspannung erhält man durch Verwendung des reziproken Schmidfaktors $M = 2$, der voraussetzt, daß sowohl die Gleitrichtung als auch die Gleitebene ideal orientiert (45° zur Spannungsachse) sind.

Die Frage, ob die zyklische Spannungs-Dehnungskurve von Kupfervielkristallen in Analogie zur Einkristallkurve ein Plateau aufweist, wurde lange und widersprüchlich in der Literatur diskutiert. Systematische Untersuchungen zum Einfluß der Korngröße (z.B. [11, 106]) konnten zeigen, daß bei Versuchen mit $\Delta\epsilon_{pl}/2$ = konst. und kleiner bis mittlerer Korngröße kein Plateau beobachtet werden kann. Das gelegentliche Auftreten kleiner waagrechter Bereiche in den zyklischen Spannungs-Dehnungskurven von Vielkristallen (z.B. [159, 208, 204]) ist entweder auf spezielle Versuchsführungen (siehe dazu auch Kapitel 7) oder auf sehr große Körner (im mm-Bereich) zurückzuführen[5].

Bei kleinen Werten von $\Delta\epsilon_{pl}/2$ können die zyklischen Spannungs-Dehnungskurven von Kupferein- (Bereich A) und -vielkristallen zur Deckung gebracht werden, wenn man den Orientierungsfaktor von Sachs verwendet [199, 193]. Dies ist verständlich, da im Bereich kleiner Amplituden auch in den Körnern der Vielkristalle Einfach- bzw. Primärgleitung vorherrscht. Durch die mit steigendem Wert von $\Delta\epsilon_{pl}/2$ in Vielkristallen rasch einsetzende Sekundärgleitung steigt die zugehörige Spannungs-Dehnungskurve dann allerdings auf Werte an, die von Einkristallen erst bei den wesentlich höheren Scheramplituden des Bereichs C erreicht werden. Für die Bildung von Ermüdungsrissen durch die Wirkung von PGB von Bedeutung ist die Möglichkeit der Abschätzung der unteren Grenze des PGB-Existenzbereiches durch Verwendung des Sachs- oder (konservativer) des Schmidfaktors.

[5]Bei großer Korngröße liegt ein Mischfall zwischen Einkristall- und Vielkristallverhalten vor.

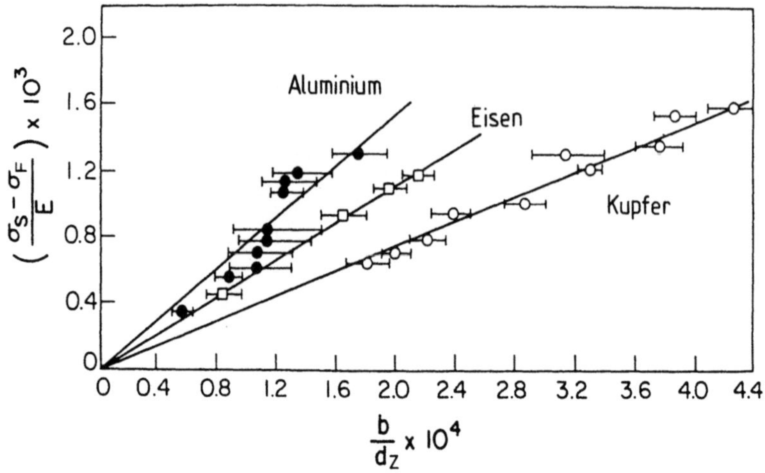

Abb. 5.13: Zusammenhang zwischen dem auf die Länge des Burgersvektors bezogenen Zelldurchmesser d_Z und der normierten Sättigungsspannung; nach Plumtree [213]

Die geometrische Dimension der Versetzungsanordnung steht bei Werkstoffen mit welligem Gleitcharakter in eindeutiger Weise in Beziehung zur Beanspruchungsamplitude. Bei hohen Amplituden von ϵ_{pl} kann als geometrische Größe der mittlere Durchmesser der im Sättigungszustand vorliegenden Zellen d_Z dienen. Dieser ist insbesondere bei Vorliegen von länglicher Zellgeometrie (siehe Abb. 5.9) stark von der Orientierung abhängig und mit einer großen experimentellen Streuung verknüpft. Bereits 1966 konnte Pratt [209] an vielkristallinem Kupfer (zunächst bei Raumtemperatur, später aber auch bei Flüssig-Stickstoff-Temperatur [210]) zeigen, daß die Sättigungsspannung[6] σ_S in guter Näherung umgekehrt proportional zu d_Z ist. Dieses Ergebnis wurde seither in zahlreichen Arbeiten auch für andere Metalle und Legierungen bestätigt (z.B. [211, 212, 213]). Abbildung 5.13 zeigt diesen Zusammenhang in der Form:

$$\frac{\sigma_S - \sigma_F}{E} \propto \frac{b}{d_Z} \tag{5.7}$$

σ_F ist dabei die Reibungsspannung; E und b dienen zur Normierung der darzustellenden Größen, um den Vergleich verschiedener Metalle zu ermöglichen[7]. In Abb. 5.13 sind Ergebnisse aus einsinnigen Versuchen enthalten, was verdeutlicht, daß die Bezeichnung (5.7) unabhängig von der Versuchsführung ist[8]. Es sollte allerdings angemerkt werden, daß bei einsinniger Verformung weichgeglühter Metalle bis zum Erreichen einer vorgegebenen Spannung σ eine plastische Dehnung

[6] σ_S wurde durch Division mit dem Schubmodul G temperaturkompensiert.

[7] Die Beziehung (5.7) kann z.B. dazu benutzt werden, um aus dem mittleren Zelldurchmesser die lokale wirksame Spannungsamplitude zu ermitteln. Damit können die Belastungen an einer Rißspitze abgeschätzt und über die zyklische Spannungs-Dehnungskurve in plastische Dehnungsamplituden umgerechnet werden (z.B. [214]).

[8] Die Grenzen der Analogie von einsinniger und zyklischer Belastung werden in [129] diskutiert.

notwendig ist, die ein Vielfaches von $\Delta\epsilon_{pl}/2$ der zyklischen Belastung mit $\sigma_S = \sigma$ ist. König und Blum [215] verglichen die Zellstrukturen, die beim Hochtemperaturkriechen und bei Wechselverformung gebildet werden und fanden bei beiden Belastungsarten den gleichen Zusammenhang zwischen σ/E bzw. σ_S/E und $1/d_Z$.

Bei kleinen $\Delta\epsilon_{pl}/2$-Werten kann der mittlere Zelldurchmesser nicht als charakteristische Größe der Versetzungsstruktur verwendet werden, da keine Zellen oder nur in den am stärksten belasteten Körnern Zellen gebildet werden. Verwendet man statt d_Z den Abstand zwischen den Sprossen der PGB-Leitern oder die Breite der versetzungsfreien Kanäle, so kann (5.7) (in übertragener Weise) z.B. durch Versuche bei verschiedenen Temperaturen bestätigt werden (z.B. [10, 141, 216]).

Die Bestimmung der Versetzungsdichte bei monotoner und zyklischer Belastung stellt sich aufgrund der Heterogenität der Versetzungsstruktur und der damit verbundenen sehr hohen lokalen Versetzungsdichte ($\rho \approx 10^{16} m^{-2}$) als experimentell sehr aufwendig dar. Die vorliegenden Ergebnisse an Metallen (z.B. [128, 129]) und Legierungen (z.B. [217]) weisen aber darauf hin, daß σ_S und ρ über das $\sqrt{\rho}$-Gesetz (3.29) miteinander verknüpft sind.

5.2.3 Sekundäre zyklische Verfestigung

Bei der zyklischen Verformung eines Metalles mit welligem Gleitcharakter, dessen Ausgangszustand versetzungsarm (geglüht) ist, erfolgt eine Verfestigung, die rasch in die zyklische Sättigung einmündet. Wie mehrfach erwähnt, kann die Versetzungsstruktur des Sättigungszustandes als quasi-stationär betrachtet werden, d.h., sie ändert sich mit der Zyklenzahl N nicht. Dies äußert sich nicht nur darin, daß die Spannungsamplitude bei vorgegebenem $\Delta\epsilon_{pl}/2$ konstant bleibt, sondern auch in einer von N unabhängigen Hysteresenform.

Bei einer genaueren Analyse des zyklischen Verformungsverhaltens, insbesondere unter Anwendung der in Abschnitt 3.1 vorgestellten Hysteresenformparameter, zeigt sich, daß ein Sättigungszustand mit den oben aufgeführten Eigenschaften in Strenge nicht existiert. Auch während der zyklischen Sättigung laufen selbst in einphasigen Metallen und Legierungen ständig mikrostrukturelle Vorgänge ab, die zu einer allmählichen Veränderung der Versetzungsstruktur führen. Ob diese mit dem Begriff *sekundäre Verfestigung* bezeichnete Veränderung in der Wechselverformungskurve durch einen Anstieg von $\Delta\sigma/2$ über σ_S hinaus erkennbar ist, hängt nicht zuletzt von der Beanspruchungsamplitude und der Zyklenzahl bis zum Bruch N_B ab [74, 76].

Da die Rißbildung in der Regel an der Oberfläche erfolgt und durch das Umgebungsmedium beeinflußt wird, können in Versuchen in Vakuum erhöhte N_B-Werte erreicht werden und damit die Vorgänge verfolgt werden, die bei Zyklenzahlen über der Bruchlastspielzahl an Luft ablaufen. Für vielkristallines Kupfer beträgt die Lebensdauerverlängerung durch Hochvakuum je nach Beanspruchungsamplitude und Korngröße einige 100% bis einige 1000% (z.B.

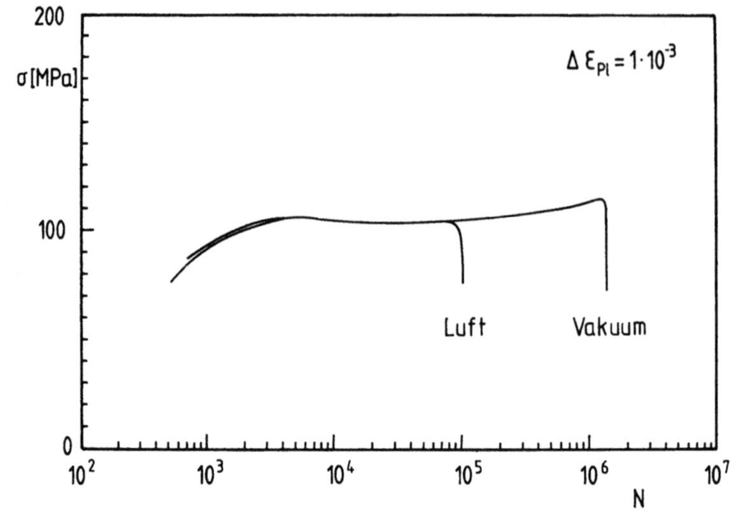

Abb. 5.14: Wechselverformungskurve von vielkristallinem Kupfer (mittlere Korngröße $55\mu m$) in Luft und Vakuum; aus [207]

[207, 74, 52]).

In Abb. 5.14 sind die Wechselverformungskurven zweier Kupferproben verglichen, die bei $\Delta\epsilon_{pl}/2 = 5 \cdot 10^{-4}$ in Luft und in Vakuum zyklisch belastet wurden. Die in Vakuum ermüdete Probe besitzt eine etwa um einen Faktor 10 längere Lebensdauer. Der Verlauf beider Kurven ist bis zur Bruchzyklenzahl an Luft deckungsgleich. Untersuchungen zur Versetzungsstrukturentwicklung und Oberflächenbelegung mit PGB zeigen, daß kein Einfluß des Umgebungsmediums erkennbar ist, wenn jeweils in Luft und Vakuum zyklisch verformte Proben gleicher Zyklenzahl verglichen werden [74, 73, 76, 202, 203, 207]. Die erhöhte Lebensdauer in Vakuum führt dazu, daß eine sekundäre Verfestigung beobachtet werden kann, d.h., die Spannungsamplitude steigt nach dem Plateau des Sättigungszustandes ausgehend von σ_S allmählich an. Bei der betrachteten Amplitude fällt an Luft der Beginn der sekundären Verfestigung gerade mit dem Abfall von $\Delta\sigma/2$ aufgrund der Rißausbreitung kurz vor dem Bruch zusammen.

Die Frage der Beobachtbarkeit der sekundären Verfestigung (und damit deren Relevanz) wird in Abb. 5.15 beantwortet. Aufgetragen sind die Zyklenzahlen, bei denen der Anstieg von $\Delta\sigma/2$ in der Wechselverformungskurve erkennbar ist (N_{sek}), und die Bruchlastspielzahlen an Luft und in Vakuum gegen die Schwingbreite der plastischen Dehnung. Der mit einem Pfeil gekennzeichnete Punkt bezieht sich auf $\Delta\epsilon_{pl}/2 = 2 \cdot 10^{-3}$. Bei dieser Amplitude geht die "primäre" Verfestigung ohne Plateau-Zwischenbereich direkt in die sekundäre Verfestigung über. Eine grobe Abschätzung anhand des Verlaufs der Wechselverformungskurve liefert $N_{sek} \approx 10$, so daß dieser Punkt in Abb. 5.15 auf der Linie durch die übrigen Werte für N_{sek} zu liegen kommt[9].

---

[9]Allerdings ist fraglich, ob die Verwendung des Begriffes sekundäre Verfestigung bei hohen Beanspruchungsamplituden berechtigt ist, da er strenggenommen voraussetzt, daß der Anstieg

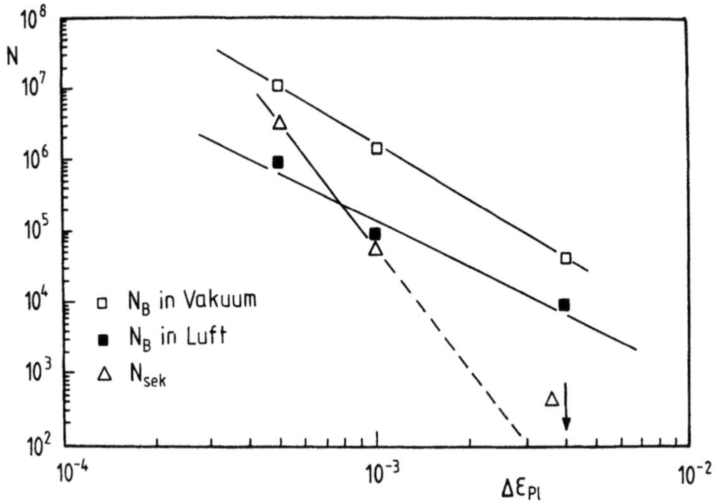

Abb. 5.15: Vergleich der Bruchzyklenzahlen an Luft und in Vakuum mit der Zyklenzahl bei Beginn der sekundären Verfestigung; aus [207]

Aus Abb. 5.15 kann in Übereinstimmung mit [76] entnommen werden, daß an Luft aufgrund der stark begrenzten Lebensdauer die sekundäre Verfestigung nur für $\Delta\epsilon_{pl}/2 > 5 \cdot 10^{-4}$ beobachtet werden kann. Bei kleineren Werten von $\Delta\epsilon_{pl}/2$ ist N_{sek} größer als die Bruchzyklenzahl an Luft, der Sättigungsbereich herrscht somit bis zum Versagen vor. Die erhöhte Lebensdauer in Vakuum gestattet den Nachweis sekundärer Verfestigungsvorgänge in der Wechselverformungskurve bei deutlich geringeren Beanspruchungsamplituden (z.B. $\Delta\epsilon_{pl}/2 = 2{,}5 \cdot 10^{-4}$).

Die mikrostrukturellen Vorgänge der sekundären Verfestigung äußern sich am überschaubarsten in Einkristallen [74, 73]. Die Dehnungsamplituden, die notwendig sind, um sekundäre Verfestigung nachweisen zu können, liegen bei Einkristallen deutlich höher als bei Vielkristallen. Dies liegt daran, daß für die sekundäre Verfestigung das Auftreten sekundärer Gleitung verantwortlich ist und diese in Vielkristallen aufgrund der unterschiedlichen Kornorientierungen und der z.T. aufgezwungenen Verformung durch den Kornverbund bereits bei kleinen $\Delta\epsilon_{pl}/2$-Werten auftritt.

Bei der Verformung von Einkristallen im Bereich B der zyklischen Spannungs-Dehnungskurve (vgl. Abb. 5.5) wird die primäre Leiterstruktur der PGB durch einen allmählichen Anstieg des Anteils sekundärer Versetzungen verfestigt. Durch Kontrastexperimente im TEM kann nachgewiesen werden, daß sich die sekundären Versetzungen an der Grenze zwischen PGB und der Matrix anlagern und zu einer kontinuierlichen Umwandlung der PGB in eine Zellstruktur führen[10]. Die Verfestigung der PGB führt zur Bildung neuer PGB aus der Matrix. Dies ist an der Oberfläche durch eine zunehmende Belegung mit Gleitbändern erkennbar.

---

von $\Delta\sigma/2$ vom Plateau der zyklischen Sättigung ausgeht.

[10]In [73] wird durch interferometrische Messung gezeigt, daß dadurch die lokale Abgleitamplitude um mindestens zwei Drittel reduziert wird.

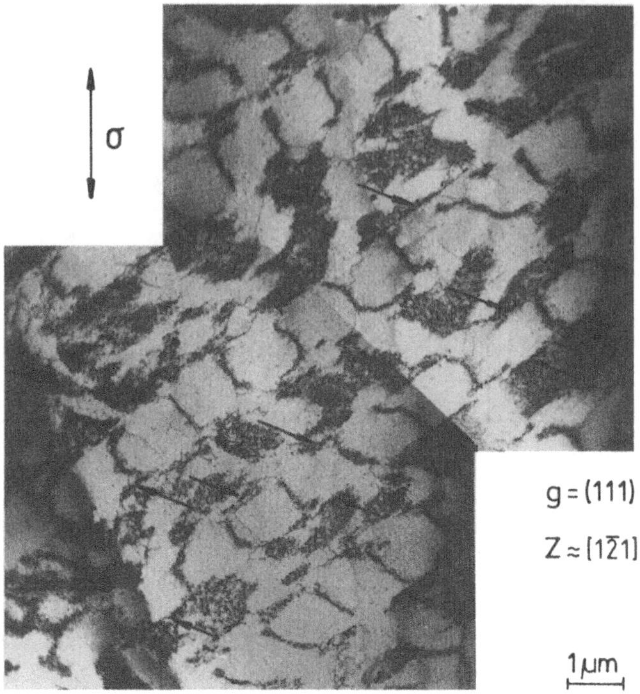

Abb. 5.16: Vielkristallines Kupfer ermüdet bei $\Delta\epsilon_{pl}/2 = 5 \cdot 10^{-4}$, $\epsilon_{pl,kum} = 366$ (nach Hoffmann [141])

Der Prozeß läuft solange ab, bis — falls die Probe nicht vorher bricht — eine Versetzungszellstruktur im gesamten Probenvolumen vorliegt.

Die in Vielkristallen ablaufenden Vorgänge sind grundsätzlich identisch, aber aufgrund der Heterogenität der Versetzungsanordnung schwerer überschaubar. Abbildung 5.16 zeigt eine Vorstufe der Umwandlung von PGB in Zellen. Im Querkontrast ist erkennbar, daß an der Matrix/PGB-Grenzfläche eine Anreicherung von sekundären Versetzungen erfolgt, was in Abb. 5.16 in Form dunkler Säume (z.T. markiert mit Pfeilen) in Erscheinung tritt.

In Tabelle 5.1 sind die unter verschiedenen Bedingungen ($\Delta\epsilon_{pl}/2$, Luft oder Vakuum) entstandenen Anteile der Versetzungsstrukturen qualitativ erfaßt. Unterschieden wird zwischen einer Matrixstruktur mit Versetzungsbündeln und -adern, einer zellähnlichen Struktur, deren Zellwände aus ungeordnet vorliegenden Versetzungen bestehen, und einer Zellstruktur (Wände geordnet, meist Orientierungsunterschiede). Charakteristisch für die Proben, bei deren Verformung sekundäre Verfestigung beobachtet werden konnte, ist, daß eine Zellstruktur dominiert und keine Matrixstruktur mehr vorliegt. Proben, die vor dem Beginn der sekundären Verfestigung gebrochen sind, weisen im Gegensatz dazu große Anteile der Bündel/Ader-Struktur auf. Dies steht im Einklang mit systematischen Untersuchungen an Legierungen [218, 219], bei denen sekundäre Verfestigung nur

Tabelle 5.1: Charakterisierung der Versetzungsstrukturen verschiedener, an Luft und in Vakuum zyklisch verformter Kupfervielkristalle (nach Wittig-Link 7)

		mechanisches Verhalten		Versetzungsstruktur[a]		
Umgebung	$\Delta\epsilon_{pl}/2$	SVF[b]	$\epsilon_{pl,kum}$	Zellen	ung. ZW[c]	Matrix
Vakuum	$2,5 \cdot 10^{-4}$	ja	10639	+	0	-
Luft	$2,5 \cdot 10^{-4}$	nein	922	0	+	+
Vakuum	$5 \cdot 10^{-4}$	ja	2749	+	0	-
Luft	$5 \cdot 10^{-4}$	nein	205	+	+	+
Vakuum	$2 \cdot 10^{-3}$	ja	341	+	-	-
Luft	$2 \cdot 10^{-3}$	ja	80	+	0	-

[a] Struktur: + hoher Anteil, 0 geringer Anteil, - nicht vorhanden
[b] SVF = Sekundäre Verfestigung
[c] ung. ZW: ungeordnete (diffuse) Zellwände

dann beobachtet wird, wenn alle "umwandelbaren Versetzungsstrukturen" [219] in die "nichtumwandelbare" Zellanordnung (oder Labyrinthstruktur) überführt worden ist.

Die Entwicklung der Oberflächenbelegung mit Gleitbändern in Abhängigkeit von der Zyklenzahl ist in Abb. 5.17 dargestellt. Die Wechselverformung erfolgte zu diesem Zweck schrittweise, d.h., die Probe wurde nach vorgegebenen Zyklenzahlen aus dem Prüfsystem ausgebaut und im Rasterelektronenmikroskop (REM) untersucht. Vor Aufbringen weiterer Zyklen wurde die Probe jeweils elektropoliert, so daß bei der folgenden Untersuchung nur solche PGB erkennbar waren, die im letzten Beanspruchungsintervall aktiv gewesen sind.

Die inhomogene Verteilung der PGB ist in Abb. 5.17 in allen Abbildungen zu erkennen. Neben Körnern mit nur einer Orientierung der PGB (Einfachgleitung) liegen auch Bereiche mit zwei, zum Teil sich kreuzenden PGB-Typen vor (Vielfachgleitung). Durch das verwendete Abpolierverfahren kann die *Passivierung* von einzelnen, mit Pfeilen gekennzeichneten Gleitbändern nachgewiesen werden: Vormals aktive PGB treten nach höheren Zyklenzahlen nicht mehr auf. Die Passivierung kann nach dem Zyklenintervall das erste Mal beobachtet werden, welches dem Beginn der sekundären zyklischen Verfestigung folgt ($N_{sek} \approx 10^4$, siehe Abb. 5.14), also im Teilbild b von Abb. 5.17. Die sowohl an Ein- als auch an Vielkristallen beobachtete *Gleithomogenisierung* an der Oberfläche in Vakuum (z.B. [74, 73, 220, 207, 76]) ist eine Folge der bei der sekundären Verfestigung ablaufenden Passivierung und Neubildung von PGB, was zu einer mit der Zyklenzahl zunehmenden Oberflächenbelegung führt. Die Homogenisierung der Gleitung ergibt sich als Konsequenz aus der erhöhten Lebensdauer im Vakuum, repräsentiert aber keinen direkten Umgebungseinfluß.

Die Ausführungen zur sekundären Verfestigung sollen verdeutlichen, daß der Begriff zyklische Sättigung mit Vorsicht behandelt werden muß[11]. Offensicht-

[11] Da sich die zyklische Sättigung aber meist bis zum Bruch erstreckt, hat sie für das zyklische

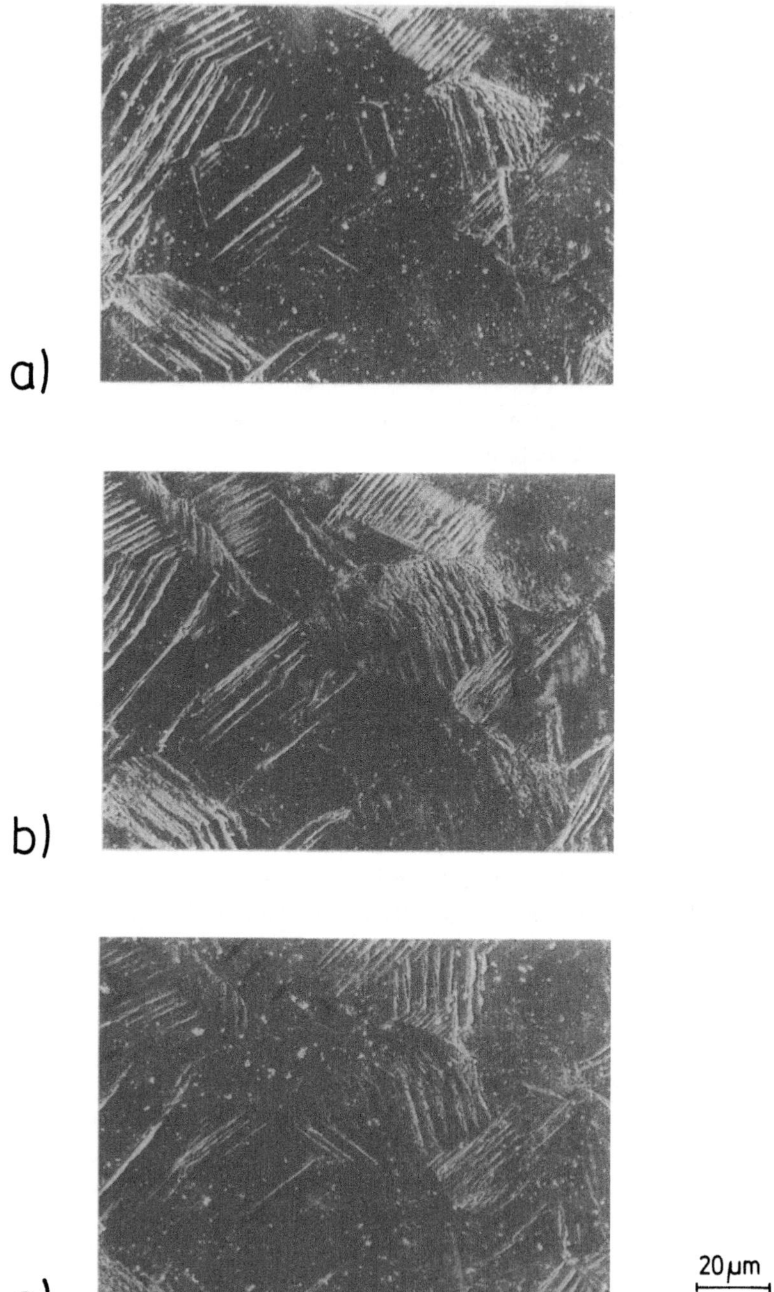

Abb. 5.17: Rasterelektronenmikroskopische Aufnahmen der Oberfläche eines bei $\Delta\epsilon_{pl}/2 = 5 \cdot 10^{-4}$ in Vakuum ermüdeten Kupfervielkristalles nach a) 160070, b) 707200 und c) 1226940 Zyklen (nach Wittig-Link [203])

lich liegt bei zyklischer Verformung im Sättigungszustand eine ständige geringe Abweichung vom quasi-stationären Verformungsvorgang vor, die unter bestimmten Umständen in kumulierter Form zu einem Anstieg der Spannungsamplitude führen kann. Dieses Verhalten kann verstanden werden, wenn man das dynamische Gleichgewicht zwischen Versetzungsbildung und -vernichtung berücksichtigt, welches für die stationäre zyklische Verformung gefordert wird. Für die Versetzungen des primären Gleitsystems wird durch die Anfangsverfestigung rasch eine so hohe Versetzungsdichte erzeugt, daß sich das dynamische Gleichgewicht einstellen kann. Dagegen ist bei allmählicher Bildung sekundärer Versetzungen deren Annihilationsrate aufgrund der niedrigen Konzentration zu gering, um stationäre Verhältnisse zu erreichen. Ein Sättigungszustand unter Einbeziehung sekundärer Versetzungen wird nur erreicht, wenn deren Dichte und Beweglichkeit ausreichend groß sind, um ein dynamisches Gleichgewicht einzustellen.

5.3 kfz Metalle mit planarem Gleitcharakter

In Abschnitt 5.1.2 wurde bereits eingehend auf die Nahordnung als mögliche Ursache für den planaren Gleitcharakter von Legierungen hingewiesen. Das Verhalten von Legierungen bei zyklischer Verformung ist in der Regel in einem weiten Bereich der Zusammensetzung ähnlich dem des Basismetalles. Erst bei hohen Legierungskonzentrationen ergeben sich deutliche Abweichungen, die bis vor einigen Jahren (und zum Teil heute noch) auf die Erniedrigung der Stapelfehlerenergie und die damit verknüpfte reduzierte Quergleitfähigkeit der Schraubenversetzungen zurückgeführt wurden.

Grundlegende Untersuchungen zur Mikrostrukturentwicklung bei planarem Gleitverhalten wurden erstmals von Feltner und Laird [146, 138] im direkten Vergleich mit Kupfer an Al-Cu-Legierungen mit 7,5% Aluminium durchgeführt. Feltner und Laird beobachteten, daß die meisten Versetzungen in diskreten Bändern angeordnet sind, zwischen denen relativ versetzungsfreie Bereiche vorliegen. Diese Bänder bilden sich parallel zur primären Gleitebene und enthalten hauptsächlich parallele Stufenversetzungen des primären Gleitsystems. Bei einer Erhöhung der plastischen Dehnungsamplitude steigt die Dichte der Versetzungen zwischen den Bändern und der Abstand der Bänder nimmt ab. Eine Zellbildung wurde trotz hoher Werte von $\Delta\epsilon_{pl}/2$ ($N_B < 10^4$) nicht beobachtet.

Anfang der 70er Jahre wurde das Legierungssystem Cu-Zn von Lukáš und Klesnil an Einkristallen bei Beanspruchungsamplituden untersucht, die mit einer Bruchlastspielzahl zwischen $4 \cdot 10^4$ und 10^6 verbunden sind [144, 145, 139]. Während sich für Messing mit 15% Zink ein Verhalten ergibt, welches noch sehr dem des reinen Kupfers ähnelt, zeigt Messing mit 31% Zink planares Gleitverhalten: In Schnitten parallel zur primären Gleitebene liegen lange Segmente

Verformungsverhalten eine wichtige Bedeutung.

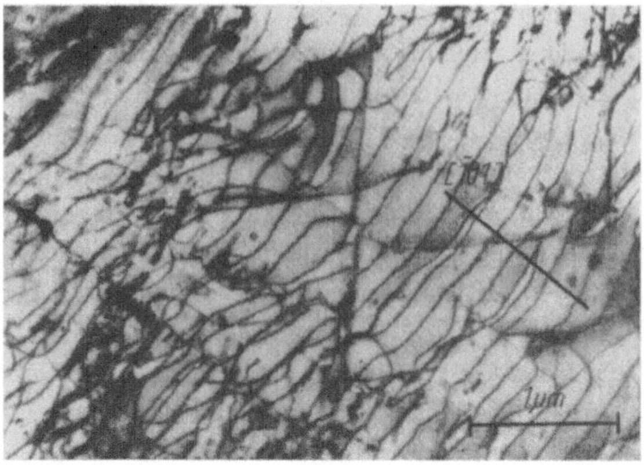

Abb. 5.18: Versetzungsanordnung in einer 69% Cu - 31% Zn-Legierung (Messing) im (111)-Schnitt; aus Lukáš und Klesnil [144]

primärer Versetzungen vor (siehe Abb. 5.18), die bevorzugt Stufencharakter haben. Eine Tendenz zur Bildung von Versetzungsgruppen ist nicht erkennbar. In $(1\bar{2}1)$-Schnitten (senkrecht zur Gleitebene und parallel zum Burgersvektor des primären Gleitsystems) zeigt sich die Lokalisierung der Versetzungen auf einzelnen Gleitebenen. Die Untersuchung von oberflächennahen und inneren Probenbereichen führt im Gegensatz zu Kupfer zu keinem erkennbaren Unterschied.

Das Legierungssystem Cu-Al wurde in den darauffolgenden Jahren erneut aufgegriffen, um durch eine Variation des Aluminiumgehaltes (wie man meinte durch Veränderung der Stapelfehlerenergie) den Gleitcharakter in gezielter Form zu beeinflussen [221, 222, 86]. Dabei ist im Hinblick auf die Nahordnung als mögliche Ursache für planares Gleitverhalten die Beobachtung von Abel et al. [222, 86] von Interesse, daß Abgleitmaxima („strain bursts"[12]), die mit der Bildung neuer Gleitbänder an der Oberfläche verknüpft sind, bei Aluminiumgehalten ab 7% auftreten. Diese können als Folge der lokalen Zerstörung der Nahordnung durch Versetzungen interpretiert werden. Damit ergibt sich eine Entfestigung entlang einzelner Gleitebenen, die bei weiterer Emission von Versetzungen aus Versetzungsquellen zu einem Überschwingen der kontrollierten plastischen Dehnungsamplitude führen kann. Die Abgleitmaxima sind mit einer Fluktuation der Hysteresenform verknüpft; kurz bevor neue Gleitebenen aktiviert werden, steigt der Wert für den Verfestigungskoeffizient H an.

In neueren Untersuchungen an Cu-16% Al [89, 224, 225] werden diese Fluktuationen in der Wechselverformungskurve an Ein- und Vielkristallen bestätigt. Die Ergebnisse der Ermüdungsversuche an Einkristallen deuten auf die Existenz eines (kleinen) Plateaus in der zyklischen Spannungs-Dehnungskurve hin, welches in Anlehnung an das Verhalten von Einkristallen mit welliger Gleitung auf eine Dehnungslokalisierung in Gleitbändern zurückgeführt wird. Aufgrund der für planares Gleitverhalten typischen langsamen Verfestigung erscheint es aber

[12]Im Gegensatz zu den von Neumann an Kupfereinkristallen beobachteten *strain bursts* [223] zeigen sich diese Maxima bei konstanter Beanspruchungsamplitude.

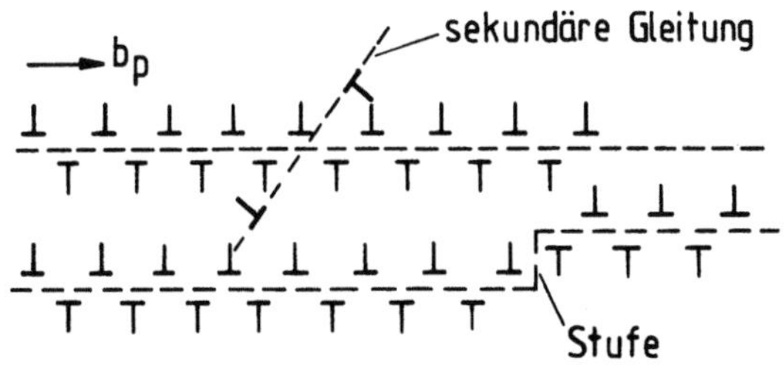

Abb. 5.19: Die Anordnungen der Versetzungen in einem persistenten Lüdersband; nach Laird et al. [160]

fraglich, ob ein Sättigungszustand überhaupt erreichbar ist und ob somit eine annähernd konstante Amplitude von σ bei wenigen Werten von $\Delta\epsilon_{pl}/2$ als Plateau der zyklischen Sättigung interpretiert werden darf (siehe auch [226]).

Durch interferometrische Oberflächenbeobachtungen [89] konnte gezeigt werden, daß sich praktisch die gesamte Abgleitung in schmalen Bändern konzentriert. Diese werden zur besseren Abgrenzung von den PGB als *persistente Lüdersbänder* (PLB) bezeichnet. Ihre Versetzungsstruktur unterscheidet sich grundlegend von der Leiterstruktur der PGB. Abbildung 5.19 zeigt eine schematische Darstellung der Versetzungsanordnung.

PLB sind etwa 3–5 μm dick und parallel zur Gleitebene orientiert. Sie bestehen aus benachbarten Ebenen, die mit Versetzungen vollgepackt sind. Zusätzlich liegen sekundäre Versetzungen vor, die auf ihren (sekundären) Gleitebenen die Gruppen der primären Versetzungen schneiden. Die lokale Versetzungsdichte innerhalb eines PLB variiert stark.

Ob es sich bei den PLB um eine Versetzungsanordnung handelt, die nur in der untersuchten Legierung (Cu-16% Al) auftritt oder aber charakteristisch für das Verhalten von Legierungen mit planarem Gleitcharakter ist, kann aufgrund fehlender systematischer Untersuchungen zum jetzigen Zeitpunkt nicht ausgesagt werden. Beobachtungen im System Cu-Zn (Messing) zeigen aber deutliche Parallelen auf [227].

5.4 Kubisch raumzentrierte Metalle und Legierungen

Die Unterteilung dieses Kapitels in Abschnitte, in denen die aufgrund einer zyklischen Verformung entstehende Versetzungsstruktur von Metallen mit kfz und krz Gitterstruktur getrennt behandelt wird, sollte nicht darüber hinwegtäuschen, daß das Wechselverformungsverhalten nahezu aller *technischer* krz Metalle und Legierungen dem kfz Metalle mit welligem Gleitverhalten sehr ähnlich ist (z.B. [228]). Die folgenden Anmerkungen konzentrieren sich deshalb auf die Unterschiede im zyklischen Verformungsverhalten und die Bedingungen unter denen

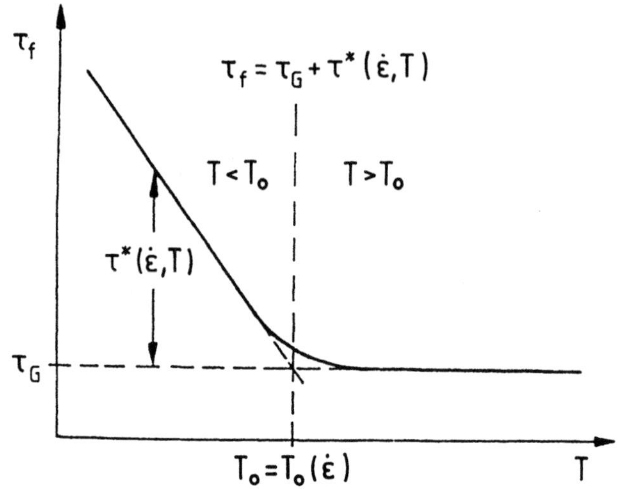

Abb. 5.20: Abhängigkeit der Fließspannung krz Metalle von der Temperatur (entnommen aus Mughrabi et al. [229, 17])

diese Unterschiede zum Tragen kommen (ausführliche Darstellungen werden in [229, 163] gegeben).

Bereits in Abschnitt 3.2.4 wurde im Zusammenhang mit der Beeinflussung der Gestalt der Hysteresekurve die starke Abhängigkeit der Fließspannung krz Metalle von der Temperatur und der plastischen Dehngeschwindigkeit diskutiert. Abbildung 5.20 zeigt in einer schematischen Darstellung den Verlauf der Fließspannung τ_f mit der Temperatur. Formal setzt sich τ_f aus den Anteilen τ_G (athermische Fließspannungskomponente) und τ^* (thermische Fließspannungskomponente) zusammen. Die Ursache für die starke Temperaturabhängigkeit von τ_f ist die Abnahme der Beweglichkeit der Schraubenversetzungen im krz Gitter mit abnehmender Temperatur aufgrund eines hohen "Peierlspotentials", das die Schraubenversetzungen bei ihrer Bewegung überwinden müssen. Bei höheren Temperaturen $T > T_\circ$ (mit $T_\circ \approx 0,1 \ldots 0,2\, T_m$) kann dieser Überwindungsprozeß thermisch aktiviert erfolgen; es ist deshalb keine zusätzliche Fließspannung erforderlich. Bei tieferen Temperaturen allerdings kann die plastische Verformung nur durch eine um τ^* erhöhte Fließspannung erzeugt werden. Die Übergangstemperatur $T_\circ$, die die Grenze zwischen dem temperaturabhängigen und -unabhängigen Bereich festlegt, ist sehr stark von der plastischen Verformungsgeschwindigkeit abhängig, da ein hohes $\dot{\epsilon}_{pl}$ mit geringer Möglichkeit zur thermisch aktivierten Bewegung der Schraubenversetzungen verbunden ist (und umgekehrt). Mit zunehmendem Wert von $\dot{\epsilon}_{pl}$ verschiebt sich $T_\circ$ zu höheren Temperaturen.

Für das Wechselverformungsverhalten von entscheidender Bedeutung ist die Frage, ob mechanisches "Hoch-" oder "Tieftemperaturverhalten"[13] vorliegt. Bei mittlerer Temperatur und/oder niedriger Verformungsgeschwindigkeit ($T > T_\circ$)

[13]Das Hochtemperaturverhalten sollte zur besseren Abgrenzung gegenüber dem Verformungsverhalten, das für hohe Temperaturen charakteristisch ist, eher als *Mitteltemperaturverhalten* bezeichnet werden.

führt die zunehmende Beweglichkeit der Schraubenversetzungen dazu, daß sich krz und kfz Metalle bei zyklischer und monotoner Verformung sehr ähnlich verhalten. Die leichte Quergleitfähigkeit der Schraubenversetzungen ermöglicht die Ausbildung welliger Strukturen. Bereits durch kleine Mengen von Verunreinigungen, insbesondere an interstitiell gelösten Atomen (z.B. C, N), wird dieses Verhalten deutlich verstärkt.

Bei den für Wechselverformungsversuche üblichen Dehngeschwindigkeiten (typischer Wert: $\dot{\epsilon}_{pl} \approx 10^{-2}s^{-1}$) liegt T_o für reine krz Metalle über der Raumtemperatur. Damit wird deren Raumtemperaturverformungsverhalten durch die Tieftemperaturverformungseigenschaften bestimmt, was bei kleinen plastischen Dehnungsamplituden zur quasi-reversiblen Hin- und Hergleitung von Stufenversetzungssegmenten und bei mittleren und höheren Werten von $\Delta\epsilon_{pl}/2$ zur frühen Vielfachgleitung und Zellbildung führt (Näheres in [229]).

Unterschiede in den Gleiteigenschaften bei Zug- und Druckverformung bewirken im Tieftemperaturbereich krz Metalle eine *Asymmetrie* der Gleitung [229, 230]. Diese ist eine Folge der Struktur des Kerns von Schraubenversetzungen, welche dazu führt, daß die Abgleitung in Zug und Druck auf unterschiedlichen Gleitebenen erfolgt. Bei Einkristallen resultiert daraus eine deutliche Gestaltsänderung des Probenquerschnitts (z.B. von rund nach elliptisch); in Vielkristallen kann dieses Phänomen Auslöser interkristalliner Risse sein.

Kapitel 6

Die mikrostrukturelle Basis der Vielkomponentenmodelle

Das Kapitel 5 zeigt, daß bei der Wechselverformung von Metallen und Legierungen eine heterogene Versetzungsanordnung entsteht. In Versetzungsbündeln, -adern oder -wänden ist die Versetzungsdichte sehr groß; zwischen diesen Strukturen liegen Bereiche niedriger Versetzungsdichte vor. Bis vor einigen Jahren wurden die Verbundmodelle (oder Mehrkomponentenmodelle) nahezu ausschließlich dazu benutzt, entweder das Verhalten von Werkstoffen, die aus unterschiedlichen Gefügebestandteilen aufgebaut sind oder unterschiedlichen thermomechanischen Beanspruchungen unterliegen (→Eigenspannungen 1. Art, z.B. [107]), zu beschreiben, oder aber (ohne metallphysikalische Grundlage) auf rein formaler Basis das Spannungs-Dehnungs-Verhalten zu berechnen (z.B. [134, 117, 31]). Mughrabi [172, 169, 231, 232] konnte, ausgehend von der experimentellen Beobachtung von Eigenspannungen in einphasigen Kupfereinkristallen, das makroskopische Verformungsverhalten mit Hilfe eines auf zwei Komponenten beruhenden Verbundmodells erklären. Damit erhalten die in Kapitel 4 beschriebenen und mathematisch behandelten Vielkörpermodelle eine physikalische Grundlage. Unterschiedliche Streckgrenzen können Bereichen unterschiedlicher Versetzungsdichte zugeordnet werden. Die statistische Betrachtungsweise, die auf den Zusammenhang von Hysteresekurve und Streckgrenzenverteilungsfunktion führt (4.16 und 4.28), stellt somit eine mathematische Erweiterung des Mughrabischen Verbundmodells[1] dar.

Bevor in Abschnitten 6.2 und 6.3 die mikrostrukturelle Basis des Verbundgedankens für einphasige Metalle und Legierungen anhand einfacher Beispiele für Versetzungsstrukturen, wie sie bei Einfach- (Abschnitt 6.2) und Vielfachgleitung (Abschnitt 6.3) entstehen, behandelt wird, soll im folgenden Abschnitt der Einfluß der Kornorientierung — als die von Masing ursprünglich für die Streckgrenzenverteilung verantwortlich gemachte Größe — abgeschätzt werden. In Abschnitt 6.4 werden die aus den mikrostrukturell orientierten Betrachtungen resultierenden Konsequenzen diskutiert. Es steht dabei zum einen die Frage

[1] Ein ähnliches Modell wurde von Pedersen et al. [233, 234] vorgestellt.

im Vordergrund, ob die Anwendbarkeit der Vielkomponentenmodelle mit dem Gleitcharakter des betrachteten Werkstoffes verknüpft ist. Zum anderen wird gezeigt, in welchen Bereichen der Hysteresekurve die Ermittlung der Streckgrenzenverteilungsfunktion mit (4.16 und 4.28) aufgrund der mikroskopischen Verformungsmechanismen sinnvoll bzw. unsinnig ist. Als erster Prüfstein für die mit dem Masing-Modell verbundene Auswertemethodik werden in Abschnitt 6.5 die Hysteresekurven von Kupfereinkristallen in Streckgrenzenverteilungsfunktionen "umgerechnet" und diese den mikrostrukturellen Beobachtungen gegenübergestellt.

6.1 Fließspannung und Kornorientierung

Masing [111, 112] führt die in seinem Modell postulierten, unterschiedlichen Streckgrenzen primär auf die verschiedenen Orientierungen der Körner des Vielkristalles zurück:

"Im Gefüge eines vielkristallinen Metalls haben nun verschiedene Kristallite, teils infolge abweichender Orientierung, teils infolge der verschiedenen bereits aufgenommenen Beträge der Kaltreckung, verschiedene Streckgrenzen, so daß die Voraussetzungen des oben betrachteten Modells als erfüllt gelten können." (aus [112])

Die plastische Verformung führt aufgrund dieser Überlegung zu Eigenspannungen 2. Art. Masing erkannte aber bereits ein Jahrzehnt bevor der Begriff "Versetzung" geprägt wurde mit intuitivem Weitblick, daß eine "dritte Art von Spannungen in kaltgereckten Metallen" anzunehmen ist, "die als Begleiterscheinung der mikroskopischen Verknüllung des Kristallgefüges bei der Kaltreckung in mikroskopischen Bereichen auftreten müssen", und daß "zwischen den verschiedenen Arten von Spannungen kontinuierliche Übergänge bestehen".

Anhand der Ergebnisse einiger einfacher Berechnungen soll im Folgenden gezeigt werden, daß die Orientierungsunterschiede der Kristallite in einem Vielkristall nur zu einer relativ schmalen Verteilung der Streckgrenzen führen und damit nicht die Hauptursache für das heterogene Verformungsverhalten sein können.

Dazu wird in einem Gedankenexperiment ein Kristall mit kfz Struktur in den Mittelpunkt einer Kugel gebracht. Er spanne dort ein Koordinatensystem x, y, z entsprechend der kristallographischen Richtungen [100], [010] und [001] auf. Der Vektor, der vom Kugelmittelpunkt zu einem beliebigen Punkt auf der Kugeloberfläche zeigt, repräsentiere die Richtung einer Normalspannung, mit der der Kristallit beansprucht wird. Für jedes der in der kfz Struktur möglichen Gleitsysteme von Typ $\{111\}\langle 110\rangle$ kann nun mit Hilfe der Komponenten des Spannungsvektors der Schmidfaktor S errechnet werden, der die in der Gleitebene in Gleitrichtung wirksame Schubspannung τ mit der Normalspannung σ über

$$\tau = S\sigma \tag{6.1}$$

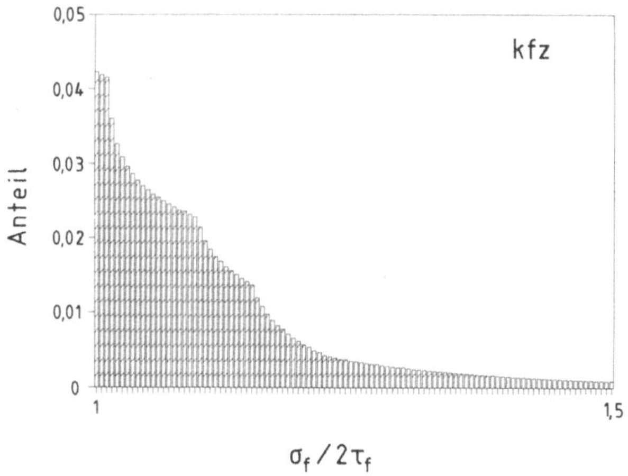

Abb. 6.1: Verteilung der Fließspannung bei statistischer Kornorientierung in der kfz Struktur

verknüpft. Eine Abgleitung erfolgt in dem Gleitsystem mit maximalem S (S_{max}). Geht man weiterhin davon aus, daß eine plastische Verformung nur dann einsetzt, wenn eine vom Gleitsystem unabhängige Fließ(schub)spannung τ_f überschritten wird, so ist jeder Spannungsrichtung eine Streckgrenze $\sigma_f = \tau_f / S_{max}$ zuzuordnen.

Eine Verteilung von σ_f ergibt sich dann, wenn die Spannungsrichtung variiert wird. Die Verhältnisse in einem (texturfreien) Vielkristall werden durch eine statistische Behandlung wiedergegeben, wozu die Lage des Punktes auf der Kugeloberfläche über einen Zufallsgenerator vorgegeben wird oder die Oberfläche in äquidistanten Schritten abgefahren wird (beide Verfahren führen auf gleiche Ergebnisse).

In Abb. 6.1 ist das Ergebnis einer solchen Berechnung dargestellt. Aufgetragen wurde der Anteil der Orientierungen mit einer normierten Fließspannung zwischen $\sigma_f/2\tau_f$ und $\sigma_f/2\tau_f + 0,005$ gegen $\sigma_f/2\tau_f$. Für die Darstellung wurden $2,6 \cdot 10^6$ Punkte auf der Kugeloberfläche vorgegeben (d.h. $2,6 \cdot 10^6$ Kristallorientierungen). Der Minimalwert für $\sigma_f/2\tau_f$ ist 1, entsprechend einem maximalen Schmidfaktor von 0,5. Die Verteilung fällt zu höheren Werten rasch ab, was aufgrund der Auswahl unter 12 Gleitsystemen nicht verwundert. Da diese einfache Abschätzung von reiner Einfachgleitung ausgeht, ist der mittlere Orientierungsfaktor (siehe Abschnitt 5.2.2) der Sachsfaktor 2,24.

Eine Berechnung für die krz Struktur führt auf das gleiche Ergebnis, wenn man Gleitsysteme vom Typ $\{110\}\langle 111\rangle$ zugrundelegt (Abb. 6.1 gilt somit auch bei krz Struktur). Dies ist leicht zu verstehen, da der Schmidfaktor als Produkt der Richtungscosini der Winkel zwischen Gleitebenennormale und Spannungsachse und zwischen Gleitrichtung und Spannungsachse berechnet wird. Bei gleicher Lage der Spannungsrichtung tauschen die beiden Winkel beim Übergang von kfz in krz Struktur nur ihre Bedeutung.

Neben den Gleitebenen vom Typ $\{110\}\langle 111\rangle$ können aber in der krz Gitterstruktur weitere Gleitsysteme betätigt werden (die z.B. zur Asymmetrie der

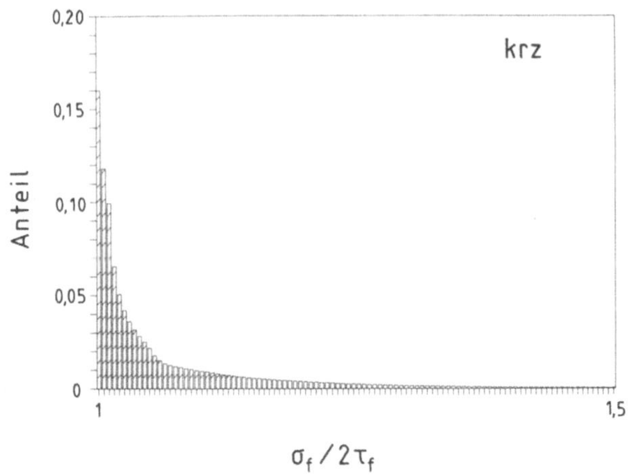

Abb. 6.2: Verteilung der Fließspannung bei statistischer Kornorientierung in der krz Struktur

Gleitung, vgl. Abschnitt 5.4, führen können). Das Ergebnis einer Berechnung unter zusätzlicher Berücksichtigung weiterer 12 Gleitsysteme vom Typ $\{211\}\langle 111\rangle$ und weiterer 24 vom Typ $\{321\}\langle 111\rangle$ (unter der Annahme gleicher τ_f-Werte) zeigt Abb. 6.2. Der Abfall der Verteilung ist aufgrund der vierfach höheren Anzahl der Gleitsysteme deutlich steiler. Die Intervallbreite bezüglich des $\sigma_f/2\tau_f$-Wertes beträgt wie in Abb. 6.1 0,005, die Anzahl der berechneten Orientierungen $2,6 \cdot 10^6$.

Zusammenfassend zeigt das Ergebnis dieser überschlägigen Berechnung, daß die unterschiedlichen Orientierungen der Körner in einem Vielkristall allein nicht ausreicht, um die aus der Hysteresekurve ermittelte breite Verteilung der Streckgrenzen (siehe auch Abschnitt 6.5) zu erklären. Auch die hier nicht berücksichtigte Forderung nach Kompatibilität der Verformung im Kornverbund sollte an dieser Aussage im Grundsatz nichts ändern.

Neuere Untersuchungen zur plastischen Verformung von Oberflächenkörnern bei zyklischer Belastung [235, 236, 237] verdeutlichen, daß sich nicht nur die einzelnen Körner unterschiedlich verhalten, sondern daß auch innerhalb der Körner lokal unterschiedliche Ausmaße des Verformungsprozesses vorliegen. Die Zuordnung der Fließgrenzen der Vielkörpermodelle sollte somit auf Bereiche erfolgen, die in ihrer Dimension kleiner als die üblichen Korngrößen sind.

6.2 Das persistente Gleitband als Parallelschaltung

An der geometrisch relativ einfachen Versetzungsanordnung in einem persistenten Gleitband konnte die Existenz weitreichender innerer Spannungen direkt ex-

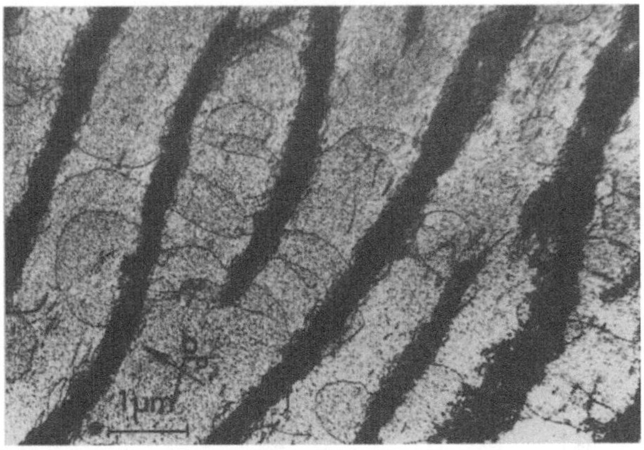

Abb. 6.3: TEM-Aufnahme der Wandstruktur von PGB im belasteten Zustand, Schnitt parallel zur Gleitebene; nach Mughrabi et al. [163]

perimentell nachgewiesen und auf den Verbundcharakter der PGB, aufgebaut aus versetzungsreichen Wänden und relativ versetzungsarmen Zwischenräumen (im Folgenden Kanäle genannt), zurückgeführt werden (ausführliche Darstellungen in [172, 169, 231, 238, 239]). Wie in Abschnitt 5.2.1 erläutert, sind PGB typische Versetzungsstrukturen für den Plateaubereich (Bereich B) der zyklischen Spannungs-Dehnungskurve von kfz Einkristallen mit welligem Gleitcharakter. Sie treten aber auch in Vielkristallen und nicht kfz Gittern auf und sind insbesondere aufgrund ihrer Wirkung als Rißinitiator von wichtiger Bedeutung.

Die Anordnungen der Versetzungen in einem PGB ist schematisch in Abb. 5.8 dargestellt. Die stationäre zyklische Verformung ist durch eine lokale plastische Abgleitamplitude von ca. 1% gekennzeichnet, die bei einer Schubspannungsamplitude von ca. 28 MPa (für Kupfer) auftritt und im Bereich B unabhängig vom aufgezwungenen Wert für γ_{ap} des gesamten Einkristalles ist. Die plastische Verformung wird dadurch erzielt, daß Stufenversetzungssegmente aus den Wänden herausgedrückt werden und elliptische Versetzungsringe bilden. Diese vergrößern sich bis zur gegenüberliegenden Wand, wo das Stufenversetzungssegment an- bzw. eingebaut wird. Auf diese Art entstehen jeweils zwei Schraubenversetzungen, die den Kanal zwischen benachbarten Wänden überspannen. Das Auseinanderlaufen der Schraubenversetzungen unter Ausziehung einer Stufenversetzung bewirkt eine plastische Verformung. Da im quasi-stationären Zustand keine Veränderung der Versetzungsdichte auftritt, finden simultan Annihilationsprozesse statt, z.B. durch das gegenseitige Einfangen von Schraubenversetzungen umgekehrten Vorzeichens mit Hilfe eines Quergleitvorganges. In den Wänden muß aufgrund der hohen Scheramplitude ebenfalls eine plastische Verformung stattfinden. Die Reaktion der Stufenversetzungen der Wände mit den neu gebildeten Stufenversetzungssegmenten [170] ermöglicht hier die Aufrechterhaltung einer konstanten Versetzungsdichte.

Durch eine Bestrahlung mit schnellen Neutronen bei niedriger Temperatur

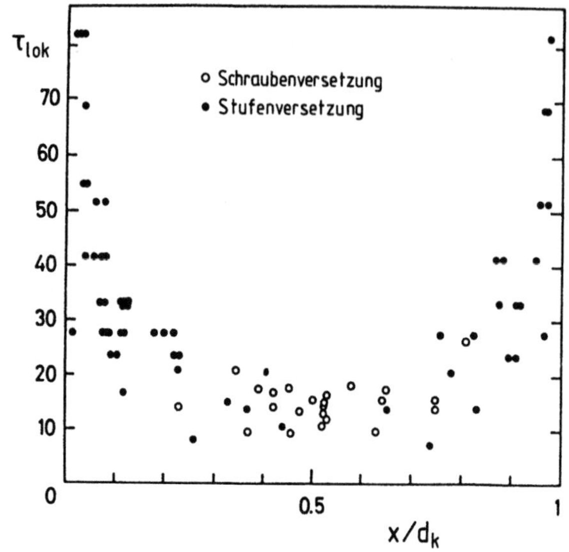

Abb. 6.4: Verteilung der lokalen Schubspannung τ_{lok} im Kanal zwischen den PGB-Wänden; nach Mughrabi [169]

(4 K) kann die Versetzungsanordnung des belasteten Zustandes "konserviert" werden [129, 163]. In Abb. 6.3 ist eine TEM-Aufnahme einer Folie, die parallel zur Gleitebene orientiert ist, dargestellt. Die Wände der PGB erstrecken sich senkrecht zur Papierebene und erscheinen als dunkle Bänder im Bild. Man erkennt den Vorgang des Auswölbens von Versetzungen aus den Wänden. Die Krümmung der freien Versetzungssegmente zwischen den Wänden kann als Sonde für die lokal vorliegende Spannung benutzt werden, da der Krümmungsradius r mit der athermischen Schubspannung τ_{lok} über die Linienspannung der Versetzung T verknüpft ist.

$$\tau_{lok} = \frac{T}{br} \tag{6.2}$$

Bereits eine oberflächliche Betrachtung von Abb. 6.3 zeigt, daß die Versetzungslinien in den Randbereichen der Kanäle wesentlich stärker gekrümmt sind als in der Mitte. Eine quantitative Auswertung der Krümmungsradien unter Benutzung experimenteller Werte für die Linienenergie $T_{\perp} = 1\ nN$ der Stufen- und $T_{\odot} = 2,5\ nN$ der Schraubenversetzungen führt auf die in Abb. 6.4 dargestellte Verteilung.

Die Ortskoordinate x steht für die Lage des ausgewerteten Segmentes im Kanal zwischen zwei PGB-Wänden. Da der Abstand der Wände ungleichmäßig ist, wurde x auf die Kanalbreite d_K bezogen. Ähnliche Spannungsverläufe an Nickeleinkristallen werden in [240] mitgeteilt.

Abbildung 6.4 verdeutlicht in sehr eindrucksvoller Weise, daß die plastische Verformung bei lokal sehr unterschiedlichen Spannungen erfolgt. Dies ist insofern verständlich, als die Versetzungsdichten von Kanälen und Wänden um mehr als zwei Zehnerpotenzen verschieden sind (Wand: $\rho \approx 5 \cdot 10^{15}\ m^{-2}$, Kanal: $\rho \approx 1 - 2 \cdot 10^{13}\ m^{-2}$, z.B. [129]).

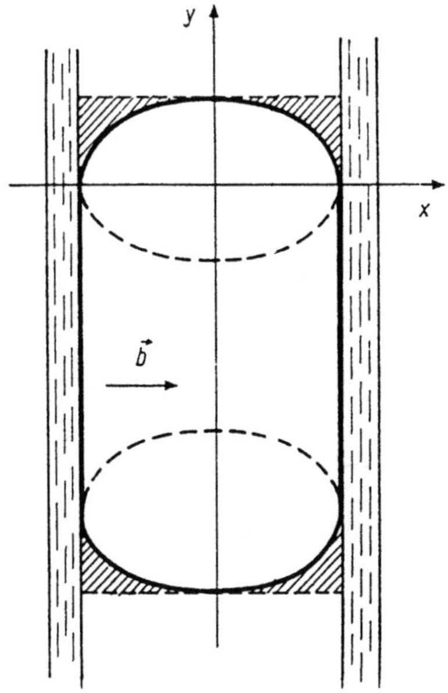

Abb. 6.5: Schematische Darstellung der Geometrie eines sich ausdehnenden Versetzungsringes in einem Kanal; nach Mughrabi [238]

Zunächst überraschend ist die Tatsache, daß die Fließspannung nicht sprunghaft von einem konstanten (nicht direkt meßbaren) Wert in den Wänden auf einen ebenfalls konstanten Wert im Kanal abfällt. Eine verfeinerte Betrachtung des Spannungsprofiles wird in [238] durchgeführt:

Abbildung 6.5 zeigt schematisch die Form eines Versetzungsringes, der sich im Kanal zwischen zwei PGB-Wänden ausbreitet (durch Auseinanderlaufen der Schraubensegmente). Die zwischen den Wänden aufgespannten Versetzungslinien besitzen in erster Näherung elliptische Gestalt. Dies hat zur Folge, daß die Abgleitung im Kanal eine Funktion der Ortskoordinate x (siehe Abb. 6.5) ist: Im gestrichelten Bereich von Abb. 6.5 hat noch keine Abgleitung stattgefunden. Da die Gesamtverformung im Mittel aber konstant, also unabhängig von x sein muß, um die Erfordernisse der Kompatibilität zu erfüllen, muß die fehlende plastische Verformung in den Randbereichen durch eine elastische Verzerrung kompensiert werden. Man kann, ohne auf die quantitative Behandlung einzugehen, aus Abb. 6.5 an der Ausdehnung des schraffierten Bereiches in Abhängigkeit von x sofort erkennen, daß dazu eine in Richtung Wand zunehmende Schubspannung erforderlich ist. Die in [238] unter vereinfachenden Annahmen durchgeführte Berechnung liefert in sehr guter Näherung das experimentell ermittelte Spannungsprofil. Die gleitende Versetzung stellt somit selbst die bewegliche Quelle einer zusätzlichen, ortsabhängigen inneren Spannung dar, die sich formal der Fließspannung des Kanales für $x = 0$ additiv überlagert.

Bei einer Behandlung des PGB als Zweikomponentenverbund bestehend aus Kanälen und Wänden kann der exakte Schubspannungsverlauf in den Kanälen

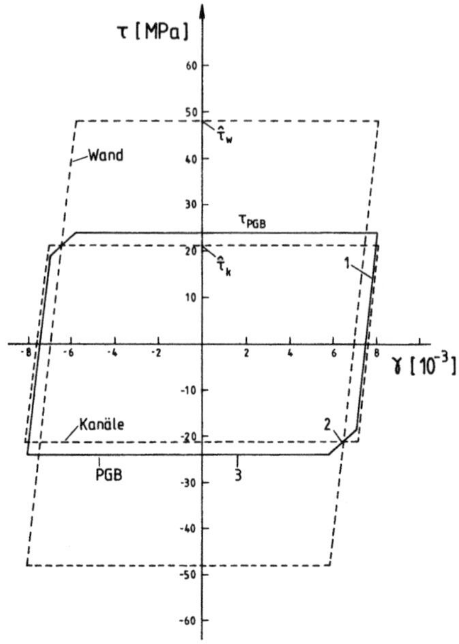

Abb. 6.6: Die Schubspannungs-Abgleitungs-Hysteresekurve des PGB, ermittelt durch Anwendung des Masing-Modells mit den beiden Komponenten Wand und Kanal

(Abb. 6.4) durch eine gemittelte (konstante) Spannung[2] von $\hat{\tau}_K \approx 21,3$ MPa ersetzt werden. Die Wände und Kanäle müssen sich bei der Beanspruchung kompatibel verformen und erfahren deshalb zu jedem Zeitpunkt identische Scherungen. Die geometrische Anordnung der beiden Bestandteile der PGB entspricht somit in idealer Weise einer Parallelschaltung[3]. Für die athermische Schubspannungsamplitude τ_{PGB} des Verbundes PGB von ca. 24 MPa [169] muß gelten

$$\tau_{PGB} = f_W \hat{\tau}_W + f_K \hat{\tau}_K \tag{6.3}$$

f_W und f_K sind die Flächen- (und Volumen)bruchteile von Wänden und Kanälen in den PGB, $\hat{\tau}_W$ ist die mittlere (athermische) Fließspannung in den Wänden. Mit $f_W \approx 0,1$ und $f_K \approx 0,9$ berechnet sich $\hat{\tau}_W$ zu 48,1 MPa.

Auf der Basis dieser Zahlenwerte wird in Abb. 6.6 die Hysteresekurve des PGB aus den Schubspannungs-Abgleitungskurven von Kanälen und Wänden abgeleitet. Das Spannungs-Dehnungs-Verhalten dieser Komponenten wird entsprechend dem Masing-Modell als ideal elastisch-plastisch vorausgesetzt. Für die Amplitude der plastischen Scherung wird der Endwert des Plateaubereiches $\gamma_{ap} \approx 7,5 \cdot 10^{-3}$ benutzt. Man erkennt die relativ eckige Form der Hysteresekurve des PGB, was den experimentellen Beobachtungen, die sich auch in einem großen Wert von V_H in der zyklischen Sättigung (vgl. Abschnitt 3.1.1, Abb. 3.2)

[2]Es werden ausschließlich athermische Fließspannungsanteile berücksichtigt. Nach [169] sind für die thermischen Anteile in Wand und Kanal $\tau_W^* \approx 10$ MPa bzw. $\tau_K^* \approx 4$ MPa anzunehmen.

[3]Es mag im ersten Moment etwas verwirrend erscheinen, daß hintereinander angeordnete Bereiche parallel belastet werden. Dies ist eine Folge der hier vorliegenden Scherbeanspruchung.

widerspiegeln, entspricht. Aufgrund der bereits in Abschnitt 4.1.2 dargelegten, ausführlichen Darstellung des Masing-Modells mit zwei Komponenten kann auf eine detaillierte Diskussion verzichtet werden.

Im Bereich 1 erfolgt eine rein elastische Entlastung von Kanälen und Wänden. Diese führt bei $\tau = 0$ auf eine positive Spannung in den Wänden (Vorwärtsspannung) und eine negative Spannung in den Kanälen. Bei Wiederbelastung in Zugrichtung unterstützt die Vorwärtsspannung die angelegte Spannung, so daß in den Wänden plastische Verformungsmechanismen ermöglicht werden, die aufgrund der makroskopischen Spannung allein nicht möglich sind (Näheres über die für die Höhe der Fließspannungen in den Kanälen und Wänden verantwortlichen Versetzungswechselwirkungen in [169]). Da $2\hat{\tau}_K > \tau_{PGB}$ ist, setzt die plastische Rückverformung erst nach Vorzeichenumkehr der Schubspannung ein. Im lastfreien Zustand sollte der Verlauf der lokalen Schubspannungen in den Kanälen somit bis auf eine Parallelverschiebung, die der Entlastungshöhe entspricht, mit der entsprechenden Kurve des belasteten Zustandes übereinstimmen. Dies wird durch die Auswertung von Versetzungslinienkrümmungen an ohne Last neutronenbestrahlten Proben bestätigt [238].

Im Bereich 2 (Abb. 6.6) verformt sich das Gleitband heterogen (Mikroplastizität). Während sich die Wände noch elastisch verhalten, findet in den Kanälen bereits eine plastische Deformation statt. Erst im Bereich 3 (Makroplastizität) erfolgt eine Zunahme plastischer Scherung in gleicher Weise in beiden Komponenten. Im Bereich B der zyklischen Spannungs-Dehnungskurve von Einkristallen liegen die PGB eingebettet in der Matrixstruktur vor. Aufgrund der geometrischen Anordnung (Die PGB laufen im Idealfall von Oberfläche zu Oberfläche im Winkel von ca. 45° quer durch den gesamten Einkristall.) handelt es sich um eine Serienschaltung von PGB und Matrix. Da letztere sich aber nur etwa mit 1% der plastischen Scheramplitude des PGB verformt, ist ihr Einfluß auf die Hysteresenform bei nicht zu kleinen Werten von γ_{ap} gering [169].

6.3 Weitreichende innere Spannungen bei Vielfachgleitung

Die Anordnung der Versetzungen in einem PGB ist geometrisch so regelmäßig, daß es quasi als "reales Modell" fungieren kann und damit eine genaue Analyse der Eigenschaften heterogener Versetzungsstrukturen erlaubt. PGB bilden sich unter Bedingungen, bei denen Einfachgleitung vorherrscht. Vielkristalline Metalle und Legierungen unter Wechselbeanspruchung zeigen aber bereits bei kleiner Amplitude der plastischen Dehnung Vielfachgleitung (siehe Abschnitt 5.2.2), was sich meist in der Entstehung von Zellstrukturen äußert. Damit liegt die Frage nahe, inwieweit die im letzten Abschnitt dargestellten Ergebnisse unter Bedingungen der Vielfachgleitung ihre Gültigkeit behalten.

Röntgenographische Untersuchungen an [001]-orientierten Kupfereinkristallen [232] und Kupfervielkristallen [241], die bei Raumtemperatur *zug*verformt worden waren, zeigen, daß auch in Versetzungszellstrukturen weitreichende innere Spannungen existieren, die mit dem Verbundmodell in einleuchtender Art und Weise erklärt werden können. Vergleichbare Messungen an zyklisch verformten und an verschiedenen Punkten der Hysteresekurve entlasteten Metallen (vgl. Abschnitt 4.4.2) sind geplant [242], Ergebnisse liegen noch nicht vor. Aufgrund der engen Verwandtschaft des Verformungsverhaltens bei monotoner und zyklischer Belastung sollten die Erkenntnisse aus den Untersuchungen nach einsinniger Beanspruchung aber ohne wesentliche Einschränkungen auf die Wechselverformung übertragbar sein.

Mit Hilfe eines Zweikristalldiffraktometers kann das Röntgenlinienprofil $I(\theta)$ des {200}-Bragg-Reflexes eines zugverformten Kupfereinkristalles (im lastfreien Zustand) ermittelt werden [232]. Dabei zeigt sich nicht nur eine Verbreiterung des Intensitätsprofiles mit der Schubspannung bis zu der der Einkristall gezogen worden war, die im wesentlichen auf die Zunahme der Versetzungsdichte zurückgeführt werden kann. Darüber hinaus wird eine Asymmetrie des Intensitätsverlaufes und eine Verschiebung des Maximums beobachtet. Die Asymmetrie wird entscheidend davon beeinflußt, ob die {100}-Netzebenen senkrecht oder parallel zur Zugrichtung zur Reflexion gebracht werden (ersteres entspricht einer Untersuchung der Probenoberfläche senkrecht zur Proben-/Zugachse, letzteres einer Untersuchung der Seitenfläche).

Da sich im TEM eine in Zugrichtung gelängte Versetzungszellstruktur zeigt, liegt es nahe, die asymmetrischen Röntgenlinienprofile in zwei symmetrische Teilprofile zu zerlegen. Das Verhältnis der integralen Intensitäten dieser Teilprofile entspricht in guter Näherung den Volumenanteilen von Versetzungswänden und vom Zellinneren, wie sie im TEM bestimmt werden können. Somit scheint es berechtigt, die Teilprofile den versetzungsreichen und versetzungsarmen Bereichen zuzuordnen. Die Mittelpunkte dieser Unterprofile sind gegenüber denen der unverformten Probe verschoben. Aus der Verschiebung kann die nach Entlastung in den Zellwänden und im Zellinneren verbleibende innere Spannung quantitativ ermittelt werden. Die Ergebnisse (ausführlichere Darstellungen in [232, 231, 239]) sind konsistent mit folgender Vorstellung zum Verformungsvorgang:

Abbildung 6.7 zeigt eine idealisierte Darstellung der in Zugrichtung gelängten Zellanordnung mit zwei sich schneidenden Gleitsystemen. Die Betrachtung erfolgt der Einfachheit halber zweidimensional; die beiden weiteren Gleitrichtungen sind nicht eingezeichnet[4]. Durch die Beanspruchung in Zugrichtung werden die parallel zur Spannungsachse ausgerichteten Wände und das Zellinnere verformt. Die Kompatibilität erzwingt eine Deformation gleichen Ausmaßes. Da das Zellinnere aufgrund der niedrigeren Versetzungsdichte "weicher" als die Zellwand ist, wird im Inneren bereits dann eine plastische Verformung stattfinden, wenn sich die Wände noch elastisch verhalten. Diese Abgleitung führt dazu, daß sich Versetzungen in der Grenzfläche Wand/Zellinneres anlagern. Formal können diese

[4]Eine Erweiterung auf das Dreidimensionale findet sich in [243].

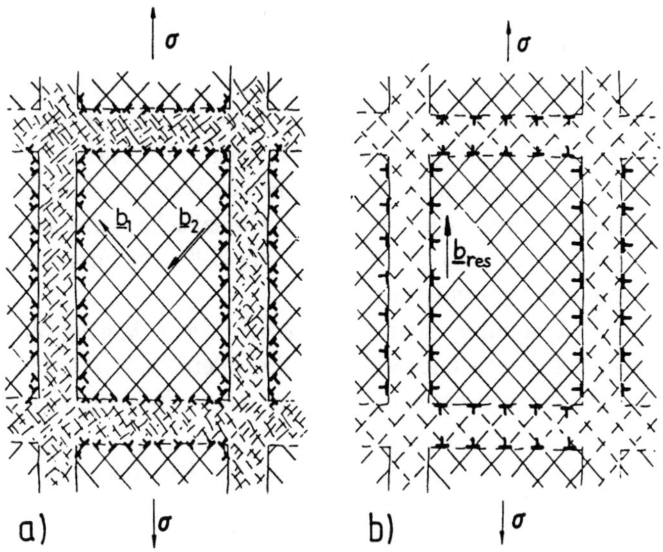

Abb. 6.7: Schematische Darstellung zur Vielfachgleitung in einer Versetzungszellstruktur; nach Mughrabi et al. [232]

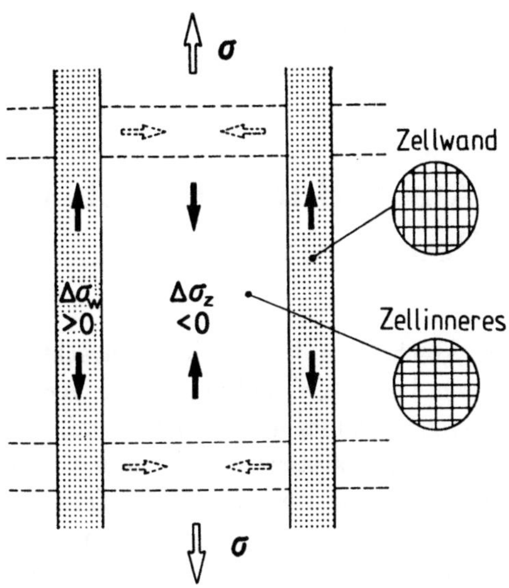

Abb. 6.8: Innere Spannungen in Zellwänden und im Zellinneren nach Entlastung aus dem Zug; nach Mughrabi et al. [232]

Grenzflächenversetzungen mit den Burgersvektoren $\boldsymbol{b}_1$ und $\boldsymbol{b}_2$ durch Versetzungen mit dem resultierenden Burgersvektor $\boldsymbol{b}_{res}$ ersetzt werden. In den Zellwänden wird die angelegte Spannung durch die Grenzflächenversetzungen verstärkt, im Zellinneren herabgesetzt. Dies führt bei weiterer Zugverformung letztlich dazu, daß die lokale Fließspannung der Wände erreicht wird und ab dieser Dehnung die Zunahme der plastischen Verformung in der Wand und im Zellinneren mit gleichem Ausmaß erfolgt. Die Anzahl der Grenzflächenversetzungen bleibt im Bereich der Makroplastizität konstant, da die Zellwand für zusätzliche Versetzungen "transparent" geworden ist.

Diese Modellvorstellung entspricht wiederum dem Masing-Modell mit zwei Komponenten (Zellinneres und -wand), wobei allerdings die Annahme ideal elastisch-plastischen Elementverhaltens bei der Zugverformung eine starke Idealisierung darstellt.

Die Röntgenlinienprofile geben die Spannungssituation nach der Entlastung wieder (Abb. 6.8). Die Wegnahme der Zugspannung führt in den weichen Bereichen (Zellinneres) zu elastischen Druckspannungen, in den harten Bereichen (Zellwände) zu (kompensierenden) Zugspannungen. Die Verzerrungen, die für die Verschiebung der Maxima der Teilprofile verantwortlich sind, können anschaulich auf die Grenzflächenversetzungen zurückgeführt werden. Diese führen zu zusätzlichen Gitterebenen im Inneren der Zellen, was dort eine Kompression bewirkt, während die Wände dilatiert werden. Die Netzebenen parallel zur Zugachse erfahren eine elastische Verzerrung, die im wesentlichen auf die Querkontraktion zurückzuführen ist.

6.4 Zum Anwendungsbereich von Vielkörpermodellen

Die in den letzten Abschnitten dargestellten Betrachtungen und experimentellen Ergebnisse weisen darauf hin, daß heterogene Versetzungsanordnungen mit weitreichenden inneren Spannungen verbunden sind. Die Ursache dieser Spannungen ist nicht in einem "klassischen" Aufstau von Versetzungen an einem Hindernis (pile-up) zu suchen, worauf sich beispielsweise die bekannten Theorien der Bereich II-Verfestigung bei Einfachgleitung stützen. Eigenspannungen entstehen vielmehr, in Anlehnung an die Betrachtungsweise von Masing, durch die lokal unterschiedlichen Fließspannungen, die zu unterschiedlichen plastischen Verformungen führen. Diese (plastischen) Verformungsinkompatibilitäten sind die Ursache für elastische Verzerrungen nach Entlastung. Die Größe der lokalen Fließspannung wird durch den die plastische Verformung bestimmenden Abgleitmechanismus festgelegt. Für eine einfache Abschätzung kann angenommen werden, daß nach Hirsch [244] und Saada [245] die (athermische) Fließspannung aus der elastischen Wechselwirkung sich schneidender Versetzungen im elastischen

Spannungsfeld aller anderen Versetzungen resultiert und über das bekannte $\sqrt{\rho}$-Gesetz (3.29) unter Benutzung der *lokalen* Versetzungsdichte abgeschätzt werden kann. Dies verdeutlicht unmittelbar den Zusammenhang von heterogener Versetzungsanordnung und Fließspannungsverteilung, auch wenn im Detail aufgrund anderer bestimmender Versetzungswechselwirkungsmechanismen das $\sqrt{\rho}$-Gesetz als Näherung betrachtet werden muß.

Damit wird die Frage des Maßstabes bei der Behandlung von Verformungsvorgängen aufgeworfen. Die Zuordnung von Fließspannungen zu Bereichen unterschiedlicher Versetzungsdichten stellt eine Betrachtung auf einer Ebene dar, die zwischen der mikroskopischen und der makroskopischen angesiedelt ist. Holste und Burmeister verwenden deshalb den Begriff halbmakroskopisch oder *mesoskopisch* [120]. Die statistische Theorie der Vielkörpermodelle ist somit eine kontinuummechanische Näherung im mesoskopischen Maßstabsbereich, d.h., die Elemente besitzen die Dimensionen der versetzungsreichen und -armen Bereiche (μm).

Die Verbundmodelle stellen nicht einfach eine zusätzliche formale Behandlungsart dar, die nur mit anderen Bezeichnungsweisen die gleichen Ergebnisse wie mikroskopische und makroskopische Betrachtungen liefert. Vielmehr sind sie als notwendige Zwischenebene zu verstehen, die benutzt werden muß, um aus dem Verhalten von Versetzungen und deren Wechselwirkungen durch vereinfachende, integrierende Betrachtungsweise auf das Verformungsverhalten des gesamten Körpers zu schließen. Der mesoskopische Maßstab dient quasi als Bindeglied zwischen mikroskopischen Vorgängen und makroskopischem Verhalten. Darüber hinaus kann er als Hilfsmittel bei der Klärung der die Verformung bestimmenden Versetzungsmechanismen dienen[5].

Die in Abschnitt 5.3 dargestellten Beobachtungen zur Versetzungsstruktur in Metallen und Legierungen mit planarem Gleitverhalten werfen die Frage auf, ob auch unter diesen Bedingungen eine Korrelation zwischen Versetzungsdichte und Fließspannung möglich ist, die den Verbundgedanken rechtfertigt. In Kapitel 11 wird dieser Frage anhand der Untersuchungen an α-Messing nachgegangen. Die in den einzelnen Körnern vorliegenden planaren Versetzungsanordnungen in lokalisierten Gleitebenen legen zunächst die Beschreibungsweise mit dem Serienschaltungsmodell (Abschnitt 4.2) nahe, was letztlich für das makroskopische Verhalten auf ähnliche Gesetzmäßigkeiten wie das Masing-Modell führt. Das weitgehende Fehlen sekundärer Versetzungen und die geometrische Anordnung in Form paralleler Versetzungssegmente lassen aber bereits vermuten, daß die geforderte "Speichermöglichkeit" für elastische Verzerrungsenergie gering ist. Die versetzungsarmen Bereiche zwischen den betätigten Gleitebenen werden nicht von Versetzungen aus den versetzungsreichen Gebieten durchlaufen und sind deshalb im Gegensatz zur bisherigen Betrachtungsweise als harte Bereiche einzustufen.

[5]So stellt sich z.B. die Beobachtung, daß die Versetzungssegmentlängen in den versetzungsreichen Bereichen ermüdeter Kupfereinkristalle [128, 129] zu kurz sind, um durch die angelegte Spannung über die kritische Position hinweg ausgewölbt zu werden, durch die Existenz von Vorwärtsspannungen in einem anderen Licht dar.

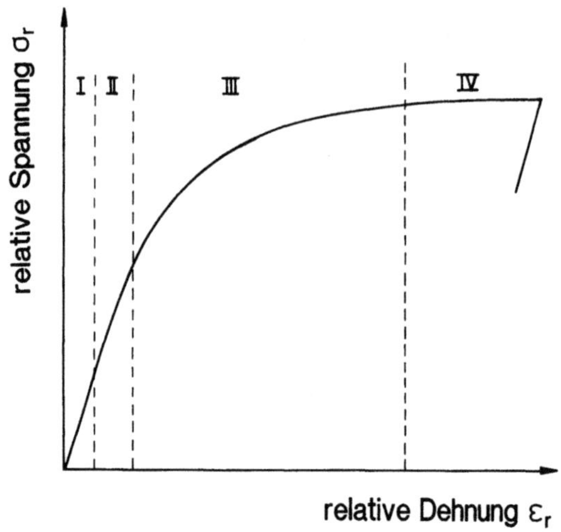

Abb. 6.9: Einteilung des Spannungs-Dehnungs-Verlaufes eines Astes einer Hysteresekurve in vier Bereiche (schematisch)

Eine entscheidende Voraussetzung für die erfolgreiche Anwendung des Serienschaltungsmodells (z.B. zur Berechnung des Spannungs-Dehnungs-Verhaltens) ist die Unabhängigkeit des Elementverformungsverhaltens. Diese geforderte Unabhängigkeit kann bei der Beschreibung der aktiven Gleitebenen eines planaren Werkstoffes als Komponenten der Serienschaltung nicht realisiert sein:
Die plastische Verformung müßte zunächst durch eine Abgleitung entlang der Gleitebene mit der geringsten Streckgrenze erfolgen, bis der allmähliche Spannungsanstieg die nächste Gleitebene aktiviert, ... Da die Gleitebenen bis zu den Korngrenzen der benachbarten Körner laufen, ist es wesentlich wahrscheinlicher, daß die Abgleitung gekoppelt in vielen Ebenen stattfindet, um grobe "Stufen" in der Korngrenze zu vermeiden.

All diese Überlegungen weisen in dieselbe Richtung, nämlich daß bei planarem Werkstoffverhalten die Behandlung des zyklischen Spannungs-Dehnungs-Verhaltens mit den vorgestellten Vielkörpermodellen zwar formal möglich ist, aber einer physikalischen Grundlage entbehrt.

Die Forderung nach Kompatibilität der Verformung (nicht nur auf der Ebene der Körner sondern auch im mesoskopischen Maßstab) verdeutlicht, daß von den beiden Idealfällen, Serien- und Parallelschaltung, der Parallelschaltung der Vorzug gebührt. Sicherlich liegt im realen Werkstoff immer eine Kombination aus beiden Anordnungsmöglichkeiten vor, die Natur beschreibt hier aber nicht den "goldenen Mittelweg", sondern zeigt aufgrund der Zwangsbedingungen ein Verhalten, daß näher an der Parallelschaltung liegt: Während die Spannung lokal variieren kann, sollte die Dehnung weitgehend ortsunabhängig sein. In Kapitel 15 wird darüber hinaus gezeigt, daß unter dem Gesichtspunkt der praktischen Handhabbarkeit das Masing-Modell deutliche Vorteile besitzt.

Abbildung 6.9 zeigt schematisch den aufsteigenden Ast einer Hysteresekurve in relativen Koordinaten. Der Spannungs-Dehnungs-Verlauf läßt sich in Anlehnung an [66, 246] in vier Bereiche einteilen, in denen sich die Verformungsvorgänge und damit die Berechtigung der Anwendung der statistischen Behandlungsweise auf der Basis mesoskopischer Bereiche unterscheiden. Es wird unterstellt, daß der Werkstoff in der zyklischen Sättigung vorliegt und eine heterogene Versetzungsanordnung gebildet hat.

Der Bereich I bleibt unter der Voraussetzung niedriger Temperatur der elastischen Verformung vorbehalten. Wie in Abschnitt 3.2.1 gezeigt, muß dies nicht notwendigerweise mit einem linearen Zusammenhang zwischen σ_r und ϵ_r verbunden sein. Die Ausdehnung des Bereiches I hängt von der Höhe der Reibungsspannung ab, die die Versetzung bei einer Bewegung überwinden muß. Solange die Entlastung (betragsmäßig) kleiner ist als die doppelte Reibungsspannung, ist keine Versetzungsumlagerung zu erwarten. Bereich I wird mit den Verbundmodellen (trivialerweise) erfaßt.

Sobald die Entlastung größer ist als der oben genannte Grenzwert, kann eine lokale Verschiebung der Versetzungen stattfinden. Ausgebauchte Versetzungen laufen zurück, die Polarisation von Versetzungsdipolen in den Wänden wird abgebaut. Die Höhe der mit diesen Verschiebungsvorgängen verbundenen plastischen Verformung hängt sehr wesentlich von der Versetzungsanordnung ab. Sie wird bei einer Zellstruktur gering sein ($\leq 5 \cdot 10^{-5}$ [67]), kann aber bei planarer Versetzungsanordnung mit Aufstauungen ein nicht mehr zu vernachlässigendes Ausmaß einnehmen. In den Vielkörpermodellen ist dieser Bereich II nicht berücksichtigt, da sich die Einzelelemente erst bei Überschreiten der lokalen Fließgrenze plastisch verformen. Es sei darauf hingewiesen, daß die Ausdehnung dieses Bereiches, in der eine Abweichung von der Modellvorstellung vorliegt, sehr stark von der Temperatur T bzw. der Dehngeschwindigkeit $\dot{\epsilon}_{pl}$ abhängt. Eine thermische Aktivierung wird durch großes T und/oder niedriges $\dot{\epsilon}_{pl}$ zu einer Vergrößerung des Bereiches II auf Kosten von I führen.

Der Bereich III kann als das Gebiet inhomogener plastischer Verformung betrachtet werden. Aufgrund der Unterschiede in der Streckgrenze werden weiche Bereiche plastisch deformiert, während sich harte Bereiche noch elastisch verformen. Da für eine Berechnung des Spannungs-Dehnungs-Verlaufes bei zyklischer Sättigung mit dem Masing-Modell eine innerhalb des Lastspieles konstante Streckgrenzenverteilung erforderlich ist, setzt dieses Vielkörpermodell implizit voraus, daß in den sich plastisch verformenden mesoskopischen Bereichen stationäre Verhältnisse vorliegen.

Bei großen plastischen Dehnungen (Bereich IV) erfolgt die Verformung nicht mehr lokalisiert sondern homogen im gesamten Körper. Die versetzungsreichen Bereiche stellen keine wirksamen Hindernisse mehr für eine Versetzungsbewegung dar, da die angelegte Spannung durch eine lokale Vorwärtsspannung unterstützt wird. Da zyklische Sättigung vorausgesetzt ist, findet in diesem Bereich keine Verfestigung statt, was auf die Bedeutung dynamischer Erholungsprozesse hinweist. Der Spannungs-Dehnungs-Verlauf ist nahezu horizontal. Eine Veränderung der lokalen Zuordnung der Streckgrenzen ist aufgrund der möglichen Bildung und Auflösung harter und weicher Bereiche durchaus denkbar. Die Streckgrenzenverteilungsfunktion bleibt davon aber unberührt, da sonst keine stationäre Hysteresekurve möglich wäre.

Die Bereiche I, III und IV lassen sich somit mit den mathematischen Beziehungen in Kapitel 4 zur Ermittlung der Verteilungsfunktionen $f_p(\sigma_{if})$ bzw. $f_s(\sigma_{if})$ auswerten. Im Bereich II sind Abweichungen zu erwarten.

6.5 Anwendung des Masing-Modells auf Kupfereinkristalle

Der letzte Abschnitt dieses Kapitels soll einer ersten Überprüfung der behandelten mikrostrukturellen Basis des Masing-Modells dienen. Was liegt näher, als dazu den in Kapitel 4 abgeleiteten Zusammenhang (4.16) zwischen der Streckgrenzenverteilungsfunktion und dem Spannungs-Dehnungs-Verlauf auf eine unter möglichst definierten Bedingungen ermittelte Hysteresekurve anzuwenden, für die die zugrundeliegende Versetzungsanordnung bekannt ist. Aus dem Vergleich des resultierenden Verlaufes von $f_p(\sigma_{if})$ mit der aufgrund der vorliegenden Versetzungsstruktur zu erwartenden Kurve kann zwar kein Beweis für die Richtigkeit der Annahmen erzielt werden, gänzlich falsche Voraussetzungen sollten aber erkennbar sein.

Ideale Bedingungen für eine solche Analyse bieten einkristalline Kupferproben, da deren zyklisches Verformungsverhalten bei einer Orientierung für Einfachgleitung sehr gut bekannt ist (siehe Abschnitt 5.2.1). Betrachtet man weiterhin eine plastische Scherdehnungsamplitude γ_{ap} von $7,5 \cdot 10^{-3}$ (Ende des Plateaubereichs B), so sollte dort in der Sättigung (vor der sekundären Verfestigung) eine Wandstruktur vorherrschen, die bevorzugt aus den Leitern der PGB gebildet wird.

In [76] wird die Versetzungsstruktur eines bei $\gamma_{ap} = 7,5 \cdot 10^{-3}$ wechselverformten Einkristalls (mit der Bezeichnung M22) behandelt. Durch zweifache Differentiation der zugehörigen Hysteresekurven[6] für verschiedene Zyklenzahlen können gemäß (4.16) die Streckgrenzenverteilungsfunktionen errechnet werden[7]. Abbildung 6.10 zeigt das Ergebnis dieser Behandlung.

Die Verteilungsfunktion ist bei geringer Zyklenzahl ($N = 25$) relativ eng mit einem ausgeprägten Maximum bei ca. 20 MPa. Mit zunehmender Zyklenzahl verschiebt sich das Maximum nach rechts, und die Verteilung wird breiter. Diese Veränderung von $f_p(\sigma_{if})$ ist im Einklang mit der Wechselverformungskurve, die nach einer starken anfänglichen Verfestigung in einen Sättigungszustand einmündet (nach Durchlaufen eines kleinen Maximums bei $N = 150$). Die Verteilungsfunktion für höhere Zyklenzahlen ($N \geq 210$) sind im Rahmen der Auswertege-

[6] Die in diesem Abschnitt ausgewerteten Hysteresekurven wurden freundlicherweise von Herrn Prof. Dr. H. Mughrabi zur Verfügung gestellt.

[7] Dazu wurden die Hysteresekurven digitalisiert und mit einem einfachen Rechenprogramm, welches die Kurve stückweise durch ein über eine lineare Regressionsrechnung angepaßtes Polynom beschreibt, ausgewertet.

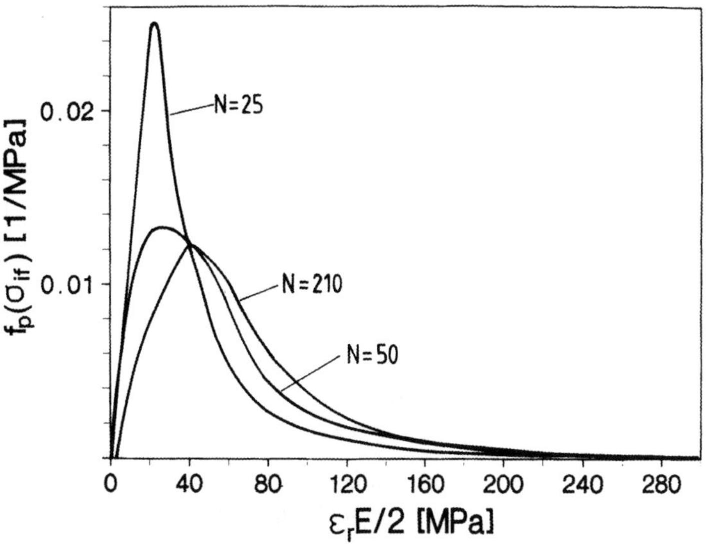

Abb. 6.10: Streckgrenzenverteilungsfunktionen für drei Zyklenzahlen, ermittelt an Hysteresekurven eines Kupfereinkristalles (M22 aus [76])

nauigkeit identisch, da sich die Hysteresekurve praktisch nicht mehr ändert. Die Verschiebung des Verteilungsschwerpunktes in Abb. 6.10 kann auf die Verfestigung zurückgeführt werden, für die Verbreiterung sollte die "Heterogenisierung" der Versetzungsanordnung verantwortlich sein.

Die Berechnung der Flächen unter den Kurven führt in recht guter Näherung auf den in (4.4) geforderten Wert von 1. Vergleicht man die Größe der Streckgrenzen mit den aufgrund der zugrundeliegenden Versetzungswechselwirkungen [169] zu erwartenden Werten, so ergibt sich auch in dieser Hinsicht keine Diskrepanz.

Die heterogene Versetzungsanordnung mit den Leitern der PGB als Wände und mit versetzungsarmen Kanälen läßt in der Verteilungsfunktion zwei Maxima erwarten. Die in [76] beschriebenen unregelmäßigen Wände (siehe auch Abb. 5 in [76]) zwischen den PGB-Strukturen, die starke Variation der Wandabstände in den PGB und der in Abb. 6.4 dargestellte kontinuierliche Fließspannungsverlauf in den Kanälen sind vermutlich der Grund, warum keine Bifurkation in zwei Teilverteilungen von $f_p(\sigma_{if})$ erkennbar ist.

In [239] konnte Mughrabi zeigen, daß sich bei einer manuellen Auswertung einer speziellen Hysteresekurve unter Anwendung einer einfachen, aus dem Masing-Modell abgeleiteten Beziehung ein Verlauf des sich plastisch verformenden Volumenanteils F_p gegen die Schubspannung ergibt, der die Beteiligung zweier unterschiedlich harter Bereiche (PGB-Wände und Kanäle) erkennen läßt. Die verwendete Hysteresekurve wurde mit Hilfe eines Einkristalles erzielt, der nicht bei konstanter Amplitude der plastischen Dehnung wechselverformt worden war, sondern dessen Beanspruchungsamplitude γ_{ap} stufenweise bis zu einem Zahlenwert von $7,5 \cdot 10^{-3}$ gesteigert worden war (Zahlenangaben zu den Beanspruchungsamplituden finden sich in [72]). Durch diese Art der Vorbeanspruchung wird

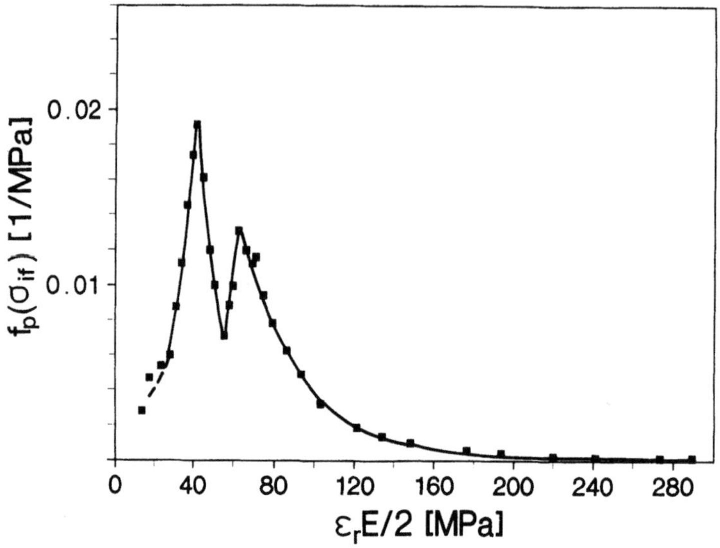

Abb. 6.11: Streckgrenzenverteilungsfunktion eines Kupfereinkristalles (Cu10 aus [72]) nach stufenweiser Erhöhung von γ_{ap} bis $7,5 \cdot 10^{-3}$

erreicht, daß sich die PGB allmählich und regelmäßig angeordnet bilden. Abbildung 6.11 zeigt das Ergebnis der Berechnung der Streckgrenzenverteilungsfunktion $f_p(\sigma_{if})$ mit Hilfe der Beziehung (4.16) für diese Probe. Die aufgrund der mechanischen Vorgeschichte vorliegende regelmäßige Wandstruktur scheint eine notwendige Voraussetzung für die Erkennbarkeit einer Aufspaltung in $f_p(\sigma_{if})$ in die den versetzungsreichen und -armen Bereichen zuzuordnenden Unterverteilungen zu sein[8]. Der leichte Buckel im Anfangsverlauf ist auf die in Abschnitt 6.4 beschriebene Problematik des Bereiches II des Hysteresenastes zurückzuführen.

Nachdem durch die Ausführungen in diesem Kapitel die Existenz einer mikrostrukturellen Grundlage für die Vielkörpermodelle aufgezeigt worden ist und weiterhin demonstriert werden konnte, daß die Anwendung der statistischen Betrachtungsweise nicht auf Ergebnisse führt, die unvereinbar mit den mikroskopischen Beobachtungen sind, muß die Frage behandelt werden, unter welchen Voraussetzungen die Berechnung des zyklischen Spannungs-Dehnungs-Verhaltens ausgehend von $f_p(\sigma_{if})$ bzw. $f_s(\sigma_{if})$ sinnvoll ist. Eine wesentliche Bedingung wird sicher sein, daß sich die Streckgrenzenverteilungsfunktion aufgrund der Beanspruchung nicht oder in nur sehr einfacher Weise ändert[9]. Dies führt unmittelbar auf die im nächsten Kapitel behandelte Problematik der Vorgeschichteabhängigkeit bei zyklischer Verformung.

[8]In [239] wird den Kanälen eine mittlere Fließschubspannung von 18 MPa zugeordnet, was mit der Lage des ersten Fließ(normal)spannungsmaximums in Abb. 6.11 bei ca. 40 MPa gut übereinstimmt. Der Wert von 109 MPa in [239] für die Wände übersteigt allerdings deutlich den Mittelwert der $f_p(\sigma_{if})$-Teilverteilung der harten Bereiche.

[9]Im anderen Fall müßte $f_p(\sigma_{if})$ bzw. $f_s(\sigma_{if})$ immer wieder neu ermittelt werden. Die Berechnung des Spannungs-Dehnungs-Verhaltens entspräche einer ständigen zweifachen Differentiation mit anschließender zweifacher Integration und wäre somit unsinnig.

Kapitel 7

Abhängigkeit von einer mechanischen Vorgeschichte

Die Abhängigkeit des Spannungs-Dehnungs-Verhaltens und der Mikrostruktur von der vom Werkstoff "durchlebten" mechanischen Vorgeschichte ist sicherlich eines der wichtigsten aber gleichzeitig auch eines der schwierigsten Gebiete aus dem Bereich der mechanischen Eigenschaften von Metallen und Legierungen. Die Bedeutung folgt unmittelbar aus der Abhängigkeit der Schädigungszunahme (z.B. pro Lastspiel bei zyklischer Verformung) vom vorangegangenen Beanspruchungsverlauf. Allein auf der Basis der jeweils aktuell wirksamen Belastungssituation, ohne Berücksichtigung der Vorgeschichte, ist eine sichere Lebensdauerabschätzung nicht möglich. Eine lineare Schadensakkumulationsrechnung, die ja nur unter speziellen Voraussetzungen (siehe Abschnitt 2.1.4) Reihenfolgeeinflüsse berücksichtigt, stellt nur eine erste Näherung dar. Daß diese Methode der Lebensdauerprognose aber immer noch die am häufigsten benutzte ist, liegt nicht nur an ihrer bestechenden Einfachheit sondern nicht zuletzt an der Komplexität des Gebietes *Vorgeschichteabhängigkeit*.

Betrachtet man auf der einen Seite die Anzahl der Parameter, die in unterschiedlichster Weise variiert werden können, um eine mechanische Vorbehandlung durchzuführen, und auf der anderen Seite das bereits unter einfachen Bedingungen sehr unterschiedliche Verhalten der Metalle und Legierungen (siehe Kapitel 5), so wird klar, wie riesengroß und unübersichtlich sich dieses Gebiet darstellen muß. Um von der Seite des Werkstoffes eine notwendige und sinnvolle Beschränkung durchzuführen, beziehen sich die folgenden Betrachtungen (wie in Kapitel 5) primär auf einphasige Metalle und Legierungen. Dies stellt keine allzu große Einschränkung dar, da grundsätzliche Aussagen auf mehrphasige technische Werkstoffe übertragbar sind, solange die weiteren Phasen nicht unmittelbar in das Verformungsgeschehen eingreifen. Besonderheiten im Zusammenhang mit teilchengehärteten Legierungen werden später (Kapitel 12) behandelt.

Die Einteilung dieses Kapitels in vier Abschnitte versucht eine Klassifizierung nach Art der mechanischen Vorgeschichte vorzunehmen. In Abschnitt 7.1 wird verdeutlicht, daß allein durch die Art der Versuchsführung bei konstanter

Beanspruchungsamplitude das zyklische Verformungsverhalten beeinflußt werden kann. Die meisten Untersuchungen zur Vorgeschichteabhängigkeit benutzen eine einsinnige Belastung bis zu einer gewissen Dehnung als Ausgangszustand. Dies führt bei zyklischer Beanspruchung meist zu einer Entfestigung, was in Abschnitt 7.2 behandelt wird. Mit den Begriffen Vorgeschichteabhängigkeit oder -unabhängigkeit eng verbunden sind Versuche mit stufenweiser Veränderung der Beanspruchungsamplitude. In Abschnitt 7.3 wird verdeutlicht, was es mit diesen Begriffen auf sich hat. Ihre unberechtigte Anwendung auf Untersuchungen mit variierender Amplitude führt gelegentlich zu Mißverständnissen und Fehlinterpretationen. In Abschnitt 7.4 wird schließlich versucht, einen Zusammenhang zwischen der Vorgeschichteabhängigkeit und der oftmals im Einsatz vorliegenden Zufallsbelastung herzustellen.

Die folgenden Ausführungen sollen weniger einen umfassenden Überblick über den Kenntnisstand der Literatur vermitteln. Vielmehr sollen die wesentlichen Erkenntnisse auf der Basis der zugrundeliegenden Mechanismen verdeutlicht werden, um die Voraussetzungen für die Interpretation der in den späteren Kapiteln dargestellten Ergebnisse zu schaffen. Zwar wird in sehr vielen Arbeiten zum zyklischen Spannungs-Dehnungs-Verhalten in irgendeiner Form am Rande die Vorgeschichteabhängigkeit behandelt[1], die wichtigen systematischen Untersuchungen gehen aber auf das Ende der 60er und den Anfang der 70er Jahre zurück [69, 146, 247, 248]. In Analogie zum zyklischen Spannnungs-Dehnungs-Verhalten bei konstanter Amplitude (Kapitel 5) wurde bereits damals erkannt, daß eine Unterscheidung aufgrund des Gleitcharakters in Werkstoffe mit welliger und planarer Gleitung durchgeführt werden muß.

In Abb. 7.1 sind, als eine Art Leitfaden für die weiteren Betrachtungen, in schematischer und grob vereinfachter Form die relativen Stabilitäten der Versetzungsanordnungen, wie sie bei Versuchen mit konstanter Amplitude gefunden werden, für die beiden extremen Fälle des Gleitcharakters aufgetragen (siehe dazu auch Abb. 5.1). Als Abszisse dient, in Anlehnung an die Reaktionskinetik, die als Reaktionsweg bezeichnete Größe λ. Da es sich bei der Versetzungsstrukturentwicklung um einen hochdynamischen Prozeß handelt, kann λ nicht ohne weiteres und eindeutig mit den mechanischen Größen (z.B. $\Delta\sigma/2$ oder $\Delta\epsilon_{pl}/2$) verknüpft werden. Für viele Betrachtungen befriedigt, einem Vorschlag in [204] folgend, eine Abschätzung von λ als mittlere plastische Verformungsarbeit pro Zyklus:

$$\lambda \simeq \frac{1}{N} \sum_{k=1}^{k=N} \oint \sigma \, d\epsilon \tag{7.1}$$

Es liegt nahe zu vermuten, daß die Wand- oder Zellstrukturen eine höhere Stabilität aufweisen als die primär durch Einfachgleitung entstandenen Versetzungsanordnungen der Dipole, Bündel-/Aderstrukturen und PGB (Teilbild a). All diese speziellen Anordnungen sind mit einer nur schwer abzuschätzenden

[1] Dies ist allein schon auf die Tatsache zurückzuführen, daß Werkstoffe in der Regel nicht in geglühter sondern in mechanisch oder thermo-mechanisch vorbehandelter Form zum technischen Einsatz gelangen.

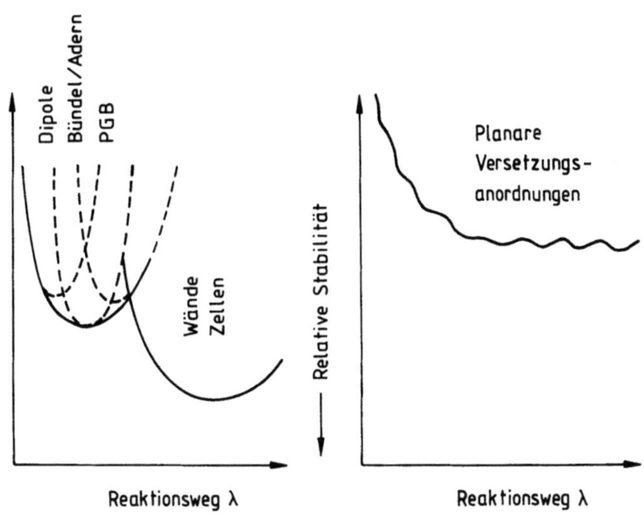

Abb. 7.1: Schematische Darstellung der Stabilität der Versetzungsanordnung in Werkstoffen mit a) welligem und b) planarem Gleitcharakter

Stabilitätskurve verbunden und führen (eventuell in Kombination) zum durchgezogen gezeichneten Gesamtverlauf. Dieser besitzt deshalb eine in Abb. 7.1 der Übersichtlichkeit halber weggelassene Feinstruktur, die mit zusätzlichen metastabilen Zuständen verknüpft ist.

In Metallen und Legierungen mit planarem Gleitverhalten dominiert eine planare Anordnung der Versetzungen. Die neueren Beobachtungen von persistenten Lüdersbändern (siehe Kapitel 5) wurden im Teilbild b nicht berücksichtigt, weil es als noch nicht geklärt betrachtet werden muß, ob diese speziellen Versetzungsanordnungen für planare Werkstoffe typisch sind. Da es somit in diesem Fall keine grundsätzlichen Unterschiede in der Versetzungsstruktur gibt, muß angenommen werden, daß die Stabilität mit dem Reaktionsweg kontinuierlich und (wenn überhaupt) langsam zunimmt. Kleinere Stabilitätsunterschiede führen zu einer leichten Welligkeit des Verlaufes.

Abbildung 7.1 dient im Folgenden als Interpretationsgrundlage für die im Zusammenhang mit einer mechanischen Vorbelastung gemachten Beobachtungen.

7.1 Einfluß der Versuchsführung

Die Vor- und Nachteile der Benutzung von Spannung σ, Dehnung ϵ oder auch der plastischen Dehnung ϵ_{pl} als diejenige Größe, deren Verlauf und Amplitude im Wechselverformungsversuch vorgegeben wird, werden in Kapitel 8 aus experimenteller Sicht behandelt. Die Problematik der Vorgeschichteabhängigkeit zeigt sich u.a. darin, daß bereits die Wahl der Regelgröße einen Einfluß auf das zyklische Spannungs-Dehnungs-Verhalten im *Sättigungszustand* des *nicht vorver-*

formten Werkstoffes haben kann. Dies hängt damit zusammen, daß ein Metall oder eine Legierung bei geglühtem Ausgangszustand meist eine zyklische Verfestigung vor Erreichen der Sättigung erfährt und die Ausprägung dieses Vorganges maßgeblich von der Art der Regelgröße bestimmt werden kann. Aus der Sicht des quasi-stationären Zustandes ist die Verfestigung eine Vorverformung, was die Behandlung des Phänomens in diesem Kapitel rechtfertigt, auch wenn Versuche mit konstanter Beanspruchungsamplitude an unverformten Proben betrachtet werden.

Polák, Klesnil und Lukáš [248] führten systematische Untersuchungen zum zyklischen Spannungs-Dehnungs-Verhalten verschiedener Metalle bei niedrigen Beanspruchungsamplituden ($N_B > 10^5$) durch. Verglichen wurden die Ergebnisse von Versuchen mit $\Delta\sigma/2 =$ konst. und $\Delta\epsilon_{pl}/2 =$ konst.

Der Bereich des Übergangsverhaltens erwies sich für Werkstoffe mit welligem Gleitcharakter (z.B. Cu) als kurz (1% bis 5% der Lebensdauer). Die zyklische Spannungs-Dehnungskurve von Werkstoffen dieser Klasse war im Rahmen der experimentellen Streuung unabhängig davon, ob $\Delta\sigma/2$ vorgegeben und die Amplitude der plastischen Dehnung in der Sättigung $\epsilon_{pl,S}$ ermittelt wurde, oder ob umgekehrt $\Delta\epsilon_{pl}/2$ vorgegeben und σ_S bestimmt wurde.

Abweichungen zwischen diesen beiden Ermittlungsarten der zyklischen Spannungs-Dehnungskurve ergaben sich bei α-Messing, das als Vertreter der Legierungen mit planarem Gleitcharakter untersucht wurde. Diese Legierung zeigt einen ausgeprägten, langen Verfestigungsbereich, der in Versuchen mit $\Delta\epsilon_{pl}/2 =$ konst. nur andeutungsweise zu einer Sättigung führt. Die Unterschiede in den für die Ermittlung der zyklischen Spannungs-Dehnungskurve verwendeten Wertepaaren ($\Delta\epsilon_{pl}/2$, $\Delta\sigma/2$) bei $N = N_B/2$ lassen sich darauf zurückführen, daß bei kraftkontrollierter Versuchsführung zu Beginn sehr hohe plastische Dehnungsamplituden erzwungen werden. Dies führt zu einer ausgeprägteren Verfestigung als im Versuch mit $\Delta\epsilon_{pl}/2 =$ konst. Im Teilbild b von Abb. 7.1 liegt der Zustand bei $N = N_B/2$ mit $\Delta\epsilon_{pl}/2 =$ konst. somit bei kleineren Werten von λ. Die stärkere Verfestigung führt zu einer zyklischen Spannungs-Dehnungskurve mit $\Delta\sigma/2 =$ konst., die höher liegt als die mit konstanter plastischer Dehnungsamplitude ermittelte Kurve[2].

Unterschiede im Übergangsverhalten sind erst recht dann zu erwarten, wenn der betrachtete Werkstoff Instabilitäten aufweist[3]. Ein bekanntes Beispiel dafür ist die dynamische Lüdersbandausbreitung in unlegierten ferritischen Stählen. In der Kraftregelung bei niedrigen Spannungen beginnt die plastische Verformung an einer oder wenigen Stellen der Probe und schreitet von dort allmählich fort, was eine Entfestigung zur Folge hat. Bei sehr niedrigen Spannungsamplituden ist die plastische Verformung auf einen Bruchteil der Meßlänge konzentriert, $\Delta\epsilon_{pl}/2$

[2]Da die Ermüdungsschädigung mit der Amplitude der plastischen Dehnung zusammenhängt, ist die Lebensdauer verfestigender Werkstoffe in der Regel in Versuchen mit $\Delta\sigma/2 =$ konst. niedriger als bei $\Delta\epsilon_{pl}/2 =$ konst., selbst bei gleichen Wertepaaren ($\Delta\epsilon_{pl}/2$, $\Delta\sigma/2$) in der Sättigung.

[3]Unter dem Gesichtspunkt der Nahordnung kann auch das Verformungsverhalten von Messing als instabil bezeichnet werden.

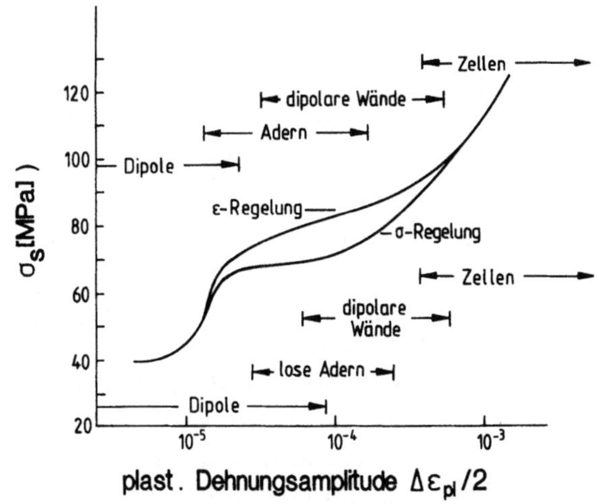

Abb. 7.2: Schematische Darstellung der zyklischen Spannungs-Dehnungskurve für vielkristallines Kupfer bei niedrigen Amplituden; nach Figueroa et al. [204]

bleibt klein. Wird dagegen $\Delta\epsilon_{pl}/2$ im Versuch konstant vorgegeben, so erzwingt dies eine Vielzahl von plastischen Dehnungszentren, die sich schnell ausbreiten und letztlich zu einer homogen plastischen Verformung entlang der Meßlänge führen. Eine ausführlichere Darstellung und ein Vergleich der daraus resultierenden zyklischen Spannungs-Dehnungskurven findet sich in Kapitel 10.

Eine andere Art von Instabilität zeigen manche austenitischen Stähle, die verformungsinduziert Martensit bilden. In Kapitel 13 wird dieser Vorgang näher betrachtet. Es leuchtet ein, daß das Ausmaß der mit der Martensitbildung verknüpften Verfestigung sehr stark von der Regelgröße abhängt und damit auch in diesem Fall keine eindeutige zyklische Spannungs-Dehnungskurve erwartet werden kann.

Daß selbst bei dem Modellwerkstoff für welliges Gleitverhalten, Kupfer, ein Einfluß der Versuchsführung erkennbar ist, wenn die Beanspruchungsamplitude niedrig und die Auflösung von $\Delta\sigma/2$ und $\Delta\epsilon_{pl}/2$ hoch ist, zeigt Abb. 7.2 aus [204]. Figueroa et al. führten (gesamt-)dehnungs- und spannungsgeregelte Versuche an vielkristallinem Kupfer durch und demonstrierten, daß bei Spannungskontrolle die ZSD-Kurve tiefer verläuft. Dies gilt, wie Abb. 7.2 zeigt, nur für kleine Beanspruchungsamplituden. In dem Bereich, in dem sich Zellstrukturen bilden können, ist der Kurvenverlauf eindeutig.

Eine zweifelsfreie Interpretation dieses Ergebnisses auf der Basis der mikrostrukturellen Untersuchungen ist kaum möglich, da die Versetzungsstrukturen der beiden Versuchsführungen sehr ähnlich sind. Figueroa et al. finden als wesentlichen Unterschied einen höheren Anteil von Versetzungen sekundärer Systeme bei den mit $\Delta\sigma/2$ = konst. wechselverformten Proben. Sie führen diese Beobachtung auf die höhere anfängliche plastische Dehnungsamplitude zurück, die bei diesem Versuchstyp während der Verfestigung auftritt. Im auf Abb. 7.1a übertragenen Sinn bedeutet dies eine Lage bei größeren λ-Werten, aber noch innerhalb der linken "Parabel". Die höheren σ_S-Werte bei $\Delta\epsilon/2$ = konst. werden mit einer latenten Verfestigung begründet, d.h., durch die ausgeprägtere Einfachgleitung werden die sekundären Gleitsysteme stärker behindert. Ist in Abb. 7.1 durch die Beanspruchungsamplitude der stabilere Zustand der Anordnung der Versetzungen in Wänden erst erreicht, so ist keine Abhängigkeit von der Versuchsführung mehr erkennbar.

Wie sensibel die Versetzungsstruktur und damit die zyklische Spannungs-Dehnungskurve von der Versuchsführung abhängen, zeigt bereits eine Betrachtung der Größe der Plateauspannung, die im Bereich B der zyklischen Spannungs-Dehnungskurve von Einkristallen (Abb. 5.5) vorliegt. Für Kupfereinkristalle findet man Zahlenangaben zwischen 24 MPa und 33 MPa (eine zusammenfassende Darstellung wird in [166] gegeben), wobei der Wert offensichtlich von der Art abhängt, wie die Sättigung eingestellt wird. Für Versuche mit vom ersten Zyklus an konstanter Amplitude γ_{ap} (im Bereich B) ist der allgemein akzeptierte Wert 28 MPa. Durch die von Neumann und Mitarbeiter (z.B. in [249]) praktizierte "ramp-loading"-Technik[4], bei der die Scherspannungsamplitude mit einer konstanten Anstiegsgeschwindigkeit von 10^3 Pa pro Zyklus bis 32 MPa gesteigert wird, bevor der Versuch mit γ_{ap} = konst. anschließt, ist es möglich, die Matrixstruktur "hochzutrainieren", so daß die PGB-Bildung erst bei dieser Spannung erfolgt. Vergleichende Untersuchungen zur Versetzungsstruktur nach "ramp loading" [167] zeigen, daß nach Erreichen des Maximums von τ_a (32 MPa) die für das Ende des Bereiches A typische Bündelanordnung der Versetzungen vorliegt, der Anteil sekundärer Versetzungen aber höher ist. Aus dieser Struktur heraus bilden sich breite "Makro-PGB" [249], während die PGB bei Versuchen mit von vornherein wirkendem γ_{ap} = konst. homogener verteilt sind.

Wang und Laird [251] zeigten, daß die "ramp-loading"-Technik auch bei vielkristallinem Kupfer zu einer stärkeren Dehnungslokalisierung im anschließenden dehnungskontrollierten Versuch führt (im Vergleich zu Versuchen ohne rampenförmige Vorbelastung) und sich die zyklischen Spannungs-Dehnungskurven unterscheiden.

---

[4]Diese Versuchsführung wird dazu benutzt, um unabhängig von der später vorgegebenen plastischen Scherdehnungsamplitude die Anfangsverfestigung in reproduzierbarer Weise durchzuführen. Während der langsamen Zunahme von τ_a (32000 Zyklen bis zum Endwert) finden die von Neumann zum ersten Mal beobachteten Dehnungsmaxima (*strain bursts*) statt [223]: γ_{ap} weist deutliche Maxima in etwa gleichen Abständen, die einer Zunahme der Spannungsamplitude von ca. 11,5% entsprechen, mit einer Breite von ungefähr 50 Zyklen auf. Zwischen diesen Maxima sinkt γ_{ap} stark ab. Eine quantitative Beschreibung dieses Phänomens wird in [250] gegeben. Als Ursache für die *strain bursts* wird die Bildung von Dipolen und Multipolen während der Verfestigung durch gegenseitiges Einfangen der Versetzungen betrachtet. Bei einer allmählichen Erhöhung der Spannungsamplitude werden Dipole in Einzelversetzungen aufgelöst, wenn die Passierspannung überschritten wird. Die dadurch entstehenden freien Versetzungen stauen sich an Dipolen mit geringerem Versetzungsabstand auf und unterstützen die äußere Spannung, so daß auch diese Dipole zerfallen. Damit entstehen lawinenartig freie Versetzungen, was zu einem Abgleitmaximum führt. Durch erneutes gegenseitiges Einfangen bei der Bildung von Dipolen und Multipolen mit nun geringerem Versetzungsabstand wird $\gamma_{a,p}$ erneut reduziert, ... Im Verfestigungsstadium bei Versuchen mit konstantem γ_{ap} finden ebenfalls (Mikro-)Dehnungsmaxima statt. Diese sind aber lokal begrenzt und erfolgen nicht synchron, so daß sie sich makroskopisch nicht äußern.

7.2 Zyklische Beanspruchung nach Kaltverformung

Untersuchungen zur Vorgeschichteabhängigkeit des zyklischen Verformungsverhaltens benutzen in den meisten Fällen eine Kaltverformung zur Einstellung einer definierten Vorgeschichte. Die Proben werden dabei entweder im Zugversuch bis zu einer vorgegebenen Grenze der plastischen Dehnung verformt (z.B. [247, 252, 253, 254, 255]) oder bis zu einer bestimmten Restquerschnittsfläche rundgehämmert (z.B. [69, 146, 256, 257]). Die Vorverformung führt meist zu einer so hohen Fließspannung, daß im anschließenden Wechselverformungsversuch mit konstanter Beanspruchungsamplitude eine Entfestigung auftritt. Unter Entfestigung sei dabei die Abnahme der Spannungsamplitude bzw. die Zunahme der plastischen Dehnungsamplitude bezogen auf den Wert des ersten Zyklus verstanden. Der Bauschinger-Effekt, der z.B. zu einer reduzierten Zugstreckgrenze nach Vorverformung im Druck führt, soll im betrachteten Zusammenhang (im Gegensatz zu [258]) nicht als Entfestigungsvorgang aufgefaßt werden[5].

Die Beobachtungen lassen erkennen, daß das Verhalten u.a. sowohl vom Gleitcharakter als auch von der Amplitude der zyklischen Beanspruchung bestimmt wird. Die einfachsten Verhältnisse liegen bei hohen Amplituden und Werkstoffen mit welliger Gleitung vor.

7.2.1 Wellige Gleitung und hohe Beanspruchungsamplitude

Feltner und Laird [69, 146] führten Versuche an Kupfer und Cu-7,5% Al bei Dehnungsamplituden durch, die in weniger als 10^4 Zyklen Bruch zur Folge hatten. Neben geglühten Proben wurden solche untersucht, die durch Hämmern eine Durchmesserreduzierung von 5% bis 23% erfahren hatten.

Abbildung 7.3 zeigt das Ergebnis dieser Versuche für Kupfer anhand der Darstellung der von der Vorverformung abhängigen einsinnigen Spannungs-Dehnungskurven und der eindeutigen ZSD-Kurve. Zusätzliche Wechselverformungsexperimente bei der Temperatur des flüssigen Stickstoffs (78 K) beweisen, daß bei den betrachteten hohen Dehnungsamplituden eine Eindeutigkeit des zyklischen Sättigungszustandes vorliegt. Daß dieses Ergebnis für Metalle und Legierungen mit welligem Gleitcharakter allgemein gültig ist, wurde bis heute in verschiedenen Arbeiten nachgewiesen (z.B. [256, 253, 252, 255]).

[5] Im Sinne der Vielkörpermodelle ist eine Entfestigung als Verschiebung/Stauchung der Streckgrenzenverteilungsfunktion zu kleineren Werten von σ_{if} zu betrachten.

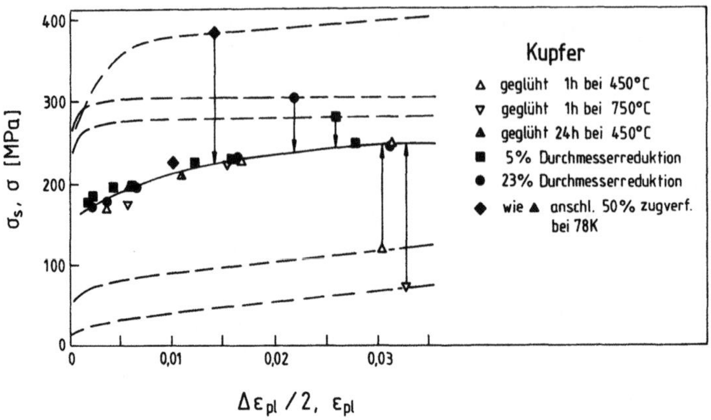

Abb. 7.3: Zyklische (durchgezogen) und einsinnige (gestrichelte) Spannungs-Dehnungskurven für Kupfer nach unterschiedlicher Kaltverformung; nach Feltner und Laird [58]

Die mikrostrukturellen Vorgänge bei der Entfestigung durch Wechselbeanspruchung nach Kaltverformungen sind im Detail nicht bekannt, lassen sich aber in pauschaler Weise folgendermaßen beschreiben [254, 258, 146, 259, 255]: Durch die Vorverformung wird eine heterogene Versetzungsverteilung erreicht, die bereits an eine Zellstruktur erinnert. Die Zellwände sind meist diffus, d.h. relativ dick und ungeordnet; im Zellinneren liegt noch eine hohe Versetzungsdichte vor. Die Umbildung der Versetzungsanordnung bei der zyklischen Verformung führt im ersten Stadium zu einer klareren Ausprägung der Zellwände, die schmäler werden, und einer deutlichen Abnahme der Versetzungsdichte im Zellinneren. In einem späteren Stadium wächst der mittlere Zelldurchmesser bis auf den mit der Beanspruchungsamplitude verknüpften Sättigungswert.

Nach Chai und Laird [254] liegen der zyklischen Entfestigung zwei Prozesse zugrunde: (i) Die Wechselwirkungsenergie der Versetzungen wird durch das Zusammenlagern erniedrigt; (ii) durch Quergleiten und Klettern von Versetzungen kommt es zu einer Versetzungsannihilation.

Die Möglichkeit einer Vorgeschichteunabhängigkeit der zyklischen Verformung basiert auf zwei Ursachen. In Abschnitt 5.2 war auf den umgekehrt proportionalen Zusammenhang von Zelldurchmesser und Sättigungsspannungsamplitude bei zyklischer bzw. bei einsinniger Beanspruchung hingewiesen worden. Allein die Beobachtung, daß diese Beziehung unabhängig von der Belastungsart gilt, zeigt, daß die bei Kaltverformung gebildete Versetzungsstruktur sich nicht so grundlegend von der der zyklischen Verformung unterscheidet, daß diese Unterschiede bei Wechselbeanspruchung nicht allmählich abgebaut werden könnten.

Diese Analogie im Verhalten wird durch einen Versuch von Abdel-Raouf und Plumtree [253] sehr anschaulich verdeutlicht. Wenn man vielkristallines (technisches) Eisen in einem Zugversuch bis zu der Spannung verformt, die gleich ist mit der Sättigungsspannung für eine gegebene (hohe) Dehnungsamplitude, und anschließend mit dieser Dehnungsamplitude eine Wechselbelastung durchführt, verhält sich der Werkstoff zyklisch neutral (d.h. $\Delta\sigma/2$ ist konstant) und die durch die Vorverformung eingestellte Zellgröße bleibt erhalten.

Die zweite Ursache ist, daß die zyklische Verformung mit sehr hohen Versetzungsbildungs- und -vernichtungsraten verknüpft ist. Diese führen im stationären Zustand zu einem dynamischen Gleichgewicht und ermöglichen während der Entfestigung eine dynamische Erholung, die mit dem Typ I der statischen Erholung verwandt zu sein scheint. Typ I - Erholung führt durch Annihilation und Umlagerung von Versetzungen zu schmalen und gut definierten Wänden. Die Ähnlichkeit der bei Wechselverformung ablaufenden Versetzungsreaktionen mit den Vorgängen der statischen Typ I - Erholung kann durch einfache Glühexperimente gezeigt werden [255, 213]. Die zu Beginn des Sättigungszustandes mit $\Delta\epsilon_{pl}/2 = 0,5\%$ vorliegende lose Zellstruktur in Aluminium löst sich bei einer Glühung bei 250°C nahezu vollständig auf. Dagegen wird die nach ca. 11000 Zyklen eingestellte Versetzungsanordnung kaum verändert. Die zyklische Verformung ermöglicht offensichtlich den Versetzungen, eine stabile Konfiguration einzunehmen, und führt zu Zellstrukturen, die denen der einsinnigen Hochtemperaturverformung ähnlich sind [215].

Aus der Betrachtung der zyklischen Entfestigung als einen durch die zyklische Dehnung unterstützten Erholungsvorgang folgt unmittelbar, daß es eine Obergrenze der Vorverformung geben muß, oberhalb der die Versetzungsstruktur des Sättigungszustandes auch nach vielen Lastspielen nicht mehr eingestellt werden kann. In der schematischen Darstellung Abb. 7.1a ist diese Obergrenze dann erreicht, wenn die Kaltverformung zu einer Zellstruktur mit einer Lage unter der der zyklischen Verformung (d.h. höhere Stabilität) führt. Laird et al. [257] konnten nachweisen, daß dieser Schwellenwert existiert und z.B. für Nickel zwischen 40% und 48% Zugdehnung liegt. Die genaue Größe hängt vermutlich nicht nur vom Probenmaterial, der Temperatur, dem Gleitcharakter und der Art der Vorverformung ab, sondern darüber hinaus auch von der Beanspruchungsamplitude der nachfolgenden Wechselverformung.

Die Stabilitätsbetrachtungen verdeutlichen, daß eine z.B. durch Warmumformung gebildete Subkornstruktur durch zyklische Belastung nicht mehr komplett umgewandelt werden kann. So zeigt in [255] extrudiertes Aluminium kein vorgeschichteunabhängiges Verhalten. Die Sättigungsspannung dieses Werkstoffes nach zusätzlicher 7%-iger Zugverformung ist allerdings identisch mit dem Wert des nur extrudierten Metalles; d.h., die *zusätzliche* eingebrachte Versetzungsstruktur kann abgebaut werden.

7.2.2 Welliger Gleitcharakter und niedrige Beanspruchungsamplitude

Die im letzten Abschnitt behandelten Beobachtungen verdeutlichen, daß für Werkstoffe mit welligem Gleitcharakter ein eindeutiges zyklisches Verformungsverhalten erwartet werden kann, wenn die Beanspruchungsamplitude groß ist und die Vorverformung unterhalb eines Schwellenwertes bleibt. In diesem Fall wird bei einer zyklischen Entfestigung die Wechselverformungskurve umso weiter

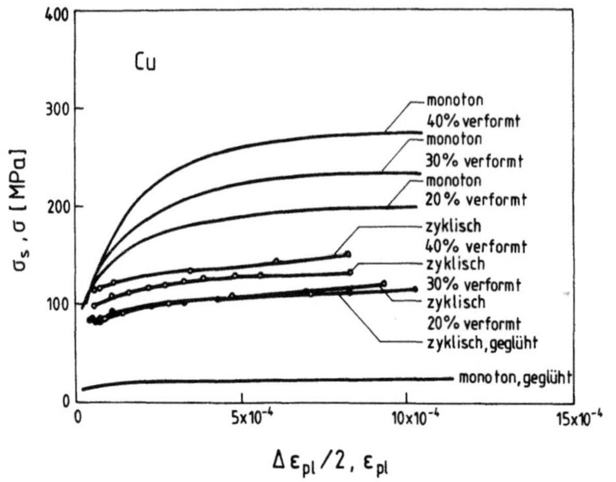

Abb. 7.4: Zyklische und einsinnige Spannungs-Dehnungskurven von Kupfer bei kleinen Beanspruchungsamplituden; nach Lukáš und Klesnil [247]

abfallen, je niedriger $\Delta\epsilon_{pl}$ ist, bei einer zyklischen Verfestigung umso höher ansteigen, je größere $\Delta\epsilon_{pl}$ ist. Die Kurvenverläufe schneiden sich nicht (siehe dazu [252]).

Eine Weiterführung und Ergänzung zu den Arbeiten von Feltner und Laird [69, 146] stellen die Untersuchungen von Lukáš und Klesnil [247] bei niedrigen $\Delta\epsilon_{pl}/2$-Werten ($N_B > 10^5$) dar. Abbildung 7.4 zeigt die zyklischen und einsinnigen Spannungs-Dehnungskurven für vielkristallines Kupfer in Abhängigkeit vom Ausgangszustand. Im Gegensatz zu Abb. 7.3 liegt bei den niedrigen Beanspruchungsamplituden keine Vorgeschichteunabhängigkeit vor. Dies ist *nicht* auf das Fehlen eines Sättigungszustandes zurückzuführen; Lukáš und Klesnil berichten vielmehr, daß bereits ab 1% der Bruchzyklenzahl $\Delta\sigma/2$ konstant bleibt. Die während der raschen zyklischen Entfestigung ablaufenden Vorgänge stabilisieren zumindest in den 30%- und 40%-zugverformten Proben eine Versetzungsstruktur, die von der Sättigungsanordnung bei geglühtem Ausgangszustandes abweicht.

Die TEM-Untersuchung weist einen interessanten Effekt auf: Die vorverformten Proben zeigen die für einsinnige Deformation typische Zellstruktur mit breiten Zellwänden und relativ vielen Versetzungen im Zellinneren. Nach der Wechselbeanspruchung findet sich in allen vorher zugverformten Proben eine Zellanordnung, auch wenn die Belastungsamplitude im geglühten Zustand zu einer Bündel- oder Aderstruktur geführt hat (siehe Abb. 5.1). Im Schemabild Abb. 7.1 heißt dies, daß die Versetzungsanordnung offensichtlich nicht mehr in der Lage ist, vom stabileren Zustand nach links in den instabileren Zustand zu gelangen. Da in [247] eine Vergröberung der Zellstruktur beobachtet wird, kann offenbar durch eine Vorverformung ein Zustand zyklischer Sättigung eingestellt werden, der bei alleiniger zyklischer Belastung (innerhalb der Lebensdauer) nicht realisierbar ist.

Je kleiner die Beanspruchungsamplitude ist, umso stärker ist der Einfluß der

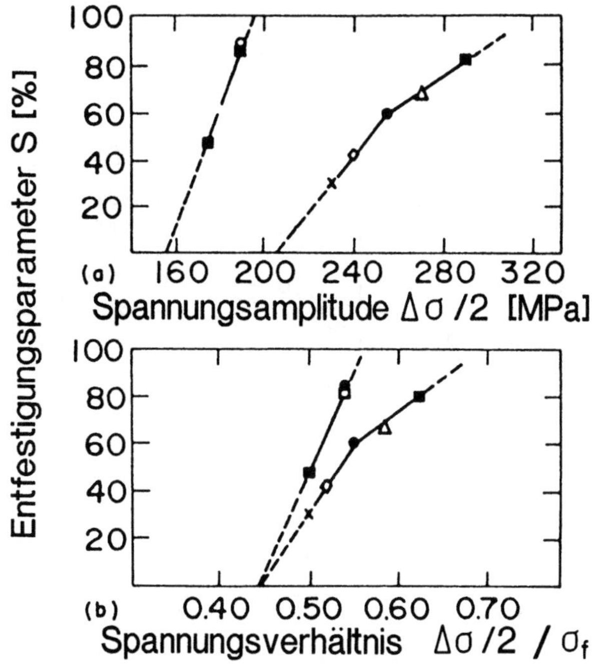

Abb. 7.5: Wert des Entfestigungsparameters S, wenn keine Entfestigung mehr stattfindet, aufgetragen gegen die Spannungsamplitude (a) bzw. die auf die Fließspannung nach Vorverformung normierte Spannungsamplitude (b); nach Chai und Laird [254]

Vorgeschichte. Die Frage ob es einen Schwellenwert für $\Delta\epsilon_{pl}/2$ oder $\Delta\sigma/2$ gibt, unterhalb dem keinerlei Entfestigung mehr auftritt, wurde bereits 1967 von Feltner und Laird [146] behandelt. Dazu verformten sie Kupfer im Zug und belasteten es anschließend zyklisch zwischen einer festen Oberspannung und einer von Versuch zu Versuch veränderten Unterspannung. Sie fanden nach 10^5 Zyklen nur für solche Unterspannungen eine Entfestigung, die zu einer plastischen Verformung in Zug- und Druckrichtung führen. Zyklische plastische Dehnung ist also Voraussetzung für eine Entfestigung.

Zur quantitativen Beschreibung des Entfestigungsvorganges definierten Chai und Laird [254, 258] einen Parameter S (Entfestigungsparameter) über die Beziehung:

$$S = \frac{\left(\frac{\Delta\epsilon_{pl}}{2}\right)_N - \left(\frac{\Delta\epsilon_{pl}}{2}\right)_1}{\left(\frac{\Delta\epsilon_{pl}}{2}\right)_{gegl.} - \left(\frac{\Delta\epsilon_{pl}}{2}\right)_1} \tag{7.2}$$

$(\Delta\epsilon_{pl}/2)_N$ und $(\Delta\epsilon_{pl}/2)_1$ sind die plastischen Dehnungsamplituden nach dem ersten bzw. Nten Zyklus. $(\Delta\epsilon_{pl}/2)_{gegl.}$ ist die Sättigungsamplitude von ϵ_{pl} des geglühten Ausgangszustandes. S bezieht sich auf spannungsgeregelte Versuche ($\Delta\sigma/2$ = konst.) und durchläuft die Werte zwischen 0 (keine Entfestigung) und 1 (vollständige Entfestigung).

Für den untersuchten Niedrigkohlenstoffstahl kann das Entfestigungsverhal-

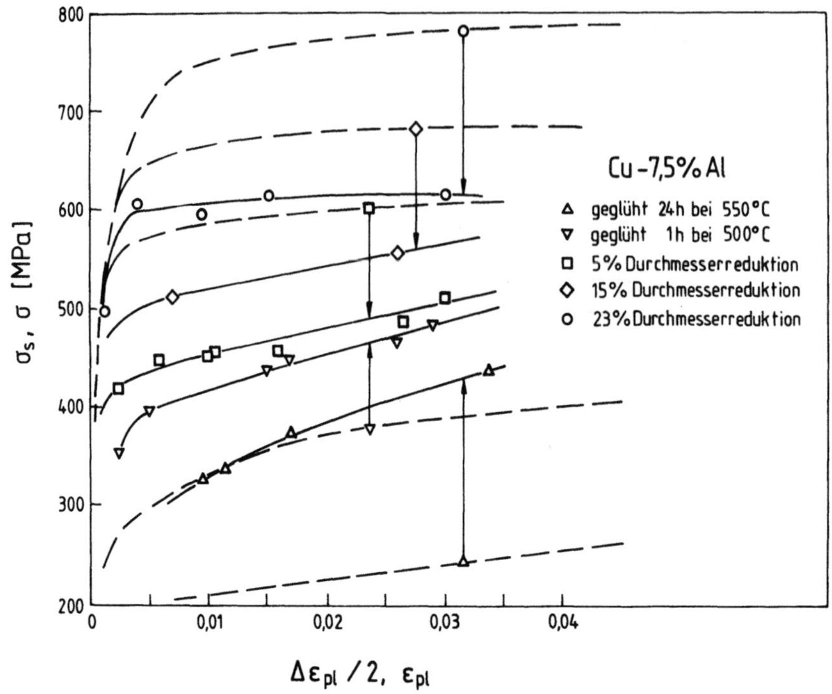

Abb. 7.6: Zyklische (durchgezogen gezeichnet) und einsinnige (gestrichelt) Spannungs-Dehnungskurven für Cu-7,5%Al; nach Feltner und Laird [69]

ten durch ein exponentielles Abklingen von $1 - S$ mit N auf einen konstanten Restwert beschrieben werden. Der Grenzwert von S, der sich durch Extrapolation des $1 - S$ gegen N - Verlaufes auf den Zustand ohne weitere Entfestigung ergibt, ist in Abb. 7.5 gegen die Spannungsamplitude im oberen Teilbild aufgetragen. Überraschend ist die Beobachtung, daß die Normierung von $\Delta\sigma/2$ auf die Fließspannung des Zustandes nach Zugvorverformung auf Kurven führt (Teilbild b), die auf den gleichen Schwellenwert extrapoliert werden können. Chai und Laird schließen durch einen Vergleich mit früheren Arbeiten, daß der ermittelte Grenzwert für $(\Delta\sigma/2)/\sigma_f$ von 0,44 charakteristisch für Metalle mit welligem Gleitverhalten sei[6].

7.2.3 Planares Gleitverhalten

Eine Unterscheidung nach der Höhe der Beanspruchungsamplitude muß bei der Behandlung des zyklischen Verformungsverhaltens nach Kaltverformung von Legierungen mit planarem Gleitverhalten nicht vorgenommen werden.

Abbildung 7.6 zeigt die Ergebnisse von Feltner und Laird [69, 146] an Cu-7,5%Al für hohe plastische Dehnungsamplituden; Abbildung 7.7 gibt die Resul-

[6]Ob die Ergebnisse allerdings übertragbar sind, ist zweifelhaft, da die Beobachtungen auf das Auftreten einer dynamischen Lüdersbandausbreitung hinweisen, was die Allgemeingültigkeit stark in Frage stellen würde.

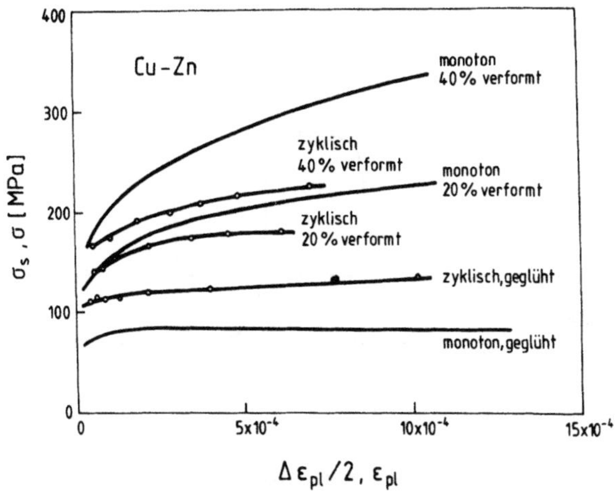

Abb. 7.7: Zyklische und einsinnige Spannungs-Dehnungskurven für Messing; nach Lukáš und Klesnil [247]

tate von Lukáš und Klesnil an α-Messing für kleine Werte von $\Delta\epsilon_{pl}/2$ wieder. Eine Vorverformung durch Rundhämmern oder Zug kann in beiden Fällen durch zyklische Belastung nicht soweit abgebaut werden, daß eine eindeutige ZSD-Kurve erreicht wird. Es sei darauf hingewiesen, daß — wenn auch erst nach ca. 20% der Bruchzyklenzahl — ein Sättigungszustand eingestellt wird. Die Vorgeschichteabhängigkeit, die sich darin äußert, daß jedem Vorbehandlungszustand eine eigene zyklische Spannungs-Dehnungskurve zugeordnet werden muß, ist nicht darauf zurückzuführen, daß ein stationärer Zustand nicht auftritt. Weitere Untersuchungen, die rechtfertigen, anzunehmen, daß ähnliche Resultate allgemein bei planarem Gleitcharakter zu erwarten sind, werden z.B. in [256] mitgeteilt.

Die TEM-Untersuchung zur Versetzungsstruktur zeigt nach der Wechselbeanspruchung nur geringfügige Unterschiede zwischen vorher kaltverformten und geglühten Proben. In beiden Fällen liegen die Versetzungen in der für diese Werkstoffklasse typischen Anordnung vor: sie sind weitgehend auf diskreten Ebenen lokalisiert. Eine Zellstruktur wird nicht beobachtet. Die Vorverformung führt zu einer hohen Versetzungsdichte in den aktiven Gleitebenen. Die anschließende zyklische Verformung ändert an der grundsätzlichen Versetzungsstruktur nichts, wenngleich Lukáš und Klesnil berichten, daß die Versetzungsdichte geringfügig abnimmt. Sie mutmaßen weiter, daß ein "feinerer Parameter, wie der Abstand zwischen den einzelnen Versetzungen" von der Vorgeschichte abhängen muß, dessen Veränderung der experimentellen Beobachtung nicht direkt zugänglich ist.

Feltner und Laird [146] finden eine Abnahme des Abstandes zwischen den Verformungsbändern durch die Wechselverformung im Vergleich zum nur rundgehämmerten Zustand. Dennoch ist die Anzahl der Bänder in den ohne Vorverformung zyklisch beanspruchten Proben größer.

Gemäß Abb. 7.1 kann dieses Verhalten folgendermaßen interpretiert werden:

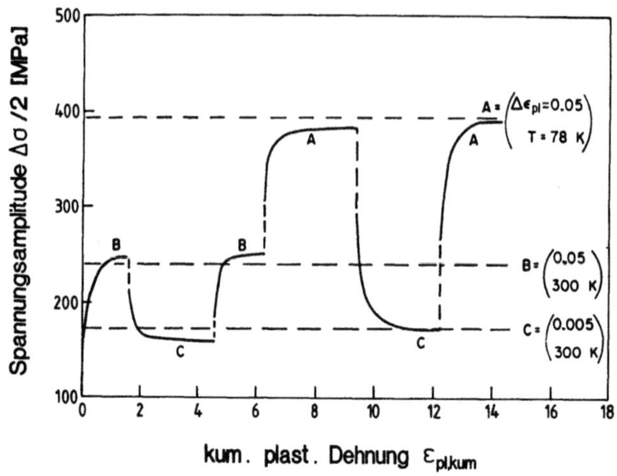

Abb. 7.8: Einfluß von $\Delta\epsilon_{pl}/2$- und Temperaturwechsel auf die Sättigungsspannungsamplitude von vielkristallinem Kupfer; nach Feltner und Laird [69]

Durch die Kaltverformung wird eine planare Versetzungsstruktur eingebracht, was bereits einer Lage im nahezu horizontalen Bereich der Kurve im Teilbild b entspricht. Zyklische Belastung führt nur im begrenzten Maße zu einer Umstrukturierung, da die dazu erforderliche freie Beweglichkeit der Versetzungen fehlt.

Die Darstellung in Abb. 7.1 sollte nicht dazu verleiten, die Entwicklung einer Versetzungsstruktur in Anlehnung an die Thermodynamik mit einer rein energetischen Betrachtungsweise behandeln zu wollen. Die auf der Ordinate aufgetragene "relative Stabilität" wird weitgehend durch die Kinetik der Versetzungsreaktionen bestimmt.

7.3 Stufenweise Veränderung der Amplitude der Beanspruchung

Aufgrund der Ähnlichkeit der bei einsinniger und zyklischer Verformung gebildeten Versetzungsstruktur ist zu erwarten, daß sich die Ergebnisse zur Vorgeschichteabhängigkeit nach Kaltverformung zum großen Teil auch auf eine Versuchsführung übertragen lassen, bei der die Beanspruchungsamplitude in Stufen (d.h. jeweils nach einer größeren Anzahl von Zyklen) geändert wird. Die bei verschiedenen Amplituden eingestellten Versetzungsstrukturen sollten darüber hinaus untereinander näher verwandt sein als mit denen der Kaltverformung.

Bei Metallen und Legierungen mit welligem Gleitcharakter ist das Verhalten einfach zu verstehen, solange die Beanspruchungsamplituden groß sind. Abbildung 7.8 aus [69] zeigt den Verlauf der Spannungsamplitude von vielkristalli-

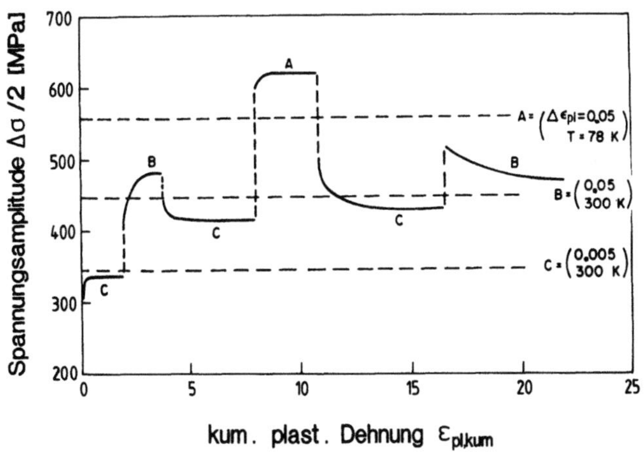

Abb. 7.9: Einfluß einer Amplituden- und/oder Temperaturänderung auf die Sättigungsspannungsamplitude von Cu-7,5%Al; nach Feltner und Laird [69]

nem Kupfer bei stufenweiser Veränderung der plastischen Dehnungsamplitude und/oder der Temperatur. Die Darstellung läßt erkennen, daß nach den Wechseln in guter Näherung der gestrichelt eingezeichneten Sättigungswerte von $\Delta\sigma/2$ nicht vorverformter Proben erreicht werden. Die Einstellung von $\Delta\sigma/2$ erfolgt aber nicht sofort mit der Veränderung von T oder $\Delta\epsilon_{pl}/2$ sondern allmählich, was im Hinblick auf die in Abschnitt 7.4 behandelte Zufallsbelastung von Bedeutung ist.

Die zyklische Spannungs-Dehnungskurve kann in diesem Fall als *Zustandsgleichung der zyklischen Verformung* aufgefaßt werden, da σ_S nur von $\Delta\epsilon_{pl}/2$ und T, nicht aber vom Weg, auf dem die Sättigung erreicht wird, abhängt. Viele spätere Untersuchungen, z.B. an ferritischen [41] oder austenitischen Stählen [212] haben gezeigt, daß diese Aussage generell für Werkstoffe mit welligem Gleitcharakter gilt[7].

Die mikrostrukturelle Ursache für die Vorgeschichteunabhängigkeit des zyklischen Verformungsverhaltens liegt auf der Hand, obwohl die Mechanismen im Detail nicht bekannt sind. Da die betrachtete Werkstoffklasse bei hohen Beanspruchungsamplituden Zellstrukturen bilden, ist Voraussetzung für einen eindeutigen Sättigungszustand die Möglichkeit einer reversiblen Zellgrößeneinstellung, wie z.B. von Pratt [209] gezeigt.

Bevor der Frage nachgegangen wird, ob es eine untere Grenze von $\Delta\epsilon_{pl}/2$ (bzw. $\Delta\sigma/2$) für die Vorgeschichteunabhängigkeit bei welliger Gleitung gibt, sollen anhand der Darstellungen Abb. 7.9 und 7.10 die Verhaltensweise von Werkstoffen mit planarem Gleitcharakter demonstriert werden. Ganz analog zu den Beobachtungen nach vorangegangener Kaltverformung zeigen diese Materialien weder bei hohen (Abb. 7.9) noch bei niedrigen Beanspruchungsamplituden

[7]Austenitische Stähle sind deshalb sehr gut geeignet, den Zusammenhang von Vorgeschichteabhängigkeit und Gleitcharakter zu demonstrieren, weil das Versetzungsgleitverhalten über die Versuchstemperatur systematisch variiert werden kann (siehe Kapitel 13).

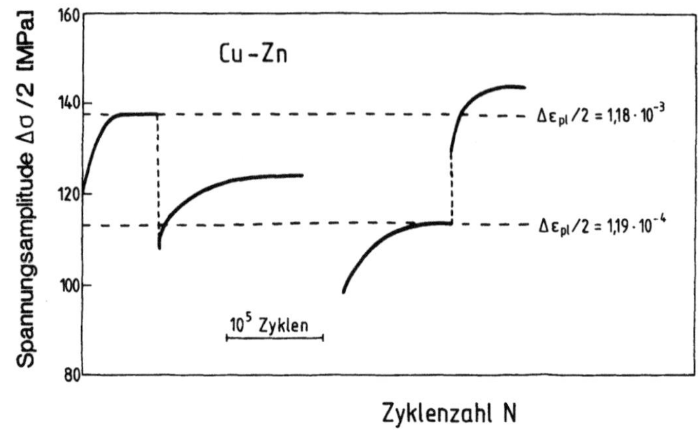

Abb. 7.10: Verlauf der Spannungsamplitude bei Veränderung von $\Delta\epsilon_{pl}/2$ für Messing; nach Lukáš und Klesnil [247]

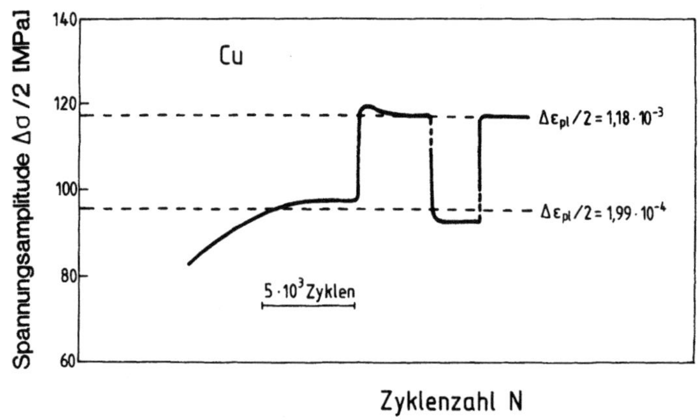

Abb. 7.11: Änderung der Spannungsamplitude von vielkristallinem Kupfer beim Wechsel zwischen zwei kleinen $\Delta\epsilon_{pl}/2$-Werten; nach Lukáš und Klesnil [247]

(Abb. 7.10) eindeutiges zyklisches Sättigungsverhalten. Bemerkenswert erscheint die Tatsache, daß immer ein erhöhter Wert von σ_S beobachtet wird, wenn eine Beanspruchungsamplitude in Stufen erreicht wird, unabhängig davon, ob beim Wechsel die Amplitude erhöht oder erniedrigt wird.

Die Ergebnisse von Untersuchungen von Lukáš und Klesnil an vielkristallinem Kupfer bei kleinen Amplituden zeigt Abb. 7.11, die im direkten Vergleich mit Abb. 7.10 den Einfluß des Gleitcharakters illustriert. Die niedrigere Amplitude ($\Delta\epsilon_{pl}/2 \simeq 2 \cdot 10^{-4}$) in Abb. 7.11 führt bei nicht vorverformten Proben im Sättigungszustand zu einer Bündelanordnung der Versetzungen, während sich bei $\Delta\epsilon_{pl}/2 \simeq 1,2 \cdot 10^{-3}$ eine Zellstruktur bildet. Eine Erhöhung der Amplitude ist mit einer Umwandlung der Versetzungsadern/-bündel in Zellen verbunden; bei einer Erniedrigung bleibt allerdings die Zellstruktur erhalten. Diese Nichtumkehrbarkeit der Versetzungsstruktur wird mit Hilfe sogenannter H-L- (die Amplitude wird von einem hohen (<u>h</u>igh) Wert ausgehend auf einen niedrigen

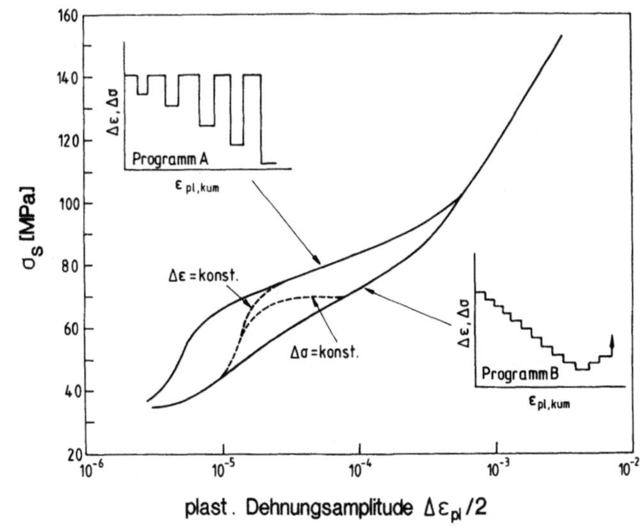

Abb. 7.12: Zyklische Spannungs-Dehnungskurven von Kupfer, ermittelt mit den Belastungsprogrammen A und B; nach Figueroa und Laird [260]

(low) Wert verändert) und L-H-Versuchen u.a. auch von Figueroa und Laird [185] beobachtet.

Unter Berücksichtigung der TEM-Untersuchungen ergibt sich aus Abb. 7.11 und Abb. 7.10 ein Paradoxon: Kupfer zeigt bei niedriger Amplitude von ϵ_{pl} innerhalb des experimentellen Fehlers eine eindeutige Sättigungsspannung, obwohl sich die Versetzungsstrukturen in den verschiedenen Zuständen erkennbar unterscheiden. Messing weist kein eindeutiges mechanisches Verhalten auf, obwohl sich im TEM Proben mit und ohne Vorverformung gleich darstellen. Im Sinne der in Kapitel 6 behandelten mikrostrukturellen Grundlage der Vielkörpermodelle läßt sich diese Beobachtung wie folgt interpretieren:
Für das makroskopische Verformungsverhalten in Kupfer sind die weitreichenden inneren Spannungen entscheidend. Diese werden von der genauen Anordnung der Versetzungen (Bündel/Adern oder Wände) bei heterogener Verteilung in erster Näherung nicht beeinflußt. Bei Messing hingegen ist die räumliche Bewegungsmöglichkeit der Versetzungen so stark eingeschränkt, daß sich bereits geringe (experimentell nicht auflösbare) Unterschiede in der Anordnung in einer Veränderung von σ_S äußern.

Neuere Untersuchungen zum Einfluß der Reihenfolge der Amplitudenänderung bei kleinen $\Delta\epsilon_{pl}/2$-Werten zeigen, daß Kupfer nicht nur bezüglich der Versetzungsstruktur sondern auch bezüglich des zyklischen Spannungs-Dehnungs-Verhaltens in der Sättigung vorgeschichteabhängig ist.

Figueroa und Laird [260] führten die in Abb. 7.12 dargestellten und mit A und B bezeichneten Programmversuche durch. Im Programm A wird die Probe zunächst bei $\Delta\epsilon_{pl}/2 = 2 \cdot 10^{-3}$ gesättigt, um eine Zellstruktur einzustellen. Anschließend wird die Amplitude der Spannung oder Dehnung stufenweise auf zunehmend kleinere Werte reduziert. Zwischen diesen Stufen erfolgt eine Wechselverformung mit dem Ausgangswert ($\Delta\epsilon_{pl}/2 = 2 \cdot 10^{-3}$), um die ursprüngliche Zellstruktur wieder zu bilden. Im Programm B wird die Beanspruchungsamplitude zunächst stufenweise erniedrigt und später wieder erhöht.

Die mit diesen Versuchsabläufen verbundenen zyklischen Spannungs-Dehnungskurven sind in Abb. 7.12 aufgetragen. Gestrichelt eingezeichnet sind die Kurvenverläufe aus Abb. 7.2 für Versuche mit konstanter Amplitude der Dehnung oder Spannung. Beide Programme führen zu einer Zellstruktur, d.h. die Versetzungsanordnung der hohen Amplituden bleibt erhalten[8]. Die im TEM erkennbaren Strukturen zeigen große Ähnlichkeit. Es liegen aber deutliche Unterschiede im Längen/Breiten - Verhältnis der Zellen und im Wandabstand vor, die mit den Sättigungsspannungsamplituden im Einklang sind. Figueroa und Laird interpretieren die mit Programm A verknüpfte ZSD-Kurve als obere Grenze für das zyklische Spannungs-Dehnungs-Verhalten bei beliebiger Vorgeschichte. Umgekehrt wird der σ_S-Verlauf für Programm B als untere Grenzkurve aufgefaßt.

Der Wert von $\Delta\epsilon_{pl}/2$, der den Übergang von vorgeschichteabhängigem zu vorgeschichteunabhängigem Verhalten kennzeichnet, beträgt $6 \cdot 10^{-4}$. Dies entspricht gemäß Abb. 5.10 nach [205] der unteren Grenze für die Zellstruktur in vielkristallinem Kupfer.

Für Kupfereinkristalle ist somit ein eindeutiges Sättigungsverhalten erst bei deutlich höheren γ_{ap}-Werten zu erwarten. Als Grenze kann hier das Ende des Plateaubereiches B ($\gamma_{ap} = 7,5 \cdot 10^{-3}$) angesehen werden, da aufgrund der fehlenden Zwangsverformung durch den Kornverbund bis zu diesem Wert Einfachgleitung dominiert.

Die ausgeprägte Vorgeschichteabhängigkeit von Kupfereinkristallen in den Bereichen A und B ist indirekt bereits mit der Behandlung der sekundären und wahren zyklischen Spannungsdehnungskurven (siehe [42]) in Abschnitt 5.2.1 dargestellt worden. Die während der Sättigung im Plateaubereich aktiven PGB bleiben bei Erniedrigung von γ_{ap}, die mit einer Abnahme von $\Delta\sigma/2$ verknüpft ist, erhalten. Sie verformen sich aber mit einer der γ_{ap}-Reduktion entsprechenden, verringerten lokalen plastischen Scheramplitude. Dies führt zu einem ausgeprägten Reihenfolgeeinfluß auf das Wachstum kurzer Risse [43, 44, 183].

Die bisherigen Ausführungen waren mit der in Abb. 7.1 unterstellten höheren Stabilität der Zellstruktur gegenüber der Bündel-, Ader- oder PGB-Struktur in Einklang. Eine neuere Untersuchung von Ma und Laird [261] führt zu dem erstaunlichen Ergebnis, daß die Zellstruktur zugunsten einer "instabileren" Versetzungsanordnung aufgelöst werden kann:
Ein Kupfereinkristall wird mit stufenweise steigender Amplitude zyklisch verformt, bis sich (im Bereich C) eine Zellstruktur gebildet hat. Eine daran anschließende Wechselbeanspruchung mit einer reduzierten Schubspannungsamplitude von 24 MPa führt zu einem γ_{ap} von $1,8 \cdot 10^{-4}$. Die plastische Verformung

[8] Als praktische Konsequenz ergibt sich, daß die Bestimmung der zyklischen Spannungs-Dehnungskurve durch Versuche mit stufenweiser Veränderung der Beanspruchungsamplitude nur dann eine vernünftige Näherung liefern kann, wenn die Amplitude (jeweils nach Sättigung) *erhöht* wird.

wird durch ein Makroband getragen, das ca. 250 μm breit ist und PGB mit regelmäßigen Leiterstrukturen aufweist. Offensichtlich konnte sich die Zellstruktur in PGB umwandeln. Die Bereiche neben dem Makroband weisen eine weitere überraschende Erscheinung auf. Dort sind die Zellen völlig verschwunden und es haben sich statt dieser Versetzungsstrukur gleichmäßig verteilte Versetzungsbündel gebildet, also genau die Anordnung, die bei der niedrigen Amplitude ohne Vorverformung zu erwarten gewesen wäre.

Ma und Laird erklären die Umwandlung der Zellstruktur im Versetzungsbündel folgendermaßen: Solange die Beanspruchungsamplitude hoch ist, existiert ein dynamisches Gleichgewicht zwischen Versetzungsbildung und -vernichtung sowohl in den Zellwänden als auch im Zellinneren. Durch die Erniedrigung der Spannungsamplitude kann dieses Gleichgewicht nicht mehr aufrechterhalten werden. Zwar werden im Zellinneren weiterhin Gleitprozesse stattfinden, die wirksame Spannung ist aber nicht mehr hoch genug, um die Versetzungen in die Wände zu drücken. Dadurch entfällt die Möglichkeit der Annihilation in den Wänden, die Multiplikation überwiegt. Als Konsequenz werden die Wände durch aufgestaute Versetzungen dicker und diffuser. Es entsteht allmählich eine Bündelstruktur.

Die obige Erklärung ist in guter Übereinstimmung mit dem Verbundgedanken. Wendet man Abb. 6.6 im übertragenen Sinn auf Zellstrukturen an, so kann durch eine Erniedrigung von $\Delta\sigma/2$ der Bereich des Makrofließens verlassen werden. Anstelle der Bereiche 1, 2 und 3 werden nur noch die Stadien 1 und 2 (Mikrofließen) durchlaufen, was nach vielen Zyklen zu einer Umstrukturierung der Versetzungsanordnung führen kann. Ob eine Zellstruktur durch zyklische Verformung umgewandelt werden kann, hängt sicherlich — ähnlich wie die Frage, ob Zellwände durch Wärmebehandlung bei niedriger Temperatur aufgelöst werden können (Abschnitt 7.2) — vom erreichten Entwicklungsstadium ab.

7.4 Verhalten bei variierender Belastungsamplitude

Unter dem Gesichtspunkt der Anwendung der Vielkomponentenmodelle zur Berechnung des zyklischen Spannungs-Dehnungs-Verhaltens von Metallen und Legierungen muß das Ergebnis der bisherigen Betrachtung zur Vorgeschichteabhängigkeit enttäuschend erscheinen. Selbst der noch übersichtlichste Fall eines Werkstoffes mit welligem Gleitverhalten bei großer Beanspruchungsamplitude rechtfertigt die Berechnung des σ-ϵ-Verlaufes mit dem in Kapitel 4 beschriebenen mathematischen Formalismus nicht, da das Sättigungsverhalten und damit die diesem zuzuordnende Streckgrenzenverteilungsfunktion $f_p(\sigma_{if})$ bzw. $f_s(\sigma_{if})$ eine (in diesem Fall eindeutige) Funktion von $\Delta\epsilon_{pl}/2$ bzw. $\Delta\sigma/2$ ist[9]. Eine Berechnung einer σ-ϵ-Hysteresekurve würde die vorherige Auswertung derselben voraussetzen.

Etwas günstiger stellt sich die Situation dar, wenn man die im technischen Einsatz eines Bauteils meist vorliegende Beanspruchung mit ständig variierender Amplitude (Zufallsbelastung) berücksichtigt. Die in den letzten Abschnitten immer wieder erwähnten Begriffe "Vorgeschichteabhängigkeit" bzw. "-unabhängigkeit" und "Eindeutigkeit des zyklischen Spannungs-Dehnungs-Verhaltens" geben an, ob der vorverformte Werkstoff *innerhalb seiner Lebensdauer* den Sättigungszustand einer anfänglich unverformten Probe erreicht oder nicht. Sie sagen aber zunächst nichts über die Geschwindigkeit aus, mit der die Einstellung erfolgt. Selbst unter sehr günstigen Bedingungen benötigt dieser Vorgang mehrere Lastwechsel. Bei sich schnell verändernder Amplitude werden deshalb die Versetzungsumlagerungsprozesse nicht in der Lage sein, jeweils die zur aktuell wirksamen Beanspruchungsamplitude gehörende Sättigungsstruktur einzustellen. Vielmehr läßt sich vermuten, daß bei ständigem Amplitudenwechsel eine für den Belastungsverlauf charakteristische quasi-stationäre Versetzungsanordnung entsteht. Die Streckgrenzenverteilungsfunktion würde sich somit nicht mehr verändern.

Mikrostrukturell orientierte Untersuchungen zur Zufallsbeanspruchung sind relativ selten (z.B. [262, 263, 62, 41]). Die folgenden Überlegungen stellen deshalb eher eine Art Hypothese für die in den Kapiteln 10–13 geschilderten Ergebnisse dar.

Betrachtet wird ein Werkstoff mit welligem Gleitcharakter, weil für diesen die mikrostrukturelle Basis für die Vielkörpermodelle gegeben ist (siehe Kapitel 6). Weiterhin wird nur die Parallelschaltung behandelt, die Überlegungen gelten aber sinngemäß auch für die Serienschaltung. Die Spannungsamplitude ist allgemein eine Funktion der Streckgrenzenverteilungsfunktion, welche die Versetzungsanordnung beinhaltet, und der plastischen Dehnungsamplitude:

$$\frac{\Delta\sigma}{2} = \frac{\Delta\sigma}{2}\left(f_p(\sigma_{if}), \frac{\Delta\epsilon_{pl}}{2}\right) \tag{7.3}$$

Bei Wechselverformung mit konstanter Amplitude stellt sich ein Sättigungszustand ein. $f_p(\sigma_{if})$ wird somit eindeutig durch $\Delta\epsilon_{pl}/2$ bestimmt. Daraus folgt, daß $\Delta\sigma/2$ nur von $\Delta\epsilon_{pl}/2$ abhängig ist:

$$\frac{\Delta\sigma}{2} = \frac{\Delta\sigma}{2}\left(\frac{\Delta\epsilon_{pl}}{2}\right) \tag{7.4}$$

(7.4) definiert die zyklische Spannungs-Dehnungskurve, die aufgrund der Voraussetzungen eindeutig ist. Der Verlauf der zyklischen Spannungs-Dehnungskurve sagt nichts über die bei einer bestimmten Beanspruchungsamplitude vorliegende Streckgrenzenverteilungsfunktion aus, da sich diese mit $\Delta\epsilon_{pl}/2$ kontinuierlich

[9] Im Vorgriff auf Kapitel 10 sei bereits an dieser Stelle angemerkt, daß die $f_p(\sigma_{if})$-Verläufe für unterschiedliche Belastungsamplituden in einfacher Weise ineinander überführt werden können.

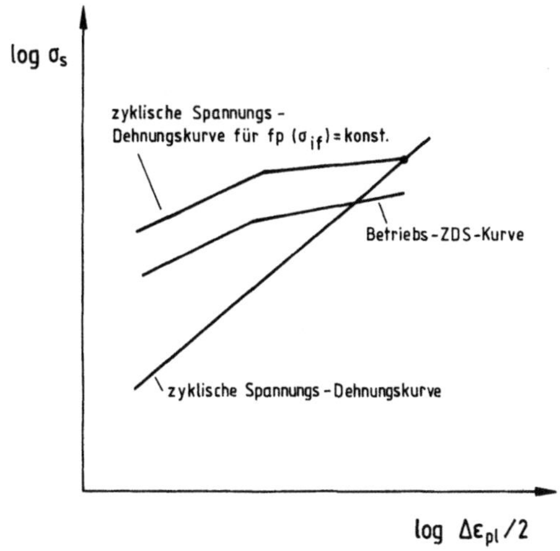

Abb. 7.13: Schematische Darstellung der zyklischen Spannungs-Dehnungskurve aus Einstufenversuchen und bei $f_p(\sigma_{if})$ = konst. im Vergleich mit der Betriebs-ZSD-Kurve

verändert. Die Gültigkeit des Vielkörpermodells gestattet es aber, die zyklische Spannungs-Dehnungskurve zu ermitteln, die bei einer konstanten Mikrostruktur (d.h. konstante Streckgrenzenverteilungsfunktion) beobachtet werden würde. Diese ist der mit dem Maßstabsfaktor 1/2 multiplizierte ansteigende Hysteresenast der sich bei der betrachteten Amplitude einstellenden Sättigungshysterese. Sie berührt die tatsächliche zyklische Spannungs-Dehnungskurve bei dem mit der Streckgrenzenverteilungsfunktion verknüpften Wertepaar ($\Delta\epsilon_{pl}/2$, σ_S). Die verschiedenen Kurven sind in Abb. 7.13 schematisch dargestellt.

Der Vergleich der Wechselverformungskurven von Versuchen mit konstanter Amplitude und Zufallsbelastung an einkristallinem [262] und vielkristallinem Kupfer [263, 62] zeigt, daß der Versuchsführung mit variierender Amplitude eine "effektive" plastische Dehnungsamplitude zugeordnet werden muß, die 15% bis 25% unter der Maximalamplitude liegt. Die Ergebnisse der Versetzungsstrukturuntersuchungen unterstützen diese Aussage.

Sicherlich hängt der genaue Zahlenwert nicht nur vom betrachteten Werkstoff sondern auch von den Beanspruchungsparametern ab. Die Beobachtungen zeigen aber, daß die Wirkung einer Zufallsbeanspruchung nicht so beschrieben werden darf, als würde die Maximalbeanspruchung ständig vorliegen und zur Sättigung führen.

Die in Abschnitt 2.1.3 definierte Betriebs-ZSD-Kurve ist in Abb. 7.13 eingezeichnet. Wird eine maximale Belastung angenommen, die gleich ist dem Wert für $\Delta\epsilon_{pl}/2$ des eingetragenen Punktes, dann sollte die Kurve unter der ZSD-Kurve für $f_p(\sigma_{if})$ = konst. liegen. Die effektive plastische Dehnungsamplitude ergibt sich aus dem Schnittpunkt von Betriebs- und tatsächlicher ZSD-Kurve. Unter der Voraussetzung, daß sich die Streckgrenzenverteilungsfunktion bei Zufallsbeanspruchung nicht verändert, kann nicht nur die Betriebs-ZSD-Kurve sondern der gesamte Spannungs-Dehnungsverlauf aus $f_p(\sigma_{if})$ für diese effektive plastische Dehnungsamplitude berechnet werden.

In den Kapiteln 10–13 wird die Gültigkeit dieser Annahme für verschiedene Werkstoffe überprüft. Die Zufallsbeanspruchung wird dabei durch den *Incremental Step Test* simuliert, der in Kapitel 9 vorgestellt wird. Im folgenden Kapitel soll zunächst auf einige experimentelle Besonderheiten im Zusammenhang mit der Untersuchung des zyklischen Spannungs-Dehnungs-Verhaltens eingegangen werden.

Kapitel 8

Zur experimentellen Methodik

Es würde den Rahmen dieses Buches bei weitem sprengen, wenn auf die Details der experimentellen Methoden zur Untersuchung des zyklischen Spannungs-Dehnungsverhaltens eingegangen werden sollte. Deshalb werden in diesem Kapitel nur die Aspekte experimenteller Versuchsführung behandelt, die über die Standardverfahren hinausgehen und sich unter dem Gesichtspunkt des Verbundgedankens in einem neuen Licht darstellen (Allgemeinere und ausführlichere Informationen findet der Leser z.B. in [264, 19, 265, 57, 109, 266].).

8.1 Beispiel für ein servohydraulisches Materialprüfsystem

Wechselverformungsversuche werden meist mit Hilfe servohydraulischer Prüfsysteme durchgeführt, die es gestatten, durch einen "closed-loop"-Betrieb beliebige Beanspruchungsverläufe bei Frequenzen bis typischerweise 10...50 Hz aufzubringen. Abbildung 8.1 gibt eine moderne Materialprüfmaschine wieder (Herstellerfirma des Grundsystems: MTS), die mit einem Rezipienten ausgestattet ist und dadurch Versuche in verschiedenen (definierten) Gasatmosphären oder im Hoch- bzw. Ultrahochvakuum erlaubt. Die Probe wird mit Hilfe wassergekühlter, hydraulischer Einspannungen fixiert. Abbildung 8.2 zeigt die die Probe umgebende Induktionsspule, die, gespeist von einem Hochfrequenzgenerator (In Abb. 8.1 ist dieser nicht abgebildet; man erkennt am rechten Bildrand den Außenschwingkreis, an dem die Spule befestigt ist.), eine Beheizung ermöglicht. Einen Überblick über die experimentellen Techniken speziell der Hochtemperaturermüdungsforschung gibt [265, 266].

Neben einer exakten Kontrolle und Regelung der Temperatur und der Aufrechterhaltung einer definierten Probenumgebung, erfordert die Durchführung reproduzierbarer Wechselverformungsexperimente mit Registrierung auswertbarer Hysteresekurven die genaue Messung der Dehnung *innerhalb* der Meßlänge

|4| Tischrechner mit Zubehör

|3| Schaltschrank 2
|3.1| Speicheroszilloskop
|3.2| 4–Kanalschreiber
|3.3| Temperaturregler u. –anzeige
|3.4| AD–DA–Wandler
|3.5| Maximal–Minimalwert–erfassung
|3.6| Pumpstandsteuerung
|3.7| AD–DA–Wandler

|2| Schaltschrank 1
|2.1| Datenanzeige
|2.2| Funktionsgenerat.
|2.3| Regeleinheit
|2.4| Kontrolleinheit

|1| Lastrahmen
|1.1| Oberes Querhaupt
|1.2| HT–Einspannung
|1.3| Rezipient

Abb. 8.1: Universalprüfmaschine zur Durchführung von Wechselverformungsexperimenten bei hoher Temperatur und in definierter Umgebung der Probe

Abb. 8.2: Blick in den Rezipienten mit Probe, Induktionsspule, Hochtemperaturdehnungsaufnehmer, Thermoelementen und wassergekühlten hydraulischen Einspannungen

der Probe. In Abb. 8.2 wird dies durch einen wassergekühlten Hochtemperaturdehnungsaufnehmer (Fa. MTS) realisiert, dessen Quarzglasstäbe mit geringer Kraft gegen die Probenmeßlänge gedrückt werden. Für Versuche, die eine größere Dehnungsauflösung erfordern (z.B. zur Bestimmung elastischer Konstanten höherer Ordnung, siehe Abschnitt 3.2.1 oder auch [57]), kann die Genauigkeit durch Verwendung zweier, symmetrisch zur Probenachse angeordneter Aufnehmer gesteigert werden.

8.2 Regelgrößen und Sollwertverlauf

Moderne Universalprüfmaschinen gestatten standardmäßig die Verwendung von Spannung σ oder Dehnung ϵ als Regelgröße, d.h. als diejenige Größe, die im geschlossenen Regelkreis ständig an den aktuellen Sollwert angepaßt wird[1]. Je nachdem, ob die Beanspruchungsamplitude während des Versuches konstant gehalten oder aber nach jeweils mehreren Zyklen verändert wird, spricht man von Einstufen- oder Mehrstufenversuchen. Die zeitlichen Verläufe sind schematisch in Abb. 8.3 dargestellt.

Der Mehrstufenversuch wird häufig benutzt, um mit *einer* Probe *mehrere* Punkte der zyklischen Spannungs-Dehnungskurve zu ermitteln. Wie aus den in Kapitel 7 dargelegten Beobachtungen folgt, ist dies zumindest bei Werkstoffen

[1] Die Position des hydraulischen Kolbens als dritte Regelgröße hat für die Versuche zum zyklischen Verformungsverhalten kaum Bedeutung, da hierbei die Regelgenauigkeit zu gering ist.

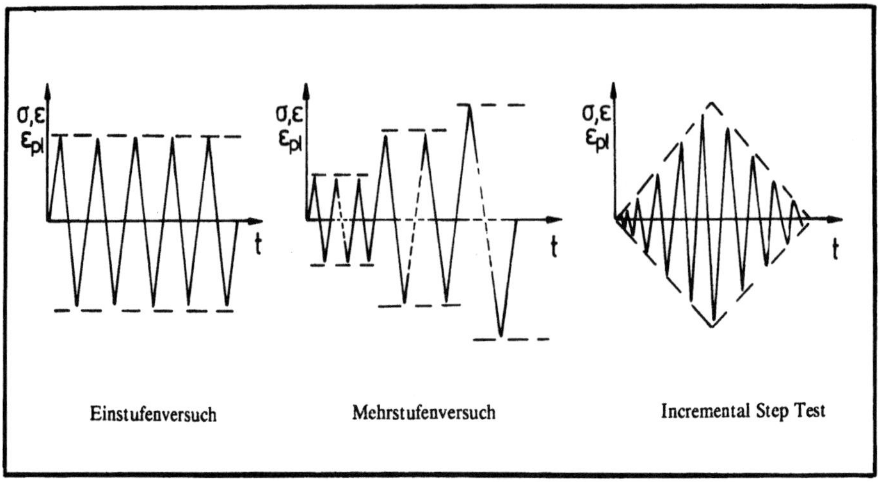

Abb. 8.3: Vergleich der Beanspruchungsverläufe im Einstufenversuch, Mehrstufenversuch und im Incremental Step Test

mit welligem Gleitcharakter erlaubt, wenn die Amplitude jeweils erhöht wird und die Zyklenzahl einer Stufe ausreichend groß ist, um den Sättigungszustand zu erreichen.

Der dritte in Abb. 8.3 skizzierte Versuchstyp ist der Incremental Step Test, bei dem die Beanspruchungsamplitude zunächst *kontinuierlich* bis zu einem Maximalwert erhöht und anschließend wieder erniedrigt wird. Diese spezielle Art der Versuchsführung wird im Detail in Kapitel 9 behandelt; damit erzielte Ergebnisse werden in den Kapiteln 10–14 dargelegt.

Neben σ und ϵ kann auch die plastische Dehnung ϵ_{pl} als Regelgröße verwendet werden. Dazu muß ϵ_{pl} ständig aus σ und ϵ über die Beziehung

$$\epsilon_{pl} = \epsilon - \frac{\sigma}{E} \tag{8.1}$$

berechnet werden, was durch eine einfache analoge elektronische Schaltung, die die elektrischen Spannungen für σ und ϵ gemäß (8.1) miteinander verknüpft, möglich ist. Das so erhaltene Signal der plastischen Dehnung kann als Rückführsignal dem Regler für den Soll-/Istwert - Vergleich zugeführt werden, was eine kleine Modifikation der Standardelektronik erforderlich macht. Die Regelung der plastischen Dehnung unterscheidet sich von der bei Ermüdungsversuchen häufig benutzten Begrenzung der plastischen Dehnung (d.h. konstante plastische Dehnungsschwingbreite), die in Totaldehnungsregelung durchgeführt wird und der Coffin-Manson-Beziehung (1.2) Rechnung trägt.

Abbildung 8.4 zeigt die zeitlichen Verläufe von Spannung, Dehnung und plastischer Dehnung für die verschiedenen Regelarten. Für den Fall eines Metalles oder einer Legierung mit dehngeschwindigkeits- und regelgrößenunabhängigem Verformungsverhalten (siehe Abschnitt 3.2.4 und Abschnitt 7.1) führen alle drei Versuchstypen zu deckungsgleichen Hysteresekurven, wenn die Amplituden einander entsprechen.

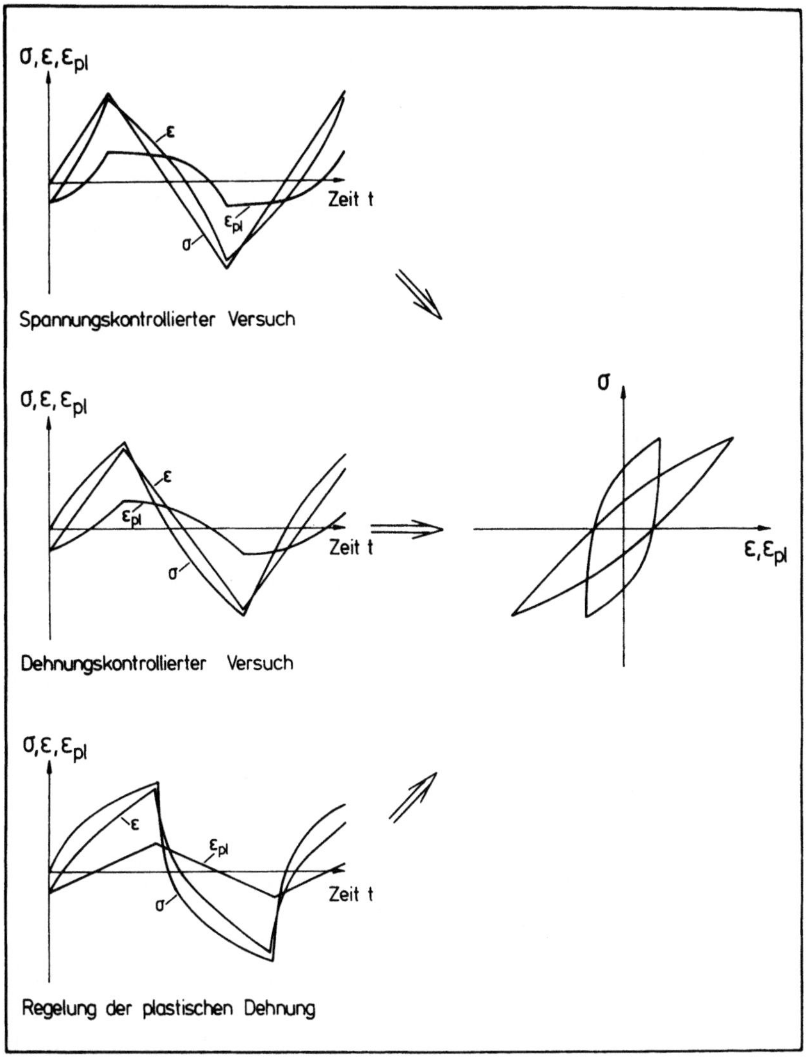

Abb. 8.4: Verläufe von Spannung, Dehnung und plastischer Dehnung mit der Zeit für verschiedene Regelarten

Vor allem bei krz Metallen wird die Fließspannung und damit das mechanische Verhalten maßgeblich von der Verformungsgeschwindigkeit beeinflußt (siehe Abschnitt 5.4). Legt man den in Abb. 8.4 betrachteten dreiecksförmigen Sollwertverlauf zugrunde, so liefert die Regelung der plastischen Dehnung die Möglichkeit, die plastische Verformungsgeschwindigkeit (betragsmäßig) konstant zu halten. Im Gegensatz dazu variiert $\dot{\epsilon}_{pl}$ bei spannungs- und dehnungskontrollierter Versuchsführung zwischen zwei Lastumkehrpunkten von $\dot{\epsilon}_{pl} \simeq 0$ bis zu einem Maximalwert, so daß sich der thermische Fließspannungsanteil innerhalb eines Lastspieles ständig ändert. Aus metallphysikalischer Sicht wäre eine Wechselbeanspruchung mit $\dot{\epsilon}_{pl}$ = konst., wie sie die plastische Dehnungsregelung ermöglicht, zweckmäßig.

Vom regelungstechnischen Standpunkt aus ist die Kontrolle von ϵ_{pl} problematisch. Während der rein elastischen Verformung nach der Lastumkehr ändert sich ϵ_{pl} nicht, obwohl sich der Kolben der Prüfmaschine bewegt. Dies entspricht einem offenen Regelkreis ("open loop"), der zu instabilem Verhalten in Form von Schwingungen führen kann. Dies ist der Grund, warum die Regelung der plastischen Dehnung allgemein als nicht durchführbar betrachtet wird. Die Praxis beweist jedoch, daß wegen der immer vorhandenen mechanischen Trägheit von Universalprüfsystemen nach entsprechender Optimierung der Regelparameter eine sichere Kontrolle von ϵ_{pl} möglich ist (Eine ausführlichere Darstellung dieser Regelart mit vergleichenden Beispielen wird in [104] gegeben.).

8.3 Verbundmodelle und plastische Dehnung

Die plastische Dehnung ϵ_{pl} war bei der Behandlung der Vielkörpermodelle in Kapitel 5 nicht betrachtet worden. Die folgenden Überlegungen zeigen, daß die Regelung von ϵ_{pl} mit der Zielsetzung, die plastische Verformungsgeschwindigkeit möglichst konstant zu halten, nur eine Näherung darstellt, wenngleich diese gegenüber Spannungs- und Totaldehnungsregelung deutliche Vorteile besitzt.

Legt man den Verbundcharakter eines Werkstoffes zugrunde, dann sollte, um einfache Bedingungen zu schaffen, möglichst die *lokale* plastische Dehngeschwindigkeit $\dot{\epsilon}_{i,pl}$ konstant und für alle Elemente gleich sein. Dies kann durch eine Versuchsführung mit $\dot{\epsilon}_{pl}$ = konst. nicht erreicht werden.

Als erstes sei das Serienschaltungsmodell betrachtet, für das in Kapitel 4 die Beziehung

$$\epsilon_r = \frac{\sigma_r}{E} + \frac{2}{k_s} G_s \left(\frac{\sigma_r}{2} \right) \tag{8.2}$$

abgeleitet worden war. Damit folgt für die relative plastische Dehnung $\epsilon_{pl,r}$:

$$\epsilon_{pl,r} = \epsilon_r - \frac{\sigma_r}{E} = \frac{2}{k_s} G_s \left(\frac{\sigma_r}{2} \right) \tag{8.3}$$

Wird $\dot{\epsilon}_{pl}$ = konst. durch die Versuchsführung vorgegeben, dann muß gelten:

$$\frac{\partial\left(\frac{2}{k_s}G_s\left(\frac{\sigma_r}{2}\right)\right)}{\partial t} = \frac{\partial\left(\frac{2}{k_s}\int\limits_0^{\frac{\sigma_r}{2}} F_s\left(\frac{\sigma_r}{2}\right)\,\mathrm{d}\sigma_{if}\right)}{\partial t} \tag{8.4}$$

$$= \frac{1}{k_s}F_s\left(\frac{\sigma_r}{2}\right)\frac{\partial\sigma_r}{\partial t} \tag{8.5}$$

$$= \text{konst.}, \tag{8.6}$$

wie durch partielle Differentiation folgt.

$F_s\,(\sigma_r/2)$ ist der Anteil der Elemente, welche sich bei σ_r plastisch verformen, da ihre Streckgrenzen kleiner $\sigma_r/2$ sind. Die Veränderung der Spannung hängt somit umgekehrt proportional von $F_s\,(\sigma_r/2)$ ab.

Andererseits bestimmt die Größe von $\partial\sigma_r/\partial t$ die lokale plastische Dehngeschwindigkeit in den "plastisch aktiven" Elementen, da elastisch linear-plastisches Verhalten vorausgesetzt worden war.

$$\dot{\epsilon}_{i,pl} = \frac{1}{k_s}\frac{\partial\sigma_r}{\partial t} \tag{8.7}$$

In der Vorstellung des Serienschaltungsmodells kann ein $\dot{\epsilon}_{i,pl}$ = konst. durch Spannungsregelung mit $\partial\sigma/\partial t$ = konst. erreicht werden; eine plastische Dehnungsregelung mit dreiecksförmigem Sollwertverlauf führt nicht zum Ziel, was aufgrund der geometrischen Anordnung der Elemente bereits rein anschaulich klar wird.

Im Masing-Modell, das ja nach Kapitel 6 dem realen Verhalten etwas näher steht, sind die Einzelelemente über die Dehnung miteinander gekoppelt. Zwischen der relativen Spannung und der relativen Dehnung gilt der Zusammenhang:

$$\sigma_r = \epsilon_r E - 2G_p\left(\frac{\epsilon_r E}{2}\right), \tag{8.8}$$

woraus für $\epsilon_{pl,r}$ folgt:

$$\epsilon_{pl,r} = \frac{2}{E}G_p\left(\frac{\epsilon_r E}{2}\right) \tag{8.9}$$

Die Bedingung $\partial\epsilon_{pl}/\partial t$ = konst. führt durch partielle Differentiation auf die Beziehung:

$$F\left(\frac{\epsilon_r E}{2}\right)\frac{\partial\epsilon_r}{\partial t} = \text{konst.} \tag{8.10}$$

Damit die plastische Dehngeschwindigkeit makroskopisch konstant sein kann, muß das Produkt aus dem momentan plastisch aktiven Anteil der Elemente und deren lokaler Totaldehngeschwindigkeit konstant sein. Die zuletzt genannte Größe ist aber aufgrund der Parallelschaltung identisch mit der *makroskopischen* Totaldehngeschwindigkeit und wegen des ideal elastisch-plastischen Verhaltens

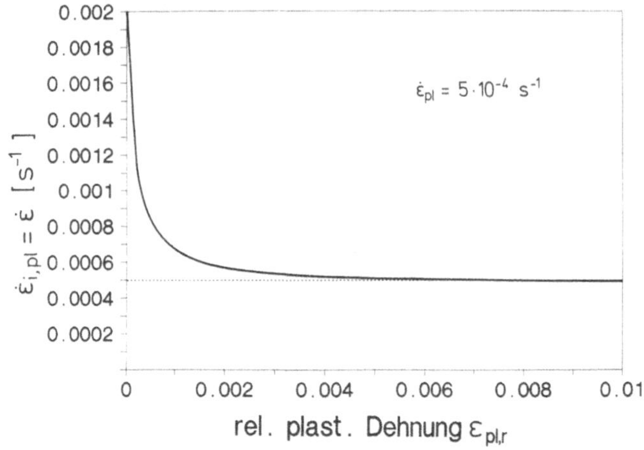

Abb. 8.5: **Zusammenhang von lokaler plastischer Dehngeschwindigkeit und relativer plastischer Dehnung im Masing-Modell bei $\dot{\epsilon}_{pl} = 5 \cdot 10^{-4} s^{-1}$**

des Einzelelementes gleich der ***lokalen plastischen*** Dehngeschwindigkeit in den sich plastisch verformenden Bereichen. $\dot{\epsilon}_{i,pl}$ besitzt gemäß (8.10) bei Lastumkehr einen unendlichen Wert und sinkt dann asymptotisch auf den Grenzwert $\partial\epsilon_{pl}/\partial t =$ konst. ab, wenn sich zunehmend mehr Elemente plastisch deformieren[2]. Ein $\dot{\epsilon}_{i,pl}$ = konst. kann modellgemäß durch eine konstante Totaldehnungsgeschwindigkeit erreicht werden.

Beziehung (8.10) gestattet eine Berechnung von $\dot{\epsilon}_{i,pl}$ als Funktion der relativen plastischen Dehnung $\epsilon_{pl,r}$, wenn die Streckgrenzenverteilungsfunktion bekannt ist. In Abb. 8.5 ist $\dot{\epsilon}_{i,pl}$ für den an Kupfer im Incremental Step Test ermittelten $f_p(\sigma_{if})$-Verlauf dargestellt, wobei eine plastische Dehngeschwindigkeit von $\dot{\epsilon}_{pl} = 5 \cdot 10^{-4} s^{-1}$ vorausgesetzt wurde. Man erkennt den relativ schnellen Abfall von $\dot{\epsilon}_{i,pl}$ mit $\epsilon_{pl,r}$ und das Einlaufen in den Wert für $\dot{\epsilon}_{pl}$.

Unter dem Gesichtspunkt der analytischen Auswertung gemessener Hysteresekurven bietet die plastische Dehnungsregelung gegenüber den anderen Regelarten den Vorteil, daß der Bereich nach der Lastumkehr sehr schnell durchlaufen wird. Zeitabhängige Verformungsvorgänge, die zu einem Abbau oder einer Umlagerung der Eigenspannungen führen, werden deshalb stärker unterdrückt.

Aus experimenteller Sicht ist die Möglichkeit einer relativ problemlosen Versuchsunterbrechung wichtig. Durch Anhalten des Sollwertes bei Null ($\epsilon_{pl} = 0$), Umschalten auf Kraftregelung und Reduzierung des Kraftsignals erfolgt in guter Näherung eine Entlastung von der Hysteresekurve entlang der elastischen Linie auf den (ϵ, σ)-Nullpunkt. Die Probe kann (evtl. nach Aus- und Wiedereinbau) von diesem leicht reproduzierbaren Zustand aus weiterverformt werden.

---

[2]Bei den in Abschnitt 3.2.4 aufgeführten Versuchen zur Bestimmung des thermischen Fließspannungsanteiles durch $\dot{\epsilon}_{pl}$-Wechsel innerhalb der Hysteresekurve war dieser Grenzwert in guter Näherung zum Zeitpunkt der Veränderung der plastischen Dehngeschwindigkeit erreicht. Damit gilt $\dot{\epsilon}_{pl} \simeq \dot{\epsilon}_{i,pl}$, und die Ergebnisse werden der Zielsetzung gerecht.

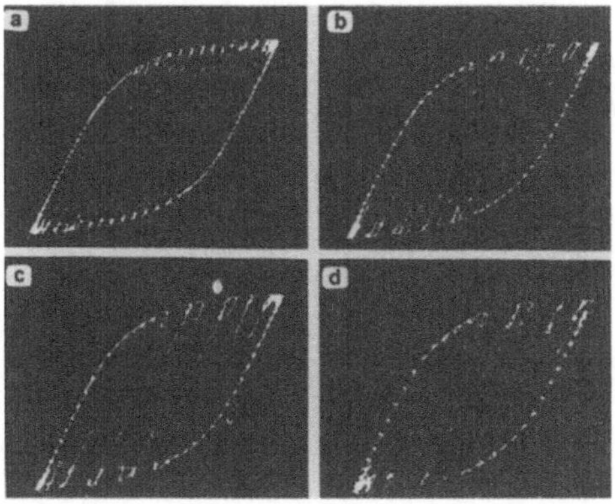

Abb. 8.6: Hystereseschleifen eines Kupfereinkristalles bei $\gamma_{ap} = 2 \cdot 10^{-3}$ und der Belastungsfrequenz a) 0,3 Hz, b) 0,5 Hz, c) 0,7 Hz und d) 0,9 Hz; nach Yan und Laird [267]

8.4 Instabilität in der Hysteresekurve

Die Ermittlung der Streckgrenzenverteilungsfunktion durch zweifache Differentiation eines Spannungs-Dehnungsastes einer Hysteresekurve stellt hohe Ansprüche an die Versuchsführung, nicht nur in bezug auf die Berücksichtigung von Vorgängen, die zu einer Hysteresenformänderung führen können (vgl. Abschnitt 3.2), sondern auch was die Meß- und Registriergenauigkeit betrifft. Selbst nach aufwendigster Optimierung von Meßaufnehmern und -elektronik (siehe z.B. [57, 109]) sind durch den untersuchten Werkstoff selbst und durch regelungstechnische Effekte kleine Zacken im σ-ϵ-Verlauf unvermeidbar.

In Abschnitt 5.3 war im Zusammenhang mit der Behandlung des zyklischen Verformungsverhaltens von Legierungen mit planarem Gleitcharakter darauf hingewiesen worden, daß sich sowohl in den Hysterese- als auch in den Wechselverformungskurven Instabilitäten in Form von Dehnungsmaxima zeigen. Ein weiteres bekanntes Beispiel für das Auftreten einer werkstoffbedingten "Feinstruktur" im Spannungs-Dehnungs-Verlauf liefert die dynamische Reckalterung, auf die in Abschnitt 13.2 näher eingegangen wird.

Aber selbst bei Werkstoffen, bei denen eine Verformungsinstabilität nicht ohne weiteres vermutet werden kann, treten innerhalb der Hysteresekurve Dehnungsschübe ("strain avalanches") auf. Abbildung 8.6 aus [267] zeigt an einem Kupfereinkristall registrierte Hystereseschleifen, die deutliche Spannungseinbrüche erkennen lassen.

Die Ursache dieser Strukturierung des Spannungs-Dehnungs-Zusammenhanges konnte bisher nicht zweifelsfrei geklärt werden. Die ersten Beobachtungen wurden auf der Basis mikroskopischer Verformungsvorgänge interpretiert [267, 268], was auch in der Beziehung "strain avalanches" zum Ausdruck kommt. Spätere, sehr sorgfältige Messungen an verschiedenen Metallen und Legierungen bei systematischer Variation der Versuchs- und Regelparameter [269, 270]

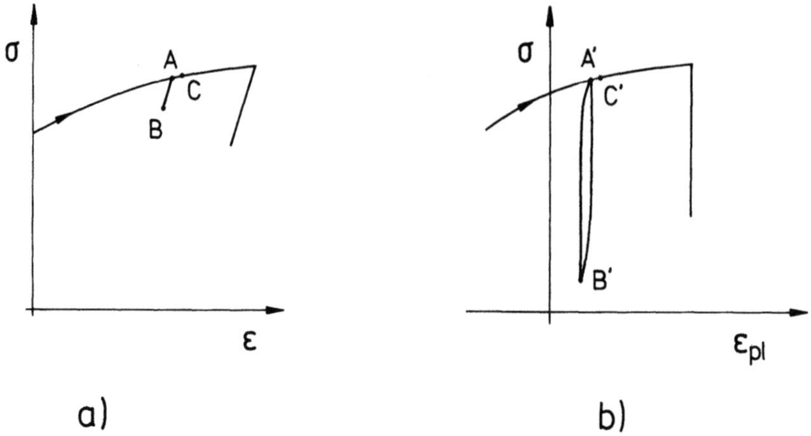

Abb. 8.7: Schematische Darstellung von Spannungseinbrüchen durch Regelschwankungen bei a) Kontrolle der Gesamtdehnung, b) Kontrolle der plastischen Dehnung; in Anlehnung an Šesták [269]

weisen darauf hin, daß es sich um einen mit dem normalen Betrieb servohydraulischer Prüfsysteme verbundene Effekte handelt, dessen Ausprägung durch eine Wechselwirkung zwischen der Prüfmaschine und dem Verformungsverhalten des untersuchten Werkstoffes bestimmt wird.

In Abb. 8.7 wird ein Ausschnitt der Hysteresekurve für Gesamt- (Teilbild a) bzw. plastische Dehnungsregelung (Teilbild b) dargestellt. Geht man davon aus, daß an den Stellen A bzw. A′ eine Regelschwankung zu einer Erniedrigung der Regelgröße führt, so ergibt sich eine Entlastung (B bzw. B′) deren Höhe — gleiche Beträge der Regelschwankung vorausgesetzt — im Falle der Kontrolle von ϵ_{pl} deutlich größer ist als bei ϵ-Regelung. Das Prüfsystem wird versuchen, die Regelabweichung auszugleichen, was eine Überkorrektur zur Folge haben kann. Dadurch wird der Punkt C bzw. C′ erreicht. Das Materialerinnerungsvermögen sorgt dafür, daß der Verlauf der Kurve zwischen den Punkten A (bzw. A′) und C (bzw. C′) auf der Hystereseschleife liegt. Eine Regelschwankung in Beanspruchungsrichtung der zyklischen Verformung führt somit zu einer relativ kleinen und für die Hysteresekurve unbedeutenden Spannungsänderung; in umgekehrter Richtung verhält sich der Werkstoff weitgehend elastisch, so daß große Lasteinbrüche beobachtbar sind.

Durch eine sorgfältige Optimierung der Regelparameter können die "strain avalanches" zum größten Teil vermieden oder zumindest in der Höhe stark reduziert werden. Für eine Analyse des Spannungs-Dehnungs-Verlaufes von Bedeutung ist die Beobachtung, daß die Feinstruktur der Hysteresekurve umso stärker ausgeprägt ist, je kleiner die Steigung $d\sigma/d\epsilon$ ist. Für die Ermittlung der Streckgrenzenverteilungsfunktion $f_p(\sigma_{if})$ hat dieses Phänomen somit keine weitreichenden negativen Konsequenzen, da $f_p(\sigma_{if})$ im flacheren Teil des σ-ϵ-Verlaufes bereits sein Maximum überschritten hat und asymptotisch auf Null abfällt. Anders verhält es sich in bezug auf die Bestimmung von $f_s(\sigma_{if})$, da hierzu $d^2\epsilon_r/d\sigma_r{}^2$ gebildet werden muß (vgl. (4.28)). Die Krümmung der Kurve ϵ_r gegen σ_r besitzt ihren Maximalwert kurz vor dem Lastumkehrpunkt, also genau da, wo $d\sigma/d\epsilon$ am geringsten ist.

8.5 Mikrostrukturelle Untersuchungsmethoden

Eine wissenschaftliche Behandlung des zyklischen Verformungsverhaltens erfordert gleichwertig neben der präzisen Messung der makroskopischen mechanischen Eigenschaften mikrostrukturell orientierte Untersuchungen. Erst die Korrelation beider Betrachtungsweisen stellt eine Basis für die Aufklärung der zugrundeliegenden Mechanismen dar, wobei, wie in Kapitel 6 dargelegt, die mesoskopische Ebene als Mittler betrachtet werden kann.

Die Transmissionselektronenmikroskopie hat sich in den letzten Jahrzehnten zum Standardverfahren für die Untersuchung der Mikrostruktur entwickelt, was sich neben dem Einsatz für reine Grundlagenforschung auch durch eine zunehmende Verbreitung in Industrielabors ausdrückt. Ein sicherlich gravierendes Problem, das mit der TEM-Betrachtung von Versetzungsanordnungen verknüpfte ist, hängt mit der geringen Größe der untersuchbaren (durchstrahlbaren) Bereiche und der (insbesondere in Vielkristallen) lokal stark inhomogenen Struktur zusammen. Dadurch wird die "Interpretationsfreiheit" bei der Charakterisierung der für eine mechanische Beanspruchung typischen Mikrostruktur sehr groß.

Der Orientierungs(Channeling)kontrast im Rasterelektronenmikroskop (REM) kann eine hervorragende Hilfe zur Beurteilung des Gleitcharakters und der entstehenden Versetzungsanordnung sein. Dieses Verfahren nimmt von der Größe des abzubildenden Bereiches eine Mittelstellung zwischen der Licht- und der Durchstrahlungselektronenmikroskopie ein und bietet gegenüber der konventionellen Oberflächenbetrachtung im REM den Vorteil, Informationen aus dem Inneren der Probe wiederzugeben. Zwar ist die Darstellung von einzelnen Versetzungen nach [271] mit konventionellen Methoden nicht möglich, globale Versetzungsanordnungen können aber über wesentlich größere Probenbereiche, wie dies im TEM der Fall ist, abgebildet werden. Damit erhöht diese Technik den Überblick und trägt der mesoskopischen Betrachtungsweise Rechnung.

In Abb. 8.8 ist die REM-Aufnahme einer Zellstruktur im Orientierungskontrast einer TEM-Aufnahme mit gleicher (fotographischer) Vergrößerung gegenübergestellt. Durch Einhaltung gewisser Abbildungsbedingungen (siehe [271]) kann die Auflösung der Channeling-Darstellung auf ca. 80...90 nm gesteigert werden, was der Breite der Versetzungswände in Abb. 8.8 entspricht.

Aussagen über mikrostrukturelle Veränderungen durch zyklische Verformung lassen sich in Ergänzung zu den metallographischen Verfahren (Lichtmikroskopie, REM, TEM, ...) durch eine große Anzahl anderer Methoden gewinnen, die zum Nachweis und zur Charakterisierung von Eigenschaftsänderungen des untersuchten Werkstoffes als Folge der Wechselbeanspruchung dienen. So führen z.B.

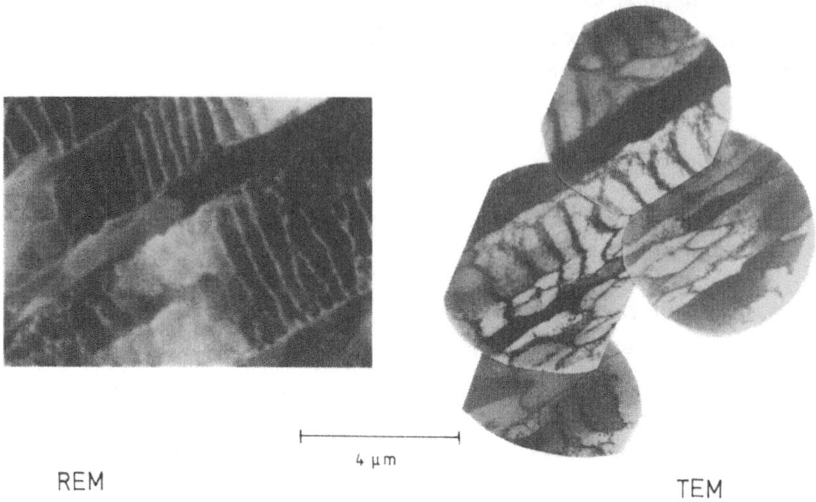

Abb. 8.8: Vergleich der Abbildung einer Zellstruktur im REM (Orientierungs(Channeling)-kontrast), Teilbild a, und im TEM, Teilbild b, bei gleicher Vergrößerung, nach Petry [272]

die Versetzungsmultiplikations- und -annihilationsvorgänge zu einer Veränderung der Defektkonzentration sowohl innerhalb jedes Belastungszyklus als auch in Abhängigkeit von der Lastwechselzahl, was durch Widerstandsmessung (z.B. in [91]) verfolgt werden kann.

Die Zunahme und heterogene Verteilung der Versetzungsdichte führt zu einer Vergrößerung des Variationsbereiches der Gitterkonstanten, ein Effekt, der sich in einer Verbreiterung der Röntgenlinienprofile zeigt und mit ausreichend empfindlichen röntgenographischen Techniken quantitativ erfaßbar ist (z.B. [232]). In Kapitel 5 war bereits erwähnt worden, daß *mesoskopische* Eigenspannungen für eine asymmetrische Verbreiterung der Profile verantwortlich sind. Der Eigenspannungs- oder innere Verzerrungszustand kann auch mit Hilfe magnetischer Untersuchungen (z.B. durch Messung der Koerzitivfeldstärke) charakterisiert werden.

Als Beispiel für ein Verfahren zur Oberflächenuntersuchung, das über die Standardverfahren der klassischen Metallographie hinausgeht, sei die Interferometrie genannt, die z.B. Aussagen über die lokale plastische Verformung in persistenten Gleitbändern anhand der gebildeten Oberflächenstufen zuläßt (z.B. [162, 73]).

Kapitel 9

Der Incremental Step Test

9.1 Der Incremental Step Test zur Bestimmung der zyklischen Spannungs-Dehnungskurve

Die zyklische Spannungs-Dehnungskurve stellt eine der wichtigsten Auftragungen zur Beschreibung des Verhaltens eines Metalles oder einer Legierung bei Wechselverformung dar. In Kapitel 1 wurde anhand verschiedener Methoden der Lebensdauervorhersage dokumentiert, daß die ZSD-Kurve die werkstoffspezifische Komponente in die oft sehr formalen Modelle einbringt.

Definitionsgemäß sollte die zyklische Spannungs-Dehnungskurve nach Morrow [21] durch viele Einstufenversuche ermittelt werden, da sie den Zusammenhang von $\Delta\epsilon_{pl}/2$ und $\Delta\sigma/2$ in der Sättigung wiedergibt. Diese Bestimmungsmethode wurde in Abschnitt 2.1.3 anhand Abb. 2.4 illustriert, in der die Kurve durch Verbindung der Lastumkehrpunkte gesättigter Hysteresekurven erhalten wurde.

Die Bedeutung der ZSD-Kurve und ihre experimentell aufwendige Ermittlungsmethode rechtfertigen, daß alternative Versuchsführungen entwickelt wurden, um die Anzahl der wechselzuverformenden Proben möglichst gering zu halten. Neben dem Mehrstufenversuch erfreut sich der Incremental Step Test großer Beliebtheit (z.B. [31, 32, 33, 41, 40, 273, 274, 275, 21, 246, 276, 58, 277]), der von Landgraf et al. [46, 20] vorgeschlagen worden ist.

In Abb. 9.1 wird im obersten Bild der Beanspruchungsverlauf eines Incremental Step Tests dargestellt. Es handelt sich dabei um eine etwas abgewandelte Version, die sich von der von Landgraf et al. [46] vorgeschlagenen und auch heute noch meist benutzten Versuchsführung in zwei Punkten unterscheidet:
(i) Geregelt wird nicht ϵ sondern ϵ_{pl}.
(ii) Nicht die Belastungsfrequenz sondern die Anstiegsgeschwindigkeit ist (betragsmäßig) konstant.
Dadurch kann während des Incremental Step Tests die plastische Dehnungsgeschwindigkeit konstant gehalten werden, was einen einfachen Vergleich mit Einstufenversuchen bei gleichem $\dot{\epsilon}_{pl}$ möglich macht.

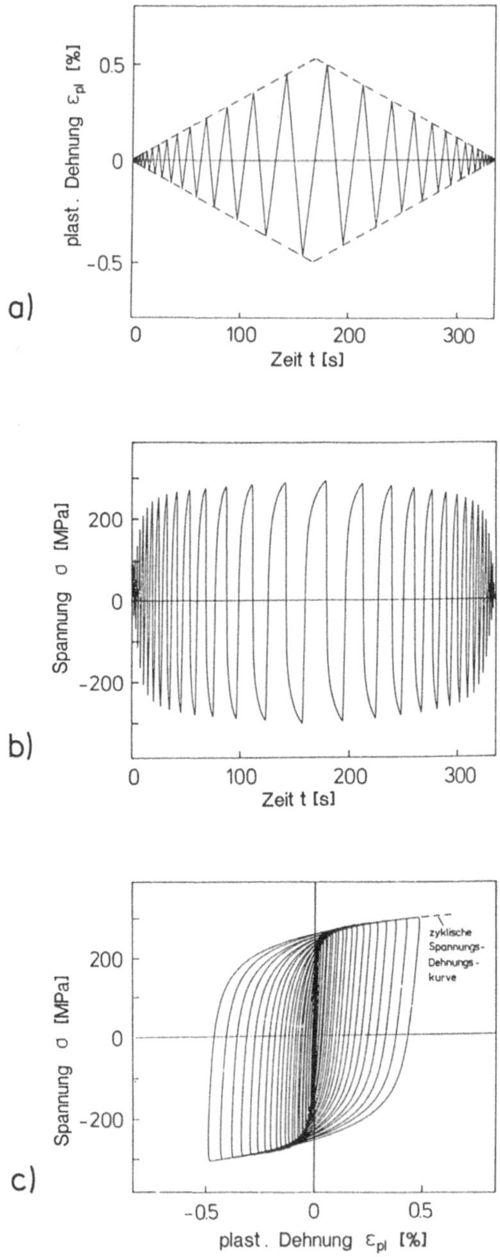

Abb. 9.1: Beanspruchungsverlauf des (modifizierten) Incremental Step Tests (a), Werkstoffantwort in Form des Spannungs-Zeit-Verlaufs (b) und Spannungs-Dehnungs-"Spirale" aus der Auftragung von σ über ϵ_{pl} (c)

Die in den folgenden Kapiteln vorgestellten Ergebnisse wurden weitgehend mit diesem Typ des Incremental Step Tests bei $\dot{\epsilon}_{pl} = 5 \cdot 10^{-4} s^{-1}$ ermittelt. In Kapitel B des Anhangs werden der konventionelle Incremental Step Test und einige aus meßtechnischen Gründen entwickelte Varianten vorgestellt, die zusätzlich zur Anwendung kamen.

Der in Abb. 9.1a aufgetragene Beanspruchungsverlauf mit einer linear ansteigenden Amplitude, die nach Erreichen eines Maximalwertes wieder linear abfällt, führt auf eine "Werkstoffantwort" in Form der Spannung über der Zeit (mittleres Bild). Nach mehreren solchen Belastungsblöcken stellt sich nach [20, 21, 46] ein Sättigungszustand ein, d.h. der Spannungsverlauf ändert sich nicht mehr. Die Auftragung der Spannung über der Dehnung oder plastischen Dehnung (unteres Bild) führt nicht zu geschlossenen Einzelhysteresen sondern zu einer "Spirale", deren Eckpunkte die Lage der zyklischen Spannungs-Dehnungskurve festlegen soll.

Landgraf et al. [46, 20] konnten zeigen, daß mit Hilfe dieser Methoden die ZSD-Kurve (aus Einstufenversuchen) verschiedener Legierungen in guter Näherung erhalten werden kann. Dieses Ergebnis ist nach den Ausführungen zur Vorgeschichteabhängigkeit in Kapitel 7 und zur Abhängigkeit der Versetzungsstruktur in der Sättigung von der Beanspruchungsamplitude in Kapitel 5 eher verwunderlich. Es läßt sich wegen der kontinuierlichen Amplitudenänderung auch nicht mit einer Vorgeschichteunabhängigkeit der zyklischen Verformung begründen.

Neuere vergleichende Untersuchungen zeigen, daß der Incremental Step Test zur genauen Bestimmung der ZSD-Kurve (z.B. [246, 275]) wenig geeignet ist. Dafür ermöglicht er in guter Näherung die Ermittlung der zyklischen Spannungs-Dehnungskurve bei variierender Amplitude (z.B. [31, 32, 33, 41, 40, 58, 273, 274]), die unter Betriebsbedingungen vorliegt (Betriebs-ZSD-Kurve). Die wenigen mikrostrukturell orientierten Arbeiten (z.B. [276, 278, 279]) weisen darauf hin, daß im stabilisierten Zustand des Incremental Step Tests die Versetzungsstruktur unabhängig von der aktuell wirkenden Beanspruchungsamplitude ist.

In den folgenden Kapiteln findet der Incremental Step Test als Versuchstyp aufgrund zweier Gesichtspunkte Anwendung:

- Durch den Vergleich der Ergebnisse aus dem Incremental Step Test und Versuchen mit $\Delta\epsilon_{pl}$ = konst. werden auf mikrostruktureller Basis die Unterschiede im zyklischen Verformungsverhalten bei konstanter und variabler Amplitude und deren Ursachen dargestellt.
- Der Incremental Step Test als Simulationsverfahren für eine Betriebsbeanspruchung dient zur Klärung der Frage, ob bei Zufallsbelastung eine stationäre Versetzungsstruktur zu erwarten ist, die eine effektive Berechnung des Spannungs-Dehnungs-Verlaufes mit Hilfe der aus der statistischen Behandlung der Vielkörpermodelle resultierenden Gleichungen erlaubt.

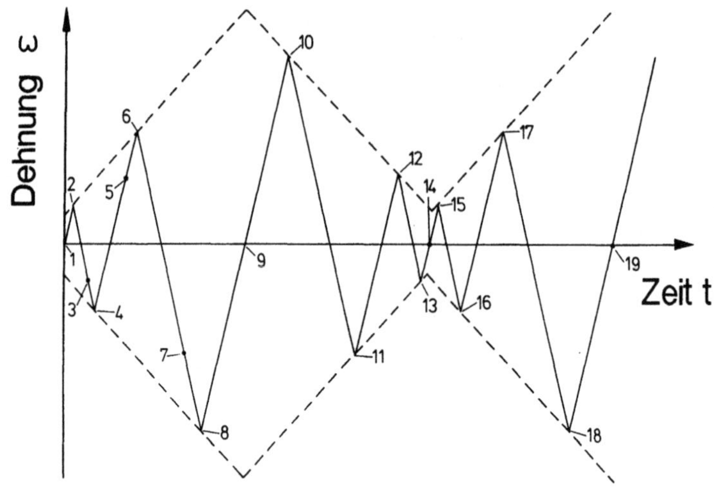

Abb. 9.2: Vereinfachter Incremental Step Test mit durch Nummern markierten Punkten im Dehnungs-Zeit-Verlauf

9.2 Zyklenzählmethoden und Incremental Step Test

In Abschnitt 2.2.3 wurden die beiden Zyklenzählverfahren Range-Pair-Methode und Rain-Flow-Methode behandelt. Diese berücksichtigen das Materialerinnerungsvermögen und stellen deshalb eine metallphysikalisch tragfähige Basis für eine Abschätzung der Ermüdungsschädigung bzw. für eine Lebensdauerprognose dar. Beide Verfahren werden im Folgenden auf den Incremental Step Test angewandt. Dies liefert zum einen die Grundlage für die im nächsten Abschnitt dargestellte Wöhlerlinienbestimmung mit Hilfe des Incremental Step Tests. Darüber hinaus werden erste Hinweise gewonnen, wie sich ein Werkstoff mit ideal zyklischem Verformungsverhalten — das ja in den beiden Zählmethoden implizit vorausgesetzt ist — in dieser Versuchsführung darstellt.

Um die Betrachtung nicht unnötig zu erschweren, wird von dem vereinfachten Beanspruchungsverlauf in Abb. 9.2 ausgegangen. Dieser verkürzte Incremental Step Test besteht aus nur 4 Zyklen pro Belastungsblock. Abb. 9.2 zeigt etwas mehr als $1\frac{1}{2}$ Blöcke. Erste und zweite Blockhälfte sind punktsymmetrisch zum Nulldurchgang, Punkt 9. Da zeitabhängige Verformungsvorgänge nicht berücksichtigt werden, sollte die Skalierung der Zeitachse für den Spannungs-Dehnungs-Verlauf keine Rolle spielen. Auf die Kennzeichnung von einzelnen Punkten durch Nummern in Abb. 9.2 wird in Abschnitt 9.4 zurückgegriffen.

Abbildung 9.3 zeigt in der in Abschnitt 2.2.3 eingeführten Symbolik das Ergebnis der Anwendung der Range-Pair-Methode (linkes Teilbild) und der Rain-Flow-Methode (rechtes Teilbild) auf den vereinfachten Incremental Step Test. Die Verfahren liefern identische Resultate, wenn man vom Punkt minimaler Dehnung (Punkt 8 in Abb. 9.2) in der ersten Blockhälfte ausgeht. Ein daran anschlie-

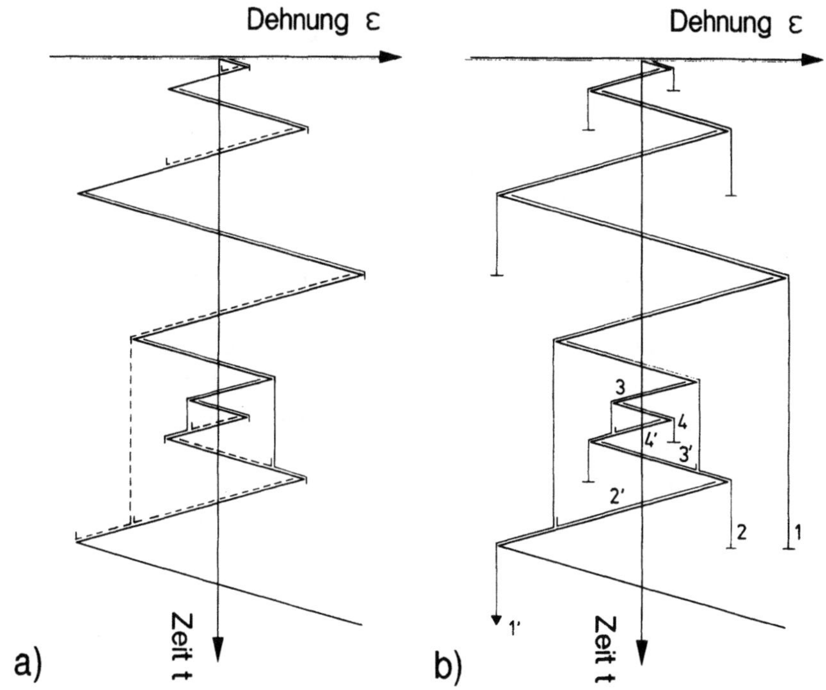

Abb. 9.3: Anwendung der Range-Pair-Methode (Teilbild a) und der Rain-Flow-Methode (Teilbild b) auf den verkürzten Incremental Step Test

ßender kompletter Beanspruchungsblock (Verlauf von Punkt 8 bis Punkt 18 in Abb. 9.2) führt zu vier ineinander geschachtelten, aber geschlossenen Zyklen. In der Range-Pair-Zählmethode ist dies daran zu erkennen, daß jeder Bereich (durchgezogene Linie) mit einem dazu passenden (gestrichelten) Bereich zu einem Zyklus kombiniert werden kann. Bei der Rain-Flow-Methode ergänzen sich 1 und 1′, 2 und 2′, 3 und 3′ und 4 und 4′ (Teilbild b in Abb. 9.3). Der Unterschied in den Zählverfahren besteht ausschließlich in der voneinander abweichenden Behandlung der 1. Blockhälfte des 1. Blockes. In der Range-Pair-Betrachtungsweise wird die Schädigung unterschätzt; dieser Bereich geht in Form zweier geschlossener Hysteresekurven mit den Dehnungsschwingbreiten, die gleich dem Wert bei Punkt 2 und der Differenz der Werte von Punkt 4 und Punkt 6 sind, in die Zählung ein. Dagegen werden beim Rain-Flow-Verfahren die vier Halbzyklen gezählt, die bis zur minimalen Dehnung (Punkt 8) aufgetreten sind. Ist der untersuchte Werkstoff bis zum Bruch mit vielen Blöcken beansprucht worden, dann kann der Unterschied zwischen den beiden Methoden vernachlässigt und jeder Block bezüglich seiner schädigenden Wirkung einfach entsprechend der Anzahl und Größe der (geschlossenen) Zyklen bewertet werden.

9.3 Werkstoffwöhlerlinie und Incremental Step Test

Bei der Lebensdauerabschätzung von Bauteilen auf der Basis örtlicher Beanspruchungen wird neben der ZSD-Kurve, die zur Berechnung des lokalen Spannungs-Dehnungs-Verlaufes dient, die Werkstoffwöhlerlinie benötigt, um nach Anwendung eines Zyklenzählverfahrens die jedem Beanspruchungshorizont zuzuordnende Schädigung ermitteln zu können. Die Bestimmung einer Wöhlerkurve macht sehr viele Einstufenversuche erforderlich und liefert, quasi als Abfallprodukt, die zyklische Spannungs-Dehnungskurve. Damit wird der Incremental Step Test unnötig, es sei denn, es soll mit ihm eine der zufallsartigen Belastung besser Rechnung tragende Betriebs-ZSD-Kurve ermittelt werden.

Vormwald und Seeger [280] zeigten, daß auch für eine überschlägige Bestimmung der Werkstoffwöhlerlinie der Incremental Step Test verwendet werden kann. Mit nur zwei Versuchen, die sich in der Maximalamplitude unterscheiden, ist es möglich, neben der zyklischen Spannungs-Dehnungskurve eine Wöhlerkurve zu ermitteln, deren Genauigkeit zumindest im Zeitfestigkeitsbereich gut ist.

Vorausgesetzt wird, daß sich die ZSD-Kurve durch ein Potenzgesetz beschreiben läßt, das in Kapitel 1 in der Form

$$\frac{\Delta\sigma}{2} = k' \left(\frac{\Delta\epsilon_{pl}}{2}\right)^{n'} \tag{9.1}$$

nach [21] dargestellt worden war. Weiterhin soll das Coffin-Manson-Gesetz erfüllt sein, das in der Schreibweise nach [20, 21] lautet:

$$\frac{\Delta\epsilon_{pl}}{2} = \epsilon'_B \, (2N_B)^{c'} \tag{9.2}$$

Nach der linearen Schadensakkumulationshypothese beträgt die Schadenssumme eines Incremental-Step-Test-Blockes:

$$D_{Bl} = \sum_{i=1}^{N_{ZB}} \frac{1}{N_{B,i}} \tag{9.3}$$

N_{ZB} ist die Zyklenzahl pro Block (siehe Abschnitt 9.2). Auflösung von (9.2) auf N_B und Einsetzen in (9.3) führt auf die Beziehung:

$$D_{Bl} = 2 \, (\epsilon'_B)^{\frac{1}{c'}} \sum_{i=1}^{N_{ZB}} \left(\frac{\Delta\epsilon_{pl}}{2}\right)_i^{-\frac{1}{c'}} \tag{9.4}$$

Der Incremental Step Test mit der laufenden Nummer $j = 1$ führt nach $m_{Bl,j}$ Blöcken zum Bruch (bzw. zum technischen Anriß). Damit muß gelten:

$$m_{Bl,j} D_{Bl} = 1 = 2 m_{Bl,j} \, (\epsilon'_B)^{\frac{1}{c'}} \sum_{i=1}^{N_{ZB}} \left(\frac{\Delta\epsilon_{pl}}{2}\right)_i^{-\frac{1}{c'}} \tag{9.5}$$

Diese Gleichung enthält die beiden Unbekannten c' und ϵ_B'. Die Wöhlerlinie der plastischen Dehnung (siehe (9.2)) kann bereits mit Hilfe *eines* Incremental Step Tests festgelegt werden, wenn angenommen wird, daß

- der Ermüdungsduktilitätskoeffizient c' nach [21] mit dem zyklischen Verfestigungskoeffizienten n' über
$$c' = -\frac{1}{1+5n'} \tag{9.6}$$
verbunden ist (n' ist aus der zyklischen Spannungs-Dehnungskurve ermittelbar, siehe (9.1)), oder
- einem Vorschlag von Manson [281] folgend, c' durch die Einheitssteigung 0,6 ersetzt wird.

Mit Gleichung (9.5) kann unter einer dieser beiden Voraussetzungen ϵ_B' berechnet werden.

Etwas genauere Wöhlerlinien erhält man nach [280], wenn beide Unbekannten ϵ_B' und c' mit Hilfe zweier Incremental Step Tests ermittelt werden, wobei sich die Maximaldehnungen beider Versuche um etwa einen Faktor 2 unterscheiden sollen.

Aus der Division der Gleichungen (9.5) für die zwei bis zum Bruch durchgeführten Incremental Step Tests

$$\frac{m_{Bl,2}}{m_{Bl,1}} = \frac{\left[\sum_{i=1}^{N_{ZB}} \left(\frac{\Delta\epsilon_{pl}}{2}\right)_i^{-\frac{1}{c'}}\right]_{j=1}}{\left[\sum_{i=1}^{N_{ZB}} \left(\frac{\Delta\epsilon_{pl}}{2}\right)_i^{-\frac{1}{c'}}\right]_{j=2}} \tag{9.7}$$

kann die Konstante c' iterativ bestimmt werden. Mit c' liefern die Gleichungen (9.5) und (9.2) die Wöhlerlinie der plastischen Dehnung.

Eine Dehnungswöhlerkurve kann auf der Basis der Gleichung

$$\frac{\Delta\epsilon}{2} = \frac{\sigma_B'}{E}\left(2N_B\right)^b + \epsilon_B'\left(2N_B\right)^{c'} \tag{9.8}$$

mit Hilfe der "Kompatibilitätsbedingungen"

$$\frac{\sigma_B'}{\left(\epsilon_B'\right)^{n'}} = k' \tag{9.9}$$

und

$$n' = \frac{b}{c'} \tag{9.10}$$

erhalten werden.

Vormwald und Seeger stellen fest, daß bei der Lastfolge des Incremental Step Tests auf eine Berücksichtigung von Reihenfolgeeinflüssen in Erweiterung zur linearen Schadensakkumulation verzichtet werden kann. Dies ist sicherlich auf das sehr geringe Ausmaß von Mittelspannungen bei dieser Versuchsführung zurückzuführen.

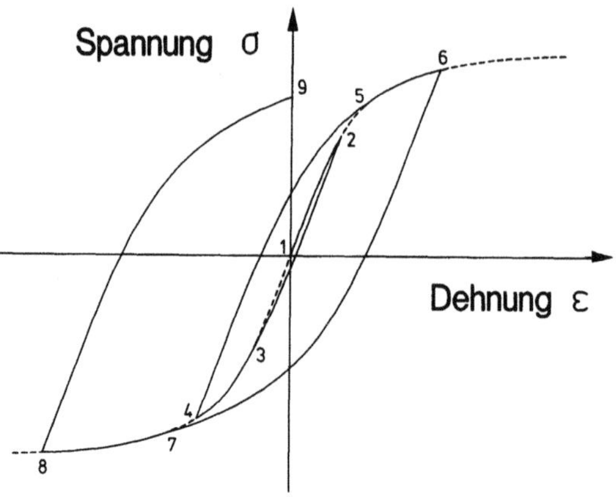

Abb. 9.4: Berechneter Spannungs-Dehnungs-Pfad für die erste Blockhälfte des ersten Blockes des Incremental Step Tests unter Annahme ideal zyklischen Verformungsverhaltens

9.4 Ideal zyklisches Verformungsverhalten und Incremental Step Test

Für die Interpretation der Ergebnisse aus dem Incremental Step Test im Hinblick auf die Frage, ob während des Versuches die Versetzungsstruktur in einem Sättigungszustand aufrechterhalten bleibt, ist es erforderlich, einen Referenzzustand zu definieren. Dieser soll durch das ideal zyklische Verformungsverhalten bestimmt sein, das aus den Vielkomponentenmodellen durch eine stationäre Streckgrenzenverteilungsfunktion folgt. Eine andere, weit verbreitete Bezeichnungsweise für diese Art von Verhalten unter zyklischer Belastung ist "Masing-Verhalten", ein Begriff, der insofern irreführend ist, als er nicht zwingend mit dem Masing-Modell verknüpft sein muß (siehe Kapitel 4).

Für die weitere Betrachtung wird — ohne Einschränkung der allgemeinen Gültigkeit — der verkürzte Incremental Step Test aus Abb. 9.2 als Beanspruchungsverlauf zugrundegelegt. Die statistische Behandlung des Masing-Modells in Kapitel 4 erlaubt es, ausgehend von einer als konstant angenommenen Streckgrenzenverteilungsfunktion[1] den Spannungs-Dehnungsverlauf zu berechnen[2].

In Abb. 9.4 ist der Verlauf der Spannung über der Dehnung für die erste Blockhälfte des ersten Blockes aufgetragen. Da der Modellwerkstoff ausgehend vom unverformten Zustand belastet wird, erfolgt die Verformung von Punkt 1 nach 2 entlang der einsinnigen Spannungs-Dehnungskurve, die voraussetzungsgemäß mit ihrer zyklischen Variante identisch ist und gestrichelt in Abb. 9.4 angedeutet ist. Nach der Lastumkehr (Punkt 2) erreicht der σ-ϵ-Pfad diese bei Punkt 3 und läuft anschließend an ihr entlang bis zum nächsten Umkehrpunkt

[1]Diese wurde aus einer im Incremental Step Test gemessenen Hysteresekurve von vielkristallinem Kupfer bestimmt.

[2]Die Anwendung des Serienschaltungsmodells führt auf identische Ergebnisse, so daß auf eine gesonderte Darstellung verzichtet werden kann.

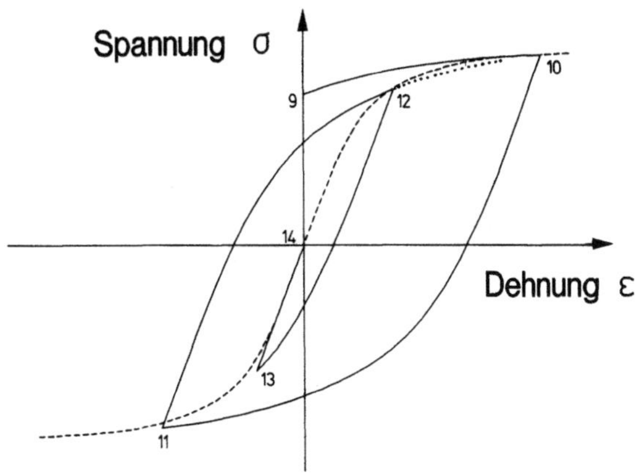

Abb. 9.5: Berechneter Spannungs-Dehnungs-Pfad für die zweite Blockhälfte des Incremental Step Tests

(4), ... Letztlich liegen alle Eckpunkte der Spannungs-Dehnungs-Spirale auf der zyklischen Spannungs-Dehnungskurve.

Ist die maximale Dehnungsamplitude (Punkt 10 in Abb. 9.5) erst einmal erreicht, dann ändert sich der σ-ϵ-Verlauf von Block zu Block nicht mehr (wenn $f_p(\sigma_{if})$ = konst. gilt). Abbildung 9.5 gilt deshalb für die zweite Blockhälfte (abfallende Dehnungsamplitude) jedes Blockes. Nach der Lastumkehr in Punkt 10 wird aufgrund der erniedrigten Dehnungsschwingbreite die zyklische Spannungs-Dehnungskurve nicht erreicht (Punkt 11); der Spannungswert liegt etwas tiefer. Die erneute Zugbelastung (von 11 nach 12) kann je nach vorgegebenem Dehnungsintervall zu einer Lage des Zuglastumkehrpunktes oberhalb oder unterhalb der zyklischen Spannungs-Dehnungskurve führen. Die gepunktet eingezeichnete Verlängerung des σ-ϵ-Pfades über 12 hinaus verdeutlicht, daß eine weitere Zugbelastung bis zum Maximalwert der Dehnung erwartungsgemäß zu einer geschlossenen Hysteresekurve führen würde. Daß der Punkt 12 auf der ZSD-Kurve zu liegen kommt, ist ein zufälliges Ergebnis des Beanspruchungsverlaufes des verkürzten Incremental Step Tests. Als Folge davon muß Punkt 13 wiederum unterhalb der zyklischen Spannungs-Dehnungskurve bleiben, ...

Der Spannungs-Dehnungsverlauf der 1. Blockhälfte des zweiten und aller folgenden Blöcke liefert Eckpunkte, die weder mit denen in Abb. 9.4 noch mit denen in Abb. 9.5 übereinstimmen. Dies wird anschaulich verständlich, wenn man den Spannungs-Dehnungsverlauf von zwei aufeinanderfolgenden Blockhälften betrachtet, der mit dem Dehnungsnulldurchgang in der Blockmitte (Punkt 9 in Abb. 9.2) beginnt. Die einzelnen Äste ergänzen sich zu geschlossenen Hystereseschleifen, was ja auch aufgrund der Zyklenzählmethoden in Abschnitt 9.2 zu erwarten ist. Wie man in Abb. 9.6 erkennt, hat die Schleife mit der maximalen Dehnungsamplitude eine bezüglich des Ursprungs symmetrische Lage. Alle weiter innen liegenden Hysteresekurven berühren die nächst größere abwechselnd unten oder oben.

Die Betrachtung liefert das Ergebnis, daß selbst unter idealen Bedingungen

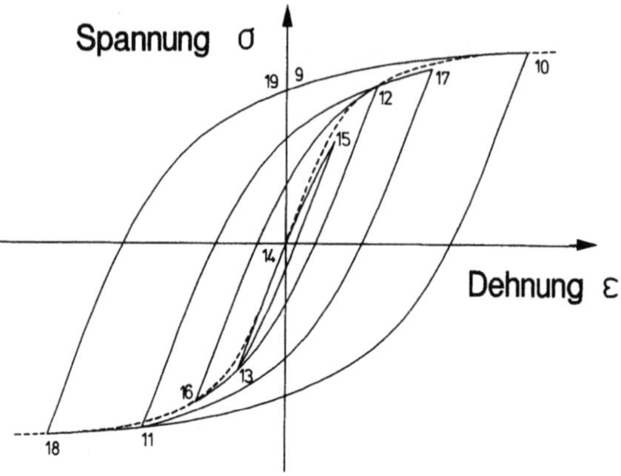

Abb. 9.6: Geschlossene Hysteresekurven aus dem σ-ϵ-Pfad eines Blockes beginnend mit dem Dehnungsnulldurchgang der Blockmitte

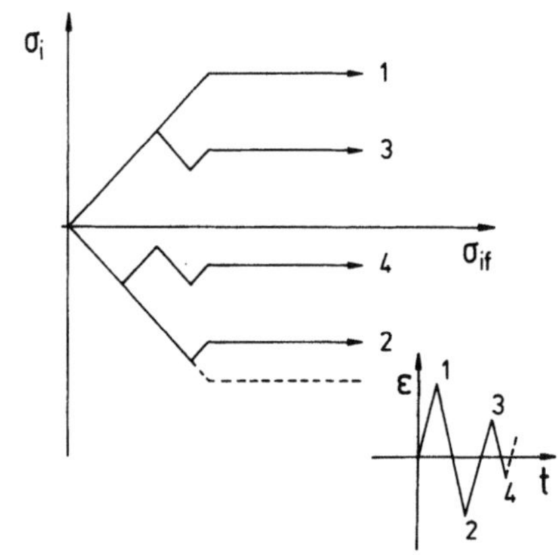

Abb. 9.7: Materialerinnerung durch geknickten Verlauf der σ_i (σ_{if})-Kurve im Masing-Modell

der Incremental Step Test in Strenge die zyklische Spannungs-Dehnungskurve nicht liefern kann. Sicherlich wird die Abweichung der Lastumkehrpunkte aber vernachlässigbar gering sein, wenn der Incremental Step Test viele Zyklen enthält.

Eine (betragsmäßige) Mittelung der Spannungsausschläge in Zug und Druck, die zu der gleichen Dehnungsamplitude gehören, verbessert das Ergebnis, da dadurch anschaulich in Abb. 9.6 die geschlossenen Schleifen in eine zum Nullpunkt symmetrische Position verschoben werden und somit mit ihren Spitzen auf der zyklischen Spannungs-Dehnungskurve zu liegen kommen. Werden hingegen die Beträge der Lastumkehrpunkte in Zug und Druck nur der mit abnehmender Amplitude verknüpften Blockhälfte durch eine gemittelte Kurve beschrieben, so sollte diese oberhalb der zyklischen Spannungs-Dehnungskurve verlaufen. Umgekehrtes gilt für die erste Blockhälfte des zweiten und aller weiteren Blöcke.

Die Ursache für das Materialerinnerungsvermögen im Masing-Modell, das dazu führt, daß im Incremental Step Test die in einer zweiten Blockhälfte begonnenen Hysteresekurven in der ersten Hälfte des nachfolgenden Beanspruchungsblockes geschlossen werden, ist in Abb. 9.7 für den rechts unten eingezeichneten Belastungsverlauf skizziert. In der Darstellung der lokalen Spannung σ_i gegen die lokale Fließgrenze σ_{if}, die bereits in Kapitel 4 benutzt wurde, führt jede Dehnungsamplitude, die kleiner als die vorangegangene ist, zu einem "Knick" im Kurvenverlauf. Dieser Knick kann nur durch eine höhere Dehnung "ausgebügelt" werden. Würde beispielsweise ausgehend vom Zustand 4 die Beanspruchung weiter in Druckrichtung gesteigert, so würden beim Erreichen des Niveaus 2 die beiden linken Knicke verschwinden (d.h. die Hysteresekurve mit den Dehnungsextrema 2 und 3 wird geschlossen) und der weitere Spannungs-Dehnungs-Verlauf würde dieses Schwingspiel "vergessen".

Kapitel 10

Werkstoffverhalten bei welligem Gleitcharakter

Die in Kapitel 6 vorgestellten Überlegungen hinsichtlich einer mikrostrukturellen Begründung des Verbundgedankens bei der Betrachtung des Verformungsverhaltens weisen darauf hin, daß heterogene Versetzungsanordnungen die Ursache für lokale unterschiedliche Fließgrenzen in einphasigen Metallen und Legierungen sind. Bei vielkristallinen Werkstoffen mit welligem Gleitcharakter bildet sich bereits ab sehr kleinen Beanspruchungsamplituden (siehe Kapitel 5) eine heterogene Struktur in Form von Zellen aus. Berücksichtigt man weiterhin, daß selbst bei vorgeschichteunabhängigem Verhalten die Einstellung der zu einer veränderten Belastungsamplitude gehörenden Versetzungsanordnung viele Lastspiele erfordert, dann sollte eine Zufallsbeanspruchung, die mit Hilfe des Incremental Step Tests angenähert wird, zu einer stationären Hindernis- (oder Streckgrenzen-)verteilung und damit zu ideal zyklischem Verformungsverhalten führen. Die Richtigkeit dieses Gedankenganges wird im Folgenden anhand experimenteller Beobachtungen überprüft und in den Kapiteln 11–13 auf zusätzliche Werkstoffklassen erweitert. Als "Nebenprodukt" dieser Untersuchungen ergibt sich eine Kontrolle der Eignung des Incremental Step Tests zur Bestimmung der zyklischen Spannungs-Dehnungskurve auf mikrostruktureller Basis.

10.1 Vielkristallines Kupfer

In den Kapiteln 5–7 wurde Kupfer in ein- und vielkristalliner Form als Modellwerkstoff für ein Metall mit welliger Gleitung vorgestellt. Insbesondere Verformungsverhalten und Versetzungsanordnung bei Versuchen mit $\Delta\epsilon_{pl}/2$ = konst. sind in der Literatur zahlreich dokumentiert. Die im folgenden Abschnitt dargestellten Ergebnisse sind weniger unter dem Aspekt einer notwendigen Bestätigung des vorliegenden Kenntnisstandes zu betrachten, vielmehr liefern sie den Referenzzustand für die Interpretation des Verhaltens im Incremental Step Test[1].

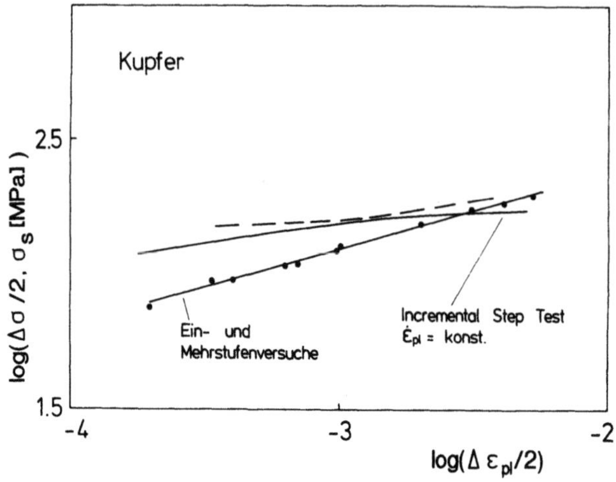

Abb. 10.1: Doppellogarithmische Auftragung der zyklischen Spannungs-Dehnungskurve von vielkristallinem Kupfer (nach Bayerlein [206])

10.1.1 Versuche mit konstanter plastischer Dehnungsamplitude

Vielkristallines Kupfer (Angaben zur Korngröße und zur Wärmebehandlung in Abschnitt A.2 des Anhangs) erfährt bei allen Versuchen im untersuchten Bereich der plastischen Dehnungsamplitude von $2 \cdot 10^{-4}$ bis $5 \cdot 10^{-3}$ eine zyklische Verfestigung, die in einen Sättigungszustand einmündet.

Abbildung 10.1 zeigt in Form der eingetragenen Punkte die Werte ($\Delta\epsilon_{pl}/2$, σ_S) der zyklischen Sättigung. Gemäß (2.6) kann die ZSD-Kurve durch ein Potenzgesetz in sehr guter Näherung beschrieben werden. Dabei muß allerdings berücksichtigt werden, daß der Bereich von $\Delta\epsilon_{pl}/2$ relativ schmal ist und die Einstufenversuche vor dem Auftreten sekundärer Verfestigung (siehe Abschnitt 5.2.3) abgebrochen wurden.

Die TEM-Untersuchung verdeutlicht, daß für jede Beanspruchungsamplitude eine charakteristische Versetzungsstruktur eingestellt wird. Eine eindeutige Kennzeichnung und Beschreibung ist allerdings schwierig, da — insbesondere bei mittleren Amplituden — die Versetzungsanordnung sowohl von Korn zu Korn als auch innerhalb eines Kornes aufgrund lokaler Beanspruchungsunterschiede variieren kann (siehe auch Abb. 5.11 und Tabelle 5.1).

Abbildung 10.2 zeigt die Verteilung der Versetzungen in einer Probe, die bei $\Delta\epsilon_{pl}/2 = 2 \cdot 10^{-4}$ bis zur zyklischen Sättigung wechselverformt wurde. In einer Matrix, die aus dipolaren Stufenversetzungsbündeln aufgebaut ist, ist ein

[1]Die Untersuchungen zum vielkristallinen Kupfer wurden im Rahmen einer Diplomarbeit [206] durchgeführt und sind zum Teil in [278, 279] veröffentlicht.

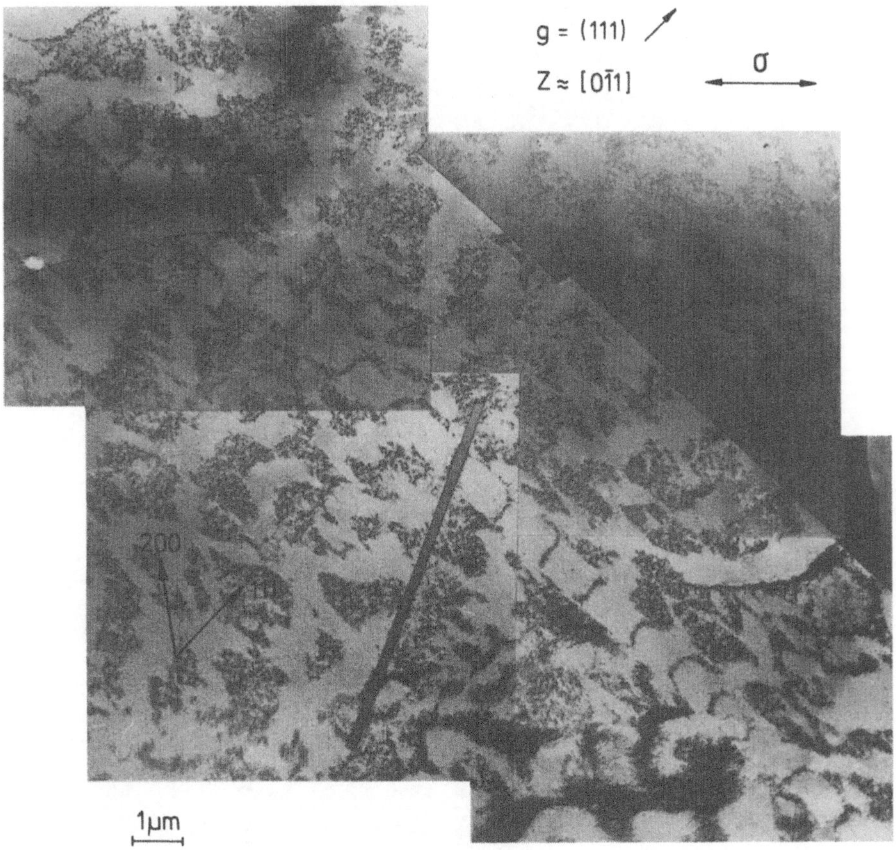

Abb. 10.2: Versetzungsanordnung in der Sättigung bei $\Delta\epsilon_{pl}/2 = 2 \cdot 10^{-4}$: PGB eingebettet in eine Matrix mit dipolaren Bündeln (nach Bayerlein [206])

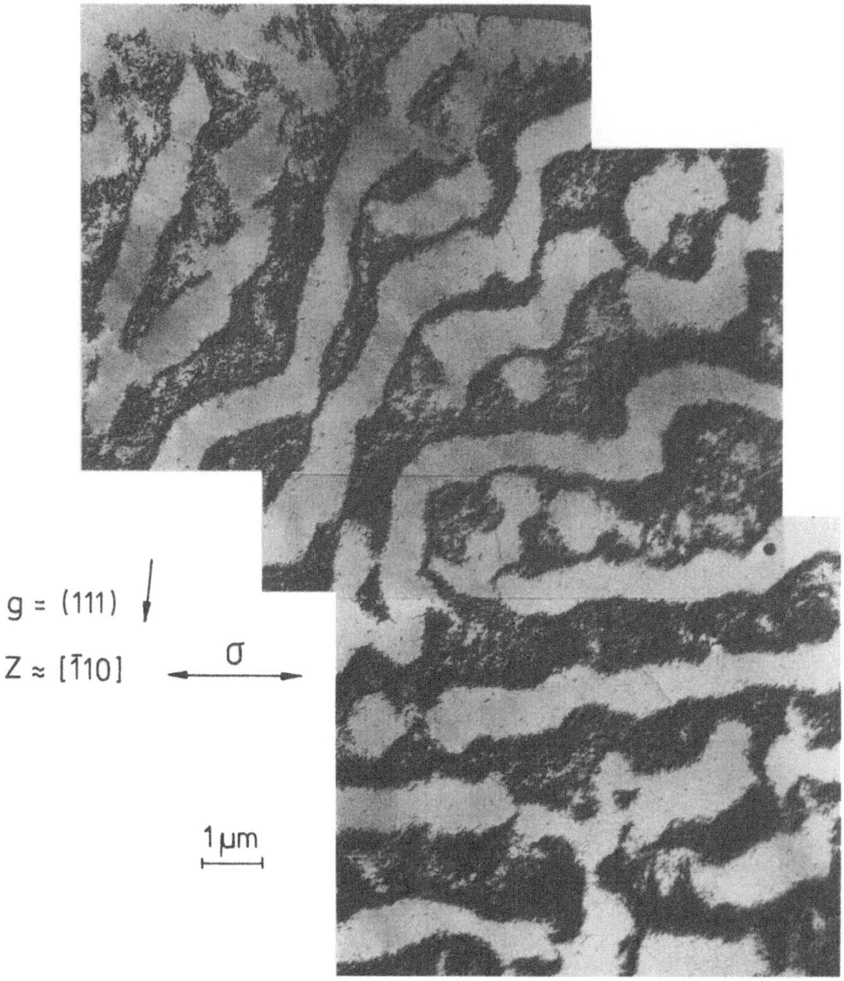

Abb. 10.3: Aderstruktur der Versetzungen in der zyklischen Sättigung bei $\Delta\epsilon_{pl}/2 = 2 \cdot 10^{-4}$ (nach Bayerlein [206])

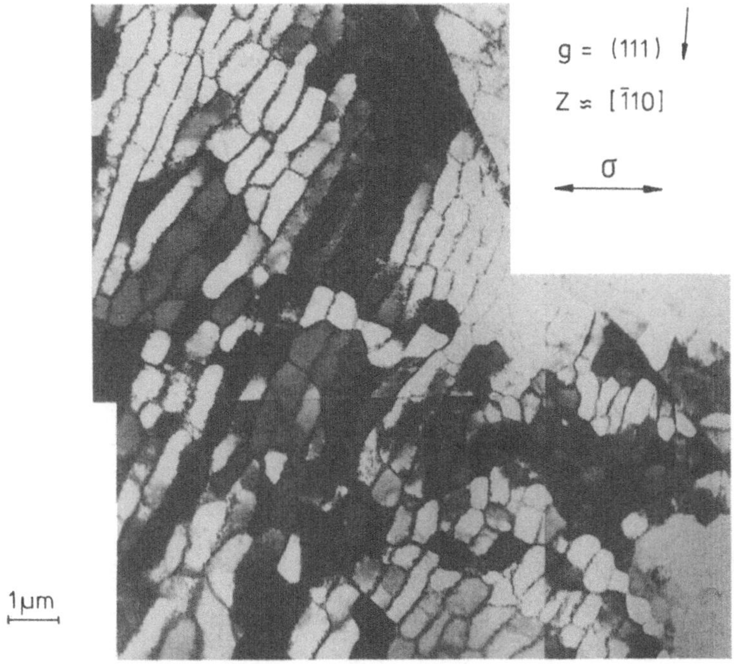

Abb. 10.4: Versetzungsstruktur der zyklischen Sättigung bei $\Delta\epsilon_{pl}/2 = 5 \cdot 10^{-3}$ in vielkristallinem Kupfer (nach Bayerlein [206])

PGB eingebettet, das anhand seiner Leiterstruktur leicht erkennbar ist. Die Abbildungsbedingungen (Zweistrahlfall mit dem Abbildungsvektor $\boldsymbol{g} = (111)$ und einer Einstrahlrichtung parallel zur Zonenachse $\boldsymbol{Z} \simeq [0\bar{1}1]$) lassen die primären Stufenversetzungen im Querkontrast erkennen und verdeutlichen, daß das PGB parallel zur Gleitebene ausgerichtet ist. Der in der Mitte des Bildes vorhandene Zwilling wird vom PGB durchlaufen.

In Abb. 10.3 ist die Anordnung von Versetzungen in Adern zu sehen. Zwischen diesen weitgehend aus primären Stufenversetzungen aufgebauten Versetzungsanreicherungen liegen versetzungsarme Kanäle vor, die von Schraubenversetzungen überspannt werden.

In Übereinstimmung mit Abb. 5.1 und 5.10 dominiert bei kleinen Amplituden der plastischen Dehnung die Einfachgleitung und führt zu den damit verbundenen Versetzungsanordnungen der Bündel-, Ader- und PGB-Strukturen.

Im Gegensatz dazu findet sich in der bei hoher Amplitude der plastischen Dehnung von $\Delta\epsilon_{pl}/2 = 5 \cdot 10^{-3}$ wechselverformten Probe erwartungsgemäß eine Zellstruktur infolge einer Vielfachgleitung. Abbildung 10.4 zeigt, daß neben gleichachsigen auch langgestreckte Zellen vorliegen, die, wie die Helligkeitsunterschiede dokumentieren, teilweise gegeneinander verkippt (mißorientiert) sind. In der höheren Vergrößerung (Abb. 10.5) ist erkennbar, daß die Zellgrenzen relativ schmal und scharf ausgeprägt sind. Die Versetzungsanordnung erscheint regelmäßig.

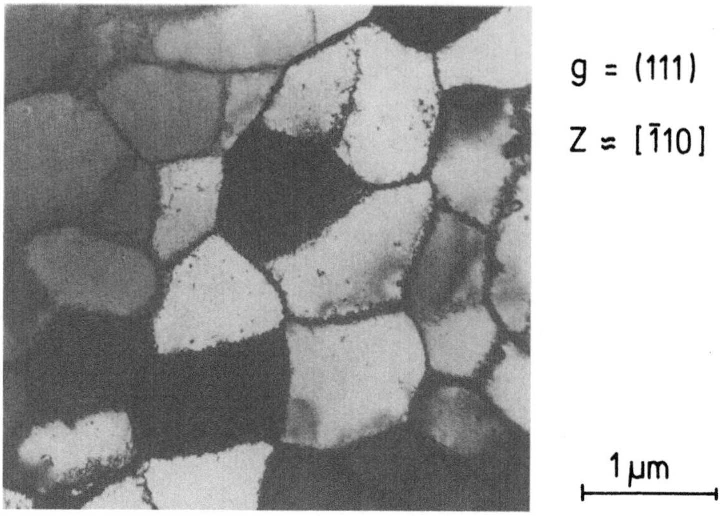

Abb. 10.5: Zellstruktur bei $\Delta\epsilon_{pl}/2 = 5 \cdot 10^{-3}$ in Kupfer (nach Bayerlein [206])

Aufgrund dieser Beobachtungen zur Mikrostruktur sollte im auf die Vielkomponentenmodelle übertragenen Sinn jeder Sättigungszustand mit einer für die Beanspruchungsamplitude charakteristischen Streckgrenzenverteilungsfunktion verknüpft sein. Die Hysteresekurven unterschiedlicher $\Delta\epsilon_{pl}/2$-Werte sollten somit in relativen Koordinaten keinen identischen Spannungs-Dehnungs-Verlauf zeigen.

In Abb. 10.6 sind die Sättigungshysteresekurven so gegeneinander verschoben dargestellt, daß sie im Drucklastumkehrpunkt zusammenfallen. Dies entspricht einer Auftragung für die ansteigenden Äste in relativen Koordinaten. Die Spannungs-Dehnungs-Pfade der von Null ansteigenden Kurven sind "individuell" verschieden. Somit muß eine Berechnung von $f_p(\sigma_{if})$ oder $f_s(\sigma_{if})$ zu unterschiedlichen Verläufen für verschiedene $\Delta\epsilon_{pl}/2$-Werte führen.

Es ist dennoch überraschenderweise möglich, die Hysteresenäste der Sättigungszustände miteinander zur Deckung zu bringen. Für die Darstellung in Abb. 10.7 sind die ansteigenden Äste der Sättigungshysteresekurven (Abb. 10.6) entlang der elastischen Linie verschoben worden, bis sie in einer Kurve zusammenfallen. Um die einzelnen Spannungs-Dehnungs-Verläufe erkennbar zu machen und zu demonstrieren, wie gut die Übereinstimmung der Kurven ist, wurde jeweils der aus der Verbindung der Meßpunkte resultierende Polygonzug mit einer geringen Strichstärke aufgetragen. Das benutzte Koordinatensystem wird zur Unterscheidung von den relativen Koordinaten mit ϵ_r' und σ_r' bezeichnet. Sein Ursprung wird durch den Fußpunkt der kleinsten Hysteresekurve ($\Delta\epsilon_{pl}/2 \simeq 6 \cdot 10^{-4}$) festgelegt.

Im Vorgriff auf den folgenden Abschnitt sei angemerkt, daß auch der ansteigende Ast einer im Incremental Step Test bei der Maximalamplitude von $\Delta\epsilon_{pl}/2 = 0,5\%$ registrierten Hysteresekurve in der Kurvenschar von Abb. 10.7 enthalten ist.

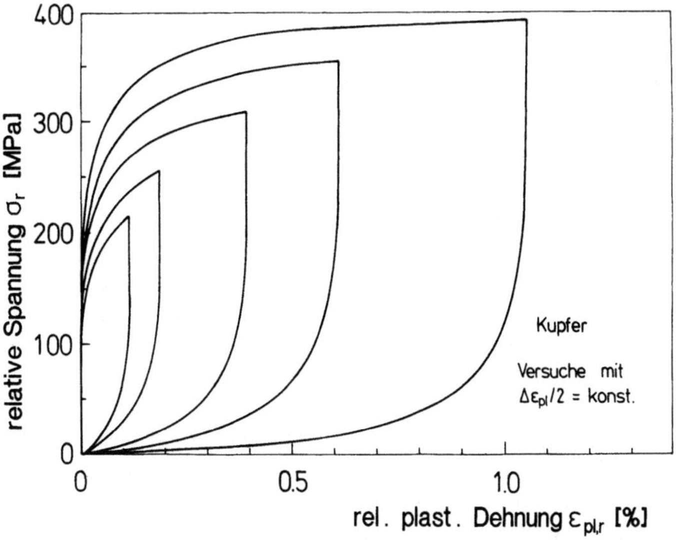

Abb. 10.6: **Hysteresekurven des Sättigungszustandes von Kupfer bei verschiedenen $\Delta\epsilon_{pl}/2$-Werten im relativen Koordinatensystem (aus [206, 279])**

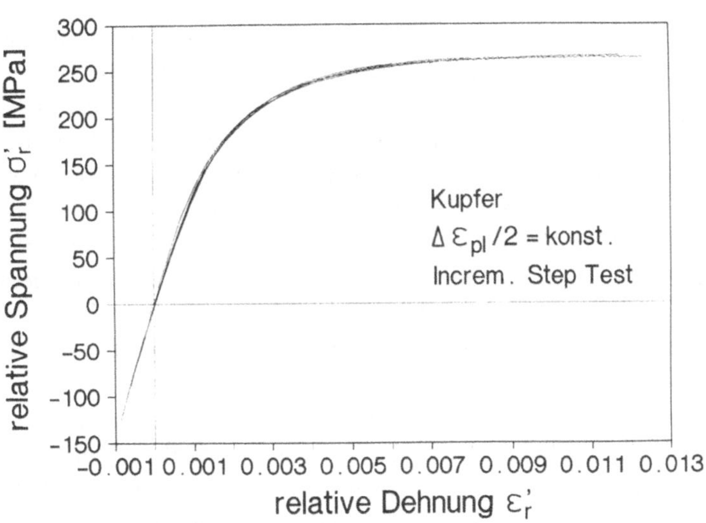

Abb. 10.7: **Ansteigende Äste der Hysteresekurven des Sättigungszustandes bei verschiedenen $\Delta\epsilon_{pl}/2$-Werten und im Incremental Step Test nach Verschiebung entlang der elastischen Linie**

Tabelle 10.1: Erhöhung des Elastizitätsbereiches um $\Delta\sigma_{el}$ und $\Delta\epsilon_{el}$ bezogen auf die Sättigungshysterese bei $\Delta\epsilon_{pl}/2 = 6 \cdot 10^{-4}$

$\Delta\epsilon_{pl}/2$	$\Delta\sigma_{el}$ [MPa]	$\Delta\epsilon_{el}$
$6 \cdot 10^{-4}$	0	0
$1 \cdot 10^{-3}$	21	$1,4 \cdot 10^{-4}$
$2 \cdot 10^{-3}$	50	$3,4 \cdot 10^{-4}$
$3 \cdot 10^{-3}$	88	$6,1 \cdot 10^{-4}$
$5 \cdot 10^{-3}$	126	$8,7 \cdot 10^{-4}$
Incremental Step Test	78	$5,3 \cdot 10^{-4}$

Die Verschiebung der Hystereseschleifen entlang der elastischen Linie entspricht einer Vergrößerung des Spannungs- und Dehnungsbereiches mit $\Delta\epsilon_{pl}/2$, in dem eine rein elastische Verformung vorliegt. Das Ausmaß der notwendigen Translation ist identisch mit der doppelten Erhöhung der Elastizitätsgrenze. In Tabelle 10.1 sind die Zahlenwerte bezogen auf die kleinste Hysteresekurve angegeben.

10.1.2 Verhalten im Incremental Step Test

Die Beanspruchung des Werkstoffes Kupfer mit dem in Abb. 9.1 dargestellten $\epsilon_{pl}(t)$-Verlauf führt nicht zu einer raschen Sättigung. Als Sättigung muß in diesem Zusammenhang aufgrund der kontinuierlichen Veränderung der plastischen Dehnungsamplitude die Ausbildung einer konstanten Kurve von $\Delta\sigma/2$ gegen $\Delta\epsilon_{pl}/2$ definiert werden. Diese wird im weiteren zur Abgrenzung gegen die zyklische Spannungs-Dehnungskurve als IST-ZSD-Kurve bezeichnet.

In Abb. 10.8 ist ihr Verlauf in Abhängigkeit von der Anzahl von Belastungsblöcken dargestellt. Die Teilbilder a und b beziehen sich auf den Incremental Step Test mit $\dot{\epsilon}_{pl} = \text{konst.} = 5 \cdot 10^{-4} s^{-1}$, während die Kurven in Teilbild c durch die konventionelle Versuchsführung (siehe Abb. B.1 im Anhang) mit konstanter Belastungsfrequenz ermittelt wurden.

Die Verfestigung des Werkstoffes hat zur Folge, daß die Spannungsamplituden zunehmen. Dieses Anwachsen von $\Delta\sigma/2$ führt innerhalb der ersten hundert Blöcke nicht zu einem stabilen zyklischen Spannungs-Dehnungs-Verhalten. Es läßt sich aber aufgrund der mit der Blockzahl abnehmenden $\Delta\sigma/2$-Incremente erwarten, daß nach vielen Blöcken ein quasi-stationärer Zustand erreicht wird.

Der Vergleich der IST-ZSD-Kurven im Bild a und Bild b verdeutlicht einen Unterschied im Verlauf der jeweils ersten Hälfte (zunehmende Amplitude) und zweiten Hälfte (abnehmende Amplitude) eines Blockes. Die IST-ZSD-Kurven wurden durch Mittelwertbildung aus den Zug- und Drucklastumkehrpunkten gewonnen, was nach Abschnitt 9.4 selbst bei ideal zyklischem Werkstoffverhalten

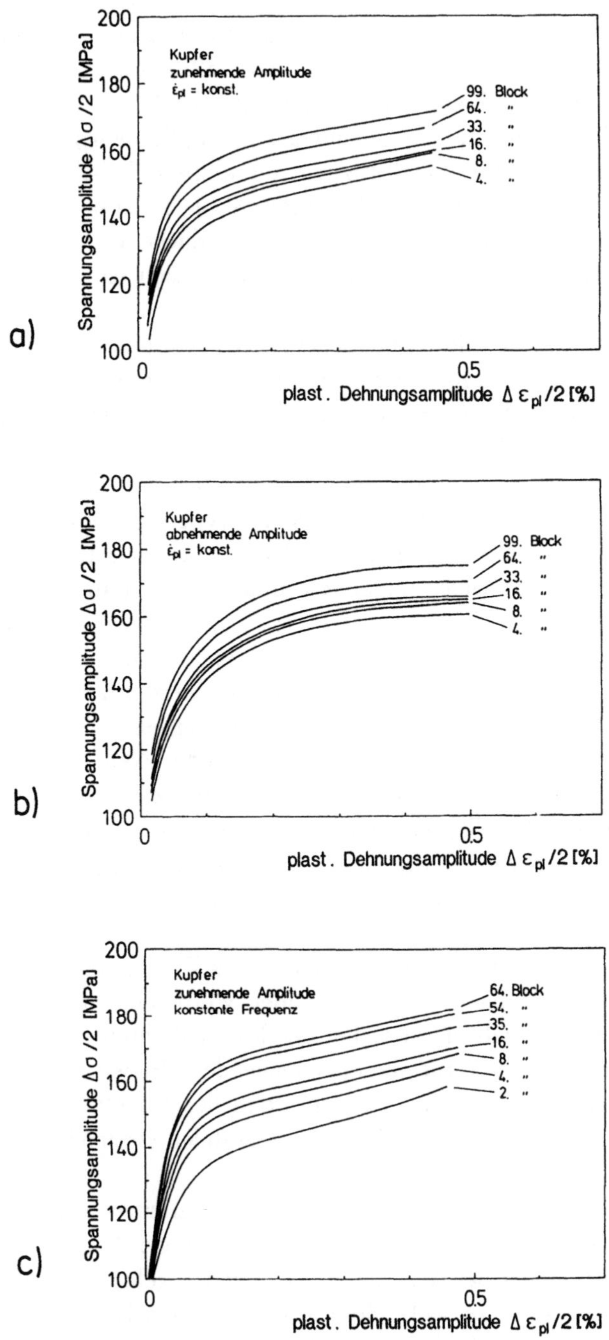

Abb. 10.8: Spannungsamplitude aufgetragen gegen die plastische Dehnungsamplitude in Abhängigkeit von der Blockzahl des Incremental Step Tests für Kupfer; a) $\dot{\epsilon}_{pl}$ = konst., zunehmende Amplitude, b) $\dot{\epsilon}_{pl}$ = konst., abnehmende Amplitude, c) konstante Frequenz, zunehmende Amplitude (nach Bayerlein [206])

zu Unterschieden in den Kurvenlagen führen muß. Das Ausmaß der Differenz der Kurven überschreitet aber bei weitem den zu erwartenden Umfang und kann nur auf Ver- und Entfestigungsprozesse innerhalb eines Blockes zurückgeführt werden. Für diese Erklärung spricht auch, daß die IST-ZSD-Kurve bei abnehmender Amplitude über der der zunehmenden Amplitude liegt, da die mit hohen $\Delta\epsilon_{pl}/2$-Werten verbundene Verfestigung nur allmählich bei kleinen Beanspruchungsamplituden abgebaut wird. Allerdings ist auch hier bei genauerer Betrachtung der Trend zu erkennen, daß das unterschiedliche Verhalten in den beiden Blockhälften verschwindet, wenn nach vielen Blöcken ein stationärer Zustand erreicht wird.

Beim Vergleich mit Bild c muß beachtet werden, daß die kumulative plastische Dehnung pro Block im Incremental Step Test bei konstanter Zyklendauer deutlich höher ist als bei $\dot{\epsilon}_{pl}$ = konst. Dies ist darauf zurückzuführen, daß mehr Zyklen hoher $\Delta\epsilon_{pl}/2$-Werte bei konstanter Frequenz auftreten, auch wenn die Maximalamplitude von ϵ so gewählt wird, daß sie zum gleichen Maximalwert von ϵ_{pl} (= 0,5%) führt und in beiden Versuchstypen die gleiche Zyklenzahl pro Block (30) aufgebracht wird. Die kumulative plastische Dehnung beträgt ca. 17,5% bzw. 26,8% pro Block im Incremental Step Test mit $\dot{\epsilon}_{pl}$ = konst. bzw. konstanter Frequenz.

Die kontinuierliche Verfestigung führt im Versuch mit konstanter Frequenz zu höheren $\Delta\sigma/2$-Werten, auch wenn man dem Vergleich Blockzahlen zugrundelegt, denen nahezu identisches $\epsilon_{pl,kum}$ zuzuordnen ist (z.B. 64 im Bild c und 99 im Bild a). Der höhere Anteil von Zyklen großer $\Delta\epsilon_{pl}/2$-Werte ist für diese ausgeprägtere Verfestigung verantwortlich. Da bei konstanter Zyklendauer $\dot{\epsilon}_{pl}$ mit $\Delta\epsilon_{pl}/2$ zunimmt, sollte sich auch eine mögliche, wenngleich schwache $\dot{\epsilon}_{pl}$-Abhängigkeit in den Kurven des Bildes c bemerkbar machen. Der andeutungsweise konkave Verlauf bei großen $\Delta\epsilon_{pl}/2$-Werten könnte auf diese Ursache zurückzuführen sein.

Um die Frage zu klären, ob innerhalb eines Blockes eine signifikante Veränderung der Versetzungsstruktur stattfindet, wurde der Incremental Step Test sowohl bei der Maximal- als auch bei der Minimalamplitude ($\Delta\epsilon_{pl}/2 = 0,5\%$ bzw. 0,02%) abgebrochen und die entsprechenden Proben nachuntersucht. Es zeigten sich keine erkennbaren Unterschiede in der Versetzungsanordnung, was die (wenngleich langsame) Einstellung eines stabilen stationären Zustandes belegt.

Abbildung 10.9 verdeutlicht, daß ähnlich wie bei einer hohen Amplitude im Einstufenversuch eine Zellstruktur gebildet wird (vergleiche Abb. 10.4). Die Unterschiede zwischen der bei $\Delta\epsilon_{pl}/2 = 0,5\%$ = konst. gefundenen Versetzungsanordnung und der des Incremental Step Tests sind quantitativ nicht erfaßbar, da die Variationsbreite innerhalb einer Probe groß ist.

Betrachtet man in Abb. 10.10 die Zellwände genauer, so deutet ein Vergleich mit Abb. 10.5 darauf hin, daß ihr Aufbau etwas loser und weniger regelmäßig und ihre Dicke etwas größer ist. Die Versetzungsstrukturanalyse weist dem Incremental Step Test eine effektive plastische Dehnungsamplitude zu, die unter $5 \cdot 10^{-3}$ liegen sollte.

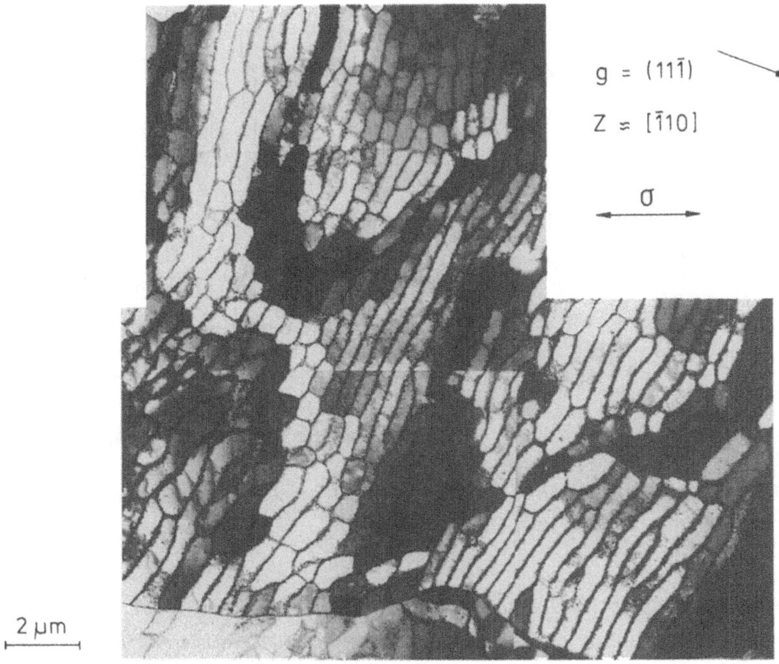

Abb. 10.9: Versetzungsanordnung in Kupfer, verformt im Incremental Step Test und bei $\Delta\epsilon_{pl}/2 = 2 \cdot 10^{-4}$ unterbrochen (nach Bayerlein [206])

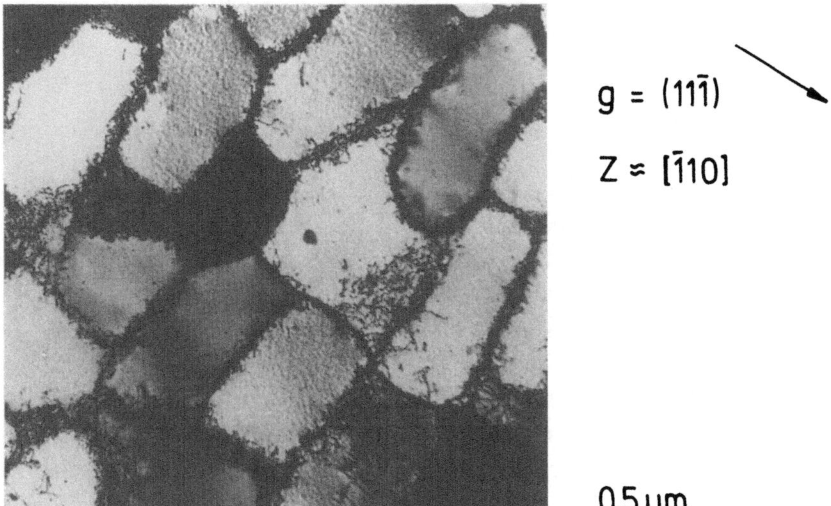

Abb. 10.10: Zellstruktur mit losen Versetzungswänden in Kupfer nach Incremental Step Test, abgebrochen bei $\Delta\epsilon_{pl}/2 = 2 \cdot 10^{-4}$ (nach Bayerlein [206])

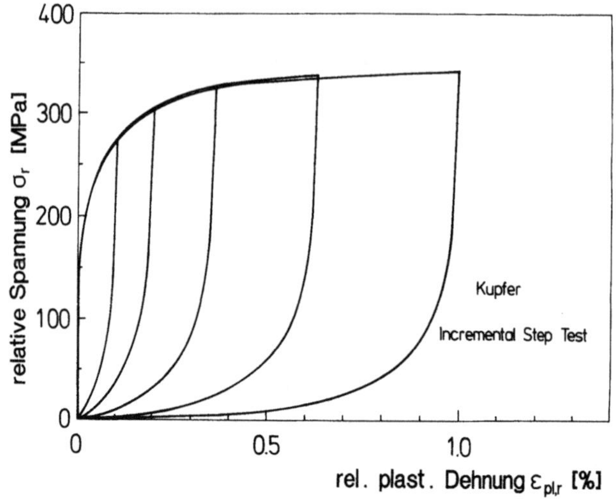

Abb. 10.11: In einen gemeinsamen Lastumkehrpunkt verschobene Hysteresekurven von Kupfer aus dem Incremental Step Test; aus [206, 279]

Die Beobachtung einer innerhalb eines Belastungsblockes konstanten und sich bei großen Blockzahlen nicht mehr ändernden Mikrostruktur wird auch durch die Form der Hysteresekurven bestätigt. In Abb. 10.11 sind Einzelhysteresekurven, die im Incremental Step Test ermittelt wurden (siehe dazu Kapitel B im Anhang), in relativen Koordinaten aufgetragen. Man erkennt, daß die aufsteigenden Äste in guter Näherung zusammenfallen. Für die Anwendung der Vielkörpermodelle kann somit $f_p(\sigma_{if})$ bzw. $f_s(\sigma_{if})$ als unabhängig von $\Delta\epsilon_{pl}/2$ und — nach Erreichen des stationären Zustandes — ebenso als unabhängig von $\epsilon_{pl,kum}$ betrachtet werden. Der Werkstoff verhält sich ideal zyklisch.

10.1.3 Vergleich der Ergebnisse

Trägt man die aus Ein- und Mehrstufenversuchen ermittelte zyklische Spannungs-Dehnungskurve zusammen mit den IST-ZSD-Kurven auf, so ergibt sich das in Abb. 10.12 dargestellte Bild. Die IST-ZSD-Kurven des annähernd stationären Zustandes im Incremental Step Test verlaufen bei niedrigen Werten von $\Delta\epsilon_{pl}/2$ deutlich oberhalb der zyklischen Spannungs-Dehnungskurve, schneiden diese (im Gegensatz zu Beobachtungen in [246]) und liefern niedrigere $\Delta\sigma/2$-Werte bei großen plastischen Dehnungsamplituden. Die Lage des Kurvenschnittpunktes wird durch die Art des Incremental Step Tests beeinflußt. Die stärkere Verfestigung bei einer Versuchsführung mit konstanter Frequenz führt auf einen größeren Wert.

Auf der Basis der TEM-Untersuchungen und der Ergebnisse der Hysteresenformanalyse kann Abb. 10.12 folgendermaßen interpretiert werden:
Die Versuche mit $\Delta\epsilon_{pl}/2 =$ konst. führen zu einer Sättigungsversetzungsstruktur, die für die jeweilige Beanspruchungsamplitude charakteristisch ist und sich mit $\Delta\epsilon_{pl}/2$ ändert. Damit besteht kein direkter Zusammenhang zwischen der ZSD-

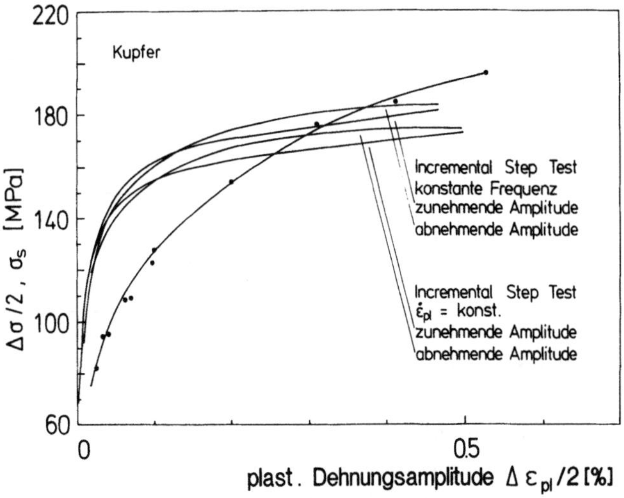

Abb. 10.12: Vergleich der aus den unterschiedlichen Verfahren ermittelten zyklischen Spannungs-Dehnungskurven für Kupfer; nach [206, 279]

Kurve und der (unterschiedlichen) Hysteresekurven.
Im Incremental Step Test stellt sich nach vielen Belastungsblöcken eine stationäre Versetzungsanordnung ein, weil die Umbildung der Struktur viel zu träge erfolgt, um sich der ständig verändernden Amplitude anzupassen. Der Schnittpunkt von IST-ZSD-Kurve und zyklischer Spannungs-Dehnungskurve legt eine effektive plastische Dehnungsamplitude $(\Delta\epsilon_{pl}/2)_{eff}$ fest. Diese hat zunächst keine mikrostrukturelle Bedeutung. Sie besagt lediglich, daß sich im Einstufenversuch mit $(\Delta\epsilon_{pl}/2)_{eff}$ eine Sättigungsspannung σ_S ergibt, die identisch ist mit dem Wert von $\Delta\sigma/2$ bei $(\Delta\epsilon_{pl}/2)_{eff}$ im Incremental Step Test.

Die Interpretation der Hysteresekurve als makroskopisches Resultat der Hindernisverteilung zeigt aber, daß die Versetzungsstruktur des Incremental Step Tests der des Sättigungszustandes bei $\Delta\epsilon_{pl}/2 =$ konst. $= (\Delta\epsilon_{pl}/2)_{eff}$ gleichgesetzt werden kann. In Abb. 10.7 fällt der aufsteigende Ast der Hysteresekurve des Incremental Step Tests nach entsprechender Verschiebung entlang der elastischen Linie mit den Ästen der Einstufenversuche zusammen. Die Größe der Verschiebung (Tabelle 10.1) entspricht einem $\Delta\epsilon_{pl}/2$-Wert, der sehr gut mit dem Zahlenwert von $(\Delta\epsilon_{pl}/2)_{eff} \simeq 0,28\%$ in Abb. 10.12 übereinstimmt.

Im Incremental Step Test werden somit mit der Sättigungsversetzungsstruktur für $(\Delta\epsilon_{pl}/2)_{eff}$ niedrigere und höhere Amplituden durchlaufen. Dadurch ergeben sich höhere bzw. niedrigere $\Delta\sigma/2$-Werte, da offenbar die stationäre Versetzungsanordnung bei kleinen $\Delta\epsilon_{pl}/2$-Werten härter und bei großen $\Delta\epsilon_{pl}/2$-Werten weicher ist als die Sättigungsstrukturen der zugehörigen Einstufenversuche[2]. Die in Abschnitt 7.4 dargelegte und anhand Abb. 7.13 illustrierte Betrachtung zum Vergleich von zyklischer Spannungs-Dehnungskurve, Betriebs-ZSD-Kurve und

[2]Das muß nicht unbedingt so sein. Es ist durchaus denkbar, daß eine durch Vielfachgleitung beeinflußte Struktur weicher ist als eine mit dominierender Einfachgleitung (siehe Abschnitt 7.1).

Tabelle 10.2: Wert des zyklischen Verfestigungsexponenten n' der zyklischen Spannungs-Dehnungskurven unterschiedlicher Versuchsführungen für Kupfer

<table>
<tr><th rowspan="2">Versuchstyp</th><th colspan="2">zykl. Verfestigungsexponent n'</th></tr>
<tr><th>kleines $\frac{\Delta\epsilon_{pl}}{2}$</th><th>großes $\frac{\Delta\epsilon_{pl}}{2}$</th></tr>
<tr><td>Incremental Step Test mit</td><td></td><td></td></tr>
<tr><td>- $\dot{\epsilon}_{pl}$ = konst., zunehmende Amplitude</td><td>0,17</td><td>0.07</td></tr>
<tr><td>- $\dot{\epsilon}_{pl}$ = konst., abnehmende Amplitude</td><td>0,16</td><td>0,06</td></tr>
<tr><td>- konst. Frequenz, zunehmende Ampl.</td><td colspan="2">0,11</td></tr>
<tr><td>- konst. Frequenz, abnehmende Ampl.</td><td colspan="2">0,12</td></tr>
<tr><td>Versuche mit $\Delta\epsilon_{pl}/2$ = konst.</td><td colspan="2">0,29</td></tr>
</table>

Hysteresenast wird somit für Kupfer bestätigt, wobei anstelle der Betriebs-ZSD-Kurve die IST-ZSD-Kurve benutzt wird.

In der doppellogarithmischen Auftragung Abb. 10.1 zeigt sich, daß die IST-ZSD-Kurve nicht mit einem einfachen Potenzgesetz beschrieben werden kann. Der Verlauf kann in dieser Darstellung durch eine Gerade für hohe und eine für niedrige plastische Dehnungsamplituden angenähert werden. Die Werte für den zyklischen Verfestigungsexponenten n' sind in Tabelle 10.2 aufgelistet.

10.2 Unlegierte Stähle im normalisierten Zustand

Für den technischen Einsatz sind Stähle sicherlich nachwievor die wichtigste Werkstoffgruppe. Dies ist nicht zuletzt darauf zurückzuführen, daß sie durch legierungstechnische Maßnahmen und durch Variation in der Wärmebehandlung relativ leicht in einen für den jeweiligen Einsatzzweck günstigen Zustand gebracht werden können. Die folgende Darstellung soll dokumentieren, daß sich unlegierte Stähle im normalisierten Zustand grundsätzlich ähnlich wie Kupfer verhalten, wobei allerdings gewisse Besonderheiten berücksichtigt werden müssen (siehe Abschnitt 10.2.1). Es werden Ergebnisse[3] von Messungen an Ck 10 und C 45 vorgestellt (Wärmebehandlung und Gefügebeschreibung im Anhang, Abschnitt A.3 bzw. Abschnitt A.4). Da sich die plastischen Verformungsvorgänge im ferritisch-perlitischen Gefüge unlegierter Stähle bis zu einem Kohlenstoffge-

[3] ermittelt im Rahmen der Diplomarbeit [282] für Ck 10 und z.T. aus [283] für C 45

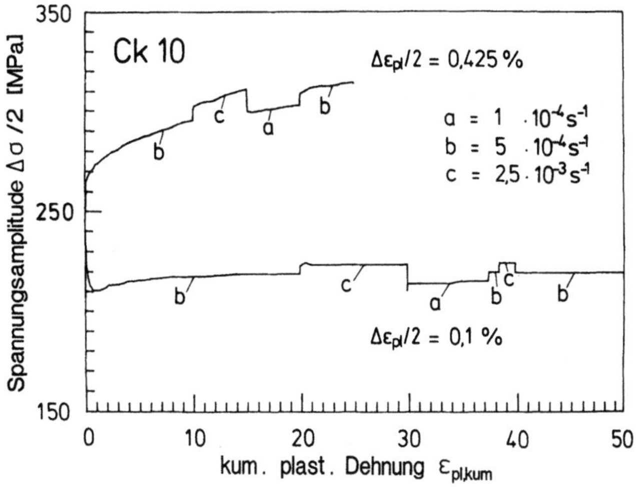

Abb. 10.13: Einfluß der plastischen Dehngeschwindigkeit $\dot{\epsilon}_{pl}$ auf die Spannungsamplitude von Ck 10 (nach Völkl [282])

halt von ca. 0,45 Gew.-% nahezu vollständig auf die Ferritkörner beschränken (z.B. [284]), können die untersuchten Werkstoffe als "quasi-einphasig" behandelt werden[4].

10.2.1 Besonderheiten bei der zyklischen Verformung unlegierter Stähle

Eine auf die krz Gitterstruktur zurückzuführende Besonderheit im zyklischen Spannungs-Dehnungs-Verhalten unlegierter Stähle ist die im Vergleich zu kfz Metallen und Legierungen stärker ausgeprägte Abhängigkeit der Fließspannung von der plastischen Dehngeschwindigkeit (siehe dazu auch Abschnitt 3.2.4 und Abschnitt 5.4).

In Abb. 10.13 sind zwei an Ck 10 ermittelte Wechselverformungskurven aufgetragen, in deren Verlauf mehrfach $\dot{\epsilon}_{pl}$ zwischen drei Werten, die sich jeweils um einen Faktor 5 unterscheiden, gewechselt wurde. Man erkennt insbesondere im Sättigungsbereich der Kurve mit $\Delta\epsilon_{pl}/2 = 0,1\%$, daß $\Delta\sigma/2$ in eindeutiger Weise mit $\dot{\epsilon}_{pl}$ verknüpft ist und erwartungsgemäß ansteigt, wenn $\dot{\epsilon}_{pl}$ zunimmt. Die Lage der zyklischen Spannungs-Dehnungskurve wird damit stark von den Versuchsparametern beeinflußt. Ein sinnvoller Vergleich z.B. mit der IST-ZSD-Kurve ist nur möglich, wenn in allen Versuchen $\dot{\epsilon}_{pl}$ auf einem einheitlichen Wert gehalten wird.

Eine Reihe technisch wichtiger Materialien zeigt bei monotoner Belastung eine deutlich unterscheidbare obere und untere Streckgrenze, verbunden mit einer

[4]Der unlegierte Stahl Ck 10 wurde im gleichen Wärmebehandlungszustand von Pohl [285] bei konstanter Beanspruchungsamplitude untersucht. Ergebnisse zum zyklischen Verformungsverhalten von Ck 45 mit vergleichbarer Zusammensetzung und ähnlichem Gefüge wie der hier untersuchte C 45 werden in [286, 287], zur Temperaturabhängigkeit in [288] mitgeteilt.

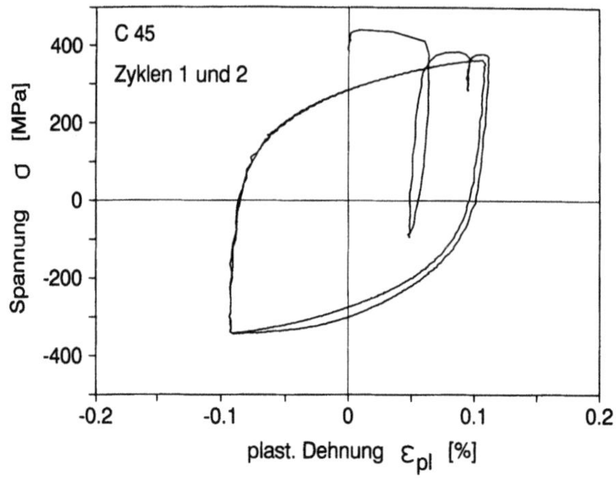

Abb. 10.14: Spannungs-Dehnungs-Pfad der ersten beiden Lastspiele von C 45 mit $\dot{\epsilon}_{pl}$ = konst. und $\Delta\epsilon_{pl}/2 = 1 \cdot 10^{-3}$

inhomogenen plastischen Verformung, die als *Lüdersbandausbreitung* bezeichnet wird. Diese Erscheinung ist charakteristisch für Legierungen mit krz Struktur, die interstitiell gelöste Fremdatome enthalten, u.a. auch für die unlegierten Stähle, in denen im Ferrit Kohlenstoff und Stickstoff in gelöster Form vorliegen.

Als Erklärung für das Auftreten von Lüdersbändern wird die Wechselwirkung von Versetzungen mit interstitiell gelösten Fremdatomen betrachtet:
Im normalisierten Zustand werden die Stufenversetzungen von den Zwischengitteratomen umgeben, da sich diese in energetisch günstigen Positionen des elastischen Verzerrungsfeldes anlagern. Die so entstehenden (Cottrell-)Wolken von interstitiell gelösten Fremdatomen bewirken eine Verankerung der Versetzungen, d.h. eine Erhöhung der Spannung, die notwendig ist, um die Versetzungen zu bewegen. Erst bei Erreichen der oberen Streckgrenze werden Versetzungen von den Fremdatomwolken losgerissen. In einem lawinenartigen Prozeß erfolgt dann das weitere Losreißen und eine Versetzungsmultiplikation bei einer deutlich geringeren makroskopischen Spannung, der unteren Streckgrenze. Die plastische Verformung erfolgt zunächst lokal inhomogen (Lüdersdehnung). Ausgehend von einigen Stellen der Probe, an denen die wirksame Spannung höher als im Durchschnitt ist (z.B. infolge einer Kerbe), breiten sich die Lüdersbänder über die gesamte Meßlänge aus. Anschließend erfolgt eine Zunahme der Spannung in der einsinnigen Spannungs-Dehnungskurve durch eine (gleichmäßige) Verfestigung.

Für die zyklische Verformung spielt die Lüdersbandausbreitung nur eine untergeordnete Rolle in Form eines schnell ablaufenden, transienten Vorganges, solange die Beanspruchungsamplitude so hoch ist, daß die obere Streckgrenze im ersten Viertelzyklus erreicht wird. Der Werkstoff verhält sich, als wären in einem unmittelbar vor der zyklischen Beanspruchung durchgeführten Zugversuch die Versetzungen von ihren Verankerungen befreit worden; noch innerhalb des ersten oder weniger Zyklen verformt sich die Meßlänge der Probe homogen.

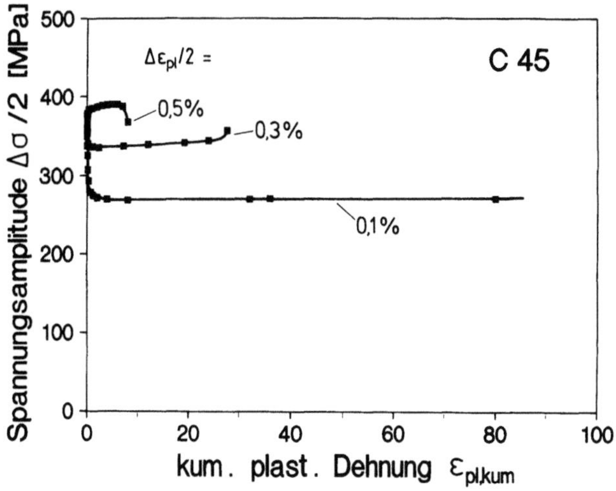

Abb. 10.15: Wechselverformungskurven für C 45, gemessen mit $\Delta\epsilon_{pl}/2 = $ konst.

Abbildung 10.14 zeigt den Verlauf der Spannung über der plastischen Dehnung für die ersten beiden Lastspiele an C 45 bei einer vorgegebenen plastischen Dehnungsamplitude von $1 \cdot 10^{-3}$ und einer Versuchsführung mit $\dot{\epsilon}_{pl}$ = konst. Deutlich ist das Einsetzen der plastischen Verformung nach Überschreiten einer oberen Streckgrenze erkennbar. Der Abfall der Spannung mit der plastischen Dehnung führt zu Regelschwankungen im Prüfsystem, die sich in starken Spannungseinbrüchen äußern. Der aufsteigende Ast der zweiten Hystereseschleife ist nahezu deckungsgleich mit dem der ersten. Dies ist ein Hinweis darauf, daß der massive Losreißprozeß sehr schnell abgeschlossen ist.

Die Wechselverformungskurve für diese Amplitude ($\Delta\epsilon_{pl}/2 = 0,1\%$) zeigt eine anfängliche Entfestigung, die vermutlich auf die Zunahme plastisch verformbarer Volumenbereiche zurückzuführen ist (Abb. 10.15). Ein Sättigungszustand wird sehr rasch eingestellt. Bei höheren Werten von $\Delta\epsilon_{pl}/2$ (z.B. 0,5%) erfolgt, ausgehend vom $\Delta\sigma/2$-Wert des ersten Zyklus, eine Verfestigung, da die gesamte Meßlänge während des ersten Viertelzyklus plastifiziert wird und anschließend die "übliche" Versetzungsstrukturentwicklung mit Verfestigung stattfindet[5].

Der mit der *dynamischen Lüdersbandausbreitung* verknüpfte Verlauf der Spannungsamplitude kann im ansteigenden Teil des ersten Blockes eines Incremental Step Tests aufgrund der kontinuierlichen Erhöhung von $\Delta\epsilon_{pl}/2$ gut beobachtet werden (Abb. 10.16). Nach den ersten, mit hohen $\Delta\sigma/2$-Werten verbundenen Lastspielen bleibt bei weiterer Zunahme von $\Delta\epsilon_{pl}/2$ die Spannungsamplitude nahezu konstant, weil im Sinne einer Serienschaltung der plastisch verformbare Volumenbereich anwächst. Burbach [57] weist darauf hin, daß in diesem $\Delta\epsilon_{pl}/2$-Bereich die Hysteresekurven durch Normierung der Dehnungsachse auf den Maximalwert zur Deckung gebracht werden können. Mit weiter zunehmen-

[5]Der $\Delta\sigma/2$-Wert des ersten Zyklus ist nicht mit der oberen Streckgrenze gleichzusetzen (Maximalwert im ersten Lastspiel), da die Spannung bereits bis zum Zuglastumkehrpunkt abfällt (siehe Abb. 10.14).

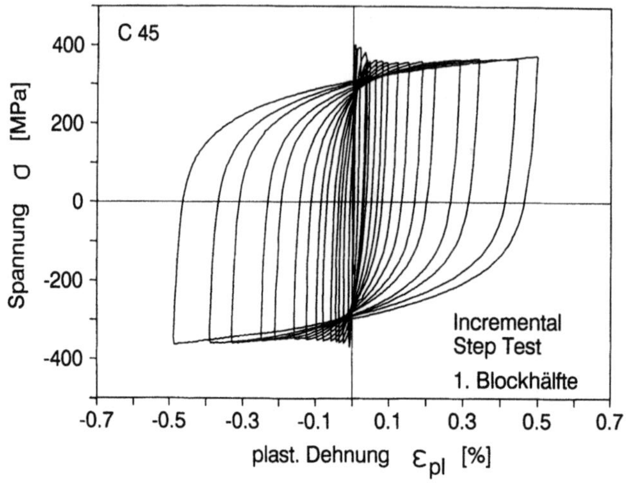

Abb. 10.16: Erste Hälfte des ersten Beanspruchungsblockes im Incremental Step Test an C 45

der plastischer Dehnungsamplitude erfolgt schließlich die Verfestigung, da die Lüdersbandausbreitung die gesamte Meßlänge erfaßt hat.

In einer spannungskontrollierten Versuchsführung kann der Losreißprozeß bereits bei Spannungen weit unterhalb der oberen (und auch der unteren) Streckgrenze beobachtet werden. Die plastische Verformung setzt in diesem Spannungsbereich allerdings nicht sofort mit dem ersten Zyklus ein, vielmehr verhält sich der Werkstoff zunächst nahezu rein elastisch, bis nach einer von der Spannungsamplitude abhängigen Zyklenzahl eine deutliche Zunahme der plastischen Dehnungsschwingbreite erkennbar wird. Dieser Sachverhalt ist in Abb. 10.17 (aus [286]) für das Beispiel des Stahles Ck 45 bei Beanspruchung mit konstanter Spannungsamplitude wiedergegeben. Die Entfestigung führt zu einem massiven Anstieg von $\Delta\epsilon_{pl}/2$, der umso früher erfolgt, je größer $\Delta\sigma/2$ ist. Nach dem Durchlaufen eines Maximums schließt sich ein Verfestigungsbereich bis zum Bruch an.

Qualitativ kann der Verlauf der Wechselverformungskurve folgendermaßen erklärt werden:
Im ersten Halbzyklus wird eine geringe Anzahl von Versetzungen in einzelnen, isolierten Körnern losgerissen. Dieser Vorgang wiederholt sich in den folgenden Zyklen und führt zu einer Erhöhung der Zahl der beweglichen Versetzungen. Der Werkstoff liegt somit in einem plastisch inhomogenen Zustand vor, da neben sich plastisch verformenden Körnern mit freien Versetzungen solche existieren, die sich praktisch rein elastisch verhalten, da noch alle Versetzungen verankert sind. Die stetige Zunahme der Zahl der Bereiche mit beweglichen Versetzungen führt zu einer Erhöhung von $\Delta\epsilon_{pl}/2$. Gleichzeitig laufen dort allerdings bereits die Prozesse ab, die für die zyklische Verformung von Metallen und Legierungen mit welligem Gleitcharakter typisch sind, nämlich die Erhöhung der Versetzungsdichte und die Ausbildung von heterogenen Versetzungsstrukturen. Die damit verbundene lokale Verfestigung dominiert, wenn ihre Wirkung durch die Neuent-

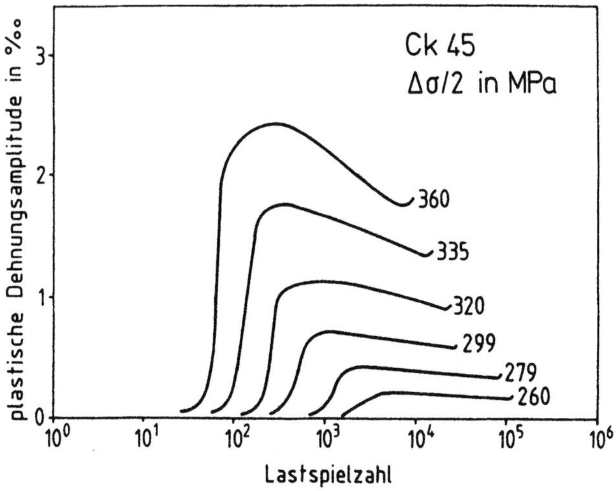

Abb. 10.17: Wechselverformungskurven für spannungsgeregelte Versuche bei unterschiedlichen Werten von $\Delta\sigma/2$; nach Pilo et al. [286]

stehung plastisch verformbarer Bereiche nicht mehr überkompensiert wird. Das Maximum der Wechselverformungskurve repräsentiert in guter Näherung den Zustand, an dem gerade die gesamte Meßlänge für die plastische Verformung zur Verfügung steht.

Der in Abb. 10.17 dargestellte Kurvenverlauf, der für das zyklische Verformungsverhalten normalisierter unlegierter Stähle bei spannungsgeregelter Versuchsführung charakteristisch ist (einen Überblick gibt z.B. [284, 289]), kann auf der Grundlage obiger qualitativer Betrachtung auch quantitativ nachvollzogen werden [290, 291].

10.2.2 Versuche mit konstanter plastischer Dehnungsamplitude

Die Untersuchung der Versetzungsstruktur der Stähle Ck 10 und C 45 führt auf sehr ähnliche Ergebnisse, so daß auf eine getrennte Darstellung verzichtet wird.

In der bei $\Delta\epsilon_{pl}/2 = 2 \cdot 10^{-4}$ wechselverformten Probe liegen im Sättigungszustand verschiedene Arten von Versetzungsanordnungen vor, die der geringen Beanspruchungsamplitude Rechnung tragen. In vielen Körnern dominiert die für Einfachgleitung typische Matrixstruktur, aufgebaut aus Multipolbündeln von Stufenversetzungen. Daß bereits ein Übergang zur Vielfachgleitung stattfindet, beweist die Koexistenz von Bündel- und Wandanordnung, die in Abb. 10.18 oben erkennbar ist. Die Versetzungswände besitzen eine hohe Versetzungsdichte und sind von versetzungsarmen Kanälen getrennt. Sie verlaufen nicht ausschließlich parallel zueinander, vielmehr finden sich häufig aufeinander senkrecht stehende Wände, die eine labyrinthartige Anordnung erkennen lassen.

Die zwischen den Wänden vorliegenden Versetzungen mit vorwiegend Schraubencharakter sind im mittleren Bild von Abb. 10.18 gut sichtbar. Sie erstrecken

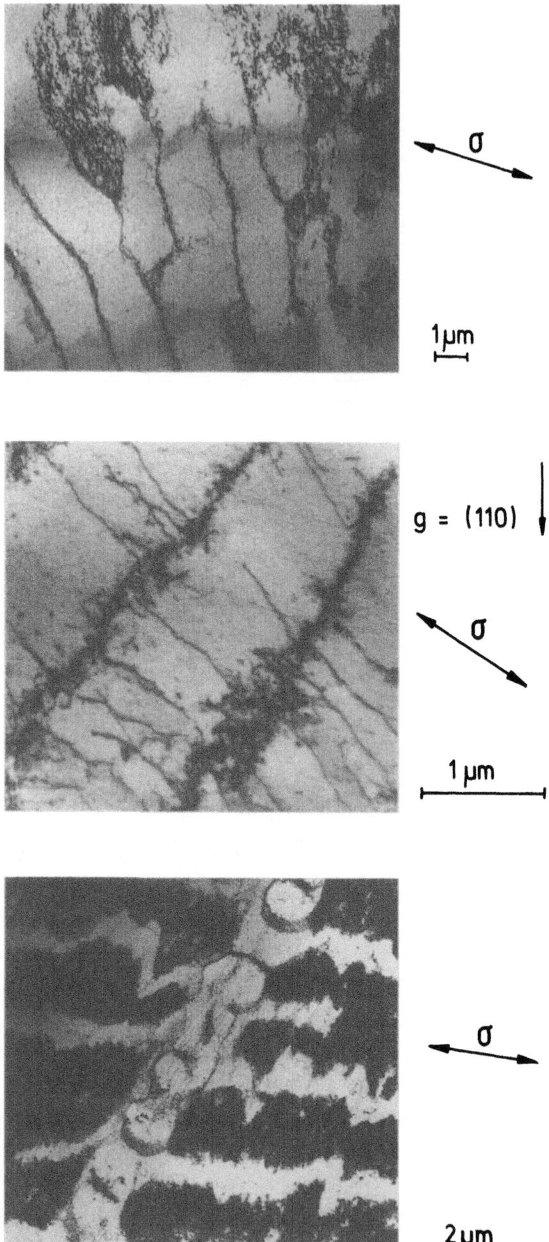

Abb. 10.18: Versetzungsstruktur von Ck 10, gebildet bei $\Delta\epsilon_{pl}/2 = 2 \cdot 10^{-4}$ (nach Völkl [282]):
Oben: Übergang der Bündelstruktur in eine Wandstruktur
Mitte: Schraubenversetzungen, die die Kanäle zwischen Wänden überspannen
Unten: Versetzungsanordnung, die an ein PGB erinnert

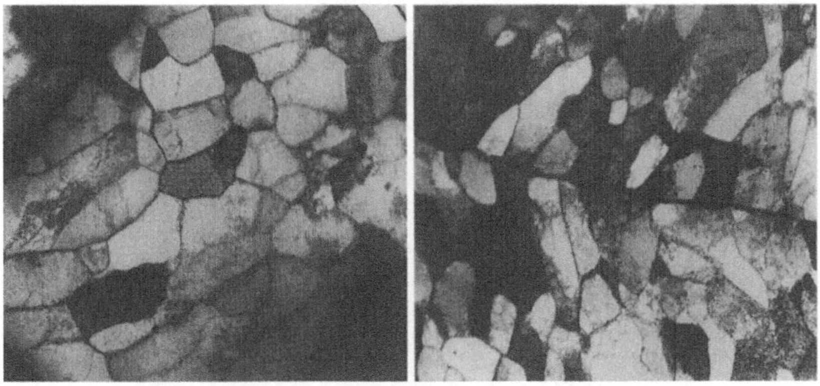

Abb. 10.19: Versetzungszellen, gebildet bei $\Delta\epsilon_{pl}/2$ = konst. = $5 \cdot 10^{-3}$; a) Ck 10, b) C 45

sich zum größten Teil ganz über die versetzungsarmen Kanäle hinweg und sind in den Wänden verankert.

Abbildung 10.18 zeigt unten eine Anordnung von Versetzungen, die an ein PGB erinnert, das in einer Matrixstruktur eingebettet ist. Diese Beobachtung steht in Einklang mit den Ergebnissen von Pohl [285], der nachweisen konnte, daß im Temperaturbereich zwischen Raumtemperatur und 383 K PGB mit der klassischen Leiterstruktur in den Ferritkörnern des Ck 10 gebildet werden können.

Bei einer hohen Amplitude von ϵ_{pl} mit 0,5% finden sich in beiden unlegierten Stählen ausschließlich Zellen. In allen Körnern erfolgt die plastische Verformung in Form von Vielfachgleitung. Die Zellform und -größe variiert von Korn zu Korn, was auf die lokal unterschiedlichen Wechselbeanspruchungsamplituden zurückgeführt werden kann.

Wie im nächsten Abschnitt gezeigt wird, schneiden sich IST-ZSD-Kurve und zyklische Spannungs-Dehnungskurve von Ck 10 etwa bei $\Delta\epsilon_{pl}/2 = 0,35\%$. Um Aussagen treffen zu können, ob die mit dieser "effektiven" Amplitude des Incremental Step Tests verbundene Versetzungsanordnung von der abweicht, die sich bei Belastung mit $\Delta\epsilon_{pl}/2$ = konst. = 0,35% bildet, sind in Abb. 10.20 und Abb. 10.21 TEM-Aufnahmen der entsprechenden Probe des Einstufenversuches dargestellt.

Die Versetzungen sind sowohl im parallelen Wand- als auch in Labyrinth- und Zellstrukturen angeordnet. Abbildung 10.20 zeigt einen Probenbereich, in dem die Versetzungszellen dominieren. In Abb. 10.21 ist ein Ausschnitt dargestellt, in dem die Wände eine Labyrinthstruktur gebildet haben. Die Existenz dieser Art von Versetzungsanordnung ermöglicht eine Unterscheidung gegenüber der bei $\Delta\epsilon_{pl}/2 = 0,5\%$ gebildeten Struktur, welche ausschließlich aus Zellen besteht.

Die Verbindung von Versetzungsstruktur und Gestalt der Hysteresekurve läßt erwarten, daß durch eine Darstellung in relativen Spannungs- und Dehnungskoordinaten die Äste der Hysteresekurven der Einstufenversuche nicht zur Dek-

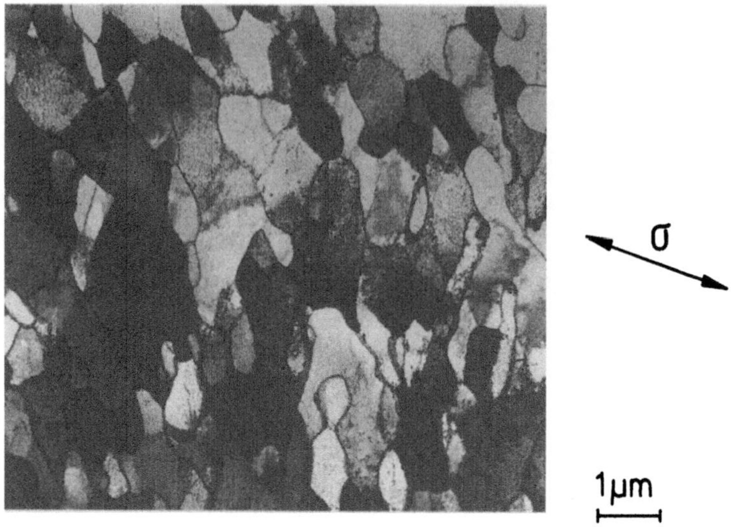

Abb. 10.20: Zellstrukturen in Ck 10, gebildet bei $\Delta\epsilon_{pl}/2 = 0,35\%$ (nach Völkl [282])

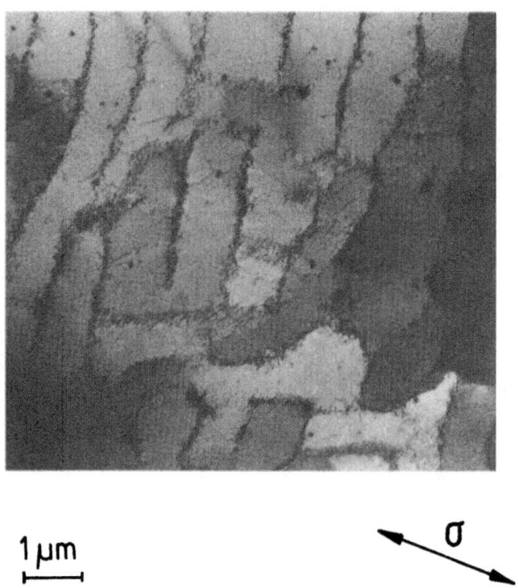

Abb. 10.21: Labyrinthstruktur in Ck 10, gebildet bei $\Delta\epsilon_{pl}/2 = 0,35\%$ (nach Völkl [282])

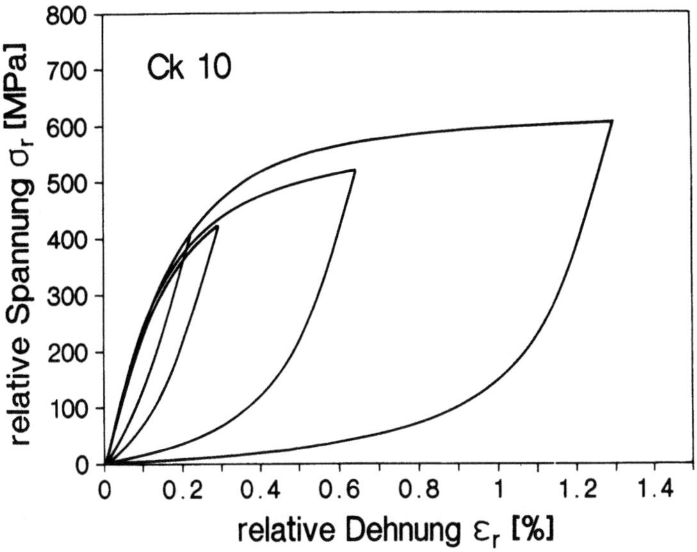

Abb. 10.22: Hysteresekurven von Ck 10 aus Versuchen mit $\Delta\epsilon_{pl}/2$ = konst. in relativen Koordinaten (nach Völkl [282])

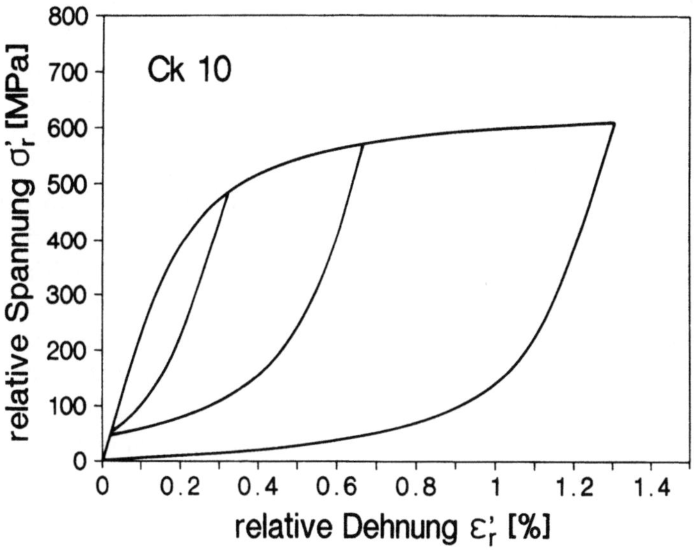

Abb. 10.23: Hysteresekurven von Ck 10 aus Versuchen mit $\Delta\epsilon_{pl}/2$ = konst. in relativen Koordinaten nach Verschiebung entlang der elastischen Linie

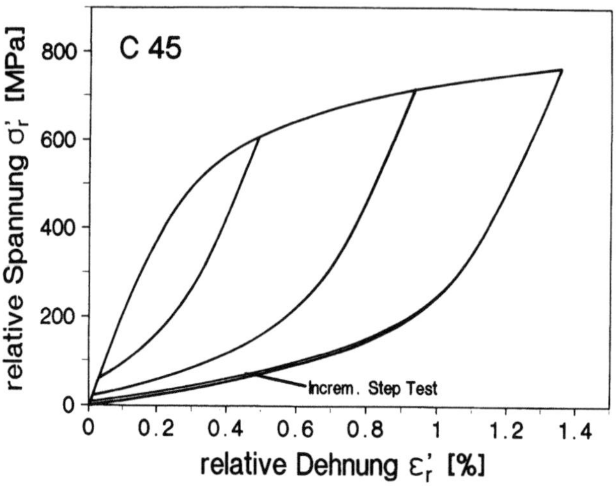

Abb. 10.24: Hysteresekurven von C 45 aus Versuchen mit $\Delta\epsilon_{pl}/2$ = konst. und aus dem Incremental Step Test in relativen Koordinaten nach Verschiebung entlang der elastischen Linie

kung gebracht werden können. In Abb. 10.22 ist gezeigt, daß in der Tat jede Hystereseschleife in ihrer Form individuell einer plastischen Dehnungsamplitude zugeordnet werden muß.

Bei kleinen Werten von $\Delta\epsilon_{pl}/2$ liegt der σ-ϵ-Pfad des aufsteigenden Astes oberhalb der Verläufe höherer Amplituden. Dieses Phänomen kann indirekt der dynamischen Lüdersbandausbreitung zugeordnet werden. Offensichtlich wird bei kleinen Amplituden die plastische Verformung nicht auf die ganze Meßlänge verteilt, sondern konzentriert sich nur auf einen Teil. In anderen Worten heißt dies, die gemessene Dehnung ist deutlich kleiner als die tatsächlich in den plastischen Bereichen wirksame Dehnung.

Eine Verschiebung der Hysteresekurven von Ck 10 und C 45 entlang der elastischen Linie (Abb. 10.23 und Abb. 10.24) führt ebenso wie bei Kupfer zu deckungsgleichen σ-ϵ-Verläufen im aufsteigenden Ast. Der Bereich elastischer Verformung vergrößert sich mit $\Delta\epsilon_{pl}/2$, während die Zunahme der Spannung mit der plastischen Verformung nach Überschreiten der Elastizitätsgrenze von der Größe der plastischen Dehnungsamplitude nicht beeinflußt wird[6]. Die Hysteresekurve des Incremental Step Tests ist in Abb. 10.24 zusätzlich eingezeichnet. Ihre Form gehorcht ebenfalls dem gemeinsamen Verlauf in den gestrichenen relativen Koordinaten.

10.2.3 Verhalten im Incremental Step Test

Abbildung 10.25 zeigt die Entwicklung der IST-ZSD-Kurve mit der Anzahl von Beanspruchungsblöcken für Ck 10. Ähnlich wie bei Kupfer ist zwar die Tendenz

[6]Die kleinste Hysteresekurve aus Abb. 10.22 wurde in Abb. 10.23 aufgrund der oben geschilderten Besonderheiten nicht eingetragen.

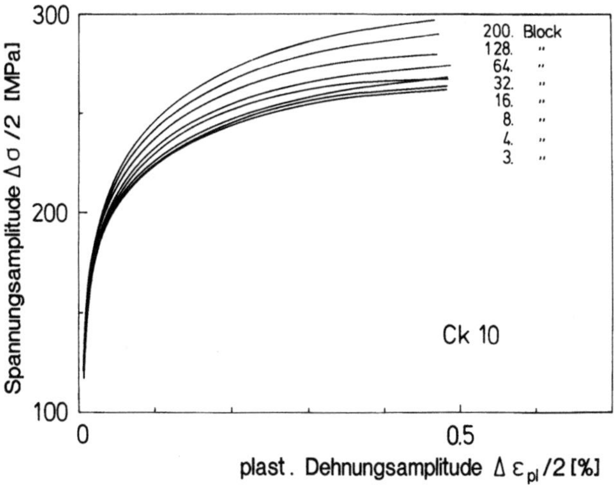

Abb. 10.25: Darstellung des Zusammenhanges von Spannungsamplitude und plastischer Dehnungsamplitude im Incremental Step Test für Ck 10 in Abhängigkeit von der Blocknummer (nach Völkl [282])

zu einem sich bildenden stationären Zustand erkennbar, die Einstellung erfordert aber offensichtlich sehr viele Belastungsblöcke. Die Verfestigung bewirkt, daß die Spannungsamplitude für jeden Wert von $\Delta\epsilon_{pl}/2$ zunimmt.

Im Gegensatz zu dieser Beobachtung einer nur sehr langsamen Stabilisierung des zyklischen Verformungsverhaltens von Ck 10 im Incremental Step Test, wird bei C 45 relativ rasch eine nahezu konstante IST-ZSD-Kurve erhalten (Abb. 10.26). Man erkennt in Abb. 10.26 am horizontalen Verlauf von $\Delta\sigma/2$ im ersten Block (genauer in der ersten Blockhälfte, da sich Abb. 10.26 auf ansteigende Amplituden bezieht) die Auswirkung der dynamischen Lüdersbandausbreitung. Die Kurvenverläufe des dritten und aller weiterer Blöcke können in guter Näherung als identisch behandelt werden.

Die Ähnlichkeit in der Versetzungsstrukturentwicklung von Ck 10 und C 45 steht im Widerspruch zu dem unterschiedlichen Stabilisierungsverhalten. In Abb. 10.27 ist die Spannungsamplitude $\Delta\sigma/2$ die sich beim $\Delta\epsilon_{pl}/2$-Maximalwert von 0,5% einmal pro Block ergibt, gegen die Blocknummer aufgetragen. Es ist zu beachten, daß die Ordinate im Maßstab stark gespreizt wurde, so daß bereits kleine Änderungen deutlich erkennbar sind. Man findet eine Entfestigung während der ersten Zyklen, die auf ein Ausklingen des Einflusses der dynamischen Lüdersbandausbreitung zurückgeführt werden kann. Daran schließt eine langsame aber stetige Verfestigung an.

Unter Einbeziehung von Abb. 10.27 erscheint eine schnelle Stabilisierung der Mikrostruktur im Incremental Step Test fraglich. Vermutlich ist die Grundfestigkeit des Werkstoffes durch seinen hohen Anteil an Perlitkörnern so groß, daß sich die langsame Entwicklung der Versetzungsanordnung nur in geringem Umfang auf die Lage der IST-ZSD-Kurve bemerkbar macht.

Die IST-ZSD-Kurven, die kurz vor dem Bruch der jeweiligen Probe ermittelt

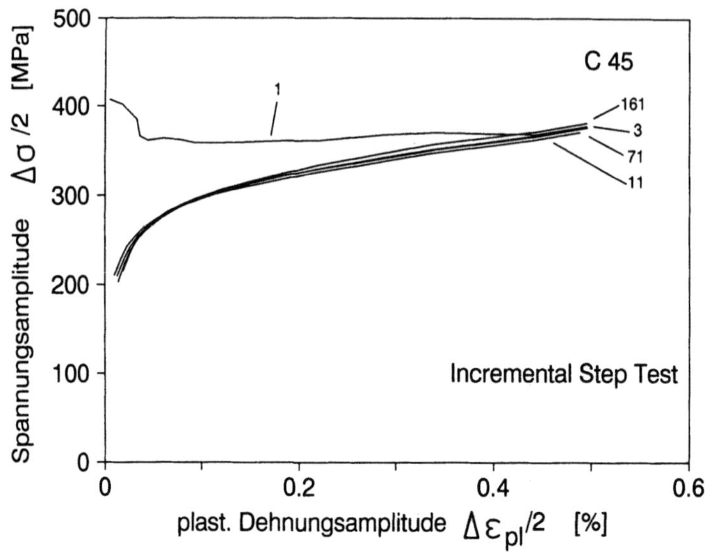

Abb. 10.26: IST-ZSD-Kurve in Abhängigkeit von der Anzahl der Blöcke im Incremental Step Test für C 45

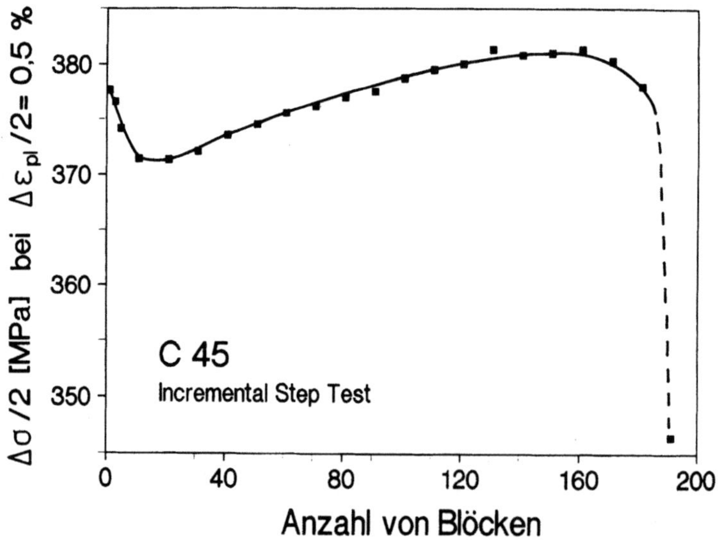

Abb. 10.27: Verlauf der Spannungsamplitude für $\Delta\epsilon_{pl}/2 = 5 \cdot 10^{-3}$ im Incremental Step Test für C 45

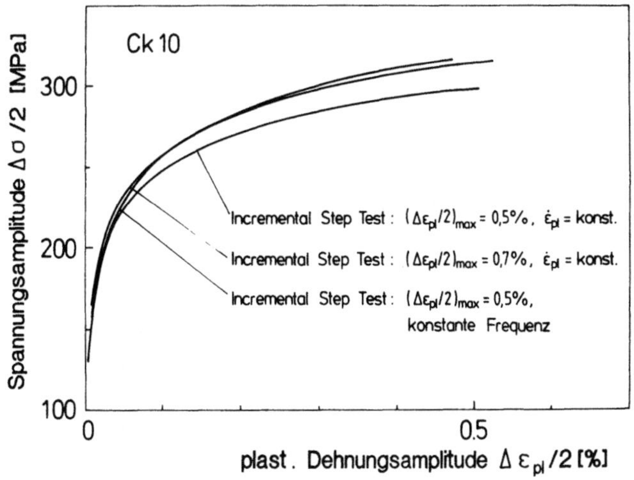

Abb. 10.28: Vergleich der IST-ZSD-Kurven, die mit unterschiedlichen Versuchsführungen ermittelt wurden (nach Völkl [282])

wurden, sind in Abb. 10.28 für Ck 10 aufgetragen. Verglichen werden Kurven mit unterschiedlichem Beanspruchungsverlauf ($\dot{\epsilon}_{pl}$ = konst. oder konstante Frequenz) und unterschiedlicher Maximalamplitude ($(\Delta\epsilon_{pl}/2)_{max} = 0,5\%$ oder 0,7%). Ähnlich wie bei Kupfer führt eine Versuchsführung mit konstanter Zyklendauer zu höheren $\Delta\sigma/2$-Werten. Dies kann einerseits wiederum auf den größeren Anteil höherer $\Delta\epsilon_{pl}/2$-Werte bei diesem Versuchstyp zurückgeführt werden, der zu einer ausgeprägteren Verfestigung führt. Weiterhin muß der Geschwindigkeitsabhängigkeit der Fließspannung ein zusätzlicher Beitrag zugewiesen werden, da $\dot{\epsilon}_{pl}$ bei Versuchen mit konstanter Frequenz mit den $\Delta\epsilon_{pl}/2$-Werten deutlich zunimmt.

Die Wirkung einer auf 0,7% erhöhten Maximalamplitude von ϵ_{pl} hat offer[illegible] eine sehr ähnliche IST-ZSD-Kurve zur Folge. Je größer die maxi[illegible] ampl[illegible]itude ist, umso höher muß die effektive plastische Dehnungsamplitude $(\Delta\epsilon_{pl}/2)_{eff}$ sein [41].

Der Wert von $(\Delta\epsilon_{pl}/2)_{eff}$ für den Incremental Step Test mit $(\Delta\epsilon_{pl}/2)_{max} = 0,5\%$ und $\dot{\epsilon}_{pl}$ = konst. $= 5 \cdot 10^{-4} s^{-1}$ kann aus Abb. 10.29 durch den Vergleich mit den Ergebnissen aus Ein- und Mehrstufenversuchen entnommen werden; er beträgt für Ck 10 $3,5 \cdot 10^{-3}$. Die IST-ZSD-Kurve verläuft bei höheren Werten unterhalb, bei niedrigeren Werten oberhalb der zyklischen Spannungs-Dehnungskurve, was ganz analog zu den Überlegungen in Abschnitt 10.1.3 diskutiert werden kann. Als Besonderheit gegenüber Kupfer tritt bei niedrigen Amplituden ein zweiter Schnittpunkt der Kurven auf, der auf einen Wendepunkt in der zyklischen Spannungs-Dehnungskurve zurückzuführen ist. Als Ursache hierfür kann wiederum die nicht vollständige Beteiligung der gesamten Meßlänge an der plastischen Verformung betrachtet werden.

Mikrostrukturuntersuchungen an Proben, die bei unterschiedlichen $\Delta\epsilon_{pl}/2$-Werten des Incremental Step Tests entnommen wurden, ermöglichen keinen

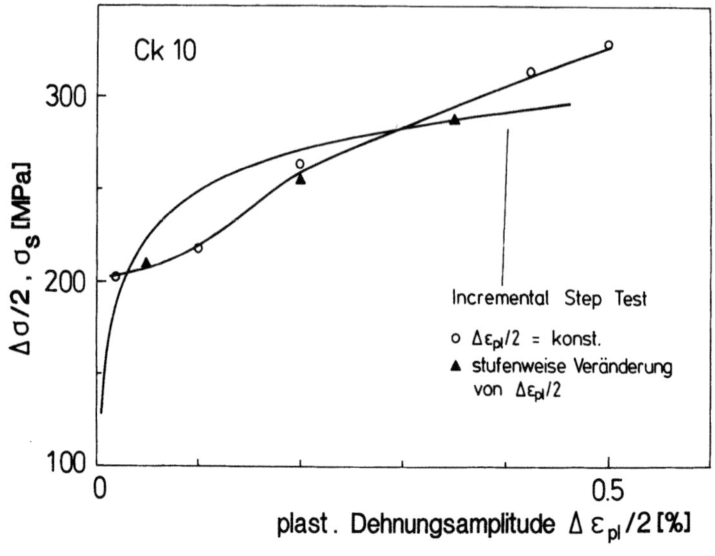

Abb. 10.29: Vergleich der IST-ZSD-Kurve mit den Ergebnissen von Ein- und Mehrstufenversuchen (nach Völkl [282])

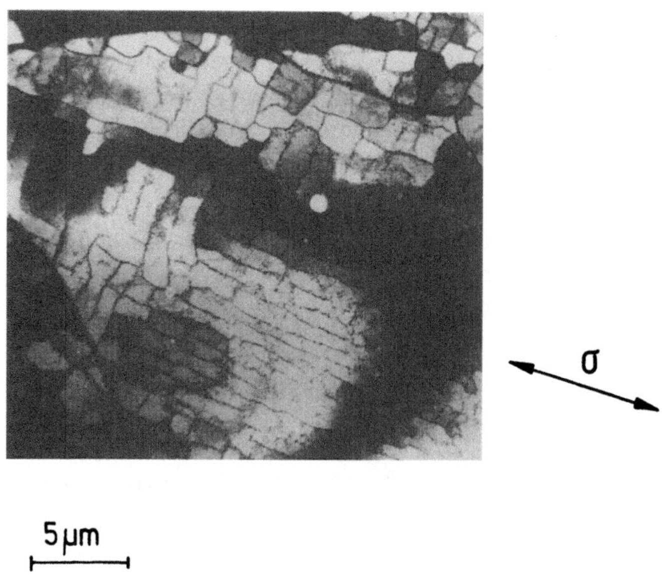

Abb. 10.30: Versetzungsstrukturen in Ck 10 nach einem Incremental Step Test, der bei $\Delta\epsilon_{pl}/2 = 0,02\%$ abgebrochen wurde (nach Völkl [282])

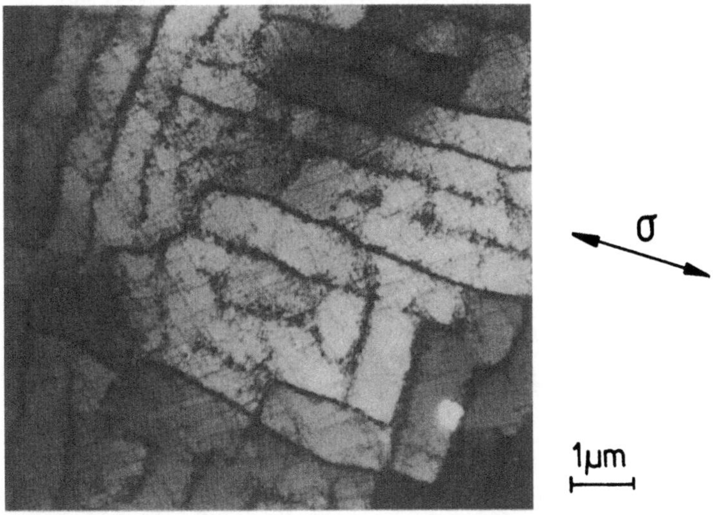

Abb. 10.31: Labyrinthstruktur in Ck 10 nach einem Incremental Step Test, abgebrochen bei $\Delta\epsilon_{pl}/2 = 0,5\%$ (nach Völkl [282])

Nachweis einer Veränderung der Versetzungsanordnung innerhalb eines Beanspruchungsblockes. Abbildung 10.30 zeigt anhand einer TEM-Aufnahme mit relativ geringer Vergrößerung, daß neben gut ausgeprägten Zellen mit Mißorientierungen labyrinthartige Strukturen vorliegen. In Abb. 10.31 ist ein Bereich aus einer Labyrinthstruktur dargestellt. Ein Vergleich mit den Aufnahmen an einer Probe, die bei $\Delta\epsilon_{pl}/2 =$ konst. $= (\Delta\epsilon_{pl}/2)_{eff}$ bis zur Sättigung wechselverformt wurde (Abb. 10.20 und 10.21), dokumentiert die Ähnlichkeit. Im Rahmen der Variationsbreite der zu beobachtenden Mikrostrukturen können keine Unterschiede identifiziert werden. Auf eine Abgrenzung zu $\Delta\epsilon_{pl}/2 =$ konst. $= 0,5\%$ wurde bereits im letzten Abschnitt hingewiesen. Bei dieser Amplitude sind ausschließlich Versetzungszellen vorhanden. Eine Abschätzung der effektiven Amplitude des Incremental Step Tests mit dem maximal auftretenden Wert kann somit höchstens nur als grobe Näherung bezeichnet werden.

Abbildung 10.32 beweist, daß sich die nicht verändernde Versetzungsstruktur in einem ideal zyklischen Verformungsverhalten äußert. Die ansteigenden Äste der Hysteresekurven fallen aufeinander, wenn sie so gegeneinander verschoben werden, daß sie einen gemeinsamen Fußpunkt besitzen (relative Koordinaten). Die Anwendung dieses Verfahrens auf C 45 liefert das gleiche Ergebnis.

10.2.4 Einfluß der Versuchsführung

Neben Einstufenversuchen mit vorgegebenen Werten von $\Delta\epsilon_{pl}/2$ und konstanter plastischer Dehngeschwindigkeit $\dot{\epsilon}_{pl}$ wurden an C 45 zusätzliche Wechselverformungsexperimente mit sinusförmigem Kraftverlauf und konstanter Kraftamplitude durchgeführt. Überraschenderweise führt diese Art der Versuchsführung zu

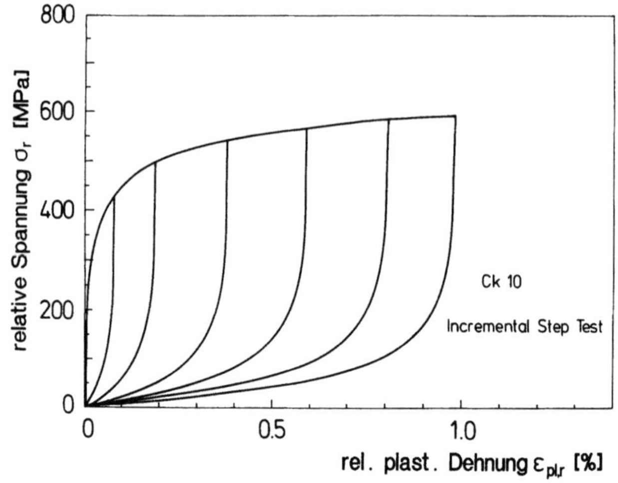

Abb. 10.32: **Hysteresekurven von Ck 10 aus dem Incremental Step Test in relativen Koordinaten (nach Völkl [282])**

ideal zyklischem Verhalten, was aus der Auftragung Abb. 10.33 hervorgeht.

Offensichtlich hat die Art der Regelgröße einen Einfluß auf die sich einstellende wirksame Hindernisverteilung der plastischen Verformung. Eine mögliche Erklärung dieses Phänomens greift auf die Beobachtungen zur dynamischen Lüdersbandausbreitung zurück:
Im Versuch mit $\Delta\epsilon_{pl}/2 =$ konst. wird der Werkstoff gezwungen, bereits im ersten Viertelzyklus die obere Streckgrenze zu überschreiten und damit eine Lüdersbandausbreitung zu stimulieren, die zumindest zum Teil der einsinnigen Verformung entspricht. Nach wenigen Zyklen liegt, falls $\Delta\epsilon_{pl}/2$ nicht zu gering ist, eine einheitlich plastisch verformbare Meßlänge mit ausreichend freien Versetzungen vor. Die Versetzungsstrukturentwicklung findet anschließend vergleichbar mit einem Werkstoff statt, dessen Versetzungen im Ausgangszustand nicht verankert sind.

Bei kraftkontrollierter Versuchsführung mit $\Delta\sigma/2$-Werten unter der oberen Streckgrenze werden über viele Zyklen nur einzelne Bereiche "plastifiziert". In diesen Bereichen setzt die Verfestigung in massiver Form ein, da die lokale plastische Dehnungsamplitude hoch ist. Die weitere Ausbreitung der Lüdersbänder und damit die Erzeugung plastisch deformierbaren Volumens erfolgt aufgrund des lokalen Spannungsanstieges infolge dieser Verfestigung. Die plastische Verformung wird sich immer auf die neu gebildeten Bereiche mit freien Versetzungen konzentrieren, da das übrige Probenvolumen entweder bereits zyklisch verfestigt ist oder die Versetzungen noch verankert sind. Eine gleichmäßige plastische Verformung der Meßlänge erfolgt erst nach vielen Lastspielen.

Aus dieser Interpretation folgt, daß bei $\Delta\sigma/2 =$ konst. die lokal wirksame plastische Dehnungsschwingbreite höher ist, als der zugehörige $\Delta\epsilon_{pl}/2$-Wert im Versuch mit konstanter plastischer Dehnungsamplitude. In der Darstellung Abb. 7.1 führt dies zu einem größeren λ-Wert; es kann sich eine stabilere Versetzungsanordnung einstellen.

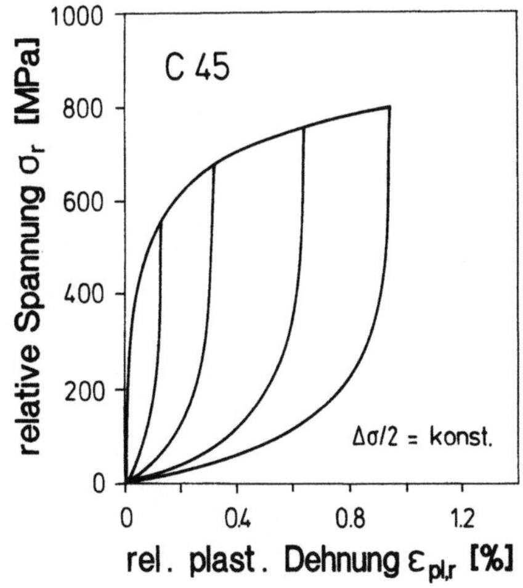

Abb. 10.33: Hysteresekurven aus kraftkontrollierten Versuchen an C 45 in relativen Koordinaten

Ein Vergleich der Mikrostrukturen von Proben, die bei hohen und niedrigen Spannungsamplituden wechselverformt wurden (Abb. 10.34) zeigt, daß sich zwar die Ausprägung der in beiden Fällen zu beobachtenden Zellstruktur unterscheidet, die Zellabmessungen aber im Rahmen der Meßunsicherheit vergleichbar sind. Die Zellwände liegen bei niedrigen Spannungsamplituden in sehr diffuser Form vor, während bei hohen $\Delta\sigma/2$-Werten ein geordneter Aufbau erkennbar ist. Dies muß aber nicht zwangsläufig zu einer Veränderung der wirksamen Hindernisverteilung führen, da ja auch in der zyklischen Sättigung ohne Veränderung von σ_S eine entsprechende Umlagerung stattfindet.

Aufgrund des unterschiedlichen Hystereseverhaltens bei plastischer Dehnungsregelung und Spannungsregelung ist zu erwarten, daß die zugeordneten zyklischen Spannungs-Dehnungskurven ebenfalls von der Regelart abhängen. Abbildung 10.35 zeigt neben der einsinnigen Spannungs-Dehnungskurve die Kurvenverläufe für den Incremental Step Test und die Versuchsführungen mit $\Delta\sigma/2 =$ konst. und $\Delta\epsilon_{pl}/2 =$ konst. Da sowohl im Incremental Step Test als auch bei $\Delta\sigma/2 =$ konst. ideal zyklisches Verhalten vorliegt, entsprechen beide Kurven jeweils den mit dem Maßstabsfaktor 1/2 multiplizierten ansteigenden Hysteresenästen in relativen Koordinaten. Dieselbe Hysteresenform ist bei $\Delta\epsilon_{pl}/2 =$ konst. zu erwarten, wenn die effektive plastische Dehnungsamplitude benutzt wird. Die zuzuordnende Sättigungshysteresekurve mit $\Delta\epsilon_{pl}/2 =$ konst. besitzt die Amplitudenwerte von ca. 0,4% für den Incremental Step Test und ca. 0,5% für spannungskontrollierte Versuche.

In [284] zeigt ein Vergleich der zyklischen Spannungs-Dehnungskurven spannungs- und plastisch dehnungskontrollierter Versuche für $\Delta\epsilon_{pl}/2$-Werte bis 0,2% zwar, daß die Wertepaare für $\Delta\sigma/2 =$ konst. systematisch höher liegen, die Unterschiede zwischen den beiden Versuchstechniken sind aber so gering, daß eine

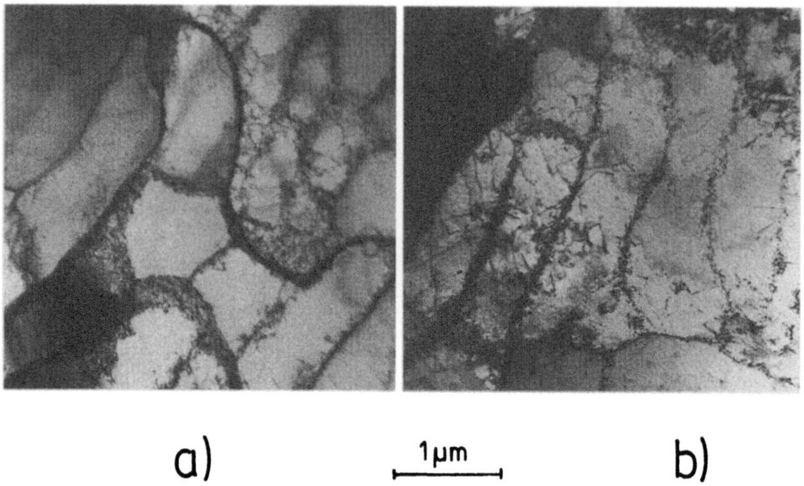

Abb. 10.34: TEM-Aufnahmen von C 45 nach spannungskontrolliertem Versuch a) $\Delta\sigma/2 = 280$ MPa, b) $\Delta\sigma/2 = 366$ MPa

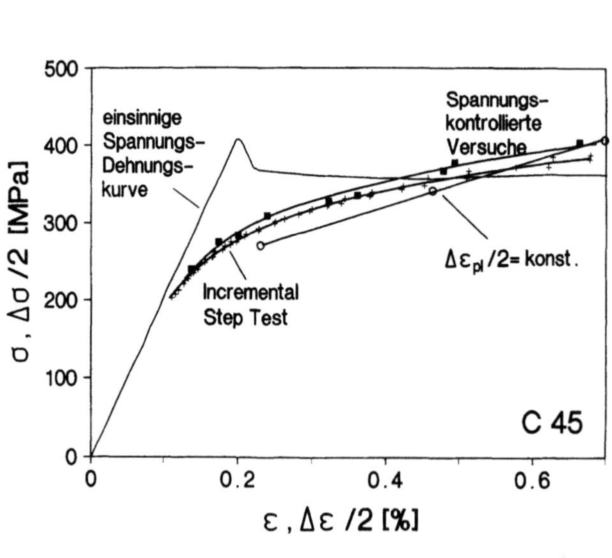

Abb. 10.35: Vergleich der einsinnigen und der mit unterschiedlichen Versuchsführungen ermittelten zyklischen Spannungs-Dehnungskurve von C 45

gemeinsame Kurve gerechtfertigt erscheint. Inwieweit die Beanspruchungsfrequenz und -form auf die Unterschiede im zyklischen Spannungs-Dehnungsverhalten einen Einfluß haben, ist augenblicklich nicht geklärt.

In Abb. 10.35 ist neben den zyklischen Spannungs-Dehnungskurven auch die einsinnige eingetragen, die bei einer Dehngeschwindigkeit von $5 \cdot 10^{-4} s^{-1}$ ermittelt wurde. Der Vergleich der Kurven verdeutlicht die starke zyklische Entfestigung bei kleinen Werten von $\Delta\epsilon/2$ bzw. ϵ, wohingegen bei großen Werten eine zyklische Verfestigung erfolgt.

10.3 Interpretation der Ergebnisse auf der Basis der Vielkörpermodelle

Die Ergebnisse zum zyklischen Spannungs-Dehnungs-Verhalten von Metallen und Legierungen mit welligem Gleitcharakter lassen sich wie folgt zusammenfassen:

- Im Incremental Step Test ist eine große Anzahl von Beanspruchungsblöcken erforderlich, um einen stabilen Zustand einzustellen.
- Dieser entspricht einer stationären Versetzungsanordnung, d.h. die Versetzungsstruktur verändert sich weder innerhalb eines Blockes noch mit zunehmender Blockzahl.
- Die mit dem stationären Zustand im Incremental Step Test verbundenen Hysteresekurven zeigen in der Auftragung in relativen Koordinaten, daß ideal zyklisches Verhalten vorliegt.
- Die Hysteresenform und Versetzungsstruktur entsprechen dem Sättigungszustand einer Beanspruchung bei $\Delta\epsilon_{pl}/2 =$ konst. mit einer effektiven plastischen Dehnungsamplitude, deren Größe von der Art und der Maximalamplitude des Incremental Step Tests abhängt.
- Die effektive plastische Dehnungsamplitude ergibt sich aus dem Schnittpunkt der zyklischen Spannungs-Dehnungskurve mit der IST-ZSD-Kurve.
- Die IST-ZSD-Kurve ist nicht mit der aus Einstufenversuchen bestimmten zyklischen Spannungs-Dehnungskurve identisch. Bei niedrigen $\Delta\epsilon_{pl}/2$-Werten liegt die IST-ZSD-Kurve höher, bei hohen $\Delta\epsilon_{pl}/2$-Werten tiefer.
- In Versuchen mit $\Delta\epsilon_{pl}/2 =$ konst. bildet sich eine für die jeweilige Beanspruchungsamplitude typische Versetzungsstruktur aus.
- Die ansteigenden Äste der Hysteresekurven fallen nach Verschiebung in einen gemeinsamen Lastumkehrpunkt im Druck nicht zusammen.
- Durch eine zusätzliche Verschiebung entlang der elastischen Linie können die Äste der Hysteresekurven zur Deckung gebracht werden.
- Unterschiede im zyklischen Verformungsverhalten von Kupfer und unlegiertem normalisiertem Stahl sind weitgehend auf den Vorgang der dynamischen Lüdersbandausbreitung zurückzuführen.

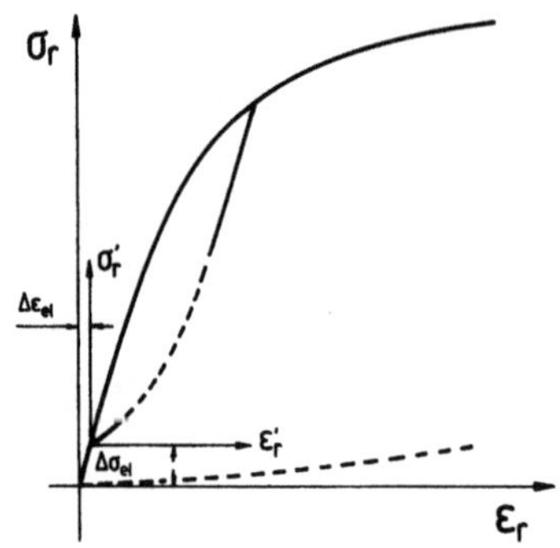

Abb. 10.36: Schematische Darstellung der Verschiebung des relativen Koordinatensystems

Für die Anwendung der Vielkörpermodelle zur Berechnung des Spannungs-Dehnungs-Pfades ist von großer Wichtigkeit, daß sich Werkstoffe mit welligem Gleitcharakter im Incremental Step Test ideal zyklisch verhalten, da dieser als Simulationsmethode einer Zufalls- oder Betriebsbelastung betrachtet werden kann.

Über die Möglichkeit, die Hysteresekurven der Sättigungszustände durch Verschieben zur Deckung zu bringen, wird auch in [64, 292, 293, 27] berichtet. Dadurch sind die Streckgrenzenverteilungsfunktionen verschiedener Beanspruchungsamplituden in einfacher Weise miteinander verbunden.

In Abb. 10.36 ist die Verschiebung einer kleinen Hysteresekurve entlang einer großen dargestellt. Durch die über das Hookesche Gesetz verbundenen Verschiebungsgrößen $\Delta\sigma_{el}$ und $\Delta\epsilon_{el}$ wird ein neues Koordinatensystem σ_r' und ϵ_r' definiert. Der Spannungs-Dehnungs-Verlauf des ansteigenden Astes der großen Hysteresekurve soll durch eine Funktion g über

$$\sigma_r = g\left(\epsilon_r\right) \tag{10.1}$$

beschrieben werden.
Daraus folgt unmittelbar:

$$\begin{aligned} \sigma_r' &= g\left(\epsilon_r\right) - \Delta\sigma_{el} \\ &= g\left(\epsilon_r' + \Delta\epsilon_{el}\right) - E\Delta\epsilon_{el} \end{aligned} \tag{10.2}$$

Für die 1. und 2. Ableitung bedeutet dies mit:

$$\frac{\partial\sigma_r}{\partial\epsilon_r} = \frac{\partial g\left(\epsilon_r\right)}{\partial\epsilon_r} \tag{10.3}$$

unter Verwendung von (10.2):

$$\begin{aligned} \frac{\partial\sigma_r'}{\partial\epsilon_r'} &= \frac{\partial g\left(\epsilon_r' + \Delta\epsilon_{el}\right)}{\partial\epsilon_r'} \\ &= \frac{\partial g\left(\epsilon_r' + \Delta\epsilon_{el}\right)}{\partial\left(\epsilon_r' + \Delta\epsilon_{el}\right)} \underbrace{\frac{\partial g\left(\epsilon_r' + \Delta\epsilon_{el}\right)}{\partial\epsilon_r'}}_{1} \end{aligned} \tag{10.4}$$

Die Steigung der kleinen Hysteresekurve ergibt sich aus der 1. Ableitung der großen durch Benutzung der Koordinaten $\epsilon_r' + \Delta\epsilon_{el}$. Die 1. Ableitung wird anschaulich um $\Delta\epsilon_{el}$ nach links verschoben.
Analog folgt:

$$\frac{\partial^2 \sigma_r}{\partial {\epsilon_r}^2} = \frac{\partial^2 g\left(\epsilon_r\right)}{\partial {\epsilon_r}^2} \tag{10.5}$$

$$\frac{\partial^2 \sigma_r'}{\partial {\epsilon_r'}^2} = \frac{\partial^2 g\left(\epsilon_r + \Delta\epsilon_{el}\right)}{\partial \left(\epsilon_r + \Delta\epsilon_{el}\right)^2} \tag{10.6}$$

Da die Streckgrenzenverteilungsfunktion des Masing-Modelles aus der 2. Ableitung der relativen Spannung nach der relativen Dehnung gemäß Gl. (4.16) berechnet wird, genügt die Ermittlung von $f_p\left(\sigma_{if}\right)$ für die große Hysteresekurve; die Streckgrenzenverteilungsfunktion der kleinen Hysteresekurve folgt durch Verschieben um den Betrag $\Delta\epsilon_{el}E/2 = \Delta\sigma_{el}/2$ nach links entlang der σ_{if}-Achse.

Für das Serienschaltungsmodell gilt sinngemäß das gleiche, was sich leicht zeigen läßt, wenn man von der Umkehrfunktion der Beziehung (10.1) ausgeht und ϵ_r als Funktion von σ_r darstellt. Durch zweimaliges Differenzieren folgt, daß $\partial^2\epsilon_r/\partial{\sigma_r}^2$ an der Stelle $\sigma_r + \Delta\sigma_{el}$ den Wert von $\partial^2\epsilon_r'/\partial{\sigma_r'}^2$ bei σ_r' hat. Die $f_s\left(\sigma_{if}\right)$-Verläufe werden somit auch durch Verschieben entlang der σ_{if}-Achse ineinander überführt.

Die Translation der Hysteresekurven erfolgt entlang der elastischen Geraden. Trägt man die Hystereseschleifen in der Form $\sigma\left(\epsilon_{pl}\right)$ auf, so muß die Verschiebung vertikal entlang der Spannungsachse erfolgen. Die 1. und 2. Ableitung der relativen Spannung gegen die relative plastische Dehnung sind für alle Hysteresekurven auch ohne Verschiebung identisch (z.B. [279, 293, 27]), da der jeweilige Wert der Spannung keine Rolle spielt. Der Spannungsanstieg in einem Intervall der plastischen Dehnung hängt somit nicht von der Beanspruchungsamplitude ab. Diese bestimmt nur die Grenzen der Elastizität. Im Masing-Modell wird die Elastizitätsgrenze durch die Streckgrenze des schwächsten Elementes bestimmt. Bei weiterer Erhöhung der Gesamtdehnung werden zunehmend Elemente plastisch verformt. Hängt die Kurve $f_p\left(\sigma_{if}\right)$ nur in ihrer Lage bezüglich der σ_{if}-Achse vom $\Delta\epsilon_{pl}/2$-Wert der zyklischen Verformung ab, dann muß nach Überschreiten der Elastizitätsgrenze ein eindeutiger Zusammenhang von Spannungs- und Dehnungserhöhung und damit auch der Zunahme von Spannung mit der plastischen Dehnung existieren.

In Abb. 10.7 ist neben den ansteigenden Ästen der Einstufenversuche der Spannungs-Dehnungs-Pfad des Incremental Step Tests eingezeichnet. Die dem zyklischen Verformungsverhalten im Incremental Step Test zugrundeliegende Streckgrenzenverteilungsfunktion entspricht somit abgesehen von der Lage bezüglich der σ_{if}-Achse den Einstufenversuchen. In Abb. 10.37 ist die Zunahme des elastischen Spannungsbereiches der Einstufenhysteresekurven gegen deren Gesamtdehnungsamplitude aufgetragen. Man erkennt in erster Näherung einen linearen Zusammenhang. Der mit dem Incremental Step Test verknüpfte Wert ist gestrichelt eingezeichnet. Der Schnittpunkt beider Linien entspricht in guter Übereinstimmung der effektiven (Total-)Dehnungsamplitude, die sich aus dem

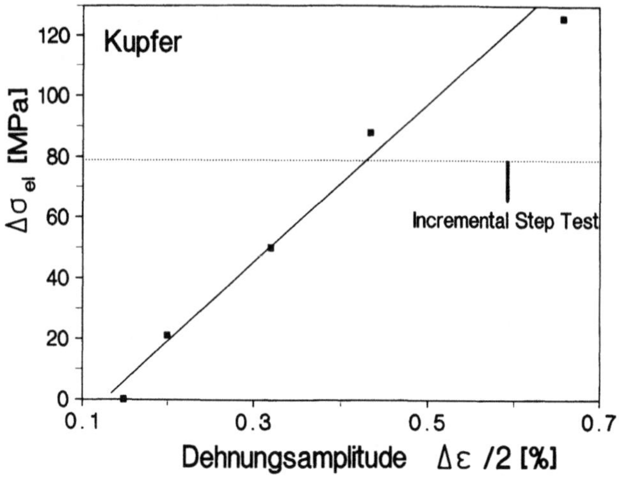

Abb. 10.37: Auftragung der Erhöhung des Elastizitätsbereiches mit der Dehnungsamplitude

Schnittpunkt von IST-ZSD-Kurve und zyklischer Spannungs-Dehnungskurve ergibt. Auch dies kann als zusätzlicher Hinweis gewertet werden, daß sich im Incremental Step Test keine hybride Versetzungsanordnung einstellt, sondern die des Sättigungszustandes mit $\Delta\epsilon_{pl}/2 = \text{konst.} = (\Delta\epsilon_{pl}/2)_{eff}$ vorliegt.

Abbildung 10.38 zeigt die Streckgrenzenverteilungsfunktionen im Masing-Modell für Kupfer. Der Verlauf von $f_p(\sigma_{if})$ wurde aus einer Hysteresekurve des Incremental Step Tests gewonnen und entsprechend der Werte für $\Delta\sigma_{el}$ (siehe Tabelle 10.1) verschoben. Der senkrechte Abfall am Anfang des Profiles wurde vorgegeben, da im zugehörigen Bereich der Hysteresekurve (Bereich I und II in Abb. 6.9) keine zuverlässige Auswertung möglich ist.

Legt man die in Abb. 10.38 dargestellten $f_p(\sigma_{if})$-Verläufe umgekehrt einer Berechnung von Hysteresekurven zugrunde, so findet man eine relative gute Übereinstimmung zwischen den theoretischen und den gemessenen Schleifen. In Abb. 10.39 ist dieser Vergleich für fünf Amplituden der plastischen Dehnung durchgeführt. Die theoretische Hysteresekurve ist jeweils gestrichelt eingezeichnet.

Im Gegensatz zu der Darstellung in Abb. 10.38 werden in [123, 66] bei der Auswertung von gesättigten Hysteresekurven verschiedener Beanspruchungsamplituden $f_p(\sigma_{if})$-Kurven gefunden, die sich in der Form deutlich unterscheiden. Dies ist vermutlich darauf zurückzuführen, daß durch die zweifache Differentiation des σ-ϵ-Verlaufes große Streuungen entstehen können.

Die Verschiebung der Streckgrenzenverteilungsfunktion entlang der σ_{if}-Achse wird in [118, 123, 122] als thermische Fließspannungskomponente interpretiert. Obige Ausführungen zeigen, daß selbst bei $\dot{\epsilon}_{pl} = \text{konst.}$ und $T = \text{konst.}$ mit $\Delta\epsilon_{pl}/2$ eine Verschiebung auftritt.

Eine Berechnung der Streckgrenzenverteilungsfunktion auf der Basis eines quantitativen physikalischen Modells scheint augenblicklich nicht möglich. Eine Interpretation der Ursache für das Auftreten lokal unterschiedlicher Streckgren-

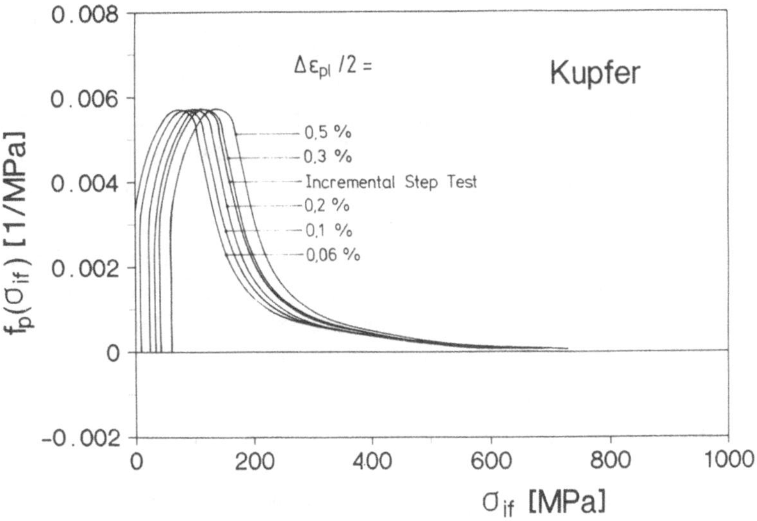

Abb. 10.38: Streckgrenzenverteilungsfunktionen im Masing-Modell ermittelt aus dem Incremental Step Test und durch Verschieben den verschiedenen Beanspruchungsamplituden angepaßt

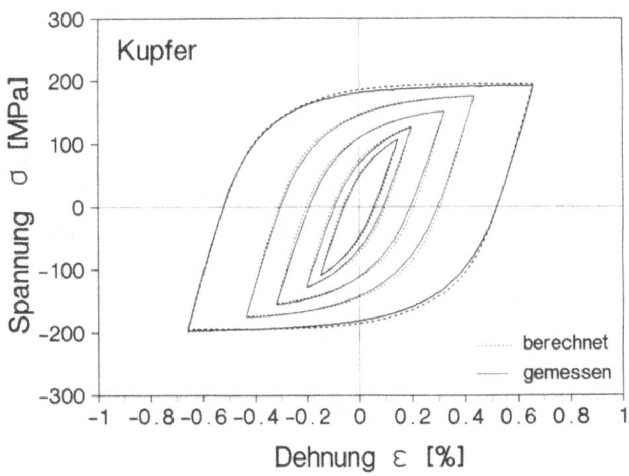

Abb. 10.39: Berechnete und gemessene Hysteresekurven von Kupfer im Sättigungszustand mit $\Delta\epsilon_{pl}/2 =$ konst.

zen wurde in Kapitel 6 gegeben. Für einphasige Werkstoffe kann in erster Näherung der Wert von σ_{if} der lokalen Versetzungsdichte zugeordnet werden. Jedes Masing-Element stellt somit einen Bereich dar, in dem ein bestimmter mittlerer Hindernisabstand für die Versetzungsbewegung wirksam ist. Dieser kann charakterisiert werden durch eine mittlere Länge $\bar{l}_i$ der Versetzungssegmente. Die plastische Verformung erfolgt, wenn die lokale Schubspannung ausreichend hoch ist, um ein Segment über die kritische Form hinweg auszubauchen und schließlich von den Hindernissen abzulösen. Nimmt man weiterhin an, daß die Versetzung nach einer gewissen Abgleitung wieder auf ein neue Hindernisse mit gleichem Hindernisabstand $\bar{l}_i$ trifft, dann erfolgt die Verformung bei konstanter Spannung (ideal elastisch-plastisches Elementverhalten). Durch die dynamisch ablaufenden Prozesse der Versetzungsmultiplikation und Annihilation während der zyklischen Sättigung bleibt $\bar{l}_i$ konstant.

Es leuchtet ein, daß eine quantitative Berechnung von $f_p(\sigma_{if})$ äußerst schwierig ist, da sie zum einen die Kenntnis der Segmentlängenverteilung innerhalb der Elemente voraussetzt, weiterhin die Verteilung der mittleren Segmentlängen $\bar{l}_i$ bekannt sein muß und nicht zuletzt die Schubspannungsverteilung aufgrund der unterschiedlichen Kornorientierungen berücksichtigt werden muß. Setzt man voraus, daß — wie in Abschnitt 6.1 gezeigt — die Kornorientierung eine untergeordnete Rolle spielt und daß die Verteilung der Segmentlängen innerhalb eines Elementes schmal ist, dann kann für $\bar{l}_i$ eine Verteilung angenommen werden und daraus $f_p(\sigma_{if})$ mit Hilfe der einfachen Frank-Read-Beziehung

$$\tau_{if} \simeq \frac{Gb}{\bar{l}_i} \tag{10.7}$$

ermittelt werden.

Eine Normalverteilung führt ebensowenig wie die von Schwink und Göttler [132, 133] transmissionselektronenmikroskopisch ermittelte Segmentlängenverteilungsfunktion zu einem vernünftigen Ergebnis. Zwar sind die daraus berechneten $f_p(\sigma_{if})$-Verläufe den in Abb. 10.38 dargestellten in ihrer Form ähnlich, die Verschiebung mit $\Delta\epsilon_{pl}/2$ entlang der σ_{if}-Achse bei Beibehaltung des Kurvenverlaufes kann aber durch einfache Parameterveränderung in den Segmentlängenverteilungen nicht erreicht werden. Eine geringfügige Abweichung im $f_p(\sigma_{if})$-Verlauf führt aber andererseits zu großen Veränderungen in der berechneten Hysteresekurve. Die Berechnung zeigt weiterhin, daß das "Principle of Similitude" [294], welches besagt, daß die Versetzungsverteilung sich nur im Maßstab verändert und ansonsten ähnlich zu sich selbst bleibt, bei zyklischer Verformung nicht generell erfüllt wird.

Wenn schon die Verteilungsfunktion selbst nicht quantitativ vorausberechnet werden kann, so sollte zumindest geprüft werden, ob der Wertebereich von σ_{if} physikalisch gerechtfertigt ist. Nach den oben dargestellten Überlegungen zum Verformungsvorgang sollte der kleinste σ_{if}-Wert (σ_{1f}) durch den größten Hindernisabstand bzw. die größte Segmentlänge $\bar{l}_{max}$ bestimmt werden. Bei Vorliegen einer heterogenen Versetzungsstruktur ist $\bar{l}_{max}$ gleichzusetzen mit dem Abstand zwischen den Versetzungswänden, da dieser durch Versetzungen überspannt wer-

Tabelle 10.3: Elastizitätsgrenze σ_{1f} und berechnete maximale Segmentlänge in Kupfer bei verschiedenen Werten der plastischen Dehnungsamplitude

$\Delta\epsilon_{pl}/2$	σ_{1f}	$\bar{l}_{max}$
$6 \cdot 10^{-4}$	69[a]	1,4
$1 \cdot 10^{-3}$	80	1,2
$2 \cdot 10^{-3}$	94	1,02
$3 \cdot 10^{-3}$	113	0,85
$5 \cdot 10^{-3}$	132	0,73
IST[b]	108	0,89

[a] angepaßt
[b] Incremental Step Test

den kann. Häufig findet man längliche Zellstrukturen mit weitgehend parallelen Wänden, zwischen denen — ähnlich wie die Schraubenversetzungen in den Kanälen der PGB — einzelne Versetzungen laufen können.

Die Bestimmung des Beginns der plastischen Verformung in der Hysteresekurve (bzw. des kleinsten σ_{if}-Wertes in der Streckgrenzenverteilungsfunktion) ist experimentell sehr schwierig, da bereits das reversible Hin- und Herwölben einer Versetzung zwischen zwei Hindernissen zu einer Abweichung vom elastischen σ-ϵ-Verlauf führt. Dagegen kann die Vergrößerung des Elastizitätsbereiches mit zunehmendem $\Delta\epsilon_{pl}/2$-Wert aufgrund der Hysteresenverschiebung relativ genau ermittelt werden. Aus diesen Gründen wurde der Hysteresekurve für $\Delta\epsilon_{pl}/2 = 6 \cdot 10^{-4}$ eine Elastizitätsgrenze von 69 MPa rechnerisch zugewiesen. Dieser Wert ergibt sich aus (10.7), wenn der Sachs-Faktor für die Umrechnung von Schubspannung in Normalspannung benutzt und ein $\bar{l}_i$ von 1,4 μm eingesetzt wird. 1,4 μm beträgt der Abstand der Wände der PGB, die bei dieser niedrigen Beanspruchungsamplitude vorliegen. Auf der Grundlage der in Tabelle 10.1 aufgelisteten Werte von $\Delta\sigma_{el}$ ergeben sich die in Tabelle 10.3 aufgeführten Zahlen für $\bar{l}_{max}$.

Die Werte für $\bar{l}_{max}$ liegen in der aufgrund der TEM-Untersuchung erwarteten Größenordnung. Schubert [27] findet eine sehr gute Übereinstimmung zwischen den von ihm bestimmten Zellwandabständen und den aus den zyklischen 0,01%-Dehngrenzen berechneten Werten.

Ein Maximalwert von σ_{if} ($\sigma_{\infty f}$) kann wegen des asymptotischen Verlaufes von $f_p(\sigma_{if})$ aus Abb. 10.38 nicht abgelesen werden. Mughrabi [135] gibt für den Annihilationsabstand von Schraubenversetzungen in Kupfer eine aus experimentellen Beobachtungen abgeleitete Beziehung der Form

$$y_S = 2,14 \cdot 10^{-6} \text{ [mMPa] } \frac{1}{\tau} \tag{10.8}$$

an. Schraubenversetzungen können somit in größeren Abständen als y_S vorliegen und Hindernisse bilden. Beziehung (10.8) kann zu einer groben Abschätzung von

$\sigma_{\infty f}$ dienen[7]. Mit

$$100\ [\mathrm{MPa}] < \frac{\Delta\sigma}{2} < 200\ [\mathrm{MPa}] \tag{10.9}$$

folgt

$$500\ [\mathrm{MPa}] < \sigma_{\infty f} < 1000\ [\mathrm{MPa}], \tag{10.10}$$

was gemäß Abb. 10.38 realistisch erscheint.

[7]Es ist anzumerken, daß der Annihilationsabstand von Stufenversetzungen geringer ist und damit zu weitaus größeren Maximalstreckgrenzen führt.

Kapitel 11

Verhalten bei planarem Gleitcharakter

Als Modellwerkstoff für Legierungen mit planarem Gleitcharakter dient in diesem Kapitel α-Messing. Die dargestellten Ergebnisse (aus [282]) sollen zur Klärung der Frage dienen, ob und wie die im letzten Kapitel gewonnenen Erkenntnisse zum zyklischen Verformungsverhalten von Werkstoffen, die wellige Gleitung zeigen, durch das Versetzungsgleitverhalten beeinflußt werden.

11.1 Konstante Amplitude der plastischen Dehnung

Abbildung 11.1 zeigt die in Versuchen mit konstanter plastischer Dehnungsschwingbreite gewonnenen Wechselverformungskurven von α-Messing (thermomechanische Vorbehandlung siehe Abschnitt A.5 im Anhang) in der Auftragung der Spannungsamplitude gegen die kumulative plastische Dehnung. Der im Ausgangszustand nahezu versetzungsfreie Werkstoff (Abb. A.6 im Anhang) erfährt eine zyklische Verfestigung, die bei den beiden größeren Werten von $\Delta\epsilon_{pl}/2$ über ein anfängliches Maximum erfolgt. Im Vergleich zu Werkstoffen mit welligem Gleitcharakter findet die Einstellung eines Sättigungszustandes sehr langsam statt. Insbesondere bei den niedrigen Amplituden ist mit verlängerter Lebensdauer ein weiterer Anstieg der Spannungsamplitude zu erwarten.

Die in Kapitel 7 beschriebene Vorgeschichteabhängigkeit des zyklischen Verformungsverhaltens, die bei planarer Gleitung sehr ausgeprägt ist, wird bei stufenweiser Veränderung von $\Delta\epsilon_{pl}/2$ deutlich. Abbildung 11.2 zeigt die resultierende Wechselverformungskurve, wobei die Zahlenwerte die stückweise konstanten Werte von $\Delta\epsilon_{pl}/2$ angeben.

Die Vorgeschichteabhängigkeit ist nicht nur eine Folge der langsamen Sättigungseinstellung. Dies zeigt ein Vergleich der Werte von $\Delta\sigma/2$, die sich bei

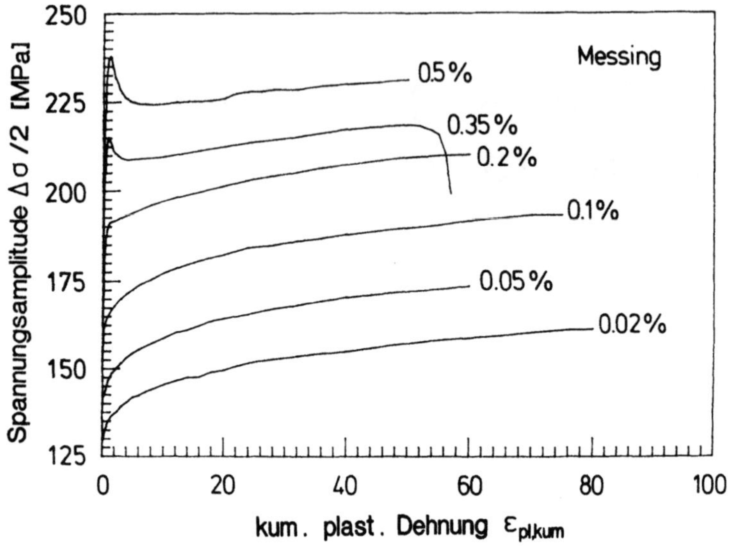

Abb. 11.1: Wechselverformungskurven von Messing bei verschiedenen plastischen Dehnungsamplituden (nach Völkl [282])

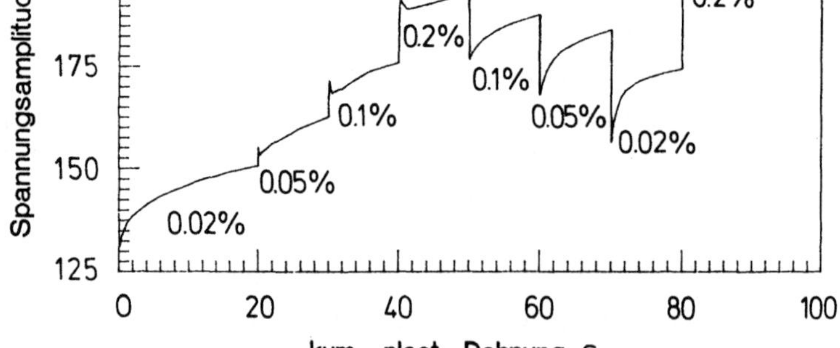

Abb. 11.2: Auswirkung eines Wechsels von $\Delta\epsilon_{pl}/2$ auf die Spannungsamplitude von α-Messing (nach Völkl [282])

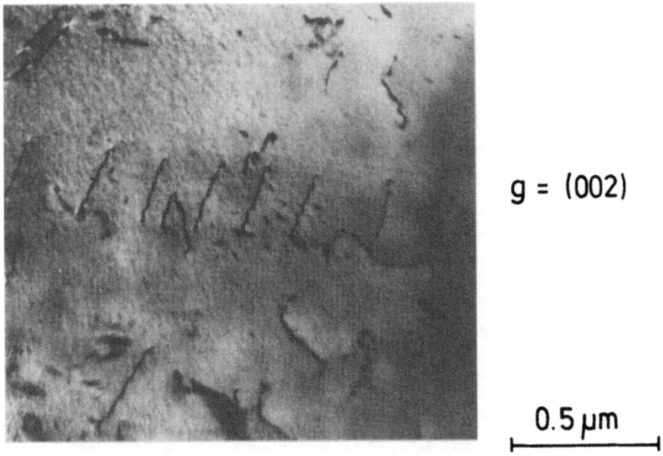

Abb. 11.3: Versetzungsanordnung in α-Messing bei $\Delta\epsilon_{pl}/2 = 2 \cdot 10^{-4}$; Gruppe von planaren Versetzungen (nach Völkl [282])

Reduzierung der Amplitude auf $\Delta\epsilon_{pl}/2 = 0{,}05\%$ bzw. 0,02% ergeben, mit den entsprechenden Kurvenverläufen in Abb. 11.1. Infolge der vorangegangenen zyklischen Beanspruchung mit einer hohen Amplitude ergeben sich Spannungsamplituden, die die Maximalwerte der Einstufenversuche überschreiten. Die mit der hohen Beanspruchungsamplitude verknüpfte Veränderung der Mikrostruktur kann somit bei niedrigen Amplituden nur sehr begrenzt "ausgeheilt" werden.

Die Anordnung der Versetzungen bei einer niedrigen Amplitude der plastischen Dehnung ($2 \cdot 10^{-4}$) ist in den TEM-Aufnahmen Abb. 11.3 und 11.4 erkennbar. Abbildung 11.3 zeigt eine Gruppe von Versetzungen, die parallel ausgerichtet sind. Es handelt sich nach [139] um Stufenversetzungen des primären Gleitsystems. Offensichtlich liegen sie in einer Gleitebene vor, die in der durchstrahlten Folie schräg verläuft, so daß nur kurze Segmente der Versetzungen zu sehen sind. Diese planare Versetzungsanordnung auf einzelnen diskreten Ebenen findet man auch bei geringer Vergrößerung (Abb. 11.4). Die Versetzungsdichte ist relativ niedrig; zwischen den Bändern liegen Bereiche, die nahezu versetzungsfrei sind. Die gestreiften Flächen in Abb. 11.4 sind Stapelfehler (siehe Abschnitt 5.1.2), was einen Beleg für die niedrige Stapelfehlerenergie des Messings darstellt.

Die Versetzungsdichte nimmt sehr stark zu, wenn die plastische Dehnungsamplitude ansteigt. Abbildung 11.5 zeigt die Versetzungsstruktur, die sich bei einer Wechselverformung mit $\Delta\epsilon_{pl}/2 = 0{,}5\%$ einstellt. Nach [146] sollte bei dieser Amplitude ein nicht unerheblicher Anteil sekundärer Versetzungen vorliegen. Bei genauerer Betrachtung von Abb. 11.5 sind deutliche Vorzugsorientierungen zu erkennen. Die Versetzungen sind weitgehend planar auf sich zum Teil schneidenden Ebenen angeordnet. Der Abstand dieser Bänder hat gegenüber der niedrigen Amplitude abgenommen, die Versetzungsdichte in den Bändern ist erhöht.

Bereits in der normalen Auftragung der Hysteresekurven (Abb. 11.6) zeigt sich ein markanter Unterschied zu den Werkstoffen mit welligem Gleitcharakter.

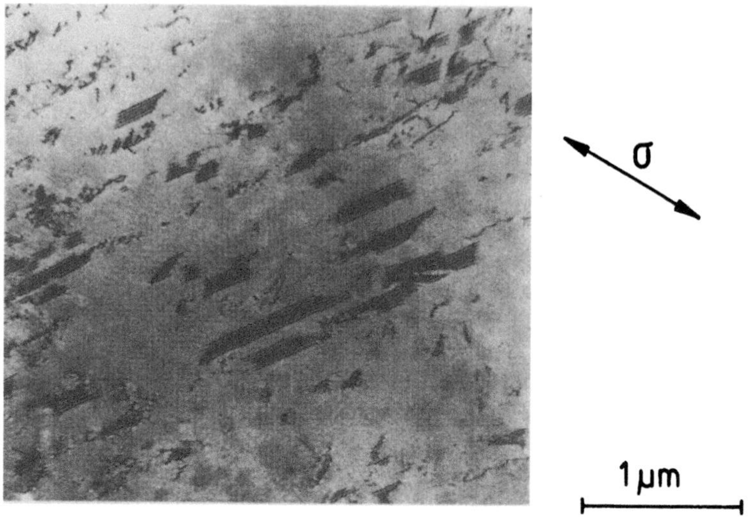

Abb. 11.4: Ebene Bänder mit Versetzungen in α-Messing bei $\Delta\epsilon_{pl}/2 = 2 \cdot 10^{-4}$, daneben sind Stapelfehler erkennbar (nach Völkl [282])

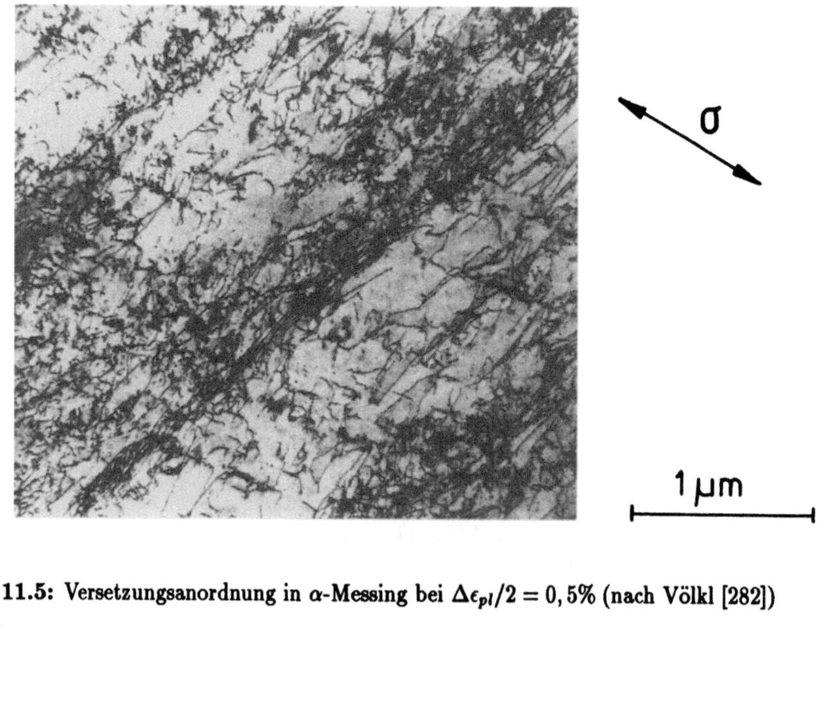

Abb. 11.5: Versetzungsanordnung in α-Messing bei $\Delta\epsilon_{pl}/2 = 0,5\%$ (nach Völkl [282])

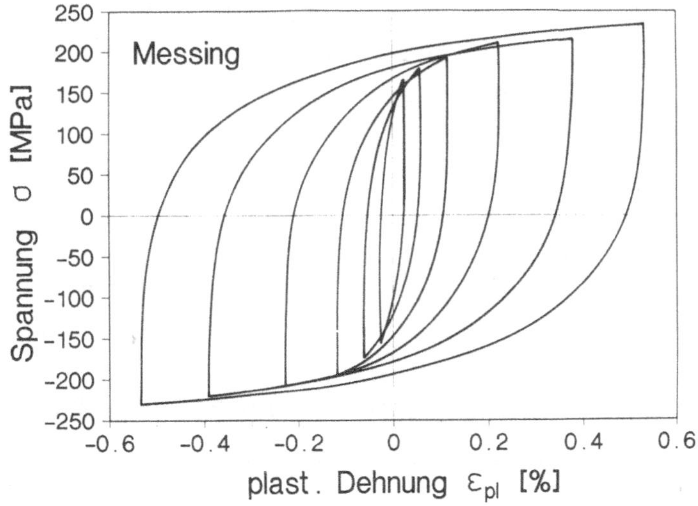

Abb. 11.6: Hysteresekurven von Messing, ermittelt in Versuchen mit $\Delta\epsilon_{pl}/2 =$ konst. (nach Völkl [282])

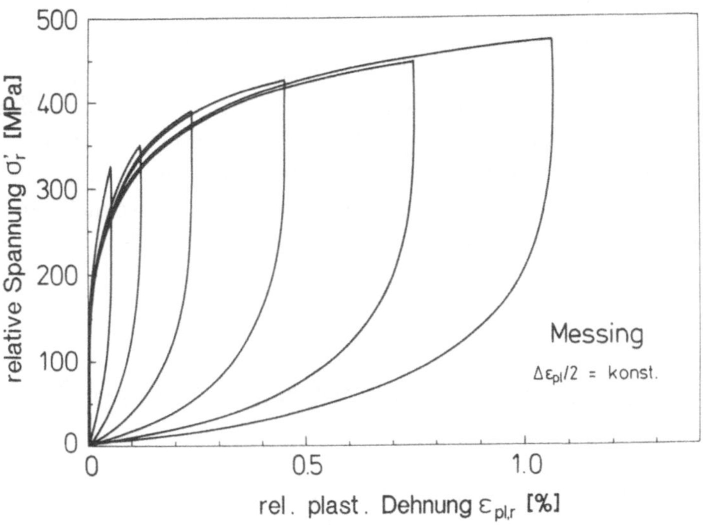

Abb. 11.7: Hysteresekurve von Messing aus Einstufenversuchen in relativen Koordinaten (nach Völkl [282])

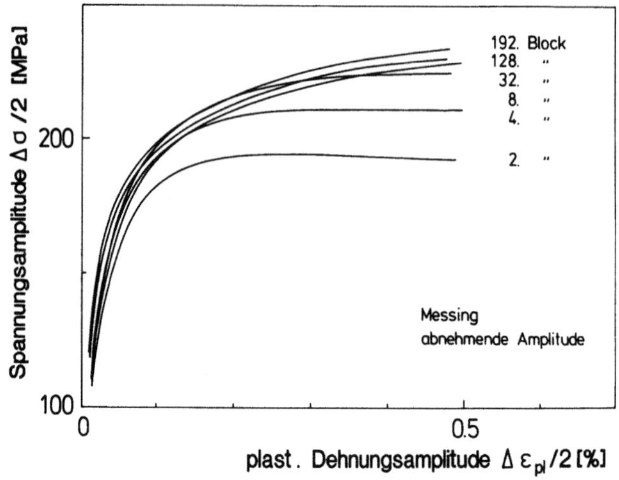

Abb. 11.8: Entwicklung der IST-ZSD-Kurve für α-Messing (nach Völkl [282])

Die Extrema kleinerer Schleifen liegen z.T. außerhalb der Spannungs-Dehnungs-Verläufe größerer Schleifen. Um eine bestimmte plastische Dehnung zu erreichen, kann somit bei niedrigem $\Delta\epsilon_{pl}/2$ eine höhere Spannung erforderlich sein als bei einem größerem $\Delta\epsilon_{pl}/2$-Wert.

Dies gilt erst recht in relativen Koordinaten, Abb. 11.7. In Übereinstimmung mit den Ergebnissen der Mikrostrukturuntersuchung liegt kein ideal zyklisches Verformungsverhalten vor. Im Vergleich zu Kupfer (siehe Abb. 10.6) sind die Abweichungen von einer gemeinsamen Kurve für die ansteigenden Hysteresenäste allerdings deutlich geringer. Die Unterschiede in der Versetzungsstruktur sind eher gradueller und nicht grundsätzlicher Art, was sehr ähnliche Spannungs-Dehnungs-Verläufe zur Folge hat. Durch eine Verschiebung der Hysteresekurven entlang der Hookeschen Geraden gegeneinander können diese nicht zur Deckung gebracht werden. Die Formänderung ist somit nicht ausschließlich auf einen Einfluß von $\Delta\epsilon_{pl}/2$ auf den Elastizitätsbereich zurückzuführen.

11.2 Verhalten im Incremental Step Test

Die langsame Einstellung des zyklischen Sättigungszustandes in den Einstufenversuchen legt nahe, ein ähnliches Verhalten im Incremental Step Test zu erwarten. In Abb. 11.8 ist der aus den Lastumkehrpunkten der mit abnehmenden $\Delta\epsilon_{pl}/2$-Werten verknüpften Hälfte verschiedener Blöcke beobachtete Zusammenhang von Spannungsamplitude und plastischer Dehnungsamplitude aufgetragen. Bereits nach wenigen Beanspruchungsblöcken erfolgt eine Stabilisierung der Kurve. Ein Sättigungszustand wird also schnell eingestellt.

Vergleicht man die für das Erreichen des stabilen Zustandes erforderliche ku-

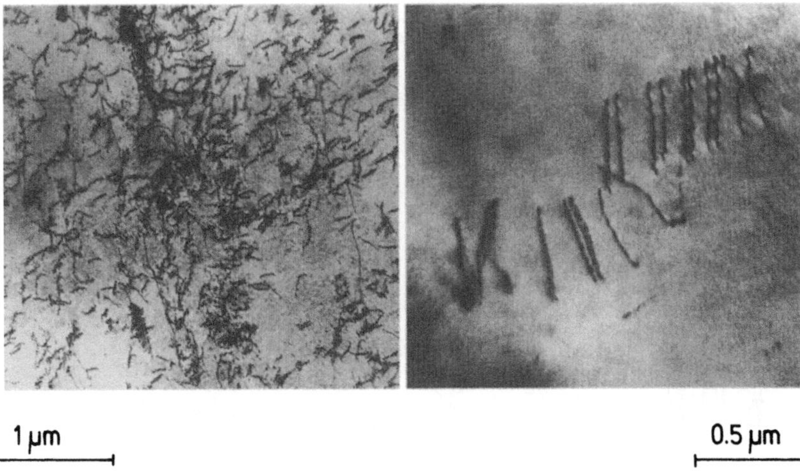

Abb. 11.9: Versetzungsstruktur in α-Messing gebildet im Incremental Step Test; a) Bereich hoher Versetzungsdichte mit geringem Abstand der ebenen Gleitbänder, b) planare Versetzungsanordnung (nach Völkl [282])

mulative Dehnung mit den Größen aus den Wechselverformungskurven der Einstufenversuche in Abb. 11.1, so ergeben sich durchaus ähnliche Zahlenwerte, wenn z.B. von einer plastischen Dehnungsamplitude von 0,35% ausgegangen wird. Die relativ schnelle Sättigung im Incremental Step Test kann somit als Folge der ausgeprägten Vorgeschichteabhängigkeit des α-Messings aufgefaßt werden: Die Trägheit der Versetzungsstrukturentwicklung führt dazu, daß die kontinuierliche Veränderung von $\Delta\epsilon_{pl}/2$ keine verzögernde Wirkung hat. Der Werkstoff reagiert vielmehr so, als würde er mit einer effektiven Amplitude wechselverformt, gemäß der er einen stabilen Zustand einstellt.

Umgekehrt kann mit dieser Argumentation die Vorgeschichteunabhängigkeit des zyklischen Verformungsverhaltens bei Werkstoffen mit welligem Gleitcharakter für deren langsame Stabilisierung im Incremental Step Test verantwortlich gemacht werden: Die Entwicklung der Versetzungsanordnung versucht ständig der sich ändernden Amplitude zu folgen. Die Verfestigung bei großen $\Delta\epsilon_{pl}/2$-Werten wird bei kleinem $\Delta\epsilon_{pl}/2$ zum Teil wieder abgebaut. Es nimmt sehr viele Belastungsblöcke in Anspruch, bis ein stationärer Zustand entstanden ist.

Die Versetzungsanordnung, wie sie im Incremental Step Test gebildet wird, ist in Abb. 11.9 abgebildet. Die Versetzungsdichte variiert lokal stark. Neben Bereichen wie im Bild a von Abb. 11.9 findet man seltener einzelne planare Versetzungsanordnungen (Bild b). Die Planarität der Gleitung ist aber auch bei höherer Versetzungsdichte gut erkennbar (Bild a). Meist liegen die betätigten Gleitebenen so dicht und so schräg in der im TEM durchstrahlten Folie, daß sie in der Projektion überlappen.

Die aus dem Incremental Step Test ermittelten Hysteresekurven sind trotz der unterschiedlichen Versuchsführung mit denen der Einstufenversuche in guter Übereinstimmung. Sie zeigen, ähnlich wie in Abb. 11.7 dargestellt, kein ideal zyklisches Verformungsverhalten.

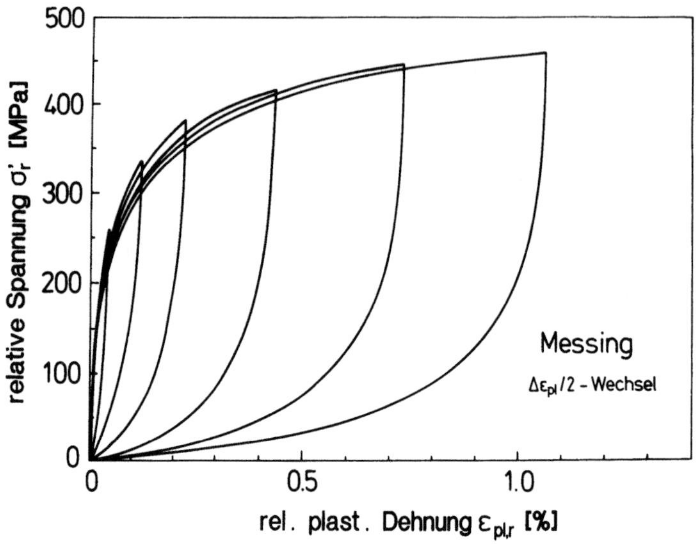

Abb. 11.10: Hysteresekurven von α-Messing in relativen Koordinaten, ermittelt im Amplitudenwechselversuch (nach Völkl [282])

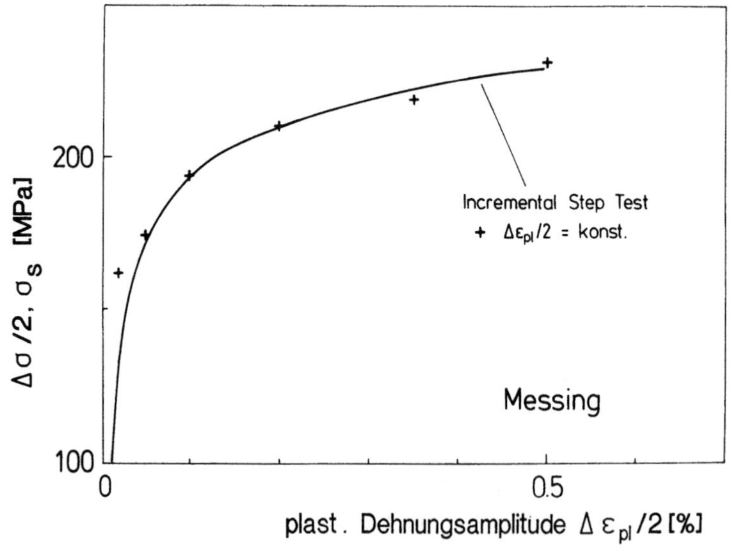

Abb. 11.11: Vergleich der IST-ZSD-Kurve von α-Messing mit den Ergebnissen der Einstufenversuche (nach Völkl [282])

Um zu ermitteln, ob diese Abweichung vom idealen Verhalten durch eine Veränderung der Versetzungsstruktur innerhalb eines Blockes des Incremental Step Tests infolge der kontinuierlich anwachsenden und abfallenden Beanspruchungsamplitude zustande kommt, wurde folgender "Amplitudenwechselversuch" durchgeführt:
Eine Probe wurde bei $\Delta\epsilon_{pl}/2 = 0,5\%$ bis in die Sättigung wechselverformt. Dann wurde $\Delta\epsilon_{pl}/2$ für nur einen oder wenige Zyklen auf einen vorgegebenen Wert erniedrigt und eine Hysteresekurve registriert. Durch weitere Lastspiele bei $\Delta\epsilon_{pl}/2 = 0,5\%$ wurde sichergestellt, daß der Sättigungszustand stabilisiert wird, bevor der nächste $\Delta\epsilon_{pl}/2$-Wechsel erfolgt, ...

Die Hysteresekurven aus dieser Art von Versuch sind in Abb. 11.10 in relativen Koordinaten aufgetragen. Die Abweichungen von einem gemeinsamen Verlauf der aufsteigenden Hysteresenäste dokumentieren, daß α-Messing auch bei konstanter Mikrostruktur kein ideal zyklisches Verhalten zeigt.

Der Incremental Step Test erweist sich bei diesem Werkstoff als geeignet, die zyklische Spannungs-Dehnungskurve zu ermitteln. Da die Hysteresekurven nicht wesentlich von der Art der Versuchsführung abhängen, müssen auch die Lastumkehrpunkte des Incremental Step Tests und der Einstufenversuche auf einer gemeinsamen Kurve liegen. Dies wird in Abb. 11.11 bestätigt. Abweichungen ergeben sich allenfalls bei sehr kleinen Werten der plastischen Dehnungsamplitude.

11.3 Zur Anwendung der Vielkomponentenmodelle

Das zyklische Verformungsverhalten von α-Messing kann folgendermaßen zusammengefaßt werden:

- Im Incremental Step Test erfolgt innerhalb weniger Blöcke die Einstellung eines stabilen Zustandes.
- Dieser entspricht einer stationären Versetzungsanordnung, die durch die Planarität der Gleitung bestimmt wird.
- Die ansteigenden Äste der Hysteresekurven in relativen Koordinaten sind nicht deckungsgleich; es liegt eine Abweichung vom ideal zyklischen Verhalten vor.
- Die mit dem Incremental Step Test bestimmte IST-ZSD-Kurve ist weitgehend deckungsgleich mit der zyklischen Spannungs-Dehnungskurve.
- In Versuchen mit $\Delta\epsilon_{pl}/2 =$ konst. bilden sich planare Versetzungsanordnungen; die Versetzungsdichte nimmt mit $\Delta\epsilon_{pl}/2$ zu und der Gleitbandabstand ab.
- Die Sättigungseinstellung im Einstufenversuch erfolgt langsam und ist vorgeschichteabhängig.

- Die Hysteresekurven sind vergleichbar mit denen des Incremental Step Tests, fallen in relativen Koordinaten nicht zusammen und lassen sich auch durch eine zusätzliche Verschiebung entlang der elastischen Geraden nicht zur Deckung bringen.

Für die Anwendung des Incremental Step Tests als abgekürztes Verfahren zur Ermittlung der zyklischen Spannungs-Dehnungskurve ist die Beobachtung von entscheidender Bedeutung, daß bei planarem Gleitcharakter der Legierung die IST-ZSD-Kurve in guter Näherung die zyklische Spannungs-Dehnungskurve wiedergibt. Aus der Sicht der Mikrostruktur ist dieses Ergebnis aber überraschend, da auch α-Messing wie Kupfer zu jeder Beanspruchungsamplitude eine individuelle Versetzungsstruktur bildet. Allerdings wird die Anordnung der Versetzungen mit unterschiedlichen $\Delta\epsilon_{pl}/2$-Werten nicht — wie bei welliger Gleitung — grundsätzlich verändert. Es läßt sich vermuten, daß der die Spannungsamplitude bestimmende Verformungsmechanismus gleich bleibt.

Die deutliche Erhöhung der Anzahl von aktiven Gleitebenen mit der Beanspruchungsamplitude liefert zwar dem Werkstoff die Möglichkeit große plastische Dehnungen zu realisieren; andererseits scheint aber die Existenz vieler Gleitbänder bei niedriger Amplitude keinen starken Einfluß auf das Verformungsverhalten auszuüben, wie der Vergleich der Hysteresekurven bei kleinen $\Delta\epsilon_{pl}/2$-Werten aus Incremental Step Test und einstufiger Wechselverformung zeigt. Dies legt die Interpretation nahe, daß im Incremental Step Test nur der Teil der Gleitbänder aktiv ist, der auch im Sättigungszustand des Einstufenversuches bei der gerade vorliegenden plastischen Dehnungsamplitude vorhanden wäre.

Auf die Problematik der Anwendung von Vielkörpermodellen auf Werkstoffe mit planarer Gleitung wurde bereits in Abschnitt 6.4 hingewiesen. Aus Abb. 11.10 wird ersichtlich, daß selbst im Amplitudenwechselversuch, in dem die Existenz *einer* stabilen Versetzungsstruktur bei allen Amplituden von ϵ_{pl} gewährleistet ist, kein ideal zyklisches Verformungsverhalten beobachtet werden kann.

Die Anordnung der Versetzungen in auf einzelne Gleitebenen lokalisierter Form favorisiert die Serienschaltung gegenüber der Parallelschaltung, weil auf den ersten Blick die Abscherung entlang dieser Bänder nicht gleich sein muß, sondern vielmehr die wirksamen Schubspannungen identisch sind. Damit erinnert der Verformungsvorgang an den Bereich B bei Kupfereinkristallen, Abb. 5.5, wo PGB in Serie entlang der Meßlänge vorliegen. Hinweise auf ein Plateau in der zyklischen Spannungs-Dehnungskurve bei Legierungen mit planarem Gleitcharakter sowohl in einkristalliner (z.B. [89, 225]) als auch in vielkristalliner Form (z.B. [226]) unterstützen diesen Vergleich.

Die den einzelnen Elementen der Serienschaltung zugeordneten mesoskopischen Bereiche sind somit die mit Versetzungen versehenen Gleitebenen und die relativ versetzungsfreien Gebiete dazwischen. Letztere müssen als "hart" angesehen werden, da sie praktisch keinen Beitrag zur plastischen Verformung liefern. Diese konzentriert sich auf die ebenen Bänder.

Die Serienschaltung und die extreme, atomar scharfe Lokalisierung der plastischen Deformation muß insbesondere im Vielkristall, wo die ebenen Gleitbänder an Korngrenzen stoßen und diese nicht überqueren können (z.B. [146]), zu wesentlich stärkeren Problemen mit der Verformungskompatibilität führen, als dies bei einer Parallelschaltung und/oder bei räumlich ausgedehnten Elementen der Fall ist. Es ist unmittelbar verständlich, daß ein Zwang mit zunehmender plastischer Dehnung entstehen muß, der dafür sorgt, daß die Verformung auf viele Gleitebenen verteilt wird. Dies führt aber zu einer massiven Verletzung einer der wichtigen Voraussetzungen der behandelten Verbundmodelle, daß sich nämlich die Vorgänge in den Einzelelementen gegenseitig nicht beeinflussen.

Durch eine Abgleitung entlang einer aktiven Ebene wird aufgrund der Forderung nach Kompatibilität in einer benachbarten, noch passiven Ebene die wirkende Schubspannung ansteigen, bis dort die plastische Verformung einsetzt. Im übertragenen Sinn heißt das, daß ausgehend von einer Streckgrenzenverteilungsfunktion der Spannungs-Dehnungs-Zusammenhang nicht mehr berechnet werden kann, da die Spannung stärker ansteigt, als es allein aufgrund der plastischen Verformung der aktiven Elemente zu erwarten ist.

In Abschnitt 6.4 wurde bereits darauf hingewiesen, daß für die Behandlung des zyklischen Spannungs-Dehnungs-Verhaltens mit einem Verbundmodell eine "Speichermöglichkeit" für die elastische Verzerrungsenergie gefordert wird, die den Einzelelementen zugeordnet ist. Die parallele Ausrichtung der Versetzungssegmente und der relativ geringe Anteil sekundärer Versetzungen lassen schließen, daß diese Forderung bei planarer Versetzungsanordnung nicht erfüllt ist. Die den Gleitbändern zugeordneten Streckgrenzen σ_{if} sind vermutlich klein gegenüber der äußeren Spannung. Die plastische Verformung in einem Element wird weniger durch σ_{if} bestimmt als durch den Deformationszwang infolge der Kompatibilität.

Die starke Verzerrung des Kristallitverbandes macht sich auch in einer starken plastischen Rückverformung bei Lastumkehr bemerkbar, die — im Gegensatz zu den sonstigen Beobachtungen — umso ausgeprägter ist, je größer die Schwingbreite der plastischen Dehnung ist. Dieser Effekt ist auch dafür verantwortlich, daß (in relativen Koordinaten) kleine Hysteresekurven im ansteigenden Ast oberhalb großer liegen (siehe Abb. 11.7). Der Mehrstufenversuch zeigt die Unabhängigkeit dieses Phänomens von der Versetzungsstruktur (siehe Abb. 11.10).

Aus der dargelegten Interpretation der Abweichung vom ideal zyklischen Verhalten folgt, daß die absoluten Koordinaten von Spannung und Dehnung gegenüber den relativen Koordinaten an Bedeutung gewinnen. Dies äußert sich auch in den Hysteresekurven. Für große ϵ_{pl}-Werte fallen die Spannungs-Dehnungs-Verläufe von Schleifen, die bei unterschiedlichen (großen) $\Delta\epsilon_{pl}/2$-Werten erfaßt wurden, annähernd zusammen. In diesem Bereich steigt die Spannung mit der Dehnung sehr flach an, was auf die untergeordnete Bedeutung von Versetzungsaufstauungen als Ursache für die massive plastische Rückverformung bei Entlastung hinweist.

Kapitel 12

Der Einfluß der Teilchenhärtung

Die in den beiden letzten Kapiteln vorgestellten Ergebnisse charakterisieren das zyklische Verformungsverhalten für die in bezug auf den Gleitcharakter extremen Fälle (wellig/planar) für einphasige (bzw. quasi-einphasige) Werkstoffe. Sie definieren somit Eckpositionen, mit deren Hilfe das Verhalten weiterer Metalle und Legierungen eingeordnet werden kann. Dies setzt nicht unabdingbar voraus, daß der betrachtete Werkstoff nur aus einer Phase besteht, wie die Beobachtungen zu den unlegierten Stählen zeigen. Allerdings sollten die zusätzlich vorliegenden Phasen zu keiner grundsätzlichen Beeinflussung des Verformungsverhaltens (bzw. des Versetzungsgleitverhaltens) führen.

Ein wichtiges und häufig benutztes Hilfsmittel, die Festigkeit von Legierungen zu steigern, ist die Ausscheidungshärtung. Die Hinderniswirkung der Teilchen einer zweiten Phase gegenüber der Versetzungsbewegung bewirkt eine massive Beeinträchtigung der resultierenden Versetzungsstruktur im Vergleich zum ausscheidungsfreien Zustand, so daß obige Voraussetzung nicht erfüllt ist. Die sich daraus ergebenden Konsequenzen im Hinblick auf das zyklische Verformungsverhalten bei konstanter und variierender Beanspruchungsamplitude sind Gegenstand dieses Kapitels.

Allein schon die Vielzahl der Legierungssysteme, in denen eine Teilchenhärtung zur Anwendung kommt, und das große Spektrum der möglichen Versetzungs-Teilchen-Wechselwirkungen verdeutlichen, daß eine allgemeingültige Behandlung dieser Thematik nicht möglich sein kann. Deshalb beziehen sich die in Abschnitt 12.2 bis Abschnitt 12.5 dargelegten Ergebnisse exemplarisch auf *eine* Legierung, die Aluminiumlegierung AlZnMgCu0,5 (Zusammensetzung, Wärmebehandlungen und Gefüge siehe Abschnitt A.6 im Anhang). Um den Einfluß der härtenden Teilchen auf das zyklische Spannungs-Dehnungs-Verhalten charakterisieren zu können, wurde dieser Werkstoff in drei unterschiedlichen Gefügezuständen untersucht:

- maximal ausscheidungsgehärtet [282] (Abschnitt 12.2),
- überaltert [97] (Abschnitt 12.3),
- abgeschreckt nach der Lösungsglühung [97] (Abschnitt 12.4), was zu einem teilchenfreien, mischkristallgehärteten Ausgangszustand führt.

Zunächst wird im folgenden Abschnitt als Ergänzung zu den Kapiteln 5 und 7, die sich ausschließlich auf einphasige Metalle und Legierungen beziehen, ein kurzer Abriß des zyklischen Verformungsverhaltens teilchengehärteter Legierungen gegeben. Ausführlichere Darstellungen dieses Themenbereiches finden sich in [295, 296, 297].

12.1 Zum Verformungsverhalten teilchengehärteter Legierungen

Für die Wechselwirkung von Teilchen und Versetzungen von grundlegender Bedeutung ist die Größe und der Abstand der Ausscheidungen. Dies gibt ein Klassifizierungsmerkmal vor: Sind die härtenden Teilchen kohärent, klein und sehr dicht zusammen, dann werden sie infolge der wirkenden Spannung durch die Versetzungen geschnitten. Dieser Prozeß ist typisch für unteralterte Legierungen. Durch eine Überalterung überschreitet der Teilchendurchmesser eine kritische Größe, ab der der mittlere Abstand in der Gleitebene groß genug ist, um Orowan-Umgehung zu ermöglichen. Die Teilchen können überwunden werden, wobei dieser Prozeß weitgehend unabhängig davon ist, ob die Ausscheidungen kohärent sind oder nicht.

12.1.1 Einkristalline Legierungen

Schneidbare Teilchen
Modellmäßige, systematische Untersuchungen zum Einfluß der Teilchenhärtung auf das Ermüdungsverhalten wurden insbesondere in den binären Systemen Al-Cu ([298, 299, 300, 301, 302, 303, 90, 304, 305, 306, 45, 307, 308, 309]) und Cu-Co ([310, 311, 312, 313, 156]) durchgeführt. Al-Cu-Legierungen sind deshalb besonders gut geeignet, weil das Ausscheidungsverhalten und die Sequenz der sich bildenden Phasen sowie die daraus resultierende Beeinflussung der einsinnigen mechanischen Eigenschaften gut bekannt sind (z.B. [314]). In Cu-Co kann im mischkristallgehärteten Zustand (als Referenzzustand) in guter Näherung die Versetzungsanordnung des Kupfers gefunden werden.

Wenn teilchengehärtete Einkristalle bei konstanter plastischer Scherdehnungsamplitude γ_{ap} ermüdet werden, wird bei schneidbaren Teilchen in der Wechselverformungskurve zunächst eine Verfestigung bis zu einem Maximalwert der Schubspannungsamplitude τ_a gefunden, an die sich eine ausgeprägte Entfestigung anschließt (z.B. [301]). Dieses Verhalten zeigt sich in einem weiten Bereich von γ_{ap}. Ein Sättigungszustand wird während der Lebensdauer an Luft nicht beobachtet (durch eine Versuchsführung im Hochvakuum kann gelegentlich am Ende des Entfestigungsbereiches zyklische Sättigung eingestellt werden), so daß eine zyklische Spannungs-Dehnungskurve nicht definitionsgemäß (vgl. Abschnitt 2.1.3) ermittelt werden kann. Einem Vorschlag von Wilhelm [315] fol-

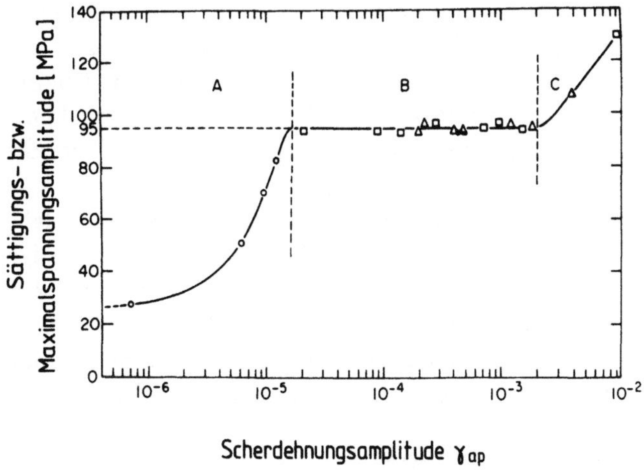

Abb. 12.1: Pseudo-ZSD-Kurve für Al-3,8Gew.-%Cu-Einkristalle mit schneidbaren Teilchen; nach Lee und Laird [301]

gend, kann eine Pseudo-ZSD-Kurve erstellt werden, indem für die Werte von γ_{ap}, bei denen keine Sättigung auftritt, anstelle von τ_S der Maximalwert von τ_a aufgetragen wird.

Abbildung 12.1 zeigt das Ergebnis dieser Darstellung für Al-3,8Gew.-%Cu nach [301]. Der Kurvenverlauf ist analog zur zyklischen Spannungs-Dehnungskurve von Kupfereinkristallen (Abb. 5.5) in drei Bereiche A, B und C einteilbar, wobei Bereich B ein ausgeprägtes Plateau repräsentiert.

Im Bereich A stellt sich ein Sättigungszustand ein, dessen Spannungsamplitude τ_S mit γ_{ap} zunimmt. Dagegen wird im Bereich B das oben erwähnte ausgeprägte Maximum in der Wechselverformungskurve beobachtet. Die dargestellten Werte sind somit wesentlich größer als die wahren Sättigungsspannungen, die erst nach der Entfestigung erreicht werden.

Ursache für die Plateauspannung im Bereich B ist eine drastische Änderung der Versetzungsstruktur, die während der anfänglichen Verfestigungsphase kurz vor dem Maximum von τ_a erfolgt [303]. Diese führt zu PGB, deren Erscheinungsform sich aber deutlich von der in reinen Metallen und einphasigen Legierungen unterscheidet. So sind die PGB sehr dünn ($< 0,1 \mu m$), dafür aber in der Lage, sehr hohe lokale plastische Dehnungen von 30 bis 60% [303] zu ertragen. Mit Zunahme von γ_{ap} im Bereich B steigt der Volumenanteil der PGB, erreicht aber bei weitem nicht den Wert von 100%.

Im Bereich C wird im Gegensatz zu einphasigen Werkstoffen keine Zellstruktur gebildet [302]. Vielmehr existieren PGB in verschiedenen, sich schneidenden Gleitsystemen.

Die ausgeprägte und für die technische Anwendung sehr unliebsame zyklische Entfestigung (im Bereich B) wird hervorgerufen durch die Zerstörung der festigkeitssteigernden Wirkung der Teilchen in den PGB aufgrund des Schneidprozesses. Liegen, wie in Cu-Co, nichtgeordnete Teilchen vor, dann führt die ständige, nicht vollständig reversible Hin- und Herbewegung der Versetzungen innerhalb der PGB zu einer "Zerkleinerung" der Teilchen, was letztlich zur kompletten Auflösung führen kann. Dieser Vorgang wird u.a. in [316] mit Hilfe einer Computersimulation nachvollzogen. Das Versetzungsgleitverhalten kann in diesem Fall als wellig bezeichnet werden, was auch durch die Weite der gebildeten PGB mit ca. 0,1 μm bestätigt wird.

Insbesondere die geordneten γ'-Phasen in Superlegierungen erfahren eine Abscherung durch planare Gleitbänder, die nur aus einer oder wenigen Gleitebenen bestehen (z.B. [317]). In Analogie zu dem in Abschnitt 5.1.2 dargestellten Zusammenhang von Nahordnung und planarer Gleitung können die planaren Gleitbänder in teilchengehärteten Legierungen mit geordneten Ausscheidungen als Folge der lokalen Entfestigung entlang der aktiven Gleitebenen aufgefaßt werden.

Laird und Mitarbeiter [302, 298] finden in Al-Cu keine Zerstörung der Teilchen innerhalb der PGB. Der im TEM beobachtete Kontrast der Gleitbänder wird durch einen Orientierungsunterschied zwischen den PGB und der umgebenden Matrix hervorgerufen. Durch eine geringfügige Verkippung der Probe im Mikroskop können die Ausscheidungsteilchen wieder zur Abbildung gebracht werden. Diese Beobachtung wird dahingehend interpretiert, daß eine Entordnung innerhalb der θ''-Teilchen für die Entfestigung verantwortlich ist. Die Orientierungsunterschiede lassen allerdings vermuten, daß eine starke (planare) Dehnungslokalisierung innerhalb der Grenzflächen zwischen PGB und Matrix vorliegt, was eine Verwandtschaft mit dem Verhalten γ'-gehärteter Nickel-Basis-Superlegierungen bedeuten würde. In anderen Aluminiumlegierungen (z.B. [318]) konnte aber zweifelsfrei die Auflösung geordneter Teilchen in den PGB nachgewiesen werden.

Aufgrund der bereits bei Raumtemperatur ablaufenden Alterungsprozesse in vielen Aluminiumlegierungen spielt im Zusammenhang mit der Vorgeschichteabhängigkeit der zyklischen Verformung die zeitabhängige Veränderung der Teilchenstruktur eine wichtige Rolle. Dies wird bei Vorliegen von PGB verstärkt, da die zu erwartende hohe Punktdefektdichte in den stark plastisch verformten Bereichen die Kinetik der Ausscheidungs- bzw. Vergröberungsvorgänge beschleunigen sollte. Horibe et al. [90] zeigten, daß in Al-Cu-Einkristallen bereits durch kurze Haltezeiten nach zyklischer Verformung eine deutlich beobachtbare Beeinflussung der Spannungsamplitude erfolgt. Sie führen dies darauf zurück, daß nach kurzen Versuchsunterbrechungen die Versetzungen in den PGB durch Legierungsatome verankert und kleine Ausscheidungen neu geordnet werden. Nach längeren Zeiten kann die Alterung dazu führen, daß neue PGB bei Wiederbeginn der zyklischen Verformung gebildet werden müssen.

Die in Abschnitt 5.2.1 vorgestellte sekundäre zyklische Spannungs-Dehnungskurve liegt ähnlich wie bei reinen Metalleinkristallen im Plateaubereich der Pseudo-ZSD-Kurve unterhalb der Plateauspannungsamplitude [45]. Bei kleinen Werten von γ_{ap} schneiden sich allerdings die Kurven, was auf eine bevorzugte Ausheilung der geschädigten Teilchenstruktur in den PGB aufgrund der vorherigen Verformung mit hoher Beanspruchungsamplitude zurückgeführt wird. Ein Vergleich mit den Ergebnissen an einphasigen Metallen verdeutlicht weiterhin, daß bei Erniedrigung von γ_{ap} einige PGB inaktiv werden, wofür ebenfalls die ablaufenden Alterungsprozesse verantwortlich gemacht werden können.

Als Folge dieser ausscheidungsbedingten Passivierung der PGB zeigt Al-Cu mit schneidbaren θ''-Teilchen ein anomales Übergangsverhalten bei stufenweiser Veränderung von γ_{ap}: Sowohl eine Abnahme als auch eine Zunahme von γ_{ap} führt über eine Entfestigung zum neuen Sättigungszustand [306][1].

Nicht schneidbare Teilchen
Mit zunehmender Überalterung wird die Ausprägung der Ver- und der anschließenden Entfestigung in der Wechselverformungskurve geringer und schließlich durch die Einstellung eines Sättigungszustandes ersetzt. Nach Horibe und Laird [305] hängt das zyklische Spannungs-Dehnungs-Verhalten in diesem Fall wesentlich stärker von der Kristallorientierung ab als beim Vorliegen schneidbarer Teilchen. Die Dehnung erfolgt nicht in lokalisierter Form, und die damit verbundene Entfestigung wird nicht beobachtet. Die großen, nicht schneidbaren Teilchen reduzieren die Gleitwege der Versetzungen und erlauben keine Gleitlokalisierung in Form von PGB. Als Folge davon wird in der zyklischen Spannungs-Dehnungskurve kein Plateau gefunden [305].

Bei niedrigen und mittleren Dehnungsamplituden besteht die Versetzungsstruktur in Al-Cu [305] aus dipolaren Wänden, die im überwiegenden Maße aus primären Versetzungen aufgebaut und an den breiten Flächen der θ'-Platten angeordnet sind. Mit zunehmender Amplitude steigt der Anteil sekundärer Versetzungen in den Netzwerken um die θ'-Platten, die somit das Grundskelett der Versetzungsanordnung vorgeben.

Das zyklische Spannungs-Dehnungsverhalten wird von der Art der Versuchsführung beeinflußt. Insbesondere bei einer Orientierung für Einfachgleitung ist die Sättigungsspannung im Einstufenversuch höher als im Mehrstufenversuch (bei stufenweiser Erhöhung von γ_{ap}). Dies wird in [305] auf unterschiedliche Dichten von beweglichen und sekundären Versetzungen zurückgeführt. Das bei stufenweiser Veränderung der Beanspruchungsamplitude beobachtete Übergangsverhalten entspricht interessanterweise dem einphasiger Werkstoffe mit planarer Gleitung [306], was darauf hindeutet, daß die Erhöhung oder Erniedrigung der zwischen den Ausscheidungsteilchen vorliegenden freien Versetzungsdichte die Einstellung von τ_{ap} bestimmt.

Aufgrund des nicht stattfindenden Schneidprozesses ist verständlich, daß eine kurzzeitige Versuchsunterbrechung zu keiner wesentlichen Beeinflussung des zy-

[1]Bei einphasigen Legierungen und welligem Gleitcharakter führt die Erniedrigung der Beanspruchungsamplitude nach der sofortigen Änderung zu einer Entfestigung bis zum Sättigungszustand, da die Zellgröße allmählich zunimmt. Umgekehrt bewirkt eine stufenweise Erhöhung von $\Delta\epsilon_{pl}$ das Einlaufen in den neuen stationären $\Delta\sigma/2$-Wert über eine Verfestigung, da die Zellstruktur der vorherigen plastischen Dehnungsamplitude zu "weich" ist. Für Werkstoffe mit planarem Gleitverhalten stellt sich das Übergangsverhalten üblicherweise genau umgekehrt dar, da die freie Versetzungsdichte in den aktiven Gleitebenen der neuen Beanspruchungsamplitude angepaßt werden muß und diese bei großer Amplitude höher ($\Rightarrow$ "weicher") als bei niedriger Amplitude ist.

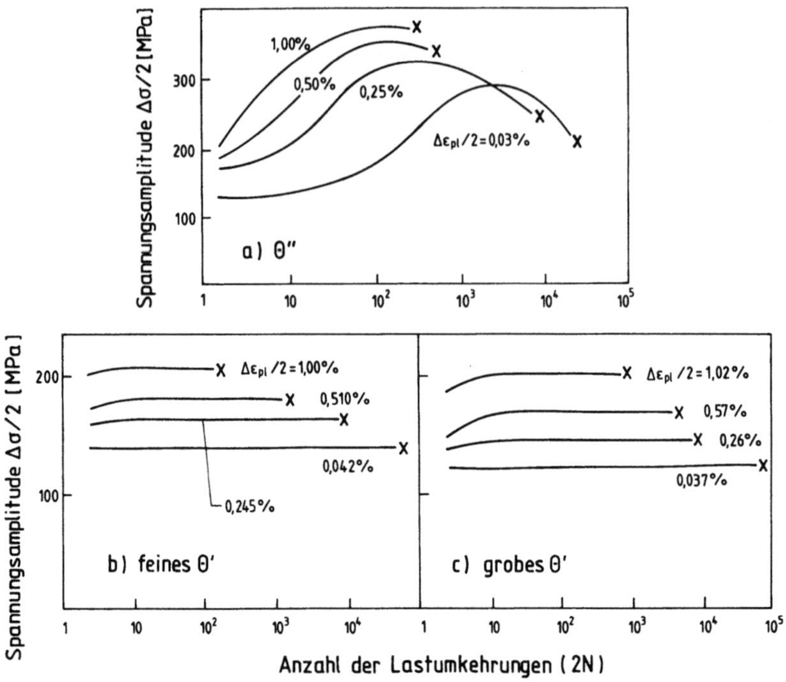

Abb. 12.2: Wechselverformungskurven für vielkristallines Cu-4%Al in verschiedenen Ausscheidungszuständen; aus Calabrese und Laird [300], nach [298, 299]

klischen Verformungsverhaltens führt, da neben dem normalen, langsamen Teilchenwachstum keine Notwendigkeit einer Regenerierung oder Neubildung härtender Ausscheidungen besteht [307].

12.1.2 Reine Vielkristalle

Die an teilchengehärteten Einkristallen gewonnenen Erkenntnisse lassen sich auf Vielkristalle übertragen, wenn diese in reiner Form vorliegen, d.h. nur die Elemente beinhalten, die zur Bildung der härtenden Phase notwendig sind. Neben den in Vielkristallen vorhandenen Orientierungsunterschieden zwischen den Körnern, die das Verformungsverhalten beeinflussen, spielen die Korngrenzen selbst eine wichtige Rolle, da der Ausscheidungszustand in ihrer Umgebung gegenüber der Matrix verändert sein kann.

Grundlegende, systematische Untersuchungen zum zyklischen Verformungsverhalten von Al-4%Cu in vielkristalliner Form wurden von Calabrese und Laird [298, 299, 300] durchgeführt. Abbildung 12.2 zeigt die ermittelten Wechselverformungskurven für drei verschiedene Ausscheidungszustände.

Für den Fall schneidbarer, kohärenter θ''-Teilchen (Teilbild a) ergibt sich wiederum das auch an Einkristallen beobachtete Maximum in der Spannungsamplitude [298]. Der anfängliche Anstieg von $\Delta\sigma/2$ wird auf die Erhöhung der Reibungsspannung infolge der Kohärenzspannungsfelder der Teilchen, die Bildung von Antiphasengrenze beim Schneiden und (zum größten Teil) auf die stattfindende Versetzungsanhäufung (-akkumulation) zurückgeführt. Bereits deutlich vor dem Erreichen des Maximums sind an der Oberfläche Gleitbänder zu erkennen, die sich zunächst in den günstig orientierten Körnern bilden. Im Maximum sind alle Körner mit Oberflächenbändern belegt. Diese sind identisch mit den Verformungsbändern (PGB), die im Korninneren mit Hilfe einer TEM-Untersuchung nachgewiesen werden. Die Entfestigung wird (für Al-Cu) nicht auf die Auflösung sondern auf eine Entordnung der härtenden Phase als Folge des Schneidens durch die Versetzungen in den PGB zurückgeführt.

Im Incremental Step Test spiegelt sich der bei Vorliegen von schneidbaren härtenden Teilchen beobachtete Verlauf der Wechselverformungskurve (Abb. 12.2, Teilbild a) in der IST-ZSD-Kurve wieder [297]. Mit zunehmender Blockzahl verschiebt sich die Kurve zunächst zu höheren Spannungsamplituden (Verfestigung), erreicht dann den höchsten Verlauf (Maximum) und sinkt anschließend wieder leicht ab (Entfestigung).

Die Wechselverformungskurven für die Gefügezustände mit nicht schneidbaren Teilchen (Teilbild b und c) stellen sich grundsätzlich anders dar [299]. Bei kleinen $\Delta\epsilon_{pl}/2$-Werten erfolgt die Sättigung praktisch sofort, bei großen $\Delta\epsilon_{pl}/2$-Werten innerhalb weniger Zyklen. Die einsinnige und die zyklische Spannungs-Dehnungskurve sind annähernd identisch, was auf die Stabilität des Gefügezustandes und die beherrschende Rolle der Ausscheidungen für das Verformungsverhalten hinweist. Dies wird durch die Ergebnisse der TEM-Untersuchung bestätigt. Solange die Beanspruchungsamplituden nicht zu groß sind, wirken die Teilchen als entscheidende Hindernisse. Die Versetzungen lokalisieren sich bevorzugt an der Phasengrenze Teilchen/Matrix. Zur Aufrechterhaltung von $\Delta\epsilon_{pl}$ ist die Bewegung nur weniger Versetzungen zwischen den Teilchen erforderlich, da die durch das Versetzungsnetzwerk um die Ausscheidungen vorgegebene "mittlere Zellgröße" klein ist. Die Sättigungsspannung σ_S kann über die Wechselwirkung zwischen den beweglichen und den ortsfesten Versetzungen abgeschätzt werden.

Wirkt eine hohe Beanspruchungsamplitude und liegt ein relativ großer Teilchenabstand vor, dann kann eine Zellbildung erfolgen, d.h. zwischen den Ausscheidungen entstehen zusätzliche Versetzungswände. σ_S wird durch denselben Mechanismus bestimmt, der auch bei Zellstrukturen in einphasigen Legierungen vorherrscht: Versetzungen werden aus der Zellwand herausgedrückt, durchlaufen das versetzungsarme Zellinnere und reagieren mit der umgebenden Wand. Das Verformungsverhalten der Matrix gewinnt somit mit zunehmendem $\Delta\epsilon_{pl}/2$ an Bedeutung.

Im Zusammenhang mit der Vorgeschichteabhängigkeit ist dieser Wechsel im Verformungsmechanismus, wie er bei Gefügen mit großem Teilchenabstand erfolgt, von Bedeutung. In [299] wird gezeigt, daß ein vorgeschichteunabhängiges zyklisches Verformungsverhalten beobachtet werden kann, solange der Teilchenabstand kleiner ist als der mittlere Einfangabstand der Versetzungen (dieser entspricht der unter sonst identischen Bedingungen aber ohne Teilchen zu erwartenden Zellgröße). Im Gegensatz dazu können die bei großen Werten von

$\Delta\epsilon_{pl}/2$ und großen Teilchenabständen gebildeten Zellwände zwischen den Ausscheidungen bei Reduzierung von $\Delta\epsilon_{pl}/2$ nicht mehr aufgelöst werden und führen in ähnlicher Weise wie bei einphasigen Legierungen mit welliger Gleitung (siehe Abschnitt 7.3) zu einer Sättigungsspannungsamplitude, die von der des Einstufenversuches abweicht.

Während die zyklischen Spannungs-Dehnungskurven in Legierungen mit nicht schneidbaren Teilchen weder für Ein- noch für Vielkristalle ein Plateau zeigen, liegt — wie in Abb. 12.1 dargestellt — in der Pseudo-ZSD-Kurve von Einkristallen mit schneidbaren Teilchen ein breiter Bereich mit konstanter (maximaler) Spannungsamplitude vor. In [304] wird an Al-Cu mit drei verschiedenen Korngrößen (0,15, 0,32 und 1,0 mm) überprüft, ob sich dieses Plateau bei Vielkristallen wiederfinden läßt. Nur für das gröbste Korngefüge wird ein sehr schmales und nur mit zwei Meßpunkten abgesichertes Plateau gefunden, welches darüber hinaus nicht über den Sachs- oder Schmidfaktor mit der Einkristallkurve korreliert werden kann. Je kleiner die Korngröße ist, umso stärker ist die Abweichung vom Einkristallverhalten — in Übereinstimmung mit den Erwartungen aufgrund der Beobachtungen an einphasigen Werkstoffen.

Die Korngrenzen besitzen bei teilchengehärteten Werkstoffen oft eine über ihre Wirkung als Verformungshindernis hinausgehende Bedeutung. Die Verteilung der Ausscheidungen kann in ihrer Umgebung stark verändert vorliegen. In der Korngrenze selbst scheiden sich gewöhnlich relativ grobe Teilchen aus, die sich in bezug auf ihre Größe deutlich von denen der Matrix unterscheiden. In der Nachbarschaft der Korngrenze bildet sich eine ausscheidungsfreie Zone mit einer Breite zwischen 10 und 100 nm. Im Vergleich zum Korninneren ist dieser Bereich mechanisch weicher, so daß dort eine lokalisierte Verformung möglich ist. Damit kann eine bevorzugte Rißbildung an diesen Stellen hervorgerufen werden.

12.1.3 Technische Legierungen

Technische Legierungen werden mit der Zielsetzung optimaler Eigenschaften bei der Anwendung entwickelt. Um die Ermüdungseigenschaften teilchengehärteter Werkstoffe zu verbessern, muß dazu der Widerstand sowohl gegenüber der Rißbildung als auch gegenüber dem Rißwachstum erhöht werden. Diese Eigenschaften sind nicht nur vom Ausscheidungszustand sondern von der gesamten Mikrostruktur abhängig (eine Übersicht geben Starke und Lütjering in [319]).

Technische Aluminium-Legierungen enthalten zusätzliche Legierungselemente, die zur Einstellung der Korngröße und zur Verbesserung der Korrosionseigenschaften beigefügt werden. Weiterhin sind immer Verunreinigungen vorhanden. Insgesamt liegen typischerweise folgende Arten von ausgeschiedenen Phasen[2] vor (nach [296]):

- Die eigentlich härtende zweite Phase, die in Form fein verteilter Teilchen ausgeschieden wird (Teilchengröße: 3 bis 10 nm). Diese Phase ist in den meisten

[2] Die in AlZnMgCu0,5 vorliegenden Phasen werden im Anhang, Abschnitt A.6, vorgestellt.

Fällen geordnet und kohärent. Die Gestalt der Teilchen hängt vom Legierungssystem ab und kann kugel-, platten- oder nadelförmig sein. Die Verteilung ist mit Ausnahme der ausscheidungsfreien Zonen der Korngrenzen gleichmäßig.

- Dispersoide: Diese werden im festen Zustand beim Abkühlen ausgeschieden und besitzen meist eine Größe von 100 nm bis 500 nm. Durch die für die Einstellung des gewünschten Gefügezustandes notwendige Wärmebehandlung sind sie kaum in Lösung zu bringen. Es handelt sich um intermetallische Verbindungen mit Anteilen von Mn, Cu, etc., die beim Herstellungsprozeß die Aufgabe haben, eine kleine Korngröße einzustellen und die Rekristallisation nach Warmumformung zu vermeiden.
- Intermetallische Einschlüsse: Die Teilchen mit Größen von bis zu einigen μm entstehen als Folge der Verunreinigungen des Aluminiums mit Fe und Si.

Für das zyklische Spannungs-Dehnungs-Verhalten technischer Legierungen sind neben den härtenden Teilchen der zweiten Phase die Dispersoide von entscheidender Bedeutung. Da sie nicht schneidbar sind, führen sie zu einer Vermeidung der Gleitlokalisierung. Dies drückt sich üblicherweise in den Wechselverformungskurven durch das Fehlen einer ausgeprägten Entfestigung aus (z.B. [297]). Die Lebensdauer wird durch die Wirkung der Dispersoide im Vergleich zur "reinen" Legierung deutlich erhöht.

Intermetallische Einschlüsse hingegen besitzen meist einen negativen Einfluß. Durch ihre Größe sind sie für das Spannungs-Dehnungs-Verhalten nicht wirksam. Sie können aber zur Bildung von Rissen führen und damit die Lebensdauer bestimmen.

12.2 AlZnMgCu0,5 im Zustand maximaler Ausscheidungshärtung

Der in Abschnitt 12.1 dargestellte Literaturkenntnisstand dient im Folgenden als Interpretationsgrundlage für die Ergebnisse, die an der technischen Aluminiumlegierung AlZnMgCu0,5 gewonnen wurden. Mit dem Verformungsverhalten einphasiger Metalle und Legierungen (siehe Kapitel 10 und Kapitel 11) zeigt der maximal ausscheidungsgehärtete Zustand die beste Vergleichbarkeit, da im Gegensatz zu den beiden anderen, in den Abschnitten 12.3 und 12.4 behandelten Ausscheidungszuständen keine Veränderung der Teilchenpopulation stattfindet. Aus diesem Grund wird das zyklische Verformungsverhalten dieses Zustandes als erstes behandelt.

12.2.1 Die Form der ersten Hysteresekurven

Nur im Zustand maximaler Ausscheidungshärtung ergibt sich innerhalb der ersten Zyklen der Beanspruchung eine anomale Hysteresekurve. Diese zeigt nach

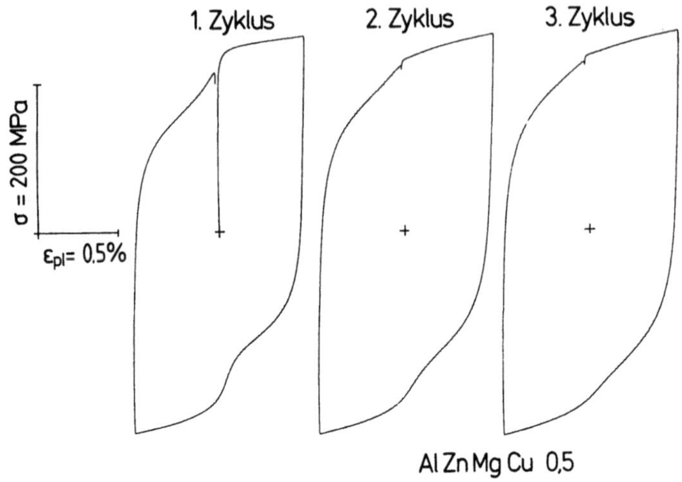

Abb. 12.3: Anomale Hysteresenform der ersten Beanspruchungszyklen im Zustand maximaler Ausscheidungshärtung (nach Völkl [282])

dem ersten Viertelzyklus sowohl in der Zug- wie auch in der Druckphase jeweils zwei Wendepunkte im Spannungs-Dehnungs-Verlauf, was zu einer Art Einbuchtung führt, Abb. 12.3. Nach wenigen Lastspielen normalisiert sich die Hysteresenform, wobei die Anzahl der dazu notwendigen Zyklen von der plastischen Dehnungsamplitude abhängt. Für $\Delta\epsilon_{pl}/2 = 0,5\%$ (siehe Abb. 12.3) verschwinden die Wendepunkte bereits nach 3, für $\Delta\epsilon_{pl}/2 = 0,02\%$ nach ca. 20 Zyklen.

Der — entlang der Linie der Hysteresekurve betrachtet — konkave Kurvenverlauf wird ebenfalls in [121] für die mit 3,1 Vol.-% dispersionsgehärtete Nickelbasislegierung Nimonic 80A, in [85, 320] für die kommerziellen Aluminiumlegierungen 2024 (AlCuMg) und 7075 (AlZnMg) und schließlich in [307] für Al-Cu-Einkristalle berichtet. Den Beobachtungen ist gemein, daß nicht schneidbare Teilchen vorliegen.

Stoltz und Pelloux [85, 320] diskutieren dieses Hysteresenphänomen unter dem Gesichtspunkt des Bauschinger-Effektes und quantifizieren es mit Hilfe des in Abschnitt 3.1.2 definierten Parameters $\beta_{1/2}$. Als Voraussetzung für das Auftreten von Wendepunkten in der Hysteresekurve geben sie an:

1. Der Volumenbruchteil der zweiten festen Phase muß ausreichend groß sein, um innere Spannungen speichern zu können.
2. Die Versetzungsbewegung muß ausreichend reversibel sein, d.h. die Wechselwirkungen in der Matrix gering.
3. Die Versetzungsringe um die Ausscheidungsteilchen müssen gegen plastische Relaxation stabil sein.

Die Ursache für den konkaven Kurvenabschnitt ist eine "nicht-linear elastische Verfestigung". Diese wird durch den Aufstau von Versetzungen während der Vorwärtsverformung gegen die Teilchen hervorgerufen, der die Rückverformung erleichtert. Die nicht schneidbaren Teilchen passen sich durch eine elastische Deformation der plastischen Verformung in der Matrix an, was zu einer reversi-

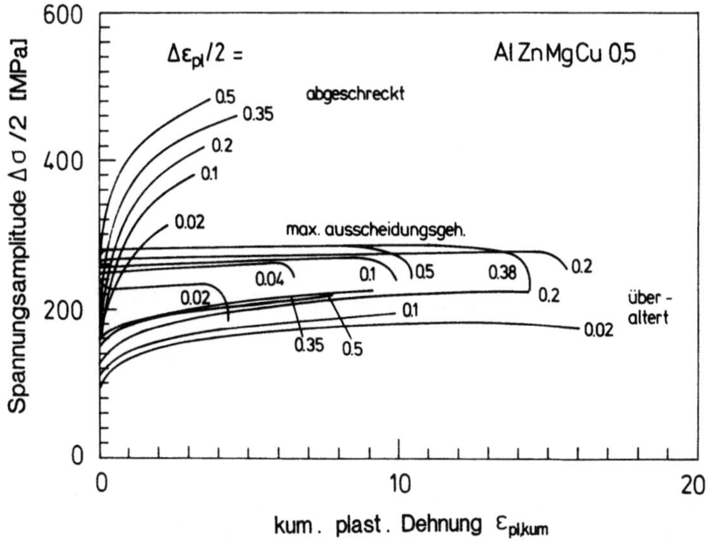

Abb. 12.4: Wechselverformungskurven von drei Gefügezuständen der Legierung AlZnMgCu0,5 für verschiedene plastische Dehnungsamplituden (nach Völkl [282] und Lades [97])

blen und elastischen Komponente der Verfestigung führt. Für die Nichtlinearität sind die Verteilungen der Größe und des Abstandes der Ausscheidungen verantwortlich. Der zweite wesentliche Prozeß ist die Annihilation der Orowan-Ringe, die sich um die Teilchen bei der Verformung in einer Richtung ausbilden, bei Umkehr der Belastungsrichtung [121]. Diese Vorgänge führen zusammen zu einer "reversiblen plastischen Verformung", die nach Asaro [121] als "kinematische Verfestigung vom Typ III" bezeichnet werden kann.

Mit zunehmender Zyklenzahl führt die Versetzungsmultiplikation durch die Bildung von Waldversetzungen zwischen den Teilchen zu einer zunehmenden Irreversibilität der plastischen Deformation, so daß der konkave Hysteresenteil verschwindet.

Für die Beurteilung des Verformungsgeschehens in AlZnMgCu0,5 im Zustand maximaler Aushärtung ist von Bedeutung, daß konkave Spannungs-Dehnungs-Verläufe innerhalb der Hysteresekurve nur beobachtbar sind, wenn

- die Teilchen nicht geschnitten werden [320],
- Einfachgleitung dominiert [307] und
- das zyklische Verformungsverhalten durch die Teilchen bestimmt ist (d.h. keine ausgeprägte Ver- oder Entfestigung auftritt) [85].

12.2.2 Verhalten bei konstanter plastischer Dehnungsamplitude

Die bei verschiedenen Werten von $\Delta\epsilon_{pl}/2$ ermittelten Wechselverformungskurven der Aluminiumlegierung AlZnMgCu0,5 sind in Abb. 12.4 aufgetragen. Neben der

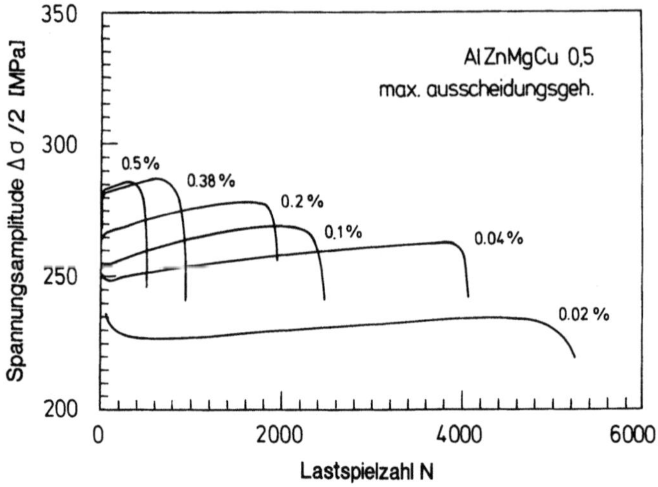

Abb. 12.5: Wechselverformungskurven von AlZnMgCu0,5 im maximal ausscheidungsgehärteten Zustand, aufgetragen gegen die Zyklenzahl (nach Völkl [282]).

Kurvenschar für das mit maximaler Ausscheidungshärtung verknüpfte Gefüge sind die entsprechenden Darstellungen für den abgeschreckten und den überalterten Zustand in der Abbildung enthalten, auf die später in Abschnitt 12.3 und Abschnitt 12.4 zurückgegriffen wird.

Wie bereits aufgrund der anomalen Hysteresenform der ersten Zyklen zu erwarten, erfolgt die Einstellung des zyklischen Sättigungszustandes relativ rasch. Bei niedrigen Amplituden wird die zyklische Sättigung nach einer Entfestigung, bei großen Amplituden durch eine anfängliche Verfestigung erreicht. Die Wechselverformungskurven beginnen unabhängig von $\Delta\epsilon_{pl}/2$ bei Spannungswerten zwischen 235 MPa und 265 MPa, was vermutlich der für das erste Passieren der Ausscheidungen notwendigen Orowan-Spannung entspricht.

Abbildung 12.4 verdeutlicht, daß die mit kleinen Werten von $\Delta\epsilon_{pl}/2$ verformten Proben bei geringeren kumulativen plastischen Dehnungen brechen als die bei höheren Amplituden ermüdeten Proben. Die Rißbildung an der Oberfläche erfolgt interkristallin. Ursache sind offensichtlich die vorliegenden ausscheidungsfreien Säume entlang der Korngrenzen (siehe Abb. A.8 im Anhang).

In Abb. 12.5 sind die Wechselverformungskurven des betrachteten Gefügezustandes gegen die Lastspielzahl N aufgetragen. Die Abbildung macht erkennbar, daß trotz niedrigerer kumulativer plastischer Dehnung bei kleinen Werten der Beanspruchungsamplitude die Zyklenzahl bis zum Bruch N_B mit steigendem $\Delta\epsilon_{pl}/2$ abnimmt.

Die Analyse der Versetzungsstruktur im TEM ist aufgrund der mit den Teilchen der zweiten Phase verknüpften inneren Spannungen schwierig. Die Spannungsfelder um die Ausscheidungen führen zu Verzerrungen in der Matrix, welche die durch die Versetzungen hervorgerufenen Gitterstörungen (im wesentlichen Gitterverzerrungen, an denen durch Braggsche Beugung Primärstrahlintensität abgelenkt wird, wodurch der Kontrast entsteht) überlagert und evtl. überdeckt.

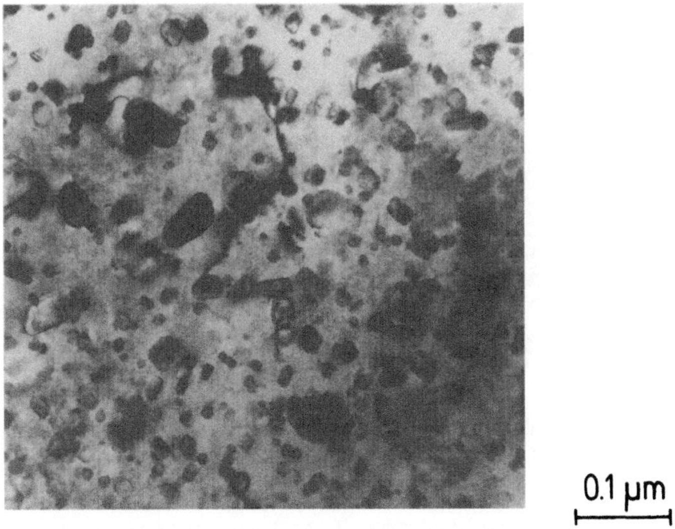

Abb. 12.6: TEM-Hellfeldaufnahme des Teilchengefüges im maximal ausscheidungsgehärteten Zustand, $\Delta\epsilon_{pl}/2 = 2 \cdot 10^{-4}$ (nach Völkl [282])

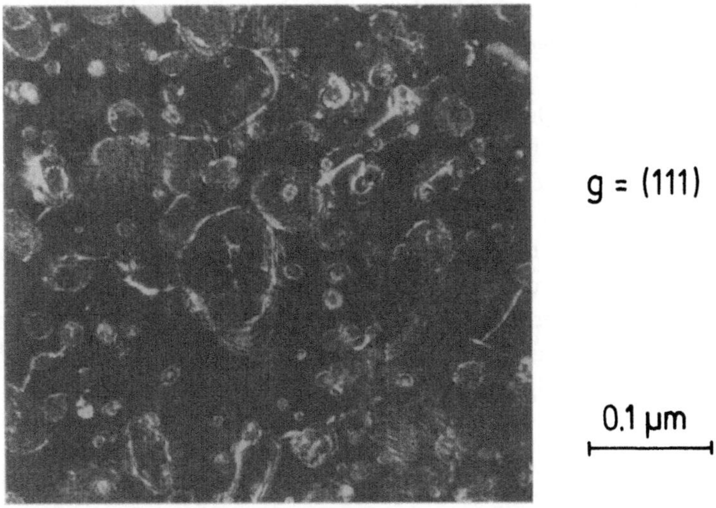

Abb. 12.7: Dunkelfeldaufnahme der Versetzungsstruktur bei $\Delta\epsilon_{pl}/2 = 2 \cdot 10^{-4}$ im Zustand maximaler Ausscheidungshärtung (nach Völkl [282])

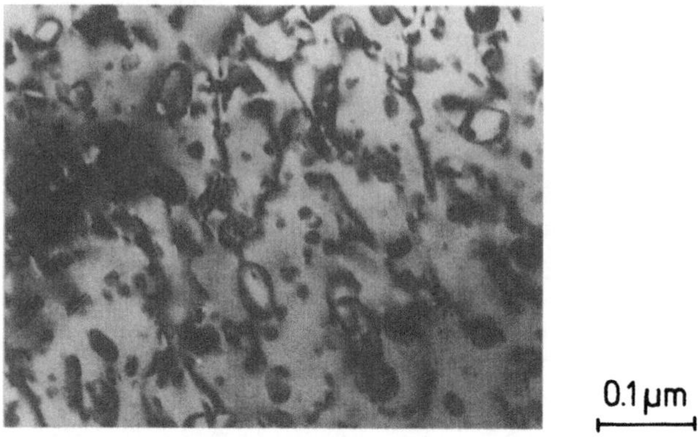

Abb. 12.8: Mikrostruktur von maximal ausscheidungsgehärtetem AlZnMgCu0,5 nach Wechselverformung mit $\Delta\epsilon_{pl}/2 = 0,5\%$ (nach Völkl [282])

Abbildung 12.6 zeigt eine TEM-Aufnahme der Mikrostruktur nach einer Beanspruchung mit $\Delta\epsilon_{pl}/2 = 2 \cdot 10^{-4}$ = konst. Die gleichmäßige Verteilung der kleinen Ausscheidungen der festigkeitssteigernden Phase in diesem Zustand der maximalen Ausscheidungshärtung ist gut nachweisbar. Bei näherer Betrachtung erkennt man Versetzungen, die sich zwischen den Teilchen aufspannen und offensichtlich durch diese in ihrer Bewegung behindert werden. Ein Hinweis auf stattfindende Schneidprozesse ist nicht beobachtbar.

In der Dunkelfeldaufnahme Abb. 12.7 wird der vermutete Versetzungs-Teilchen-Wechselwirkungsmechanismus der Orowan-Umgehung bestätigt. Um die Ausscheidungen liegen — als helle Linien erkennbar — Orowan-Versetzungsringe vor. Ein Versetzungsnetzwerk deutet sich — auch im Ansatz — nicht an. Dies gilt auch bei einer hohen plastischen Dehnungsamplitude von 0,5% (Abb. 12.8). Im direkten Vergleich zu Abb. 12.6 zeigt sich zwar eine Zunahme der Versetzungsdichte zwischen den Teilchen, der grundlegende Verformungsmechanismus wird aber nicht von der Größe von $\Delta\epsilon_{pl}/2$ beeinflußt. Der Abstand der härtenden Teilchen ist zu gering, um die Bildung von Versetzungswänden einer Zellstruktur zwischen den Ausscheidungen zu ermöglichen. Die Mikrostruktur und damit das Verformungsverhalten werden durch die Teilchenpopulation bestimmt, was in Abb. 12.8 anhand der Auswölbungen der Versetzungslinien zwischen den Ausscheidungen bestätigt wird.

12.2.3 Verhalten bei veränderter plastischer Dehnungsamplitude

Die schnelle Sättigung in den Versuchen mit $\Delta\epsilon_{pl}/2$ = konst. findet sich auch im Incremental Step Test wieder. Abbildung 12.9 zeigt die Abhängigkeit der IST-ZSD-Kurve von der Anzahl der Belastungsblöcke. Bereits nach zwei Blöcken wird

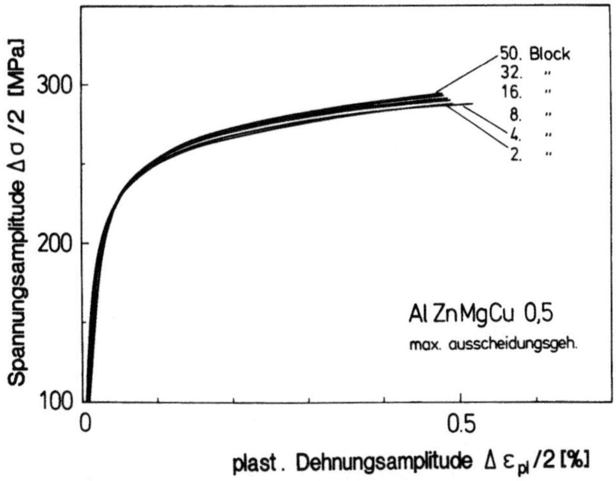

Abb. 12.9: Abhängigkeit der IST-ZSD-Kurve der maximal ausscheidungsgehärteten Aluminiumlegierung von der Blockzahl im Incremental Step Test (nach Völkl [282])

ein Zustand erreicht, der sich bei weiterer Beanspruchung nur noch geringfügig ändert.

In AlZnMgCu0,5 mit maximal ausscheidungsgehärtetem Gefüge bestimmten die Teilchen das Verformungsverhalten, während die Versetzungsstruktur eine untergeordnete Rolle spielt. Die Legierung im betrachteten Zustand kann als "strukturierter" Werkstoff bezeichnet werden. Da sich der Ausscheidungszustand während der Verformung nicht verändert und keine komplexe Versetzungsanordnung aufgebaut wird, erfolgt die Sättigungseinstellung rasch.

Die Mikrostruktur nach Beanspruchung im Incremental Step Test (Abb. 12.10) zeigt im Vergleich mit der der Einstufenbelastung (siehe Abb. 12.7 und 12.8) keine charakteristischen Unterschiede. Die Dunkelfeldaufnahme ermöglicht den Nachweis der Orowan-Versetzungsringe um die Ausscheidungen. Die Dichte der zwischen den Teilchen vorhandenen, mobilen Versetzungen entspricht qualitativ eher dem Wert hoher plastischer Dehnungsamplitude; eine Abhängigkeit von dem $\Delta\epsilon_{pl}/2$-Wert, bei dem der Incremental Step Test abgebrochen wurde, ist nicht beobachtbar.

Die zyklische Spannungs-Dehnungskurve stimmt in guter Näherung mit der IST-ZSD-Kurve überein. In Abb. 12.11 sind die Werte von σ_S aus den Versuchen mit konstantem $\Delta\epsilon_{pl}/2$ als Symbole eingetragen. Sie liegen im Rahmen der experimentellen Streuung auf der im Incremental Step Test ermittelten Kurve. Unter der Voraussetzung, daß dieses Verhalten allgemeine Gültigkeit für strukturierte Werkstoffe besitzt (siehe Kapitel 14), stellt der Incremental Step Test eine effektive und sehr schnelle (siehe Abb. 12.9) Methode zur Bestimmung der ZSD-Kurve bei Legierungen, deren Verformungsverhalten durch die Existenz weiterer Phasen bestimmt wird, dar. Der betrachtete Werkstoff verhält sich damit sehr ähnlich wie einphasige Legierungen mit planarem Gleitverhalten (Kapitel 11), auch wenn in beiden Fällen die Verformungsmechanismen deutlich voneinander abweichen.

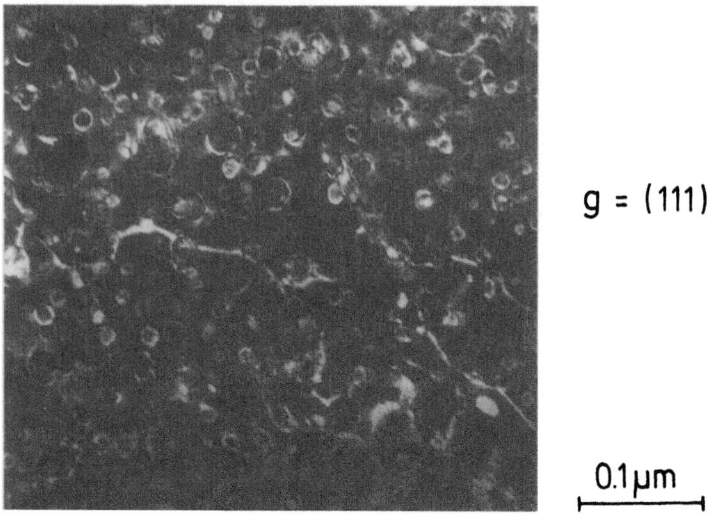

Abb. 12.10: TEM-Dunkelfeldaufnahme der Mikrostruktur von AlZnMgCu0,5 (max. ausscheidungsgehärtet) nach Incremental-Step-Test-Beanspruchung (nach Völkl [282])

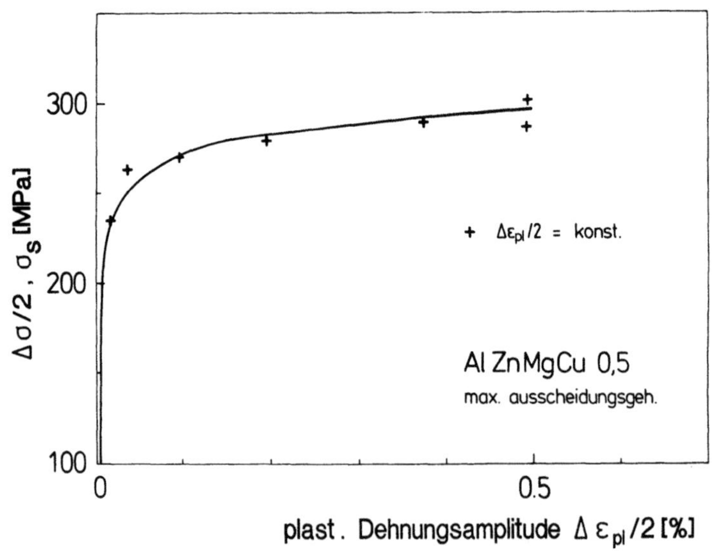

Abb. 12.11: Vergleich der Ergebnisse aus Einstufenversuchen mit der IST-ZSD-Kurve für AlZnMgCu0,5 (max. ausscheidungsgehärtet; nach Völkl [282])

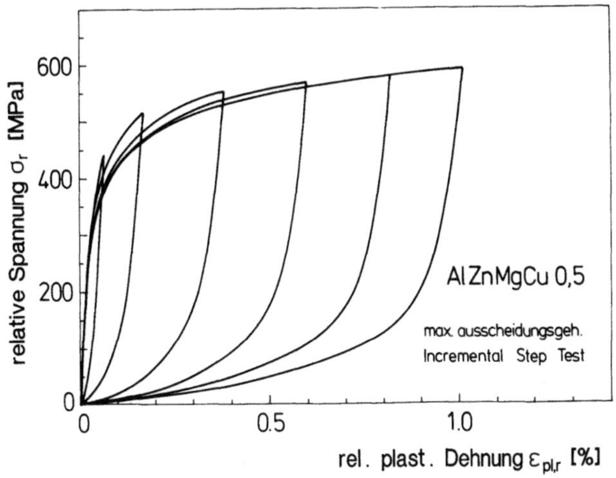

Abb. 12.12: Hysteresekurven in relativen Koordinaten gemessen an AlZnMgCu0,5 (max. ausscheidungsgehärtet) im Incremental Step Test (nach Völkl [282])

Die Analogie im makroskopischen Verformungsverhalten behält auch beim Vergleich der Hysteresekurven aus dem Incremental Step Test und Versuchen mit $\Delta\epsilon_{pl}/2 =$ konst. ihre Gültigkeit.

Abbildung 12.12 zeigt die in einen gemeinsamen (Druck-)Lastumkehrpunkt verschobenen Hysteresekurven des Incremental Step Tests. Die Schleifen der Versuche mit konstanter plastischer Dehnungsamplitude unterscheiden sich von denen des Incremental Step Tests nicht, so daß Abb. 12.12 in gleicher Form für einstufige Beanspruchung gilt. Bei kleinen Amplituden liegt eine deutlich erkennbare Abweichung vom ideal zyklischen Verhalten vor. Bei den hohen Werten von $\Delta\epsilon_{pl}/2$ fallen allerdings die ansteigenden Äste der Hysteresekurven zusammen.

Für Messing kann die Abweichung vom ideal zyklischen Verformungsverhalten aufgrund der mikrostrukturellen Gegebenheiten so erklärt werden, daß die Voraussetzungen für die Anwendung des Verbundgedankens nicht gegeben seien. Diese Interpretation wird u.a. dadurch gestützt, daß Messing selbst in dem auf Seite 237 beschriebenen "Amplitudenwechselversuch" keinen gemeinsamen Kurvenverlauf der Hysteresenäste zeigt, obwohl die Versuchsführung sicherstellt, daß die Mikrostruktur bei allen Beanspruchungsamplituden identisch ist.

Die in Abb. 12.12 dargestellten Hysteresekurven sind durch einzelne Zyklen nach Unterbrechung des Incremental Step Tests bei den entsprechenden $\Delta\epsilon_{pl}/2$-Werten gewonnen worden. Ein Vergleich der ansteigenden Äste der σ-ϵ_{pl}-Spirale des (nicht unterbrochenen) Versuches ergibt eine geringere Abweichung vom ideal zyklischen Verhalten.

Abbildung 12.13 beweist, daß — im Gegensatz zu Messing — die Hysteresenäste des Amplitudenwechselversuches zusammenfallen. Die Voraussetzungen für den Verbundcharakter der Verformung sind somit grundsätzlich erfüllt. Die Abweichung vom idealen Verhalten im Incremental Step Test muß als Folge ei-

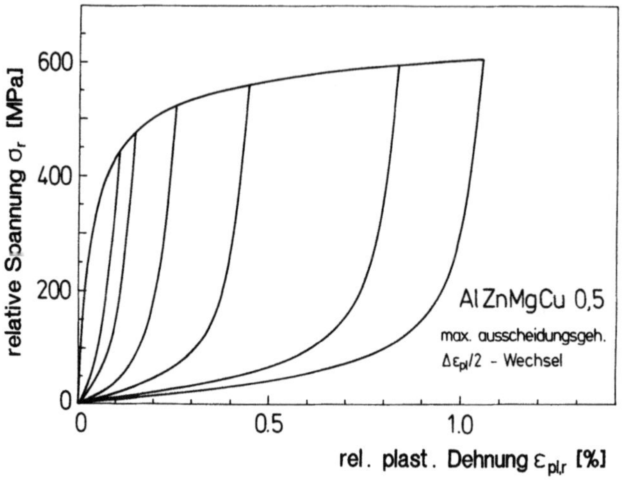

Abb. 12.13: Hysteresekurven von AlZnMgCu0,5 (max. ausscheidungsgehärtet) in relativen Koordinaten aus dem Amplitudenwechselversuch (nach Völkl [282])

ner verformungs- oder zeitabhängigen Veränderung der Mikrostruktur mit $\Delta\epsilon_{pl}/2$ betrachtet werden. Diese führt dazu, daß bei jedem Wert von $\Delta\epsilon_{pl}/2$ im Incremental Step Test das zyklische Verformungsverhalten des Sättigungszustandes der Einstufenbeanspruchung vorliegt.

12.3 AlZnMgCu0,5 im überalterten Zustand

12.3.1 Verhalten bei konstanter plastischer Dehnungsamplitude

Durch die zum überalterten Zustand führende Wärmebehandlung (siehe Abschnitt A.6 im Anhang) wird die festigkeitssteigernde Wirkung der Ausscheidungsteilchen zum Teil abgebaut. In den Wechselverformungskurven (Abb. 12.4) äußert sich dieser Sachverhalt in deutlich geringeren Spannungsamplituden. Unabhängig vom Wert von $\Delta\epsilon_{pl}/2$ findet eine Verfestigung statt, die aber nur bei kleinen Amplituden zu einer zyklischen Sättigung führt. Die Lebensdauer der Proben ist sehr kurz, wofür wie im maximal ausscheidungsgehärteten Zustand die ausscheidungsfreien Zonen um die Korngrenzen verantwortlich gemacht werden können. Die Nachuntersuchung der Proben zeigt einen interkristallinen Rißbeginn an der Oberfläche, der relativ schnell in einen transkristallinen Rißausbreitungsbereich einmündet.

Der Startwert der Wechselverformungskurven liegt je nach plastischer Dehnungsamplitude bei Werten zwischen 95 MPa und 140 MPa und ist somit nur etwa halb so groß wie im Zustand maximaler Ausscheidungshärtung. Geht man davon aus, daß er durch die Orowan-Umgehung der zu Beginn der Verformung

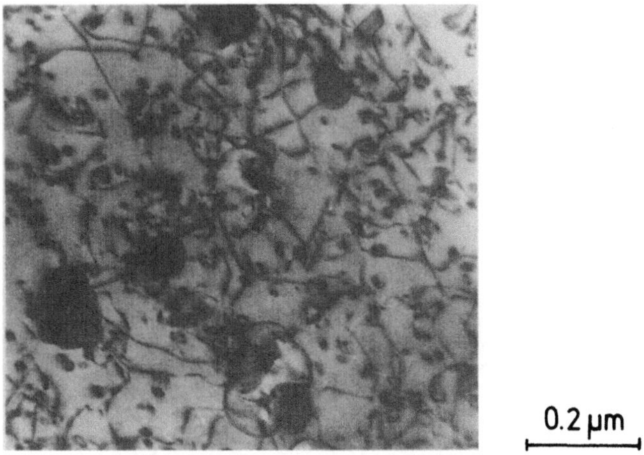

Abb. 12.14: Mikrostruktur von AlZnMgCu0,5 im überalterten Zustand nach Wechselverformung mit $\Delta\epsilon_{pl}/2 = 0,5\%$ (nach Lades [97])

vorliegenden oder gebildeten Versetzungen um die Teilchen der zweiten Phase bestimmt wird, so dokumentiert er sehr anschaulich die geringere härtende Wirkung der Ausscheidungen nach Überalterung.

Die langsame Einstellung des quasi-stationären Zustandes weist darauf hin, daß der zyklische Verformungsvorgang nicht nur vom Ausscheidungsgefüge sondern auch von einer sich allmählich entwickelnden Versetzungsstruktur bestimmt wird. Der Werkstoff weicht vom idealen "strukturierten" Zustand ab.

Wie in Abb. 12.14 sichtbar, liegen die Teilchen der zweiten Phase im betrachteten Ausscheidungszustand noch sehr dicht, so daß der Abstand kleiner als der mittlere Einfangabstand der Versetzungen in der Matrix sein sollte. Eine Zellbildung kann deshalb nicht erwartet werden. Die in den Dunkelfelddarstellungen beobachtbaren Versetzungsringe um die Teilchen dokumentieren den stattfindenden Orowan-Prozeß. Bei näherer Betrachtung von Abb. 12.14 sind aber einzelne Versetzungs-Versetzungs-Wechselwirkungsreaktionen in den Bereichen zwischen den Ausscheidungen erkennbar. Die Versetzungsstruktur gewinnt für die Spannungs-Dehnungs-Antwort an Bedeutung.

Die Dichte der Versetzungen, die sich zwischen den Teilchen erstrecken, nimmt mit $\Delta\epsilon_{pl}/2$ zu. Ausschließlich bei kleinen Werten von $\Delta\epsilon_{pl}/2$ ergibt sich eine Veränderung der Teilchenpopulation, die in Abb. 12.15 dargestellt ist. Man findet Bereiche, in denen lokal eine Anhäufung von kleinen Ausscheidungen vorliegen. Die Versetzungsdichte in diesen Anhäufungen ist im Vergleich zur Umgebung stark erhöht, was auf eine langsame mittlere Versetzungsgeschwindigkeit in diesen Bereichen zurückgeführt werden kann. Ähnliche Erscheinungen wurden bereits von Sanders et al. [321] beschrieben. Die dort geäußerte Vermutung, daß es sich bei den Stellen mit erhöhter, feindisperser Ausscheidung um Bereiche handelt, in denen es zu einer Dehnungslokalisierung kommt, wird durch das Fehlen dieses Phänomens bei großen Werten von $\Delta\epsilon_{pl}/2$ nicht bestätigt. Es ist

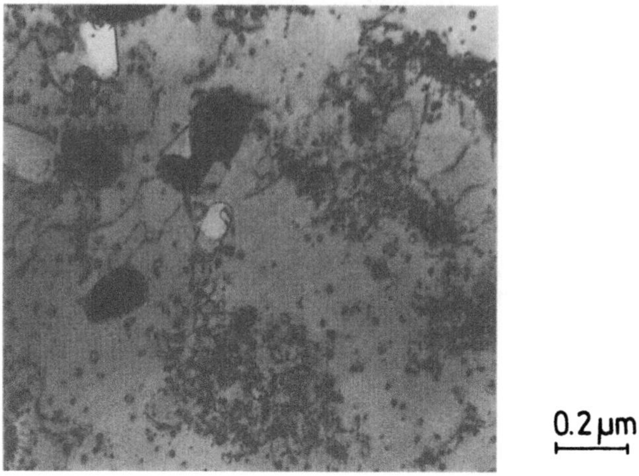

Abb. 12.15: Bereiche lokal erhöhter Ausscheidungsdichte in AlZnMgCu0,5 (überaltert) bei $\Delta\epsilon_{pl}/2 = 2 \cdot 10^{-4}$ (nach Lades [97])

vielmehr umgekehrt wahrscheinlich, daß durch eine starke plastische Verformung die zusätzliche Ausscheidung der kleinen Teilchen verhindert bzw. die Keime ständig zerstört werden und deshalb die gebildeten Bereiche bei kleinen $\Delta\epsilon_{pl}/2$-Werten eher durch eine reduzierte plastische Deformation gekennzeichnet sind.

Bei einer niedrigeren Vergrößerung, Abb. 12.16, ist die lokale Inhomogenität der bei kleiner Beanspruchungsamplitude gebildeten Ausscheidungsverteilung gut erkennbar. Dieser überlagern sich die bereits vor der Wechselverformung vorliegenden ausscheidungsfreien Säume an den Korngrenzen.

Eine Überprüfung der Hysteresekurven auf ideal zyklisches Verhalten ist problematisch, da bei großen $\Delta\epsilon_{pl}/2$-Werten kein Sättigungszustand vor dem Bruch erreicht wird. Führt man den Vergleich auf der Basis gleicher Werte für die kumulative plastische Dehnung durch, dann ergibt sich eine deutliche Abweichung der Hysteresenäste voneinander. Ähnlich wie im Zustand maximaler Ausscheidungshärtung liegen die ansteigenden Hysteresenäste kleiner $\Delta\epsilon_{pl}/2$-Werte in relativen Koordinaten oberhalb der großer Amplituden.

Interessant ist in diesem Zusammenhang das Ergebnis eines Mehrstufenversuches. Aufgrund der langsamen Sättigungseinstellung und der geringen Bruchlastspielzahl wurde in diesem Versuch nicht — wie üblich — bei jeder Stufe von $\Delta\epsilon_{pl}/2$ bis zum quasi-stationären Verhalten wechselverformt, sondern bereits nach einer kumulativen plastischen Dehnung von 2 die plastische Dehnungsamplitude verändert. Der Amplitudenwechsel erfolgte in der Reihenfolge $2 \cdot 10^{-4}$, $1 \cdot 10^{-3}$, $5 \cdot 10^{-3}$, $3{,}5 \cdot 10^{-3}$ und $5 \cdot 10^{-4}$. Die Hysteresekurven am Ende jedes Intervalles sind in Abb. 12.17 in relativen Koordinaten dargestellt. Die Nummerierung kennzeichnet die Reihenfolge der $\Delta\epsilon_{pl}/2$-Werte.

Bei einer Erhöhung von $\Delta\epsilon_{pl}/2$ führt die Verfestigung zu Kurvenverläufen, die nicht zur Deckung gebracht werden können. Durch die Verformung mit $\Delta\epsilon_{pl}/2 = 0{,}5\%$ wird aber eine Mikrostruktur aufgeprägt, die bei kleineren Ampli-

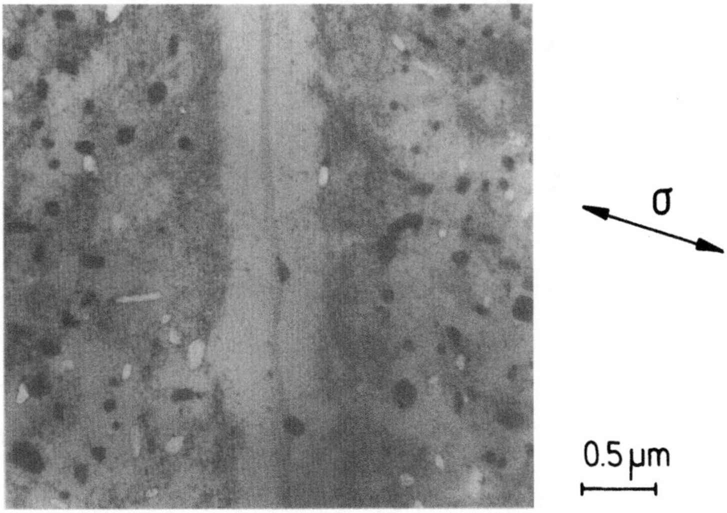

Abb. 12.16: Lokal inhomogene Ausscheidungsverteilung und ausscheidungsfreier Korngrenzensaum in AlZnMgCu0,5 (überaltert) bei $\Delta\epsilon_{pl}/2 = 2 \cdot 10^{-4}$ (nach Lades [97])

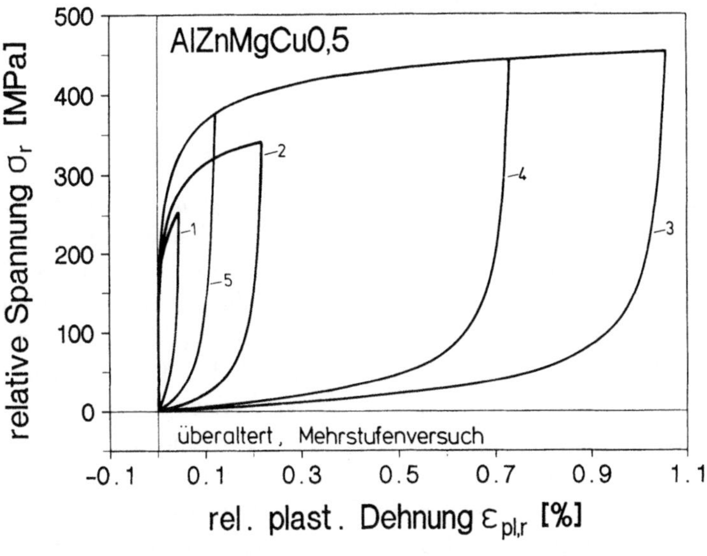

Abb. 12.17: Hysteresekurven von AlZnMgCu0,5 (überaltert) ermittelt in einem Mehrstufenversuch in der durch die Zahlen angegebenen Reihenfolge der Amplituden (nach Lades [97])

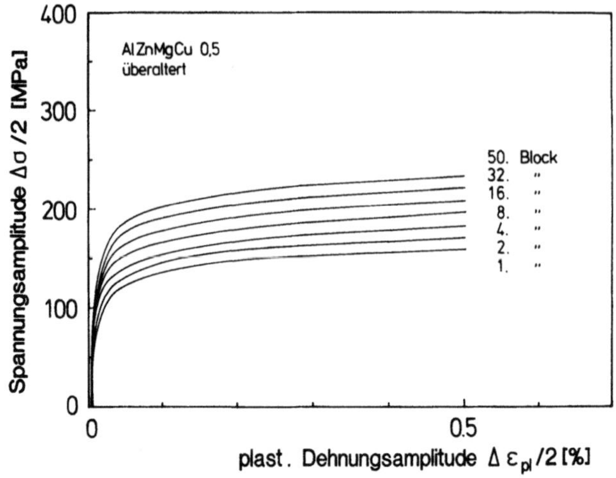

Abb. 12.18: Sättigungseinstellung von AlZnMgCu0,5 (überaltert) im Incremental Step Test (nach Lades [97])

tuden aufrechterhalten bleibt. Es sei darauf hingewiesen, daß sich diese Art der Versuchsführung aufgrund der relativ großen Zahl der Lastspiele bei jeder Amplitude wesentlich vom sogenannten Amplitudenwechselversuch unterscheidet. Abbildung 12.17 kann so interpretiert werden, daß infolge der Ausscheidungsteilchen die Versetzungsstruktur nach vorangegangener Wechselverformung mit hoher Amplitude nicht mehr den ursprünglichen Sättigungszustand erreichen kann.

12.3.2 Verhalten im Incremental Step Test

Die träge Einstellung des Zustandes zyklischer Sättigung in den Versuchen mit $\Delta\epsilon_{pl}/2 =$ konst. (siehe Abb. 12.4) und die dabei durchlaufene Verfestigung zeigen sich in ähnlicher Weise im Incremental Step Test in Form der Zunahme von $\Delta\sigma/2$ für alle Werte von $\Delta\epsilon_{pl}/2$ mit der Anzahl der Beanspruchungsblöcke (Abb. 12.18). Die geringe Probenlebensdauer verhindert, daß ein stationärer Verlauf der IST-ZSD-Kurve erreicht wird. Ähnlich wie bei den einphasigen Werkstoffen mit welligem Gleitcharakter kann die Verfestigung beschleunigt werden, wenn anstatt des Incremental Step Tests mit $\dot{\epsilon}_{pl}$ = konst. die entsprechende Versuchsführung mit konstanter Zyklendauer benutzt wird, da in diesem Fall die kumulative plastische Dehnung pro Block und der Anteil der Lastspiele mit großen Beanspruchungsamplituden höher ist. Ein Einfluß der Verformungsgeschwindigkeit ist erwartungsgemäß nicht feststellbar.

Ein Vergleich der aus Einstufenversuchen gewonnenen zyklischen Spannungs-Dehnungskurve mit dem Verlauf der IST-ZSD-Kurve ist wegen der nicht erfolgten Sättigung sowohl im Incremental Step Test als auch bei hohen Werten der plastischen Dehnungsamplitude einstufiger Beanspruchung problematisch. Abbildung 12.19 deutet darauf hin, daß zumindest für kleine und mittlere Werte

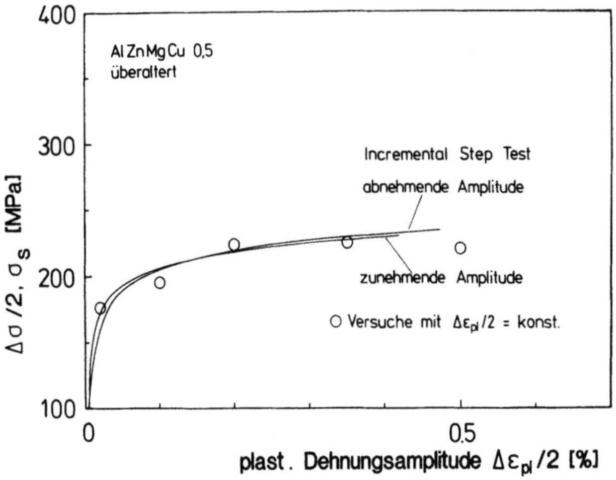

Abb. 12.19: Vergleich der Ergebnisse des Incremental Step Tests (durchgezogene Linie) und der Einstufenversuche für AlZnMgCu0,5 (überaltert; nach Lades [97])

von $\Delta\epsilon_{pl}/2$ eine gute Übereinstimmung vorliegt. Der niedrigere Wert von σ_S bei $\Delta\epsilon_{pl}/2 = 0,5\%$ im Einstufenversuch kann aufgrund der Ergebnisse der TEM-Untersuchungen interpretiert werden: Überraschenderweise bilden sich die bei Versuchen mit $\Delta\epsilon_{pl}/2 =$ konst. nur bei kleiner Amplitude der plastischen Dehnung beobachteten lokalen Anhäufungen von Ausscheidungen auch im Incremental Step Test. Damit entspricht die Mikrostruktur in bezug auf die Teilchenpopulation eher dem Zustand kleiner $\Delta\epsilon_{pl}/2$-Werte. Folgt man der im letzten Abschnitt vorgestellten Hypothese, daß die Bereiche hoher Teilchendichte bei großen Verformungsamplituden deshalb nicht entstehen, weil dies durch die Versetzungsbewegung verhindert wird (durch Schneiden und Wiederauflösung der Keime), dann werden im Incremental Step Test hohe Werte von $\Delta\epsilon_{pl}/2$ zu selten erreicht, um die gleiche Wirkung zu erzielen. Die zusätzlichen Ausscheidungsanhäufungen sollten im Incremental Step Test eine festigkeitssteigernde Wirkung haben, was die Diskrepanz zwischen den $\Delta\sigma/2$-Werten bei $\Delta\epsilon_{pl}/2 = 0,5\%$ in Abb. 12.19 erklären würde.

Während des Incremental Step Tests erfolgt keine nennenswerte Veränderung der Mikrostruktur innerhalb eines Beanspruchungsblockes. Die gegeneinander verschobenen Hysteresekurven in Abb. 12.21 zeigen in guter Näherung ideal zyklisches Verformungsverhalten, was im Gegensatz zu den Ergebnissen des maximal ausscheidungsgehärteten Zustandes steht. Ursache dafür dürfte wiederum die zunehmende Bedeutung der Versetzungsstruktur in Relation zum Teilchengefüge sein, was zu einer Stabilisierung der wirksamen Hindernisverteilung bei veränderlicher Amplitude führt.

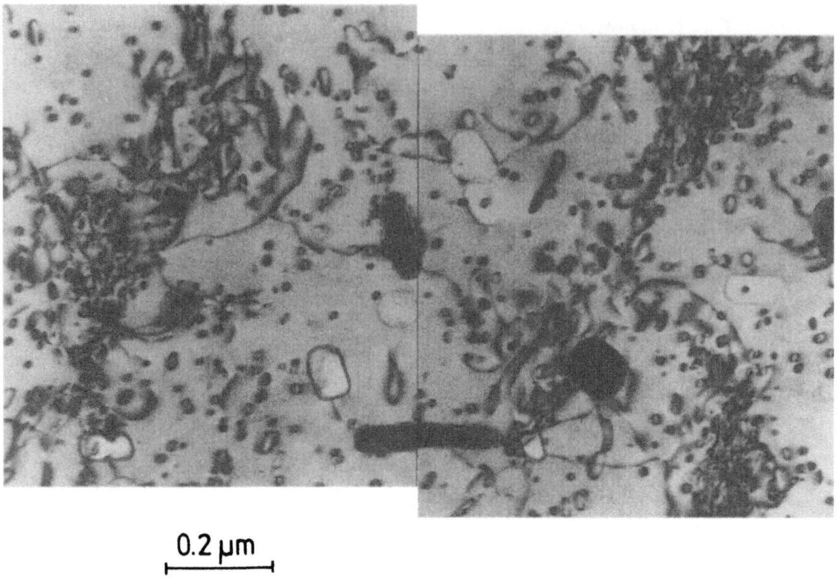

Abb. 12.20: Ausscheidungsanhäufungen, gebildet im Incremental Step Test in AlZnMgCu0,5 (überaltert; nach Lades [97])

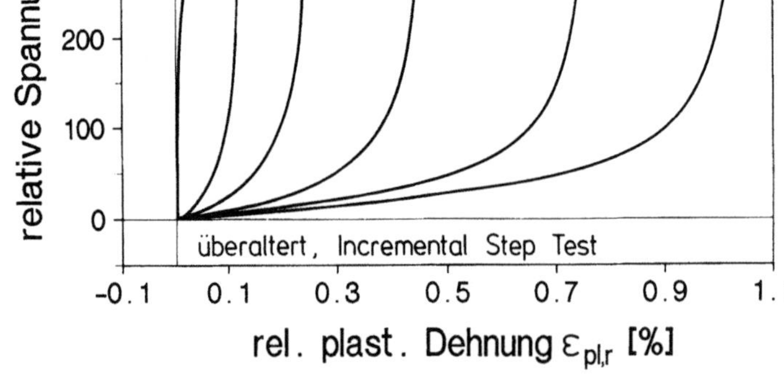

Abb. 12.21: Hysteresekurven des Incremental Step Tests in relativen Koordinaten für AlZnMgCu0,5 (überaltert; nach Lades [97])

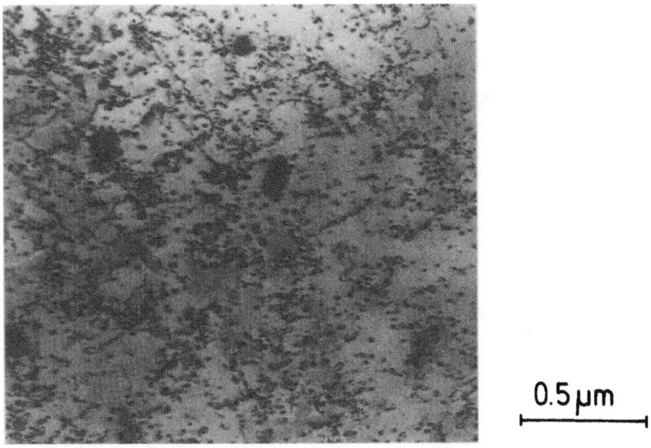

Abb. 12.22: Mikrostruktur von AlZnMgCu0,5 (abgeschreckt) nach Wechselverformung mit $\Delta\epsilon_{pl}/2 = 2 \cdot 10^{-4}$ (nach Lades [97])

12.4 AlZnMgCu0,5 im abgeschreckten Zustand

12.4.1 Verhalten bei konstanter plastischer Dehnungsamplitude

Der nach dem Abschrecken von der Lösungsglühtemperatur vorliegende Ausscheidungszustand ist in Abb. A.7 (Anhang) dargestellt. Mit den konventionellen Methoden der TEM-Untersuchung sind keine Teilchen nachweisbar, die eine wesentliche festigkeitssteigernde Wirkung vermuten lassen. Es dominieren die offensichtlich während der Wärmebehandlung nicht aufgelösten Dispersoide.

Abbildung 12.4 zeigt die in Versuchen mit $\Delta\epsilon_{pl}/2$ = konst. ermittelten Wechselverformungskurven im direkten Vergleich mit den entsprechenden Darstellungen der beiden anderen Gefügezustände. Auffällig ist der sehr schnelle Anstieg von $\Delta\sigma/2$ bei allen Werten von $\Delta\epsilon_{pl}/2$ auf Größen, die selbst den maximal ausscheidungsgehärteten Zustand weit übertreffen. Als Folge des hohen Spannungsniveaus wird allerdings die Lebensdauer drastisch reduziert.

Die Begründung für die starke zyklische Verfestigung folgt unmittelbar aus der Untersuchung des Ausscheidungszustandes *nach* der Wechselverformung. Bereits bei der kleinsten der benutzten plastischen Dehnungsamplitude von $2 \cdot 10^{-4}$ bilden sich während der zyklischen Beanspruchung sehr kleine Teilchen in einer feindispersen Verteilung, Abb. 12.22. Die im übersättigten Mischkristall des Ausgangszustandes vorhandene thermodynamische Triebkraft zur Ausscheidungsbildung führt mit Hilfe der zyklischen Verformung zu einer Umwandlung. Es liegt nahe zu vermuten, daß bei diesem Vorgang die durch nichtkonservative Versetzungsbewegung entstehenden Punktdefekte und die Versetzungen selbst als Kurzschlußdiffusionswege eine wesentliche Rolle spielen.

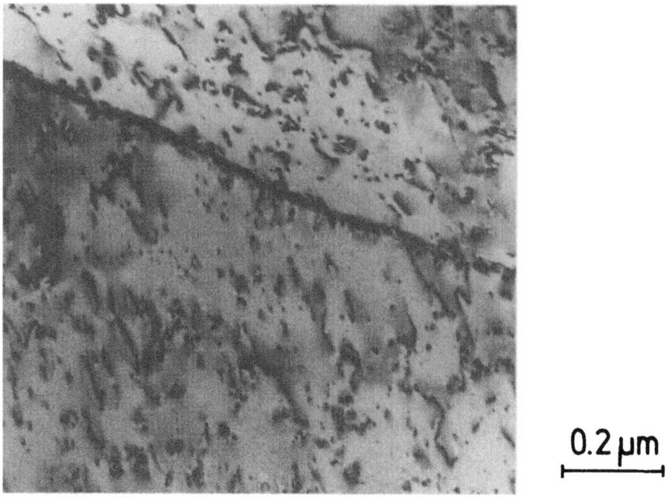

Abb. 12.23: Gleichmäßige Verteilung der Ausscheidungen in der Umgebung der Korngrenzen bei verformungsinduzierter Umwandlung in AlZnMgCu0,5 (abgeschreckt), $\Delta\epsilon_{pl}/2 = 0,35\%$ (nach Lades [97])

Durch diesen Prozeß der verformungsinduzierten Ausscheidung wird eine lokale Verteilung der zweiten Phase erreicht, die weitaus homogener als durch eine Wärmebehandlung ist. Abbildung 12.23 macht deutlich, daß im Gegensatz zu den Zuständen maximaler Ausscheidungshärte und der Überalterung keine ausscheidungsfreien Korngrenzensäume vorliegen.

Die geringe Größe und der kleine Abstand der Teilchen führt zu hohen $\Delta\sigma/2$-Werten, erschwert aber die Untersuchung der Versetzungsstruktur. Eindeutig erkennbare Unterschiede sind weder für die verschiedenen Versuchstypen noch in Abhängigkeit von der Amplitude der plastischen Dehnung nachweisbar. Das Fehlen von Orowan-Ringen läßt vermuten, daß der dominierende Teilchenüberwindungsmechanismus das Schneiden der Ausscheidungen ist. Eine Gleitlokalisierung und die Bildung von PGB wird allerdings nicht beobachtet, was aber aufgrund des Vorhandenseins der Dispersoide nicht verwundert.

Ein Vergleich der Hysteresekurven der Einstufenversuche ist aufgrund des Nichterreichens des Zustandes zyklischer Sättigung (siehe Abb. 12.4) problematisch. Die Hysteresenäste für verschiedene $\Delta\epsilon_{pl}/2$-Werte fallen, aufgetragen in relativen Koordinaten, nicht zusammen. Dies ist auch zu erwarten, da bei einer verformungsinduzierten Ausscheidung ein von der Beanspruchungsamplitude abhängiger Gefügezustand eingestellt werden sollte und somit Volumenbruchteil, Größe etc. der Teilchen eine Funktion von $\Delta\epsilon_{pl}/2$ sind. Die Aussagen, die bei einphasigen Werkstoffen mit welligem Gleitcharakter bezüglich der Versetzungsstruktur gelten, können hier im übertragenen Sinne auf den Ausscheidungszustand angewandt werden.

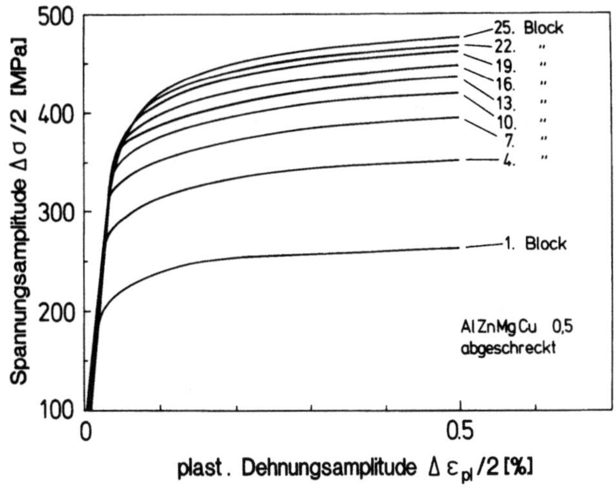

Abb. 12.24: Entwicklung der IST-ZSD-Kurve mit der Anzahl der Beanspruchungsblöcke für AlZnMgCu0,5 (abgeschreckt; nach Lades [97])

12.4.2 Verhalten im Incremental Step Test

Die Ausscheidung der festigkeitssteigernden zweiten Phase findet auch bei der Beanspruchung im Incremental Step Test statt. Ähnlich wie bei den Versuchen mit konstanter plastischer Dehnungsamplitude erstreckt sich die Gefügeveränderung über den gesamten Lebensdauerbereich bis hin zum Bruch und verhindert, daß ein quasi-stationärer Zustand erreicht wird.

In Abb. 12.24 sind die IST-ZSD-Kurven im Abstand von jeweils 3 Belastungsblöcken des Incremental Step Tests aufgetragen. Zwar nimmt die Verfestigung kontinuierlich ab, was durch die Veränderung der Spannungsamplituden mit der Blockzahl abgeschätzt werden kann, innerhalb der Lebensdauer wird aber kein stabiler Zustand erreicht.

Trotz der Veränderung des Teilchengefüges mit der Blockzahl sollte im Incremental Step Test innerhalb *eines* Belastungsblockes in erster Näherung der Ausscheidungszustand konstant sein. Abbildung 12.25 verdeutlicht, daß dennoch die ansteigenden Hysteresenäste nicht auf einer gemeinsamen Kurve liegen. Die Abweichung vom ideal zyklischen Verformungsverhalten ist zwar wesentlich geringer als bei Einstufenversuchen mit verschiedenen Werten von $\Delta\epsilon_{pl}/2$. Die Lage kleiner Hysteresekurven oberhalb großer erinnert aber an die entsprechende Darstellung (Abb. 12.12) des maximal ausscheidungsgehärteten Zustandes.

Da sowohl in den Versuchen mit $\Delta\epsilon_{pl}/2$ = konst. als auch im Incremental Step Test kein Sättigungszustand einstellbar ist, kann in Strenge weder eine zyklische Spannungs-Dehnungskurve noch eine eindeutige IST-ZSD-Kurve ermittelt werden. Die in Abb. 12.26 verglichenen Kurven beziehen sich auf die Zustände jeweils kurz vor dem Bruch der Probe. Die Darstellung ist vergleichbar mit der entsprechenden Abbildung für Kupfer (Abb. 10.12). Die dort angegebene Erklärung kann auch hier als Interpretation dienen, wenn anstatt der Veränderung der Versetzungsanordnung mit $\Delta\epsilon_{pl}/2$ der Unterschied im Aus-

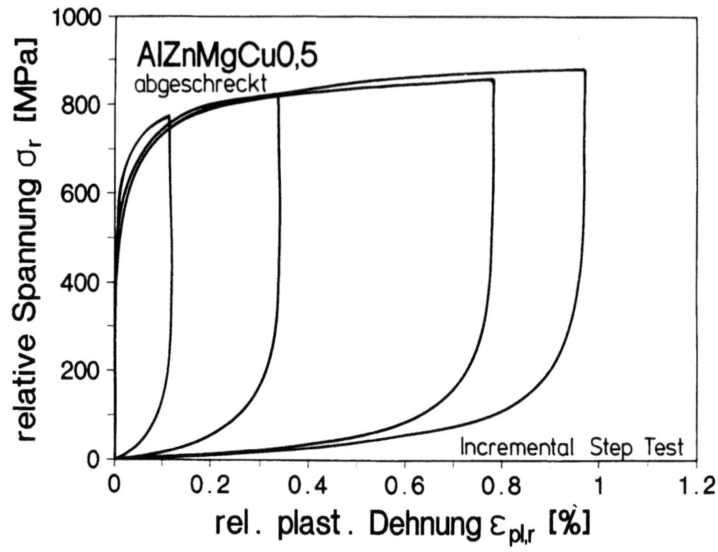

Abb. 12.25: Hysteresekurven von AlZnMgCu0,5 (abgeschreckt) aus dem Incremental Step Test in relativen Koordinaten (nach Lades [97])

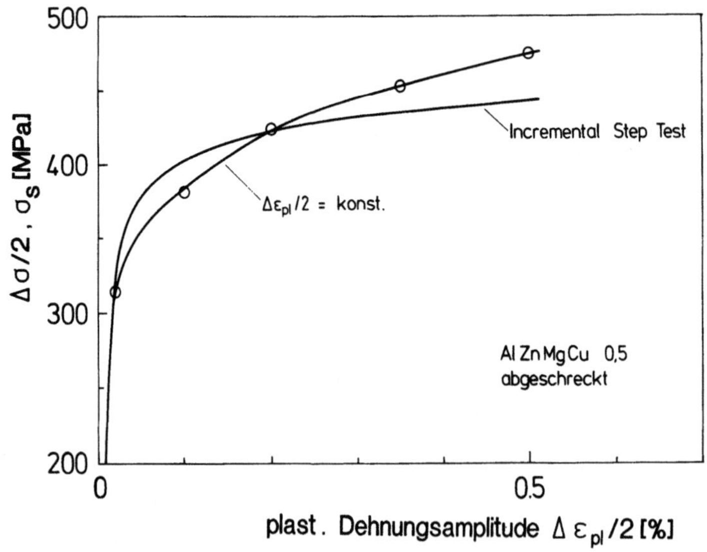

Abb. 12.26: Vergleich der zyklischen Spannungs-Dehnungskurve mit der IST-ZSD-Kurve für AlZnMgCu0,5 (abgeschreckt; nach Lades [97])

scheidungszustand benutzt wird: Die festigkeitssteigernde Wirkung der zweiten Phase, die sich während der zyklischen Verformung bildet, ist umso größer, je höher die Beanspruchungsamplitude ist. Da im Incremental Step Test die hohen Werte von $\Delta\epsilon_{pl}/2$ nur relativ selten erreicht werden, entspricht das sich einstellende Teilchengefüge einer effektiven plastischen Dehnungsamplitude bei einstufiger Belastung, die weitaus niedriger als die Maximalamplitude ist und mit Hilfe des Abszissenwertes des Schnittpunktes der beiden Kurven in Abb. 12.26 abgeschätzt werden kann. Bei niedrigeren Werten von $\Delta\epsilon_{pl}/2$ läßt das Gefüge des Einstufenversuches eine plastische Verformung bei im Vergleich zum Incremental Step Test kleineren Spannungsamplituden zu. Umgekehrt ist die härtende Wirkung der verformungsinduzierten Ausscheidung bei großen $\Delta\epsilon_{pl}/2$-Werten höher als im Falle des $\Delta\epsilon_{pl}/2$-unabhängigen Gefüges des Incremental Step Tests.

12.5 Interpretation des zyklischen Verformungsverhaltens

Das in den letzten drei Abschnitten dargestellte zyklische Verformungsverhalten von AlZnMgCu0,5 ist zur besseren Vergleichbarkeit und Übersichtlichkeit in Form einer Tabelle (Tabelle 12.1) zusammengefaßt. Die folgenden Ausführungen stellen eine Interpretation der Beobachtungen auf der Basis des Verbundmodells bzw. der in Kapitel 4 behandelten Vielkörpermodelle dar.

Der Vergleich mit den in Abschnitt 12.1 aufgeführten Beobachtungen verschiedener Autoren verdeutlicht, daß in den drei betrachteten Wärmebehandlungszuständen von AlZnMgCu0,5 in keinem Fall eine ausgeprägte Gleitlokalisierung oder PGB-Bildung stattfindet. Dies hätte ein Maximum in der Wechselverformungskurve bei einstufiger Versuchsführung und im Incremental Step Test eine Erniedrigung der Lage der IST-ZSD-Kurve nach einer anfänglichen Verfestigung zur Folge (z.B. [298, 297]), was beides nicht beobachtet werden konnte.

Die Untersuchung der Mikrostruktur deutet nur im Falle des abgeschreckten Zustandes auf stattfindende Schneidprozesse und somit auf die Möglichkeit einer Lokalisierung der Verformung aufgrund einer örtlichen Entfestigung hin. Die Existenz der relativ großen und nicht schneidbaren Dispersoide scheint aber, wie bei anderen technischen Aluminiumlegierungen auch (z.B. [297, 296]), eine gleichmäßigere Dehnungsverteilung zu erzwingen.

Das resultierende zyklische Spannungs-Dehnungs-Verhalten bei abgeschrecktem Ausgangszustand wird durch den Vorgang der verformungsbedingten Ausscheidung der zweiten Phase bestimmt, was die übrigen Effekte überdeckt. Bei annähernd konstantem Gefügezustand im Incremental Step Test zeigt sich aber ein Verhalten (siehe Abb. 12.25), welches dem maximaler Ausscheidungshärtung ähnlich ist. Dies verdeutlicht ebenfalls die geringe Bedeutung eventueller Schneidprozesse in diesem Fall.

Tabelle 12.1: Zusammenstellung der charakteristischen Merkmale des Verformungsverhaltens von AlZnMgCu0,5 in drei unterschiedlichen Wärmebehandlungszuständen

	Zustand		
Merkmal	**maximal ausscheidungsgehärtet:**	**überaltert:**	**abgeschreckt:**
Verhalten bei konstantem $\Delta\epsilon_{pl}/2$	schnelle Sättigungseinstellung ausgehend von einem annähernd konstanten $\Delta\sigma/2$-Wert	kontinuierlicher Übergang in den Sättigungszustand	sehr starke Verfestigung, keine Sättigung
Verformungsverhalten wird bestimmt durch:	Ausscheidungsteilchen Orowan-Umgehung, kein Versetzungsnetzwerk	Ausscheidungsteilchen, wobei die Versetzungsanordnung an Bedeutung gewinnt	Ausscheidung während der Verformung, vermutlich Schneidprozeß, aber keine Dehnungslokalisierung
Sättigungseinstellung im Incremental Step Test	sehr schnell	kontinuierliche Verfestigung mit langsamer Stabilisierung	langsam, keine Sättigung erreichbar, bestimmt durch den kontinuierlichen Ausscheidungsprozeß
Ideal zyklisches Verformungsverhalten?	nur im Amplitudenwechselversuch, sonst wie α-Messing	im Incremental Step Test annähernd, im Mehrstufenversuch bei abnehmender Amplitude	Verhalten ähnlich wie im maximal ausscheidungsgehärteten Zustand
Vergleich von ZSD-Kurve und IST-ZSD-Kurve	identische Lage beider Kurven	Abweichungen bei großen $\Delta\epsilon_{pl}/2$-Werten Grund: Ausscheidungsanhäufungen, die sich im Incremental Step Test und bei kleinen $\Delta\epsilon_{pl}/2$ bilden	relative Lage zueinander wie bei Kupfer Grund: Ausscheidungsgrad hängt von $\Delta\epsilon_{pl}/2$ ab

Der Vergleich der Hysteresekurven durch eine Auftragung in relativen Koordinaten für den strukturierten Werkstoffzustand (maximale Ausscheidungshärtung) zeigt zweierlei:
(i) Der Verbundgedanke ist tragfähig, da die ansteigenden Äste der Hysteresekurven des Amplitudenwechselversuches deckungsgleich sind.
(ii) Die effektive Hindernisverteilung verändert sich mit $\Delta\epsilon_{pl}/2$ und zwar gleichermaßen bei Versuchen mit $\Delta\epsilon_{pl}/2$ = konst. und im Incremental Step Test. Zur Einstellung der neuen Hindernisverteilung ist eine plastische Verformung erforderlich[3].

Die Anwendung des Verbundmodells zur Beschreibung des Verformungsverhaltens setzt eine physikalische Grundlage voraus, wenn nicht allein der mathematische Formalismus im Vordergrund stehen soll. Dies wirft unmittelbar die Frage der Zuordnung von mikrostrukturellen Bereichen auf der einen Seite und mesoskopischen Verformungsbereichen, denen eine bestimmt Fließgrenze zugeordnet werden kann, auf der anderen Seite auf.

Teilchengehärtete Legierungen besitzen durch das Gefüge vorgegebene Deformationsgradienten, da die Ausscheidungen, als im Vergleich zur Matrix, hart betrachtet werden müssen. Die bei der TEM-Untersuchung störenden Verzerrungen um die Teilchen weisen darüber hinaus darauf hin, daß innere Spannungen vorliegen. Beide Faktoren spielen zwar für die Wechselwirkung zwischen den Ausscheidungen und den Versetzungen eine wichtige Rolle, sollten aber nicht zum Anlaß genommen werden, die mesoskopische Dimension auf die Größe der Teilchen zu reduzieren. Vielmehr ist es wichtig, daran zu denken, daß bei kleinen Werten von $\Delta\epsilon_{pl}/2$ im Bereich 10^{-4} bis 10^{-3} mikroplastisches Verhalten vorliegt. Die plastische Verformung kann dadurch getragen werden, daß in lokal isolierten Bereichen eine Abgleitung erfolgt. Legt man den Orowan-Mechanismus zugrunde, so wird sich sicherlich die plastische Verformung zunächst auf die "weichen" Bereiche konzentrieren, welche durch einen relativ großen mittleren Teilchenabstand gekennzeichnet sind. Die Kristallitorientierung in einem Vielkristall spielt auch eine, wenngleich untergeordnete (siehe Abschnitt 6.1) Rolle. Die mesoskopische Betrachtungsweise behandelt den Festkörper primär aufgebaut aus Gebieten unterschiedlicher mittlerer Teilchenabstände, was zu lokal abweichenden Streckgrenzen führt.

Ein sehr anschauliches Beispiel für eine Zuordnung realer Bereiche zu den Modellelementen der statistischen Behandlung liefert der überalterte Zustand bei kleinen Beanspruchungsamplituden und im Incremental Step Test. Die in Abb. 12.15 und Abb. 12.16 dargestellten Ausscheidungsanhäufungen sollten nach obiger Interpretation mesoskopische Bereiche hoher Streckgrenzen sein. Die Streckgrenzenverteilungsfunktion verschiebt sich durch Entstehung dieser Bereiche zu größeren Werten von σ_{if}. Als Konsequenz daraus kann der höhere Wert von $\Delta\sigma/2$ im Incremental Step Test bei $\Delta\epsilon_{pl}/2 = 0,5\%$ im Vergleich zum Versuch mit konstanter Amplitude, der nicht zu Anhäufungen führt, betrachtet werden.

[3]Ein Einfluß der Zeit sollte (für kurze Zeiten) aufgrund des stabilen Ausscheidungszustandes auszuschließen sein.

Bei dieser Interpretation der Ursache des Unterschiedes im Wert der Spannungsamplitude wird stillschweigend vorausgesetzt, daß in den Bereichen mit geringem mittleren Teilchenabstand eine Versetzungsbewegung stattfindet. In der Betrachtungsweise der Vielkomponentenmodelle heißt dies, daß die Überschreitung der σ_{if}-Werte so weit erfolgen muß, daß sich Unterschiede in den Verteilungsfunktionen bemerkbar machen. Diese Annahme ist sicherlich bei der plastischen Dehnungsamplitude von 0,5% gerechtfertigt, was sich auch in der geringen Steigung im Spannungs-Dehnungs-Verlauf vor dem Lastumkehrpunkt äußert. Die bei kleinen $\Delta\epsilon_{pl}/2$-Werten lokal heterogene, mikroplastische Verformung geht mit steigendem $\Delta\epsilon_{pl}/2$ in eine homogene, makroplastische Verformung über.

Die mesoskopische Betrachtungsweise erlaubt eine Interpretation der Abweichung vom ideal zyklischen Verformungsverhalten des Zustandes maximaler Ausscheidungshärtung, in welchem die Hysteresekurven aus dem Incremental Step Test und den Versuchen mit $\Delta\epsilon_{pl}/2$ = konst. gleich sind. Die Mikrostrukturen des Werkstoffes für verschiedene (konstante) Werte der Amplitude unterscheiden sich ausschließlich in der Versetzungsdichte. Durch eine Erniedrigung von $\Delta\epsilon_{pl}/2$ erfolgt nicht nur eine Lokalisierung der Gleitung auf die "weichen" Bereiche, die praktisch sofort vonstatten geht. Zusätzlich wird in diesen Bereichen die Versetzungsdichte der neuen Amplitude angepaßt, also reduziert[4]. Dieser Vorgang macht eine plastische Verformung erforderlich, was erklärt, warum im Amplitudenwechselversuch ideal zyklisches Verhalten beobachtet wird. Letztlich stellt sich nach einem Übergangsbereich, der dem Verhalten von einphasigen Legierungen mit planarem Gleitcharakter entspricht (siehe auch [306]), rasch der Zustand ein, der auch bei der entsprechenden Amplitude im einstufigen Versuch vorliegt.

Das makroskopische Verhalten ähnelt somit stark dem des α-Messings, nur daß beim zuletzt genannten Werkstoff die Verteilung der plastischen Deformation primär aufgrund der Einhaltung der Kompatibilität der Verformung erfolgt und somit bereits im Amplitudenwechselversuch Nichtidealität beobachtbar ist. Im Hinblick auf den Anwendungsbereich des Incremental Step Tests zur Bestimmung der zyklischen Spannungs-Dehnungskurve ist wichtig anzumerken, daß eine Übereinstimmung der IST-ZSD-Kurve und der zyklischen Spannungs-Dehnungskurve nicht aufgrund eines ideal zyklischen Verhaltens gefunden wird, sondern weil die Abweichungen hiervon in den unterschiedlichen Versuchsarten gleich groß sind.

In [322, 323] wird für Al-4%Cu im Zustand maximaler Ausscheidungshärtung ein Zusammenfallen der ansteigenden Äste der Hysteresekurven aus einstufiger Beanspruchung berichtet. Ob der Unterschied im Verhalten auf die Art der Versuchsführung (Kontrolle der Gesamtdehnung in [323]) oder auf Details in der Teilchenstruktur zurückzuführen ist, kann nicht angegeben werden. In bezug

[4]Da bei großen $\Delta\epsilon_{pl}/2$-Werten die Hysteresekurven ideal zyklisches Verhalten aufweisen, kann gefolgert werden, daß eine Reduzierung der Versetzungsdichte nur dann stattfindet, wenn mikroplastische Verformung vorliegt. Als Mechanismus ist vorstellbar, daß Versetzungen nach dem Durchlaufen "weicher" Bereiche in oder an "harten" Bereichen liegenbleiben und damit für die weitere Verformung nicht mehr zur Verfügung stehen.

auf die Sättigungseinstellung verhält sich Al-Cu sehr ähnlich wie AlZnMgCu0,5 [246].

In Abschnitt 12.2.1 ist in Abb. 12.3 die anomale Form der ersten Hysteresekurven dargestellt. Die Anwendung des Verbundmodells liefert eine alternative Interpretation dieses Phänomens, die sich dadurch auszeichnet, daß auf unanschauliche Begriffe wie "reversible Plastizität", "nichtlineare Elastizität" (womit in diesem Zusammenhang abweichend von Abschnitt 3.2.1 eine Kombination von plastischer und elastischer Verformung verstanden wird) und "kinematische Verfestigung vom Typ III" [320, 121] verzichtet werden kann.

Im Masing-Modell (analoges gilt für die Serienschaltung) wird der Anteil der Volumenelemente $F_p(\sigma_{if})$ mit einer Streckgrenze kleiner als $\epsilon_r E/2$ durch die Steigung des Spannungs-Dehnungs-Verlaufes in der Hysteresekurve bestimmt (siehe (4.15)). Eine Einbuchtung entspricht damit einem Minimum in dem üblicherweise monoton von 0 auf 1 ansteigenden $F_p(\sigma_{if})$-Verlauf. Durch eine Erhöhung der Dehnung wird somit in diesem Bereich der Anteil der plastisch verformten Elemente geringer. Eine anschauliche Interpretation dieses Sachverhaltes wäre: Die zunächst leicht verformbaren Bereiche werden mit ϵ_r härter, z.B. durch Verarmung an Versetzungen und Aufstau derselben an Ausscheidungsteilchen. Erst bei weiterem Anstieg von ϵ_r werden härtere Bereiche plastisch verformt ($F_p(\sigma_{if})$ steigt). Bei der Lastumkehr stehen die weichen Bereiche wieder zur Verfügung.

Die durch die Wärmebehandlung erzielte Überalterung von AlZnMgCu0,5 ist nicht so ausgeprägt, daß eine regelmäßige, dreidimensionale Versetzungsanordnung entstehen kann. Das beobachtete zyklische Verformungsverhalten dieses Zustandes deutet aber darauf hin, daß die Versetzungsstruktur an Bedeutung gewinnt. Durch das Vorliegen der Ausscheidungsteilchen erfolgt die Bildung einer stationären Versetzungsanordnung aber im Vergleich zu einphasigen Werkstoffen mit welligem Gleitverhalten verlangsamt. Dies zeigt sich in der verzögerten Stabilisierung des Verhaltens im Incremental Step Test und in den Versuchen mit $\Delta\epsilon_{pl}/2$ = konst. Die Beobachtung eines ideal zyklischen Verhaltens im Mehrstufenversuch bei abnehmender Amplitude beweist, daß das Teilchengefüge die einmal gebildete Versetzungsanordnung stabilisiert, was sich mit den Ergebnissen zur Vorgeschichteabhängigkeit von Calabrese und Laird [299] deckt.

Kapitel 13

Gefügeumwandlung und dynamischen Reckalterung

In diesem Kapitel wird das zyklische Verformungsverhalten des austenitischen Stahles X3CrNi18 9 (AISI 304L) auf mikrostruktureller Basis behandelt. Dieser Werkstoff zeigt ein ganzes Spektrum von Phänomenen, die einerseits dazu dienen, die in den letzten Kapiteln gezogenen Schlußfolgerungen zu überprüfen, und darüber hinaus eine Erweiterung von den einfachen Modellwerkstoffen hin zu komplexen technischen Legierungen ermöglichen.

Das Raumtemperaturverformungsverhalten (nach [206, 278, 324]) wird durch die Instabilität des Gefüges geprägt (Abschnitt 13.1), welche bei mittleren und hohen Beanspruchungsamplituden eine Martensitbildung zur Folge hat. Diese Umwandlung ist insofern nicht mit der in Abschnitt 12.4 behandelten verformungsinduzierten Ausscheidung in AlZnMgCu0,5 vergleichbar, als sie zu einem heterogenen Gefüge führt, in dem die Versetzungsstruktur der vorhandenen Matrix (Austenit) nicht direkt durch die neue Phase beeinflußt wird.

Die Versetzungsanordnung, die in austenitischen Stählen beobachtet wird, hängt in sehr empfindlicher Weise von der Zusammensetzung der Legierung ab. Oft werden selbst bei hohen Dehnungsamplituden planare Strukturen gefunden (z.B. [212]), was dafür verantwortlich ist, daß diese Legierungsklasse landläufig zu den Werkstoffen mit planarem Gleitcharakter gezählt wird. Andererseits zeigt beispielsweise die Legierung AISI 316L, die sich von dem im Folgenden betrachteten AISI 304L im wesentlichen nur durch eine Zulegierung von Mo unterscheidet, alle für welligen Gleitcharakter typischen Anordnungen der Versetzungen, wie Bündel, Adern, PGB, Labyrinth und Zellen [219]. Das Fehlen einer sekundären Verfestigung selbst unter Vakuumbedingungen läßt aber schließen, daß die austenitischen Stähle im Gleitcharakter zwischen den beiden Extremfällen α-Messing (planar) und Kupfer (wellig) einzuordnen sind.

Bei hohen Temperaturen ($T \geq 600°C$) wird einheitlich (z.B. [212, 218, 325, 326]) die Ausbildung von Labyrinth- oder Zellstrukturen berichtet und auch bei monotoner Beanspruchung (z.B. [327]) entwickeln sich dreidimensionale Versetzungsanordnungen (in Form von Subkörnern).

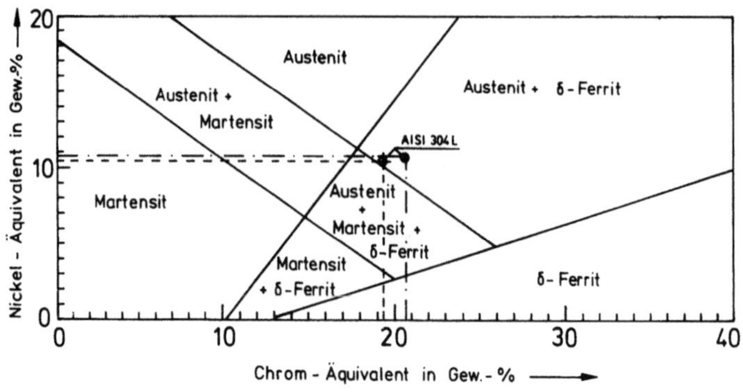

Abb. 13.1: Schaeffler-Diagramm [329] mit der Zusammensetzung von AISI 304L (nach Vogler [330])

Der mittlere Temperaturbereich, in dem Kriechprozesse noch keine entscheidende Rolle spielen [327] wird in Abschnitt 13.2 betrachtet (aus [272]). Hier findet der Prozeß der dynamischen Reckalterung statt, der sich zwar nicht so ausgeprägt wie in ferritischen Stählen (siehe z.B. [328, 288, 284]) darstellt, aber dennoch das Gleitverhalten in deutlicher und, in bezug auf die Temperaturabhängigkeit, in anomaler Weise beeinflußt.

Die Notwendigkeit eines schnellen und ökonomischen Verfahrens, um das zyklische Verformungsverhalten zu charakterisieren, ist bei Legierungen, die (wie X3CrNi18 9) bei hohen Temperaturen eingesetzt werden, noch dringlicher gegeben als bei Konstruktionswerkstoffen für Anwendungen in einem schmalen Temperaturbereich, da nicht nur die Temperatur sondern auch andere Größen wie $\dot{\epsilon}_{pl}$ und die Art der Umgebung zu wichtigen Beanspruchungsparametern werden. Das abzudeckende Variablenfeld ist damit so groß, daß einfach durchzuführende Versuchsmethoden erforderlich sind, die einen schnellen Überblick über das grundsätzliche Verhalten ermöglichen. Der Incremental Step Test wird in Abschnitt 13.2 unter dem Gesichtspunkt, ob er diesbezüglich sinnvolle Ergebnisse liefert, überprüft.

13.1 Verformungsverhalten von X3CrNi18 9 bei Raumtemperatur

13.1.1 Zur Gefügestabilität

In den technischen austenitischen Stählen liegen neben den Hauptlegierungselementen Chrom und Nickel viele weitere Zusätze vor. Das ternäre Zustandsdiagramm Fe-Cr-Ni ist somit leider wenig dazu geeignet, die Gefügebestandteile in Form der auftretenden Phasen aufzuzeigen. Dies liegt nicht nur an der Beeinflussung der Phasengleichgewichte durch zusätzliche Legierungskomponenten. Unter realen Bedingungen ist — zumindest bei niedrigen Temperaturen — eine Einstellung des thermodynamischen Gleichgewichtes eher als akademischer Grenzfall anzusehen, der asymptotisch in geologischen Zeitdimensionen angenähert wird.

Sehr häufig wird das sogenannte Schaeffler-Diagramm [329] zur Charakterisierung der bei Raumtemperatur vorhandenen Phasen verwendet. In Abb. 13.1 sind als Punkte die in Tabelle A.4 des Anhangs aufgeführten Zusammensetzungen des untersuchten Werkstoffes laut Herstellerangabe und zusätzlicher Analyse eingezeichnet. Im Schaeffler-Diagramm sind die Existenzbereiche der stabilen Phasen in Form von Feldern gegen das Chrom- und Nickeläquivalent aufgetragen. Diese berücksichtigen — gewichtet nach ihrem Einfluß — die ferrit- bzw. austenitstabilisierende Wirkung der übrigen Legierungspartner mit Hilfe der Berechnungsformel:

$$\begin{aligned} Cr_e &= (Cr) + 2(Si) + 1,5(Mo) + 5(V) \\ &\quad +5,5(Al) + 1,75(Nb) + 1,5(Ti) + 0,75(W) \end{aligned} \qquad (13.1)$$

$$Ni_e = (Ni) + (Co) + 0,5(Mn) + 0,3(Cu) + 25(N) + 30(C) \qquad (13.2)$$

Cr_e und Ni_e stehen für das Chrom- bzw. Nickeläquivalent; die Klammern um die Elementangaben geben an, daß es sich um Konzentrationswerte (in Gew.-%) handelt. Die wesentlichen vier Phasen im Fe-Cr-Ni-System sind

- γ (kfz), basierend auf γ-Fe und Ni
- α (krz), basierend auf α-Fe
- α' (krz), Martensit, basierend auf Cr
- δ (auch β-Phase genannt)

Wie anhand Abb. 13.1 ersichtlich, liegt die Zusammensetzung von X3CrNi18 9 im Koexistenzbereich von γ und δ-Ferrit, was sich mit den Untersuchungen zur Charakterisierung des Ausgangsgefüges (Abschnitt A.7 im Anhang) deckt. Die Nähe zu dem Bereich, in dem Martensit als stabile Phase auftritt, läßt erwarten, daß aufgrund chemischer Heterogenitäten — beispielsweise hervorgerufen durch die Karbidausscheidung an Korngrenzen — zumindest lokal Martensit gebildet werden kann.

Viele austenitische Stähle sind für ihr metastabiles Verhalten bei Raumtemperatur bekannt. Die martensitische Umwandlung kann nicht nur durch ein Abschrecken sondern auch durch plastische Verformung hervorgerufen werden. Um eine thermisch-induzierte Umwandlung auszulösen, muß der Stahl bis auf Temperaturen unterhalb der sogenannten Martensit-Starttemperatur M_s abgeschreckt werden, die für austenitische Fe-Cr-Ni-Stähle sehr tief liegt (ca. 4 K nach [331, 332]). Eine verformungsinduzierte Martensitbildung kann dagegen im Bereich höherer Temperaturen zwischen M_s und M_d (liegt in der Nähe der Raumtemperatur [331, 332]) unter der Voraussetzung erfolgen, daß ein bestimmter kritischer Wert der plastischen Deformation überschritten wird.

Die Grenztemperaturen M_s und M_d sind sehr stark von der Zusammensetzung des betrachteten austenitischen Stahles abhängig, welche somit sehr empfindlich die Stabilität des Austenits bestimmt. Eine Lage im Dreiphasengebiet γ, δ-Ferrit und Martensit im Schaeffler-Diagramm sollte auf jeden Fall eine verformungsinduzierte Martensitbildung erwarten lassen. Wie im Folgenden gezeigt wird, findet in AISI 304L ebenfalls eine martensitische Umwandlung statt, obwohl die Zusammensetzung knapp außerhalb des Dreiphasengebietes liegt (Abb. 13.1).

Die Instabilität des Austenits ist intensiv in Stählen der 300er-Serie [331, 333, 334, 335, 336, 337, 338, 339, 340, 341], in hochmanganhaltigen [342] und hochnickelhaltigen Stählen [343, 344] untersucht worden. Es wurden dabei zwei unterschiedliche martensitische Phasen [333, 342] beobachtet: ϵ-Martensit (hexagonal) und α'-Martensit. In hochnickelhaltigen Legierungen wird ϵ-Martensit nicht gefunden, was vermutlich eine Folge der hohen Stapelfehlerenergie ist [343, 345].

Die Keimbildung von ϵ-Martensit erfolgt offensichtlich durch eine Überlagerung von Stapelfehlern in der γ-Phase [344]. Die Wahrscheinlichkeit für das Auftreten dieses Vorganges nimmt mit abnehmender Stapelfehlerenergie zu, was die starke Abhängigkeit des Umwandlungsverhaltens von der Zusammensetzung erklärt, da letztere die Stapelfehlerenergie stark beeinflußt.

Die Keimbildung des α'-Martensits findet bevorzugt an sich schneidenden Scherbändern, Zwillingen und an ϵ-Martensit statt [331, 333, 334, 335, 338]. Häufig entsteht α'-Martensit dort, wo zwei ϵ-Bänder aneinanderstoßen [333, 338, 346]. α' bildet dann "Latten" mit einer Ausrichtung der Stabachse parallel zur $\langle 110 \rangle$-Richtung der γ-Matrix. Mit Hilfe von in situ-Beobachtungen im TEM konnten weitergehende Informationen über den Umwandlungsprozeß gewonnen werden. Suzuki et al. [336, 346] fanden, daß durch Versetzungsaufstauungen (pile-ups) die Umwandlung von ϵ- in α'-Martensit unterstützt wird.

In rostfreien Stählen mit hohen Chromgehalten, wie AISI 304, wurde α'-Martensit auch ohne erkennbaren Zusammenhang mit ϵ-Bändern gefunden, woraus die Möglichkeit einer direkten Umwandlung von γ in α' ohne das Zwischenstadium ϵ-Martensit abgeleitet wurde [333]. In in situ-Hochspannungs-TEM-Untersuchungen konnte direkt nachgewiesen werden, daß in der Tat eine direkte α'-Bildung an sich schneidenden Gleitbändern der γ-Phase mit der unterstützenden Wirkung von Versetzungsaufstauungen möglich ist [340, 346].

Die Morphologie der martensitischen Phasen unterscheidet sich für thermischinduzierten und verformungsinduzierten Martensit stark und hängt darüber hinaus von der Legierungszusammensetzung ab. In AISI 304 erscheint verformungsinduzierter ϵ-Martensit in Form dünner paralleler, entweder einzeln oder in Paketen auftretender Streifen, welche sich über das gesamte Korn erstrecken [335], oder als Platten, die in Bändern angeordnet sind [334, 344]. α'-Martensit, der sich direkt aus γ bildet, besitzt eine Blockform und ist manchmal länglich [335]. Im Gegensatz dazu wird α'-Martensit, der sich aus ϵ-Martensit bildet, als lattenförmig [347] oder nadelförmig [333] bezeichnet. Ähnliche Beschreibungen der martensitischen Phasen werden für hochmangan- und hochnickelhaltige Stähle gegeben [342, 343, 345].

Wird durch eine plastische Verformung Martensit gebildet, so werden die mechanischen Eigenschaften drastisch verändert. Eine starke Verfestigung bei Temperaturen unterhalb von M_d wird sowohl im Zugversuch [332, 334, 336, 338, 341,

343, 346] als auch bei zyklischer Verformung [341, 342, 348, 349] beobachtet[1]. Die Messung des gebildeten α'-Martensitvolumenanteils während der einsinnigen [341, 346] und der zyklischen [341, 348, 349] Beanspruchung dokumentiert, daß ein direkter Zusammenhang zwischen Verfestigung und Martensitbildung besteht. Im Zugversuch muß eine bestimmte, zusammensetzungs- und temperaturabhängige plastische Dehnung überschritten werden, damit der Austenit sich umwandelt [341, 346]. Ob im Ermüdungsversuch Martensit gebildet wird oder nicht, hängt von der Größe der plastischen Dehnungsschwingbreite ab [348, 349]. Die Umwandlung setzt aber bereits bei Spannungsamplituden ein, die niedriger sind als die kritische Spannung im Zugversuch [341]. Ist $\Delta\epsilon_{pl}/2$ groß genug, so wird Martensit ab einer bestimmten kumulativen plastischen Dehnung gebildet, deren Wert mit zunehmendem $\Delta\epsilon_{pl}/2$ abnimmt [341, 349]. Der Volumenbruchteil steigt anschließend mit der Zyklenzahl N an, wobei die Zunahme umso schneller erfolgt, je größer $\Delta\epsilon_{pl}/2$ ist [341].

Die Empfindlichkeit der Stabilität bzw. Instabilität des Gefüges des Stahles X3CrNi18 9 und damit des mechanischen Verhaltens gegenüber geringer Änderungen der Zusammensetzung wird anhand spannungskontrollierter Ermüdungsversuche in [350] dokumentiert. Proben im Ausgangszustand (Wärmebehandlung siehe Abschnitt A.7 im Anhang) zeigen eine starke Verfestigung in Form einer Abnahme von $\Delta\epsilon_{pl}/2$. Nach einer Aufkohlungsbehandlung von nur drei Stunden bei 950°C in einer CH_4/H_2-Gasgemisch, die nur im äußersten Randbereich der Proben zu einer Karbidbildung führt, wird keine Verfestigung mehr beobachtet. Ursache dürfte die (geringe) Zunahme im Kohlenstoffgehalt sein, die gemäß (13.2) das Nickeläquivalent anhebt und somit den Austenit stabilisiert. Im Zugversuch führen die verschiedenen Behandlungszustände zu keinen nennenswerten Unterschieden, was darauf hinweist, daß bei einsinniger Verformung kein Martensit entsteht. Umgekehrt wird in [217] berichtet, daß in AISI 304 während einer Vorverformung um 9% im Zug Martensit gebildet wird, der trotz hoher Dehnungsschwingbreiten der anschließenden Wechselverformung zu einer Vorgeschichteabhängigkeit der zyklischen Verformung Anlaß gibt, weil durch Wechselbeanspruchung allein (ohne einsinnige Vorverformung) die Austenitumwandlung nicht erfolgt.

Auf die in austenitischen Stählen für Langzeit-Hochtemperatur-Beanspruchungen typischen Sigma-, Laves- und Ferritphasen [351] soll hier nicht näher eingegangen werden, da sie für die weiteren Betrachtungen keine Rolle spielen. Neben den Schwankungen in der Legierungszusammensetzung sind nach Brinkman und Swindeman [352] unterschiedliche Herstellungsbedingungen dafür verantwortlich, daß insbesondere die mechanischen Hochtemperatur-Eigenschaften eine extreme Streuung und Chargenabhängigkeit aufweisen.

---

[1] Die zyklische Verfestigung durch Martensitbildung führt je nach Regelgröße der Wechselverformung zu unterschiedlichen Veränderungen der Lebensdauer N_B. Im spannungskontrollierten Versuch wird infolge der Abnahme von $\Delta\epsilon_{pl}$ eine erhöhte Lebensdauer beobachtet, während bei $\Delta\epsilon_{pl}/2$ = konst. durch die Zunahme von $\Delta\sigma/2$ die Lebensdauer sinkt (jeweils bezogen auf den umwandlungsfreien Zustand).

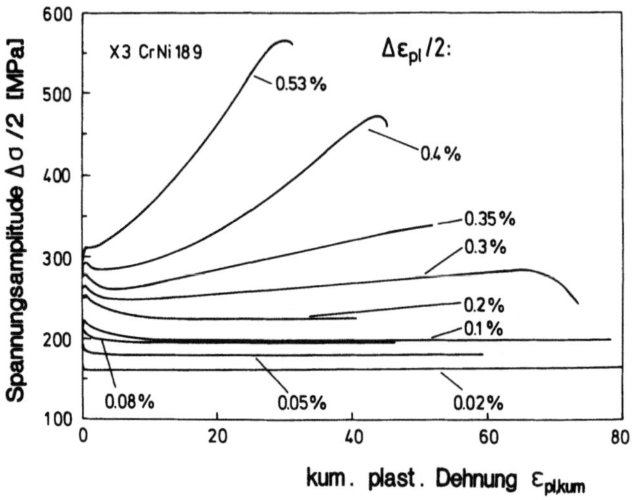

Abb. 13.2: Wechselverformungskurven von X3CrNi18 9 (nach Bayerlein [206], auch [324])

13.1.2 Verhalten bei konstanter plastischer Dehnungsamplitude

In Abb. 13.2 sind die Wechselverformungskurven für konstante Amplituden der plastischen Dehnung zwischen $2 \cdot 10^{-4}$ und $5 \cdot 10^{-2}$ dargestellt. Bei den niedrigeren Beanspruchungsamplituden bis einschließlich $\Delta\epsilon_{pl}/2 = 0,2\%$ wird nach einer anfänglichen Ver- und Entfestigung rasch ein stabiler Zustand der zyklischen Sättigung erreicht, der bis zum Bruch bzw. bis zur Beendigung des Versuches nach vorgegebenen Werten von $\epsilon_{pl,kum}$ aufrechterhalten bleibt. Im Gegensatz dazu wird für $\Delta\epsilon_{pl}/2 \geq 0,3\%$ eine sekundäre Verfestigung beobachtet, die zu einem Anstieg der Spannungsamplitude führt. Die Zunahme von $\Delta\sigma/2$ erfolgt umso früher und zeigt sich umso ausgeprägter, je höher $\Delta\epsilon_{pl}/2$ ist, in Übereinstimmung mit [349, 341]. Bei $\Delta\epsilon_{pl}/2 = 0,53\%$ wird dadurch ein Anstieg der Spannungsamplitude von etwa 80% hervorgerufen. Messungen an AISI 304 bei noch höheren Werten von $\Delta\epsilon_{pl}/2$ [341] zeigen, daß sich der Trend mit steigender Amplitude fortsetzt und Zunahmen von $\Delta\sigma/2$ von 200% und mehr beobachtet werden können.

Die Untersuchung der Mikrostruktur mittels TEM zeigt eine interessante Veränderung im Gleitcharakter mit $\Delta\epsilon_{pl}/2$ und dokumentiert die martensitische Umwandlung als Ursache für die sekundäre Verfestigung.

Bereits im Ausgangszustand nach der Wärmebehandlung zeigt der Werkstoff Stapelfehler und eine deutlich planare Anordnung der wenigen vorliegenden Versetzungen (siehe Abb. A.9 im Anhang). Im direkten Vergleich mit α-Messing (z.B. Abb. 11.3) sind Ähnlichkeiten unverkennbar. Die Planarität der Versetzungsstruktur bleibt auch bei kleinen Werten von $\Delta\epsilon_{pl}/2$ erhalten. Abbildung 13.3 zeigt ein Verformungsband, das aus mehreren parallelen Ebenen besteht, die mit Versetzungen dicht belegt sind. Bei hoher Vergrößerung sind Gruppen parallel ausgerichteter Versetzungen in diesen aktiven Gleitebenen er-

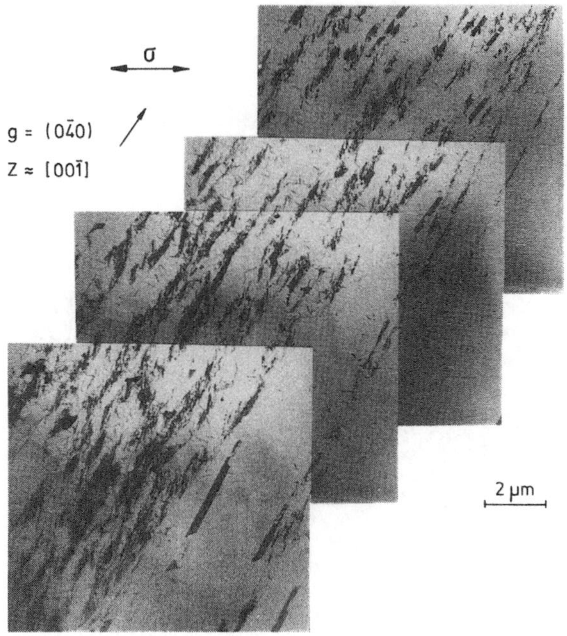

Abb. 13.3: Planare Versetzungsanordnung in X3CrNi18 9 nach Wechselverformung mit $\Delta\epsilon_{pl}/2 = 2 \cdot 10^{-4}$ (nach Bayerlein [206], auch [278])

kennbar. Die Verformungsbänder werden von Bereichen niedriger Versetzungsdichte getrennt.

Die Erscheinungsform der Versetzungsanordnung ändert sich völlig, wenn die Beanspruchungsamplitude zunimmt. Abbildung 13.4 zeigt die Versetzungsstruktur, wie sie durch eine plastische Dehnungsamplitude von 0,5% gebildet worden ist. Die Versetzungen bilden dreidimensionale Anordnungen in Form von unregelmäßigen Zellen. Die Zellwände sind nicht scharf ausgebildet sondern relativ diffus und breit. Zwischen einer Wand und dem Zellinneren kann aber eindeutig unterschieden werden.

Neben Gebieten mit den in Abb. 13.4 dargestellten Versetzungsstrukturen findet man bei den mit sekundärer Verfestigung verknüpften Amplituden Bereiche, in denen keine Versetzungsanordnungen erkennbar sind, dafür aber neue Phasen und Stapelfehler vorliegen. Diese Gebiete entstehen in ähnlicher Form auch im Incremental Step Test (Abb. 13.5).

Mit Hilfe der Analyse des Elektronenbeugungsbildes (Abb. 13.6) können die auftretenden Phasen identifiziert und im Dunkelfeldbild getrennt abgebildet werden. Das in Abb. 13.6 schematisch dargestellte Beugungsbild des in Abb. 13.5a wiedergegebenen Bereiches weist die Existenz ϵ- und α'-Martensit neben der γ-Phase nach. Die Dunkelfeldaufnahmen in Abb. 13.5b bis Abb. 13.5d zeigen die einzelnen Phasen durch Darstellungen mit Hilfe der Reflexe (110) des α'-Martensits, (10.0) des ϵ-Martensits und (111) der γ-Matrix.

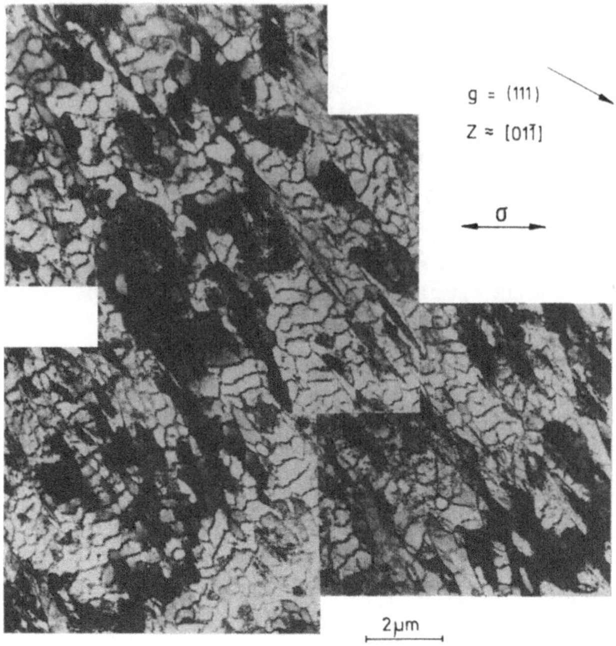

Abb. 13.4: Versetzungszellen in X3CrNi18 9, gebildet bei $\Delta\epsilon_{pl}/2 = 0,5\%$ (nach Bayerlein [206], auch [324])

ϵ-Martensit bildet länglich ausgedehnte parallele Streifen, die auch in [335] beobachtet werden. In der unmittelbaren Nähe von ϵ-Martensit liegen Stapelfehler vor, was die These unterstützt, daß ϵ-Martensit durch regelmäßige Anordnung von Stapelfehlern entsteht [344]. α'-Martensit wird meist in der Nachbarschaft von ϵ-Martensit gefunden (Abb. 13.5b). Dies entspricht der Vorstellung, daß α'-Martensit durch eine Umwandlungssequenz über die ϵ-Phase gebildet wird. Daneben kann aber α'-Martensit auch in einer blockförmigen Morphologie beobachtet werden, die immer dann vorherrscht, wenn kein Zusammenhang mit ϵ-Martensit erkennbar ist. Dies deutet auf die in Abschnitt 13.1.1 erwähnte, zusätzliche Möglichkeit der direkten Umwandlung der γ-Phase im α'-Martensit hin (z.B. [335]).

In Abb. 13.7 sind die Hysteresekurven von X3CrNi18 9 aus den Versuchen mit konstanter Amplitude der plastischen Dehnung in relativen Koordinaten aufgetragen. Für die $\Delta\epsilon_{pl}/2$-Werte, bei denen aufgrund der sekundären Verfestigung keine Sättigung erreicht wurde ($\Delta\epsilon_{pl}/2 =\geq 0,3\%$), wurden die Kurven, die der maximalen Spannungsamplitude kurz vor dem Bruch entsprechen, eingezeichnet.

Für die Abweichung vom ideal zyklischen Verformungsverhalten sind je nach Amplitudenbereich unterschiedliche Ursachen verantwortlich. Bei niedrigen Amplituden wird die von $\Delta\epsilon_{pl}/2$ abhängige Versetzungsstruktur des quasi-stationären Zustandes eine "individuelle" Hysteresenform hervorrufen. Bei $\Delta\epsilon_{pl}/2 \geq 0,3\%$ führt die Bildung des Martensits zu einem Volumenanteil, der sich mit der Zy-

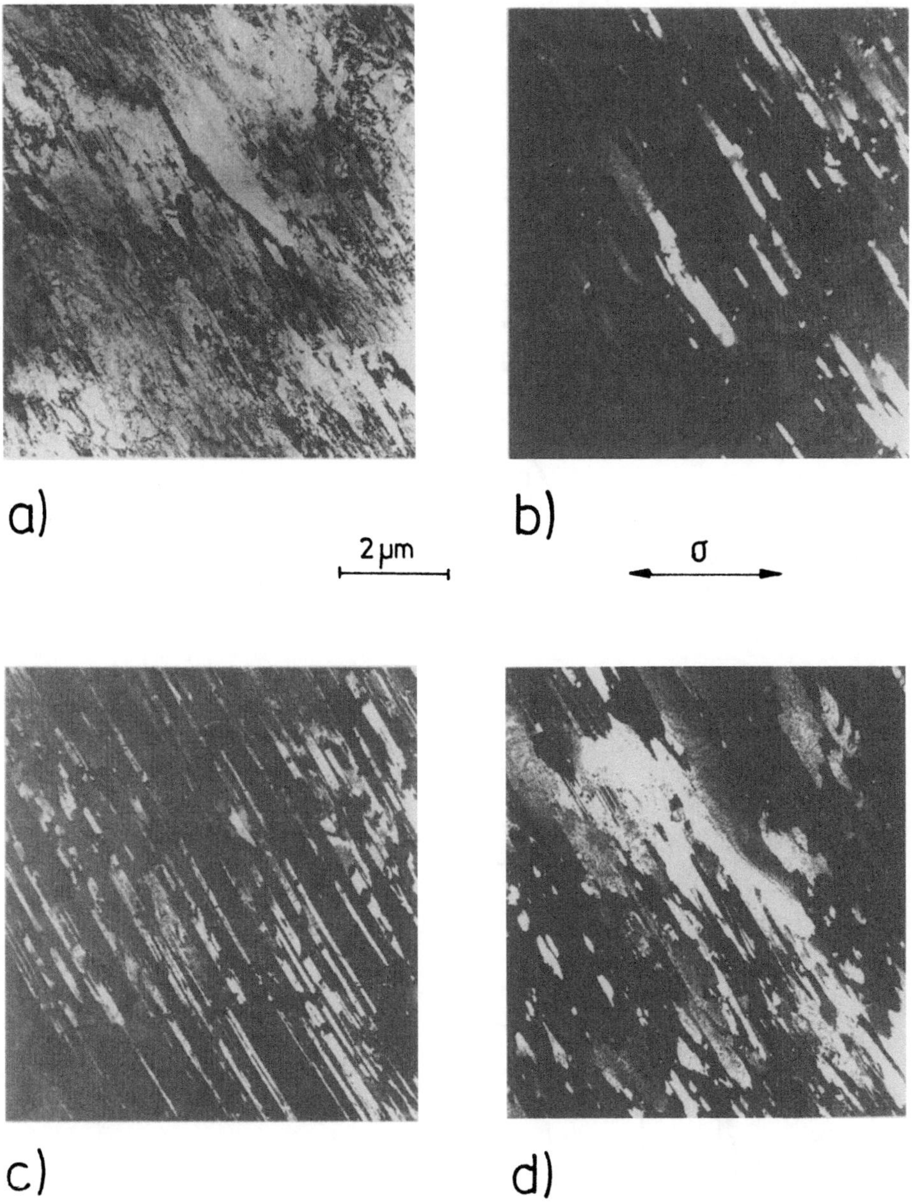

Abb. 13.5: TEM-Aufnahmen zum Nachweis der verformungsinduzierten Martensitbildung (nach Bayerlein [206], auch [324]):
a) Hellfeldaufnahme
b) Dunkelfeldaufnahme im Reflex von α'-Martensit
c) Dunkelfeldaufnahme im Reflex von ϵ-Martensit
d) Dunkelfeldaufnahme im Reflex von γ

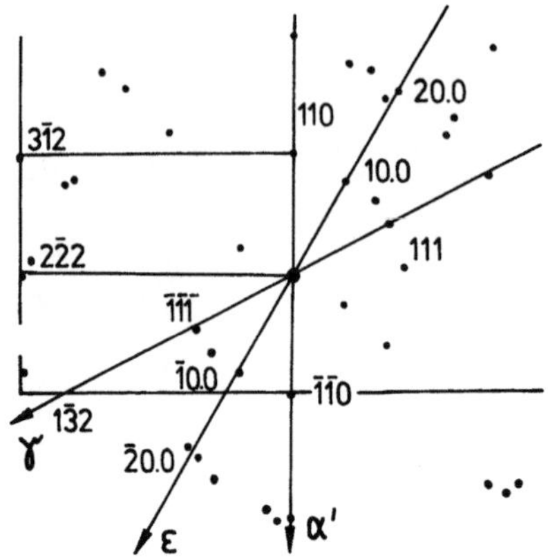

Abb. 13.6: Schematische und indizierte Darstellung des Elektronenbeugungsbildes des im Abb. 13.5a dargestellten Bereiches (nach Bayerlein [206], auch [324])

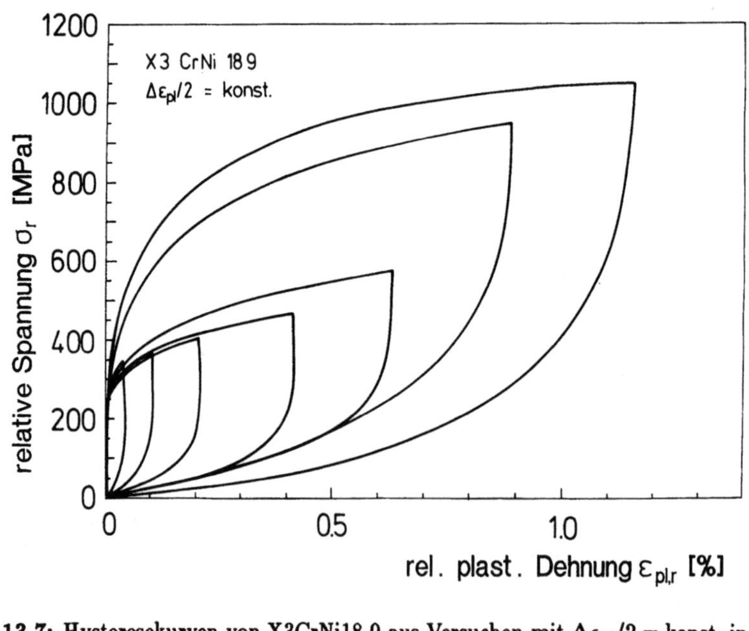

Abb. 13.7: Hysteresekurven von X3CrNi18 9 aus Versuchen mit $\Delta\epsilon_{pl}/2 =$ konst. in relativen Koordinaten (nach Bayerlein [206], auch [278])

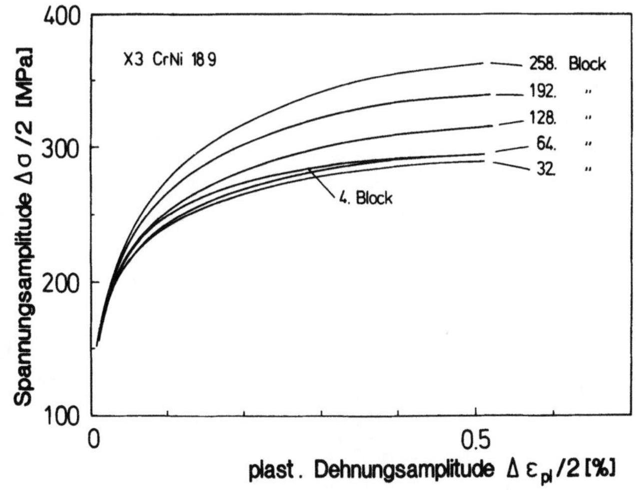

Abb. 13.8: Veränderung der IST-ZSD-Kurve von X3CrNi18 9 mit der Anzahl von Beanspruchungsblöcken im Incremental Step Test (nach Bayerlein [206], auch [278])

klenzahl erhöht, wobei die Zuwachsgeschwindigkeit mit $\Delta\epsilon_{pl}/2$ stark ansteigt (z.B. [341]). Der Martensitgehalt der Proben, der die Hysteresekurven wesentlich mitbestimmt, wird deshalb mit zunehmendem $\Delta\epsilon_{pl}/2$ steigen.

13.1.3 Verhalten im Incremental Step Test

Im letzten Abschnitt war bereits erwähnt worden, daß auch im Incremental Step Test eine verformungsinduzierte γ-Umwandlung im Martensit erfolgt. Die hohen Beanspruchungsamplituden treten zwar im Incremental Step Test selten auf, sind aber dennoch in der Lage eine Martensitbildung hervorzurufen[2]. Da der einmal vorhandene Martensit bei Raumtemperatur stabil ist, nimmt sein Anteil im Gefüge des Werkstoffes von Belastungsblock zu Belastungsblock zu. Das Sättigungsverhalten wird durch diese kontinuierliche Erhöhung des Martensitgehaltes bestimmt.

Abbildung 13.8 zeigt die IST-ZSD-Kurven, gemessen für verschiedene Blockzahlen. Das in den Wechselverformungskurven beobachtete anfängliche Maximum in $\Delta\sigma/2$ zeigt sich durch eine Erniedrigung des Kurvenverlaufes zu Beginn des Versuches. Erst nach einer "Inkubationsblockzahl", die der für den Beginn der Martensitbildung notwendigen kritischen kumulativen plastischen Dehnung bei $\Delta\epsilon_{pl}/2 =$ konst. in Abb. 13.2 entspricht, erfolgt erkennbar eine Verfestigung. Die Spannungsamplituden steigen bis zum Bruch der Probe an, ohne daß sich ein stabiler Zustand andeutet.

Die Mikrostruktur des Werkstoffes zeigt, ähnlich wie nach Wechselverformung

[2]Im Gegensatz dazu stellt sich im überalterten Zustand der Aluminiumlegierung AlZnMgCu0,5 ein Ausscheidungsgefüge im Incremental Step Test ein, das den niedrigen $\Delta\epsilon_{pl}/2$-Werten entspricht. Offensichtlich werden hohe Amplituden in diesem Fall zu selten erreicht, um Ausscheidungsanhäufungen zu verhindern (siehe Abschnitt 12.3).

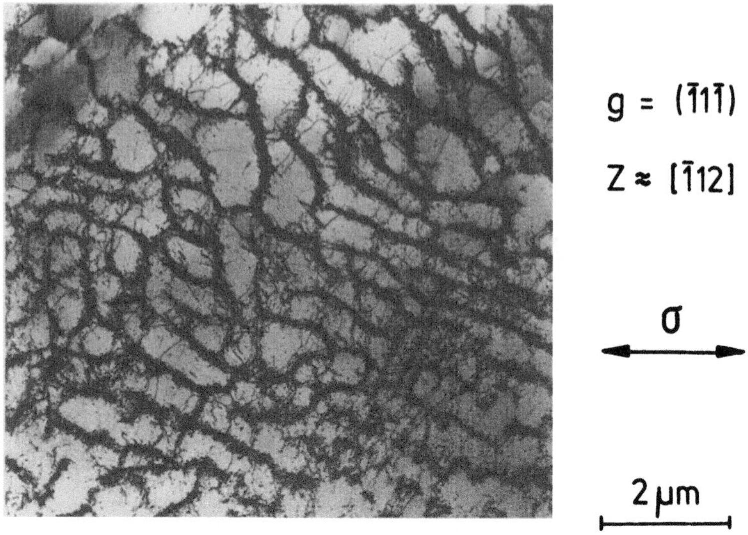

Abb. 13.9: Versetzungszellstruktur in X3CrNi18 9, gebildet im Incremental Step Test (nach Bayerlein [206], auch [278])

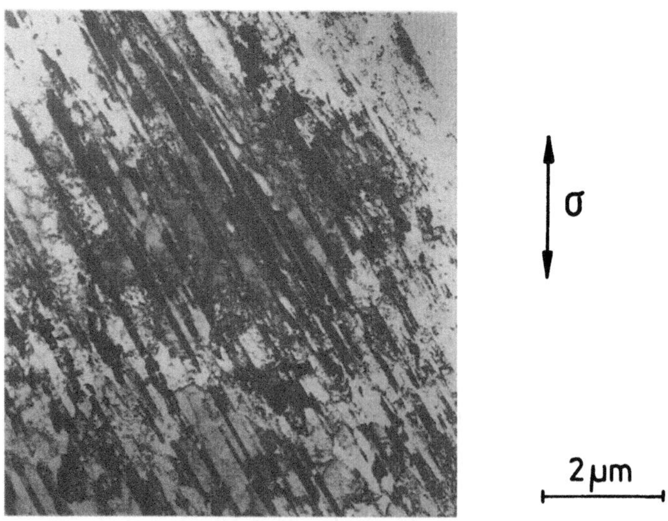

Abb. 13.10: Streifenförmiger Martensit, in der γ-Matrix eingebettet, gebildet in X3CrNi18 9 im Incremental Step Test (nach Bayerlein [206], auch [324])

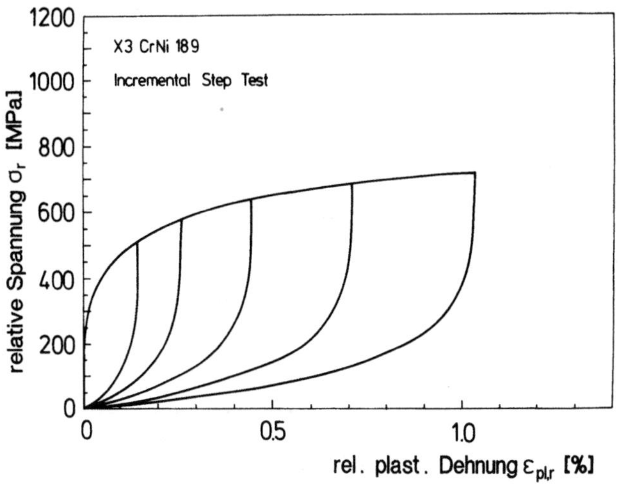

Abb. 13.11: Hysteresekurven von X3CrNi18 9 aus dem Incremental Step Test in relativen Koordinaten (nach Bayerlein [206], auch [278])

mit hoher Amplitude, sowohl Bereiche mit Versetzungszellstruktur (Abb. 13.9), als auch Gebiete, in denen ϵ- und α'-Martensit entstanden sind (Abb. 13.10). Aufgrund der innerhalb einer Probe sehr großen Variationsbreite in der Anordnung der Versetzungen, ist ein Vergleich der unterschiedlichen Beanspruchungen nur qualitativ möglich. Es entsteht dabei der Eindruck, daß die Zellstruktur im Einstufenversuch bei $\Delta\epsilon_{pl}/2 = 0,5\%$ stärker ausgeprägt ist als im Incremental Step Test. Einen weiteren Hinweis zur Beurteilung der Wirksamkeit des Amplitudenspektrums des Incremental Step Tests liefert die Beobachtung, daß der ϵ-Anteil an Martensit höher ist. Da α'-Martensit sich bevorzugt über die metastabile Zwischenphase ϵ bildet, ist dies gleichbedeutend mit einer — verglichen mit $\Delta\epsilon_{pl}/2 = 0,5\% =$ konst. — verlangsamten Umwandlung (bzw. einer gegenüber der Maximalamplitude geringeren effektiven Amplitude).

Eine Abhängigkeit der Mikrostruktur von der Amplitude innerhalb eines Beanspruchungsblockes kann nicht festgestellt werden. Die verformungsinduzierte Martensitbildung führt zu einem langsamen Anstieg des Martensitvolumenanteils, so daß diesbezüglich das Gefüge innerhalb eines Blockes des Incremental Step Tests als konstant betrachtet werden kann. Da die Versetzungsstruktur der eines Werkstoffes mit welligem Gleitcharakter ähnelt, sollte — blockweise — ideal zyklisches Verhalten vorliegen. Abbildung 13.11 zeigt tatsächlich, daß sich die Hysteresenäste der im Incremental Step Test registrierten Kurven durch einen gemeinsamen Verlauf beschreiben lassen, wobei dieser natürlich wegen der kontinuierlich ablaufenden Martensitbildung blockzahlabhängig ist.

In Anlehnung an die bei Legierungen mit schneidbaren Teilchen übliche Vorgehensweise (Abschnitt 12.1) kann aus den Wechselverformungskurven (siehe Abb. 13.2) eine Pseudo-ZSD-Kurve abgeleitet werden, wenn für hohe Werte von $\Delta\epsilon_{pl}/2$ anstelle der nicht beobachtbaren Größe σ_S die maximale Spannungsamplitude aufgetragen wird. Der Verlauf dieser Kurve (Abb. 13.12) zeigt eindrucksvoll

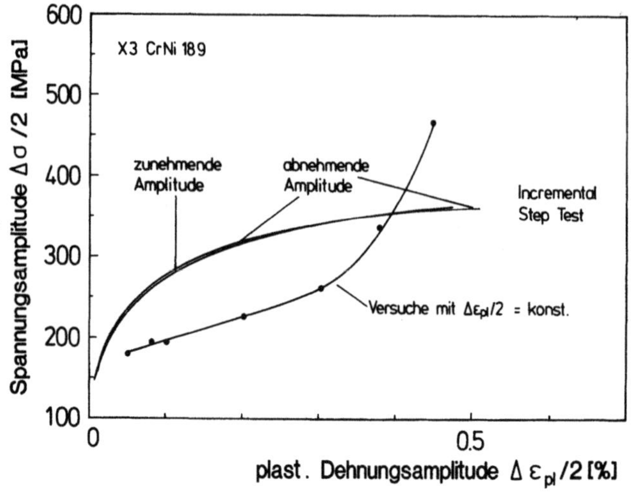

Abb. 13.12: Vergleich der zyklischen Spannungs-Dehnungskurve und der IST-ZSD-Kurve für X3CrNi18 9 (nach Bayerlein [206], auch [278])

die Auswirkung der Austenitinstabilität auf das zyklische Verformungsverhalten. Ab der Amplitude, bei der die Martensitbildung einsetzt ($\Delta\epsilon_{pl}/2 \approx 0,3\%$), steigt die Pseudo-ZSD-Kurve steil an. Die IST-ZSD-Kurve hingegen repräsentiert den Verlauf der zyklischen Spannungs-Dehnungskurve bei konstanter Mikrostruktur.

Der Schnittpunkt in Abb. 13.12 sollte in diesem Fall nicht zur Bestimmung einer effektiven plastischen Dehnungsamplitude herangezogen werden, da das Verformungsverhalten sowohl von der Versetzungsstruktur als auch von der Martensitphase bestimmt wird. Beide Einflußgrößen sind zwar gekoppelt, werden aber in unterschiedlichem Maße von der Versuchsführung beeinflußt. Insbesondere die Wirksamkeit des Incremental Step Tests bei der Induktion der Austenitumwandlung ist schwer abzuschätzen und sicherlich nicht allein durch einen Effektivwert von $\Delta\epsilon_{pl}/2$ zu erfassen (u.a. spielen $\epsilon_{pl,kum}$ und $\Delta\sigma$ eine Rolle). Selbst wenn dies möglich wäre, müßte man davon ausgehen, daß für die Versetzungsstrukturentwicklung ein anderer Effektivwert wirksam ist. Ein Vergleich der Hysteresekurven aus beiden Verfahren bei $\Delta\epsilon_{pl}/2$-Werten in der Nähe des Schnittpunktes zeigt dementsprechend deutliche Unterschiede in der Form (d.h. in der Hindernisverteilung).

13.1.4 Vergleich des Verhaltens mit einphasigen metallischen Werkstoffen

Die in den Abschnitten 13.1.2 und 13.1.3 behandelten Ergebnisse zum zyklischen Verformungsverhalten von X3CrNi18 9 lassen sich wie folgt zusammenfassen:

- In Versuchen mit $\Delta\epsilon_{pl}/2$ = konst. liegen bei kleinen Amplituden planare Versetzungsanordnungen vor.
- Höhere Werte von $\Delta\epsilon_{pl}/2$ ($\geq 0,3\%$) führen zu einer sekundären Verfestigung, deren Ursache eine verformungsinduzierte Umwandlung des Austenits in Martensit ist.

- Neben Bereichen mit ϵ- und α'-Martensit, eingebettet in die γ-Matrix, die keine Versetzungsanordnung erkennen lassen, werden in den übrigen Gebieten Zellstrukturen gefunden.
- In der zyklischen Spannungs-Dehnungskurve (Pseudo-ZSD-Kurve) äußert sich die Martensitbildung durch einen starken Anstieg von $\Delta\sigma/2$ mit $\Delta\epsilon_{pl}/2$.
- Im Incremental Step Test erfolgt ebenfalls nach einer gewissen Blockzahl kontinuierlich eine verformungsinduzierte Martensitbildung und führt dazu, daß kein stabiler Zustand erreicht werden kann.
- Das Verformungsverhalten innerhalb eines Blockes im Incremental Step Test ist ideal zyklisch.
- Die Untersuchung der Versetzungsstruktur und des Martensitgefüges zeigen, daß der Incremental Step Test weniger wirksam für die Entwicklung der Versetzungsanordnung und die Bildung von Martensit ist als eine Beanspruchung mit der Maximalamplitude im Einstufenversuch.

Die in Kapitel 10 und Kapitel 11 erläuterten Verhaltensweisen von einphasigen metallischen Werkstoffen mit welligem und planarem Gleitcharakter sollen im Folgenden als Meßlatte zur Einordnung des austenitischen Stahles X3CrNi18 9 in bezug auf das zyklische Verformungsverhalten dienen.

Läßt man zunächst die verformungsinduzierte Martensitbildung außer acht und betrachtet nur die Versetzungsstruktur, so zeigen die Versuchsergebnisse einen Übergang von planarem zu welligem Gleitverhalten mit zunehmender Beanspruchungsamplitude. In das Schemabild Abb. 5.1, welches den Zusammenhang von Versetzungsanordnung, Gleitcharakter und Bruchlastspielzahl (bzw. $\Delta\epsilon_{pl}/2$) beschreibt, wäre der Stahl deshalb bei mittlerem Gleitcharakter an der unteren Grenze des Bereiches des Feldes "Gemischte Strukturen" einzuzeichnen. Dies verdeutlicht, daß die Frage des Gleitcharakters sich nicht allein durch die Adjektive "wellig" und "planar" beantworten läßt, was nicht nur für den betrachteten austenitischen Stahl sondern auch für sehr viele andere Legierungen gilt.

In Abschnitt 5.1.2 wurde auf den Einfluß der Stapelfehlerenergie bzw. der Nahordnung auf den Gleitcharakter hingewiesen. Die Stapelfehlerenergie ist eine Größe, die sehr stark von der Legierungszusammensetzung abhängt und einen weiten Wertebereich besitzt. In der Tat liegt das Intervall der entsprechenden Werte für austenitische Stähle zwischen denen von Kupfer und α-Messing, was mit der beobachteten Mittelstellung im Gleitverhalten in Einklang steht.

Nach der in den letzten Jahren entwickelten Betrachtungsweise ist planarer Gleitcharakter eine Folge einer Nahordnung oder Nahentmischung in der Legierung. Während Kupfer als reines Metall keine Nahordnung zeigen kann, wurden in α-Messing eindeutig Nahordnungserscheinungen nachgewiesen [353]. Folgt man dieser Vorstellung zur Erklärung der Ursache der Planarität der Gleitung, so ist auch hier mit einem kontinuierlichen Übergang im Gleitcharakter zu rechnen. Es ist durchaus vorstellbar, daß X3CrNi18 9 eine schwache Nahordnung zeigt, die zwar ausreicht, um Versetzungen bei kleiner Beanspruchungsamplitude an ihre Gleitebene zu binden, bei hohen $\Delta\epsilon_{pl}/2$-Werten aber aufgrund starker Versetzungs-Versetzungs-Wechselwirkungen die dominierende Rolle einbüßt.

Bei genauerer Betrachtung der Hysteresekurven aus Einstufenversuchen (siehe Abb. 13.7) und der zugeordneten Mikrostruktur zeigt sich, daß der untersuchte Bereich von $\Delta\epsilon_{pl}/2$ in drei Teilbereiche mit unterschiedlichem Verformungsverhalten eingeteilt werden kann:

1. Für Werte von $\Delta\epsilon_{pl}/2 \leq 0,1\%$ liegt planares Gleitverhalten vor. Die Hysteresekurven können nicht durch Verschieben (abschnittsweise) zur Deckung gebracht werden. Kleine Hystereseschleifen liegen z.T. außerhalb großer. Die obigen Beobachtungen entsprechen exakt dem Verhalten von α-Messing.
2. In einem mittleren Bereich von $\Delta\epsilon_{pl}/2$ mit $0,1\% < \Delta\epsilon_{pl}/2 < 0,3\%$ wird das Verformungsverhalten durch eine Versetzungsstruktur bestimmt, die einem welligen Gleitcharakter entspricht. Eine Martensitbildung findet noch nicht statt. Die Hysteresenäste können — genau wie bei Kupfer — durch Verschieben entlang der elastischen Linie zur Deckung gebracht werden. In der Betrachtungsweise der Vielkörpermodelle heißt das, daß die Streckgrenzenverteilungsfunktionen entlang der σ_{if}-Achse gegeneinander verschoben sind.
3. Bei $\Delta\epsilon_{pl}/2 \geq 0,3\%$ wird die Gestalt der Hysteresekurve durch die Martensitbildung bestimmt. Da bei jeder Amplitude vor dem Bruch ein unterschiedliches Gefüge vorliegt, können keine Übereinstimmungen in der Hysteresenform beobachtet werden.

Die IST-ZSD-Kurve sollte gemäß dieser Einteilung im 1. Bereich mit der zyklischen Spannungs-Dehnungskurve zusammenfallen, wenn im Incremental Step Test kein Martensit gebildet würde, da bei planarer Gleitung IST-ZSD- und zyklische Spannungs-Dehnungskurve deckungsgleich sind. Durch die verformungsinduzierte Umwandlung des Austenits ergeben sich aber im Incremental Step Test höhere Spannungsamplituden (siehe Abb. 13.12).

Die Darstellung in Abb. 13.11 verdeutlicht, daß trotz der Existenz martensitischer Phasen im Gefüge relative Koordinaten sinnvoll angewandt werden können, solange der Martensitanteil als konstant behandelt werden kann und die Versetzungsstruktur stationär ist. Dieses Verhalten im Incremental Step Test entspricht wiederum dem von Metallen und Legierungen mit welligem Gleitcharakter (Kapitel 10) und dokumentiert, daß für das zyklische Spannungs-Dehnungs-Verhalten die heterogenen Versetzungsanordnungen (primär Zellen) der martensitfreien Bereiche wichtig sind.

In den Vielkörpermodellen (Kapitel 4) bedeutet in einfachster Behandlung die Bildung von Martensit aus Austenit eine Entstehung von Elementen mit sehr hohen Streckgrenzen, die während der zyklischen Verformung nicht erreicht werden, auf Kosten des Anteils an Elementen mit niedrigen oder mittleren Werten von σ_{if}. Der Schwerpunkt der Verteilungsdichtefunktion verschiebt sich mit der Austenitumwandlung nach rechts, ist aber innerhalb eines Beanspruchungsblockes des Incremental Step Tests in guter Näherung unverändert, was die deckungsgleichen Hysteresenäste in Abb. 13.11 zur Folge hat.

13.2 Das Verhalten von X3CrNi18 9 bei erhöhter Temperatur

13.2.1 Die dynamische Reckalterung

Wie bereits zu Beginn dieses Kapitels erwähnt, wird das zyklische Verformungsverhalten des betrachteten austenitischen Stahles im Bereich erhöhter Temperatur ($T > M_d$, d.h. es findet keine verformungsinduzierte Martensitbildung statt) durch den Prozeß der dynamischen Reckalterung stark beeinflußt. Dieser Vorgang und die daraus zu erwartenden Konsequenzen werden vorab in diesem Abschnitt in knapper Form vorgestellt, was die später folgende Interpretation der Beobachtungen zur Temperaturabhängigkeit des Wechselverformungsverhaltens von X3CrNi18 9 erleichtert.

Eine Abschätzung der Tendenz der Veränderung des Gleitcharakters mit zunehmender Temperatur läßt sich dann besonders leicht durchführen, wenn "lehrbuchgemäß" der Zusammenhang von Gleitcharakter und Stapelfehlerenergie (siehe Abschnitt 5.1.2) herangezogen wird. Rémy, Pineau und Thomas [150] dokumentierten, daß mit ganz wenigen Ausnahmen alle kfz Metalle und Legierungen eine positive Temperaturabhängigkeit der Stapelfehlerenergie zeigen und dieser Trend trotz der großen experimentellen Unsicherheit eindeutig erkennbar ist. Eine systematische Zusammenstellung der gemessenen Werte der Stapelfehlerenergie für das System Fe-Cr-Ni stammt von Schramm und Reed [149], welche obige Aussage bestätigten [148].

Eine Erhöhung der Stapelfehlerenergie bedeutet aber gemäß Abb. 5.3 eine Zunahme der Quergleitfähigkeit und damit eine Tendenz mit zunehmender Temperatur zu welliger Gleitung. Die mit erhöhter Temperatur verbundene Ermöglichung einer thermisch aktivierten Versetzungsbewegung (z.B. Klettern von Stufenversetzungen) unterstützt diese Tendenz.

Schwieriger ist die Temperaturabhängigkeit des Gleitcharakters abzuschätzen, wenn man, wie ebenfalls in Abschnitt 5.1.2 aufgezeigt, die Planarität der Gleitung auf eine Nahordnung (bzw. Nahentmischung) zurückführt. Die Kinetik der Nahordnungseinstellung gehorcht, da sie diffusionskontrolliert ist, ähnlichen Gesetzmäßigkeiten wie Phasenumwandlungen und läßt sich in erster Näherung mit der bekannten "nasenförmigen" Kurve im Zeit-Temperatur-Umwandlungs-Diagramm (ZTU-Diagramm) beschreiben. Dies hat aber zur Konsequenz, daß in einem Legierungssystem mit Nahordnungstendenz in einem mittleren Temperaturbereich ein Gebiet erhöhter Planarität der Gleitung existieren kann.

Ähnliche Auswirkungen auf den Gleitcharakter hat der Vorgang der *Reckalterung*[3], worunter allgemein die Änderungen in den mechanischen Eigenschaften

[3]Da die dynamische Reckalterung auch bei mittleren Temperaturen, wo die Wechselwirkung zwischen den bewegten Versetzungen und den diffundierenden Punktdefekten maximal ist, die stärkste Ausprägung zeigt, dort aber auch Nahordnungsvorgänge, Clusterbildung, Ausscheidungen kleinster Teilchen etc. stattfinden können, ist eine Abgrenzung dieser verschiedenen Vorgänge und ihrer Wirkung auf den Gleitcharakter nach heutigem Kenntnisstand nicht möglich.

eines Metalles oder einer Legierung durch die Wechselwirkung von Punktdefekten mit Versetzungen verstanden wird [354]. Je nachdem, ob der Alterungsprozeß nach oder während der Verformung stattfindet, wird er als *statische* oder *dynamische* Reckalterung bezeichnet.

Derartige Vorgänge werden bei metallischen Werkstoffen unabhängig von der Kristallstruktur häufig beobachtet (z.B. [328, 288, 355, 212, 356, 357, 358, 359]). Dynamische Reckalterung tritt sowohl bei ferritischen Stählen (z.B. [328, 288]) als auch in austenitischen Stählen (z.B. [212, 355]) auf. Im Zusammenhang mit der Beeinflussung des Gleitcharakters bei zyklischer Belastung ist dieser Prozeß oftmals eher zu erahnen als nachgewiesen, da in vielen Arbeiten nur eine einzige oder wenige Temperaturen untersucht werden (z.B. [212, 326, 218, 360]).

Die Eigenschaftsänderungen aufgrund einer statischen Reckalterung können sehr anschaulich anhand des Spannungs-Dehnungs-Diagrammes des Zugversuches dargestellt werden. Eine Entlastung der Zugprobe nach einer Verformung bis über den Bereich der Lüdersdehnung hinaus, führt nach einer Auslagerung und nachfolgender Neubelastung bis zum Bruch zu folgenden Beobachtungen:

- Auftreten einer oberen und unteren Streckgrenze, wobei die obere Streckgrenze größer ist als im nicht gealterten Werkstoff
- Erneutes Auftreten einer Lüdersdehnung, deren Größe von den Auslagerungsbedingungen abhängt
- Erhöhung der Verfestigung $d\sigma/d\epsilon$ bei plastischer Verformung im Vergleich zum nicht gealterten Zustand
- Erhöhung der Zugfestigkeit
- Abfall der Duktilität und Abnahme der Bruchdehnung

Findet der Alterungsprozeß während der Verformung statt, d.h. es liegt dynamische Reckalterung vor, dann führt dies bei *einsinniger* Beanspruchung im Zugversuch ebenfalls zu einer erhöhten Fließspannung, einer stärkeren Verfestigungsrate und häufig auch zu einem gezackten Spannungs-Dehnungs-Verlauf (Portevin-LeChatelier-Effekt), der in der englischsprachigen Literatur mit "serrated yielding", "jerky flow" oder "serrated flow" bezeichnet wird.

Als charakteristisches Merkmal für das Auftreten dynamischer Reckalterungsvorgänge bei *zyklischer* Beanspruchung wird die Kombination mehrerer der folgenden Phänomene betrachtet:

- Inverse Abhängigkeit der Spannungsamplitude von der Dehnrate ($d\sigma_S/d\dot{\epsilon} < 0$)
- Eine Zunahme der Spannungsamplitude der Sättigung σ_S mit der Temperatur ($d\sigma_S/dT > 0$)
- Auftreten eines gezackten Spannungs-Dehnungs-Verlaufes
- Zunahme der Zyklenzahl bis zum Bruch im Vergleich zum Verhalten ohne dynamische Reckalterung

Während die beiden ersten Kriterien in eindeutiger Weise experimentell überprüfbar sind, erfordern die beiden letzten Punkte eine differenzierende Betrachtung.

In Abschnitt 8.4 ist dargestellt, daß selbst bei reinen, einphasigen Metallen eine "Feinstruktur" im Spannungs-Dehnungs-Verlauf der Hysteresekurve auftreten kann. Selbst in diesem einfachen Fall kann nicht zweifelsfrei festgestellt werden, ob mikrostrukturelle Ursachen vorliegen oder ob es sich um ein ausschließlich regelungstechnisches Problem handelt. Dies verdeutlicht die Problematik der Interpretation eines gezackten Spannungs-Dehnungs-Verlaufes als Kriterium für dynamische Reckalterungsvorgänge. Insbesondere bei der Verwendung der plastischen Dehnung als Regelgröße sind Instabilitäten in der Hysteresekurve kaum zu vermeiden (siehe Abb. 8.7). Daß diese Zacken verstärkt in dem Temperaturbereich auftreten, in dem dynamische Reckalterungsprozesse zu erwarten sind, weist darauf hin, daß es sich um eine Kombination von werkstoff- und maschinenbedingten Vorgängen handelt. Im Gegensatz zur einsinnigen Versuchsführung bei konstanter (nicht im geschlossenen Regelkreis benutzter) Abzugsgeschwindigkeit, sind Unregelmäßigkeiten im Spannungs-Dehnungs-Verlauf bei zyklischer Verformung kein hinreichendes Kriterium für das Auftreten einer dynamischen Reckalterung.

Eine Erhöhung der Lebensdauer durch dynamische Reckalterung kann nur als solche gewertet werden, wenn sie sich auf die Bruchlastspielzahl bezieht, die ohne dynamische Reckalterung gemessen werden würde. Damit wird die Gültigkeit einer zur Extrapolation von N_B benutzten Gesetzmäßigkeit vorausgesetzt[4]. Der Einfluß von Reckalterungsprozessen hängt weiterhin sehr stark von der Versuchsführung ab. Bei zyklischer Verformung mit $\Delta\sigma/2 =$ konst. ergibt sich durch die dynamische Reckalterung eine kleinere plastische Dehnungsamplitude und konsequenterweise eine Lebensdauererhöhung. Analog erfolgt bei $\Delta\epsilon/2 =$ konst. eine Zunahme von $\Delta\sigma/2$ und damit eine Erniedrigung von $\Delta\epsilon_{pl}/2$. Ob dadurch eine Erhöhung oder Abnahme von N_B erfolgt, hängt vom Einzelfall ab, je nachdem ob die Verringerung der plastischen Dehnungsamplitude ($N_B \uparrow$) oder die Erhöhung der Spannungsamplitude ($N_B \downarrow$) wirksamer ist. In Versuchen mit $\Delta\epsilon_{pl}/2 =$ konst. wird die Zunahme der Spannungsamplitude durch die dynamische Reckalterung eine Erniedrigung von N_B bewirken, es sei denn, eine Änderung des Schädigungsmechanismus kompensiert diesen Einfluß.

Die "klassische" Erklärung für statische Reckalterungsvorgänge in α-Eisen, die Verankerung der Versetzungen durch Anreicherung von interstitiell gelösten Fremdatomen (insbesondere Kohlenstoff, aber auch Stickstoff, Bor etc.) in den Dilatationszonen der Versetzungen (Bildung von Cottrell-Wolken), kommt bei austenitischen Stählen aufgrund der kfz Struktur und der damit fehlenden anisotropen Gitterverzerrung durch Zwischengitteratome nicht zum Tragen[5]. Dennoch wird bereits bei Raumtemperatur statische Reckalterung beobachtet (z.B. [358]), die auf die Wirksamkeit von C-C-Paaren [361] oder Kohlenstoff-Leerstellenpaaren [358] zurückgeführt wird.

[4]Stellt man beispielsweise fest, daß bei einer gegebenen Temperatur eine dynamische Reckalterung nur in einem bestimmten Bereich von $\dot{\epsilon}_{pl}$ auftritt, dann kann der Vergleichswert für N_B mit Hilfe der frequenzmodifizierten Coffin-Manson-Beziehung aus den Bruchzyklenzahlen außerhalb dieses Bereiches ermittelt werden [360].

[5]Eine Verankerungswirkung kann durch die Wechselwirkung von Zwischengitteratomen mit aufgespaltenen Schraubenversetzungen erfolgen, die aber nach [361] nicht ausreicht, einen Portevin-LeChatelier-Effekt zu erklären.

Ab einer Temperatur von 100°C bis etwa 300°C wird die Reckalterung ausreichend schnell, um während der Verformung (d.h. dynamisch) ablaufen zu können. Untersuchungen zum Mechanismus (z.B. [358, 362, 325, 363]) lassen schließen, daß in Abhängigkeit von der Temperatur unterschiedliche Arten von Punktdefekten oder Punktdefektkombinationen wirksam sind. Insbesondere bei hohen Temperaturen wird die Wechselwirkung von Versetzungen und Chromatomen als entscheidend betrachtet (z.B. [364, 365]).

Die Ursachenfindung für den möglichen Wechsel im Gleitverhalten bei austenitischen Stählen wird dadurch erschwert, daß im mittleren Temperaturbereich Nahordnungsvorgänge vermutet werden (z.B. [362, 363]) und sich mit zunehmender Chrombeweglichkeit zusätzlich eine Ausscheidung von Karbiden überlagert.

Die Konsequenzen aus all diesen kaum separierbaren Vorgängen ist ein temperaturabhängiges zyklisches Verformungsverhalten, das für den austenitischen Stahl AISI 310 in Abb. 13.13 nach [325] in Form von Karten dargestellt ist. Der in den weiteren Abschnitten behandelte Werkstoff X3CrNi18 9 verhält sich trotz abweichender chemischer Zusammensetzung sehr ähnlich, wenn man von den absoluten Werten der zyklischen 0,2%-Streckgrenze $\Delta R_{p0,2}$ absieht. Abbildung 13.13 stellt damit eine Art vorweggenommene, graphische Zusammenfassung der im Folgenden aufgeführten Ergebnisse dar.

Teilbild b entspricht einem Blick auf die dreidimensionale Darstellung in Abb. 13.13a von oben auf die $\dot{\epsilon} - T$ - Ebene. Der Verlauf $\Delta R_{p0,2}$ ist in Form von "Höhenlinien" konstanter Werte wiedergegeben. Die Bereiche unterschiedlicher Versetzungsanordnungen sind mit gestrichelten Linien voneinander getrennt.

Ausgehend von Raumtemperatur erfolgt zunächst ein kontinuierlicher Abfall der Sättigungsspannung[6], der einer normalen Temperaturabhängigkeit entspricht. Ab ca. 200°C geht dieser Abfall in einen anomalen Anstieg über, der mit einer Änderung des Gleitverhaltens zu größerer Planarität verknüpft ist. Erst bei Überschreiten einer Temperatur von ca. 500°C fällt $\Delta R_{p0,2}$ erneut — und dieses mal steil — ab. Es bilden sich Zellen, die bei noch höheren Temperaturen in die für Hochtemperaturverformung typischen Subkörner übergehen.

13.2.2 Verhalten in Versuchen mit konstanter Amplitude der plastischen Dehnung

Um die Ergebnisse zum Wechselverformungsverhalten und zur Mikrostrukturentwicklung von X3CrNi18 9 (nach [272]) möglichst geschlossen darstellen zu können, beschränken sich die folgenden Ausführungen weitgehend auf die "Standardbedingungen" $\Delta\epsilon_{pl}/2 = 0,5\%$, $\dot{\epsilon}_{pl} = 5 \cdot 10^{-4} s^{-1}$ und Hochvakuum als Umgebungsmedium. Durch eine ganze Reihe von Versuchen mit davon abweichenden Parametern konnten die im weiteren mitzuteilenden Interpretationen ergänzend

[6] $\Delta R_{p0,2}$ wird aus der zyklischen Spannungs-Dehnungskurve ermittelt und ist somit nichts anderes als die Sättigungsspannung bei $\Delta\epsilon_{pl}/2 = 0,2\%$.

a)

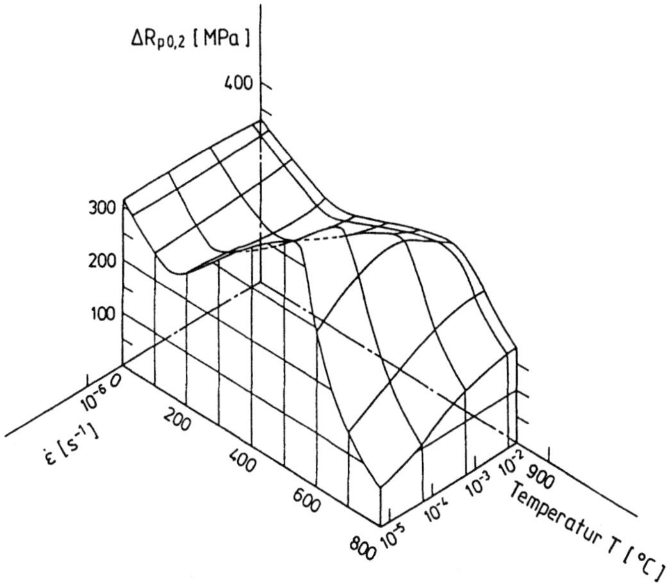

b)

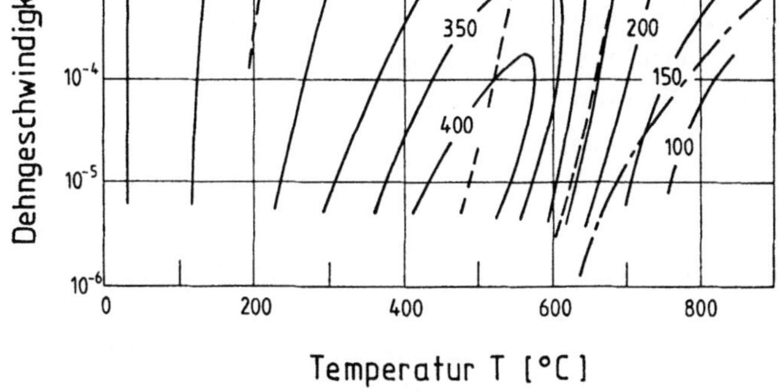

Abb. 13.13: Zusammenhang von zyklischer Streckgrenze (a) und Versetzungsanordnung (b) mit Dehngeschwindigkeit und Temperatur für AISI 310 nach Kanazawa et al. [325]

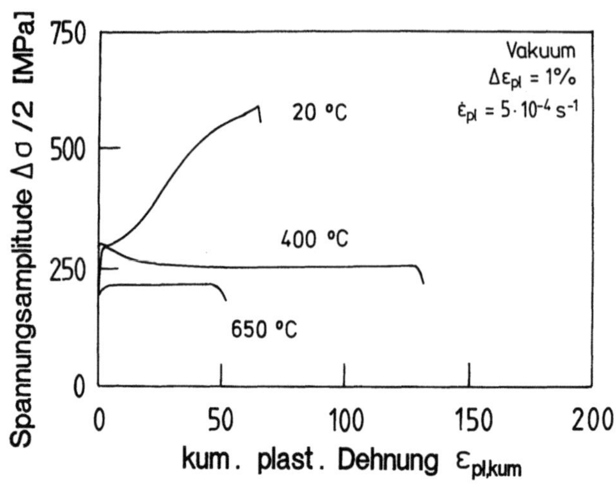

Abb. 13.14: Wechselverformungskurven von X3CrNi18 9 bei 20°C, 400°C und 650°C (nach Petry [272])

bestätigt werden. Das gilt auch für die Untersuchungen zur Rißbildung und zum Rißfortschritt, deren Darstellung den vorgegebenen Rahmen sprengen würde.

Der Temperaturbereich wird nach oben durch 650°C begrenzt, da, wie vergleichende Untersuchungen zum Kriechverhalten des austenitischen Stahles zeigen [327], ab dieser Temperatur auch bei symmetrischer Zug-Druck-Beanspruchung und dem oben genannten Wert von $\dot{\epsilon}_{pl}$ eine Kriech-Ermüdungs-Wechselwirkung nicht mehr vernachlässigt werden kann.

Die grundsätzlichen Unterschiede in der Gestalt der Wechselverformungskurven im Temperaturbereich zwischen Raumtemperatur und 650°C gehen aus Abb. 13.14 hervor. Bei Raumtemperatur (siehe auch Abb. 13.2) zeigt die Spannungsamplitude nach einem schwach ausgeprägten Maximum eine deutliche "sekundäre" Verfestigung, deren Ursache die in Abschnitt 13.1.1 beschriebene und in Abschnitt 13.1.2 dokumentierte verformungsinduzierte Umwandlung von Austenit in ϵ- und α'-Martensit ist. Die im Vergleich zu Versuchen an Luft erhöhte Lebensdauer führt zu einem größeren Martensitanteil beim Bruch und damit zu einem höheren Endwert von $\Delta\sigma/2$.

Im mittleren Temperaturbereich von ca. 200°C bis 550°C tritt ein auffälliges Maximum zu Beginn der Wechselverformung auf. Die Spannung fällt anschließend auf einen Sättigungswert ab, der sich bis zum Bruch nicht mehr verändert oder durch eine leichte sekundäre Verfestigung ansteigt[7].

Bei höheren Temperaturen ($T > 550°C$) ändert sich die Form der Wechselverformungskurve erneut: Der Übergang in den Zustand zyklischer Sättigung erfolgt nach einer anfänglichen Verfestigung direkt, d.h. ohne das Durchlaufen eines Maximums.

[7]Die starke Erhöhung von N_B durch die Versuchsführung in Vakuum ist in Übereinstimmung mit [218] für die Beobachtbarkeit dieses erneuten Anstieges von $\Delta\sigma/2$ bei mittleren Temperaturen verantwortlich.

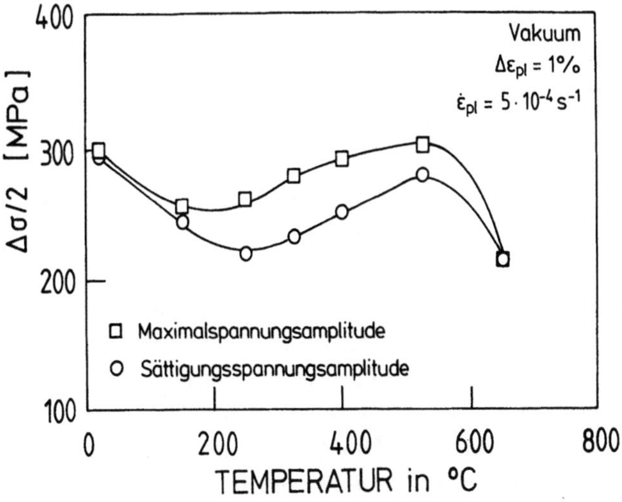

Abb. 13.15: Temperaturabhängigkeit der Spannungsamplitude im Anfangsmaximum und in der Sättigung der Wechselverformungskurven von X3CrNi18 9 (nach Petry [272])

In Abb. 13.15 ist der Einfluß der Temperatur auf die Spannungsamplitude des Sättigungszustandes (vor dem eventuellen Beginn einer sekundären Verfestigung) und auf das anfängliche Maximum der Wechselverformungskurven dargestellt. Die Temperaturabhängigkeit zeigt den bereits in Abb. 13.13a dargestellten Verlauf, der eine Einteilung in drei Bereiche nahelegt.

Zwischen Raumtemperatur und ca. 200°C nimmt im Bereich I die Spannungsamplitude des Maximums und des Sättigungszustandes kontinuierlich mit zunehmender Temperatur ab. Elektronenmikroskopische Untersuchungen dokumentieren, daß diese Abnahme erwartungsgemäß parallel mit der Reduzierung des verformungsinduziert gebildeten Martensits erfolgt. Spätestens bei 200°C wird die Temperaturgrenze überschritten, ab der die Martensitbildung unter den gegebenen Bedingungen nicht mehr möglich ist. Die Abnahme der Spannungsamplitude und die in diesem Bereich beobachtete Zunahme von N_B kann somit schlüssig auf die Rolle der Austenitumwandlung während zyklischer Verformung zurückgeführt werden.

Bereich II zwischen 200°C und ca. 550°C ist durch die anomale Zunahme von $\Delta\sigma/2$ mit steigender Temperatur charakterisiert. Darüber hinaus liegt in diesem Bereich eine deutlich erhöhte Differenz zwischen der Maximalspannungs- und Sättigungsspannungsamplitude vor. Gemäß Abschnitt 13.2.1 sollte das Wechselverformungsverhalten in diesem mittleren Temperaturintervall durch den Vorgang der dynamischen Reckalterung bestimmt sein, wobei dieser Begriff hier pauschal auch mögliche Einflüsse von Nahordnungs- und Ausscheidungsprozessen beinhalten soll. Gemäß Abb. 13.13b ist eine planare Anordnung der Versetzungen zu erwarten, was anhand der Ergebnisse der Mikrostrukturuntersuchung bestätigt werden kann. Die Lebensdauerwerte bei $\dot{\epsilon}_{pl} = 5 \cdot 10^{-4} s^{-1}$ zeigen in diesem Temperaturbereich eine umgekehrte Proportionalität zur Sättigungsspannungsamplitude, sie nehmen also mit steigender Temperatur ab. Dies ist sicherlich primär auf die Vorgabe eines konstanten Wertes für $\Delta\epsilon_{pl}/2$ zurückzuführen und weniger ein Effekt, der im Widerspruch zur dynamischen Reckalterung steht.

Im Temperaturbereich III, oberhalb von etwa 550°C, erfolgt eine deutliche Reduzierung der Spannungsamplitude, die auf zunehmende Erholungs- und Kriechvorgänge schließen läßt.

Die Entwicklung der Versetzungsstruktur ist für 250°C in Abb. 13.16 dargestellt. Ausgehend von einem versetzungsarmen Ausgangsgefüge bilden sich nach wenigen Zyklen homogen im Korn verteilte Versetzungsanordnungen (a). Die Gleitung erfolgt bevorzugt in einem Gleitsystem, aber einzelne Körner weisen bereits die Spuren zweier aktiver Gleitsysteme auf. Neben Versetzungsdipolen entstehen um Matrixkarbide einzelne Versetzungsdickichte, sowie Versetzungsringe und Stapelfehler. Die neben den Korngrenzenkarbiden vorhandenen kubischen Matrixkarbide vom Typ $M_{23}C_6$ mit einer Kantenlänge von 20…50 nm sind häufig perlschnurartig an Versetzungen aufgereiht (Abb. 13.16b).

Die Versetzungsdichte steigt mit zunehmender kumulativer Dehnung an. Im Maximum der Wechselverformungskurve ist an vielen Stellen eine Umordnung von einer gleichmäßigen Verteilung in eine Wand- oder Zellstruktur zu erkennen (c und d). Die in Abb. 13.16e dargestellte Versetzungsanordnung aus dem Randbereich einer Probe erinnert an die Leiterstruktur der PGB, wenngleich die typischerweise in deren Umgebung vorliegende Matrixstruktur nicht beobachtbar ist.

Im Bereich zyklischer Sättigung liegen verschiedenartige Anordnungen nebeneinander vor. Zum einen sind Zellen vorhanden, die deutliche Orientierungsunterschiede gegeneinander zeigen (f). Daneben existieren Bereiche, in denen die Zellwände sehr diffus und die Zellen nicht geschlossen sind. Die Orientierung der meist länglichen Zellen verläuft stets parallel zu den Spuren von {111}-Ebenen.

Die weitere Verformung bis zum Bruch bewirkt eine zunehmend schärfere Trennung zwischen den versetzungsarmen zellinneren Gebieten und den Zellwänden (h). Die Umwandlung ist aber selbst beim Bruch noch nicht vollständig abgeschlossen, was die Koexistenz der Zellen mit offenen Wandstrukturen und Versetzungsanhäufungen verdeutlicht (g).

Bereits auf den ersten Blick läßt sich aus Abb. 13.17 erkennen, daß sich das Gleitverhalten bei 400°C deutlich planarer darstellt. Ein Vergleich mit den Untersuchungen an Proben der anderen Temperaturen zeigt, daß etwa bei 400°C ein Maximum der Planarität vorliegt (in Übereinstimmung mit [366]). Die Lokalisierung der Versetzungen auf ihren Gleitebenen ist dabei umso ausgeprägter, je niedriger $\Delta\epsilon_{pl}/2$ ist.

Abbildung 13.17 gibt die Entwicklung der Versetzungsanordnung für $\Delta\epsilon_{pl}/2 = 0{,}5\%$ wieder. Nach 10 Zyklen (a) ähnelt die Mikrostruktur der nach gleicher Zyklenzahl bei 250°C beobachteten: Es liegen Versetzungsdipole und -ringe in annähernd homogener Verteilung vor. Eine Tendenz zur Bifurkation in versetzungsreiche und -arme Gebiete ist im Maximum der Wechselverformungskurve erkennbar (b). Im Bereich der Sättigung sind lange Bänder parallel zu {111}-Ebenen ausgebildet (c), die vereinzelt zueinander Orientierungsunterschiede aufweisen. Die Versetzungsdichte variiert von Korn zu Korn sehr stark. Eine klare

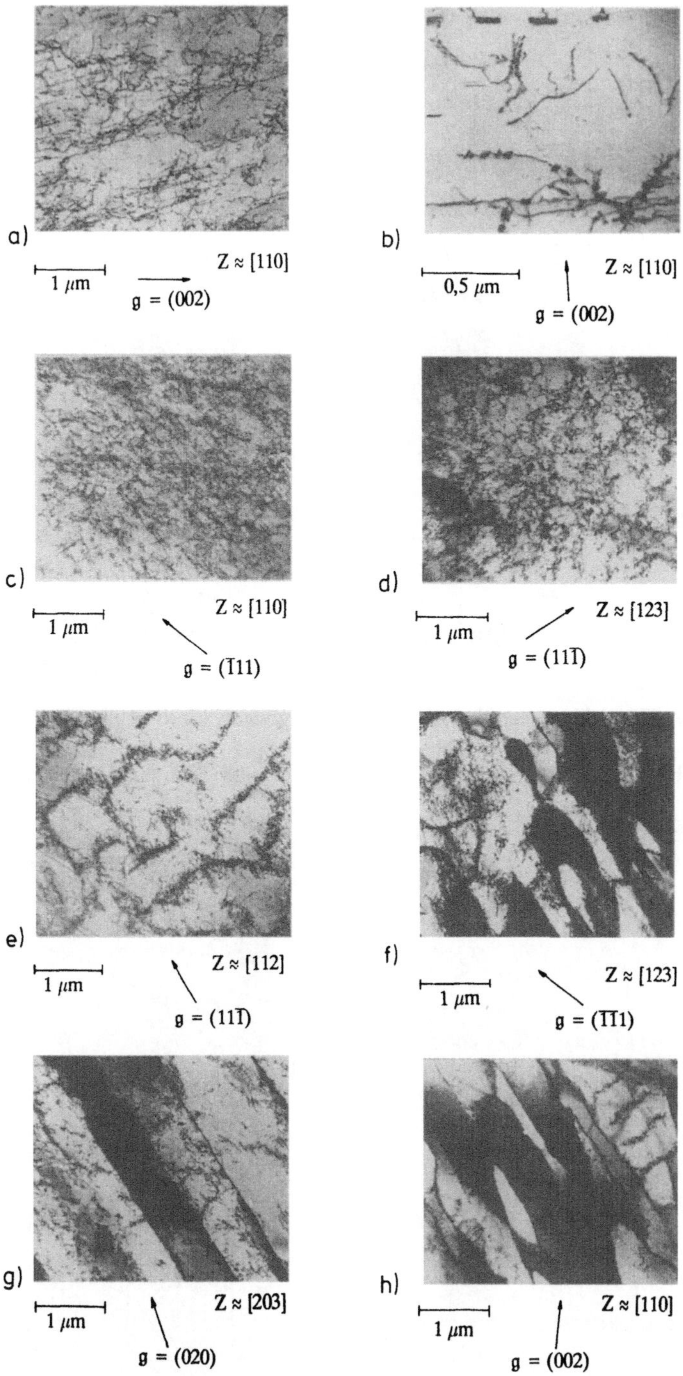

Abb. 13.16: Entwicklung der Versetzungsstruktur von X3CrNi18 9 bei 250°C in Abhängigkeit von der Lastspielzahl N (nach Petry [272]):
a) und b) $N = 10$
c) bis e) $N = 65$ (Maximum von $\Delta\sigma/2$)
f) $N = 6000$ (Sättigung)
g) und h) $N = 13500$ (Bruch)

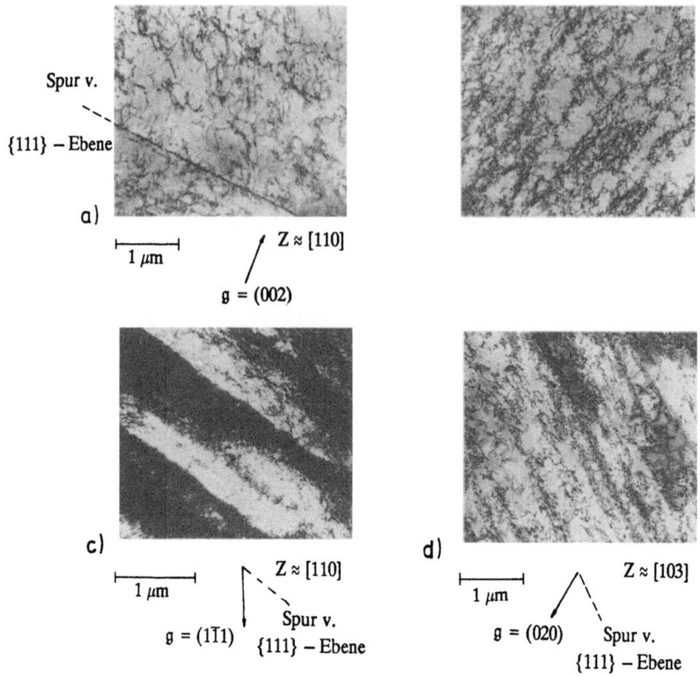

Abb. 13.17: Entwicklung der Versetzungsanordnung von X3CrNi18 9 bei 400°C (nach Petry [272]):
a) $N = 10$, b) $N = 125$ (Maximum von $\Delta\sigma/2$), c) $N = 4000$ (Sättigung), d) $N = 6550$ (Bruch)

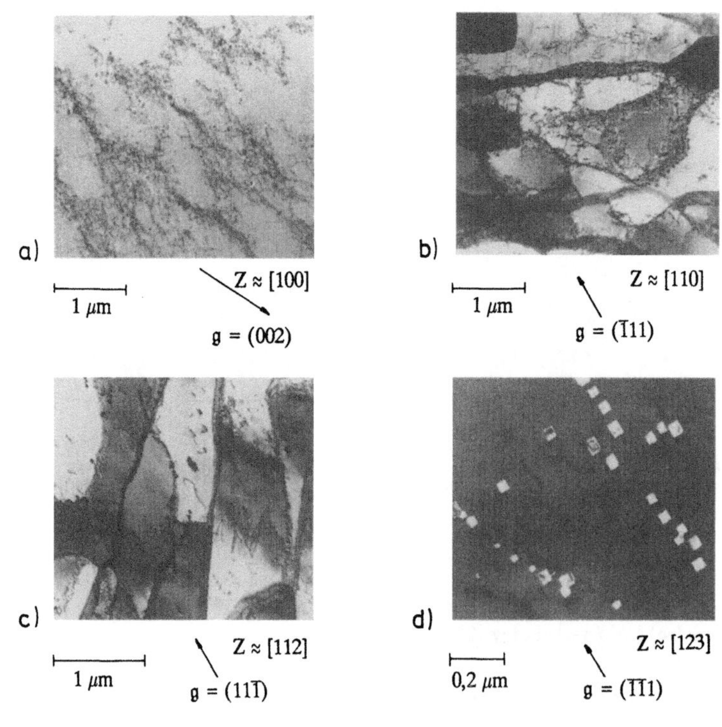

Abb. 13.18: Entwicklung der Mikrostruktur von X3CrNi18 9 bei 650°C (nach Petry [272]):
a) $N = 10$, b) $N = 400$ (Sättigung), c) $N = 2600$ (Bruch), d) Karbide bei $N = 2600$ (Bruch)

Trennung in Zellwände und zellinnere Bereiche ist nicht möglich. In (d) erkennt man die lokalisierte Anordnung und Gleitung der Versetzungen auf einzelnen {111}-Ebenen. Zwischen den aktiven Gleitebenen ist die Versetzungsdichte gering. Auffällig ist das erhöhte Auftreten sehr kleiner Ausscheidungen entlang der betätigten Gleitebenen. Auch bei weiterer zyklischer Verformung bis zum Bruch ist keine grundlegende Veränderung der Versetzungsanordnung erkennbar, was dem ausgeprägten Sättigungsverhalten (Abb. 13.14) entspricht.

Bei der höchsten der untersuchten Temperaturen von 650°C bildet sich praktisch mit Beginn der zyklischen Beanspruchung eine Zellstruktur, die bereits nach 10 Zyklen (Abb. 13.18a) durch die Heterogenität der Versetzungsverteilung erkennbar ist (in Übereinstimmung mit [217, 367]). Im weiteren Verlauf der Verformung wandeln sich die Zellen in Subkörner um[8] (Abb. 13.18b). Mit zunehmender Zyklenzahl wird die Subkornstruktur regelmäßiger, die Bereiche im Inneren der Subkörner versetzungsärmer und die Orientierungsunterschiede ausgeprägter (c). Während der Sättigung entstehen sehr viele kleine Karbide, die eine würfelförmige Morphologie zeigen, eine Kantenlänge von 15–50 nm besitzen und kohärent sind (d).

Abbildung 13.19 zeigt die im REM mit Hilfe des Orientierungskontrastes nachzuweisende Versetzungsanordnung in Abhängigkeit von der Temperatur der zyklischen Verformung. Die Methodik (siehe auch Abschnitt 8.5) ist aufgrund der Betrachtbarkeit größerer Oberflächenbereiche und der Darstellmöglichkeit nicht von Einzelversetzungen sondern von Versetzungsstrukturen sehr gut geeignet, den Übergang des Gleitcharakters mit der Temperatur von gemischt (Raumtemperatur) über wellig(er) (Bereich I) und planar(er) (Bereich II) zu wellig (Bereich III) nachzuweisen.

Bei 250°C (a) sind Bündelstrukturen erkennbar, die mit länglichen Bändern durchsetzt sind. Die hellen Konturen der Zellgrenzen sind in Abb. 13.19a insbesondere in den dunklen Bereichen gut nachweisbar. Helligkeitsunterschiede in den einzelnen Gebieten zeigen, daß die entstandenen Zellen Orientierungsunterschiede aufweisen.

Bei 400°C beobachtet man im Gegensatz dazu geradlinige Verformungsspuren, die sich in Abb. 13.19b kreuzen. Da mit Hilfe des Channelingkontrastes Wand, Zell- und Subkornstrukturen eindeutig nachweisbar sind, können diese Arten von Versetzungsanordnungen ausgeschlossen werden. Abbildung 13.19b kann als die Darstellung planarer Versetzungsstrukturen interpretiert werden.

Bei den Temperaturen 525°C und 650°C ist die Ausbildung von Zell- bzw. Subkorngrenzen deutlich erkennbar (c und d). Die entstandene Mikrostruktur wird von der Kristallitorientierung deutlich mitbeeinflußt. Neben Bereichen mit gut nachweisbaren Orientierungsunterschieden zwischen den Zellen (bzw. Subkörnern) liegen in benachbarten Körnern Wandstrukturen vor.

Für die Veränderung im Gleitverhalten der Legierung kann neben der dy-

[8]Subkorngrenzen bestehen im Gegensatz zu Zellgrenzen aus geometrisch regelmäßig angeordneten Versetzungen (Sie sind "gestrickt".). Ihre Ausdehnung senkrecht zur Wand ist sehr gering, d.h. sie sind in erster Näherung zweidimensional.

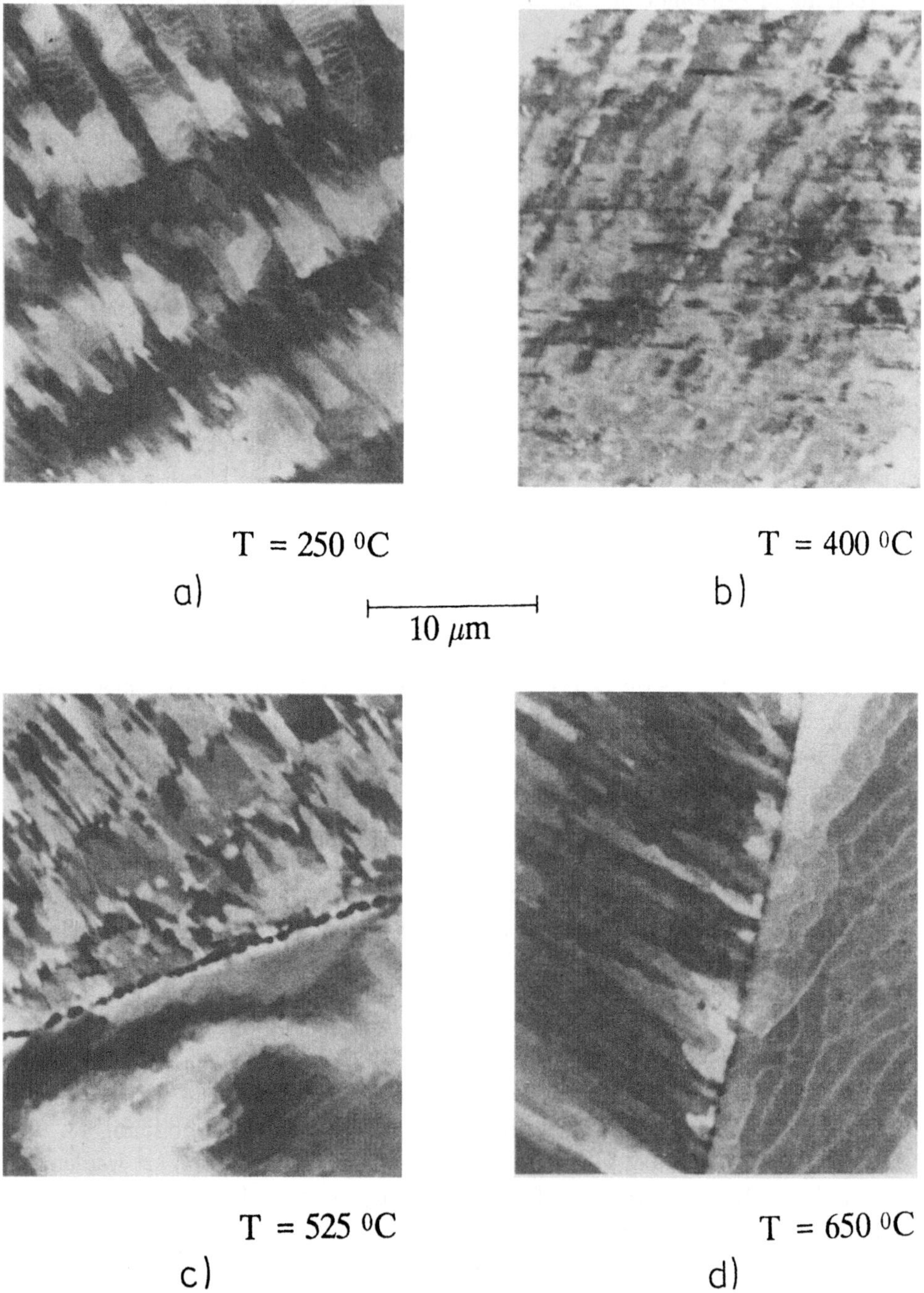

Abb. 13.19: REM-Aufnahmen im Orientierungs(Channeling)kontrast zur Darstellung der globalen Versetzungsanordnung bei $N = N_B$ (nach Petry [272])

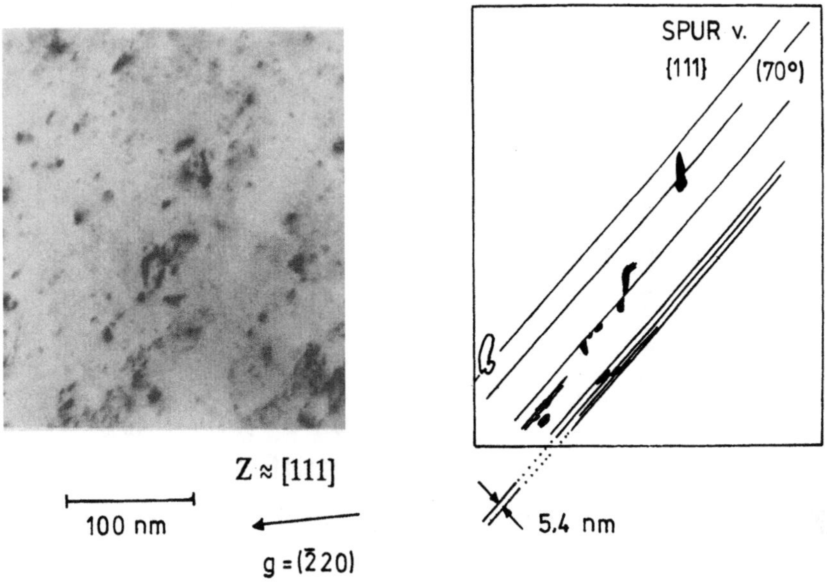

Abb. 13.20: Geschnittene kohärente Ausscheidungen in X3CrNi18 9 bei 400°C (nach Petry [272]):
a) TEM-Hellfeldaufnahme, b) Schemabild

namischen Reckalterung und einer eventuellen, nicht direkt nachweisbaren Nahordnung auch die Ausscheidung von Karbiden verantwortlich sein. Bereits bei 250°C sind im TEM sehr kleine (< 5 nm) Teilchen zu finden, die bevorzugt in Versetzungsdickichten vorliegen und Gleitversetzungen verankern können. Bei 400°C beobachtet man eine gleichmäßigere Verteilung im Korn. Die Ausscheidungen sind allerdings noch zu klein (4...10 nm), um anhand von Beugungsreflexen identifiziert werden zu können. Durch Abbildungen mit verschiedenen Beugungsvektoren und mit Hilfe der weak-beam-Technik ist es aber möglich, nachzuweisen, daß es sich um plattenförmige Teilchen handelt.

In Abb. 13.20 ist dargestellt, daß gerade bei der Temperatur von 400°C, wo die Gleitung am ausgeprägtesten planar erfolgt, eine Wechselwirkung der Versetzungen mit den Ausscheidungsteilchen in Form von Schneidprozessen stattfindet. Eine festigkeitssteigernde Wirkung der Karbide kann somit zerstört werden; mehrmaliges Schneiden könnte nach Unterschreiten eines kritischen Keimradius sogar zur vollständigen Auflösung führen. Die lokale Entfestigung entlang einzelner Gleitebenen muß somit zumindest als unterstützend für die Einstellung planarer Versetzungsanordnungen bei dieser Temperatur betrachtet werden.

Die bei 650°C gebildeten Karbide (siehe Abb. 13.18d) würfelförmiger Morphologie sind für eine Strukturanalyse durch Elektronenbeugung ausreichend groß. Das Beugungsbild weist nach, daß es sich um kohärente $M_{23}C_6$-Karbide handelt, deren Flächennormalen parallel zu den $\langle 110 \rangle$-Richtungen der Matrix verlaufen. Im Vergleich zu den bei der Wärmebehandlung entstandenen Korngrenzenkarbiden besitzen die verformungsinduziert gebildeten Teilchen einen deutlich verminderten Chromgehalt. Mit dem Wachstum der Ausscheidungen im Verlauf

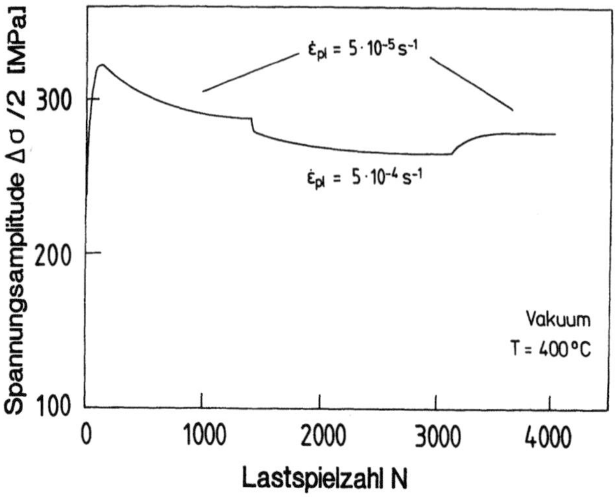

Abb. 13.21: Einfluß der plastischen Dehngeschwindigkeit auf die Spannungsamplitude bei 400°C für X3CrNi18 9 (nach Petry [272])

der zyklischen Beanspruchung werden die Anteile an Eisen und Nickel immer mehr durch Chrom ersetzt, so daß sich die chemischen Zusammensetzungen der Karbide an den Korngrenzen und im Korninneren allmählich annähern.

Neben der Zunahme der Sättigungsspannung mit der Temperatur ist in Abschnitt 13.2.1 als weiteres charakteristisches Merkmal für dynamische Reckalterungsvorgänge eine negative Geschwindigkeitsabhängigkeit ($d\sigma_S/d\dot{\epsilon} < 0$) genannt. Diese tritt in der Tat in dem als Bereich II bezeichneten Temperaturintervall auf.

Abbildung 13.21 zeigt den Verlauf der bei 400°C ermittelten Wechselverformungskurve (aufgetragen gegen N). Im mittleren Bereich der Kurve wurde mit einer um einen Faktor 10 erhöhten plastischen Dehngeschwindigkeit zyklisch verformt. Man erkennt deutlich ein Absinken von $\Delta\sigma/2$ bei Zunahme von $\dot{\epsilon}_{pl}$ und ein Ansteigen bei Abnahme von $\dot{\epsilon}_{pl}$. Dies steht im Widerspruch zum normalen Werkstoffverhalten, welches durch eine Erniedrigung von $\Delta\sigma/2$ mit abnehmender Belastungsfrequenz gekennzeichnet ist, weil mit zunehmender Zeitdauer (pro Zyklus) die für die thermisch aktivierten Erholungsprozesse zur Verfügung stehende Zeit größer wird ($\Delta\sigma/2 \downarrow$). Ein Vergleich der mit verschiedenen Werten von $\dot{\epsilon}_{pl}$ ermittelten Wechselverformungskurven aus Einstufenversuchen (ohne Wechsel von $\dot{\epsilon}_{pl}$) gleicher plastischer Dehnungsamplitude zeigt in ähnlicher Weise die inverse Geschwindigkeitsabhängigkeit des Bereiches II (siehe auch [365, 368]).

Da ein gezackter Verlauf der Spannung mit der Dehnung bei zyklischer Verformung nicht ohne weiteres als Kriterium für eine dynamische Reckalterung herangezogen werden kann, wurde das Auftreten von Zacken in Abhängigkeit von Temperatur und Abzugsgeschwindigkeit im Zugversuch untersucht [369]. Die Ergebnisse sind identisch mit den Resultaten in [365] und zeigen, daß der Bereich der dynamischen Reckalterung bei einsinniger Beanspruchung etwas zu höheren Temperaturen hin verschoben ist.

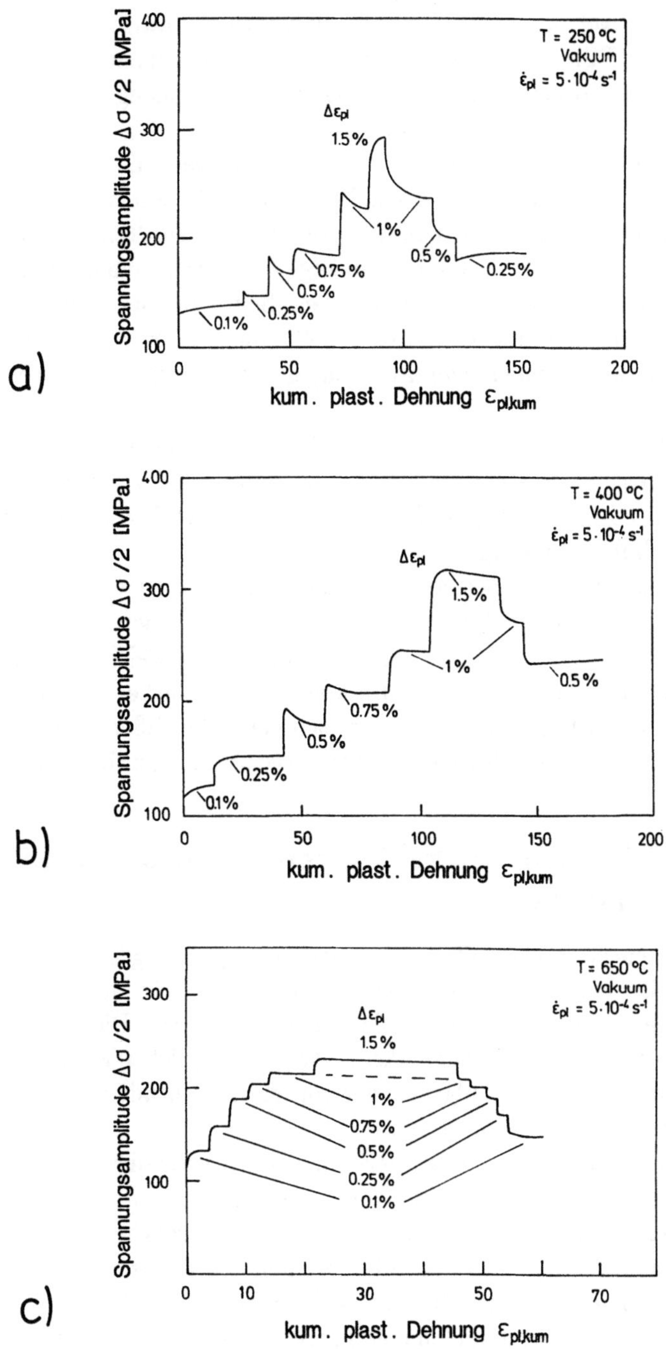

Abb. 13.22: Wechselverformungskurven von Mehrstufenversuchen an X3CrNi18 9 bei a) 250°C, b) 400°C und c) 650°C (nach Petry [272])

Eine Möglichkeit, die Veränderung des Gleitcharakters mit der Temperatur in Form makroskopischer Beobachtungen zu dokumentieren, stellt die Durchführung von Mehrstufenversuchen dar. Bei nicht zu niedriger plastischer Dehnungsamplitude sollte im Falle welliger Gleitung ein vorgeschichteunabhängiges Verhalten vorliegen, während bei planarer Gleitung eine Erniedrigung von $\Delta\epsilon_{pl}/2$ zu hohe Werte von $\Delta\sigma/2$ zur Folge hat (siehe Kapitel 7).

In Abb. 13.22 sind die Wechselverformungskurven, die sich ergeben, wenn $\Delta\epsilon_{pl}$ zunächst stufenweise auf einen Wert von 1,5% erhöht und anschließend wieder schrittweise erniedrigt wird, für drei verschiedene Temperaturen gezeigt.

Bereits bei 250°C (a) ist eine Abhängigkeit der Spannungsamplitude von der mechanischen Vorgeschichte vorhanden. Selbst bei den großen Werten von $\Delta\epsilon_{pl}/2$ wird das ursprüngliche Niveau nicht mehr erreicht. Die Unterschiede nehmen mit abnehmender Amplitude zu, da die Fähigkeit des Werkstoffes zu entfestigen verlorengeht.

Bei 400°C (b) ist die Vorgeschichteabhängigkeit noch stärker ausgeprägt. Auch bei $\Delta\epsilon_{pl} = 1\%$ stabilisiert sich der Wert von $\Delta\sigma/2$ weit oberhalb der anfänglichen Sättigungsamplitude. Die Zunahme der Planarität der Gleitung zeigt deutlich ihre Wirkung.

Die Subkornstruktur bei hoher Temperatur führt zu einem vorgeschichteunabhängigen zyklischen Verformungsverhalten bei hohen Amplituden. Dies wird in Abb. 13.22c durch das Erreichen annähernd gleicher $\Delta\sigma/2$-Werte im ansteigenden und abfallenden Teil des Mehrstufenversuches dokumentiert. Erst bei kleinen Amplituden von ϵ_{pl} ergeben sich deutliche Differenzen, die eventuell aber auf unterschiedliche Karbidausscheidungszustände zurückzuführen sind.

13.2.3 Die einheitliche Hysteresenform der Einstufenversuche

Die sehr unterschiedlichen Werte der Sättigungsspannung σ_S in Abb. 13.15 in Abhängigkeit von der Temperatur lassen erkennen, daß ein ideal zyklisches Spannungs-Dehnungs-Verhalten ausgeschlossen werden kann. Dies gilt auch, wenn Hysteresekurven unterschiedlicher $\Delta\epsilon_{pl}/2$-Werte bei gleicher Versuchstemperatur verglichen werden, was ja aufgrund der von der Amplitude abhängigen Versetzungsstruktur auch zu erwarten ist.

Ein überraschendes Ergebnis liefert ein Vergleich normierter Hystereseschleifen der Sättigungszustände. Einem Vorschlag von Wadsworth [68] folgend, kann die Form verschiedener Hysteresekurven dann gut verglichen werden, wenn die Werte von σ und ϵ_{pl} (bzw. ϵ) auf die jeweilige Schwingbreite bezogen und die Schleifen in ein gemeinsames Diagramm eingezeichnet werden.

Abbildung 13.23a zeigt, daß in dieser Darstellungsform die Sättigungshysteresekurven in dem Temperaturbereich von 150°C bis 525°C für $\Delta\epsilon_{pl}/2 = 1\%$ und $\dot{\epsilon}_{pl} = 5 \cdot 10^{-4} s^{-1}$ zusammenfallen[9]. Für niedrigere und höhere Temperaturen er-

[9] Da in diesem Fall $\Delta\epsilon_{pl}$ für alle Hysteresekurven gleich ist, hätte auf die Normierung der x-Achse verzichtet werden können.

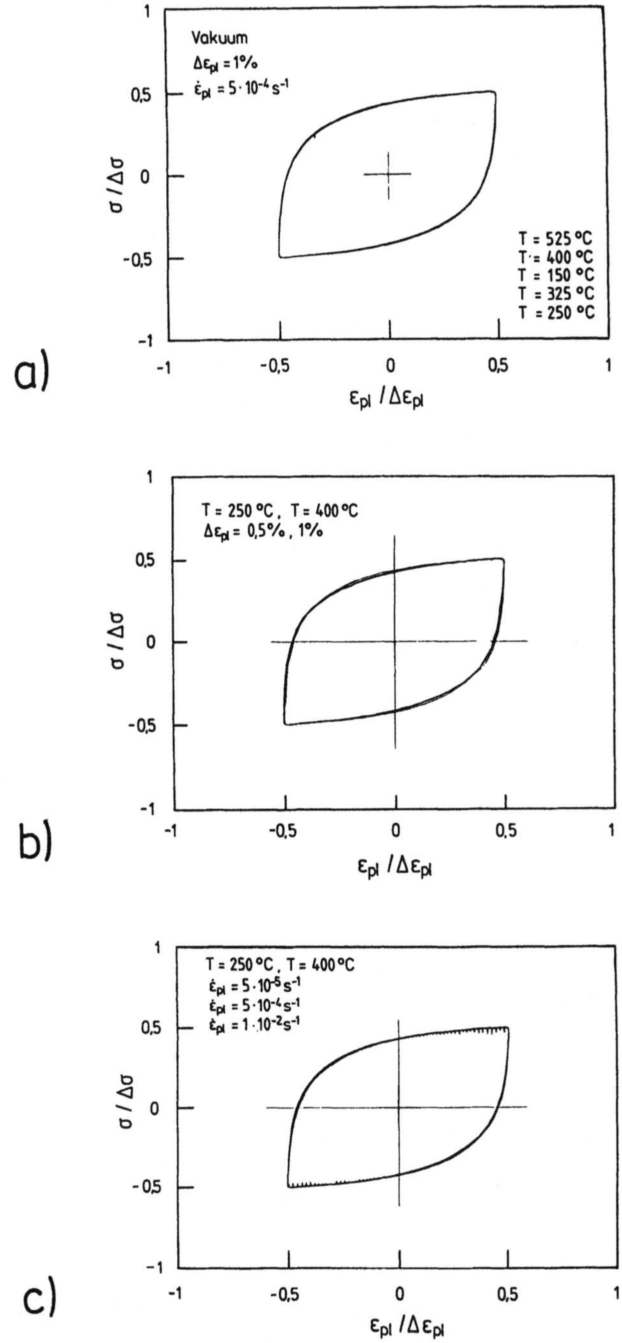

Abb. 13.23: Hysteresekurven des Sättigungszustandes von X3CrNi18 9 in normierter Darstellung (nach Petry [272]):
a) für fünf verschiedene Temperaturen bei $\Delta\epsilon_{pl}/2 = 0,5\%$ und $\dot{\epsilon}_{pl} = 5 \cdot 10^{-4} s^{-1}$
b) für 250°C und 400°C jeweils bei $\Delta\epsilon_{pl}/2 = 0,25\%$ und 0,5% ($\dot{\epsilon}_{pl} = 5 \cdot 10^{-4} s^{-1}$)
c) bei 250°C und 400°C jeweils für $\dot{\epsilon}_{pl} = 5 \cdot 10^{-5} s^{-1}$, $5 \cdot 10^{-4} s^{-1}$ und $1 \cdot 10^{-2} s^{-1}$ ($\Delta\epsilon_{pl}/2 = 0,5\%$)

geben sich deutliche Abweichungen von der einheitlichen Hysteresenform. Auch bei einer Variation von $\Delta\epsilon_{pl}$ in einem allerdings begrenzten Bereich sind die normierten Kurven in guter Näherung deckungsgleich (b). Selbst eine Veränderung der plastischen Dehngeschwindigkeit um mehr als zwei Zehnerpotenzen ändert nichts an diesem Sachverhalt (c).

Die überraschende Beobachtung der einheitlichen Hysteresenform trotz erkennbar unterschiedlicher Versetzungsstruktur sollte nicht zu der Interpretation verleiten, daß die Hysteresekurve die mikrostrukturellen Vorgänge nicht in charakteristischer integraler Weise wiedergibt. Vielmehr muß einschränkend beachtet werden, daß

- die Hysteresekurven erst nach Normierung deckungsgleich sind. Die Werte von σ_S und $\Delta\epsilon_{pl}$ sind aber bereits mikrostrukturell bedingte Größen.
- der betrachtete Temperaturbereich nahezu identisch ist mit dem Bereich II, in dem (pauschal ausgedrückt) dynamische Reckalterung vorliegt.
- das Intervall von $\Delta\epsilon_{pl}$ sehr klein ist.

Eine einheitliche Hysteresenform wird dann nicht gefunden, wenn die Martensitbildung eine dominierende Rolle spielt (Raumtemperatur), oder wenn ein starker Einfluß thermisch aktivierter Erholungsvorgänge vorliegt (650°C).

Unter dem Gesichtspunkt der Beschreibung des zyklischen Verformungsverhaltens mit Hilfe von einfachen Vielkörpermodellen (siehe Kapitel 4) ist von Interesse, ob die einheitliche Hysteresenform auf bestimmte Eigenschaften der Streckgrenzenverteilungsfunktionen schließen läßt (bzw. umgekehrt gewisse Eigenschaften gefordert werden müssen, damit eine einheitliche Hysteresenform auftreten kann). Zur Überprüfung dieser Frage kann vereinfachend auf eine analytische Form des normierten Spannungs-Dehnungs-Zusammenhanges zurückgegriffen werden, die in sehr guter Näherung den ansteigenden Ast der Einheitshysteresekurve unter den oben genannten Bedingungen beschreibt [272]:

$$\frac{\sigma_r}{\Delta\sigma} = \left(1,24 - 0,24\frac{\epsilon_{pl,r}}{\Delta\epsilon_{pl}}\right)\left(\frac{\epsilon_{pl,r}}{\Delta\epsilon_{pl}}\right)^{0,27} \tag{13.3}$$

Diese mathematische Beziehung ist rein empirisch ermittelt und trägt der Tatsache Rechnung, daß ein Potenzgesetz den Zusammenhang zwischen normierter Spannung und normierter plastischer Dehnung nicht befriedigend wiedergibt. Mit Hilfe des linear abnehmenden Vorfaktors $1,24 - 0,24\epsilon_{pl,r}/\Delta\epsilon_{pl}$ in (13.3) kann eine deutliche Verbesserung der Anpassung erzielt werden.

Einheitliche Hysteresenform und Masing-Modell

Die Streckgrenzenverteilungsfunktion $f_p(\sigma_{if})$ bei der Parallelschaltung ideal elastisch-plastischer Elemente (Masing-Modell) ist gemäß (4.16) aus der zweiten Ableitung von σ_r gegen ϵ_r ermittelbar. Um die Konsequenz der einheitlichen Form der Hysteresekurve für $f_p(\sigma_{if})$ abschätzen zu können, müssen in einem ersten Schritt die Differentiale nach ϵ_r durch solche bezüglich $\epsilon_{pl,r}$ ersetzt werden und in einem zweiten Schritt normierte Größen $\epsilon_{pl,r}/\Delta\epsilon_{pl}$ und $\sigma/\Delta\sigma$ eingeführt werden.

Mit Hilfe der Beziehungen

$$\frac{\partial \sigma_r}{\partial \epsilon_r} = \frac{\frac{\partial \sigma_r}{\partial \epsilon_{pl,r}}}{\frac{1}{E}\frac{\partial \sigma_r}{\partial \epsilon_{pl,r}} + 1} \tag{13.4}$$

und

$$\frac{\partial \epsilon_{pl,r}}{\partial \epsilon_r} = \frac{1}{\frac{1}{E}\frac{\partial \sigma_r}{\partial \epsilon_{pl,r}} + 1} \tag{13.5}$$

ergibt sich aus

$$\frac{\partial^2 \sigma_r}{\partial {\epsilon_r}^2} = \frac{\partial \left(\frac{\partial \sigma_r}{\partial \epsilon_r}\right)}{\partial \epsilon_{pl,r}} \frac{\partial \epsilon_{pl,r}}{\partial \epsilon_r} \tag{13.6}$$

die Gleichung

$$\frac{\partial^2 \sigma_r}{\partial {\epsilon_r}^2} = \frac{\frac{\partial^2 \sigma_r}{\partial {\epsilon_{pl,r}}^2}}{\left(1 + \frac{1}{E}\frac{\partial \sigma_r}{\partial \epsilon_{pl,r}}\right)^3} \tag{13.7}$$

Definiert man f_{ZSD} als Funktion, die die zyklische Spannungs-Dehnungskurve beschreibt

$$\sigma_S = f_{ZSD}\left(\frac{\Delta \epsilon_{pl}}{2}\right) \tag{13.8}$$

und führt die normierten Spannungs- und plastischen Dehnungswerte σ_n und ϵ_n ein, für die gilt

$$\sigma_n = \frac{\sigma_r}{2\sigma_S} \tag{13.9}$$

und

$$\epsilon_n = \frac{\epsilon_{pl,r}}{\Delta \epsilon_{pl}}, \tag{13.10}$$

so ergibt sich mit

$$\frac{\partial \sigma_r}{\partial \epsilon_{pl,r}} = \frac{2 f_{ZSD}\left(\frac{\Delta \epsilon_{pl}}{2}\right)}{\Delta \epsilon_{pl}} \frac{\partial \sigma_n}{\partial \epsilon_n} \tag{13.11}$$

und

$$\frac{\partial^2 \sigma_r}{\partial {\epsilon_{pl,r}}^2} = \frac{2 f_{ZSD}\left(\frac{\Delta \epsilon_{pl}}{2}\right)}{{\Delta \epsilon_{pl}}^2} \frac{\partial^2 \sigma_n}{\partial {\epsilon_n}^2} \tag{13.12}$$

eingesetzt in (13.7) und (4.16) schließlich:

$$f_p(\sigma_{if}) = -\frac{E(T)\Delta\epsilon_{pl} f_{ZSD}\left(\frac{\Delta \epsilon_{pl}}{2}\right) \frac{\partial^2 \sigma_n}{\partial {\epsilon_n}^2}}{\left(E(T)\Delta\epsilon_{pl} + 2 f_{ZSD}\left(\frac{\Delta \epsilon_{pl}}{2}\right)\frac{\partial \sigma_n}{\partial \epsilon_n}\right)^3} \tag{13.13}$$

mit

$$\sigma_{if} = \sigma_n f_{ZSD}\left(\frac{\Delta \epsilon_{pl}}{2}\right) + \epsilon_n \frac{\Delta \epsilon_{pl}}{2} E \tag{13.14}$$

Diese Beziehung erlaubt die Berechnung der Streckgrenzenverteilungsfunktion der Parallelschaltung aus der zyklischen Spannungs-Dehnungskurve und der ersten und zweiten Ableitung des normierten Spannungs-Dehnungs-Verlaufes (13.3).

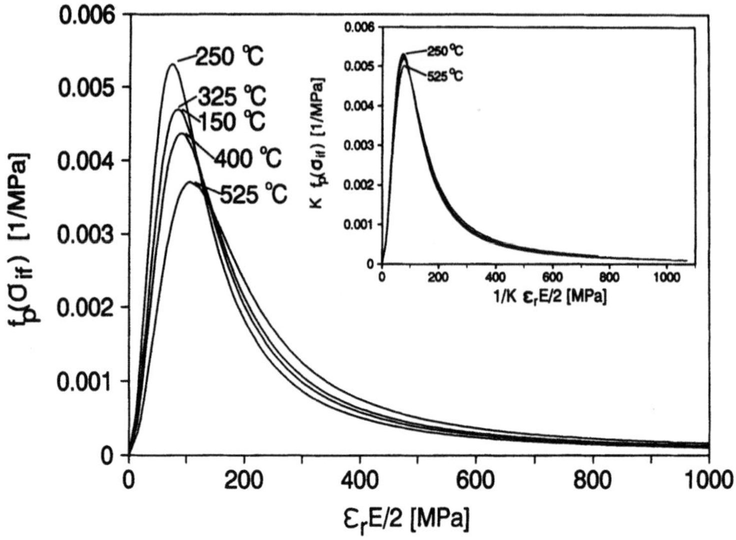

Abb. 13.24: Streckgrenzenverteilungsfunktion der Parallelschaltung für X3CrNi18 9 bei verschiedenen Temperaturen; eingefügtes Bild: nach Multiplikation mit einem für jede Temperatur angepaßten Faktor K

Abbildung 13.24 zeigt die Kurven von $f_p(\sigma_{if})$ für die verschiedenen Temperaturen unter den Standardbedingungen $\Delta\epsilon_{pl}/2 = 0,5\%$ und $\dot{\epsilon}_{pl} = 5 \cdot 10^{-4}s^{-1}$ (entsprechend Abb. 13.23a). Bei 150°C und 325°C ergeben sich deckungsgleiche Darstellungen, so daß nur eine Kurve wiedergegeben wurde.

Grundsätzlich entspricht der Kurvenverlauf mit einem anfänglichen Anstieg, dem Durchlaufen eines Maximums und dem anschließenden Abfall, der $f_p(\sigma_{if})$ asymptotisch auf Null reduziert, den Erwartungen. Die Funktionen $f_p(\sigma_{if})$ sind aber in ihrer Form unterschiedlich und lassen kein markantes gemeinsames Merkmal erkennen.

Es liegt nahe, eine einheitliche Hysteresenform auf eine Ähnlichkeit in $f_p(\sigma_{if})$ zurückzuführen, was einer Übertragung des "principle of similitude" [294] auf das Verbundmodell entsprechen würde. Setzt man voraus, daß die Streckgrenzenverteilungsfunktion für bestimmte Bedingungen (Situation 1) ähnlich zu der ist unter den Bedingungen 2 (z.B. bei einer anderen Temperatur), und definiert man K als Umrechnungsfaktor, mit dem $(f_p(\sigma_{if}))_1$ in $(f_p(\sigma_{if}))_2$ überführt werden kann, dann gilt:

$$(f_p(\sigma_{if}))_2 = K\,(f_p(K\sigma_{if}))_1 \tag{13.15}$$

K tritt in (13.15) zweimal auf, da die Streckgrenzenverteilungsfunktionen definitionsgemäß normiert sind, so daß die Fläche unter der Kurve immer 1 ist. Wird anschaulich die x-Achse durch Einsetzen von $K\sigma_{if}$ anstelle von σ_{if} in $f_p(\sigma_{if})$ gestaucht, so muß die Kurve in y-Richtung entsprechend gedehnt werden, um den Flächenwert 1 aufrechtzuerhalten.

Man kann leicht zeigen, daß die Skalierungsfaktoren K direkt und eindeutig aus dem Vergleich der Verläufe von $\epsilon_{pl,r}$ gegen ϵ_r gewonnen werden können, da unter den gegebenen Voraussetzungen diese Kurven (mit K als Maßstabsfaktor) ineinander überführt werden können sollten. Verwendet man die so ermittelten K-Werte zur Umrechnung der Streckgrenzenverteilungsfunktionen, dann ergibt sich das in Abb. 13.24 rechts oben dargestellte Bild.

Die Unterschiede in den so ermittelten $f_p(\sigma_{if})$-Kurven sind sehr gering und lassen sich auf die Abweichung zwischen der mathematischen Beschreibung des Spannungs-Dehnungs-Verlaufes der Hysteresekurven und den experimentellen Meßwerten zurückführen. Das Ähnlichkeitsprinzip der Streckgrenzenverteilungsfunktion behält seine Gültigkeit auch beim Vergleich der mit verschiedenen $\dot{\epsilon}_{pl}$ ermittelten Hysteresekurven (siehe Abb. 13.23b). Es ist allerdings nicht in der Lage, befriedigend das Vorliegen der einheitlichen Hysteresenform bei den beiden betrachteten Werten von $\Delta\epsilon_{pl}/2$ (siehe Abb. 13.23c) wiederzugeben.

Einheitliche Hysteresenform und Serienschaltung

In dem in Kapitel 4 statistisch behandelten Vielkomponentenmodell, bestehend aus der Hintereinanderschaltung von elastisch linear-plastischen Elementen, ist die Streckgrenzenverteilungsfunktion $f_s(\sigma_{if})$ aus der zweifachen Differentiation der relativen Dehnung nach der relativen Spannung berechenbar. Aus dem Zusammenhang von normierten und relativen Koordinaten (13.9 und 13.10) folgt:

$$\frac{\partial^2 \epsilon_{pl,r}}{\partial {\sigma_r}^2} = \frac{\partial^2 \epsilon_n}{\partial {\sigma_n}^2} \frac{\Delta\epsilon_{pl}}{\left(2 f_{ZSD}\left(\frac{\Delta\epsilon_{pl}}{2}\right)\right)^2} \tag{13.16}$$

Für $f_s(\sigma_{if})$ ergibt sich aus (4.28) und (13.16):

$$f_s(\sigma_{if}) = 2k_s \frac{\Delta\epsilon_{pl}}{\left(2 f_{ZSD}\left(\frac{\Delta\epsilon_{pl}}{2}\right)\right)^2} \frac{\partial^2 \epsilon_n}{\partial {\sigma_n}^2} \tag{13.17}$$

mit

$$\sigma_{if} = \sigma_n f_{ZSD}\left(\frac{\Delta\epsilon_{pl}}{2}\right) \tag{13.18}$$

Da σ_n als Funktion von ϵ_n in expliziter Form (13.3) gegeben ist, muß $\partial^2\epsilon_n/\partial{\sigma_n}^2$ in Ableitungen von σ_n nach ϵ_n umgerechnet werden. Durch partielle Differentiation läßt sich zeigen, daß gilt:

$$\frac{\partial^2 \epsilon_n}{\partial {\sigma_n}^2} = -\frac{\frac{\partial^2 \sigma_n}{\partial {\epsilon_n}^2}}{\left(\frac{\partial \sigma_n}{\partial \epsilon_n}\right)^3}, \tag{13.19}$$

was schließlich auf

$$f_s(\sigma_{if}) = -2k_s \frac{\Delta\epsilon_{pl}}{\left(2 f_{ZSD}(\frac{\Delta\epsilon_{pl}}{2})\right)^2} \frac{\frac{\partial^2 \sigma_n}{\partial {\epsilon_n}^2}}{\left(\frac{\partial \sigma_n}{\partial \epsilon_n}\right)^3} \tag{13.20}$$

führt.

Die Größe k_s entspricht der Steigung des ansteigenden Astes der Hysteresekurve für große ϵ_r-Werte. Da in normierter Darstellung für die betrachteten

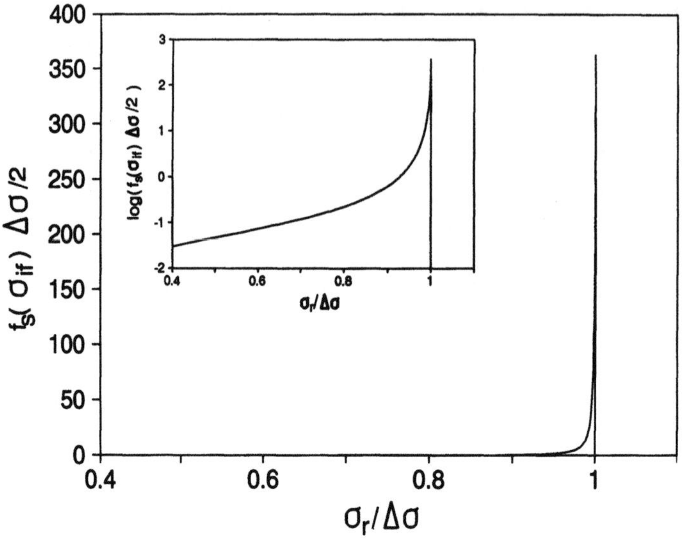

Abb. 13.25: Streckgrenzenverteilungsfunktion der Serienschaltung für X3CrNi18 9 in skalierter Darstellung; eingefügtes Bild: logarithmische Auftragung der y-Achse

Hystereseschleifen diese Steigungen identisch sind und der Wert als Näherung mit der Größe unmittelbar vor Lastumkehr gleichgesetzt werden kann, gilt

$$\begin{aligned} k_s &= \frac{2f_{ZSD}\left(\frac{\Delta\epsilon_{pl}}{2}\right)}{\Delta\epsilon_{pl}} \lim_{\epsilon_n \to 1} \frac{\partial\sigma_n}{\partial\epsilon_n} \\ &= 0,03\frac{2f_{ZSD}\left(\frac{\Delta\epsilon_{pl}}{2}\right)}{\Delta\epsilon_{pl}} \end{aligned} \tag{13.21}$$

Eingesetzt in (13.20) ergibt sich die Beziehung zur Berechnung von $f_s(\sigma_{if})$:

$$f_s(\sigma_{if}) = -\frac{0,03}{f_{ZSD}\left(\frac{\Delta\epsilon_{pl}}{2}\right)} \frac{\frac{\partial^2\sigma_n}{\partial\epsilon_n{}^2}}{\left(\frac{\partial\sigma_n}{\partial\epsilon_n}\right)^3} \tag{13.22}$$

(13.22) und (13.18) ermöglichen die analytische Berechnung von $f_s(\sigma_{if})$. Die einzige "individuelle" Größe, die die Eigenständigkeit der $f_s(\sigma_{if})$-Kurven für die unterschiedlichen Bedingungen verursacht, ist $f_{ZSD}(\Delta\epsilon_{pl}/2)$ $(= \Delta\sigma/2)$.

Trägt man die Streckgrenzenverteilungsfunktion multipliziert mit $\Delta\sigma/2$ gegen die normierte Spannung auf, so ergibt sich eine "Einheitsverteilung". Mit anderen Worten heißt das, die einheitliche Form der Hysteresekurven führt auf Streckgrenzenverteilungsfunktionen der Serienschaltung, die zueinander ähnlich sind und mit Hilfe der Werte von σ_S als Skalierungsfaktoren auf eine einheitliche Kurve umgerechnet werden können.

In der Darstellung Abb. 13.25 ist links oben die Einheitsverteilung in logarithmischer Auftragung der y-Achse wiedergegeben. $f_s(\sigma_{if})$ fällt zu kleiner werdenden Streckgrenzen hin nicht auf Null ab, sondern besitzt zwar kleine

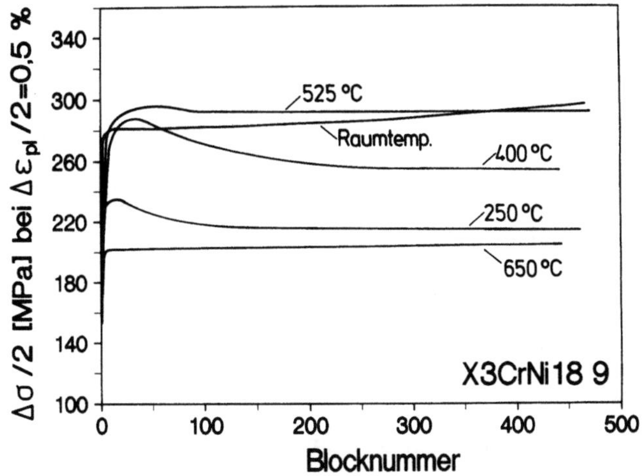

Abb. 13.26: Sättigungsverhalten von X3CrNi18 9 im Incremental Step Test bei verschiedenen Temperaturen; dargestellt ist $\Delta\sigma/2$ bei $\Delta\epsilon_{pl}/2 = 0,5\%$ als Funktion der Blockzahl

aber deutlich von Null verschiedene Werte. Die wenigen Elemente mit niedriger Streckgrenze sind im Modellkörper offensichtlich in der Lage, über einen weiten Spannungsbereich die notwendige plastische Verformung zu liefern, bevor $f_s(\sigma_{if})$ steil ansteigt. Ursache dafür ist der geringe Wert von k_s (entspricht der Verfestigung bei plastischer Verformung) im Vergleich zum E-Modul.

13.2.4 Verhalten im Incremental Step Test

Der Incremental Step Test wird, wie eingangs erwähnt, in diesem Abschnitt unter dem Hauptgesichtspunkt überprüft, ob er eine geeignete Versuchsmethodik darstellt, das zyklische Verformungsverhalten bei hohen Temperaturen in einfacher und schneller Weise zu kennzeichnen. Dabei steht die quantitativ exakte Bestimmung der zyklischen Spannungs-Dehnungskurve im Hintergrund; vielmehr erscheint wesentlich, ob die grundsätzlichen, in Einstufenversuchen beobachteten Verhaltensweisen bezüglich der Sättigungseinstellung, der anomalen Temperaturabhängigkeit der Sättigungsspannungsamplitude und der Mikrostrukturentwicklung in ähnlicher Form beobachtet werden können.

In Abb. 13.26 ist für fünf Temperaturen zwischen Raumtemperatur und 650°C der Verlauf der im Incremental Step Test mit $\dot{\epsilon}_{pl} = 5 \cdot 10^{-4} s^{-1}$ gemessenen Maximalspannungsamplitude (d.h. der Spannungsamplitude bei $\Delta\epsilon_{pl}/2 = 0,5\%$ in der Mitte des Beanspruchungsblockes) gegen die Anzahl der Blöcke aufgetragen. Ein Vergleich mit den Wechselverformungskurven der Einstufenversuche in Abb. 13.14 ermöglicht Aussagen über versuchsartbedingte Änderungen im Sättigungsverhalten[10].

[10]Die Untersuchungen zum Incremental Step Test bei verschiedenen Temperaturen und vergleichende Messungen bei $\Delta\epsilon_{pl}/2 =$ konst. (Abb. 13.30) wurden an einer anderen Charge des austenitischen Stahles X3CrNi18 9 durchgeführt. Trotz grundsätzlich ähnlichem Verhalten

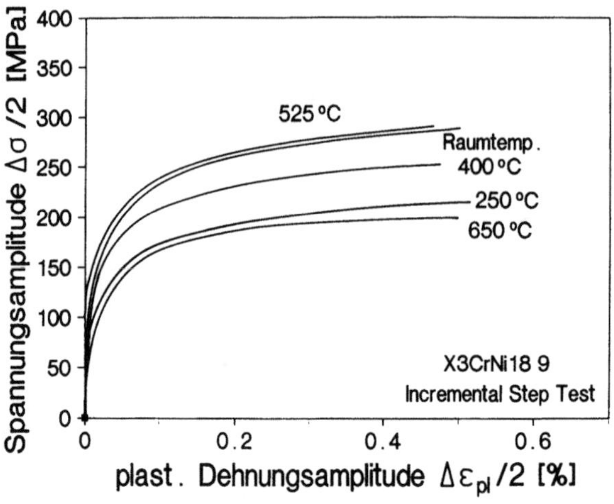

Abb. 13.27: IST-ZSD-Kurven von X3CrNi18 9 für verschiedene Temperaturen

Die in Abschnitt 13.2.2 vorgenommene Untergliederung des betrachteten Temperaturintervalles in die Bereiche I, II und III wird auch im Verlauf der Maximalspannungsamplitude mit der Blockzahl wiedergefunden. Bei Raumtemperatur führt die Umwandlung von Austenit in Martensit zu einer starken sekundären Verfestigung (Bereich I). Bei 250°C und 400°C tritt ein ausgeprägtes Maximum auf, nach dessen Überschreiten ein asymptotisches Einlaufen in einen stabilen Zustand erfolgt (Bereich II). Dieses Maximum ist bei 525°C nur noch andeutungsweise erkennbar und bei 650°C ganz verschwunden. In diesem Temperaturbereich (Bereich III) erfolgt eine rasche Einstellung des quasi-stationären Zustandes. Die Beobachtungen zum Sättigungsverhalten im Incremental Step Test entsprechen somit in sehr guter Übereinstimmung den Ergebnissen der Einstufenversuche.

Während Abb. 13.26 nur *einen* Wert von $\Delta\sigma/2$ pro Beanspruchungsblock wiedergibt, zeigt die IST-ZSD-Kurve den Verlauf von $\Delta\sigma/2$ mit $\Delta\epsilon_{pl}$ innerhalb eines Blockes. In Abb. 13.27 sind die für fünf Temperaturen bei einer Blockzahl von ca. 500 (diese entspricht mit Ausnahme der Raumtemperatur einem stabilen zyklischen Verformungsverhalten) ermittelten Kurven zusammen aufgetragen. Die mit der dynamischen Reckalterung (und weiterer Einflüsse) verknüpfte anomale Temperaturabhängigkeit von $\Delta\sigma/2$ spiegelt sich in der Lage der IST-ZSD-Kurve wider. Beginnend bei Raumtemperatur sinken die Werte von $\Delta\sigma/2$ für alle plastischen Dehnungsamplituden zunächst ab, durchlaufen bei ca. 250°C ein Minimum, steigen anschließend bis ca. 525°C kontinuierlich an und fallen dann offensichtlich mit der Temperatur steil ab.

Überträgt man die an einphasigen Metallen und Legierungen gewonnenen Aussagen bezüglich des Zusammenhanges von ideal zyklischem Verformungs-

---

werden dadurch geringfügige Unterschiede in den Zahlenwerten von σ_S etc. verursacht. Insbesondere die verformungsinduzierte Martensitbildung reagiert extrem empfindlich auf Zusammensetzungsänderungen und ist in der zweiten Charge des Stahles weniger stark ausgeprägt, was ein Vergleich von Abb. 13.30 mit Abb. 13.8 verdeutlicht.

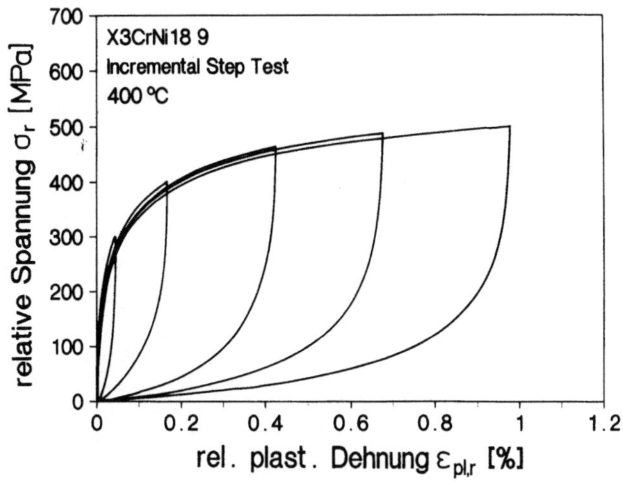

Abb. 13.28: Hysteresekurven von X3CrNi18 9 aus dem Incremental Step Test bei 400°C in relativen Koordinaten

verhalten im Incremental Step Test und Gleitcharakter (Kapitel 10 und Kapitel 11) auf den austenitischen Stahl, dann sollten aufgrund der mikrostrukturellen Beobachtungen sowohl im Bereich I als auch im Bereich III der Temperatur (überwiegend wellige Gleitung) die Hysteresekurven in relativen Koordinaten zur Deckung gebracht werden können. Im Bereich II (planare(re) Gleitung) hingegen sollten die ansteigenden σ-ϵ-Äste kleiner Hysteresekurven oberhalb der großer zu liegen kommen.

In Abb. 13.11 wurde bereits gezeigt, daß für Raumtemperatur diese Folgerung Gültigkeit hat. Auch bei 650°C findet man einen gemeinsamen Verlauf der σ_r-ϵ_r-Äste der Hysteresekurven. Dies verdeutlicht, daß trotz der hohen Temperatur und der damit ermöglichten thermischen Aktivierung von Erholungsvorgängen die Versetzungsstruktur innerhalb eines Blockes keine nennenswerten Änderungen erfährt.

Exemplarisch für den mittleren Temperaturbereich (Bereich II) sind die im Incremental Step Test bei 400°C ermittelten Hysteresekurven in Abb. 13.28 in relativen Koordinaten aufgetragen. Ähnliche Darstellungen findet man für 250°C und 525°C. Die ansteigenden Äste zeigen eine Abweichung von einem gemeinsamen Verlauf, die zwar nicht sehr groß, aber dennoch deutlich erkennbar ist. Wie im Falle des Modellwerkstoffes für planaren Gleitcharakter, α-Messing, sind die Werte von σ_r bei kleinen Amplituden der plastischen Dehnung größer als bei großen $\Delta\epsilon_{pl}/2$-Werten. Der aus Raumtemperaturbeobachtungen gewonnene Zusammenhang zwischen ideal zyklischem Verhalten und Gleitcharakter wird somit bestätigt.

Die Veränderung der Mikrostruktur mit der Versuchstemperatur des Incremental Step Tests ist in Abb. 13.29 für die in Abschnitt 13.2.2 ausführlich diskutierten Temperaturen 250°C, 400°C und 650°C gezeigt. Ein Vergleich mit den Versetzungsstrukturen, wie sie bei einer konstanten plastischen Dehnungsampli-

Abb. 13.29: Abhängigkeit der Mikrostruktur von X3CrNi18 9 von der Temperatur im Incremental Step Test

tude von 0,5% im Sättigungszustand eingestellt werden (siehe Abb. 13.16–13.18), dokumentiert, daß eventuell vorhandene Unterschiede im Variationsbereich der Mikrostruktur der einzelnen Proben untergehen. Große Ähnlichkeiten liegen zwischen Abb. 13.16h und Abb. 13.29a, zwischen Abb. 13.17d und Abb. 13.29b und schließlich zwischen Abb. 13.18c und Abb. 13.29c vor. Deutlich ist die Planarität der Versetzungsanordnung bei 400°C und die Existenz von Subkörnern und würfelförmigen Karbiden bei 650°C erkennbar.

13.2.5 Zusammenfassung und Vergleich der Ergebnisse

Da der Incremental Step Test in bezug auf die Abhängigkeit des zyklischen Verformungsverhaltens von der Temperatur die Ergebnisse der Einstufenversuche reproduziert, lassen sich die Beobachtungen unabhängig von der Versuchsführung zusammenfassen:

- Zwischen Raumtemperatur und ca. 200°C (Bereich I) nimmt die Spannungsamplitude mit der Temperatur kontinuierlich ab. Dies kann auf eine Reduzierung des Grades der Umwandlung von Austenit in Martensit zurückgeführt werden. Das Gleitverhalten wird zunehmend welliger.
- Zwischen ca. 200°C und 550°C (Bereich II) erfolgt eine deutliche Zunahme von $\Delta\sigma/2$. Dafür verantwortlich ist der Prozeß der dynamischen Reckalterung, der in Kombination mit der Ausscheidung fein verteilter kohärenter Karbide und evtl. einer Nahordnung auftritt. In diesem Temperaturbereich erfolgt die Gleitung weitgehend planar; es liegt eine inverse Dehngeschwindigkeitsabhängigkeit der Spannungsamplitude und eine ausgeprägte mechanische Vorgeschichteabhängigkeit des zyklischen Verformungsverhaltens vor. Der Sättigungszustand wird nach Überschreiten eines Maximums von $\Delta\sigma/2$ eingestellt.
- Oberhalb von etwa 550°C verliert die dynamische Reckalterung an Bedeutung. Die Spannungsamplitude sinkt mit steigender Temperatur, ihre Dehngeschwindigkeitsabhängigkeit ist normal. Der Gleitcharakter ist wellig, was sich in der Bildung von Subkörnern äußert. Die zyklische Sättigung erfolgt rasch und direkt durch Verfestigung.

Die Hysteresekurven zeigen

- im Sättigungszustand der Versuche mit $\Delta\epsilon_{pl}/2 =$ konst. in einem weiten Bereich der Temperatur (150°C $< T <$ 525°C), der Verformungsgeschwindigkeit ($5 \cdot 10^{-5} s^{-1} < \dot{\epsilon}_{pl} < 1 \cdot 10^{-2} s^{-1}$) und bei plastischen Dehnungsamplituden von 0,5% und 0,25% nach Normierung auf die entsprechenden Schwingbreiten einen gemeinsamen Verlauf. Die Anwendung des Ähnlichkeitsprinzips auf die Streckgrenzenverteilungsfunktion der Serienschaltung beschreibt dieses Phänomen. Im Masing-Modell reichen ähnliche Streckgrenzenverteilungsfunktionen nicht aus, um die einheitliche normierte Hysteresekurve bei verschiedenen $\Delta\epsilon_{pl}/2$-Werten wiederzugeben.
- im Incremental Step Test eine Bestätigung des Zusammenhanges von Gleitcharakter und Abweichung vom ideal zyklischen Verhalten, der für einphasige

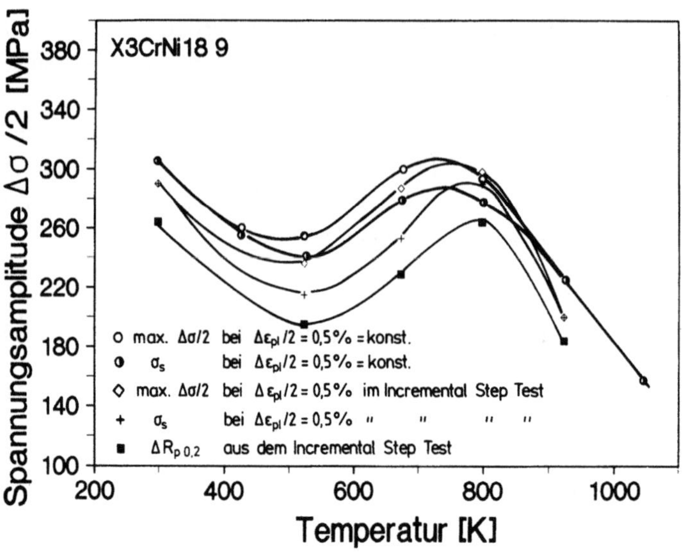

Abb. 13.30: Temperaturabhängigkeit unterschiedlich bestimmter Spannungsamplituden von X3CrNi18 9 (z.T. nach Zauter [370])

Werkstoffe bei Raumtemperatur gilt: Dominiert wellige Gleitung, so fallen die ansteigenden Äste der Hysteresekurven in relativen Koordinaten zusammen (ideal zyklisches Verformungsverhalten); bei starken planaren Gleitanteilen liegen die σ_r-Werte kleiner Hysteresekurven oberhalb der großer.

Die Ergebnisse zur Temperaturabhängigkeit der Spannungsamplituden aus dem Incremental Step Test und der Versuchsführung mit $\Delta\epsilon_{pl}/2$ = konst. sind in Abb. 13.30 vergleichend dargestellt. Aufgetragen wurden die aus Einstufenversuchen ermittelten Maximal- und Sättigungsspannungsamplituden für $\Delta\epsilon_{pl}/2 = 0,5\%$, sowie die bei gleicher Amplitude im Incremental Step Test ermittelten maximalen und stabilen $\Delta\sigma/2$-Werte. Zusätzlich ist die aus der IST-ZSD-Kurve leicht ablesbare zyklische 0,2%-Dehngrenze $\Delta R_{p0,2}$ enthalten.

Die Verläufe der Temperaturabhängigkeit sind, unabhängig von der Versuchsmethodik und verwendeten Art der Spannungsamplitude, sehr ähnlich und lassen die Dreiteilung des Temperaturbereiches erkennen. Die Veränderung der Differenz von Maximal- und Sättigungswert von $\Delta\sigma/2$ kennzeichnet sowohl im Incremental Step Test als auch bei Versuchen mit konstanter Amplitude den Übergang im Gleitcharakter des Stahles.

Abbildung 13.30 zeigt weiterhin, daß die Spannungsamplituden der Einstufenversuche mit Ausnahme eines kleinen Temperaturbereiches bei ca. 800 K systematisch höher liegen als entsprechende Werte des Incremental Step Tests. Dies ist sicherlich darauf zurückzuführen, daß der Werkstoff bei allen Temperaturen verfestigt und die verfestigende Wirkung des Incremental Step Tests nicht mit der Maximalamplitude der plastischen Dehnung sondern mit einem geringeren Effektivwert veranschlagt werden muß.

Für das Überschneiden einander entsprechender Kurven aus den beiden zyklischen Versuchsarten im Temperaturintervall um 800 K sind zwei Effekte verantwortlich zu machen. Zum einen läßt die zunehmende Planarität der Gleitung im Temperaturbereich II erwarten, daß die IST-ZSD-Kurve von der zyklischen Spannungs-Dehnungskurve nicht sehr stark abweicht (siehe α-Messing). Damit sollten sich die Sättigungsspannungsamplituden aus beiden Verfahren, die ja Werte dieser Kurven bei $\Delta\epsilon_{pl}/2 = 0,5\%$ sind, mit steigender Temperatur (zunehmende Planarität) annähern. Daß die $\Delta\sigma/2$-Werte der Einstufenversuche in einem kleinen Temperaturbereich sogar kleiner sind als die entsprechenden Größen des Incremental Step Tests, kann in der härtenden Wirkung schneidbarer kohärenter Karbide begründet sein. Die Zerstörung der durch sie verursachten Festigkeitssteigerung ist sicherlich bei ständig wirksamer hoher plastischer Dehnungsamplitude stärker als im Incremental Step Test, in dessen Beanspruchungsverlauf quasi Regenerationsphasen integriert sind.

Abb. 13.30 dokumentiert, daß mit Hilfe des Incremental Step Tests in guter Übereinstimmung mit Einstufenversuchen der Temperaturbereich der dynamischen Reckalterung festgelegt werden kann. Dabei ist offensichtlich von zweitrangiger Bedeutung, für welche plastische Dehnungsamplitude die Spannungsamplitude des stabilisierten Zustandes aufgetragen wird. Da im Temperaturbereich der dynamischen Reckalterung eine planare(re) Versetzungsanordnung zu erwarten ist, gibt die IST-ZSD-Kurve eine gute Näherung der zyklischen Spannungs-Dehnungskurve wieder. Diese zusätzliche Information kann ohne nennenswerten Mehraufwand erhalten werden, wenn zur Ermittlung der Temperaturabhängigkeit des zyklischen Verformungsverhaltens anstelle eines Einstufenversuches pro Temperatur jeweils ein Incremental Step Test durchgeführt wird.

Kapitel 14

Zum Anwendungsbereich des Incremental Step Tests

Dieses Kapitel stellt eine Art Zusammenfassung der bisherigen Ergebnisse im Hinblick auf das makroskopische zyklische Verformungsverhalten und die mikrostrukturellen Vorgänge im Incremental Step Test dar. Die folgenden Ausführungen haben zum Ziel den Anwendungsbereich zu definieren, in dem diese Versuchstechnik sinnvoll benutzt werden kann. Dieser Anwendungsbereich wird nicht nur vom Werkstoffverhalten, insbesondere dem Versetzungsgleitverhalten, bestimmt, sondern hängt nicht zuletzt auch von der Fragestellung ab, welche mit Hilfe des Incremental Step Tests beantwortet werden soll.

In Abschnitt 14.1 wird zunächst die Verhaltensweise von wechselverfestigenden Metallen und Legierungen im Incremental Step Test (getrennt für einphasige und mehrphasige Werkstoffe) zusammenfassend behandelt. Als Bezugsbasis dient das bei konstanter Beanspruchungsamplitude gezeigte zyklische Verformungsverhalten. Mit Hilfe von Ergebnissen aus der Literatur wird in Abschnitt 14.2 eine Erweiterung der Aussage auf wechselentfestigende Legierungen durchgeführt. In Abschnitt 14.3 erfolgt eine nähere Betrachtung zu den "strukturierten Legierungen" und zu den Konsequenzen aus deren Eigenschaften für die Anwendung des Incremental Step Tests und anderer abgekürzter Verfahren zur Bestimmung der zyklischen Spannungs-Dehnungskurve. Der Incremental Step Test gewinnt bei erhöhter Temperatur durch die vergrößerte Anzahl relevanter Versuchsparameter als Methode zur schnellen Charakterisierung des zyklischen Verformungsverhaltens an Attraktivität (Abschnitt 14.4). Im letzten Abschnitt dieses Kapitels (Abschnitt 14.5) werden die Parallelen zwischen Incremental-Step-Belastung und Zufallsbeanspruchung und die daraus erwachsenden Konsequenzen für den Zusammenhang von IST-ZSD-Kurve und Betriebs-ZSD-Kurve dargestellt.

Die in Kapitel 10 bis Kapitel 13 wiedergegebenen Beobachtungen werden im Folgenden durch in der Literatur mitgeteilte Ergebnisse ergänzt. Dabei sind allerdings Abweichungen in der Versuchsdurchführung zu berücksichtigen, die im Extremfall zu widersprüchlichen Aussagen führen können. Primär werden deshalb Arbeiten bei der weiteren Betrachtung bevorzugt, in denen der Incremental Step Test im direkten Vergleich mit anderen zyklischen Beanspruchungsarten zur Anwendung kommt (z.B. [246, 277, 274, 41, 273, 32, 27, 40, 31, 275, 371]), weil diese eine relative Aussage unabhängig von absoluten mechanischen Verformungskenngrößen zulassen, welche bekanntlich auch bei nominell gleichen Werkstoffen sehr unterschiedlich ausfallen können.

Eine Ergänzung der bisherigen Ergebnisse dient nicht nur zur Absicherung der Verallgemeinerbarkeit der Beobachtungen, sondern ist allein schon deshalb notwendig, weil die in den Kapiteln 10–13 betrachteten Werkstoffe einheitlich eine Wechselverfestigung zeigen. Dies resultiert aus der Verwendung versetzungsarmer, geglühter Ausgangszustände, um der Zielsetzung, die mikrostrukturellen Veränderungen bei zyklischer Verformung zu verfolgen, gerecht zu werden.

14.1 Wechselverfestigende Metalle und Legierungen

14.1.1 Einphasige Metalle und Legierungen

Wellige Gleitung

Die mit Hilfe des Incremental Step Tests an einem Werkstoff mit welligem Gleitcharakter, der eine Wechselverfestigung erfährt, ermittelte IST-ZSD-Kurve weist einen Schnittpunkt mit der zyklischen Spannungs-Dehnungskurve auf und zeigt oberhalb dieses Schnittpunktes kleinere Werte von $\Delta\sigma/2$, unterhalb höhere Spannungsamplituden (z.B. Abb. 10.12, Abb. 10.29 und Abb. 10.35 oder auch in [41]). Diese Verhaltensweise ist nicht nur für einphasige Metalle und Legierungen typisch, sondern kann allgemein auch dann beobachtet werden, wenn zusätzliche Phasen vorhanden sind, die aber die Versetzungsstrukturentwicklung nicht in wesentlicher Form beeinträchtigen.

Die verfestigende Wirkung des Incremental Step Tests kann mit Hilfe der durch den Schnittpunkt bestimmten effektiven plastischen Dehnungsamplitude $(\Delta\epsilon_{pl}/2)_{eff}$ beschrieben werden. Sowohl die im stabilisierten Zustand vorliegende Versetzungsanordnung als auch die Hysteresenform (Abb. 10.7 und Abb. 10.37) entsprechen dem Verhalten im Einstufenversuch mit $\Delta\epsilon_{pl}/2 = (\Delta\epsilon_{pl}/2)_{eff}$. Die Größe dieses Effektivwertes und damit auch die Lage der IST-ZSD-Kurve werden nicht unerheblich von der benutzten Maximalamplitude und der Art der Versuchsführung (z.B. $\dot{\epsilon}_{pl}$ = konst. oder konstante Zyklusdauer) bestimmt (z.B. Abb. 10.8, Abb. 10.28 oder auch [371]), was aufgrund der Einstellung eines stabilen "Verfestigungsgrades" verständlich ist.

Die Entwicklung der Versetzungsstruktur, die, wie deutliche Unterschiede in den $\Delta\sigma/2$-Werten zwischen Blockhälften mit ansteigender und abfallender Amplitude über viele Blöcke zeigen, einem Einpendeln auf einen stabilen Zustand entspricht, führt sehr langsam zum Sättigungszustand (Abb. 10.8). Dieser ist dadurch gekennzeichnet, daß die Mikrostruktur nicht nur von Block zu Block sondern auch innerhalb eines Blockes quasi-stationär bleibt und somit ideal zyklisches Verhalten vorliegt (siehe Abb. 10.11, Abb. 10.32). Eine deutlich beschleunigte Sättigungseinstellung erfolgt, wenn die Ausgangsfestigkeit des Werkstoffes — z.B. durch Verankerung der Versetzungen infolge der Wechselwirkung mit interstitiell gelösten Fremdatomen — bereits in der Nähe der Entfestigkeit liegt (Abb. 10.16 und Abb. 10.26). In diesen Fällen kann bei kleinen Amplituden der plastischen Dehnung im Einstufenversuch eine inhomogene plastische Verformung in Erscheinung treten, die dort einen zweiten Schnittpunkt von zyklischer Spannungs-Dehnungskurve und IST-ZSD-Kurve verursacht (siehe Abb. 10.29).

Planare Gleitung
Für den Fall einer dominierenden planaren Gleitung kann der Incremental Step Test zur Ermittlung der zyklischen Spannungs-Dehnungskurve verwendet werden, da IST-ZSD-Kurve und zyklische Spannungs-Dehnungskurve in guter Näherung zusammenfallen (siehe Abb. 11.11). Als pauschale mikrostrukturelle Begründung für diesen Sachverhalt kann angeführt werden, daß bei planarem Gleitcharakter des Werkstoffes keine grundlegende Veränderung der Versetzungsstruktur mit der Beanspruchungsamplitude im Einstufenversuch erfolgt. Zwar nimmt der Abstand zwischen den mit Versetzungen besetzten Gleitebenen mit größer werdendem $\Delta\epsilon_{pl}/2$ ab und die Versetzungsdichte zu, diese Unterschiede kommen aber im Vergleich zum Incremental Step Test in bezug auf das makroskopische Verformungsverhalten nicht zum Tragen. Hysteresekurven aus Incremental-Step-Test-Belastung und Einstufenversuchen sind nahezu identisch. Eine mögliche Erklärung ist die Vorstellung, daß bei Beanspruchung mit veränderlicher Amplitude in Abhängigkeit von $\Delta\epsilon_{pl}/2$ gerade immer nur die Bereiche (d.h. aktivierte Gleitebenen) zur plastischen Verformung beitragen, die auch in Versuchen mit konstantem $\Delta\epsilon_{pl}/2$ betätigt werden. Die Annahme wird u.a. von der Beobachtung gestützt, daß trotz stationärer Versetzungsstruktur im Incremental Step Test kein ideal zyklisches Verhalten vorliegt. Der zyklische Spannungs-Dehnungs-Zusammenhang wird massiv durch den Zwang zur kompatiblen Verformung beeinflußt, was aufgrund der Serienschaltung der aktiven Gleitebenen innerhalb der einzelnen Körner auch verständlich ist.

Im Vergleich zu Metallen und Legierungen mit welliger Gleitung ergibt sich eine relativ schnelle Einstellung des stabilen Zustandes (Abb. 11.8). Diese ist offenbar der Trägheit zu verdanken, durch die sich sonst (bei Einstufenversuchen) Legierungen mit planarem Gleitcharakter auszeichnen und die zu einer Art "aperiodischen Grenzfall" führt[1].

Solange die Planarität der Gleitung gewährleistet ist, sollte der Einfluß der Maximalamplitude bzw. der Feinheiten der Versuchsführung ($\dot{\epsilon}_{pl}$ = konst. oder konstante Zyklusdauer, Anzahl der Zyklen pro Block etc.) von untergeordneter Bedeutung sein.

[1]Die variierende Amplitude des Incremental Step Tests wird dabei als eine konstante, effektive Amplitude wirksam.

14.1.2 Mehrphasige Legierungen

Unter dem Begriff Mehrphasigkeit ist im Zusammenhang mit dem zyklischen Verformungsverhalten ein Gefügezustand zu verstehen, bei dem die neben der Matrix vorliegenden weiteren Phasen eine direkte Beeinflussung der Versetzungsstrukturentwicklung durch Wechselwirkung mit den Versetzungen bewirken, die sich mikroskopisch und makroskopisch bemerkbar macht und eine Einordnung unter "mechanisch einphasig" verbietet.

Einfluß der Teilchenhärtung
Aufgrund der Einschränkung auf wechselverfestigende Werkstoffe wird vorausgesetzt, daß die härtenden Teilchen nicht geschnitten werden, sondern stabil sind, was für den technischen Einsatz einer Legierung unter zyklischer Beanspruchung als notwendige Vorbedingung zu betrachten ist.

Da die Versetzungsstruktur für die zyklische Verformung im Vergleich zum Ausscheidungsgefüge eine untergeordnete Rolle spielt, erfolgt im Incremental Step Test (wie bei Einstufenbeanspruchung) eine rasche Sättigung (Abb. 12.9). Der dominierende Einfluß der härtenden zweiten Phase kommt auch beim Vergleich der zyklischen Spannungs-Dehnungskurve und der IST-ZSD-Kurve zum Ausdruck, der gute Übereinstimmung liefert (Abb. 12.11). Diese Aussage sollte unabhängig von der maximalen Beanspruchungsamplitude Gültigkeit behalten, solange der Teilchenabstand klein genug ist, um die Entwicklung von Zellwänden zwischen den Ausscheidungen zu verhindern.

Die Hysteresekurven des Incremental Step Tests zeigen trotz der vorgegebenen und unveränderlichen Hindernisstruktur kein ideal zyklisches Verhalten, was auf Umlagerungsprozesse während der Verformung innerhalb eines Blockes zurückzuführen ist (Abb. 12.12). Dadurch ergeben sich Spannungs-Dehnungs-Verläufe, die denen einstufiger Beanspruchung sehr ähnlich sind.

Einfluß einer Umwandlung während der zyklischen Verformung
Die durch eine verformungsinduzierte Phasenumwandlung in der Regel bewirkte Verfestigung bestimmt das Sättigungsverhalten im Incremental Step Test (siehe Abb. 13.8 und Abb. 12.24). Entsprechend wird der stabile Zustand sehr langsam eingestellt und evtl. innerhalb der Lebensdauer nicht erreicht. In Analogie zur Versetzungsverfestigung bei einphasigen Werkstoffen mit welligem Gleitcharakter führt die Abhängigkeit der Umwandlungsgeschwindigkeit und des Umwandlungsgrades von der Beanspruchungsamplitude zu einem Schnittpunkt zwischen der zyklischen Spannungs-Dehnungskurve und der IST-ZSD-Kurve (Abb. 13.12, Abb. 12.26). Verstärkte Ausscheidungs- oder Umwandlungsprozesse bei hohen Werten von $\Delta\epsilon_{pl}/2$ im Einstufenversuch führen zu im Vergleich zum Incremental Step Test größeren Spannungsamplituden. Umgekehrt bewirken die primär im Bereich großer Amplituden des Incremental Step Tests stattfindenden Gefügeveränderungen bei kleinen $\Delta\epsilon_{pl}/2$-Werten Spannungsamplituden, die die der Einstufenversuche übertreffen.

Die Interpretation des Abszissenwertes des Schnittpunktes als $(\Delta\epsilon_{pl}/2)_{eff}$ ist insofern problematisch, als neben der Umwandlung auch eine Versetzungsstrukturentwicklung stattfindet und eine unterschiedliche Wirksamkeit des Incremental Step Tests für beide Vorgänge (die zudem gekoppelt ablaufen) zu erwarten ist. Die Gefügeveränderung bewirkt weiterhin, daß die IST-ZSD-Kurve sehr stark von den Versuchsparametern, insbesondere der Maximalamplitude, abhängt.

Falls die Entwicklung der Versetzungsstruktur zu einer für welligen Gleitcharakter typischen Anordnung führt, zeigen die Hysteresekurven ideal zyklisches Verhalten (Abb. 13.11).

Bemerkenswert erscheint die Beobachtung (AlZnMgCu0,5, überaltert, Abschnitt 12.3), daß, abweichend vom "normalen" Verhalten, auch Gefügeveränderungen bevorzugt bei kleinen Beanspruchungsamplituden stattfinden können (z.B. die Bildung von Ausscheidungsanhäufungen). Diese können dann, da sie eventuell auch im Incremental Step Test ablaufen und eine Verfestigung hervorrufen, sogar zu (im Vergleich zum Einstufenversuch) höheren Spannungsamplituden bei großen $\Delta\epsilon_{pl}/2$-Werten führen (Abb. 12.19).

14.2 Wechselentfestigende Legierungen

Eine weitergehende Untergliederung nach Gleitcharakter und dem Einfluß zweiter Phasen erscheint im Zusammenhang mit der Betrachtung des Verhaltens wechselentfestigender Legierungen nicht sinnvoll, da in den in der Literatur zu dieser Thematik vorliegenden Untersuchungen meist die Methodik des Incremental Step Tests als Verfahren zur Bestimmung der zyklischen Spannungs-Dehnungskurve in den Vordergrund gestellt wird und zur Veränderung der Mikrostruktur keine Aussage erfolgt. Die weitaus meisten Ergebnisse liegen für ferritische und austenitische Stähle vor, die in unterschiedlichen Ausgangszuständen wechselverformt wurden (z.B. [275, 277, 31, 371, 92]), so daß pauschal und in grober Näherung wellige Gleitung unterstellt werden kann.

Die in der technischen Anwendung als Konstruktionswerkstoffe benutzten Legierungen werden meist in bezug auf ihre Festigkeitseigenschaften hinsichtlich einsinniger Beanspruchung mittels thermomechanischer Vorbehandlung optimiert. Dies führt nicht selten bei zyklischer Verformung zu einer Entfestigung, die in einen durch die (massive) Vorgeschichte bestimmten Sättigungszustand einmündet. Die Nähe dieses Sättigungszustandes zum quasi-stationären Zustand, der bei gleichem aber versetzungsfreiem Ausgangsgefüge erreicht wird, hängt in starkem Maße von der Höhe der Beanspruchungsamplitude ab, wobei die Unterschiede mit zunehmendem $\Delta\epsilon_{pl}/2$ abnehmen. Damit wird verständlich, daß der Incremental Step Test in diesem Fall zu einer IST-ZSD-Kurve führen muß, die sich in ihrer Lage zur zyklischen Spannungs-Dehnungskurve genau umgekehrt verhält wie bei einem wechselverfestigenden Werkstoff mit welligem Gleitcharakter: Bei hohen $\Delta\epsilon_{pl}/2$-Werten liegt sie höher, bei niedrigen Amplituden tiefer (z.B. [275, 31, 277]). Anwendungen des Incremental Step Tests zur Bestimmung von Kerbstabfließkurven [371] (d.h. des Zusammenhanges von Nennspannung und plastischer Dehnung im Kerbgrund) bestätigen diese Aussage. Die effektive plastische Dehnungsamplitude, die aus dem Schnittpunkt der beiden Kurven gewonnen werden kann, ist in Analogie zu Abschnitt 14.1.1 ein Maß für die *entfestigende* Wirkung des Incremental Step Tests.

Ein Vergleich der IST-ZSD-Kurve mit dem mit dem Maßstabsfaktor 1/2 multiplizierten Hysteresenast [275, 31] zeigt gute Übereinstimmung, wenn gleicher Entfestigungsgrad zugrundegelegt wird. Dies verdeutlicht, daß auch im Fall entfestigender Legierungen von ideal zyklischem Verhalten ausgegangen werden kann (im Incremental Step Test).

Wegen der hohen Ausgangsfestigkeit der Werkstoffe spielt es keine Rolle, ob der Incremental Step Test mit der kleinsten oder größten Amplitude begonnen wird[2], wenn die folgende Anzahl der Beanspruchungsblöcke ausreichend hoch ist [275]. Die zweite Art der Versuchsführung liefert die einsinnige Spannungs-Dehnungskurve als "kostenlose" Zusatzinformation.

Die Geschwindigkeit der Sättigungseinstellung wird als rasch beschrieben [275, 371], hängt aber sicherlich vom erforderlichen Grad der mikrostrukturellen Umordnung ab. Da bei massiv vorverformten Legierungen in der Regel nur geringe Änderungen bis zur Stabilisierung des zyklischen Verformungsverhaltens beobachtet werden, sollten einige Beanspruchungsblöcke ausreichen.

Die Maximalamplitude sowie die Art des Incremental Step Tests besitzen einen starken Einfluß auf die Lage der IST-ZSD-Kurve (z.B. [92, 275, 371]). Dies ist aufgrund der Abhängigkeit des Entfestigungsgrades von der (effektiven) Amplitude verständlich.

14.3 Incremental Step Test und strukturierte Legierungen

Im Idealfall des strukturierten Werkstoffes wird das zyklische Verformungsverhalten durch das komplexe Gefüge und nicht durch die Versetzungsstruktur bestimmt. Die Untersuchungen, beispielsweise an vergüteten Zuständen des Wälzlagerstahles 100Cr6 [92] dokumentieren, daß trotz starker Strukturierung des Gefüges bei zyklischer Beanspruchung Veränderungen im mechanischen Verhalten beobachtbar sind. Der Idealfall des strukturierten Werkstoffes wird offensichtlich nur sehr selten in guter Näherung erfüllt.

Von den in den Kapiteln 10–13 betrachteten Legierungen entspricht AlZnMgCu0,5 im maximal ausscheidungsgehärteten Zustand noch am ehesten dieser Vorstellung: Die Sättigung erfolgt sehr schnell (Abb. 12.9) und die zyklische Spannungs-Dehnungskurve kann mit Hilfe des Incremental Step Tests

[2]Bei versetzungsarmen Ausgangszuständen kann es für die entstehende Versetzungsstruktur sehr wohl von Bedeutung sein, ob der Incremental Step Test mit der Maximalamplitude, also praktisch nach einem Zugversuch als mechanische Vorgeschichte, oder mit der kleinsten Amplitude gestartet wird.

ermittelt werden (Abb. 12.11). Allerdings wird der aus einer unveränderlichen Hindernisverteilung abgeleiteten Vorstellung eines ideal zyklischen Verformungsverhaltens deutlich widersprochen (Abb. 12.12). Dies hat unmittelbar Konsequenzen für die neben dem Incremental Step Test vorgeschlagenen abgekürzten Verfahren zur Bestimmung der zyklischen Spannungs-Dehnungskurve, die ja gerade bei strukturierten Werkstoffen gute Ergebnisse liefern sollten:

- Die einsinnige Spannungs-Dehnungskurve (ohne zyklische Vorbeanspruchung) kann nur eine schlechte Näherung der zyklischen Spannungs-Dehnungskurve sein, da auch bei komplexen, strukturierten Gefügen eine durch zyklische Verformung hervorgerufene Stabilisierung der Mikrostruktur erfolgt.
- Aufgrund der Abweichung vom ideal zyklischen Verhalten ist die Auswertung des Hysteresenastes nach dem 1:2-Gesetz nicht befriedigend.
- Da es während des Eindrehens nach zyklischer Verformung zu Umlagerungen kommt, muß auch die Neubelastungskurve von der zyklischen Spannungs-Dehnungskurve abweichen.

Der Incremental Step Test liefert unter diesen Umständen das beste Ergebnis.

Bei Werkstoffen mit welliger Gleitung führen alle Näherungsmethoden auf unbefriedigende Resultate, da z.B. die Form der Hysteresekurve von der mit $\Delta\epsilon_{pl}/2$ verknüpften Versetzungsstruktur abhängt. Unterstellt man allerdings ideal zyklisches Verformungsverhalten unter Betriebsbedingungen (siehe Abschnitt 14.5), dann kann die Betriebs-ZSD-Kurve in guter Näherung aus dem Hysteresenast bzw. der Neubelastungskurve ermittelt werden. Dies setzt aber voraus, daß die unter Betriebsbeanspruchung wirksame effektive Amplitude bekannt ist, was einen Vergleich von Einstufenversuchen mit einer Betriebssimulation erforderlich macht. Einfacher und schneller ist es, den Incremental Step Test als Näherungsverfahren für Betriebsbelastung und gleichzeitig als Ermittlungsmethode der Betriebs-ZSD-Kurve zu benutzen.

14.4 Incremental Step Test bei erhöhten Temperaturen

Die in Abschnitt 13.2 dargelegten Ergebnisse verdeutlichen, daß die bisherigen Aussagen zum zyklischen Verformungsverhalten im Incremental Step Test in Abhängigkeit vom Gleitcharakter ihre Gültigkeit behalten, solange überlagerte Kriechprozesse vernachlässigbar sind.

Da die mikrostrukturellen Vorgänge bei Beanspruchung im Incremental Step Test grundsätzlich vergleichbar sind mit den Abläufen bei einstufiger Wechselverformung, ist es sicherlich sinnvoll, z.B. den Temperaturbereich der dynamischen Reckalterung mit Hilfe des Incremental Step Tests festzulegen. Durch nur einen Versuch pro Temperatur werden im Vergleich zur Einstufenbelastung wertvolle Zusatzinformationen gewonnen:

- die einsinnige Spannungs-Dehnungskurve (wenn der Incremental Step Test mit der Maximalamplitude begonnen wird) für jede Temperatur,
- eine Näherung der zyklischen Spannungs-Dehnungskurve für jede Temperatur (im Temperaturbereich der dynamischen Reckalterung ist aufgrund der Planarität der Gleitung diese Näherung sehr gut, wie in [372] an Ck 45 im vergüteten und normalisierten Zustand gezeigt),
- eine grobe Abschätzung der Wöhlerkurve (siehe Abschnitt 9.3) für jede Temperatur.

Aufgrund der starken Zunahme von einflußnehmenden Versuchsparametern bei höheren Temperaturen ($\dot{\epsilon}_{pl}$, T, Umgebung etc.) ist dem Incremental Step Test als schnelles und ökonomisches Verfahren hier eine große Bedeutung zuzuordnen.

14.5 Incremental Step Test und Zufallsbeanspruchung

Die im technischen Einsatz häufig vorliegende zyklische Beanspruchung mit veränderlicher Amplitude kann im Labor mit Hilfe einer Zufallsbelastung simuliert werden. Dabei zeigen sich Verhaltensweisen, die denen im Incremental Step Test sehr ähnlich sind. Dies wird beispielsweise bei Untersuchungen von Kupferein- [262] und -vielkristallen [62, 263] deutlich, da ja für dieses Metall der Zusammenhang von Versetzungsstruktur und Beanspruchungsamplitude vielfach untersucht und gut bekannt ist (siehe auch Abschnitt 5.2). Insbesondere wird beobachtet — was nicht überrascht —, daß die Wirkung einer Zufallsbelastung der einer effektiven Amplitude im Einstufenversuch entspricht, die deutlich kleiner als die Maximalamplitude ist und z.B. über den Vergleich der Wechselverformungskurven (aufgetragen gegen $\epsilon_{pl,kum}$) für Zufalls- und einstufiger Beanspruchung bestimmt werden kann. Diese Beobachtung ist nicht auf Kupfer beschränkt, sondern gilt beispielsweise auch für Stähle [40]. Die Lage der ermittelten Betriebs-ZSD-Kurve hängt im starken Maße von der Maximalamplitude der simulierten Zufallsbelastung ab und verschiebt sich mit größeren Werten nach oben, wenn der Werkstoff zyklische Verfestigung zeigt.

Vergleichende Untersuchungen zu Incremental-Step-Test- und Zufallsbeanspruchung zeigen eine gute Übereinstimmung im Spannungs-Dehnungs-Verhalten bei Raumtemperatur (z.B. [40, 274, 31, 32]) und mittleren Temperaturen (z.B. [273]) unabhängig davon, ob die untersuchte Legierung ver- oder entfestigt. Bei der Auslegung von Bauteilen, die eine Wechselverformung mit variabler Amplitude erfahren, ist somit der IST-ZSD-Kurve eindeutig der Vortritt gegenüber der zyklischen Spannungs-Dehnungskurve einzuräumen. Sicherlich werden die Details der Betriebsbeanspruchung für die Güte der Übereinstimmung von IST-ZSD- und Betriebs-ZSD-Kurve entscheidend sein.

Von außerordentlicher Wichtigkeit ist, daß die Maximalamplitude im Incremental Step Test der der Zufallsbelastung entspricht [32, 274]. Nach Heitmann [31] sollte sogar im Sinne einer konservativen Abschätzung bei einem wechselentfestigenden Werkstoff der erreichbare Entfestigungszustand mit Hilfe eines Einstufenversuches festgelegt werden, der die bei Betriebsbeanspruchung maximal auftretende Amplitude benutzt. Die als Betriebs-ZSD-Kurve zu verwendende IST-ZSD-Kurve sollte dem gleichen Entfestigungsgrad zugeordnet sein, was eine erhöhte Maximalamplitude im Incremental Step Test voraussetzt[3].

Die enge Verwandtschaft von Betriebs-ZSD- und IST-ZSD-Kurve rechtfertigt die Voraussetzung ideal zyklischen Verformungsverhaltens bei sehr vielen Methoden der Lebensdauerprognose (siehe Abschnitt 1.2 bis Abschnitt 1.4), wenn konsequenterweise die im Incremental Step Test (oder bei simulierter Zufallsbelastung) ermittelte zyklische Spannungs-Dehnungskurve (oder auch die zugehörigen Hysteresekurven) Verwendung findet. Ist, wie im Falle der Benutzung des zyklischen J-Integrales ΔJ, eine Auswertung von Hysteresekurven erforderlich, so können bei Betriebsbeanspruchung mit variierender Amplitude die Hysteresenäste in guter Näherung mit Hilfe des 1:2-Gesetzes aus der IST-ZSD-Kurve abgeleitet werden (z.B. [31, 33]). Die Abweichungen, die sich insbesondere bei planarer Gleitung und strukturierten Werkstoffen von dieser Gesetzmäßigkeit im Incremental Step Test ergeben, sind im Vergleich zu den sonstigen Fehlermöglichkeiten vernachlässigbar[4].

Zusammenfassend läßt sich aus obigen Ausführungen erkennen, daß die Methodik des Incremental Step Tests weniger im Hinblick auf die schnelle Bestimmung der zyklischen Spannungs-Dehnungskurve sondern vielmehr in bezug auf die Simulation einer Betriebsbeanspruchung von Bedeutung ist. Eine Charakterisierung eines Werkstoffes hinsichtlich seines zyklischen Spannungs-Dehnungs-Verhaltens erfolgt vollständiger und eindeutiger mit Hilfe von Einstufenversuchen, da dadurch unterschiedliche Mikrostrukturen eingestellt werden können und der Einfluß von Versuchsparametern (wie Maximalamplitude oder Zyklenzahl pro Block) reduziert werden kann.

---

[3] Entfestigungszustand der Maximalamplitude der Betriebsbelastung heißt, Betriebs-ZSD-Kurve und zyklische Spannungs-Dehnungskurve schneiden sich bei diesem Wert.

[4] Die in [27] vorgeschlagene Verbesserung der Lebensdauervorhersage durch Berücksichtigung des sich mit der Beanspruchungsamplitude verändernden Elastizitätsbereiches in der Hysteresekurve (siehe auch Abschnitt 10.1.3) ist nur sinnvoll, wenn eine einstufige Wechselbelastung vorliegt. Selbst in diesem Fall stellt sich die Frage, ob aufgrund des mit einem Riß verbundenen wandernden Rißspitzenfeldes nicht eine zeitlich variierende Amplitude eine realistischere Annahme darstellt.

Kapitel 15

Berechnung des Spannungs-Dehnungs-Verlaufes

In diesem abschließenden Kapitel soll die praktische Anwendung der Vielkörpermodelle zur Berechnung des Spannungs-Dehnungs-Verlaufes bei zyklischer Beanspruchung mit variierender Amplitude im Vordergrund stehen. Die Notwendigkeit für die Durchführung einer solchen Berechnung ist in vielen Anwendungsfällen gegeben, wo z.B. die Dehnung als Funktion der Zeit unter Betriebsbedingungen ermittelt werden kann, der zugehörige Spannungs-Zeit-Verlauf aber aufgrund einer komplexen Bauteilgeometrie und inhomogener Spannungsverteilung an den lebensdauerbestimmenden kritischen Stellen experimentell nicht zugänglich ist.

In Abschnitt 15.1 wird zusammenfassend dargestellt, unter welchen Voraussetzungen ein Metall oder eine Legierung ideal zyklisches Verformungsverhalten zeigt. Ist diese Bedingung erfüllt, was zumindest in guter Näherung meist der Fall sein wird, kann eine Berechnung des Spannungs-Dehnungs-Pfades entweder mit Hilfe einer mathematischen Beschreibung des Hysteresenastes unter Berücksichtigung des Materialerinnerungsvermögens erfolgen (Abschnitt 15.2) oder durch Anwendung der aus der statistischen Behandlung der Vielkörpermodelle resultierenden Beziehungen (Abschnitt 15.3). Beide Methoden werden unter dem Gesichtspunkt der bei einfacher Handhabung erreichbaren Genauigkeit verglichen. Deutliche Unterschiede zeigen sich auch in der Anwendbarkeit bei den beiden behandelten Vielkörpermodellen, was in Abschnitt 15.3 zum Ausdruck kommt.

Wie bereits in Abschnitt 2.2.1 betont, sollen transiente Vorgänge nicht behandelt werden. In vielen Fällen ist die dadurch bedingte Einbuße an Genauigkeit gering, weil sich relativ schnell ein stabiles zyklisches Verformungsverhalten einstellt [63]. Transiente Vorgänge sind so empfindlich vom Beanspruchungsverlauf, dem Werkstoff und dessen Zustand abhängig, daß eine allgemeine modellmäßige Beschreibung nicht möglich ist. Die Berechnung des Spannungs-Dehnungs-Verhaltens im ideal zyklischen Zustand liefert aber einen erfolgversprechenden Ausgangspunkt, um transiente Verformungsvorgänge durch einfache, werkstoff- und belastungsspezifische Erweiterungen einzubeziehen (z.B. [134, 64]).

15.1 Ideal zyklisches Verformungsverhalten

Ideal zyklisches Verformungsverhalten setzt voraus, daß sich bei einphasigen Metallen und Legierungen die Versetzungsstruktur oder bei mehrphasigen Werkstoffen allgemein die Verteilung und die Anordnung der der plastischen Verformung entgegenwirkenden Hindernisse — dabei sind Versetzungen als Hindernisse für die Versetzungsbewegung miteingeschlossen — während der Wechselbeanspruchung nicht verändern. Die in den Kapiteln 10–13 dargestellten Ergebnisse insbesondere bei planarer Gleitung zeigen darüber hinaus, daß obige Bedingung nicht ausreichend ist. Zusätzlich muß im Sinne der Verbundmodelle gefordert werden, daß die Verformung der mesoskopischen Bereiche nicht gekoppelt erfolgt, womit gemeint ist, daß das Spannungs-Dehnungs-Verhalten jedes Elementes unbeeinflußt von allen anderen Elementen bleibt (in anderen Worten: Die Streckgrenzenverteilungsfunktion ist stationär) und in eindeutiger Weise vom zeitlichen Verlauf der makroskopischen Dehnung (bei Parallelschaltung) oder der makroskopischen Spannung (bei Serienschaltung) bestimmt wird.

Diese beiden Bedingungen, unveränderliche Hindernisverteilung und nicht gekoppeltes Verformungsverhalten, werden, wie die Ergebnisse zeigen, nur dann erfüllt, wenn

1. eine Beanspruchung mit veränderlicher Amplitude vorliegt (hier Incremental Step Test),
2. diese einen quasi-stationären Zustand einstellt, was mitunter erst nach vielen Belastungsblöcken der Fall sein wird,
3. eine für wellige Gleitung typische Versetzungsstruktur gebildet wird.

Forderung 1 folgt unmittelbar aus der Tatsache, daß bei welligem Gleitcharakter (3) mit jeder Beanspruchungsamplitude bei einstufiger Belastung eine charakteristische Versetzungsanordnung verbunden ist, so daß die Hindernisverteilung nicht konstant ist. Erst eine ausreichend schnelle und ständige Veränderung der Amplitude ergibt eine stationäre Hindernisverteilung unabhängig vom $\Delta\epsilon_{pl}/2$-Wert.

Ideal zyklisches Verhalten in Einstufenversuchen zeigt von den in den vorangegangenen Kapiteln behandelten Werkstoffen nur C 45 in kraftgesteuerten Experimenten (Abb. 10.33). Diese Ausnahme kann auf den durch den Prozeß der dynamischen Lüdersbandausbreitung extrem verstärkten Einfluß der Art der Versuchsführung zurückgeführt werden. Weitere Beispiele für Legierungen mit deckungsgleichen Hysteresenästen in relativen Koordinaten werden von Abdel-Raouf, Topper und Plumtree [323, 322, 213] mitgeteilt, wobei die Einstufenversuche gesamtdehnungskontrolliert durchgeführt wurden. Ob die Ursache für das ideal zyklische Verformungsverhalten in der Regelgröße zu suchen ist oder andere

Gründe hat, kann hier nicht beurteilt werden, da nähere Details nicht bekannt sind. Die von den Autoren gezogene Folgerung, daß ideal zyklisches Verhalten sich als Folge einer sich nicht zu bilden vermögenden Versetzungszellstruktur ergibt, ist aber mit Sicherheit nicht zwingend.

Forderung 2 braucht keiner zusätzlichen Begründung, weil sie sich direkt aus der Vorbedingung einer unveränderlichen Hindernisverteilung ergibt.

Daß ein ideal zyklisches Verformungsverhalten nur bei einer für wellige Gleitung typischen Versetzungsstruktur (Forderung 3) beobachtet wird (Wand- und Zellstruktur etc.), deckt sich mit der in Kapitel 6 diskutierten Vorstellung zur mikrostrukturellen Basis der Vielkörpermodelle. Die Existenz festigkeitssteigernder zweiter Phasen hat keine einschränkende Wirkung, solange eine heterogene Verteilung der Versetzungen aufrechterhalten wird, was das Beispiel des martensitbildenden austenitischen Stahles X3CrNi18 9 zeigt, Abb. 13.11. Mit heterogener Versetzungsverteilung ist in diesem Zusammenhang eine dreidimensionale Anordnung gemeint, also nicht die erhöhte Versetzungsdichte auf einzelnen Ebenen, wie sie für planare Gleitung typisch ist. Diese führt nicht zum ideal zyklischen Verhalten, was die Untersuchungen an α-Messing dokumentieren (Kapitel 11).

Aus der Sicht der Beschreibung des Verformungsverhaltens mit Verbundmodellen muß eine planare Versetzungsstruktur als eine Serienschaltung von Elementen aufgefaßt werden. Diese kann, wie in Kapitel 4 gezeigt, unter gewissen Voraussetzungen zu ideal zyklischem Verhalten führen. Daß in der Realität diese Verhaltensweise nicht beobachtet werden kann, resultiert vermutlich aus dem Verstoß gegen die Forderung nicht gekoppelten Elementverhaltens. Für den Fall der Vielkristalle ist unmittelbar einzusehen, daß die Bedingung der kompatiblen Verformung der Körner die Tendenz hervorruft, eine starke Abgleitung entlang nur weniger Ebenen auf viele zu "homogenisieren".

Selbst in Idealfällen der Serienschaltung, nämlich bei Einkristallen mit schmalen Verformungsbändern, die schräg zur Spannungsachse quer durch den gesamten Kristallit verlaufen, wird ideal zyklisches Verformungsverhalten nicht erfüllt[1]. Diese Abweichung ist hier vermutlich weniger auf eine Wechselwirkung zwischen den PGB zurückzuführen sondern eher eine Konsequenz des nicht elastisch linearplastischen Elementverhaltens.

Die Parallelschaltung besitzt gegenüber der Serienschaltung den Vorteil, daß sie die Forderung nach Kompatibilität der Verformung als Voraussetzung enthält und somit der Physik des Vorganges mehr entspricht. Darüber hinaus hat sie, wie in Abschnitt 15.3 demonstriert wird, eindeutige Vorteile in bezug auf die Handhabung und die Aussagegenauigkeit.

Die Forderungen 1 bis 3 mögen auf den ersten Blick als drastische Einschränkungen für die Berechenbarkeit von Spannungs-Dehnungs-Pfaden erscheinen. Bei näherer Betrachtung zeigt sich aber, daß oft gerade im praktischen Ein-

[1]Die PGB in Kupfer- und Nickeleinkristallen bleiben bei Reduzierung der plastischen Dehnungsamplitude im Bereich B erhalten und aktiv (z.B. [44, 42, 75]), was auf die sekundäre zyklische Spannungs-Dehnungskurve führt. Die Hysteresenäste sind aber (in relativen Koordinaten) nicht deckungsgleich. Ein ähnliches Ergebnis wird bei Al-3,3 Gew.% Cu beobachtet, das sehr schmale PGB infolge schneidbarer Teilchen ausbildet (z.B. [45]).

satz technischer Legierungen diese Bedingungen in guter Näherung erfüllt sind. Weiterhin sind die Forderungen im Hinblick auf die gewünschte Genauigkeit der mathematischen Beschreibung zu relativieren. So wird z.B. in [88] gezeigt, daß bereits bei einer langsam und kontinuierlich ansteigenden Spannungsamplitude ("ramp loading") in grober Näherung ideal zyklisches Verformungsverhalten bei vielkristallinem Kupfer erfüllt ist, obwohl zumindest Bedingung 2 verletzt wird.

Auf die Forderung 3 kann unter Umständen ganz verzichtet werden. Die dargelegten Ergebnisse an Legierungen mit strukturiertem Gefüge und/oder planarer Gleitung zeigten, daß die Abweichungen vom ideal zyklischen Verhalten, insbesondere bei nicht zu geringen Amplituden, klein sind (z.B. Abb. 11.10, Abb. 12.12). Die Anwendung der Vielkörpermodelle erfolgt in diesen Fällen allerdings dann mehr unter dem Aspekt der Rechenmethodik, ohne Rücksicht auf eine physikalische Grundlage.

Im Hinblick auf die auftretenden Abweichungen ist wichtig anzumerken, daß in den behandelten Verfahren Fehler nicht kumulieren. Als Folge des Materialerinnerungsvermögens löschen sich Abweichungen gegenseitig aus, sobald eine geschlossene Hysteresekurve gebildet wird, da die weitere Verformung einen früheren σ-ϵ-Verlauf fortsetzt.

15.2 Analytische Beschreibung des Spannungs-Dehnungs-Verlaufes

Die folgenden Ausführungen zeigen die zumeist benutzte Methode zur Ermittlung des Spannungs-Dehnungs-Pfades bei variierender Beanspruchungsamplitude auf. Dabei kommen zwar die aus den Vielkörpermodellen folgenden Konsequenzen für das Verformungsverhalten zum Tragen, nicht aber die Modellvorstellungen selbst. In einem ersten Schritt wird eine explizite mathematische Beziehung für den Zusammenhang von Spannung und Dehnung im Ast (z.B. dem aufsteigenden Ast) der Hysteresekurve des ideal zyklischen Verhaltens ermittelt. Der zweite Schritt beinhaltet das stückweise Zusammensetzen des σ-ϵ-Pfades mit Hilfe dieser Beziehung und der Regeln für das Materialerinnerungsvermögen.

15.2.1 Analytische Beschreibung eines Hysteresenastes

Zur Veranschaulichung der Vorgehensweise werden exemplarisch die Ergebnisse der Untersuchungen an vielkristallinem Kupfer benutzt. Die Methodik kann auf andere Metalle oder Legierungen sinngemäß übertragen werden.

Da ideal zyklisches Verformungsverhalten vorausgesetzt wurde und unter dieser Bedingung die Hysteresenäste in relativen Koordinaten deckungsgleich sind, kann sich die analytische Beschreibung auf *einen* Ast beschränken. Zweckmäßigerweise wird dieser aus der Hysteresekurve mit maximaler Beanspruchungsamplitude stammen, um eine möglichst genaue Anpassung im gesamten Intervall z.B. von ϵ_{pl} zu erzielen.

Die Beschreibung des Spannungs-Dehnungs-Verlaufes entlang des experimentell erfaßten Astes erfolgt in relativen Koordinaten. Dafür werden in der Literatur verschiedene mathematische Beziehungen angeboten, wie z.B. ein Potenzansatz in Anlehnung (2.6) auf der Basis des 1:2-Verhältnisses von zyklischer Spannungs-Dehnungskurve und Hysteresenast oder eine Beziehung gemäß der Ramberg-Osgood-Gleichung [373]:

$$\sigma_r = E\epsilon_r - 2^{1-n''}k''(\epsilon_r - \epsilon_{el})^{n''} \tag{15.1}$$

n'' und k'' sind Konstanten.

Mit welcher Gleichung die beste Beschreibung erzielt wird, hängt vom betrachteten Werkstoff ab. In vielen Meßdatenauswerte- und -analyseprogrammen wird standardmäßig eine Anpassung über ein Polynom höheren Grades angeboten, was sicherlich auch als Berechnungsgrundlage benutzbar ist.

Bei vielkristallinem Kupfer ist es sinnvoll, aufgrund der beobachteten Abhängigkeit des Bereiches elastischer Verformung von $\Delta\epsilon_{pl}/2$ im Einstufenversuch, anstelle der relativen Koordinaten die in Abb. 10.7 definierten, gestrichenen relativen Koordinaten für die Beschreibung zu verwenden. Dies hat den Vorteil, daß auch die Hysteresekurven bei Belastung mit $\Delta\epsilon_{pl}/2 =$ konst. durch einfaches Hinzufügen eines linearen Spannungs-Dehnungs-Stückes an den Hysteresenast (siehe dazu Tabelle 10.1) ermittelt werden können, was einer Erweiterung auf Bedingungen entspricht, unter denen kein ideal zyklisches Verhalten vorliegt.

Von verschiedenen mathematischen Ansätzen zur Verknüpfung von Spannung und Dehnung erweist sich die Beziehung

$$\sigma'_r = \sigma'_{r,\infty}\left(1 - \mathrm{e}^{-k_{SD}\epsilon'_r}\right) \tag{15.2}$$

als beste Näherung. k_{SD} ist eine Konstante, $\sigma'_{r,\infty}$ ist die Spannung (in gestrichenen relativen Koordinaten) für $\lim_{\epsilon'_r \to \infty} \sigma'_r$ und kann direkt aus Abb. 10.7 zu 263,5 MPa bestimmt werden. Der Wert von k_{SD} folgt unmittelbar aus der umgeformten Beziehung (15.2):

$$\ln\left(\frac{\sigma'_{r,\infty} - \sigma'_r}{\sigma'_{r,\infty}}\right) = -k_{SD}\epsilon'_r \tag{15.3}$$

Die Darstellung in Abb. 15.1 beweist, daß der Spannungs-Dehnungs-Verlauf der Hysteresenäste der Beziehung (15.2) in guter Näherung gehorcht. Da die Anpassung in den Koordinaten σ'_r, ϵ'_r erfolgt, beschreibt die Kurve auch die Hystereseschleifen der Einstufenversuche. Die Abweichungen bei großen ϵ'_r-Werten sind auf die logarithmische Skalierung der Ordinate zurückzuführen, die kleine Unterschiede in den Spannungen stark überhöht wiedergibt.

Um die Güte der Anpassung zu verdeutlichen, sind in Abb. 15.2 die experimentell ermittelten (Sättigungs-)Hysteresekurven aus Versuchen mit $\Delta\epsilon_{pl}/2 =$ konst. zusammen mit den Näherungslösungen dargestellt. Die berechneten Kurven basieren auf Gleichung (15.2) und den zusätzlichen elastischen Bereichen

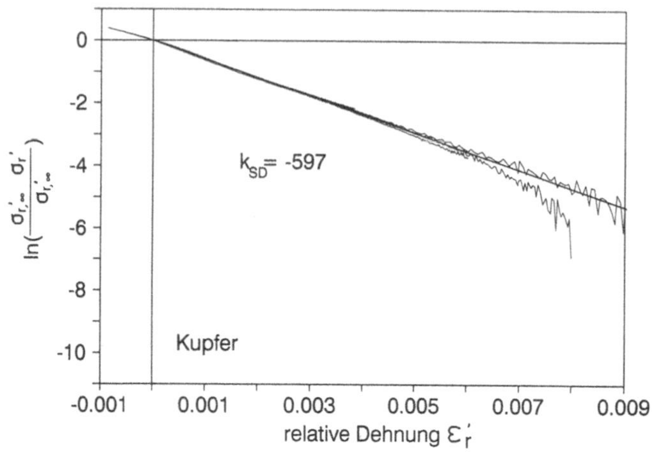

Abb. 15.1: Auftragung der Hysteresenäste von Kupfer für verschiedene $\Delta\epsilon_{pl}/2$-Werte zur Bestimmung von k_{SD}

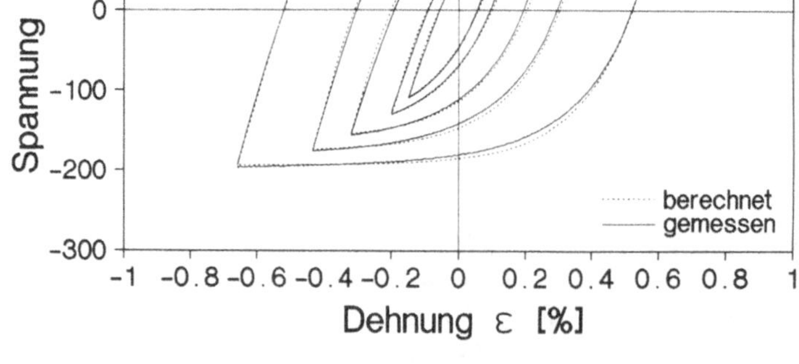

Abb. 15.2: Vergleich der experimentell bestimmten Hysteresekurven von Kupfer mit der analytischen Näherung (15.2)

gemäß Tabelle 10.1. Für den im weiteren zu behandelnden Fall variabler Amplitude bleibt die Länge des linearen σ-ϵ-Stückes im Hysteresenast natürlich konstant.

15.2.2 Berücksichtigung des Materialerinnerungsvermögens

Ideal zyklisches Verformungsverhalten bedeutet u.a., daß z.B. ausgehend von einem Dehnungs-Zeit-Verlauf[2] der Spannungs-Dehnungs-Verlauf stückweise aus dem bekannten Hysteresenast (für Belastung in Zug- oder Druckrichtung mit unterschiedlichem Vorzeichen) zusammengesetzt werden kann, indem der Koordinatenursprung des relativen Koordinatensystems in den jeweiligen Lastumkehrpunkt gelegt wird. Darüber hinaus muß aber auch das Materialerinnerungsvermögen berücksichtigt werden, was in sehr ähnlicher Form erfolgen kann, wie bereits im Zusammenhang mit den Zyklenzählverfahren in Abschnitt 2.2.3 geschildert. In Anlehnung an [64] kann die "Konstruktion" des Spannungs-Dehnungs-Pfades ausgehend von der Kenntnis des Hysteresenastes und der einsinnigen Spannungs-Dehnungskurve (diese ergibt sich aufgrund der Voraussetzungen aus dem Hysteresenast mit Hilfe des Maßstabsfaktors 1/2) durch folgende Regeln beschrieben werden:

1. Es wird eine imaginäre symmetrische Hystereseschleife, deren Amplitude dem Maximum des bis zum jeweils betrachteten Zeitpunkt erfolgten Beanspruchungsverlaufes entspricht, als Einhüllende definiert.
2. Die aktuelle obere Grenzlinie im Spannungs-Dehnungs-Diagramm ergibt sich aus dem ansteigenden Ast dieser Einhüllenden und bei größeren Dehnungen/Spannungen aus der einsinnigen Spannungs-Dehnungskurve. Eine untere Grenzlinie wird entsprechend aus dem abfallenden Ast und der einsinnigen Spannungs-Dehnungskurve für Druckbelastung definiert.
3. Jeder auftretende Umkehrpunkt wird als Maximum oder Minimum klassifiziert, je nachdem ob ein Übergang von einem aufsteigenden zu einem abfallenden Verlauf oder umgekehrt erfolgt.
4. Jedes Maximum, das kleiner ist als das vorherige, und jedes Minimum, das größer ist als das vorangegangene, wird in chronologischer Ordnung gespeichert.
5. Je nachdem, ob der aktuelle Lastumkehrpunkt ein Minimum oder ein Maximum ist, ergibt sich anschließend ein Spannungs-Dehnungs-Pfad entsprechend dem Hysteresenast für Belastung in Zug- oder Druckrichtung. Dieser Verlauf behält solange Gültigkeit, bis der Wert des letzten Maximums oder Minimums im Speicher erreicht wird. Befindet sich der Pfad innerhalb der Einhüllenden, so wird an dieser Stelle eine Hysteresekurve geschlossen (vergessen!) und jeweils der letzte Eintrag in den Speichern für Maxima und Minima gelöscht. Der weitere Verlauf des Spannungs-Dehnungs-Pfades ergibt sich als Verlängerung

[2] Ausreichend sind bereits die Umkehrpunkte der Dehnung, da die Zeit unter den gemachten Voraussetzungen keine Rolle spielt.

des Astes mit dem der Maximal- oder Minimalwert bei der früheren Beanspruchung erreicht wurde, ... Wird die obere oder untere Grenzkurve berührt, so folgt der Pfad dieser Grenze bis zum nächsten Umkehrpunkt.

Mit Hilfe dieser Regeln kann in eindeutiger Weise die Bestimmung des Spannungs-Dehnungs-Verlaufes erfolgen. Die Umsetzung in ein Rechnerprogramm gestattet eine schnelle und komfortable Berechnung, die z.B. durch zyklenzahlabhängige Veränderung des verwendeten Hysteresenastes und durch zusätzliches "Vergessen" (z.B. bei starker Mittelspannungsrelaxation [64]) auch eine Verfeinerung in Richtung transiente Vorgänge erlaubt.

15.3 Anwendung der Vielkomponentenmodelle

Ein wesentlicher Vorteil bei der Verwendung der Vielkomponentenmodelle zur Berechnung des Spannungs-Dehnungs-Verlaufes ist, daß das Materialerinnerungsvermögen nicht getrennt berücksichtigt werden muß, sondern bereits in der Modellvorstellung enthalten ist[3]. Damit entfallen die etwas unübersichtlichen Regeln, die im letzten Abschnitt behandelt wurden. Die Vorgehensweise wird im weiteren parallel für die Serien- und die Parallelschaltung beschrieben, um beide Methoden bezüglich ihrer Anwendungsfreundlichkeit gegeneinander abwägen zu können.

15.3.1 Bestimmung der Streckgrenzenverteilungsfunktion

Parallelschaltung

Ausgangspunkt der Berechnung ist wie beim Standardverfahren (Abschnitt 15.2) ein Hysteresenast, der die Form der Hysteresekurve bei ideal zyklischem Verhalten beschreibt. In Abb. 15.3a ist der im Incremental Step Test bei stabilem Verhalten ermittelte Hysteresenast für die Maximalamplitude $\Delta\epsilon_{pl}/2 = 0,5\%$ dargestellt. Durch die zeitlich äquidistante Erfassung der Meßwerte ist bei plastischer Dehnungsregelung ($\dot{\epsilon}_{pl}$ = konst.) der Spannungsabstand zwischen den Punkten im elastischen Bereich groß und nimmt mit geringer werdender Steigung ab.

Mit Hilfe der Beziehung (15.4) (auch (4.15))

$$F_p\left(\frac{\epsilon_r E}{2}\right) = 1 - \frac{1}{E}\frac{d\sigma_r}{d\epsilon_r} \tag{15.4}$$

kann die erste Stammfunktion $F_p(\sigma_{if})$ der Streckgrenzenverteilungsfunktion $f_p(\sigma_{if})$ ermittelt werden[4]. Da $F_p(\sigma_{if})$ anschaulich der Flächenanteil der sich

[3] Das Materialerinnerungsvermögen ist ja eigentlich eine unmittelbare Folge des Verbundcharakters eines Werkstoffes.

[4] Die Berechnung der Ableitungen erfolgte im betrachteten Beispiel, indem sukzessive jeweils

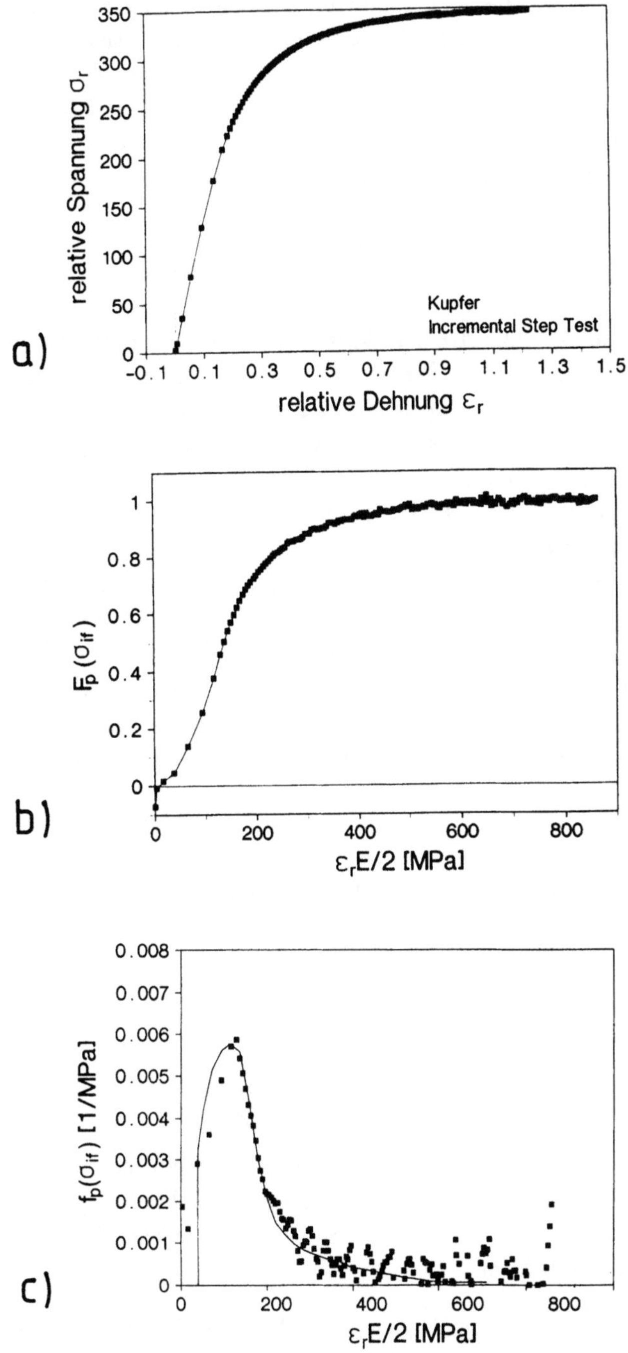

Abb. 15.3: Zur Illustration der Vorgehensweise bei der Bestimmung der Streckgrenzenverteilungsfunktion der Parallelschaltung:
a) ansteigender Hysteresenast in relativen Koordinaten
b) $F_p(\sigma_{if})$-Verlauf
c) $f_p(\sigma_{if})$-Verlauf

bei ϵ_r plastisch verformenden Elemente ist, sollten sich Werte zwischen 0 und 1 ergeben. Abbildung 15.3b zeigt, daß $F_p(\sigma_{if})$ asymptotisch gegen 1 läuft, bei kleinen Werten von ϵ_r aber negativ ist. Letzteres kann auf Kriechprozesse bei den hohen (Druck-)Spannungen zurückgeführt werden und hat für die weitere Auswertung nur untergeordnete Bedeutung.

Durch erneutes Differenzieren kann gemäß

$$f_p\left(\frac{\epsilon_r E}{2}\right) = -\frac{2}{E^2}\frac{\mathrm{d}^2\sigma_r}{\mathrm{d}\epsilon_r{}^2} \tag{15.5}$$

(auch (4.16)) die gewünschte Streckgrenzenverteilungsfunktion ermittelt werden (Abb. 15.3c). Bei größeren Werten von ϵ_r ergibt sich eine starke Streuung in $f_p(\sigma_{if})$, die sich bereits im Verlauf von $F_p(\sigma_{if})$ andeutet und auf Instabilitäten im flachen Teil des Hysteresenastes zurückzuführen ist. Aufgrund der asymptotischen Annäherung von $f_p(\sigma_{if})$ an Null ist dennoch der Kurvenverlauf relativ leicht festlegbar, wobei das Erreichen des Wertes 1 von $F_p(\sigma_{if})$ in Abb. 15.3b als Anhaltspunkt hilfreich ist.

Die eingezeichnete Kurve trägt der Beobachtung eines elastischen Gebietes Rechnung ($f_p(\sigma_{if})$ muß in diesem Bereich Null sein) und berücksichtigt, daß in den Bereichen I und II der Hysteresekurve (siehe Abb. 6.9) Kriech- und anelastische Rückverformungsprozesse eine exakte Bestimmung von $f_p(\sigma_{if})$ nicht zulassen. Als zusätzliche Hilfe kann dienen, daß die Fläche unter der Kurve voraussetzungsgemäß (siehe Gleichung (4.4)) den Wert 1 haben muß[5].

Serienschaltung

Die Bestimmung der Streckgrenzenverteilungsfunktion für die Serienschaltung kann in analoger Weise erfolgen, wobei die Beziehungen

$$F_s\left(\frac{\sigma_r}{2}\right) = k_s\left(\frac{\mathrm{d}\epsilon_r}{\mathrm{d}\sigma_r} - \frac{1}{E}\right) \tag{15.6}$$

und

$$f_s\left(\frac{\sigma_r}{2}\right) = 2k_s\frac{\mathrm{d}^2\epsilon_r}{\mathrm{d}\sigma_r{}^2} \tag{15.7}$$

(auch (4.29 und 4.28)) die Gleichungen (15.4 und 15.5) ersetzen. Der Wert von k_s wird, wie in Abschnitt 4.2.3 dargestellt, durch die Steigung der Asymptote für große Werte von ϵ_r bestimmt. Für den Fall des vielkristallinen Kupfers ergibt sich ein k_s von 1120 MPa.

---

durch sieben aufeinanderfolgende Meßpunkte mit Hilfe einer linearen Regression ein Polynom 2. Grades angepaßt wurde, die Steigung im mittleren (vierten) Punkt ermittelt und dem Dehnungswert dieses Punktes zugeordnet wurde. Für die ersten Meßwerte (im elastischen Bereich) erfolgte die Bestimmung direkt aus der Verbindungslinie zwischen jeweils zwei benachbarten Punkten.

[5] Nach einem Vorschlag von Iwan [117] kann aus der Abhängigkeit der Fläche der Hysteresekurve von $\Delta\epsilon$ ebenfalls $f_p(\sigma_{if})$ bzw. $f_s(\sigma_{if})$ ermittelt werden. Voraussetzung ist auch hier ideal zyklisches Verhalten trotz verschiedener $\Delta\epsilon$-Werte.

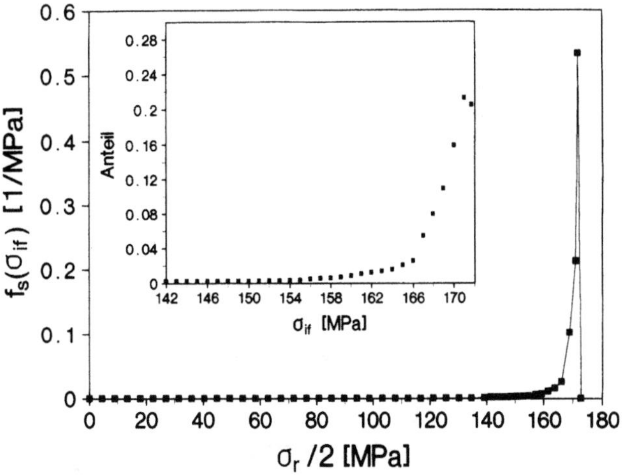

Abb. 15.4: Durch zweifache Differentiation gewonnene Streckgrenzenverteilungsfunktion der Serienschaltung von Kupfer; kleines Bild: diskrete Verteilung

Bei der Anwendung der Serienschaltung erweist sich die Bestimmung von $f_s(\sigma_{if})$ aufgrund der Tatsache als problematisch, daß ϵ_r nach σ_r abgeleitet werden muß. Kleine Instabilitäten in der Hysteresekurve (siehe Abschnitt 8.4 und [267, 270, 269]) fallen in den Bereich, in dem hohe Werte der 1. und 2. Ableitungen auftreten. Die daraus resultierende Streuung ist so groß, daß auch nach stückweiser Glättung der Kurve keine rechnerische Ermittlung des $f_s(\sigma_{if})$-Verlaufes möglich ist.

Die in Abb. 15.4 wiedergegebene Kurve ist das Ergebnis der zweifachen Differentiation "per Hand" durch Anlegen von Tangenten an den ϵ_r-σ_r-Verlauf, was noch das beste Resultat liefert. Die Verteilung verläuft über den größten Bereich von σ_r sehr flach, steigt dann steil an und hat beim Umkehrpunkt (Endpunkt des Hysteresenastes) ihr Maximum. Schwankungen im σ-ϵ-Verlauf kurz vor der Lastumkehr führen zu massiven Beeinflussungen in der zu ermittelnden $f_s(\sigma_{if})$-Kurve.

Die Konzentration der Verteilung weitgehend auf einen schmalen Bereich von σ_{if} ist eine Folge des kleinen Wertes von k_s im Vergleich zum Elastizitätsmodul (Verhältnis ca. 1:100). Da die Elemente des Vielkörpermodells bei plastischer Verformung nur gering verfestigen, müssen die σ_{if}-Werte dicht zusammenliegen, damit die starke Zunahme der plastischen Dehnung bei nur geringfügigem Anstieg von σ_r im flachen Bereich des Hysteresenastes möglich ist. Andererseits zeigt diese Verteilung aber auch, daß nur wenige Elemente bei kleiner relativer Spannung plastisch aktiv sind. Anders ausgedrückt heißt das, über einen weiten Spannungsbereich wird im Modell die plastische Verformung von einem sehr kleinen Anteil von Elementen getragen. Auf die daraus zwangsläufig resultierenden Kompatibilitätsprobleme im Vielkristall wurde bereits mehrfach hingewiesen.

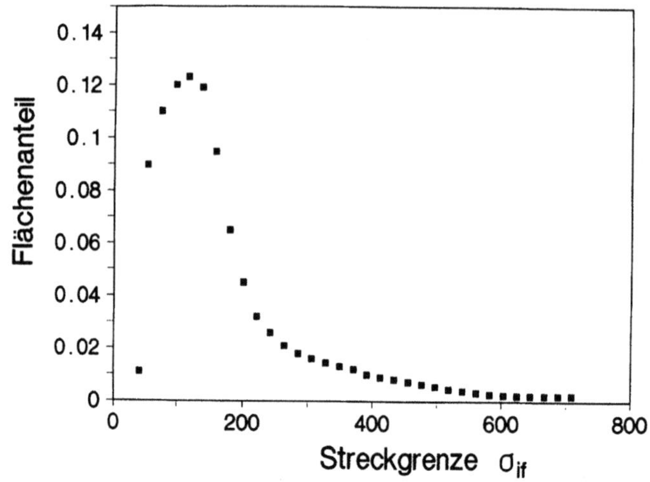

Abb. 15.5: Diskrete Streckgrenzenverteilungsfunktion der Parallelschaltung für vielkristallines Kupfer

15.3.2 Diskretisierung der Verteilungsfunktionen

Die aus der statistischen Behandlung der Vielkörpermodelle gewonnenen Beziehungen (15.4–15.7), die zur Ermittlung der Streckgrenzenverteilungsfunktionen dienen, wurde in Kapitel 4 aus den Gleichungen (4.12) bzw. (4.26) abgeleitet, die einen Zusammenhang zwischen relativer Spannung und relativer Dehnung über die 2. Stammfunktion von $f_p(\sigma_{if})$ bzw. $f_s(\sigma_{if})$ herstellen. (4.12) und (4.26) beschreiben den ansteigenden oder abfallenden Ast der Hysteresekurve ausgehend von einem Lastumkehrpunkt unter der Voraussetzung, daß keine weitere Lastumkehrung stattfindet und der Modellkörper ausreichend vorverformt ist. Der Gültigkeitsbereich von (4.12) und (4.26) wird durch die Höhe der während der mechanischen Vorgeschichte erreichten maximalen Beanspruchung auf das Intervall zwischen $-\max(|\epsilon|)$ und $+\max(|\epsilon|)$ (bzw. $\pm\max(|\sigma|)$) festgelegt. Eine oder mehrere weitere Lastumkehrungen und auch der σ-ϵ-Verlauf nach Überschreiten obiger Grenzen können zwar durch Erweiterung der Beziehungen (4.12) und (4.26) in analytischer und expliziter Form berechnet werden. Diese Vorgehensweise führt aber sehr schnell zu unübersichtlich langen Gleichungen, da ja bei jeder Richtungsänderung der Beanspruchung ein neues relatives Koordinatensystem definiert werden muß[6].

Um mit Hilfe einer einfachen Rechnung den Spannungs-Dehnungs-Verlauf bei variierender Amplitude bestimmen zu können, ist es zweckmäßig, die Modellvorstellungen ausgehend von einer diskreten Verteilungsfunktion, d.h. mit einer begrenzten Anzahl von Elementen, anzuwenden. Wieviele Elemente für die Berechnung notwendig sind, hängt von der geforderten Güte des Kurvenverlaufes ab, da der Hysteresenast als Polygonzug wiedergegeben wird.

[6]Diese Vorgehensweise entspricht letztlich der Berücksichtigung des Materialerinnerungsvermögens gemäß Abschnitt 15.2.2.

Um die Serien- und Parallelschaltung besser vergleichen zu können, wurden im betrachteten Beispiel sehr ähnliche Bedingungen für die Diskretisierung gewählt: ca. 30 Elemente und konstante Breite des den Einzelelementen zugeordneten Streckgrenzenintervalles.

In Abb. 15.5 ist die diskrete Verteilungsfunktion der Parallelschaltung dargestellt. Der Flächenanteil ergibt sich aus der Multiplikation des $f_p(\sigma_{if})$-Wertes in der Mitte jedes σ_{if}-Intervalles mit der Intervallgröße, die hier einfach durch äquidistante Unterteilung der σ_{if} bzw. $\epsilon_r E/2$-Achse bestimmt wurde.

Aufgrund der auf den Bereich vor dem maximalen σ_{if}-Wert konzentrierten Verteilung der Serienschaltung verbietet sich dort eine entsprechende Vorgehensweise. Um dennoch — aus Gründen der Vergleichbarkeit — identische Breiten der σ_{if}-Intervalle für alle Elemente verwenden zu können, wurde nur ein kleiner Bereich bei hohen σ_{if}-Werten diskretisiert und der Anteil außerhalb dieses Bereiches vernachlässigt (siehe Abb. 15.4, inneres Bild).

15.3.3 Berechnung des Spannungs-Dehnungs-Verlaufes

Ausgehend von der diskreten Verteilung kann in sehr einfacher Form der Spannungs-Dehnungs-Zusammenhang für beliebige Beanspruchungssequenzen berechnet werden, was sinnvollerweise mit Hilfe eines leicht zu erstellenden, kleinen Programmes erfolgt. Die prinzipielle Vorgehensweise ist für Parallel- und Serienschaltung identisch: (i) Es wird der neue Beanspruchungswert (Dehnung für Parallelschaltung, Spannung für Serienschaltung) vorgegeben. Dieser wird zweckmäßigerweise nach Eingabe des nächsten Lastumkehrpunktes durch Unterteilung des Intervalles zwischen diesem und dem letzten Eckpunkt errechnet. (ii) Für jedes Element wird die jeweilige Antwort auf die neue Beanspruchung in Form des Wertes von σ_i (Parallelschaltung) oder ϵ_i (Serienschaltung) ermittelt. (iii) Die Spannung (Parallelschaltung) oder Dehnung (Serienschaltung) des Verbundes ergibt sich durch Aufsummieren der mit dem jeweiligen Anteil multiplizierten σ_i- bzw. ϵ_i-Werte.

Das Verhalten der Einzelelemente (ii) kann mit Hilfe eines kurzen Unterprogrammes berechnet werden, welches durch unterschiedliche Vorgaben für die Streckgrenze für jedes Element verwendbar ist:

Parallelschaltung Falls die vorgegebene Dehnung seit der letzten Berechnung zugenommen hat und der vorherige Spannungswert des betrachteten Elementes i bereits σ_{if} war, dann wird weiterhin $\sigma_i = \sigma_{if}$ gelten. Ist hingegen die alte Spannung kleiner als σ_{if}, so errechnet sich das neue σ_i aus der elastischen Spannungserhöhung, die aber σ_{if} nicht überschreiten darf. Umgekehrt erfolgt bei einer Erniedrigung der Dehnung keine Veränderung der Elementspannung σ_i, falls diese bereits $-\sigma_{if}$ war. Ist das nicht der Fall, wird σ_i entsprechend dem elastischen Verhalten bis auf minimal $-\sigma_{if}$ erniedrigt.

Serienschaltung Da der elastische Verformungsanteil der Elemente getrennt berechnet werden kann (siehe Abschnitt 4.2), genügt die Berücksichtigung linear-plastischen Verhaltens. Der Bereich von Spannung und plastischer Deh-

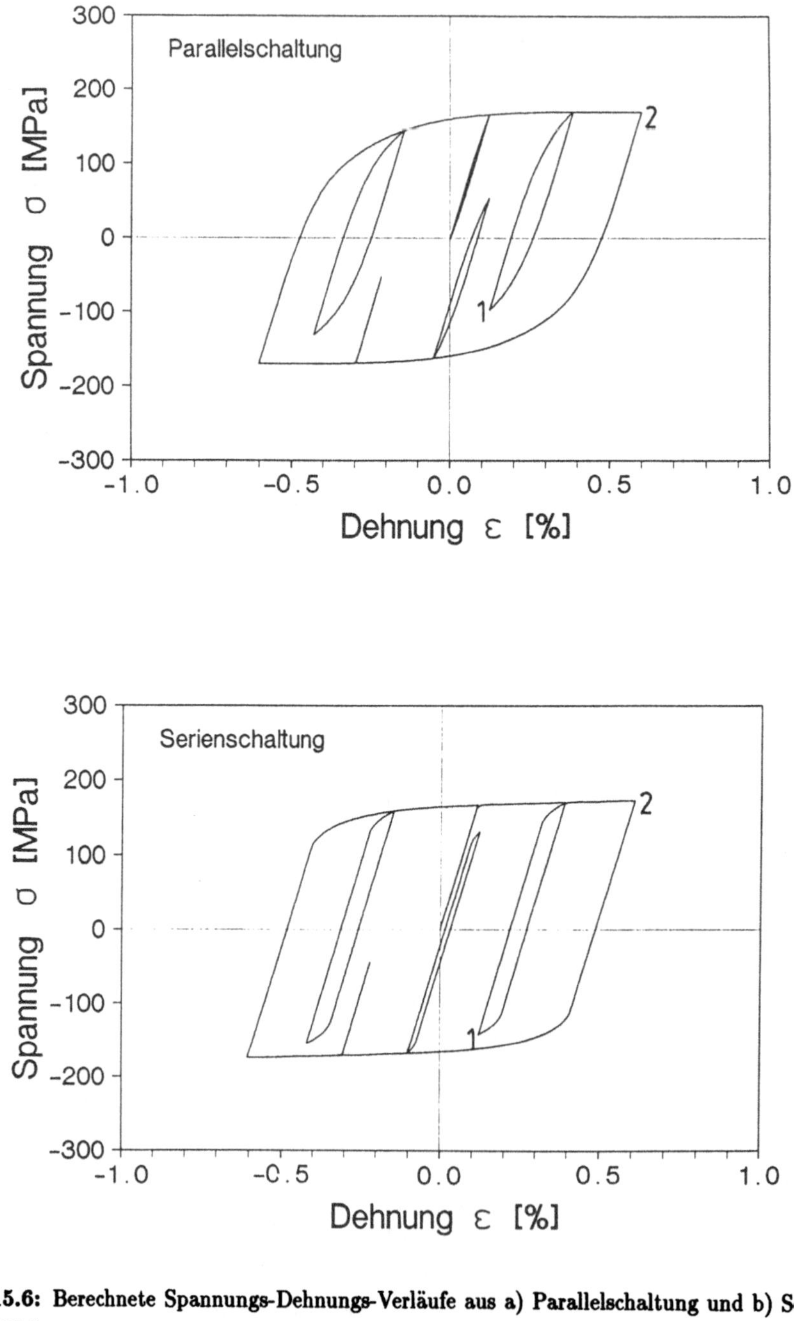

a) b)

Abb. 15.6: Berechnete Spannungs-Dehnungs-Verläufe aus a) Parallelschaltung und b) Serienschaltung

nung des Elementes i mit der Streckgrenze σ_{if} wird nach oben und unten durch die Geraden mit der Steigung k_s durch die Punkte σ_{if} bzw. $-\sigma_{if}$ bei $\epsilon_{i,pl} = 0$ begrenzt. Eine Veränderung von $\epsilon_{i,pl}$ erfolgt nur entlang dieser Linien. Dazwischen führt eine Erhöhung oder Reduktion der Spannung ($\sigma = \sigma_i$) zu keiner Beeinflussung von $\epsilon_{i,pl}$.

Bisher wurde der Einfachheit halber vorausgesetzt, daß bei der Benutzung des Parallelschaltungsmodells der Beanspruchungsverlauf in Form der Dehnungswerte der Lastumkehrpunkte bekannt ist und für die Serienschaltung entsprechend die Spannungswerte vorgegeben werden. Dieses sind keine notwendigen Bedingungen, da z.B. durch eine Veränderung der Dehnung in feinen (oder sich verfeinernden) Schritten bei der Parallelschaltung ein vorgegebener Spannungswert iterativ erreicht werden kann. Bei den folgenden Beispielen wurden die Dehnungswerte der Lastumkehrpunkte vorgegeben. Bei der Serienschaltung ist diese Vorgehensweise im Bereich geringer Steigungen $d\sigma/d\epsilon$ zweckmäßig, da im anderen Fall eine kleine Abweichung in σ zu einem großen Unterschied in ϵ führt, der sich bei der nächsten Umkehrung der Beanspruchungsrichtung überdeutlich darstellt.

Abbildung 15.6 zeigt zwei Berechnungsbeispiele, basierend auf den diskreten Streckgrenzenverteilungsfunktionen für Kupfer (siehe Abb. 15.4 und 15.5). Die Abbildung verdeutlicht, daß die Modellvorstellungen das Materialerinnerungsvermögen wiedergeben. Bei der Berechnung des Spannungs-Dehnungs-Verlaufes ist es nicht nötig, in irgendeiner Form den Übergang von einem Hysteresenast auf die Verlängerung eines anderen bei Erreichen eines Maximalwertes zu berücksichtigen. Auch die Wahl zwischen einsinniger Spannungs-Dehnungskurve und Hysteresenast erfolgt automatisch richtig. Bei den in Abb. 15.6 gezeigten Verläufen wurde beispielsweise der Abschnitt zwischen den mit 1 und 2 gekennzeichneten Umkehrpunkten nur durch Eingabe der beiden zugehörigen Dehnungswerte ermittelt. Das Abknicken im Pfad nach Schließen der kleinen Hysterese ist eine Folge der im Verformungszustand der Elemente gespeicherten Erinnerung an die Vorgeschichte.

Der kantige Verlauf, der sich bei der Berechnung mit dem Serienschaltungsmodell ergibt, kann zum einen auf die schlechte Bestimmbarkeit der Streckgrenzenverteilungsfunktion und zum anderen auf die problematische Diskretisierung zurückgeführt werden. Die Vernachlässigung der geringen Werte von $f_s(\sigma_{if})$ bei kleinen Streckgrenzen führt dazu, daß über einen weiten Bereich der relativen Spannung ausschließlich elastische Verformung stattfindet. Eine Verbesserung des Resultates der Berechnung wäre sicherlich durch eine Anpassung der diskreten Verteilung an die Kurve von $f_s(\sigma_{if})$ über einen größeren Bereich von σ_{if} möglich.

In Abb. 15.7 sind die Ergebnisse von Rechnung und Experiment für die mit abfallender Dehnungsamplitude verknüpfte Blockhälfte des Incremental Step Tests dargestellt. Beide Modelle liefern in guter Näherung die tatsächlich beobachteten Eckpunkte der σ-ϵ-Spirale. Der Spannungs-Dehnungs-Verlauf wird eindeutig besser durch die Anwendung des Parallelschaltungsmodelles wiedergegeben. Damit ist diese Methode nicht nur bezüglich des physikalischen Hinter-

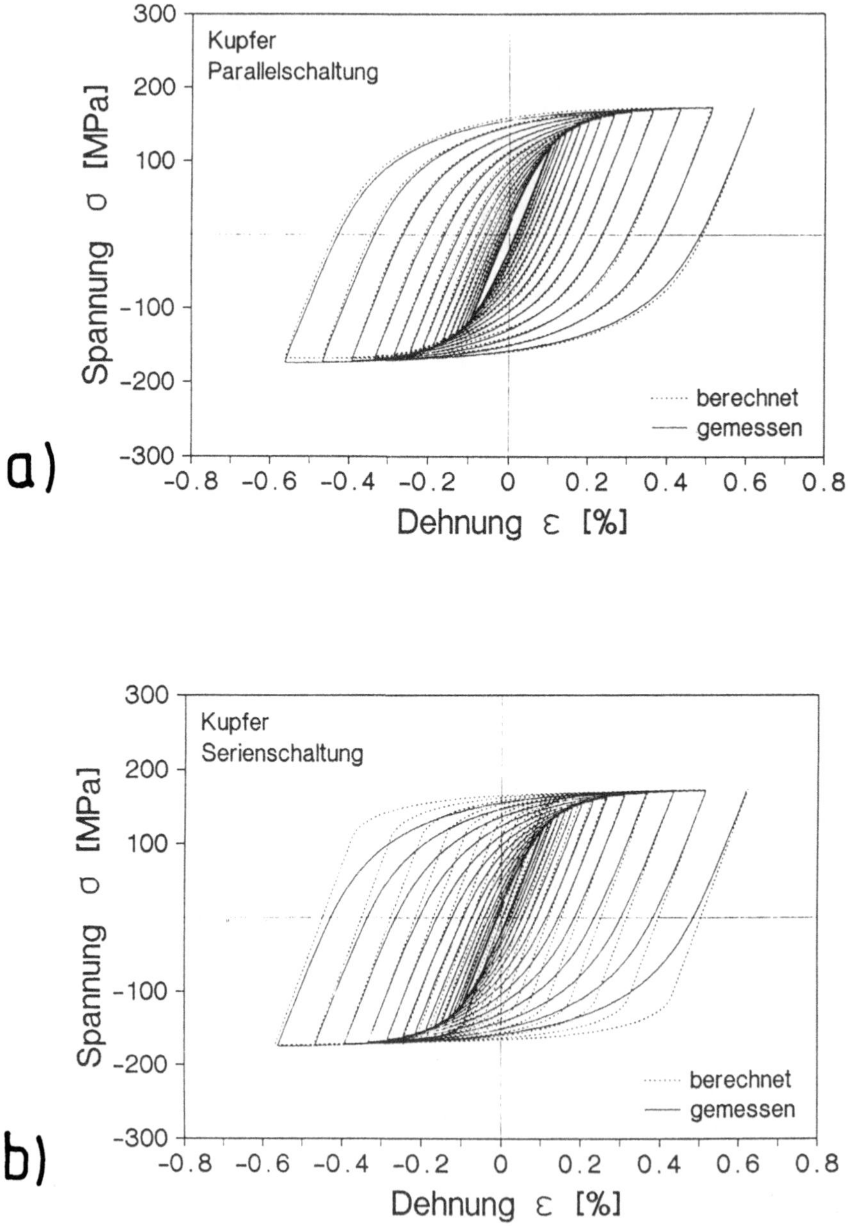

Abb. 15.7: Vergleich des berechneten und experimentell (nach [206]) bestimmten Spannungs-Dehnungs-Verlaufes von Kupfer in der abfallenden Blockhälfte des Incremental Step Tests; a) Parallelschaltung, b) Serienschaltung

grundes sondern auch in puncto Handhabung als Rechenverfahren der Serienschaltung überlegen. Unter Beachtung der Voraussetzungen für ideal zyklisches Verformungsverhalten kann in einfacher Weise der Spannungs-Dehnungs-Pfad bei beliebigem Beanspruchungsverlauf berechnet werden.

Abschließende Bemerkungen

Die in diesem Buch dargestellten Ergebnisse und Überlegungen zur Wechselverformung von Metallen und Legierungen zeigen, daß das zyklische Spannungs-Dehnungs-Verhalten mit Verbundmodellen beschrieben werden kann. Die beiden ausführlich behandelten einfachen Vielkörpermodelle, die Parallelschaltung ideal elastisch-plastischer Elemente (Masing-Modell) und die Serienschaltung elastisch linear-plastischer Elemente, sind in der Lage wichtige Grundphänomene der zyklischen Verformung, wie Bauschinger-Effekt, Materialerinnerungsvermögen und 1:2-Gesetz, wiederzugeben und in anschaulicher Form zu erklären. Die für die Anpassung dieser Modellvorstellungen notwendige werkstoffspezifische Funktion, die Streckgrenzenverteilungsfunktion, kann direkt aus dem Spannungs-Dehnungs-Verlauf eines Astes der Hysteresekurve gewonnen werden.

Eine nähere Betrachtung der mikrostrukturellen Vorgänge, die dem Verformungsprozeß zugrundeliegen, dokumentiert die Bedeutung der mesoskopischen Betrachtungsweise und weist die Parallelschaltung als das aus physikalischer Sicht sinnvollere Modell aus. Auch in bezug auf die Handhabung bei einer quantitativen Berechnung des Spannungs-Dehnungs-Verlaufes zeigt sich das Masing-Modell der Serienschaltung überlegen.

Gezielt zur Überprüfung der Modellvorstellungen durchgeführte Untersuchungen definieren die Grenzen des Gültigkeitsbereiches des Verbundmodells hinsichtlich mikrostruktureller Eigenschaften des Werkstoffes (z.B. Gleitcharakter, Teilchenhärtungsbeitrag und Gefügestabilität). Dieser Gültigkeitsbereich sollte nicht verwechselt werden mit den im letzten Kapitel aufgeführten Voraussetzungen für die Modellanwendung zur rechnerischen Ermittlung des Spannungs-Dehnungs-Verlaufes. Das beschriebene Verfahren — letztlich nur ein, wenn auch aus technischer Sicht wichtiges "Abfallprodukt" des Verbundgedankens — muß zur Gewährleistung einer effektiven Berechnung unterstellen, daß die Streckgrenzenverteilungsfunktion stationär ist, während mit den Verbundmodellen auch eine kontinuierliche Veränderung dieser Funktion verträglich ist[7].

Auf den ersten Blick mag es verwunderlich erscheinen, daß es genügt, in den Vielkomponentenmodellen von sehr einfachen Elementverhaltensweisen auszugehen (ideal elastisch-plastisch oder elastisch linear-plastisch). Dies ist primär auf die Besonderheiten der zyklischen Beanspruchung zurückzuführen, wie z.B. kleine

[7] Die Streckgrenzenverteilungsfunktion kann sich aufgrund mikrostruktureller Umlagerungsprozesse von Zyklus zu Zyklus verändern. Sie ist aber nur dann physikalisch sinnvoll, wenn sie nicht innerhalb der Belastungszyklen eine (periodische) Veränderung erfährt.

Werte der Dehnung(samplitude) und ausgeprägte Stationarität der Hindernisverteilung (Versetzungsstruktur). Für eine Modellierung des einsinnigen Verformungsverhalten sind diese einfachen Spannungs-Dehnungs-Zusammenhänge in den Elementen nicht geeignet; entsprechend sind die daraus abgeleiteten mathematischen Beziehungen nicht übertragbar. Als weitere Einschränkung wird in diesem Buch nur die zeitunabhängige plastische Verformung betrachtet. Gerade bei der Hochtemperaturermüdung spielen aber zeitabhängige Vorgänge eine wichtige Rolle. Diese sind durch Erweiterung der Modellansätze prinzipiell zwar mit einbeziehbar, führen aber dazu, daß die Modelle unübersichtlich werden und sich nicht mehr zu Dokumentation der wesentlichen Grundgedanken und Konsequenzen der Verbundvorstellung eignen.

Unter dem Gesichtspunkt möglicher Verfeinerungen und Erweiterungen liegt es nahe, zunächst die weitgehend ausgeklammerten *transienten* zyklischen Verformungsvorgänge und das Gebiet der Abhängigkeit von der mechanischen Vorgeschichte in den Anwendungsbereich der Modelle aufzunehmen. Dies kann ohne Veränderung des Typus des Verformungsverhaltens der Einzelelemente erfolgen; die transienten Prozesse lassen sich duch die Änderung der Streckgrenzenverteilungsfunktion beschreiben. Es ist sogar zu hoffen, daß diese Betrachtungsweise auf neue Erkenntnisse über die für die makroskopischen Verformungseigenschaften relevanten Vorgänge führt.

Eine Einbeziehung zeitabhängiger Plastizität, z.B. mit der Zielsetzung der Modellierung des zyklischen Verformungsverhaltens bei hoher Temperatur, macht hingegen eine völlig neue mathematische Beschreibung der Modelle erforderlich, da die Zeitabhängigkeit in das Einzelelementverhalten integriert werden muß.

Für den Metallkundler bieten Verbundmodelle ganz allgemein eine Chance, eine Brücke von den mikroskopischen Einzelprozessen zu dem resultierenden makroskopischen Verhalten zu schlagen. Die mesoskopische Betrachtungsweise kann dabei als ein Filter betrachtet werden, um aus der Fülle der Elementarprozesse der plastischen Verformung diejenigen herauszusortieren, die für die makroskopische Verhaltensweise relevant sind. Bisher ist es nur in ganz seltenen Fällen gelungen, eine unmittelbare und quantitative Korrelation von Mikrostruktur und mechanischen Eigenschaften zu erhalten. Der mesoskopische Maßstab als Mittler zwischen mikroskopischer und makroskopischer Betrachtungsweise kann hier wertvolle Hilfe leisten.

Umgekehrt stellt der Verbundgedanke an den Metallkundler die Forderung, sich von der klassischen Vorstellung zu lösen, die plastische Verformung als räumlich homogen zu betrachten und dementsprechend z.B. Festigkeitsgrößen durch jeweils *einen* Wert kennzeichnen zu wollen. Die Heterogenität des Verformungsverhaltens macht es vielmehr erforderlich "in Verteilungen zu denken".

Anhang

Anhang A

Werkstoffzusammensetzung und Wärmebehandlung

A.1 Der Wälzlagerstahl 100Cr6

Der Wälzlagerstahl 100Cr6 (Werkstoffnummer 1.3505) hat nach [374] die in Tabelle A.1 angegebene Zusammensetzung. Neben zwei unterschiedlich wärmebehandelten Zuständen wurde als dritte Variante eine mit geringem Molybdän-Gehalt ($\leq$ 1%) geänderte Zusammensetzung untersucht (Material M).

Die Wärmebehandlungszustände waren:

100Cr6B bainitisch gehärtet durch Austenitisierung bei 865°C, Abschrecken im Salzbad bei 225°C, Auslagerung im Salzbad 4 Stunden bei 225°C

100Cr6N martensitisch gehärtet durch Austenitisierung bei 835°C, Abschrecken im Öl bei 110°C, Auslagern 2 Stunden bei 160°C

100Cr6M Wärmebehandlung wie bei Material N

Tabelle A.1: Chemische Zusammensetzung von 100Cr6 in Gew.-%

C	Si	Mn	P	S
0,9–1,05	0,15–0,35	0,25–0,45	$\leq$ 0,03	$\leq$ 0,025

Cr	Cu	Ni	Fe
1,35–1,65	$\leq$ 0,30	$\leq$ 0,30	Rest

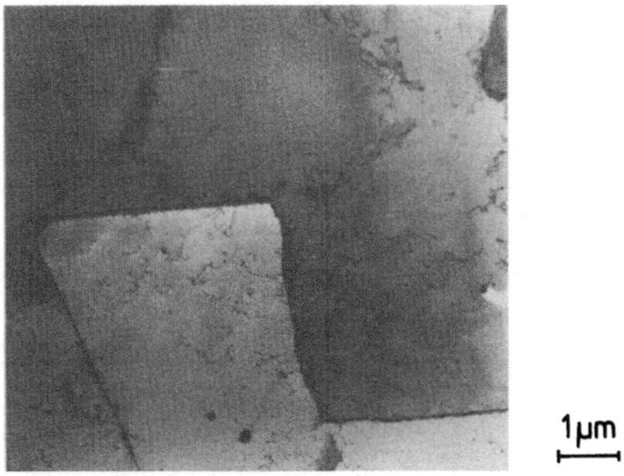

Abb. A.1: TEM-Aufnahme von Kupfer im unverformten, rekristallisierten Zustand (nach Bayerlein [206])

A.2 Vielkristallines Kupfer

Das verwendete OFHC-Kupfer hat laut Angaben des Herstellers (Outokumpu, Finnland) eine Reinheit von besser als 99,99% und einen Sauerstoffgehalt kleiner 5 ppm. Es wurde in Form von Rundstangen mit 9,6 *mm* Durchmesser ausgeliefert.

Die Einstellung einer gewünschten Korngröße erfolgte durch eine Rekristallisationsglühung. Dazu wurde in einem ersten Schritt durch Rundhämmern auf 9 *mm* eine starke Kaltverformung eingebracht. Anschließend wurde die Probe mit einem Übermaß von ca. 0,5 *mm* hergestellt. Dieses wurde durch chemischen Abtrag entfernt, um unterschiedliche Korngrößen im Querschnitt durch die Oberflächenverformung zu vermeiden.

Die Rekristallisationsglühung erfolgte im Hochvakuum. Die Proben wurden in ca. 30 Minuten auf eine Obertemperatur aufgeheizt, dessen Höhe von der gewünschten Korngröße bestimmt war. Anschließend erfolgte eine Abkühlung im Vakuum. Mit einer Obertemperatur von 780°C ergab sich eine aus der mittleren Sehnenlänge mit dem Umrechnungsfaktor 1,68 gewonnene Korngröße (ohne Berücksichtigung der Zwillingsgrenzen) von ca. 55 μm (Abschnitt 5.2.3), 670°C führten auf ca. 40 μm (Kapitel 10).

Abbildung A.1 belegt, daß nach der Glühbehandlung vor der Wechselverformung eine niedrige Versetzungsdichte (ca. 10^{12} m^{-2}) vorliegt.

A.3 Ck 10

Bei dem ferritischen Stahl Ck 10 handelt es sich um dieselbe Charge, die auch in [285] untersucht worden war. Die Zusammensetzung ist in Tabelle A.2 wiedergegeben.

Tabelle A.2: Chemische Zusammensetzung des ferritischen Stahles Ck 10 in Gew.-% ; nach Pohl [285]

C	Si	Mn	Cr	Mo	Cu
0,12	0,28	0,54	0,07	0,01	0,05

Ni	P	S	V	Nb	Fe
0,05	0,028	0,026	0,002	0,003	Rest

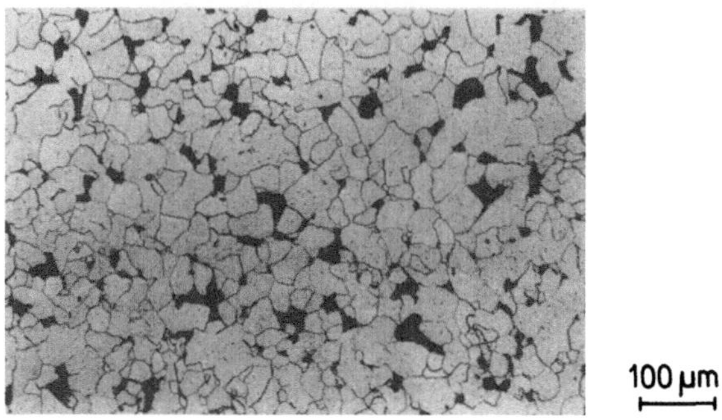

Abb. A.2: Gefüge von Ck 10 nach der Wärmebehandlung (nach Völkl [282])

Zur Einstellung eines normalisierten Gefügezustandes mit möglichst gleichachsigen Körnern wurde das Probenmaterial 0,5 Stunden bei 977°C an Luft geglüht und im Ofen auf Raumtemperatur abgekühlt. In Abb. A.2 ist eine lichtmikroskopische Aufnahme des Gefüges dargestellt. Der Perlitanteil beträgt ca. 11 Vol.-%, die mittlere Korngröße 40 μm.

Nach dieser Wärmebehandlung liegt eine ungeordnete Versetzungsstruktur mit niedriger Dichte vor (siehe Abb. A.3).

A.4 C 45

Der ferritische Stahl C 45 wurde im kaltverformten Zustand angeliefert. Zur Einstellung eines normalisierten Gefügezustandes wurde der Werkstoff zunächst 30 Minuten bei 870°C geglüht und anschließend an Luft abgekühlt. Dadurch bildet sich ein perlitisch/ferritisches Gefüge, das in Abb. A.4 und Abb. A.5 zu sehen ist. Der Perlitanteil beträgt ca. 40%, der Abstand der Lamellen im Perlit ist ca. 0,30 μm.

Nach der Herstellung der Proben erfolgte bei 600°C eine 90 minütige Spannungsarmglühung in Argon-Schutzgasatmosphäre mit anschließender langsamer

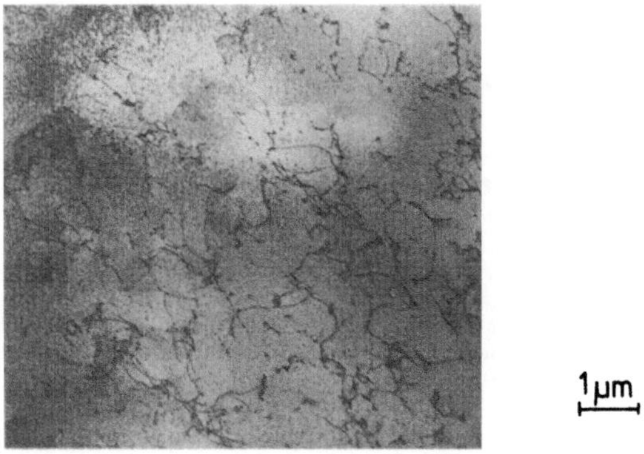

Abb. A.3: TEM-Aufnahme von Ck 10 nach der Wärmebehandlung (nach Völkl [282])

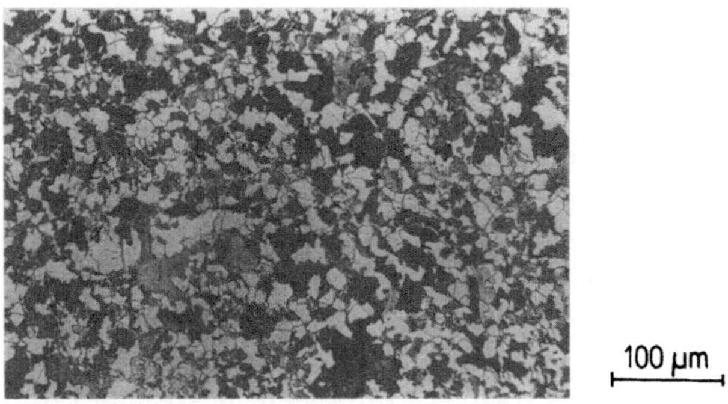

Abb. A.4: Lichtmikroskopische Aufnahme des Gefüges von C 45, quer zur Stabachse

Abb. A.5: Gefüge von C 45 in höherer Auflösung (lichtmikroskopisch)

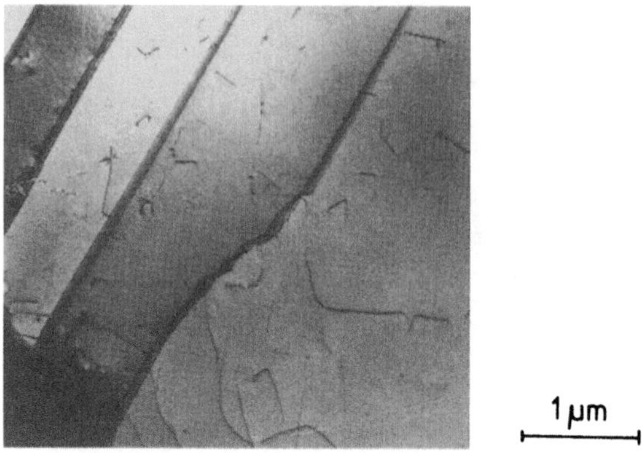

Abb. A.6: Mikrostruktur des unverformten α-Messings nach der Präparation (nach Völkl [282])

Abkühlung (Glühkastenabkühlung) auf Raumtemperatur.

A.5 α-Messing

α-Messing wurde in Form von stranggepreßten Rundstangen mit 14 *mm* Durchmesser von der Firma Wieland-Werke AG, Ulm, zur Verfügung gestellt. Die chemische Zusammensetzung beträgt nach Herstellerangaben CuZn28 (d.h. 72 Gew.-% Cu und 28 Gew.-% Zn). Damit liegt sie im Cu-Zn-Zustandsdiagramm im Gebiet des α-Mischkristalles (kfz).

Die thermomechanische Vorbehandlung diente dem Zweck, ein gleichachsiges Korngefüge bei möglichst geringem Anteil von Zwillingsgrenzen einzustellen (siehe auch [375]). Dazu wurden die Rundstangen zunächst durch Hämmern um 25% im Durchmesser reduziert. Anschließend wurden die Proben mit Übermaß hergestellt. Um eine unterschiedliche Korngröße aufgrund der stärker verformten Oberfläche zu vermeiden, wurde vor der Rekristallisationsglühung eine Oberflächenschicht von ca. 0,5 *mm* chemisch abgetragen.

Die Wärmebehandlung erfolgte durch Aufheizen der Proben innerhalb ca. 1 Stunde auf 500°C, halten für 1 Stunde bei dieser Temperatur und langsames Abkühlen im Ofen auf Raumtemperatur. Die daraus resultierende mittlere Korngröße (ohne Berücksichtigung der Zwillingsgrenzen) beträgt ca. 40 μm. Die Oberflächen der Proben wurden vor der Wechselverformung chemisch und abschließend elektrochemisch poliert.

In Abb. A.6 ist eine TEM-Aufnahme des unverformten α-Messings nach der thermomechanischen Vorbehandlung gezeigt. Es liegen wenige, regellos verteilte Versetzungen vor.

Tabelle A.3: Zusammensetzung der untersuchten Legierung AlZnMgCu0,5 (bzw. 7022 gemäß Internationalem Legierungsregister) in Gew.-%

Element	Zn	Mg	Cu	Mn
DIN-Vorschrift	4,3–5,2	2,6–3,7	0,5–1,0	0,1–0,4
Herstellerangabe	6,5	2,5	2,0	0,1

Element	Fe	Si	Cr	Al
DIN-Vorschrift	$\leq$ 0,5	$\leq$ 0,5	0,1–0,3	Rest
Herstellerangabe	k.A.[a]	k.A.	k.A.	k.A.

[a]k.A.: keine Angabe

A.6 AlZnMgCu0,5

Die Zusammensetzung der untersuchten Aluminiumlegierung AlZnMgCu0,5 nach Angabe der Lieferfirma und nach DIN gemäß [376] ist in Tabelle A.3 aufgeführt.

AlZnMgCu0,5 ist eine warmaushärtende Aluminiumknetlegierung mit komplexem Ausscheidungsverhalten. In zahlreichen Vorversuchen wurden die geeigneten thermomechanischen Verfahren ermittelt, um die drei untersuchten Gefügezustände (ausscheidungsfrei, maximal ausscheidungsgehärtet und überaltert) einzustellen.

In einem ersten Schritt wurde die in Form von Rundstangen mit 22 *mm* Durchmesser gelieferte Legierung vier Stunden bei 440°C weichgeglüht und im Ofen auf Raumtemperatur abgekühlt. Um mittels Rekristallisation ein möglichst gleichachsiges Korngefüge zu erreichen, wurden die Stangen auf einen Durchmesser von 14,5 *mm* rundgehämmert (Durchmesserverringerung um 35%), die Proben durch Drehen hergestellt und diese anschließend zwei Stunden bei 480°C an Luft geglüht und in Wasser abgeschreckt. Dadurch ergab sich ein mittlerer Korndurchmesser von 20–25 μm, der durch die weitere Wärmebehandlung nicht beeinflußt wurde.

In Abb. A.7 ist der Gefügezustand nach dem Abschrecken dargestellt. Es sind neben den größeren, für die mechanischen Eigenschaften sicherlich unwesentlichen Teilchen keine festigkeitssteigernden Ausscheidungen erkennbar. Das Gefüge entspricht dem quasi-mischkristallgehärteten Zustand und wird als *abgeschreckt* bezeichnet. Da in Vorversuchen festgestellt wurde, daß die Stabilität dieses Gefüges bei Raumtemperatur begrenzt ist, was sich in der Ausscheidung von Teilchen nach längeren Zeiten zeigt, wurden die Proben dieses Zustandes nach der elektrolytischen Politur der Meßlänge vor und nach der Wechselverformung in flüssigem Stickstoff aufbewahrt. Dies stellt sicher, daß Gefügeveränderungen allein auf die zyklische Beanspruchung zurückzuführen sind.

Die Einstellung des Zustandes annähernd *maximaler Ausscheidungshärtung* erfolgte durch eine an das Abschrecken anschließende Glühbehandlung mit ei-

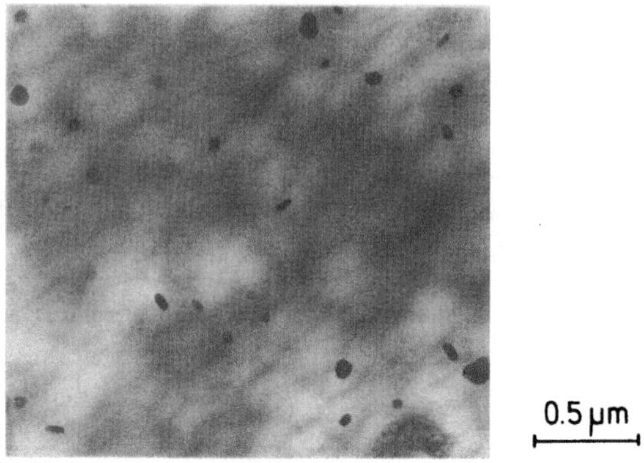

Abb. A.7: TEM-Aufnahme von AlZnMgCu0,5 nach dem Abschrecken (nach Lades [97])

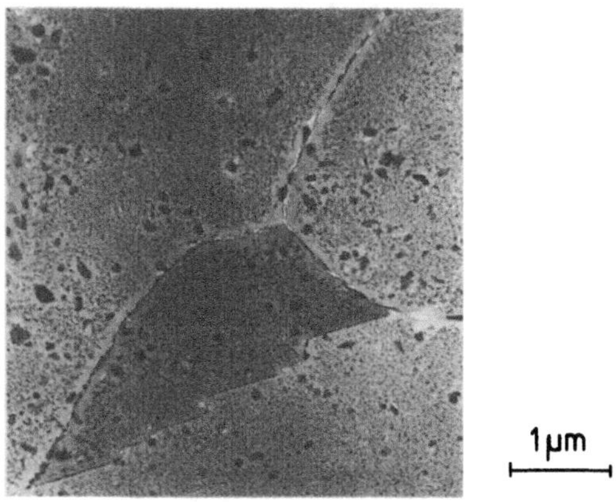

Abb. A.8: Mikrostruktur von AlZnMgCu0,5 im Zustand maximaler Festigkeit (top-aged; nach Völkl [282])

ner Dauer von 48 Stunden bei 170°C. Abbildung A.8 dokumentiert das daraus resultierende Gefüge.

Eine genauere Untersuchung der Mikrostruktur zeigt, daß mindestens vier verschiedene Ausscheidungstypen vorliegen. Die größten Teilchen haben einen durchschnittlichen Durchmesser von über 1 μm. Die EDAX-Analyse deutet darauf hin, daß es sich um eine intermetallische Verbindung vom Typ Al_7Cu_2Fe handelt, die bereits während der Erstarrung der Schmelze durch eutektische Entmischung gebildet wird und auch bei der Lösungsglühbehandlung nicht aufgelöst werden kann (siehe Abb. A.7). Daneben liegen große kugelförmige Ausscheidungen mit einem Durchmesser von 0,6 μm bis 0,8 μm vor, die aber aufgrund einer sehr geringen Durchstrahlbarkeit im TEM nicht analysiert werden konnten.

Bei einem weiteren Typ von Ausscheidungen, welche eine Größe von 0,05 μm bis 0,5 μm besitzen und ebenfalls nur schwer in Lösung gebracht werden können, handelt es sich vermutlich um durch Festkörperreaktionen entstandene Dispersoide vom Typ $Al_{20}Cu_2Mn$. Nadelförmige Teilchen etwa gleicher Größe, bei

Tabelle A.4: Chemische Zusammensetzung des austenitischen Stahles X3CrNi18 9

Konzentration an	C	Cr	Ni	Mn	S
Herstellerangabe [Gew.%]	0,024	18,1	8,95	1,44	0,007
zusätzliche Analyse [Gew.%]	0,03	18,4	9,2	1,46	-

Konzentration an	Si	P	Mo	V	Cu
Herstellerangabe [Gew.%]	0,62	0,038	-	-	-
zusätzliche Analyse [Gew.%]	0,69	-	0,42	0,11	0,12

Konzentration an	Co	Al	B	Sn	N
Herstellerangabe [Gew.%]	-	-	-	-	-
zusätzliche Analyse [Gew.%]	0,07	0,012	0,026	-	0,0491

denen es sich laut EDAX-Analyse um die Phase $CuAl_2Mg$ handeln könnte, sind offensichtlich leicht löslich und deshalb im abgeschreckten Zustand nicht vorhanden.

Die letzte Gruppe von Ausscheidungen bildet die härtende Phase. Die Teilchen sind fein verteilt, besitzen eine Durchmesser kleiner 10 *nm* und können deshalb nicht analysiert werden. In Abb. A.8 ist erkennbar, daß in der Umgebung der Korngrenzen ausscheidungsfreie Zonen vorliegen. Die Korngrenzen selbst sind relativ stark mit Teilchen mittlerer Größe belegt. Die Existenz dieser Verarmung an härtender Phase in der Nähe der Korngrenze ist insbesondere für die Ermüdungslebensdauer von Bedeutung.

Der *überalterte* Gefügezustand unterscheidet sich von dem der maximalen Ausscheidungshärtung im wesentlichen nur durch eine Vergröberung der Teilchen der härtenden Phase. Zur Einstellung dieses Ausscheidungszustandes wurde eine Glühung von 144 Stunden Dauer bei 270°C benutzt.

A.7 Der austenitische Stahl X3CrNi18 9

Der untersuchte austenitische Stahl X3CrNi18 9 (Werkstoff-Nr. 1.4306, US-Norm: AISI 304L) wurde in Form stranggepreßter Rundstangen mit einem Durchmesser von 25 *mm* geliefert. Die Zusammensetzung nach Herstellerangaben, sowie das Ergebnis einer am wärmebehandelten Material durchgeführten Analyse des Instituts für Gießereitechnik, Düsseldorf, die insbesondere im Hinblick auf die Bestimmung des (neben Kohlenstoff) für Reckalterungsprozesse verantwortlich gemachten Stickstoffgehaltes veranlaßt wurde, ist in Tabelle A.4 aufgeführt.

Im Anlieferungszustand liegt ein sehr feinkörniges und inhomogenes Gefüge vor. Charakteristisch sind Schlacken- und Ferritzeilen in Richtung der Stabachse.

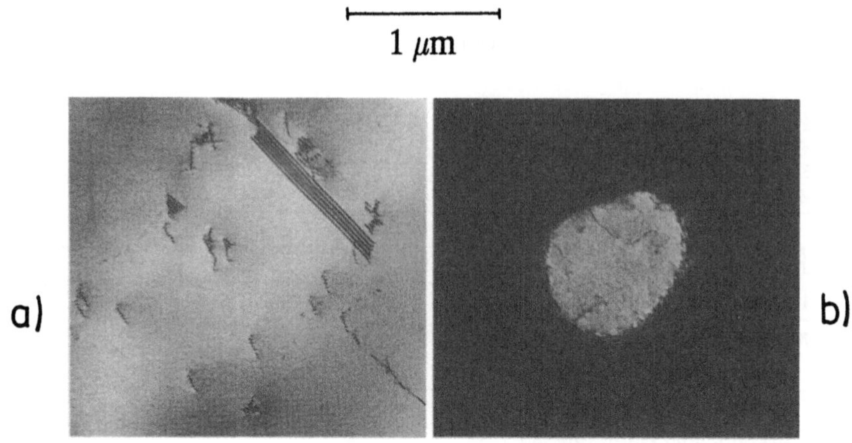

Abb. A.9: TEM-Untersuchung zur Gefügecharakterisierung von X3CrNi18 9 nach der Wärmebehandlung (nach Petry [272]); a) Versetzungsstruktur, b) δ-Ferrit im Dunkelfeld

Zur Erzeugung eines homogenen, versetzungsarmen Ausgangsgefüges wurde der Werkstoff zunächst einer dreistündigen Lösungsglühung bei 1100°C unterzogen und in Wasser abgeschreckt. Um eine Gefügeänderung aufgrund der z.T. hohen Versuchstemperaturen (bis 650°C) zu vermeiden, d.h. also einen thermisch stabilen Gefügezustand einzustellen, erfolgte vor der Herstellung der Proben eine 1000-stündige Auslagerung bei 600°C. Diese bewirkt, daß der im übersättigten Mischkristall vorliegende Kohlenstoff weitgehend in Form von $M_{23}C_6$-Karbiden an den Korngrenzen ausgeschieden wird.

Die nach der Wärmebehandlung durchgeführte Gefügecharakterisierung zeigt ein deutlich homogeneres Gefüge. Zeilenförmiger δ-Ferrit liegt nicht mehr vor. Ein geringer verbleibender Anteil von δ-Ferrit hat sich eingeformt und globulare Teilchen gebildet. Der Anteil an Poren ist ebenso reduziert und beträgt etwa 1–2%.

Abb. A.9 zeigt die niedrige Versetzungsdichte nach der Wärmebehandlung (Teilbild a) und die Existenz kugelförmiger δ-Ferrit-Bereiche (Teilbild b). Für die mittlere Korngröße bestimmen sich die Werte von ca. 80 μm und ca. 340 μm mit und ohne Berücksichtigung der Zwillingsgrenzen. Eine Richtungsabhängigkeit wurde nicht beobachtet. Untersuchungen auf eine eventuell vorhandene Textur [272] verdeutlichen, daß die Orientierungsverteilung der Kristallite als weitgehend isotrop betrachtet werden kann.

In bezug auf die Herstellung der Ermüdungsproben und die Präparation des Werkstoffes für die Nachuntersuchung ist die in Abschnitt 13.1.1 beschriebene Gefügeinstabilität von Bedeutung. Nur eine sehr sorgfältige und vorsichtige Behandlung des Werkstoffes unter Vermeidung der Einwirkung hoher Kräfte stellt sicher, daß das Gefüge durch die Präparation nicht massiv verändert wird. Wenn möglich wurden deshalb elektrochemischen Methoden gegenüber mechanischen der Vorzug gegeben.

Anhang B

Verschiedene Versionen des Incremental Step Tests

B.1 Der konventionelle Incremental Step Test

In Kapitel 9 wird in Abb. 9.1 der den meisten Ergebnissen in den Kapiteln 10–13 zugrundeliegende Belastungsverlauf des Incremental Step Tests dargestellt. Generell wurde der Beanspruchungsverlauf ausgehend von einer plastischen Dehnung von Null gestartet. Daneben gibt es noch die in [46] erwähnte und öfters benutzte Möglichkeit (z.B. [277, 377, 275]), mit der Maximalamplitude zu beginnen, was einem vorangestellten Zugversuch entspricht. Vorteil dieser Methode ist, daß mit *einer Probe* die einsinnige und zyklische Spannungs-Dehnungskurve ermittelt werden kann. Wenn die Ergebnisse des Incremental Step Tests aber mit denen einstufiger zyklischer Belastung verglichen werden sollen, ist es sinnvoll, auf eine Vorverformung zu verzichten.

Zu Vergleichszwecken wurde gelegentlich ein dem ursprünglichen Vorschlag von Landgraf et al. [46, 20] folgender "konventioneller" Incremental Step Test verwandt (Abb. B.1). Der Beanspruchungsblock besteht aus 30 Zyklen, die gleiche Zyklusdauern besitzen (d.h. die Belastungsfrequenz ist konstant). Geregelt wird anstelle der plastischen Dehnung die Gesamtdehnung. Die Zeitdauer des Blockes wurde so festgelegt, daß sich eine mittlere plastische Dehngeschwindigkeit von ca. $5 \cdot 10^{-4} s^{-1}$ ergibt, wenn die Maximalamplitude zu $\Delta\epsilon_{pl}/2 = 0,5\%$ führt. Dies entspricht den Werten des sonst benutzten Incremental Step Tests.

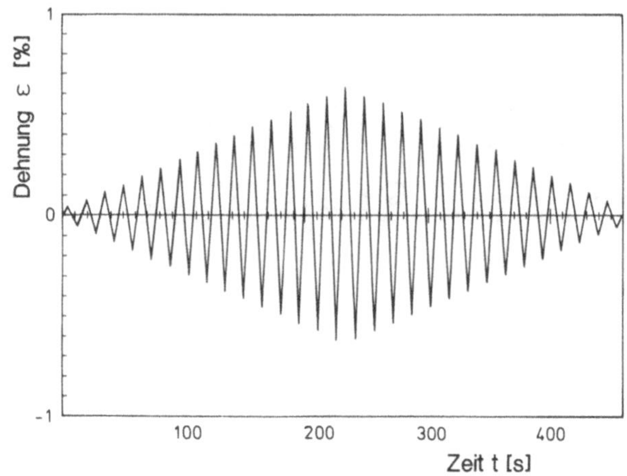

Abb. B.1: Dehnungs-Zeit-Verlauf des konventionellen Incremental Step Tests

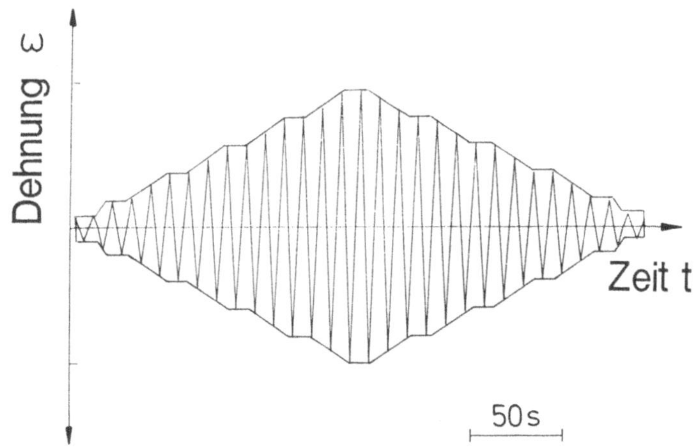

Abb. B.2: Incremental Step Test, bei dem die Dehnungsamplitude z.T. in Stufen verändert wird

B.2 Der Incremental Step Test mit Beanspruchungsstufen

Um Hysteresekurven aus dem Incremental Step Test miteinander vergleichen zu können, wurde der Versuch bei einer vorgegebenen Amplitude unterbrochen, ein *kompletter* Belastungszyklus mit dem nächstfolgenden Amplitudenwert durchgeführt und anschließend der Incremental Step Test fortgesetzt. Dadurch können geschlossene Einzelhysteresen erhalten werden. Da diese Methode experimentell aufwendig und mit einer zeitlichen Verzögerung im Beanspruchungsverlauf verbunden ist, wurden bei Werkstoffen mit dehngeschwindigkeitsunabhängigem Verhalten bei Raumtemperatur z.T. die in Abb. B.2 dargestellte Belastung angewandt. Durch die kleinen Plateaus in der einhüllenden Kurve ist für einzelne

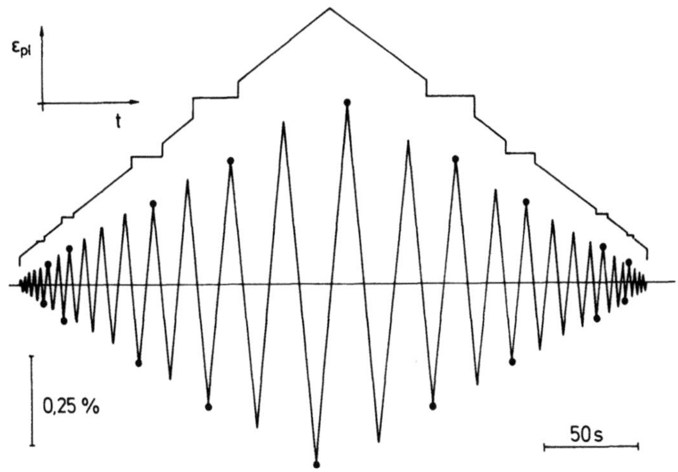

Abb. B.3: Verlauf der plastischen Dehnung mit der Zeit beim Hochtemperatur-Incremental-Step-Test

Zyklen die Zug- und Druckamplitude gleich, was zu geschlossenen Hysteresekurven innerhalb des Spannungs-Dehnungs-Verlaufes führt. Diese können über ein einfaches Rechnerprogramm herausgefiltert und für die weitere Auswertung abgespeichert werden.

B.3 Hochtemperatur-Incremental-Step-Test

In Kapitel 13 wird der Incremental Step Test zur Untersuchung des zyklischen Verformungsverhaltens bei mittleren und hohen Temperaturen benutzt. Da die plastische Dehngeschwindigkeit mit der Temperatur an Einfluß gewinnt, ist es sinnvoll, den Incremental Step Test mit $\dot{\epsilon}_{pl}$ = konst. (standardmäßig $5 \cdot 10^{-4} s^{-1}$) durchzuführen. Eine Unterbrechung des Beanspruchungsverlaufes zur Registrierung geschlossener Hystereseschleifen verbietet sich aufgrund der zu erwartenden Erholungsvorgänge. Aus diesen Gründen wurde der in Abb. B.3 dargestellte Hochtemperatur-Incremental-Step-Test verwandt, der durch kleine Stufen im Verlauf der einhüllenden Kurve (der Übersichtlichkeit halber in y-Richtung etwas gespreizt gezeichnet) bei einzelnen Zyklen zu gleichen Amplituden in Zug und Druck führt (markierte Punkte in Abb. B.3).

Liste der Symbole

Lateinische Zeichen und Abkürzungen

a	Rißlänge
a_0	Anfangsrißlänge
a_B	Bruchrißlänge
A	Querschnittsfläche
A	Bruchdehnung
$A_1 \ldots A_n$	Konstanten
b	Betrag des Burgersvektors
$\boldsymbol{b}$	Burgersvektor
b	Ermüdungsfestigkeitsexponent
$\boldsymbol{b}_1 \ldots \boldsymbol{b}_3$	verschiedene Burgersvektoren
$\boldsymbol{b}_p$	Burgersvektor des primären Gleitsystems
$\boldsymbol{b}_{res}$	resultierender Burgersvektor
c	Exponent des Coffin-Manson-Gesetzes
c'	Ermüdungsduktilitätsexponent
C	Werkstoffkonstante aus dem Paris-Gesetz
C'	Konstante aus dem Rißausbreitungsgesetz auf der Basis des Z-Integrals
C_1, C_2	Konstante zur Berechnung des Temperatur-Zeit-Verlaufes durch den thermoelastischen Effekt
Cr_e	Chromäquivalent in Gew.-%
d	Aufspaltungsweite zwischen Partialversetzungen
d_K	Kanalbreite (zwischen den PGB-Wänden)
d_Z	mittlerer Zelldurchmesser
D	Länge des Fließbandes im Modell von Tomkins zur Rißausbreitung
D_{Bl}	Schadenssumme eines Blockes im Incremental Step Test
DF	Speicherfeld mit Zuglastumkehrpunkten
E	Elastizitätsmodul
E_o	Elastizitätsmodul bei $\sigma = 0$
E_D	differentieller E-Modul
$E^{el}_{het,mikro}$	elastische Energiedichte ohne äußerer Spannung im Verbundmodell
$E^{el,\sigma}_{het,mikro}$	elastische Energiedichte unter äußerer Spannung im Verbundmodell
$E^{pl,\sigma}_{het,mikro}$	plastische Energiedichte unter äußerer Spannung im Verbundmodell

$E^{el,\sigma}_{hom}$	elastische Verzerrungsenergiedichte unter äußerer Spannung bei homogener Versetzungsverteilung
$E^{el,\sigma}_{i}$	elastische Energiedichte eines Elementes unter äußerer Spannung im Verbundmodell
E_p	plastische Verformungsarbeit
E_s	gespeicherte mechanische Energie
E_S	Sekanten–E-Modul
$f_1 \ldots f_n$	Flächenanteile der Elemente $1 \ldots n$
$f(\sigma_r)$	Funktion, die den ansteigenden Hysteresenast beschreibt
$f(\epsilon)$	Funktion, die den ansteigenden Hysteresenast beschreibt
$f'(\epsilon_{pl,r})$	Funktion, die den ansteigenden Hysteresenast beschreibt
f_K	Volumenanteil der Kanäle in PGB
$f_p(\sigma_{if})$	Verteilungsfunktion der Streckgrenzen im Masing-Modell (Parallelschaltung)
$f_s(\sigma_{if})$	Verteilungsfunktion der Streckgrenzen im Serienschaltungsmodell
f_{PGB}	Volumenanteil der PGB
f_W	Volumenanteil der Wände in PGB
$f_{ZSD}\left(\frac{\Delta\epsilon_{pl}}{2}\right)$	Funktion der zyklischen Spannungs-Dehnungskurve
F	Kraft
$F_p(\sigma_{if})$	1. Stammfunktion von $f_P(\sigma_{if})$
$F_s(\sigma_{if})$	1. Stammfunktion von $f_S(\sigma_{if})$
$FB(\boldsymbol{\sigma})$	Funktion zur Beschreibung des Fließbeginns
$\boldsymbol{g}$	Abbildungsvektor von TEM-Aufnahmen
G	Schubmodul
$G_p(\sigma_{if})$	2. Stammfunktion von $f_P(\sigma_{if})$
$G_s(\sigma_{if})$	2. Stammfunktion von $f_S(\sigma_{if})$
$g(\epsilon_r)$	Funktion, die den Spannungs-Dehnungs-Verlauf der Hysteresekurve in relativen Koordinaten beschreibt
$h(\lambda)$	Größe zur Beschreibung der kinematischen Verfestigung
H	Verfestigungskoeffizient (Hysteresenformparameter)
$I(\theta)$	Intensität des Röntgenreflexes in Abhängigkeit vom Bragg-Winkel
IST-ZSD-Kurve	Kurve aus dem Incremental Step Test, die den Zusammenhang von Spannungsamplitude und (plastischer) Dehnungsamplitude beschreibt
J	J-Integral
k	einsinniger Festigkeitskoeffizient
k'	zyklischer Festigkeitskoeffizient
k''	Konstante aus der Ramberg-Osgood-Beziehung zur Beschreibung eines Hysteresenastes
k_{el}	Konstante zur Beschreibung der Nichtlinearität der Elastizität
k_s	Verfestigungskoeffizient bei elastisch linear-plastischem Verhalten
k_{SD}	Konstante zur Beschreibung des σ_r-ϵ_r-Zusammenhanges im ansteigenden Ast der Hysteresekurve von Kupfer
kfz	kubisch flächenzentriert

krz	kubisch raumzentriert
K	Spannungsintensitätsfaktor
K	Ähnlichkeitsfaktor zwischen $f_P(\sigma_{if})$-Kurven
$\overline{l}_i$	mittlerer Hindernisabstand
$\overline{l}_{max}$	maximaler Hindernisabstand
m	Steigung der Tangente an $\sigma(\epsilon - \frac{\sigma}{E_0})$
m	Konstante aus dem Paris-Gesetz
m'	Konstante aus dem Rißausbreitungsgesetz auf der Basis des Z-Integrals
$m_{Bl,j}$	Anzahl der Blöcke bis zum Bruch im Incremental Step Test j
M	Orientierungsfaktor
M_d	Martensit-Starttemperatur bei Verformung
M_s	Martensit-Starttemperatur bei Abschrecken
n	einsinniger Verfestigungskoeffizient
n	Anzahl der Elemente im Masing-Modell
n'	zyklischer Verfestigungskoeffizient
n''	Konstante aus der Ramberg-Osgood-Beziehung zur Beschreibung eines Hysteresenastes
$\boldsymbol{n}_j$	Normalenvektor auf dem Integrationsweg zur Bestimmung des J-Integrals
N	Zyklenzahl
N_B	Bruchlastspielzahl
$N_{B,i}$	Bruchlastspielzahl bei einer Amplitude $\left(\frac{\Delta\sigma}{2}\right)_i$
N_i	Zyklenzahl bei $\left(\frac{\Delta\sigma}{2}\right)_i$
N_{RB}	Zyklenzahl der Rißbildung
N_{RW}	Zyklenzahl der Rißausbreitung
N_{sek}	Zyklenzahl, die den Beginn der sekundären Verfestigung definiert
N_{ZB}	Zyklenzahl pro Block im Incremental Step Test
Ni_e	Nickeläquivalent in Gew.-%
PGB	persistentes Gleitband (-bänder)
PLB	persistentes Lüdersband (-bänder)
r	Atomabstand
r	Krümmungsradius
r_o	Gleichgewichtsatomabstand
R_{eL}	untere Streckgrenze
R_m	Zugfestigkeit
$R_{p0,2}$	0,2%-Dehngrenze
$R_{p00,2}$	0,02%-Dehngrenze
REM	Rasterelektronenmikroskop
s	Integrationsweg zur Berechnung des J-Integrals
$\overline{S}$	gemittelte Spannung, die über die Fließbandlänge D wirksam ist
S	Schmid-Faktor
S	Entfestigungsparameter
S_{max}	maximaler Schmid-Faktor

t_1	halbe Zyklusdauer
T	Temperatur
T	Versetzungslinienspannung
$T_\perp$	Linienspannung der Stufenversetzung
$T_\odot$	Linienspannung der Schraubenversetzung
T_m	Schmelztemperatur
T_0	Grenztemperatur
T_u	Umgebungstemperatur
TEM	Transmissionselektronenmikroskop
$\boldsymbol{u}$	Verschiebungsvektor
u_i	Komponente des Verschiebungsvektors $\boldsymbol{u}$
$U(r)$	potentielle Energie eines Atoms in Abhängigkeit vom Atomabstand
V_H	Hysteresenflächenverhältnis
x	x-Koordinate
y	y-Koordinate
y_S	Annihilationsabstand der Schraubenversetzungen
Z	Z-Integral
$\boldsymbol{Z}$	Zonenachse bei TEM-Aufnahmen
Z_{eff}	effektives Z-Integral
ZF	Speicherfeld mit Zuglastumkehrpunkten
ZSD-Kurve	zyklische Spannungs-Dehnungskurve

Griechische Zeichen

α	geometrische Konstante ($\alpha \approx 0,1 \ldots 0,4$)
β	Bauschingerdehnung
$\beta_{1/2}$	modifizierter Bauschinger-Dehnungsparameter
β_E	Bauschinger-Energieparameter
β_ϵ	Bauschinger-Dehnungsparameter
β_σ	Bauschinger-Spannungsparameter
γ_{ap}	plastische Scherdehnungsamplitude
$\gamma_{ap}^{(M)}$	plastische Scheramplitude der Matrix
$\gamma_{ap,PGB}$	plastische Scheramplitude der PGB
γ_{SF}	Stapelfehlerenergie
δ	Rißverlängerung nach Tomkins
$\Delta E_{het,mikro}^{el,\sigma}$	Änderung der elastischen Energiedichte unter äußerer Spannung im Verbundmodell
$\Delta E_{het,mikro}^{pl,\sigma}$	Änderung der plastischen Energiedichte unter äußerer Spannung im Verbundmodell
ΔJ	zyklisches J-Integral
ΔK	Schwingbreite des Spannungsintensitätsfaktors
Δl	Verlängerung
$\Delta R_{p0,2}$	zyklische 0,2%-Dehngrenze
Δu_i	u_i bezogen auf den unteren Lastumkehrpunkt
$\Delta\epsilon$	Dehnungsschwingbreite
$\frac{\Delta\epsilon}{2}$	Dehnungsamplitude
$\Delta\epsilon_{el}$	Veränderung des Dehnungsbereiches elastischen Verhaltens
$\Delta\epsilon_{ij}$	ϵ_{ij} bezogen auf den unteren Lastumkehrpunkt
$\Delta\epsilon_{pl}$	Schwingbreite der plastischen Dehnung
$\frac{\Delta\epsilon_{pl}}{2}$	Amplitude der plastischen Dehnung
$\left(\frac{\Delta\epsilon_{pl}}{2}\right)_{eff}$	effektive plastische Dehnungsamplitude
$\left(\frac{\Delta\epsilon_{pl}}{2}\right)_{gegl.}$	Sättigungswert von $\frac{\Delta\epsilon_{pl}}{2}$ im geglühten Ausgangszustand
$\left(\frac{\Delta\epsilon_{pl}}{2}\right)_i$	plastische Dehnungsamplitude des Zyklus i
$\left(\frac{\Delta\epsilon_{pl}}{2}\right)_{max}$	maximale plastische Dehnungsamplitude
$\Delta\sigma$	Spannungsschwingbreite
$\frac{\Delta\sigma}{2}$	Spannungsamplitude
$\left(\frac{\Delta\sigma}{2}\right)_i$	eine Spannungsamplitude von mehreren
$\Delta\sigma_{el}$	Veränderung des Spannungsbereiches elastischen Verhaltens
$\Delta\sigma_{if}$	Unterschied zwischen σ_{ij} und σ_{het}
$\Delta\sigma_{ij}$	σ_{ij} bezogen auf den unteren Lastumkehrpunkt
ϵ	Dehnung
ϵ_B	einsinnige Bruchdehnung
ϵ'_B	Ermüdungsduktilitätskoeffizient
ϵ_{el}	elastische Dehnung

$\epsilon_{i,r}$	Dehnung des Elementes i
ϵ_{ij}	Komponenten des Dehnungstensors
$\epsilon_{i,pl}$	plastische Dehnung des Elementes i
ϵ_m	Mitteldehnung
ϵ_{max}	maximale Dehnung pro Zyklus
ϵ_{min}	minimale Dehnung pro Zyklus
ϵ_{pl}	plastische Dehnung
$\epsilon_{pl,kum}$	kumulative plastische Dehnung
$\epsilon_{pl,min}$	minimale plastische Dehnung im Zyklus
$\epsilon_{pl,r}$	relative plastische Dehnung
$\epsilon_{pl,S}$	Sättigungsamplitude der plastischen Dehnung
ϵ_r	relative Dehnung
ϵ'_r	relative Dehnung nach Verschiebung der Hysteresekurve entlang der elastischen Geraden
ϵ_u	Dehnung auf dem abfallenden Hysteresenast
$\dot{\epsilon}_{i,pl}$	lokale plastische Dehngeschwindigkeit
$\dot{\epsilon}_{pl}$	plastische Dehngeschwindigkeit
$\dot{\epsilon}_{pl,1}$, $\dot{\epsilon}_{pl,2}$	unterschiedliche Werte der plastischen Dehngeschwindigkeit
λ	Reaktionskoordinate
ρ	Versetzungsdichte
ρ_i	Versetzungsdichte im Element i
σ	Spannung
$\boldsymbol{\sigma}$	Spannungstensor
$\sigma(\epsilon)_{Hyst.}$	Spannungsverlauf entlang einer Hysteresekurve
$\sigma(\epsilon)_{Neuk.}$	Spannungsverlauf entlang einer Neukurve
$\sigma_{\infty f}$	maximale Streckgrenze
σ_B	Rückspannung
σ_B	einsinnige Bruchspannung
σ'_B	Ermüdungsfestigkeitskoeffizient
σ_f	Fließspannung
σ_F	Reibungsspannung
σ_{fD}	Fließspannung bei Druckbelastung
σ_{fZ}	Fließspannung bei Zugbelastung
σ_{het}	makroskopische Fließspannung bei heterogener Versetzungsanordnung
σ_{hom}	makroskopische Fließspannung bei homogener Versetzungsanordnung
σ_i	Spannung des Elementes i
σ_{if}	Streckgrenze des Elementes i
σ^*_{if}	thermischer Anteil von σ_{if}
σ'_{if}	bestimmter Wert von σ_{if}
σ_{ij}	Komponenten des Spannungstensors
σ_m	Mittelspannung
σ_{max}	maximale Spannung pro Zyklus
σ_{min}	minimale Spannung pro Zyklus

σ_r	relative Spannung
σ'_r	relative Spannung nach Verschiebung der Hysteresekurve entlang der elastischen Geraden
σ'_r, σ''_r	verschiedene relative Spannungen
$\sigma'_{r,\infty}$	Wert von $\lim_{\epsilon'_r \to \infty} \sigma'_r$
σ_S	Sättigungsspannungamplitude
σ_u	Spannung auf dem abfallenden Hysteresenast
τ_a	Schubspannungsamplitude
τ_f	Fließ(schub)spannung
τ_G	athermischer Anteil von τ_f
τ_{lok}	lokale Schubspannung
τ_n	Bildungsspannung der PGB
τ_{PGB}	athermische Schubspannungsamplitude eines PGB
τ_S	Sättigungsschubspannungsamplitude
τ^*	thermischer Anteil von τ_f
τ^*_K	thermische Fließspannung der Kanäle der PGB
τ^*_W	thermische Fließspannung der Wände der PGB
$\hat{\tau}_K$	gemittelte athermische Schubspannungsamplitude des Kanals eines PGB
$\hat{\tau}_W$	gemittelte athermische Schubspannungsamplitude der Wand eines PGB
χ	Tensor der kinematischen Verfestigung

Literaturverzeichnis

[1] Albert, W. A. J.: *Arch. Min. Geo. Berg. Hüttenk.*, 10 (1938) 215.

[2] Rankine, W. J. M.: *Proc. Inst. Civ. Engrs.*, 2 (1843) 105.

[3] Wöhler, A.: Bericht über die Versuche, welche auf der Königl. Niederschlesisch-Märkischen Eisenbahn mit Apparaturen zum Messen der Biegung und Verdrehung von Eisenbahnwagen-Achsen während der Fahrt, angestellt wurden. *Z. f. Bauwesen*, 8 (1858) 642–652.

[4] NRIM: Fatigue Data Sheet **38**. Nat. Reseach Inst. for Metalls, Tokyo, Japan, 1984.

[5] Danzer, R.: Lebensdauerprognose hochfester metallischer Werkstoffe im Bereich hoher Temperaturen. Gebrüder Borntraeger, Stuttgart, 1988.

[6] Basquin, O. H.: The Exponential Law of Endurance Tests. *Proc. ASTM*, 11 (1910) 625.

[7] Manson, S. S.: Behaviour of Materials under Conditions of Thermal Stress. NACA TN-2933, 1953.

[8] Coffin, L. F.: A Study of Cyclic Thermal Stress in a Ductile Metal. *Trans. ASME*, 76 (1954) 931.

[9] Lukáš, P.; Klesnil, M.; Polák, J.: High cycle fatigue life of metals. *Mater. Sci. Eng.*, 15 (1974) 239–245.

[10] Lukáš, P.; Kunz, L.: Effect of low temperatures on the cyclic stress-strain response and high cycle fatigue life of polycrystalline copper. *Mater. Sci. Eng.*, A103 (1988) 233–239.

[11] Lukáš, P.; L.Kunz: Effect of grain size on the high cycle fatigue behaviour of polycrystalline copper. *Mater. Sci. Eng.*, 85 (1987) 67–75.

[12] Macherauch, E.; Mayr, P.: Strukturmechanische Grundlagen der Werkstoffermüdung. *Z. Werkstofftech.*, 8 (1977) 213–224.

[13] Mughrabi, H.: Dislocations in fatigue. In: Dislocations and Properties of Real Materials (Conf. Proc.), Book No. 323, S. 244–261, The Institute of Metals, London, 1985.

[14] Crews, J. H.; Hardrath, H. F.: A Study of Cyclic Plastic Stresses at a Notch Root. *Experimental Mechanics*, 23 (1966) 313–320.

[15] Hanschmann, D.: Ein Beitrag zur rechnergestützten Anrißlebensdauervorhersage schwingbeanspruchter Kraftfahrzeugteile aus Aluminiumwerkstoffen. Dissertation, Rheinisch-Westfälische Technische Hochschule Aachen, 1981.

[16] Laird, C.: Cyclic deformation of metals and alloys. In: Treatise on Ma-

terials Science and Technologie, Vol. 6: Plastic Deformation of Materials, S. 101–162, Academic Press, Inc., New York, San Francisco, London, 1975.

[17] Mughrabi, H.: Mikrostrukturelle Ursachen der Ermüdungsrißbildung. In: Ermüdungsverhalten metallischer Werkstoffe, Munz, D. (Hg.), S. 7–38, Deutsche Gesellschaft für Metallkunde - Informationsgesellschaft · Verlag, Oberursel, 1985.

[18] Neumann, P.: Fatigue. In: Physical Metallurgy, Cahn, R. W.; Haasen, P. (Hg.), S. 1554, Elsevier, Amsterdam, 1983.

[19] Sandor, B. I.: Fundamentals of Cyclic Stess and Strain. The University of Wisconsin Press, Madison, 1972.

[20] Landgraf, R. W.: The resistance of metals to cyclic deformation. In: Achievement of High Fatigue Resistance in Metals and Alloys, ASTM STP 467, S. 3–36, American Society for Testing and Materials, Philadephia, Pennsylvania, 1970.

[21] Morrow, J.: Cyclic plastic strain energy and fatigue of metals. In: Internal Friction, Damping and Cyclic Plasticity, ASTM STP 378, S. 45–87, American Society of Testing and Materials, Philadelphia, Pennsylvania, 1964.

[22] Tomkins, B.: Fatigue crack propagation — An analysis. *Phil. Mag.*, 18 (1968) 1041–1066.

[23] Dugdale, D. S.: *J. Mech. Phys. Solids*, 8 (1960) 100.

[24] Paris, P. C.: The fracture mechanics approach to fatigue. In: Fatigue: An Interdisciplinary Approach, Syracuse University Press, 1964.

[25] Schwalbe, K.-H.: Bruchmechanik metallischer Werkstoffe. Carl Hanser Verlag, München, 1980.

[26] Broek, D.: Elemetary Engineering Fracture Mechanics. Martinus Nijhoff Publisher, 3rd edition, 1982.

[27] Schubert, R.: Verformungsverhalten und Rißwachstum bei Low Cycle Fatigue. Dissertation, Technische Universität Braunschweig, 1989.

[28] Hoffelner, W.: On the correlation between life-time and crack growth laws under HTLCF loading. In: Proc. 2nd Conf. on Low Cycle Fatigue and Elasto-Plastic Behaviour of Materials, 7.–11. Sept. 1987, München, Rie, K.-T. (Hg.), S. 622–629, Elsevier, Amsterdam, 1987.

[29] Bressers, J.; Weise, W.; Hollstein, T.: High temperatur creep and fatigue crack growth in alloy 800H. In: Proc. 2nd Conf. on Low Cycle Fatigue and Elasto-Plastic Behaviour of Materials, 7.–11. Sept. 1987, München, Rie, K.-T. (Hg.), S. 655–660, Elsevier, Amsterdam, 1987.

[30] Neumann, P.; Vehoff, H.; Renner, E.: Lebensdauer von warmfesten Stählen: Wechselwirkung von Hochtemperaturkorrosion und mechanischer Beanspruchung. Abschlußbericht des BMFT-Vorhabens aus dem Max-Planck-Institut für Eisenforschung GmbH, Düsseldorf, 1989.

[31] Heitmann, H. H.: Betriebsfestigkeit von Stahl: Vorhersage der technischen Anrißlebensdauer unter Berücksichtigung des Verhaltens von Mikrorissen. Dissertation, Rheinisch-Westfälische Technische Hochschule Aachen, 1983.

[32] Heitmann, H.; Vehoff, H.; Neumann, P.: Life prediction for random load

fatigue based on the growth behavior of microcracks. In: 6th Intern. Conf. on Fracture, 1984, Vol. I, Rama Rao, T.; Vallori, S. R.; Knott, J. F. (Hg.), S. 3599–3606, Pergamon Press, Oxford, 1984.

[33] Vormwald, M.: Anrißlebensdauervorhersage auf der Basis der Schwingbruchmechanik für kurze Risse. Dissertation, Institut für Stahlbau und Werkstoffmechanik, Technische Hochschule Darmstadt, 1989.

[34] Hutchinson, J. W.: Singular behavior at the end of a tensile crack in a hardening material. *Journal of Mech. Phys. Solids*, 16 (1968) 13–31.

[35] Rice, J. C.; Rosengren, G. F.: Plane strain deformation near a crack tip in a power law hardening material. *Journal of Mech. Phys. Solids*, 16 (1968) 1–12.

[36] Dowling, N. E.; Begley, J. A.: Fatigue crack growth during gross plasticity and the J-integral. In: Mechanics of Crack Growth, ASTM STP 590, S. 82–103, American Society for Testing and Materials, Philadelphia, Pennsylvania, 1976.

[37] Wüthrich, C.: The extension of the J-integral concept to fatigue. *Int. Journal of Fracture*, 20 (1981) R35–R37.

[38] Wüthrich, C.; Hoffelner, W.: Ermüdungsrißwachstum bei hohen Verformungsamplituden. In: 13. Sitzung der DVM-Arbeitskreises Bruchvorgänge, 6./7. Okt. 1981, Hannover, S. 214–221, DVM, Berlin, 1982.

[39] Macherauch, E.: Praktikum in Werkstoffkunde. Vieweg & Sohn Verlagsgesellschaft mbH, Braunschweig, 3. Auflage, 1981.

[40] Polák, J.; Klesnil, M.: Cyclic plasticity and low cycle fatigue life in variable amplitude loading. *Fatigue of Engineering Materials and Structures*, 1 (1979) 123–133.

[41] Polák, J.; Klesnil, M.; Lukáš, P.: On the cyclic stress-strain curve evaluation in low cycle fatigue. *Mater. Sci. Eng.*, 28 (1977) 109–117.

[42] Blochwitz, C.; Kahle, E.: A method for the determination of the cyclic stress-strain curve of persistent slip bands in fatigued single crystals. *Kristall und Technik*, 15 (1980) 977–986.

[43] Ma, B.-T.; Laird, C.: Strain interaction in fatigue. In: Basic Mechanisms in Fatigue, Proc. Intern. Colloq. on Basic Mechanisms in Fatigue, 12.–14. April 1988, Brno, Tschechoslowakei, Lukáš, P.; Polák, J. (Hg.), S. 141–151, Academia (in westl. Ländern: Elsevier), Prag, 1988.

[44] Ma, B.-T.; Laird, C.: Overview of fatigue behavior in copper single crystals — IV. Strain and load interaction effects for tests under variable amplitude. *Acta metall.*, 37 (1989) 357–368.

[45] Horibe, S.; Laird, C.: Behavior of persistent slip bands in fatigued crystals containing shearable precipitates. Hysteresis loop analysis and secondary cyclic stress strain curves. *Acta metall.*, 35 (1987) 1919–1927.

[46] Landgraf, R. W.; Morrow, J.; Endo, T.: Determination of the cyclic stress-strain curve. *Journal of Materials, JMLSA*, 4 (1969) 176–188.

[47] Palmgren, A.: Die Lebensdauer von Kugellagern. *VDI-Z.*, 68 (1924) 339–341.

[48] Langer, B. F.: Fatigue failure from stress cycles of varying amplitude. *Journal of Applied Mechanics*, 4 (1937) A160–A162.

[49] Miner, M. A.: Cumulative damage in fatigue. *Journal of Applied Mechanics*, 12 (1945) A159–A164.

[50] Klöpper, K.; Seeger, T.: Experimentelle und theoretische Beiträge zum Schädigungsverhalten dauerbeanspruchter Vollstäbe aus St37 und St52. Institut für Statik und Stahlbau, TH Darmstadt, Heft 3, 1967.

[51] Bland, R. B.; Putnam, A. A.: Cumulative damage in fatigue. *Journal of Applied Mechanics*, 13 (1946) A169–A171.

[52] Neumann, P.; Tönnessen, A.: Cyclic deformation and crack initiation. In: Fatigue 87, Proc. Third Int. Conf. on Fatigue and Fatigue Threshold, Charlottesville, VA, 1987, Vol. 1, Ritchie, R.; Starke, E. A. (Hg.), S. 3–22, EMAS, Warley, 1987.

[53] Bauschinger, J.: Über die Veränderung der Elasticitätsgrenze und der Festigkeit des Eisens und Stahls durch Strecken und Quetschen, durch Erwärmen und Abkühlen und durch oftmal wiederholte Beanspruchung. *Mittheilungen aus dem Mechanisch-Technischen Laboratorium der königlich Technischen Hochschule in München*, 13 (1886) 1–116.

[54] Mughrabi, H.: Hundert Jahre Bauschinger-Effekt. *Z. Metallkde.*, 77 (1986) 703–707.

[55] Topper, T. H.; Sandor, B. I.; Morrow, J.: Cumulative fatigue damage under cyclic strain control. *Journal of Materials, JMLSA*, 4 (1969) 189–199.

[56] Burbach, J.: Gelöste und ungelöste Probleme im Zusammenhang mit dem Bauschinger-Effekt. In: Low Cycle Fatigue and Elasto-Plastic Behaviour, Proc. of the Intern. Symposium on Low-Cycle Fatigue and Elasto-Plastic Behaviour of Materials, Stuttgart 8./9. 10. 1979, Rie, K.-T.; Haibach, E. (Hg.), S. 183–197, DVM, Berlin, 1979.

[57] Burbach, J.: Zum zyklischen Verformungsverhalten einiger technischer Werkstoffe. *Techn. Mitt. Krupp · Forsch.-Ber.*, 28 (1970) 55–101.

[58] Dowling, N. E.: Fatigue failure predictions for complicated stress-strain histories. *Journal of Materials, JMLSA*, 7 (1972) 71–87.

[59] Schijve, J.: In: Fatigue of Aircraft Structures, Barrios, W.; Ripley, E. L. (Hg.), S. 115–148, Pergamon Press, 1963.

[60] Burns, A.: Fatigue loadings in flight: Loads in the tailplane and fine of a varsity. Aeronautical Research Council Technical Report C. P. 256, London, 1956.

[61] Matsuishi, M.; Endo, T.: Fatigue of Metals Subjected to Varying Stress. Japan Society of Mechanical Engineers, Fukuoka, Japan, März 1968.

[62] Kuokkala, V.; Kettunen, P.: Fatigue of polycrystalline copper at constant and variable plastic strain amplitudes. *Fatigue Fract. Engng. Mater. Struct.*, 8 (1985) 277–285.

[63] Conle, A.; Oxland, T. R.; Topper, T. H.: Computer-based prediction of cyclic deformation and fatigue behavior. In: Low Cycle Fatigue, ASTM STP 942, Solomon, H. D.; Halford, G. R.; Kaisand, L. R.; Leis, B. N. (Hg.), S. 1218–1236, American Society for Testing and Materials, Philadelphia, Pennsylvania, 1988.

[64] Jhansale, H. R.; Topper, T. H.: Engineering analysis of the inelastic stress response of a structural metal under variable cyclic strains. In: Cyclic Stress-strain Behavior — Analysis, Experimentation, and Failure Prediction, ASTM STP 519, S. 246–270, American Society for Testing and Materials, Philadelphia, Pennsylvania, 1973.

[65] Feltner, C. E.; Morrow, D.: *Trans. ASME (Series D)*, 83 (1961) 15.

[66] Holste, C.; Kleinert, W.; Fischer, W.: Deformation stages in a stabilized loading cycle of fatigued fcc metals (I). *Cryst. Res. Technol.*, 22 (1987) 419–427.

[67] Holste, C.; Kleinert, W.; Fischer, W.: Deformation stages in a stabilized loading cycle of fatigued fcc metals (II). *Cryst. Res. Technol.*, 22 (1987) 553–558.

[68] Wadsworth, N. J.: Work hardening of copper crystals under cyclic straining. *Acta metall.*, 11 (1963) 663–673.

[69] Feltner, C. E.; Laird, C.: Cyclic stress-strain response of f.c.c. metals and alloys — I. Phenomenological experiments. *Acta metall.*, 15 (1967) 1621–1632.

[70] Schützner, P.: Computer-unterstützte Untersuchung des Verhaltens kubisch-flächenzentrierter Metalle und Legierungen bei Wechselverformung. Dissertation, Universität Stuttgart, 1974.

[71] Witmer, D. E.; Laird, C.; Farrington, G. C.: On the nucleation of persistent slip bands in fatigued copper single crystals. *Acta metall.*, 35 (1987) 1911–1918.

[72] Mughrabi, H.: The cyclic hardening and saturation behaviour of copper single crystals. *Mater. Sci. Eng.*, 33 (1978) 207–223.

[73] Witmer, D. E.; Farrington, G. C.; Laird, C.: Changes in strain localization behavior induced by fatigue in inert environments. *Acta metall.*, 35 (1987) 1895–1909.

[74] Wang, R.; Mughrabi, H.; McGovern, S.; Rapp, M.: Fatigue of copper single crystals in vacuum and in air. I: Persistent slip bands and dislocation microstructures. *Mater. Sci. Eng.*, 65 (1984) 219–233.

[75] Blochwitz, C.; Veit, U.: Plateau behaviour of fatigued fcc single crystals. *Crystal Res. Technol.*, 17 (1982) 529–551.

[76] Wang, R.; Mughrabi, H.: Secondary cyclic hardening in fatigued copper monocrystals and polycrystals. *Mater. Sci. Eng.*, 63 (1984) 147–163.

[77] Polák, J.; Helesic, J.; Obrtlik, K.: Nucleation stress for persistent slip bands in fatigued copper single crystals. *Mater. Sci. Eng. A*, 101 (1988) 7–12.

[78] Mecke, K.; Blochwitz, C.: Saturation dislocation structures in cyclically deformed nickel single crystals of different orientations. *Cryst. Res. Technol.*, 17 (1982) 743–758.

[79] Abel, A.; Muir, H.: The Bauschinger effect and discontinuous yielding. *Phil. Mag. (Ser. 8)*, 26 (1972) 489–504.

[80] Cottrell, A. H.: Dislocations and Plastic Flow in Crystals. Oxford, at the Claredon, Oxford, 1953.

[81] Dieter, G. E.: Mechanical Metallurgy. McGraw-Hill, New York, 1961.

[82] Woolley, R. L.: The Bauschinger effect in some face-centered and body-centered cubic metals. *Phil. Mag. (Ser. 7)*, 44 (1953) 597–618.

[83] Buckley, S. N.; Entwistle, K. M.: The Bauschinger effect in super-pure aluminium single crystals and polycrystals. *Acta metall.*, 4 (1956) 352–361.

[84] Abel, A.; Muir, H.: The Bauschinger effect and stacking fault energy. *Phil. Mag. (Ser. 8)*, 27 (1973) 585–594.

[85] Stoltz, R. E.; Pelloux, R. M.: Cyclic deformation and Bauschinger effect in Al-Cu-Mg alloys. *Scripta metall.*, 8 (1974) 269–276.

[86] Abel, A.; Gerold, V.: Low-cycle fatigue of single crystals of α Cu-Al alloys. *Mater. Sci. Eng.*, 37 (1979) 187–200.

[87] Kuhlmann-Wilsdorf, D.; Laird, C.: Dislocation behavior in fatigue — II. Friction stress and back stress as inferred from an analysis of hysteresis loops. *Mater. Sci. Eng.*, 37 (1979) 111–120.

[88] Wang, Z.; Laird, C.: Relationship between loading process and Masing behavior in cyclic deformation. *Mater. Sci. Eng. A*, 101 (1988) L1–L5.

[89] Yan, B.-D.; Cheng, A. S.; Buchinger, L.; Stanzl, S.; Laird, C.: The cyclic stress-strain response of single crystals of Cu-16at.%Al alloy. I: Cyclic hardening and strain localization. *Mater. Sci. Eng.*, 80 (1986) 129–142.

[90] Horibe, S.; Lee, J.-K.; Laird, C.: Effect of test interruption on cyclic behavior in Al-Cu single crystals containing shearable precipitates. *Mater. Sci. Eng.*, 63 (1984) 257–265.

[91] Polák, J.: Resistivity of fatigued copper single crystals. *Mater. Sci. Eng.*, 89 (1987) 35–43.

[92] Sommer, C.: Untersuchung des zyklischen Verformungsverhaltens von drei Varianten des Wälzlagerstahles 100Cr6. Diplomarbeit, Institut für Werkstoffwissenschaften, Lehrstuhl 1, Universität Erlangen-Nürnberg, 1988.

[93] Sommer, C.; Christ, H.-J.; Mughrabi, H.: Non-linear elastic behaviour of the roller bearing steel SAE 52100 during cyclic loading. *Acta metall. mater.*, in Druck.

[94] Voskamp, A. P.: Material response to rolling contact loading. *ASME Journal of Tribology*, 107 (1985) 359–366.

[95] Hengerer, F.: Werkstoffe für Wälzlager. *tz für Metallbearbeitung*, 76 (1982) 39–46.

[96] Sommer, C.: Weitere Untersuchungen zum zyklischen Verformungsverhalten von Varianten des Wälzlagerstahles 100Cr6. Interner Bericht, Institut für Werkstoffwissenschaften, Lehrstuhl 1, Universität Erlangen-Nürnberg, 1988.

[97] Lades, K.: Das zyklische Spannungs-Dehnungsverhalten der Aluminiumlegierung AlZnMgCu0,5 in Abhängigkeit vom Gefügezustand. Diplomarbeit, Institut für Werkstoffwissenschaften, Lehrstuhl 1, Universität Erlangen-Nürnberg, 1989.

[98] Plenard, E.; Fromont, C.: Some mechanical properties relevant to non-linear elasticity materials. In: Mechanical Behavour of Materials - V, Yan,

M. G.; Hang, S. H. Z.; Zheng, Z. M. (Hg.), S. 765, Pergamon Press, Oxford, 1987.

[99] Wittmann, F.: Temperaturänderung eines festen Körpers als Folge einer Deformation. *Z. f. angew. Physik*, 28 (1969) 173–175.

[100] Stärk, K. F.: Thermometrische Untersuchungen zum zyklischen Verformungsverhalten metallischer Werkstoffe. Dissertation, Universität Stuttgart, 1980.

[101] Sommer, C.: unveröffentlichte Ergebnisse. Institut für Werkstoffwissenschaften, Lehrstuhl 1, Universität Erlangen–Nürnberg, 1988–1990.

[102] Seeger, A.: The temperature dependence of the critical shear stress and of work hardening of metal crystals. *Phil. Mag., Ser. 7*, 45 (1954) 771–773.

[103] Mughrabi, H.: Cyclic deformation and fatigue: Some current problems. In: Proceedings of ICSMA 7, 12.–16. Aug. 1985, Montreal, Dickson, J. I.; Jones, J. J.; Akben, M. G.; McQueen, H.-J.; Bailon, J.-P. (Hg.), S. 1917–1942, Pergamon Press, Oxford, 1986.

[104] Mughrabi, H.: Neuere Ergebnisse der Ermüdungsforschung mit praktischer Relevanz — Grundlagenaspekte der Wechselverformung. In: Berichtsband DGM-Fachkonferenz: Werkstoffverhalten und Bauteilbemessung, Karlsruhe, 18.–19. Sept. 1986, Macherauch, E. (Hg.), S. 49–65, DGM Informationsgesellschaft, Oberursel, 1987.

[105] Ackermann, F.; Mughrabi, H.; Seeger, A.: Temperature- and strain-rate dependence of the flow stress of ultrapure niobium single crystals in cyclic deformation. *Acta metall*, 31 (1983) 1353–1366.

[106] Lukáš, P.; Kunz, L.: Is there a plateau in the cyclic stress-strain curves of polycrystalline copper? *Mater. Sci. Eng.*, 74 (1985) L1–L5.

[107] Orowan, E.: Causes and effects of internal stresses. In: Internal Stress and Fatigue of Metals, Rassweiler, G. M.; Grube, W. C. (Hg.), S. 59–80, Elsevier, 1959.

[108] Krausz, A. S.; Eyring, H.: Deformation Kinetics. John Wiley & Sons, New York, 1975.

[109] Garmestani, H.: An experimental investigation of transient deformation using controlled inelastic strain rate experiments. Ph.D. Thesis (Dissertation), Cornell University, USA, 1989.

[110] Stärk, K. F.: Temperaturmessung an schwingend beanspruchten Werkstoffen. *Z. Werkstofftech.*, 13 (1982) 333–338.

[111] Masing, G.: Zur Heyn'schen Theorie der Verfestigung der Metalle durch verborgene elastische Spannungen. *Wissenschaftl. Veröffentl. aus dem Siemens-Konzern*, 3 (1923) 231–239.

[112] Masing, G.: Eigenspannungen in kaltgereckten Metallen. *Z. techn. Physik*, 6 (1925) 569–573.

[113] Heyn, E.: Eine Theorie der Verfestigung von metallischen Stoffen infolge Kaltreckens. In: Festschrift der Kaiser-Wilhelm-Gesellschaft zur Förderung der Wissenschaft zu ihrem zehnjährigen Jubiläum, S. 121–131, Berlin, 1921.

[114] Prandtl, L.: Ein Gedankenmodell zur kinetischen Theorie des festen Körpers. *Z. angew. Math. Mech.*, 8 (1928) 85–106.

[115] Krawietz, A.: Materialtheorie: Mathematische Beschreibung des phänomenologischen thermomechanischen Verhaltens. Springer-Verlag, Berlin, 1986.

[116] Afanasev, N. N.: Statistische Theorie der Ermüdungsfestigkeit von Metallen (in Russisch). Izv. Akad. Nauk SSSR, 1953.

[117] Iwan, W. D.: On a class of models for yielding behavior of continuous and composite systems. *Transactions of the ASME, J. of Applied Mechanics*, 34 (1967) 612–617.

[118] Polák, J.; Klesnil, M.: The hysteresis loop: 1. A statistical theory. *Fatigue of Engineering Materials and Structures*, 5 (1982) 19–32.

[119] Burmeister, H.-J.; Holste, C.; Lange, F.: Ein einfaches Modell zur Interpretation der Änderung physikalischer Größen im Verformungszyklus. *Kristall und Technik*, 14 (1979) K31–K34.

[120] Holste, C.; Burmeister, H.-J.: Change of long-range stresses in cyclic deformation. *Phys. stat. sol. (a)*, 57 (1980) 269–280.

[121] Asaro, R. J.: Elastic-plastic memory and kinematic-type hardening. *Acta metall.*, 23 (1975) 1255–1265.

[122] Burmeister, H.-J.; Holste, C.: Change of activation area during cyclic deformation: II. Quantitative interpretation with a model of heterogeneous plastic deformation. *Phys. stat. sol. (a)*, 64 (1981) 611–624.

[123] Polák, J.; Klesnil, M.; Helešnic, J.: The hysteresis loop: 2. An analysis of the loop shape. *Fatigue of Engineering Materials and Structures*, 5 (1982) 33–44.

[124] Polák, J.; Klesnil, M.; Helešic, J.: The hysteresis loop: 3. Stress-dip experiments. *Fatigue of Engineering Materials and Structures*, 5 (1982) 45–56.

[125] Holste, C.; Lange, F.; Burmeister, H.-J.: Change of activation area during cyclic deformation: I. Experimental results. *Phys. stat. sol. (a)*, 63 (1981) 213–221.

[126] Hatanaka, K.; Fujimitsu, T.; Yamada, T.: An analysis of stress-strain hysteresis loop and cyclic stress-strain curve in structural steels. In: Proc. 2nd Conf. on Low Cycle Fatigue and Elasto-Plastic Behaviour of Materials, 7.–11. Sept. 1987, München, Rie, K.-T. (Hg.), S. 155–164, Elsevier, Amsterdam, 1987.

[127] Johnston, W. G.; Gilman, J. J.: Dislocation velocities, dislocation densities and plastic flow in lithium fluoride crystals. *J. Appl. Phys.*, 30 (1959) 129.

[128] Mughrabi, H.: Desciption of the dislocation structure after unidirectional deformation at low temperatures. In: Constitutive Equations in Plasticity, Argon, A. S. (Hg.), S. 199–250, The MIT Press, 1975.

[129] Grosskreutz, J. C.; Mughrabi, H.: Description of the work-hardened structure at low temperature in cyclic deformation. In: Constitutive Equations in Plasticity, Argon, A. S. (Hg.), S. 251–326, The MIT Press, 1975.

[130] Quesnel, D. J.; Tsou, J. C.: A theory on the shape of saturated hysteresis loops. In: Proc. Int. Conf. on Dislocation Modelling of Physical Systems, Gainesville, FL, 22.-27. Juni 1980, S. 381–387, Pergamon, Oxford, 1981.

[131] Quesnel, D. J.; Tsou, J. C.: A quantitative approach to the cell shuttling model. *Mater. Sci. Eng.*, 59 (1983) 91–98.

[132] Göttler, E.: Versetzungsstrukturen und Verfestigung von [100]-orientierten Kupfereinkristallen, I. Versetzungsanordnung und Zellstruktur zugverformter Kristalle. *Phil. Mag.*, 28 (1973) 1057–1076.

[133] Schwink, C.; Göttler, E.: Dislocation interactions, flow stress and initial work hardening of copper single crystals with [100] axes orientation. *Acta metall.*, 24 (1976) 173–179.

[134] Martin, J. F.; Topper, T. H.; Sinclair, G. M.: Computer based simulation of cyclic stress-strain behavior with applications to fatigue. *Materials Research and Standards, MTRSA*, 11 (1971) 23–28, 50.

[135] Mughrabi, H.: A two-parameter description of heterogeneous dislocation distributions in deformed metal crystals. *Mater. Sci. Eng.*, 85 (1987) 15–31.

[136] Nabarro, F. R. N.: Work hardening and dynamical recovery of f.c.c. metals in multiple glide. *Acta metall.*, 37 (1989) 1521–1546.

[137] Albenga, G.: *Atti Accad. Sci., Torino, Cl. Sci. fis. mat. natur.*, 54 (1918/1919) 864–868.

[138] Feltner, C. E.; Laird, C.: Factors influencing the dislocation structures in fatigued metals. *TMS-AIME*, 242 (1968) 1253–1257.

[139] Lukáš, P.; Klesnil, M.: Fatigue damage and dislocation substructure. In: Proc. 2nd Int. Conf. on Corrosion Fatigue, Storrs, Connecticut, 1971, Devereux, O. J.; McEvily, A. J.; Staehl, R. W. (Hg.), S. 118–132, National Association of Corrosion Engineers NACE, Houston, Texas, 1972.

[140] Shirai, H.; Weertman, J. R.: Fatigue dislocation structures at elevated temperatures. *Scripta metall.*, 17 (1983) 1253–1258.

[141] Hoffmann, G.: Untersuchung des Ermüdungsverhaltens von vielkristallinem Kupfer in Abhängigkeit von Temperatur und Umgebungsmedium. Diplomarbeit, Institut für Werkstoffwissenschaften, Lehrstuhl 1, Universität Erlangen-Nürnberg, 1990.

[142] Bayerlein, M.: unveröffentlichte Ergebnisse. Institut für Werkstoffwissenschaften, Lehrstuhl 1, Universität Erlangen-Nürnberg, 1989.

[143] Charsley, P.; Bangert, U.; Appleby, L. J.: The effect of temperature and amplitude on dislocation structures in cyclically deformed pure aluminium. *Mater. Sci. Eng.*, A113 (1989) 231–236.

[144] Lukáš, P.; Klesnil, M.: Dislocation structures in fatigued Cu-Zn single crystals. *Phys. stat. sol.*, 37 (1970) 833–842.

[145] Lukáš, P.; Klesnil, M.: Dislocation structure in fatigued single crystals of Cu-Zn system. *Phys. stat. sol. (a)*, 5 (1971) 247–258.

[146] Feltner, C. E.; Laird, C.: Cyclic stress/strain response of f.c.c. metals and alloys — II. Dislocation structures and mechanisms. *Acta metall.*, 15 (1967) 1633–1653.

[147] Carter, C. B.: What's new in dislocation dissociation. In: Dislocation 1984, Comptes rendus du Colloque International du C.N.R.S. Dislocations: Structure de cøeur et propriétés physiques, Aussois, Frankreich, 8.-17. März 1984, S. 227–251, Éditions du Centre National de la Recherche Scientifique, Paris, 1984.

[148] Kössler, M.: Anmerkung zur Stapelfehlerenergie. Interner Bericht, Institut für Werkstoffwissenschaften, Lehrstuhl 1, Universität Erlangen-Nürnberg, 1986.

[149] Schramm, R. E.; Reed, R. P.: Stacking fault energies of seven commercial austenitic stainless steels. *Met. Trans. A*, 6A (1975) 1345–1351.

[150] Rémy, L.; Pineau, A.; Thomas, B.: Temperature dependence of stacking fault energy in closed-packed metals and alloys. *Mater. Sci. Eng.*, 36 (1978) 47–63.

[151] Munz, D.; Schwalbe, K.; Mayr, P.: Dauerschwingverhalten metallischer Werkstoffe. Vieweg & Sohn GmbH, Braunschweig, 1971.

[152] Seeger, A.: Dislocations and Mechanical Properties of Crystals. Wiley, 1957.

[153] Hong, S. I.; Laird, C.: Mechanisms of slip mode modifications in f.c.c. solid solutions. *Acta metall. mater.*, 8 (1990) 1581–1594.

[154] Gerold, V.; Karnthaler, H. P.: On the origin of planar slip in f.c.c. alloys. *Acta metall.*, 37 (1989) 2177–2183.

[155] Clément, N.: L'Ordre et le Désordre dans les Matériaux. In: Éditions de Physique, S. 167, École d'Hiver, Aussois, Frankreich, 1984.

[156] Gerold, V.; Lerch, B. A.; Steiner, D.: Fatigue behaviour of age-hardened single crystals. *Z. Metallkde.*, 75 (1984) 546–553.

[157] Jin, N. Y.; Winter, A. T.: Dislocation structures in cyclically deformed [001] copper crystals. *Acta metall.*, 32 (1984) 1173–1176.

[158] Lepistö, T. K.; Kuokkala, V.-T.; Kettunen, P. O.: Dislocation arrangements in cyclic deformed copper single crystals. *Mater. Sci. Eng.*, 81 (1986) 457–463.

[159] Kuokkala, V.-T.; Lepistö, T. K.: Comparison of cyclic behavior in single- and polycrystals. In: Basic Mechanisms in Fatigue, Proc. Intern. Colloq. on Basic Mechanisms in Fatigue, 12.–14. April 1988, Brno, Tschechoslowakei, Lukáš, P.; Polák, J. (Hg.), S. 153–160, Academia (in westl. Ländern: Elsevier), Prag, 1988.

[160] Laird, C.; Charsley, P.; Mughrabi, H.: Low energy dislocation structures produced by cyclic deformation. *Mater. Sci. Eng.*, 81 (1986) 433–450.

[161] Winter, A. T.: A model for the fatigue of copper at low plastic strain amplitudes. *Phil. Mag. (Ser. 8)*, 30 (1974) 719–738.

[162] Finney, J. M.; Laird, C.: Strain localization in cyclic deformation of copper single crystals. *Phil. Mag.*, 31 (1975) 339–366.

[163] Mughrabi, H.; Ackermann, F.; Herz, K.: Persistent slipbands in fatigued face-centered and body-centered cubic metals. In: Fatigue Mechanisms, ASTM STP 675, Proceedings of an ASTM-NBS-NSF Symposium, Kansas City, 1978, Fong, J. T. (Hg.), S. 69–105, American Society for Testing and Materials, Pennsylvania, Philadelphia, 1979.

[164] Ackermann, F.; Kubin, L. P.; Lepinoux, J.; Mughrabi, H.: The dependence of dislocation microstructure on plastic strain amplitude in cyclically strained copper single crystals. *Acta metall.*, 32 (1984) 715–725.

[165] Charsley, P.; Kuhlmann-Wilsdorf, D.: Configurations of {100} dislocation walls formed during fatigue. *Phil. Mag. A*, 44 (1981) 1351–1361.

[166] Buchinger, L.; Laird, C.: On the plateau stress, the persistent slip band limits and the fatigue limit in copper. *Mater. Sci. Eng.*, 76 (1985) 71–76.

[167] Yan, B.-D.; Hunsche, A.; Neumann, P.; Laird, C.: Loop patch behaviour as affected by incremental loading and cyclic frequency in fatigue. *Mater. Sci. Eng.*, 79 (1986) 9–14.

[168] Essmann, U.; Mughrabi, H.: Annihilation of dislocations during tensile and cyclic deformation and limits of dislocation densities. *Phil. Mag. A*, 40 (1979) 731–756.

[169] Mughrabi, H.: Cyclic plasticity of matrix and persistent slip bands in fatigued metals. In: Continuum Models of Discrete Systems 4, Brulin, O.; Hsieh, R. K. T. (Hg.), S. 241–257, North-Holland Publishing Company, 1981.

[170] Lepinoux, J.; Kubin, L. P.: In situ TEM observations of the cyclic dislocation behaviour in persistent slip bands of copper single crystals. *Phil. Mag. A*, 51 (1985) 675–696.

[171] Tabata, T.; Fujita, H.; Hiraoka, M.-A.; Onishi, K.: Dislocation behaviour and the formation of persistent slip bands in fatigued copper single crystals observed by high-voltage electron microscopy. *Phil. Mag. A*, 47 (1983) 841–857.

[172] Mughrabi, H.: Microscopic mechanisms of metal fatigue. In: Proc. of 5th Int. Conf. on the Strength of Metals and Alloys, Haasen, P.; Gerold, V.; Kostorz, G. (Hg.), S. 1615, Pergamon Press, Oxford, 1980.

[173] Essmann, U.; Gösele, U.; Mughrabi, H.: A model of extrusions and intrusions in fatigued metals: I. Point-defect production and growth of extrusions. *Phil. Mag. A*, 44 (1981) 405–426.

[174] Essmann, U.; Differt, K.: The nature of the wall structure in persistent slip bands of fatigued metals. *Scripta metall.*, 22 (1988) 1337–1342.

[175] Kuhlmann-Wilsdorf, D.: Dislocation behavior in fatigue — III. Properties of loop patches—Do they participate in fatigue cycling? *Mater. Sci. Eng.*, 39 (1979) 127–139.

[176] Thompson, N.; Wadsworth, N. J.; Louat, N.: The origin of fatigue fracture in copper. *Phil. Mag. (Ser. 8)*, 1 (1956) 113.

[177] Basinski, Z. S.; Pascual, P.; Basinski, S. J.: Low amplitude fatigue of copper single crystals — I. The role of the surface in fatigue failure. *Acta metall.*, 31 (1983) 591–602.

[178] Basinski, Z. S.; Basinski, S. J.: Low amplitude fatigue of copper single crystals — II. Surface observations. *Acta metall.*, 33 (1985) 1307–1317.

[179] Basinski, Z. S.; Basinski, S. J.: Low amplitude fatigue of copper single crystals — III. PSB sections. *Acta metall.*, 33 (1985) 1319–1327.

[180] Ma, B.-T.; Laird, C.: Overview of fatigue behavior in copper single crystals — I. Surface morphologie and stage I crack initiation sites for tests at constant strain amplitude. *Acta metall.*, 37 (1989) 325–336.

[181] Ma, B.-T.; Laird, C.: Overview of fatigue behavior in copper single crystals — II. Population, size distribution and growth kinetics of stage I cracks for tests at constant strain amplitude. *Acta metall.*, 37 (1989) 337–348.

[182] Ma, B.-T.; Laird, C.: Overview of fatigue behavior in copper single crystals — III. Interpretation of crack growth kinetics and a new approach to predict fatigue life based on crack population density in specimens cycled at constant strain amplitude. *Acta metall.*, 37 (1989) 349–355.

[183] Ma, B.-T.; Laird, C.: Overview of fatigue behavior in copper single crystals — V. Short crack growth behaviour and a new approach to summing cumulative damage and predicting fatigue life under variable amplitudes. *Acta metall.*, 37 (1989) 369–379.

[184] Hunsche, A.: Untersuchung zur Rißbildung in Ermüdungsgleitbändern. Dissertation, Fakultät für Bergbau und Hüttenwesen, Rheinisch–Westfälische Technische Hochschule Aachen, 1982.

[185] Figueroa, J. C.; Laird, C.: Crack initiation mechanisms in copper polycrystals cycled under constant strain amplitudes and in step tests. *Mater. Sci. Eng.*, 60 (1983) 45–58.

[186] Mughrabi, H.: A model of high-cycle fatigue-crack initiation at grain boundaries by persistent slip bands. In: Defects, Fracture and Fatigue, Proc. of the Second Intern. Symposium, Mont Gabriel, Kanada, 30. Mai - 5. Juni 1982, Sih, G. C.; Provan, J. W. (Hg.), S. 139–146, Martinus Nijhoff Publishers, 1983.

[187] Christ, H.-J.: On the orientation of cyclic-slip-induced intergranular fatigue cracks in face-centred cubic metals. *Mater. Sci. Eng.*, A117 (1989) L25–L29.

[188] Cordero, L.; Ahmadieh, A.; Mazumdar, P. K.: A cumulative fatigue damage formulation for persistent slip band type materials. *Scripta metall.*, 22 (1988) 1761–1764.

[189] Ma, B.-T.; Laird, C.: Comments on "A cumulative fatigue damage formulation for persistent slip band type materials". *Scripta metall.*, 23 (1989) 1029–1032.

[190] Liang, F. L.; Laird, C.: The effect of environment on the mechanisms of fatigue crack initiation and propagation in polycrystalline copper. *Mat. Sci. Eng.*, A117 (1989) 83–93.

[191] Liang, F. L.; Laird, C.: Control of intergranular fatigue cracking by slip homogeneity in copper — I. Effect of grain size. *Mat. Sci. Eng.*, A117 (1989) 95–102.

[192] Liang, F. L.; Laird, C.: Control of intergranular fatigue cracking by slip homogeneity in copper — II. Effect of loading mode. *Mat. Sci. Eng.*, A117 (1989) 103–113.

[193] Mughrabi, H.; Wang, R.: Cyclic deformation of face-centred cubic polycrystals: A comparison with observations on single crystals. In: Proc. of the 2nd Risø Intern. Symp. on Metallurgy and Materials Science, 14.-18. September 1981, Roskilde, Dänemark, Hansen, N.; Horsewell, A.; Leffers, T.; Lilholt, H. (Hg.), S. 87–98, 1981.

[194] Hancock, J. R.; Grosskreutz, J. C.: Mechanisms of fatigue hardening in copper single crystals. *Acta metall.*, 17 (1969) 77–97.

[195] Basinski, S. J.; Basinski, Z. S.; Howie, A.: Early stages of fatigue in copper single crystals. *Phil. Mag.*, 19 (1969) 899–923.

[196] Amodeo, R. J.: Dynamic simulation of dislocation pattern formation in metals during high temperature monotonic and cyclic deformation. Ph.D.Thesis, University of California, Los Angeles, 1988.

[197] Kuhlmann-Wilsdorf, D.: Energy minimization of disloctions in low-energy dislocation structures. *Phys. stat. sol. (a)*, 104 (1987) 121–144.

[198] Nicolis, G.; Prigogine, I.: Self-organization in non-equilibrium systems. Wiley - Interscience Publisher, New York, 1977.

[199] Wang, R.: Untersuchungen der mikroskopischen Vorgänge bei der Wechselverformung von Kupferein- und -vielkristallen. Dissertation, Universität Stuttgart, 1982.

[200] Mughrabi, H.; Wang, R.: Cyclic stress-strain response and high-cycle fatigue behaviour of copper polycrystals. In: Basic Mechanisms in Fatigue, Proc. Intern. Colloq. on Basic Mechanisms in Fatigue, 12.–14. April 1988, Brno, Tschechoslowakei, Lukáš, P.; Polák, J. (Hg.), S. 1–14, Academia (in westl. Ländern: Elsevier), Prag, 1988.

[201] Winter, A. T.; Pedersen, O. B.; Rasmussen, K. V.: Dislocation microstructures in fatigued copper polycrystals. *Acta metal.*, 29 (1981) 735–748.

[202] Klein, G.: Ermüdungsverhalten vielkristalliner Kupferproben an Luft und im Hochvakuum. Diplomarbeit, Institut für Werkstoffwissenschaften, Lehrstuhl 1, Universität Erlangen-Nürnberg, 1985.

[203] Wittig-Link, C.: Untersuchungen zum Ermüdungsverhalten vielkristalliner Kupferproben. Diplomarbeit, Institut für Werkstoffwissenschaften, Lehrstuhl 1, Universität Erlangen-Nürnberg, 1986.

[204] Figueroa, J. C.; Bhat, S. P.; de la Veaux, R.; Murzenski, S.; Laird, C.: The cyclic stress-strain response of copper at low strains — I. Constant amplitude testing. *Acta metall.*, 29 (1981) 1667–1678.

[205] Lukás, P.; Kunz, L.: Influence of low temperature on dislocation structures and fatigue behaviour of copper. In: Basic Mechanisms in Fatigue, Proc. Intern. Colloq. on Basic Mechanisms in Fatigue, 12.–14. April 1988, Brno, Tschechoslowakei, Lukáš, P.; Polák, J. (Hg.), S. 161–168, Academia (in westl. Ländern: Elsevier), Prag, 1988.

[206] Bayerlein, M.: Kritische Überprüfung des Incremental-Step-Tests zur Bestimmung der zyklischen Spannungs-Dehnungskurve (auf mikrostruktureller Grundlage). Diplomarbeit, Institut für Werkstoffwissenschaften, Lehrstuhl 1, Universität Erlangen-Nürnberg, 1986.

[207] Christ, H.-J.; Mughrabi, H.; Wittig-Link, C.: Cyclic deformation behaviour, microstructure and fatigue crack initiation of copper polycrystals fatigued in air and in vacuum. In: Basic Mechanisms in Fatigue, Proc. Intern. Colloq. on Basic Mechanisms in Fatigue, 12.–14. April 1988, Brno, Tschechoslowakei, Lukáš, P.; Polák, J. (Hg.), S. 83–92, Academia (in westl. Ländern: Elsevier), Prag, 1988.

[208] Rasmussen, K. V.; Pedersen, O. B.: Fatigue of copper polycrystals at low plastic strain amplitudes. *Acta metall.*, 28 (1980) 1467–1478.

[209] Pratt, J. E.: Dislocation substructure in strain-cycled copper. *Journal of Materials*, 1 (1966) 77–88.

[210] Pratt, J. E.: Dislocation substructure in strain-cycled copper as influenced by temperature. *Acta metall.*, 15 (1967) 319–327.

[211] Kayali, E. S.; Plumtree, A.: Stress-substructure relationships in cyclically and monotonically deformed wavy slip mode metals. *Met. Trans. A*, 13A (1982) 1033–1041.

[212] Abdel-Raouf, H.; Plumtree, A.; Topper, T. H.: Temperature and strain rate dependence of cyclic deformation response and damage accumulation in OFHC copper and 304 stainless steel. *Met. Trans.*, 5 (1974) 267–277.

[213] Plumtree, A.: Correlation between microstructure and cyclic behaviour. In: Proc. 2nd Conf. on Low Cycle Fatigue and Elasto-Plastic Behaviour of Materials, 7.–11. Sept. 1987, München, Rie, K.-T. (Hg.), S. 19–30, Elsevier, Amsterdam, 1987.

[214] Lukáš, P.; Kunz, L.; Knésl, Z.; Weiss, B.; Stickler, R.: Fatigue crack propagation and the crack tip plastic strain amplitude in polycrystalline copper. *Mater. Sci. Eng.*, 70 (1985) 91–100.

[215] Kõnig, G.; Blum, W.: Comparison between the cell structures produced in aluminium by cycling and by monotonic creep. *Acta metall.*, 28 (1980) 519–537.

[216] Basinski, Z. S.; Korbel, A. S.; Basinski, S. J.: The temperature dependence of the saturation stress and dislocation substructure in fatigued copper single crystals. *Acta metall.*, 28 (1980) 191–207.

[217] Zeedijk, H. B.: Cyclic hardening and softening of annealed and 9%-prestrained AISI 304 stainless steel during high strain cycling at room temperature. *Metal Science*, 1977 (Mai 1977) 171–176.

[218] M.Gerland; Violan, P.: Secondary cyclic hardening and dislocation structures in type 316 stainless steel at 600 °C. *Mater. Sci. Eng.*, 84 (1986) 23–33.

[219] Gerland, M.; Mendez, J.; Violan, P.; Saadi, B. A.: Evolution of dislocation structure and cyclic behaviour of a 316L-type austenitic stainless steel cycled in vacuo at room temperature. *Mater. Sci. Eng.*, A118 (1989) 83–95.

[220] Hunsche, A.; Neumann, P.: Crack nucleation in persistent slip bands. In: Symposium on Fundamental Questions and Critical Experiments in Fatigue, ASTM STP 924, Vol.I, Fong, J. T.; Fields, A. J. (Hg.), S. 26–38, American Society of Testing and Materials, Philadelphia, Pennsylvania, 1988.

[221] Saxena, A.; Antolovich, S. D.: Low cycle fatigue, fatigue crack propagation and substructures in a series of polycrystalline Cu-Al alloys. *Met. Trans. A*, 6A (1975) 1809–1828.

[222] Abel, A.; Gerold, V.: Strain bursts in α-Cu-Al single crystals. *Z. Metallkde.*, 70 (1979) 577–581.

[223] Neumann, P.: Strain bursts and coarse slip during cyclic deformation. *Z. Metallkde.*, 59 (1968) 927–934.

[224] Laird, C.; Stanzl, S.; de la Veaux, R.; Buchinger, L.: The cyclic stress-

strain response and dislocation structures of Cu-16at.%Al alloy — II: Polycrystalline behavior. *Mater. Sci. Eng.*, 80 (1986) 143–154.

[225] Buchinger, L.; Cheng, A. S.; Stanzl, S.; Laird, C.: The cyclic stress-strain response and dislocation structure of Cu-16at.%Al alloy — III: Single crystals fatigue at low strain amplitudes. *Mater. Sci. Eng.*, 80 (1986) 155–167.

[226] Boutin, J.; Marchand, N.; Bailon, J.; Dickson, J. I.: An intermediate plateau in the cyclic stress-strain curve of α brass. *Mater. Sci. Eng.*, 67 (1984) L23–L27.

[227] Kaneshiro, H.; Katagiri, K.; Mori, H.; Makabe, C.; Yafuso, T.: Dislocation structures in the strain localized region in fatigued 85/15 brass. *Met. Trans. A*, 19A (1988) 1257–1262.

[228] Gonzalez, G.; Laird, C.: The cyclic response of dilute iron alloys. *Met. Trans. A*, 14A (1983) 2507–2515.

[229] Mughrabi, H.; Herz, K.; Stark, X.: Cyclic deformation and fatigue behaviour of α-iron mono- and polycrystals. *Intern. Journal of Fracture*, 17 (1981) 193–220.

[230] Neumann, R.: Probenformänderung von Nioneinkristallen bei symmetrischer Wechselbeanspruchung. *Z. Metallkde.*, 66 (1975) 26–32.

[231] Mughrabi, H.: Dislocation wall and cell structure and long-range internal stress in deformed metal crystals. *Acta metall.*, 31 (1983) 1367–1379.

[232] Mughrabi, H.; Ungár, T.; Kienle, W.; Wilkens, M.: Long-range internal stresses and asymmetric X-ray line-broadening in tensile-deformed [001]-oriented copper single crystals. *Phil. Mag. A*, 53 (1986) 793–813.

[233] Pedersen, O. B.; Brown, L. M.; Stobbs, W. M.: The Bauschinger effect in copper. *Acta metall.*, 29 (1981) 1843–1850.

[234] O. B. Pedersen, A. T. W.: Fatigue hardening and nucleation of persistent slip bands in copper. *Acta metall.*, 30 (1982) 711–718.

[235] Morris, W. L.; Cox, B. N.; James, M. R.: Microplastic surface deformation of Al 2219-T851. *Acta metall.*, 35 (1987) 1055–1065.

[236] Cox, B. N.; Morris, W. L.; James, M. R.: Two-stage microplastic surface deformation in Al2219-T851. *Acta metall.*, 35 (1987) 1289–1299.

[237] Morris, W. L.; Cox, B. N.; James, M. R.: Localized surface deformation of an Al-4% Cu alloy in fatigue. *Acta metall.*, 37 (1989) 457–464.

[238] Mughrabi, H.: The long-range internal stress field in the dislocation wall structure of persistent slip bands. *Phys. stat. sol. (a)*, 104 (1987) 107–120.

[239] Mughrabi, H.: Dislocation clustering and long-range internal stresses in monotonically and cyclically deformed metal crystals. *Revue Phys. Appl.*, 23 (1988) 367–379.

[240] Mecke, K.; Messerschmidt, U.: HVEM in-situ deformation investigations on cyclically deformed nickel single crystals. *Kristall und Technik*, 14 (1979) 1319–1323.

[241] Ungár, T.; Tóth, S.; Illy, J.; Kovács, I.: Dislocation structure and work hardening in polycrystalline OFHC copper rods deformed by torsion and tension. *Acta metall.*, 34 (1986) 1257–1267.

[242] Biermann, H.: unveröffentlichte Ergebnisse. Institut für Werkstoffwissenschaften, Lehrstuhl 1, Universität Erlangen-Nürnberg, 1990.

[243] Jackson, P. J.: Dislocation modelling of shear in f.c.c. crystals. *Progress in Materials Science*, 29 (1985) 139–175.

[244] Hirsch, P. B.: Observations of dislocations in metals. In: Internal Stresses and Fatigue in Metals, Rassweiler, G. M.; Gruber, W. L. (Hg.), S. 139–162, Elsevier, Amsterdam, 1959.

[245] Saada, G. In: Electron Microscopy and Strength of Crystals, Thomas, G.; Washburn, J. (Hg.), S. 651, Interscience, New York, 1963.

[246] Pickard, A. C.; Knott, J. F.: Effects of testing method on cyclic hardening behavior in face-centered-cubic alloys. In: Low Cycle Fatigue, ASTM STP 942, Solomon, H. D.; Halford, G. R.; Kaisand, L. R.; Leis, B. N. (Hg.), S. 58–76, American Society for Testing and Materials, Philadelphia, Pennsylvania, 1988.

[247] Lukáš, P.; Klesnil, M.: Cyclic stress-strain response and fatigue life of metals in low amplitude region. *Mater. Sci. Eng.*, 11 (1973) 345–356.

[248] Polák, J.; Klesnil, M.; Lukáš, P.: High cycle plastic stress-strain response of metals. *Mater. Sci. Eng.*, 15 (1974) 231–237.

[249] Hunsche, A.; Neumann, P.: Quantitative measurement of persistent slip band profiles and crack initiation. *Acta metall.*, 34 (1986) 207–217.

[250] Neumann, P.: Modelling of changes of dislocation structures in cyclically deformed crystals. In: Constitutive Equations in Plasticity, Argon, A. S. (Hg.), S. 449–468, MIT Press, Cambridge, Massachusetts, 1975.

[251] Wang, Z.; Laird, C.: Cyclic stress-strain response of polycrystalline copper under fatigue conditions producing enhanced strain localization. *Mater. Sci. Eng.*, 100 (1988) 57–68.

[252] Abdel-Raouf, H.; Benham, P. P.; Plumtree, A.: Mechanical behaviour and substructure of strain-cycled iron. *Canadian Metallurgical Quarterly*, 10 (1971) 87–95.

[253] Abdel-Raouf, H.; Plumtree, A.: On the steady state cyclic deformation of iron. *Met. Trans.*, 2 (1971) 1251–1254.

[254] Chai, H.-F.; Laird, C.: Mechanisms of cyclic softening and cyclic creep in low carbon steel. *Mater. Sci. Eng.*, 93 (1987) 159–174.

[255] Plumtree, A.; Pawlus, L. D.: Substructural developments during strain cycling of wawy slip mode metals. In: Basic Questions in Fatigue: Volume I, ASTM STP 924, Fong, J. T.; Fields, R. J. (Hg.), S. 81–97, American Society for Testing and Materials, Philadelphia, Pennsylvania, 1988.

[256] Feltner, C. E.; Laird, C.: The role of slip character in steady state cyclic stress strain behavior. *TMS-AIME*, 245 (1969) 1372–1373.

[257] Laird, C.; Finney, J. M.; Schwartzman, A.; de la Veaux, R.: History dependence in the cyclic stress-strain response of wavy slip materials. *J. of Testing and Evaluation*, 3 (1975) 435–441.

[258] Laird, C.; Wang, Z.; Ma, B.-T.; Chai, H.-F.: Low energy dislocation structures produced by cyclic softening. *Mater. Sci. Eng.*, A113 (1989) 245–257.

[259] Schrank, J.; Prantl, W.; Stüwe, H. P.: The influence of crystal orientation on fatigue softening of predeformed copper. In: Proc. 2nd Conf. on Low

Cycle Fatigue and Elasto-Plastic Behaviour of Materials, 7.–11. Sept. 1987, München, Rie, K.-T. (Hg.), S. 31–36, Elsevier, Amsterdam, 1987.

[260] Figueroa, J. C.; Laird, C.: The cyclic stress-strain response of copper at low strains — II. Variable amplitude testing. *Acta metall.*, 29 (1981) 1679–1684.

[261] Ma, B.-T.; Laird, C.: Dislocation structures of copper single crystals for fatigue tests under variable amplitudes. *Mater. Sci. Eng. A*, 102 (1988) 247–258.

[262] Kuokkala, V.; Lepistö, T. K.; Kettunen, P.: Cyclic behaviour and dislocation arrangements of single crystalline copper in constant and variable amplitude strain cycling. In: Proc. of the 8th Intern. Conf. on Strength of Metals and Alloys (ICSMA8), 22.–26. Aug. 1988, Tampere, Finnland, Kettunen, P. O.; Lepistö, T. K.; Lehtonen, M. E. (Hg.), S. 825–830, Oxford, 1988.

[263] Kuokkala, V.; Kettunen, P.: Cyclic stress-strain response of polycrystalline copper in constant and variable amplitude fatigue. *Acta metall.*, 33 (1985) 2041–2047.

[264] Schott, G.: Werkstoffermüdung. VEB Verlag für die Grundstoffindustrie, Leipzig, 1976.

[265] Sumner, G.; Livesey, V. B. (Hg.): Techniques for High Temperature Fatigue Testing. Elsevier Applied Science Publisher, London und New York, 1985.

[266] Loveday, M. S.; Evans, B.: Mechanical Testing at > 1000°C. *Materialprüfung*, 30 (1988) 53–57.

[267] Yan, B.-D.; Laird, C.: The phenomenon of strain avalanches in cyclic deformation. *Acta metall.*, 33 (1985) 2023–2031.

[268] Buchinger, L.; Yan, B.-D.; Laird, C.: Interpretation of cyclic deformation on the basis of strain avalanches. *Mater. Sci. Eng.*, 70 (1985) 161–168.

[269] Šesták, B.: On instabilities in hysteresis loops after deformation under strain control. *Scripta metall.*, 21 (1987) 1097–1100.

[270] Hong, S. I.; Laird, C.: Machine-induced strain oscillations during fatigue tests with closed-loop servohydraulic systems. *Mater. Sci. Eng.*, 89 (1987) 63–71.

[271] Newbury, D. E.; Joy, D. C.; Echlin, P.; Fiori, E.; Goldstein, J. I.: Advanced Scanning Electron Microscopy and X-Ray Microanalysis. Plenum Press, London, 1986.

[272] Petry, F.: Ermüdungsverhalten des austenitischen Stahles X3 CrNi 18 9 bei isothermer und thermomechanischer Beanspruchung. Dissertation, Institut für Werkstoffwissenschaften, Lehrstuhl1, Universität Erlangen-Nürnberg, 1989.

[273] Jaske, C. E.; Mindlin, H.; Perrin, J. S.: Cyclic stress-strain behavior of two alloys at high temperature. In: Cyclic Stress-Strain Behavior Analysis, Experimentation, and Failure Prediction, ASTM STP 519, S. 13–27, American Society for Testing and Materials, Philadelphia, Pennsylvania, 1973.

[274] Koibuchi, K.; Kotani, S.: The role of cyclic stress-strain behavior on fatigue damage under varying load. In: Cyclic Stress-Strain Behavior — Analysis, Experimentation, and Failure Prediction, ASTM STP 519, S. 229–245, American Society for Testing and Materials, Philadelphia, Pennsylvania, 1973.

[275] Reiermann, D.: Einfluß des zyklischen Werkstoffverhaltens auf die Ermittlung von zyklischen Spannungs-Dehnungs-Kurven bei Einsatz verschiedener Versuchsverfahren. Diplomarbeit, Fachhochschule Dortmund, 1982.

[276] Polák, J.; Klesnil, M.: The dynamics of cyclic plastic deformation and fatigue life of low carbon steel at low temperatures. *Mater. Sci. Eng.*, 26 (1976) 157–166.

[277] Sonsino, C. M.: Bedeutung von Aufnahmeverfahren zur Ermittlung von zyklischen Spannungs-Dehnungs-Kurven. In: Low Cycle Fatigue and Elasto-Plastic Behaviour, Proc. of the Intern. Symp. on Low Cycle Fatigue Strength and Elasto-Plastic Behaviour of Metals, 8./9. 10. 1979 in Stuttgart, Rie, K.-T.; Haibach, E. (Hg.), S. 211–229, DVM, Berlin, 1979.

[278] Bayerlein, M.; Christ, H.-J.; Mughrabi, H.: A critical evaluation of the incremental step test. In: Proc. 2nd Conf. on Low Cycle Fatigue and Elasto-Plastic Behaviour of Materials, 7.–11. Sept. 1987, München, Rie, K.-T. (Hg.), S. 149–154, Elsevier, Amsterdam, 1987.

[279] Mughrabi, H.; Bayerlein, M.; Christ, H.-J.: Microstructural foundation of cyclic stress-strain response and Masing behaviour. In: Constitutive Relations and Their Physical Basis, Proc. of the 8th Risø Intern. Symp. on Metallurgy and Materials Science, 7.-11. Sept. 1987, Anderson, S. I.; Bilde-Sørensen, J. B.; Hansen, N.; Leffers, T.; Lilholt, H.; Pedersen, O. B.; Ralph, B. (Hg.), S. 447–452, Risø National Laboratory, Roskilde, Dänemark, 1977.

[280] Vormwald, M.; Seeger, T.: Nutzung der Anrißschwingspielzahl beim Incremental-Step-Test zur Abschätzung der Werkstoffwöhlerlinie. *Materialprüfung*, 30 (1988) 368–372.

[281] Manson, S. S.: Fatigue: A complex subject – Some simple approximations. *Exp. Mechanics*, 5 (1965) 193–226.

[282] Völkl, L.: Untersuchung des zyklischen Spannungs-Dehnungsverhaltens metallischer Werkstoffe mit unterschiedlichem Gleitverhalten. Diplomarbeit, Institut für Werkstoffwissenschaften, Lehrstuhl 1, Universität Erlangen-Nürnberg, 1987.

[283] Großhäuser, M.: Wechselverformungsverhalten von C45 bei Raumtemperatur. Studienarbeit, Institut für Werkstoffwissenschaften, Lehrstuhl 1, Universität Erlangen-Nürnberg, 1989.

[284] Eifler, D.: Zusammenhang zwischen Mikrostruktur und Schwingfestigkeitsverhalten bei Stählen. In: Ermüdungsverhalten metallischer Werkstoffe, D. Munz (Hg.), S. 73–105, Deutsche Gesellschaft für Metallkunde - Informationsgesellschaft · Verlag, Oberursel, 1985.

[285] Pohl, K.: Zum Wechselverformungsverhalten des Stahles Ck 10 im Temperaturbereich 293 $K \leq T \leq 850\ K$. Dissertation, Universität Karlsruhe, 1981.

[286] Pilo, G.; Reik, W.; Mayr, P.; Macherauch, E.: Inhomogene Deformationsvorgänge in der anrißfreien Ermüdungsphase unlegierter Stähle. *Arch. Eisenhüttenwes.*, 48 (1977) 575.

[287] Pilo, G.; Reik, W.; Mayr, P.; Macherauch, E.: Zum Mittelspannungseinfluß auf das Wechselverformungsverhalten unlegierter Stähle. *Arch. Eisenhüttenwes.*, 49 (1978) 31.

[288] Becker, M.: Das Wechselverformungsverhalten von Ck45 und Ck80 im Temperaturbereich $295K \leq T \leq 873K$. Dissertation, Universität Karlsruhe, 1987.

[289] Eifler, D.; Macherauch, E.: Microstructure and cyclic deformation behaviour of plain carbon and low-alloyed steels. *Intern. Journ. Fatigue*, 12 (1990) 165–174.

[290] Klesnil, M.; Lukáš, P.: *J. Iron Steel Inst.*, 205 (1967) 746.

[291] Klesnil, M.; Lukáš, P.: Fatigue of Metallic Materials. Elsevier Scientific Publishing Company, Amsterdam, 1980.

[292] Lefebvre, D.; Ellyin, F.: Cyclic Response and Inelastic Strain Energy in LCF. *Intern. Journ. Fatigue*, 6 (1984) 9–15.

[293] Schubert, R.; Rie, K.-T.: Verfestigung, Fließfläche und Versetzungsstruktur bei Low-Cycle Fatigue. *Mat.-wiss. u. Werkstofftech.*, 19 (1988) 376–383.

[294] Kuhlmann-Wilsdorf, D.: A new theory of work hardening. *TMS-AIME*, 224 (1962) 1047–1061.

[295] Mughrabi, H.: Cyclic deformation and fatigue of multi-phase materials. In: Deformation of Multi-Phase and Particel Containing Materials, Proc. of the 4th Risø Intern. Symp. on Metallurgy and Materials Science, 5.-9. Septemper 1983, Roskilde, Dänemark, Bilde-Sørensen, J. B.; Hansen, N.; Horsewell, A.; Leffers, T.; Lilholt, H. (Hg.), S. 65–82, Risø National Laboratory, Roskilde, Dänemark, 1983.

[296] Gerold, V.: The fatigue properties of precipitation-hardened aluminium alloys. *Materials Science Forum*, 13/14 (1987) 175–194.

[297] Laird, C.: The general cyclic stress-strain response of aluminum alloys. In: Cyclic Stress-Strain Response and Plastic Deformation Aspects of Fatigue Crack Growth, ASTM STP 637, S. 3–35, American Society for Testing and Materials, Philadelphia, Pennsylvania, 1977.

[298] Calabrese, C.; Laird, C.: Cyclic stress-strain response of two-phase alloys. Part I: Microstructures containing particles penetrable by dislocations. *Mater. Sci. Eng.*, 13 (1974) 141–157.

[299] Calabrese, C.; Laird, C.: Cyclic stress-strain response of two-phase alloys. Part II: Particles not penetrated by dislocations. *Mater. Sci. Eng.*, 13 (1974) 159–174.

[300] Calabrese, C.; Laird, C.: High strain fatigue fracture mechanisms in two phase alloys. *Met. Trans.*, 5 (1974) 1785–1793.

[301] Lee, J.-K.; Laird, C.: Cyclic deformation in Al-4wt.%Cu alloy single crystals containing coherent θ'' precipitates — I: Cyclic stress-strain response. *Mater. Sci. Eng.*, 54 (1982) 39–51.

[302] Lee, J.-K.; Laird, C.: Cyclic deformation in Al-4wt.%Cu alloy single cry-

stals containing coherent θ'' precipitates — II: Dislocation microstructure. *Mater. Sci. Eng.*, 54 (1982) 53–64.

[303] Lee, J.-K.; Laird, C.: Strain localization during fatigue of precipitation-hardened aluminium alloys. *Phil. Mag. A*, 47 (1983) 579–597.

[304] Horibe, S.; Lee, J.-K.; Laird, C.: Cyclic deformation of Al-4%Cu alloy polycrystals containing θ'' precipitates — Grain size dependence and correlation with monocrystalline cyclic deformation. *Fatigue of Engineering Materials and Structures*, 7 (1984) 145–154.

[305] Horibe, S.; Laird, C.: Orientation and history dependence of deformation in Al-Cu single crystals containing θ' precipitates. *Acta metall.*, 31 (1983) 1567–1579.

[306] Horibe, S.; Laird, C.: Transient cyclic stress strain response caused by sudden change of strain in Al-Cu alloy. *Acta metall.*, 33 (1985) 819–825.

[307] Horibe, S.; Laird, C.: Factors controlling the cyclic deformation of aged alloys. In: Basic Mechanisms in Fatigue, Proc. Intern. Colloq. on Basic Mechanisms in Fatigue, 12.–14. April 1988, Brno, Tschechoslowakei, Lukáš, P.; Polák, J. (Hg.), S. 197–204, Academia (in westl. Ländern: Elsevier), Prag, 1988.

[308] Bhat, S. P.; Laird, C.: High temperature cyclic deformation of precipitation hardened alloy — I. Partially coherent precipitates. *Acta metall.*, 27 (1979) 1861–1871.

[309] Bhat, S. P.; Laird, C.: High temperature cyclic deformation of precipitation hardened alloy — II. Fully coherent precipitates. *Acta metall.*, 27 (1979) 1873–1883.

[310] Steiner, D.; Beddoe, R.; Gerold, V.; Kostorz, G.; Schmelczer, R.: Particle dissolution during fatigue softening of age hardened Cu-Co single crystals. *Scripta metall.*, 17 (1983) 733–736.

[311] Gerold, V.; Steiner, D.: Fatigue softening in precipitation hardened copper-cobald. *Scripta metall.*, 16 (1982) 405–408.

[312] Steiner, D.; Müller, W.; Gerold, V.: The fatigue limit of age-hardened Cu-2at%Co single crystals. *Scripta metall.*, 18 (1984) 693–698.

[313] Steiner, D.; Gerold, V.: The fatigue behaviour of age-hardened Cu-2at%Co alloy. *Mater. Sci. Eng.*, 84 (1986) 77–88.

[314] Byrne, J. G.; Fine, M. E.: Precipitation hardening in an aluminium-copper alloy. *Phil. Mag.*, 6 (1961) 1119–1145.

[315] Wilhelm, M.: The cyclic stress-strain behaviour of age-hardened Cu-Co and Al-Zn-Mg alloy single crystals. *Mater. Sci. Eng.*, 48 (1981) 91–106.

[316] Differt, K.; Essmann, U.; Mughrabi, H.: Models of particle destruction in fatigued precipitation-hardened alloys. *Phys. stat. sol. (a)*, 104 (1987) 95–106.

[317] Clavel, M.; Pineau, A.: Fatigue behaviour of two nickel-base alloys, Part I. *Mater. Sci. Eng.*, 55 (1982) 157–171.

[318] Stubbington, C. A.; Forsyth, P. J. E.: Some observations on microstructural damage produced by fatigue of an aluminium-7.5% zinc-2.5% magnesium alloy at temperatures between room temperature and 250°C. *Acta metall.*, 14 (1966) 5–12.

[319] Starke, E. A.; Lütjering, G.: Cyclic plastic deformation and microstructure. In: Fatigue and Microstructure, Proc. of ASM Materials Science Seminar, S. 205–243, American Society of Metals, Ohio, 1979.

[320] Stoltz, R. E.; Pelloux, R. M.: The Bauschinger effect in precipitation strengthened aluminum alloys. *Met. Trans. A*, 7A (1976) 1295–1306.

[321] Sanders Jr., T. H.; Staley, J. T.: Review of fatigue strength and fracture research on high-strength aluminium alloys. In: Fatigue and Microstructure, Proc. of ASM Materials Science Seminar, S. 467–522, American Society of Metals, Ohio, 1979.

[322] Abdel-Raouf, H.; Topper, T. H.; Plumtree, A.: Cyclic plasticity and Masing behaviour in metals and alloys. In: Proc. of the 4th Intern. Conf. on Fracture, Band 2, S. 1207–1215, Pergamon Press, Waterloo, 1977.

[323] Abdel-Raouf, H.; Topper, T. H.; Plumtree, A.: The influence of interparticle spacing on the deformation and fatigue crack propagation in an Al-4% Cu alloy. *Met. Trans. A*, 10A (1979) 449–456.

[324] Bayerlein, M.; Christ, H.-J.; Mughrabi, H.: Plasticity-induced martensitic transformation during cyclic deformation of AISI 304L stainless steel. *Mater. Sci. Eng.*, A114 (1989) L11–L16.

[325] Kanazawa, K.; Yamaguchi, K.; Nishijima, S.: Mapping of low cycle fatigue mechanisms at elevated temperatures for an austenitic stainless steel. In: Low Cycle Fatigue, ASTM STP 942, Halford, H. D.; Kaisand, L. R.; Leis, B. N. (Hg.), S. 519–530, American Society for Testing and Materials, Philadelphia, Pennsylvania, 1988.

[326] Tavassoli, A. A.: Dislocation concepts applied to fatigue properties of austenitic stainless steels including time-dependent modes. *Phil. Mag. A*, 54 (1986) 521–538.

[327] Zauter, R.; Petry, F.;Christ, H.-J.; Mughrabi, H.: High-temperature creep behaviour and microstructure development of AISI 304L stainless steel. *Mater. Sci. Eng.*, A124 (1990) 125–132.

[328] Abdel-Raouf, H.; Plumtree, A.; Topper, T. H.: Effects of temperature and deformation rate on cyclic strength and fracture of low-carbon steel. In: Cyclic Stress-Strain Behavior — Analysis, Experimentation, and Failure Prediction, ASTM STP 519, S. 28–57, American Society for Testing and Materials, Philadelphia, Pennsylvania, 1973.

[329] Schaeffler, A. L.: Constitution diagram for stainless steel weld metal. *Metall Progress*, 1973 (1973) 207.

[330] Vogler, S.: Thermische Ermüdung des austenitischen Stahles X3CrNi18 9 in Abhängigkeit von einer vorherigen Aufkohlung. Diplomarbeit, Institut für Werkstoffwissenschaften, Lehrstuhl 1, Universität Erlangen-Nürnberg, 1986.

[331] Manganon Jr., P. L.; Thomas, G.: The martensite phase in 304 stainless steel. *Metall. Trans.*, 1 (1970) 1577–1586.

[332] Katz, Y.; Bussiba, A.; Mathias, H.: The role of induced phase transformations on fatigue processes in AISI 304L. In: Proc. 4th European Conf. on

Fracture: Fracture and the Role of Microstructure, Vol II, Maurer, K. L.; Matzer, F. E. (Hg.), S. 503–511, 1982.

[333] Lagneborg, R.: The martensite transformation in 18%Cr–8%Ni steels. *Acta metall.*, 12 (1964) 823–843.

[334] Lecroisey, F.; Pineau, A.: Martensitic transformations induced by plastic deformation in the Fe-Ni-Cr-C system. *Met. Trans.*, 3 (1972) 387–396.

[335] Hennessy, D.; Steckel, G.; Altstetter, C.: Phase transformation of stainless steel during fatigue. *Met. Trans. A*, 7A (1976) 415–424.

[336] Suzuki, T.; Kojima, H.; Suzuki, K.; Hashimoto, T.; Ichihara, M.: An experimental study of the martensite nucleation and growth in 18/8 stainless steel. *Acta metall.*, 25 (1977) 1151–1162.

[337] Brooks, J. W.; Loretto, M. H.; Smallman, R. E.: In situ observations of the formation of martensite in stainless steel. *Acta metall.*, 27 (1979) 1829–1838.

[338] Murr, L. E.; Staudhammer, K. P.; Hecker, S. S.: Effects of strain state and strain rate on deformation-induced transformation in 304 stainless steel; Part II: Microstructural study. *Met. Trans. A*, 13A (1982) 627–635.

[339] Staudhammer, K. P.; Murr, L. E.; Hecker, S. S.: Nucleation and evolution of strain-induced martensitic (b.c.c.) embryos and substructure in stainless steel: A transmission electron microscope study. *Acta metall.*, 31 (1983) 267–274.

[340] Singh, J.: Influence of deformation on the transformation of austenitic stainless steels. *J. of Materials Science*, 20 (1985) 3157–3166.

[341] Tsuzaki, K.; Maki, T.; Tamura, I.: Kinetics of α'-martensite formation during fatigue deformation in metastable austenitic stainless steel. *Journal de Physique, Colloque C4, supplement*, 12 (1982) C4-423 – C4-428.

[342] Tjong, S. C.; Ho, N. J.: Transmission electron microscopy observations of strain-induced martensitic formation in fatigued Fe-21Mn-2.5Al alloy. *Mater. Sci. Eng. A*, 102 (1988) 125–130.

[343] Maxwell, P. C.; Goldberg, A.; Shyne, J. C.: Influence of martensite formed during deformation on the mechanical behavior of Fe-Ni-C alloys. *Met. Trans.*, 5 (1974) 1319–1324.

[344] Fujita, H.; Ueda, S.: Stacking faults and f.c.c. (γ) $\rightarrow$ h.c.p. (ϵ) transformation in 18/8-type stainless steel. *Acta metall.*, 20 (1972) 759–767.

[345] Maxwell, P. C.; Goldber, A.; Shyne, J. C.: Stess-assisted and strain-induced martensites in Fe-Ni-C alloy. *Met. Trans.*, 5 (1974) 1305–1318.

[346] Suzuki, T.; Kojima, H.; Suzuki, K.; Hashimoto, T.; Koike, S.; Ichihara, M.: Plastic deformation and martensitic transformation in an iron-base alloy. *Scripta metall.*, 10 (1976) 353–358.

[347] Kelly, P. M.: The martensite transformation in steels with low stacking fault energy. *Acta metall.*, 13 (1965) 635–646.

[348] Chanani, G. R.; Antolovich, S. D.: Low cycle fatigue of a high strength metastable austenitic steel. *Met. Trans.*, 5 (1974) 217–229.

[349] Baundry, G.; Pineau, A.: Influence of strain-induced martensitic transformation on the low-cycle fatigue behavior of a stainless steel. *Mater. Sci. Eng.*, 28 (1977) 229–242.

[350] Kirschhock, L.: Einfluß der Aufkohlung auf des Raumtemperaturermüdungsverhalten des austenitischen Stahles X3 CrNi 18 9. Diplomarbeit, Institut für Werkstoffwissenschaften, Lehrstuhl 1, Universität Erlangen-Nürnberg, 1987.

[351] Kössler, M.: Edelstähle: Gefüge, Phasen und Probleme. Interner Bericht, Institut für Werkstoffwissenschaften, Lehrstuhl 1, Universität Erlangen-Nürnberg, 1986.

[352] Swindeman, R. W.; Brinkman, R.: What creep cavitation studies are needed to develop stainless steels resistent to time-dependent fatigue. In: Basis Questions in Fatigue, Vol. II, ASTM STP 924, R. P. Wei, R. P. G. (Hg.), S. 5–26, American Society for Testing and Materials, Philadelphia, Pennsylvania, 1988.

[353] Reinhard, L.; Schönfeld, B.; Kostorz, G.; Bührer, W.: Short-range order in α-brass. *Physical Review B*, 41 (1990) 1727–1734.

[354] Leslie, W. C.: The Physical Metallurgy of Steels. McGraw-Hill, New York, 1982.

[355] Kashyap, B. P.; McTaggart, K.; Tangri, K.: Study on the substructure evolution and flow behaviour in type 316L stainless steel over the temperature range 21–900°C. *Phil. Mag. A*, 57 (1988) 97–114.

[356] Maruyama, K.; Meshii, M.: Oxygen-induced dynamic strain aging of ZrH-purified Iron during cyclic deformation at intermediate temperatures. *Mater. Sci. Eng.*, 67 (1984) 69–78.

[357] Hashimoto, S.; Miura, S.: *Mem. Fac. Eng. Kyoto Univ.*, 48 (1986).

[358] Rose, K. S. B.; Glover, S. G.: A study of strain-ageing in austenite. *Acta metall.*, 14 (1966) 1505–1516.

[359] Baird, J. D.: Dynamic strain aging. In: The Inhomogenity of Plastic Deformation, S. 191, ASM, Metals Park, Ohio, 1973.

[360] Kim, D. J.; Nam, S. W.: Strain-rate effect on high temperature low-cycle fatigue deformation of AISI 304L stainless steel. *J. Mater. Sci.*, 23 (1988) 1024–1029.

[361] Sonon, D. E.; Smith, G. V.: Effect of grain size and temperature on the strengthening of nickel and nickel-cobalt alloy. *TMS-AIME*, 242 (1968) 1527–1533.

[362] Douglass, D. L.; Thomas, G.; Roser, W. R.: Ordering, stacking faults and stress corrosion cracking. *Corrosion*, 20 (1961) 15–28.

[363] Stanley, J. T.; Cost, J. R.: Short-range ordering kinetics in 316 austenitic stainless steel. *Met. Trans. A*, 13 (1982) 1915–1918.

[364] Jenkins, C. F.; Smith, G. V.: Serrated plastic flow in austenitic stainless steel. *TMS-AIME*, 245 (1969) 2149–2156.

[365] Tsuzaki, K.; Hori, T.; Maki, T.; Tamura, I.: Dynamic strain aging during fatigue deformation in type 304 austenitic stainless steel. *Mater. Sci. Eng.*, 61 (1983) 247–260.

[366] Challenger, K. D.; Moteff, J.: Correlation of substructure with the elevated temperature low-cycle fatigue of AISI 304 and 316 stainless steels. In:

Fatigue at Elevated Temperature, ASTM STP 520, S. 68–79, American Society for Testing and Materials, Philadelphia, Pennsylvania, 1973.

[367] Nahm, H.; Moteff, J.; Diercks, D. R.: Substructural development during low-cycle fatigue of AISI 304 stainless steel at 649°C. *Acta metall.*, 25 (1977) 107–116.

[368] Yamaguchi, K.; Kanazawa, K.; Yoshida, S.: Crack propagation in low-cycle fatigue of type 316 stainless steel at temperatures below 600° observed by scanning electron microscopy. *Mater. Sci. Eng.*, 33 (1978) 175–181.

[369] Keim, E.: Untersuchung zur dynamischen Reckalterung am austenitischen Edelstahl X3CrNi18 9 anhand von Zugversuchen. Studienarbeit, Institut für Werkstoffwissenschaften, Lehrstuhl 1, Universität Erlangen-Nürnberg, 1990.

[370] Zauter, R.: unveröffentlichte Ergebnisse. Institut für Werkstoffwissenschaften, Lehrstuhl 1, Universität Erlangen-Nürnberg, 1989.

[371] Beste, A.: Elastisch plastische Spannungs-Dehnungs- und Anrißverhalten in statisch und zyklisch belasteten Kerbscheiben — ein Vergleich zwischen experimentellen Ergebnissen und Näherungsberechnungen. Dissertation, Technische Hochschule Darmstadt, 1981.

[372] Pan, Y.: Zum Wechselverformungsverhalten unlegierter Stähle unter besonderer Berücksichtugung dynamischer Reckalterungsphänomene. Dissertation, Universität Karlsruhe, 1989.

[373] Ramberg, W.; Osgood, W. R.: Description of stress-strain curves by three parameters. Technical Note No. 902, NACA, 1943.

[374] Stahl-Eisen-Liste. Verein d. Eisenhüttenleute, Verlag Stahleisen, Düsseldorf, 7. Auflage, 1981.

[375] Dies, K.: Kupfer und Kupferlegierungen. Springer-Verlag, Berlin, 1967.

[376] Hufnagel, W.: Aluminium-Taschenbuch. Aluminium-Verlag, Aluminumzentrale Düsseldorf, 14. Auflage, 1983.

[377] Lowak, H.: Erstellung zyklischer Spannungs-Dehnungs-Schaubilder für die Werkstoffe TiAl6V4, Ti685, Inconel 718 und Waspaloy. LBF-Bericht Nr. 3125 des Laboratoriums für Betriebsfestigkeit, Darmstadt, 1974.

Sachverzeichnis

GPSR Compliance

The European Union's (EU) General Product Safety Regulation (GPSR) is a set of rules that requires consumer products to be safe and our obligations to ensure this.

If you have any concerns about our products, you can contact us on ProductSafety@springernature.com

In case Publisher is established outside the EU, the EU authorized representative is:

Springer Nature Customer Service Center GmbH
Europaplatz 3
69115 Heidelberg, Germany

Batch number: 10621591

Printed by Printforce, the Netherlands